“十三五”普通高等教育本科规划教材

华东交通大学教材基金资助项目

建筑给水排水工程

主　编　刘占孟　王　敏

副主编　张　磊　李朝明　兰　蔚　李　丽

编　写　康彩霞　祝泽兵　李俊叶　张桂英　张慧敏

　　　　张　琪　夏昭丹　占　鹏　聂发辉

主　审　鲍东杰

内 容 提 要

本书为“十三五”普通高等教育本科规划教材。全书主要内容包括建筑内部给水系统，建筑消防系统，建筑内部排水系统，建筑雨水排水系统，建筑内部热水供应系统，饮水供应，建筑中水系统，居住小区给水排水，特殊建筑给水排水，高层建筑给水排水系统，建筑给水排水工程设计、竣工验收及运行管理。

本书可以作为给水排水工程专业、建筑环境与能源应用工程专业、环境工程专业的教材，也可供从事建筑给水排水工程设计、施工的工程技术人员使用。

图书在版编目（CIP）数据

建筑给水排水工程/刘占孟，王敏主编. —北京：中国电力出版社，2016.12

“十三五”普通高等教育本科规划教材

ISBN 978-7-5123-9872-6

Ⅰ.①建… Ⅱ.①刘… ②王… Ⅲ.①建筑－给水工程－高等学校－教材 ②建筑－排水工程－高等学校－教材 Ⅳ.①TU82

中国版本图书馆CIP数据核字（2016）第243113号

中国电力出版社出版、发行

（北京市东城区北京站西街19号 100005 http：//www.cepp.sgcc.com.cn）

航远印刷有限公司印刷

各地新华书店经售

*

2016年12月第一版 2016年12月北京第一次印刷

787毫米×1092毫米 16开本 24.5印张 599千字

定价 **49.00**元

前　言

“建筑给水排水工程”课程是高等院校给排水科学与工程专业的一门主要专业课程，主要研究建筑内部的给水以及排水问题，为建筑提供必需的生产条件和舒适、卫生、安全的生活环境的一门学科，以保证建筑的功能及安全。

近些年，建筑给水排水工程在理论与实践方面都有很大的发展，对“建筑给水排水工程”课程的教学也提出了新的要求。本书是按照全国高等学校给水排水工程学科专业指导委员会制定的“建筑给水排水工程”课程教学基本要求编写的。在编写过程中参考了许多相关教材，同时特别注重采用国家最新的技术规范和技术标准。

本书主要介绍建筑给水排水工程的基本知识、设计方法及设计要求，内容包括建筑内部给水系统、建筑消防系统、建筑内部排水系统、建筑雨水排水系统、建筑内部热水供应系统、建筑中水系统等。本书主要针对普通高等学校本科学生就业的去向和工作的特点，尽量以通俗易懂的工程语言阐述问题，注重学生对专业基本知识、工程设计和实践经验的掌握和了解。

本书可以作为给水排水工程专业、建筑环境与设备工程专业、环境工程专业的教材，也可供从事建筑给水排水工程设计、施工的工程技术人员使用。课程内容也是我国注册公用设备工程师（给水排水）执业资格考试内容的重要组成部分。

本书由刘占孟、王敏主编；张磊、李朝明、李丽、兰蔚副主编。具体编写分工如下：第1章由刘占孟、张桂英编写；第2章由刘占孟、康彩霞编写；第3章由李丽、刘占孟编写；第4章由刘占孟、张桂英编写；第5章由兰蔚、刘占孟编写；第6章由王敏、张磊编写；第7章由祝泽兵、刘占孟编写；第8章由聂发辉、张慧敏、李俊叶编写；第9章由刘占孟、祝泽兵编写；第10章由李朝明、刘占孟、张琪编写；第11章由刘占孟、李丽编写。占鹏、夏昭丹对稿件进行了部分文字校对工作。全书由刘占孟统稿，鲍东杰担任主审。

在本书编写过程中得到了中国电力出版社、华东交通大学、南昌工程学院、东华理工大学、南阳理工学院、江西水利职业学院、南昌铁路勘测设计院有限责任公司等单位的大力支持，并得到华东交通大学教材出版基金资助，在此一并表示由衷的感谢。

由于编者水平所限，疏漏和不当之处在所难免，恳请广大读者不吝指正。

编　者

2016年11月

目　录

前言
第1章　建筑内部给水系统 …… 1
1.1　给水系统的分类、组成与给水方式 …… 1
1.2　给水管材与给水附件 …… 7
1.3　给水管道的布置与敷设 …… 18
1.4　给水系统水量和水压 …… 24
1.5　给水设计秒流量 …… 29
1.6　给水管网水力计算 …… 32
1.7　增压与贮水设备 …… 38
1.8　给水水质安全防护 …… 55
思考题与习题 …… 58
第2章　建筑消防系统 …… 59
2.1　室外消防系统 …… 59
2.2　室内消火栓给水系统 …… 63
2.3　消火栓给水系统的计算 …… 72
2.4　自动喷水灭火系统 …… 80
2.5　自动喷水灭火系统的计算 …… 94
2.6　水喷雾灭火系统 …… 102
2.7　固定消防水炮灭火系统 …… 104
2.8　其他固定灭火设施简介 …… 105
思考题与习题 …… 112
第3章　建筑内部排水系统 …… 114
3.1　排水系统的分类与组成及系统选择 …… 114
3.2　排水系统中水气流动规律 …… 120
3.3　卫生器具、管材与附件 …… 124
3.4　排水提升设备及局部处理构筑物 …… 136
3.5　管道的布置与敷设 …… 140
3.6　排水管网设计计算 …… 143
思考题与习题 …… 151
第4章　建筑雨水排水系统 …… 152
4.1　雨水系统分类 …… 152
4.2　内排水系统的水气流动规律 …… 156
4.3　雨水系统的水力计算 …… 158

思考题与习题…………170
第5章 建筑内部热水供应系统…………171
5.1 热水供应系统的分类、组成和供水方式…………171
5.2 热水供应系统的热源、加热和贮热设备…………178
5.3 热水系统的管材及附件…………185
5.4 热水管网的敷设、保温与防腐…………193
5.5 热水供应系统的设计…………197
5.6 热水供应系统的管网水力计算…………210
思考题与习题…………219
第6章 饮水供应…………221
6.1 饮水的类型和标准…………221
6.2 饮水制备方法与供水方式…………222
6.3 饮水系统的水力计算…………224
6.4 管道饮用净水供应…………225
思考题与习题…………230
第7章 建筑中水系统…………232
7.1 中水系统的分类及组成…………232
7.2 中水水源、水质…………238
7.3 中水水量平衡…………242
7.4 中水处理工艺…………245
思考题与习题…………252
第8章 居住小区给水排水…………253
8.1 居住小区给水排水的特点…………253
8.2 居住小区给水…………255
8.3 居住小区排水…………264
8.4 居住小区雨水利用…………274
思考题与习题…………276
第9章 特殊建筑给水排水…………277
9.1 游泳池的给水排水…………277
9.2 水景工程…………292
9.3 洗衣房、营业性餐厅厨房的给水排水…………302
思考题与习题…………304
第10章 高层建筑给水排水系统…………305
10.1 高层建筑给水…………305
10.2 高层建筑消防给水…………310
10.3 高层建筑排水…………324
10.4 高层建筑雨水排水…………328
10.5 高层建筑热水供应…………329
思考题与习题…………331

第 11 章　建筑给水排水工程设计、竣工验收及运行管理 …… 332
11.1　设计程序与图纸要求 …… 332
11.2　建筑给水排水工程竣工验收 …… 339
11.3　建筑给水排水系统的运行与管理 …… 346
11.4　设计案例 …… 349
附录 A　水力计算图表 …… 372
附录 B　饮用净水水质标准 …… 382
参考文献 …… 383

第1章 建筑内部给水系统

建筑内部给水系统是将城市给水管网或自备水源给水管网的水引入室内，选用适用、经济、合理的供水方式，经配水管送至生活、生产和消防用水设备，满足各用水点对水量、水压和水质的要求。

1.1 给水系统的分类、组成与给水方式

1.1.1 建筑给水系统的分类

按用途不同，建筑给水系统可以分为生活给水系统、生产给水系统和消防给水系统。

1. 生活给水系统

生活给水系统，指供居住建筑、公共建筑与工业建筑饮用、烹饪、盥洗、洗涤、沐浴、浇洒和冲洗等生活用水的给水系统。该系统除满足需求的水量和水压外，水质必须严格符合国家规定的生活用水卫生标准。

2. 生产给水系统

生产给水系统，指直接供给工业生产的给水系统，包括各类不同产品生产过程中所需工艺用水、生产设备冷却用水、锅炉用水等。由于工业种类、生产工艺各异，因而生产给水系统对水量、水压、水质及安全方面要求也不尽相同。

3. 消防给水系统

消防给水系统，指以水作为灭火剂供消防扑救建筑火灾时的用水设施，包括消火栓给水系统、自动喷水灭火系统、水幕系统、水喷雾灭火系统等。该系统用于灭火和控火，即扑灭火灾和控制火灾蔓延，在小型或不重要建筑中可与生活给水系统合并，但在公共建筑、高层建筑、重要建筑中必须与生活给水系统分开设置。消防对水质要求不高，须按照《建筑设计防火规范》(GB 50016—2014) 的规定，保证供应足够的水量和水压。

1.1.2 建筑给水系统的组成

1. 引入管

引入管，又称进户管，是室外给水接户管与建筑内部给水干管相连接的管段。引入管一般埋地敷设，穿越建筑物外墙或基础。引入管受地面荷载、冰冻线的影响，一般埋设在室外地坪下 0.7m。若该建筑物的水量为独立计量时，在引入管段应装设水表、阀门。

2. 水表节点

水表节点，是安装在引入管上的水表及其前后设置的阀门和泄水装置的总称。水表用于计量该建筑物的总用水量，水表前后设置阀门用于检修、拆换水表时关闭管路，泄水口用于检修时排泄室内管道系统中的水，也可用来检测水表精度和测定管道进户时水压值。水表及其前后附件一般设置在水表井中。温暖地区水表井一般设在室外，寒冷地区水表井可设在建筑地下室或设在不会冻结之处。水表节点分为有旁通管和无旁通管两种。对于不允许断水的用户一般采用有旁通管的水表节点；对于允许在短时间内停水的用户，可以采用无旁通管的

水表节点。为保证水表前水流平稳、计量准确，螺翼式水表前应有长度为8～10倍水表公称直径的直管段。其他类型水表前后，则应有不小于300mm的直管段。

3. 给水管道系统

给水管道系统，指输送给建筑物内部用水的管道系统整体。由给水管、管件及管道附件组成。按所处位置和作用，分为干管、立管和支管。

干管，又称总干管，是将水从引入管输送至建筑物各区域的管段。给水干管一般在室内地坪下0.3～0.5m敷设，引入管进入建筑后立即上返到给水干管埋设深度，从给水干管引出给水立管，将水从干管沿垂直方向输送到各楼层、各不同标高处管段。支管，又称分配管，将水从立管送至各房间内的管段。

4. 给水附件

给水附件，指用以输配水、控制流量和压力的附属部件与装置。给水附件包括各种阀门、水锤消除器、多功能水泵控制阀、过滤器、止回阀、减压孔板等管路附件。在建筑给水系统中，按用途可分为配水附件和控制附件。

配水附件，即配水龙头，又称水嘴、水栓。是向卫生器具或其他用水设备配水的管道附件。

控制附件，是管道系统中用于调节水量、水压，控制水流方向，以及通断水流，便于管道、仪表和设备检修的各类阀门。

5. 增压和贮水设备

当室外给水管网的水压、水量不能满足建筑用水要求，或要求供水压力稳定、确保供水安全可靠时，应根据需要，在给水系统中设置水泵、气压给水设备和水池、水箱等增压和贮水设备。

6. 给水局部处理设施

当有些建筑对给水水质要求很高，超出我国现行生活饮用水卫生标准；或其他原因造成水质不能满足要求时，需设置一些设备、构筑物进行给水深度处理。

7. 建筑内部消防设备

常见的建筑内部消防给水设备是消火栓设备，包括消火栓、水枪和水带等。当消防上有特殊要求时，还应安装自动喷水灭火设备，包括喷头、控制阀等。

1.1.3 给水方式

给水方式，又称供水方案，根据用户对水质、水量、水压要求，考虑市政给水管网设置条件，对给水系统进行设计实施方案。建筑给水系统的给水方式，应根据建筑物性质、高度、卫生设备情况、室外管网所能提供的水压和工作情况、配水管网所需水压、配水点布置以及消防要求等因素决定。初步确定给水方式时，建筑内部所需压力值根据建筑物性质和层数粗略估算。对于住宅生活给水或类似的给水系统，一般一层建筑物为100kPa；二层建筑物为120kPa；三层及以上建筑物，每增加一层增加40kPa，即 $p=40(n+1)\text{kPa}$ ，其中 $n\geqslant 3$。对于引入管或建筑内部管道较长，或者建筑物层高超过3.5m的建筑物，上述值应适当增加。常见给水方式基本类型有以下几种：

1. 直接给水方式

当室外给水管网提供的水量、水压任何时候均能满足建筑用水时，室外管网和室内给水系统连接，直接将水引到建筑内各用水点，利用外网水压直接供水，如图1-1所示。

直接给水方式供水系统简单，充分利用外网水压，节约能源，减少水质污染可能性，故设计中应优先采用。但系统内部无贮存水量，室外管网停水时室内立即断水，供水可靠性差。一般适用于单层或多层建筑及高层建筑中下部几层外网能满足要求的各用水点。如果外网压力过高，某些点压力超过允许值时，应采取减压措施。

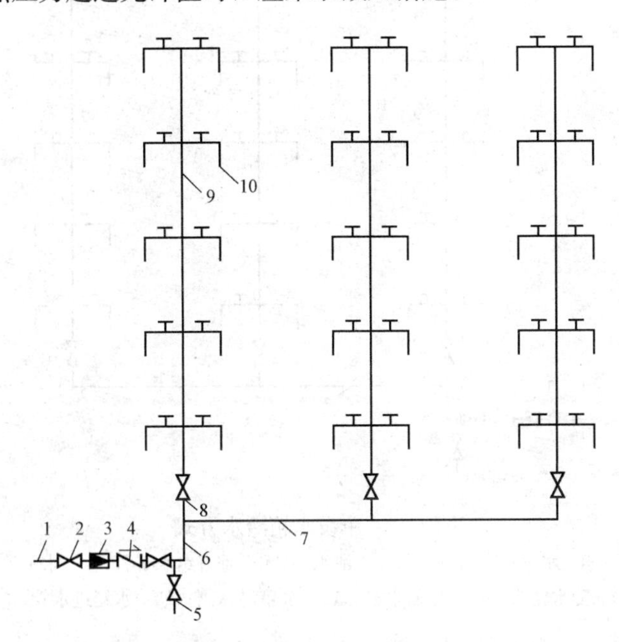

图1-1　直接给水方式

1—引入管；2—阀门；3—水表；4—止回阀；5—泄水阀；6—垂直给水干管；
7—水平给水干管；8—阀门；9—给水立管；10—配水龙头

2. 单设水箱给水方式

单设水箱给水方式宜在室外给水管网供水压力周期性不足时采用。该方式与外部管网直接相连。用水低峰时，利用外网压力高时室外给水管网水压直接供水并向水箱进水；用水高峰时，水箱出水供给给水系统，从而达到调节水压和水量的目的。为防止水箱中的水回流至室外管网，在引入管上设置止回阀，如图1-2所示。该方式系统简单，充分利用室外管网压力，具有一定的贮存水量，供水安全可靠。

当室外管网水压周期性不足时，可以采用如图1-3所示给水方式，建筑物下部由室外管网直接供水，上部由水箱供水，靠屋顶水箱调节水量和水压。这种给水方式水箱贮存一定量的水，在室外管网压力不足时不中断室内用水，供水较可靠，充分利用室外管网水压，节约能源，安装和维护简单，投资较省。但需设置高位水箱，增加结构负载，给建筑立面及结构处理带来一定难度，若管理不当，水箱的水质易受到污染。

3. 水池、水泵、水箱联合给水方式

当室外给水管网水压经常不足、室内用水不均匀、室外管网不允许水泵直接吸水时，采用图1-4所示的给水方式。

室外给水管网的水进入贮水池，水泵从贮水池吸水，经水泵加压提升至水箱。因水泵供水量大于系统用水量，故水箱内采用水位继电器自动控制水泵启动，水箱水位上升至最高水

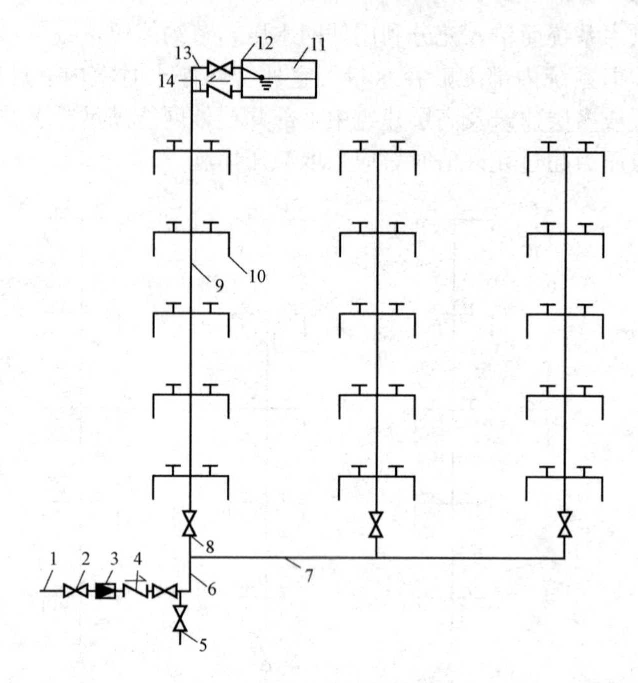

图 1-2　单设水箱给水方式

1—引入管；2—阀门；3—水表；4—止回阀；5—泄水阀；6—垂直给水干管；7—水平给水干管；8—阀门；9—给水立管；10—配水龙头；11—屋面水箱；12—水箱浮球阀；13—水箱进水管；14—水箱出水管

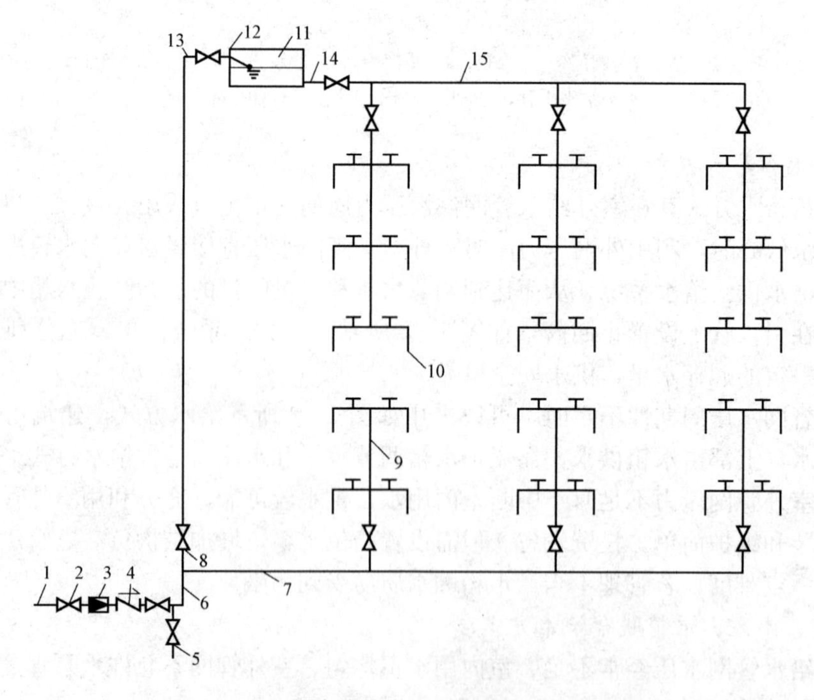

图 1-3　下部直接给水、上部设水箱给水方式

1—引入管；2—阀门；3—水表；4—止回阀；5—泄水阀；6—垂直给水干管；7—下行上给式水平给水干管；8—阀门；9—给水立管；10—配水龙头；11—屋面水箱；12—水箱浮球阀；13—水箱进水管；14—水箱出水管；15—上行下给式水平给水干管

位时停泵，由水箱向系统供水，水箱水位下降至最低水位时水泵重新启动。此外，贮水池和水箱贮存一定水量，增加供水安全可靠性。

该方式由水池、水泵和水箱联合工作，水泵及时向水箱充水，减小水箱容积；水箱的调节作用使水泵能稳定在高效点工作，节省电耗；在高位水箱上采用水位继电器自动控制水泵启动，易于实现管理自动化。但水泵振动会产生噪声干扰，普遍适用于多层或高层建筑。

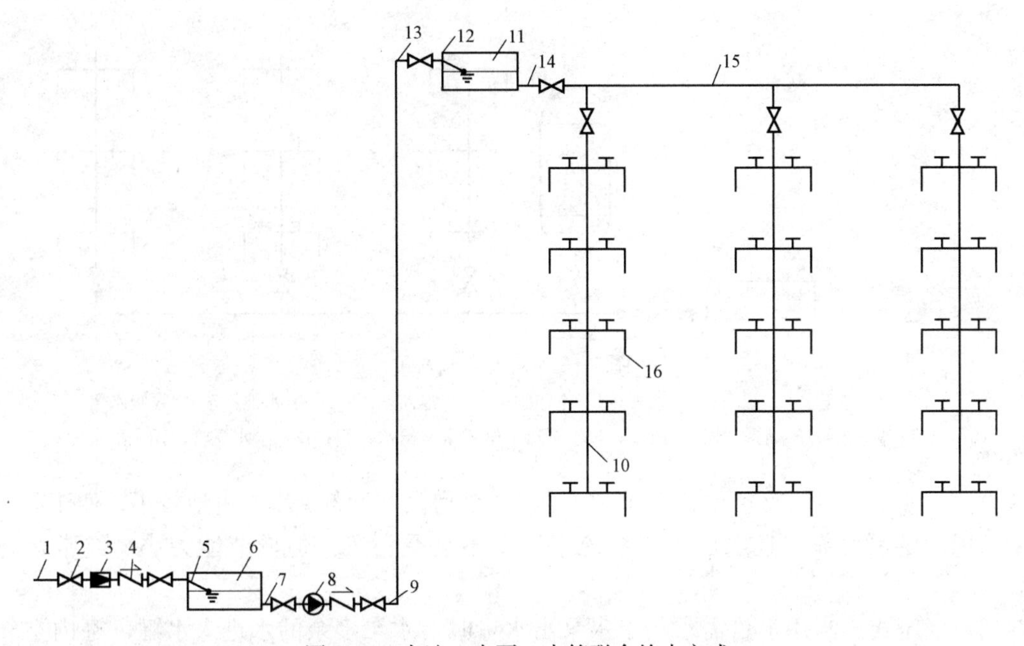

图 1-4 水池、水泵、水箱联合给水方式

1—水池进水管；2—阀门；3—水表；4—止回阀；5—水池浮球阀；6—贮水池；7—水泵吸水管；8—水泵；9—水泵压水管；10—给水立管；11—屋面水箱；12—水箱浮球阀；13—水箱进水管；14—水箱出水管；15—上行下给式水平给水干管；16—配水龙头

4. 气压给水方式

室外管网水压经常不足，不宜设置高位水箱时（如军事工程、地震区建筑、建筑艺术要求较高的建筑等），利用密闭压力水罐取代高位水箱，如图 1-5 所示。

气压给水方式即在给水系统中设置气压给水设备，利用该设备的气压水罐内气体的可压缩性，升压供水。气压水罐相当于高位水箱，但其位置可根据需要设置在高处或低处。气压罐可设在建筑物任何高度上，便于隐蔽，安装方便，水质不易受污染，建设周期短，自动化程度高。但给水压力波动较大，能耗较大，管理运行费用较高，供水安全性较差。气压给水装置分为变压式和定压式两种。

(1) 定压式。当用户用水，水罐内水位下降，空气压缩机自动向气罐内补气，而气罐中的压缩空气又经自动调压阀（调节气压恒为定值）向水罐补气。当水位降至设计最低水位时，泵自动开启向水罐充水，故它既能保证水泵始终稳定在高效范围内运行，又能保证管网始终以恒压向用户供水，但需专设空气压缩机，启动次数较频繁。

它可以是水、气合罐，也可以是水、气分罐，罐既可以竖放也可横放。由于气压给水装置是利用罐内压缩空气维持的，罐体的安装高度可以不受限制。给水装置灵活性大，施工

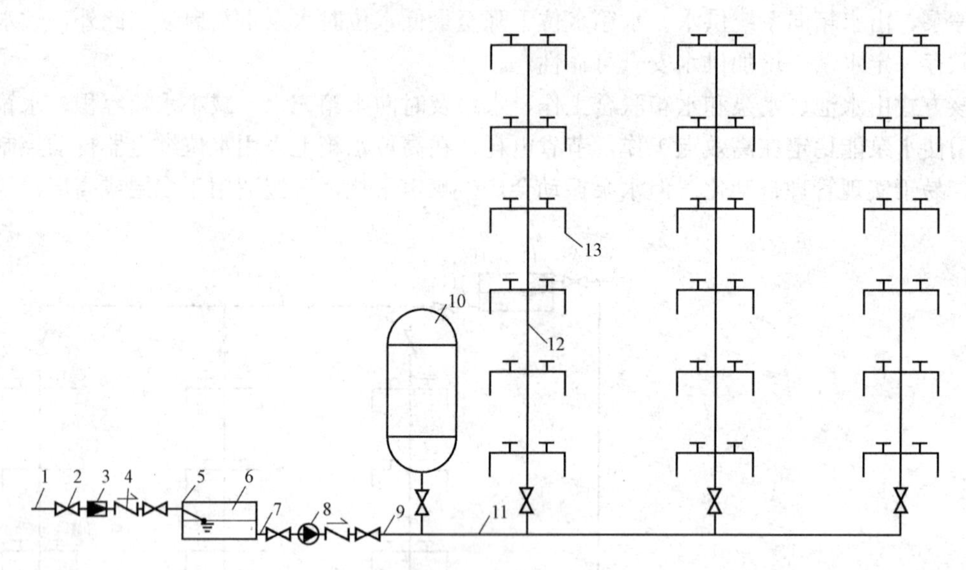

图 1-5 气压给水方式

1—水池进水管；2—阀门；3—水表；4—止回阀；5—水池浮球阀；6—贮水池；7—水泵吸水管；8—水泵；9—水泵压水管；10—气压罐；11—下行上给式水平给水干管；12—给水立管；13—配水龙头

安装方便，便于扩建、改建和拆迁，可以设在水泵房内，设备紧凑，占地较小，便于与水泵集中管理；供水可靠，且水压密闭系统中流动不会受污染。但调节能力小，经常运行费用高。

(2) 变压式。当用水量需求小于水泵出水量时，水泵多余的水进入水罐，罐内空气因被压缩而增压，直至高限（相当于最高水位）时，压力继电器会指令自动停泵。罐内水表面上的压缩空气压力将水输送至用户。当罐内水位下降至设计最低水位时，因罐内空气膨胀而减压，压力继电器又会指令自动开泵。罐内水压与压缩空气体积成反比而变化，故称变压式，变压式用于中小型给水工程，可不设空气压缩机（在小型工程中，气和水可合用一罐），设备较定压式简单，但因压力有波动，对保证用户用水的舒适性和泵的高效运行不利。

5. 变频调速给水方式

管网中高峰用水时间不长，用水量在大多数时间里都小于最不利工况时的流量，其扬程将随流量的下降而上升，使水泵经常处于扬程过剩的情况下运行，形成水泵能耗增高、效率降低的运行工况。变频调速给水方式采用变频调速泵与恒速泵组合供水，如图 1-6 所示。变频调速给水设备主要由微机控制器、变频调速器、水泵机组、压力传感器（或电触点压力表）四部分组成。变频调速水泵的工作原理：系统扬程发生变化时，压力传感器不断向微机控制器输入水泵出水压力信号。若出水管压力值大于系统中设计供水量对应的压力时，微机控制器即向变频调速器发出降低电源频率的信号，水泵转速随即降低，出水量减少，出水管压力降低，反之亦然。此种给水方式的主要优点是：运行可靠，稳定；耗能低，效率高；装置结构简单，占地面积小；对管网系统中用水量变化适应能力强。

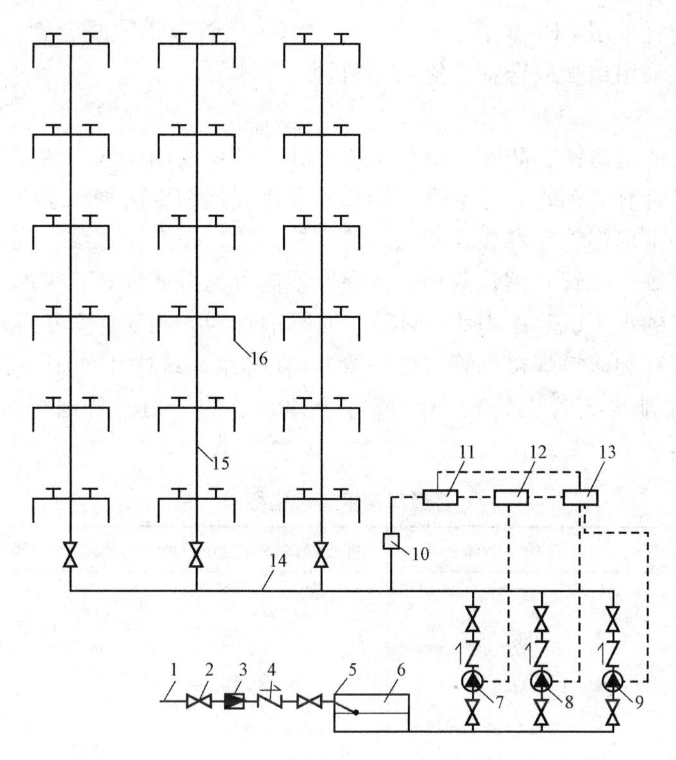

图1-6　变频调速给水方式

1—水池进水管；2—阀门；3—水表；4—止回阀；5—水池浮球阀；6—贮水池；7—变频调速水泵；8、9—恒速水泵；10—压力传感器；11—微机控制器；12—变频调速器；13—恒速水泵控制器；14—下行上给式水平给水干管；15—给水立管；16—配水龙头

1.2　给水管材与给水附件

1.2.1　给水管材

根据材质的不同，给水管材可分为金属管、塑料管、复合管。金属管包括镀锌钢管、不锈钢管、铜管等；塑料管包括硬聚氯乙烯管（UPVC)、聚乙烯管（PE)、交联聚乙烯(PEX)、聚丙烯管（PP)、聚丁烯管（PB)、丙烯腈-丁二烯-苯乙烯管（ABS）等；复合管包括铝塑复合管、涂塑钢管、钢塑复合管等。其中聚乙烯管、聚丙烯管、铝塑复合管是目前建筑给排水推荐使用的管材。在管道连接、分支、转弯、变径时，需要相同材质的管件。给水系统采用的管材、配件，应符合现行产品标准要求；生活饮用水给水系统所涉及的材料必须达到饮用水卫生标准；管道的工作压力不得大于产品标准允许的工作压力。

给水管道材料应根据管内水质、水压、敷设场所及敷设方式等因素综合考虑而定。埋地管道应具有耐腐蚀性和能承受相应地面荷载的能力。当DN＞75mm时可采用有内衬的给水铸铁管、球墨铸铁管、给水塑料管和复合管；当DN＜75mm时，可采用给水塑料管、复合管或经可靠防腐处理的钢管、热镀锌铁管。

室内给水管道应选用耐腐蚀和安装连接方便可靠的材料。明敷或嵌墙敷设管一般可采用塑料给水管、复合管、薄壁不锈钢管、薄壁铜管、经可靠防腐处理的钢管、热镀锌钢管。敷设在地面找平层内宜采用PP-R管、PEX管、PVC-C管、铝塑复合管、耐腐蚀的金属管；室外明敷管道不宜采用铝塑复合管、给水塑料管。

1. 镀锌钢管

钢管镀锌的目的是防锈、防腐，避免水质变坏，延长使用年限。镀锌钢管是焊接钢管的一种。焊接钢管又称有缝钢管，分水煤气钢管和卷板焊接钢管两种。

水煤气钢管，由扁钢管坯卷成管线并沿缝焊接而成。按有无螺纹分为带螺纹（锥形或圆形螺纹）和不带螺纹（光管）钢管两种；按壁厚不同分为普通钢管、加厚钢管和薄壁钢管三种，普通钢管规定的水压试验压力为2MPa，加厚钢管为3MPa；按表面处理的不同分普通焊接钢管（黑铁管）和镀锌焊接钢管（白铁管）。在排水系统中用作卫生器具排水支管及生产设备的非腐蚀性排水支管上管径小于或等于50mm的管道。普通焊接钢管规格标准见表1-1。

表1-1 普通焊接钢管规格标准

公称直径（mm）	外径（mm）	普通焊接钢管质量（kg/m）	镀锌焊接钢管质量（kg/m）
15	21.25	1.26	1.34
20	26.25	1.63	1.73
25	33.5	2.42	2.57
32	42.25	3.13	3.32
40	48	3.84	4.07
50	60	4.88	5.17
70	75.5	6.64	7.04
80	88.5	8.34	8.84
100	114	10.85	11.50
125	140	15.04	15.94
150	165	17.81	18.88

镀锌钢管一度是我国生活饮用水采用的主要管材，钢管强度高、承受流体的压力大、抗振性能好、每根管长度大、质量比铸铁管轻、接头少，加工安装方便。但长期使用证明，其内壁易生锈、结垢、滋生细菌、微生物等有害杂质，使自来水在输送途中造成“二次污染”，同时造价较高，抗腐蚀性差。根据有关规定，新建住宅生活给水系统禁用镀锌钢管，镀锌钢管强度高、抗振性能好，目前主要用于水消防系统。连接方法有螺纹连接、焊接和法兰连接和卡箍连接。

（1）螺纹连接。利用套丝工具对安装的管子端部加工出螺纹，与相应配件进行连接。连接配件形式及应用如图1-7所示。配件由可锻铸铁制成，抗蚀性及机械强度均较大，分镀锌和不镀锌两种，钢制配件较少。

（2）焊接。利用电焊机、电焊枪和电焊条对管道进行连接。焊接后管道接头紧密、不漏水，施工迅速，不需要配件；但无法像螺纹连接那样方便拆卸。焊接只能用于非镀锌钢管，因为镀锌钢管焊接时锌层被破坏，反而加速锈蚀。

（3）法兰连接。一般在管径大于DN50的管道上，将法兰盘焊接或用螺纹连接在管端，再以螺栓连接。法兰连接一般用于闸阀、止回阀、水泵、水表等连接处，以及需要经常拆卸、检修管段上。连接前先将法兰焊接或用螺纹连接在管端，再用螺栓连接。

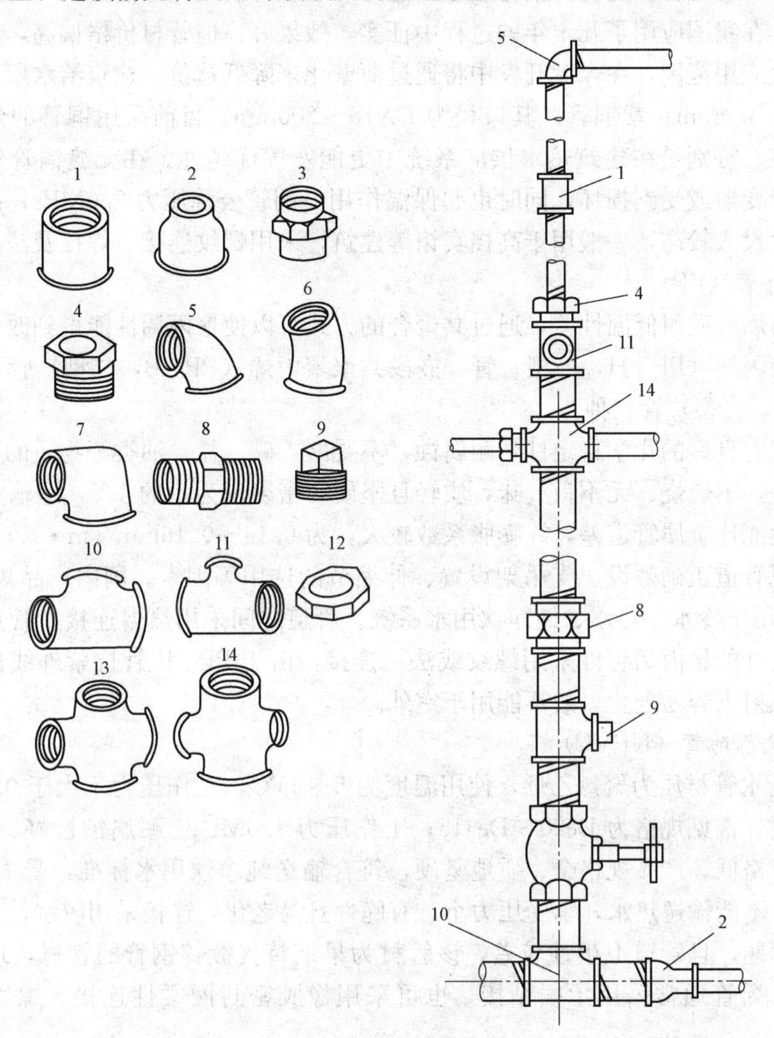

图1-7　钢管螺纹连接配件及连接方法

1—管箍；2—异径管箍；3—活接头；4—补芯；5—90°弯头；6—45°弯头；7—异径弯头；8—外丝；9—堵头；10—等径三通；11—异径三通；12—根母；13—等径四通；14—异径四通

（4）卡箍连接。用滚槽机或开槽机在管材上开（滚）出沟槽，套上密封圈，再用卡箍固定。对于较大管径用丝扣连接较困难，且不允许焊接时，一般采用卡箍连接。连接时两管口端应平整无缝隙，沟槽应均匀，卡紧螺栓后，管道应平直。卡箍连接与螺纹连接相比，可以将连接口径的尺寸范围扩大，能受承较高的压力；较大口径镀锌管之间的连接与法兰连接相比，具有不破坏镀锌层、不需要二次镀锌、操作方便、拆卸灵活等优点。

卡箍连接方式不仅用于钢管，还可用于不锈钢管、球墨铸铁管、钢塑（铝塑）复合管、铜管等类型管材的连接，今后还要拓宽至塑料管材。

2. 铜管

铜管包括拉制铜管、挤制铜管、拉制黄铜管、挤制黄铜管，是传统的给水管材，具有耐温、延展性好、承压能力强、化学性质稳定、线性膨胀系数小等优点。管材内壁光滑，流动阻力小，利于节约管材和能耗。铜管卫生性能好，可以抑制某些细菌生长，有效防止卫生洁具不被污染。在我国应用了几十年的过程中证实，效果好，但管材价格偏高，为了进一步发挥优势，扩大应用范围，在今后开发中将通过薄壁化来降低造价，建筑给水所用铜管为薄壁（壁厚为0.7～4.0mm）紫铜管，其口径为DN15～200mm。目前采用铜管的建筑给水系统正在逐渐增多。特别是在建筑热水供应系统中更能发挥优越性。在无缝铜管外包覆一层塑料，防止铜管变形或受到损坏，同时也起保温作用。铜管公称压力2.0MPa，冷、热水均适用，因一次性投入较高，一般用于高档宾馆等建筑，采用螺纹连接、焊接及法兰连接。

3. 聚丙烯管（PP）

普通聚丙烯材质耐低温性差，通过共聚合的方式可以使聚丙烯性能得到改善。改性聚丙烯管有均聚聚丙烯（PP-H，一型）管、嵌段共聚聚丙烯（PP-B，二型）管、无规共聚聚丙烯（PP-R，三型）管三种。

PP-R管有良好的化学稳定性，耐腐蚀，不受酸、碱、盐、油类等物质的侵蚀；物理机械性能也很好，不燃烧、无不良气味，质轻且坚硬，密度仅为钢的1/5，运输安装方便，刚性和抗冲击性能比金属管道差，线膨胀系数较大，为0.14～0.16mm/(m·K)，在设计、施工时，应重视管道正确敷设、支吊架设置、伸缩节的选用等因素。国内产品规格为De20～De110，广泛用于冷水、热水、纯净饮用水系统。管道之间采用热熔连接，管道与金属管件通过带金属嵌件的聚丙烯管件采用螺纹或法兰连接，由于PP-R管抗紫外线性能差，在阳光长期直接照射下容易老化，故不能用于室外。

4. 硬聚氯乙烯管（UPVC）

UPVC给水管材质为聚氯乙烯，使用温度为5～45℃，工作压力不大于0.6MPa。不适用于热水输送，常见规格为De20～De315；工作压力1.6MPa。耐腐蚀性好、抗衰老性强、黏结方便、价格低、产品规格全、质地坚硬，符合输送纯净饮用水标准，受本身性质所限，对热不稳定，不能输送热水，承受压力小，有脆性且易老化，连接采用胶水，目前尚未解决胶水的毒性问题，且管道卫生性较差，该管材为早期替代镀锌钢管的管材，现已不推广使用。硬聚氯乙烯管通常采用承插粘接，也可采用橡胶密封圈柔性连接、螺纹连接或法兰连接。

5. 聚丁烯管（PB）

聚丁烯管是用高分子树脂制成的高密度塑料管，管材质软、耐磨、耐热、抗冻、无毒无害、耐久性好、质量轻、施工安装简单，不能抵抗强氧化剂的作用、强度低、耐热性差。冷水管工作压力为1.6～2.5MPa，热水管工作压力为1.0MPa。能在－20～95℃安全使用，适用于冷、热水系统。聚丁烯管与管件的连接方式有三种，即铜接头夹紧式连接、热熔插接、电熔连接。

6. 聚乙烯管（PE）

聚乙烯管包括高密度聚乙烯管（HDPE）和低密度聚乙烯管（LDPE）。聚乙烯管质量轻、韧性好、耐腐蚀、可盘绕、耐低温性能好、运输及施工方便、具有良好的柔性和抗蠕变性能，是目前比较理想的冷热水及饮用水塑料管材。聚乙烯管道的连接可采用电熔、热熔、橡胶圈柔性连接，工程上主要采用熔接。

7. 交联聚乙烯管（PEX）

交联聚乙烯是一种高分子材料，分子结构为线状，具有耐腐蚀、耐寒冷和韧性强等优点。但当外界温度升高时，线性分子之间的结合力（范德华力）随之减弱，材料发生变形，产生蠕变，刚性不足，机械性能下降，并因温度影响而使伸缩量变大，具有可燃性等缺点。目前国内产品常用规格为De16～De63，主要用于建筑室内热水给水系统上。管径小于或等于25mm的管道与管件采用卡套式，管径大于或等于32mm的管道与管件采用卡箍式连接。

8. 丙烯腈-丁二烯-苯乙烯管（ABS）

ABS管材是丙烯腈、丁二烯、苯乙烯的三元共聚物，丙烯腈提供了良好的耐蚀性、表面硬度，丁二烯作为一种橡胶体提供了韧性，苯乙烯提供了优良的加工性能。三者组合，使ABS管强度大，韧性高，承受冲击。ABS管材具有使用温度范围宽，冲击强度高，抗蠕变性、耐磨性、耐腐蚀性好，连接简单等特点，耐热性较差。ABS管可用作给水、排水，自来水、纯净水输送管，空调工程配管，冰水系统用管，海水输送管，集排污水管，流体处理用管，电气配管，游泳池用管，饮料用输送管，压缩空气配管，环保工程用管等。ABS管材的工作压力1.6MPa，常用规格为De15～De300，使用温度为－40～60℃；热水管规格不全，使用温度－40～95℃，连接方式为黏结。

9. 钢塑复合管

钢塑复合管产品以无缝钢管、焊接钢管为基管，内壁涂装高附着力、防腐、食品级卫生型的聚乙烯粉末涂料或环氧树脂涂料。采用前处理、预热、内涂装、流平、后处理工艺制成的给水镀锌内涂塑复合钢管，是传统镀锌管的升级型产品，钢塑复合管一般用螺纹连接。钢塑复合管依据复合管基材不同，可分为衬塑复合管和涂塑复合管两种。衬塑钢管是在传统的输水钢管内插入一根薄壁的PVC管，二者紧密结合成了PVC衬塑钢管；涂塑钢管是以普通碳素钢管为基材，将高分子PE粉末融熔后均匀地涂敷在钢管内壁，塑化后，形成光滑、致密的塑料涂层。

钢塑复合管兼备了金属管材的强度高、耐高压、能承受较强的外来冲击力和塑料管材的耐腐蚀、不结垢、导热系数低、流体阻力小等优点。将金属管和塑料管的优点集中于一体。在发达国家早已用作给水管材。钢塑复合管可采用沟槽式、法兰式或螺纹式连接，同原有的镀锌管系统完全相容，应用方便，但需在工厂预制，不宜在施工现场切割。

1.2.2 管道附件

管道附件分为配水附件和控制附件和其他附件3类，在给水系统中起调节水量、水压，控制水流方向和通断水流等作用。

1. 配水附件

配水附件是指为各类卫生洁具或受水器分配或调节水流的各式水龙头（或阀件），是使用最为频繁的管道附件，产品应符合节水、耐用、通断灵活、美观等要求。常见配水附件如图1-8所示。

（1）陶瓷芯片水龙头。陶瓷芯片水龙头采用精密的陶瓷片作为密封材料，由动片和定片组成，通过手柄的水平旋转或上下提压造成动片与定片的相对位移启闭水源，解决了普通水嘴的漏水问题，使用方便，能承受高温及高腐蚀，有很高的硬度，光滑平整、耐磨，是现在广泛推荐的产品。但水流阻力较大，价格较昂贵。

(2) 旋塞式水龙头。旋塞式水龙头的主要零件为柱状旋塞，沿径向开有一圆形孔，旋塞限定旋转90°即可完全关闭，短时间内可获得较大流量，因水流呈直线流过水嘴，阻力较小，可设在压力不大（10kPa左右）的给水系统上；但由于启闭迅速，容易产生水击，一般配水点不宜采用，仅用于浴池、洗衣房、开水间等需迅速启闭的配水点。

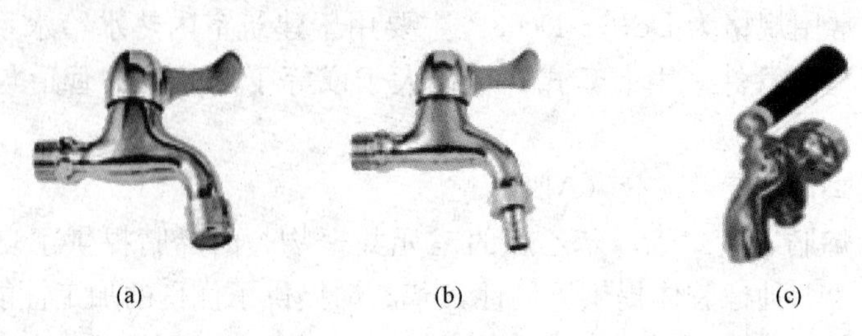

(a) (b) (c)

图1-8 常见配水附件

(a) 陶瓷芯片水龙头；(b) 皮带水龙头；(c) 旋塞式水龙头

(3) 混合水龙头。混合水龙头安装在洗面盆、浴盆等卫生器具上，通过控制冷、热水流量调节水温，作用相当于两个水龙头，故混合水龙头水嘴有双把手和单把手之分。使用时将手柄上下移动控制流量，左右偏转调节水温。

(4) 延时自闭水龙头。延时自闭水龙头主要用于酒店及商场等公共场所的洗手间，使用时将按钮下压，每次开启持续一定时间后，靠水压力及弹簧的增压而自动关闭水流。

(5) 自动控制水龙头。自动控制水龙头根据光电效应、电容效应、电磁感应等原理，自动控制水龙头的启闭，将手或盛水容器、洗涤物品伸入感应范围内，水龙头即自动出水，离开后即停止出水，能有效达到节水功能。常用于建筑装饰标准较高的盥洗、淋浴、饮水等水流控制。

2. 控制附件

控制附件是用于调节水量、水压、关断水流、控制水流方向、水位的各式阀门。控制附件应符合性能稳定、操作方便、便于自动控制、精度高等要求。给水管道上使用的各类阀门的材质，应耐腐蚀、耐压。根据管径大小与所承受压力等级，一般可采用铁壳铜芯、全铜全不锈钢和全塑的阀门。常见控制附件如图1-9所示。

(1) 闸阀。闸阀又叫闸板阀或闸门，用来开启和关闭管道中水流，调节流量。闸阀是指关闭件（闸板）由阀杆带动，沿阀座密封面作升降运动的阀门，一般用于口径DN≥70mm的管路。闸阀具有流体阻力小、开闭所需外力较小、介质流向不受限制等优点；但水中有杂质落入阀座后，不能关闭到底，产生磨损和漏水。水流阻力要求较小时采用。

(2) 截止阀。截止阀是指关闭件（阀瓣）由阀杆带动，沿阀座（密封面）轴线作升降运动的阀门，只能用来关闭水流，不能调节流量。截止阀具有开启高度小、关闭严密、在开闭过程中密封面的摩擦力比闸阀小、耐磨等优点；但水头损失较大，开闭力矩较大，结构长度较长，一般用于DN≤200mm以下管道。需调节流量、水压时，宜采用截止阀。

(3) 蝶阀。蝶阀是指启闭件（蝶板）绕固定轴旋转的阀门，起调节、节流和关闭作用，结构简单、尺寸紧凑、启闭灵活、开启度指示清楚、水流阻力小。蝶阀的主要缺点是蝶板占据一定的过水断面，增大水头损失，且易挂积杂物和纤维。

(4) 球阀。球阀具有截止阀或闸阀的作用，在管路中用来做切断、分配和改变介质的流动方向，适用于安装空间小的场所。与截止阀和闸阀相比，球阀具有流体阻力小、结构简单、体积小、质量轻、开闭迅速等优点，但容易产生水击。

（5）止回阀。止回阀指启闭件（阀瓣或阀芯）借介质作用力，自动阻止介质逆流的阀门，阻止水流的反向流动。一般安装在引入管、密闭的水加热器或用水设备的进水管、水泵出水管、进出水管合用一条管道的水箱（塔、池）出水管段上。根据启闭件动作方式不同，分为旋启式止回阀、升降式止回阀、消声止回阀、缓闭止回阀等。

图1-9 常见控制附件

止回阀的类型根据所需开启压力、关闭后的密闭性能和关闭时引发的水锤大小等因素来选择。在引入管，密闭的水加热器或用水设备进水管，水泵出水管，水箱、水塔、高地水池出水管段上都需要设置止回阀。给水管道的上述管段如装有倒流器，则不需再装止回阀。

（6）减压阀。给水管网的压力高于配水点允许的最高使用压力时，应设置减压阀，减压阀的作用是降低水流压力。在高层建筑中使用可简化给水系统，减少水泵和减压水箱数量，增加建筑的使用面积，降低投资，防止水质二次污染。在消火栓给水系统中可用它防止消火栓栓口处超压现象。给水系统中常用的减压阀有比例式减压阀和可调式减压阀两种。供水保证率要求高的给水管道上设置减压阀时，宜采用两个减压阀，并联设置，一用一备，不得设置旁通管。

（7）安全阀。安全阀是一种保安器材，是在管网和其他设备所承受的压力超过规定的情况时，为了避免遭受破坏而装设的附件。一般有弹簧式和杠杆式两种。

(8) 泄压阀。泄压阀与水泵配套使用，主要安装在供水系统中的泄水旁路上，保证供水系统的水压不超过主阀上导阀的设定值，确保供水管路、阀门及其他设备的安全。

(9) 浮球阀。浮球阀指由曲臂和浮球自动控制水塔或水池的液面，保养简单，灵活耐用，液位控制准确度高，水位不受水压干扰且开闭紧密不漏水。当充水到既定水位时，浮球随水位浮起，关闭进水口，防止溢流；当水位下降时，浮球下落，进水口开启。为保障进水可靠，一般采用两个浮球阀并联安装，且浮球阀前应安装阀门用以检修。

浮动球阀适用于化工、石油、天然气、冶金等行业，及含硫化氢介质、杂质多、腐蚀严重的天然气长输管线。

(10) 多功能阀。多功能阀兼有电动阀、止回阀和水锤消除器的功能，一般装在口径较大的水泵出水管路的水平管段上。

另外，还有紧急关闭阀，用于生活小区中消防用水与生活用水并联的供水系统，当消防用水时，阀门自动紧急关闭，切断生活用水，保证消防用水，当消防结束时，阀门自动打开，恢复生活供水。

3. 水表

水表是一种计量用户累计用水量的仪表。通常设置在建筑物的引入管、住宅和公寓建筑的分户配水支管、公用建筑物内需要计量的水管上。它主要由外壳、翼轮和传动指示机构等部分组成。

(1) 水表的类型。根据工作原理将水表分为流速式水表和容积式水表两类，容积式水表要求通过的水质良好，精密度高，结构复杂，很少采用。目前建筑给水系统中普遍采用流速式水表。流速式水表根据管径一定时，水流通过水表的流速和流量呈正比的关系来测量。而流速式水表按翼轮构造不同分为旋翼式和螺翼式。旋翼式的翼轮转轴与水流方向垂直，阻力较大，多为小口径水表，宜用于测量小流量；螺翼式的翼轮转轴与水流方向平行，阻力较小，为大口径水表，宜用于测量较大流量。旋翼式、螺翼式水表内部构造如图 1-10 所示，其规格性能见表 1-2 和表 1-3。

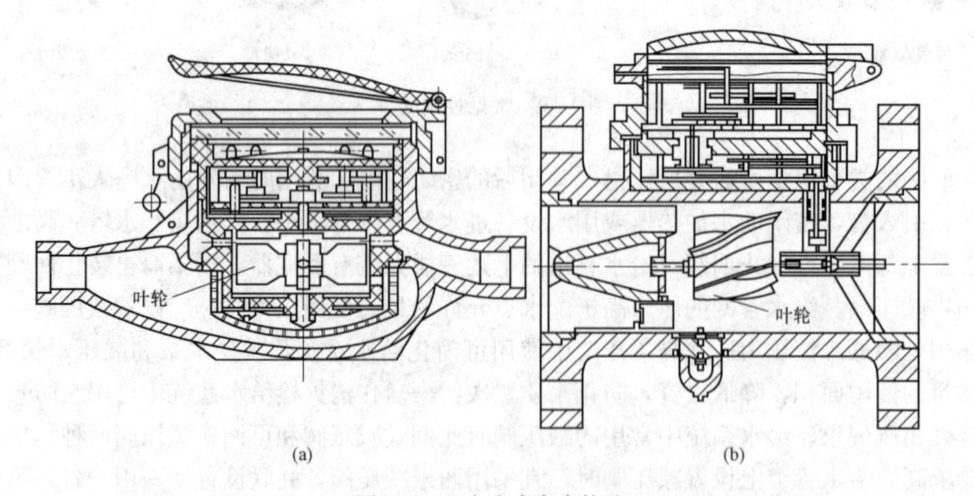

图 1-10 流速式水表构造

(a) 旋翼式；(b) 螺翼式

表1-2 旋翼湿式水表技术数据

直径（mm）	特性流量	最大流量	额定流量	最小流量	灵敏度（m^3/h）	最大示值（m^3）
	m^3/h					
15	3	1.5	1.0	0.045	≤0.017	10^3
20	5	2.5	1.6	0.075	≤0.025	10^3
25	7	3.5	2.2	0.090	≤0.030	10^3
32	10	5	3.2	0.120	≤0.040	10^5
40	20	10	6.3	0.220	≤0.070	10^5
50	30	15	10.0	0.400	≤0.090	10^5
80	70	35	22.0	1.100	≤0.300	10^6
100	100	50	32.0	1.400	≤0.400	10^6
150	200	100	63.0	2.400	≤0.550	10^6

表1-3 水平螺翼式水表技术数据

直径（mm）	流通能力	最大流量	额定流量	最小流量	最小示值	最大示值
	m^3/h				m^3/h	
80	65	100	60	3	0.1	10^5
100	110	150	100	4.5	0.1	10^5
150	270	300	200	7	0.1	10^6
200	500	600	400	12	0.1	10^7
250	800	950	450	20	0.1	10^7
300		1500	700	35	0.1	10^7
400		2800	1400	60		10^7

按水流方向不同可分为立式和水平式两种；按适用介质温度不同分为冷水表和热水表两种。随着现代技术的发展，远传式水表、IC卡智能水表已得到广泛应用。常用水表类型如图1-11所示。

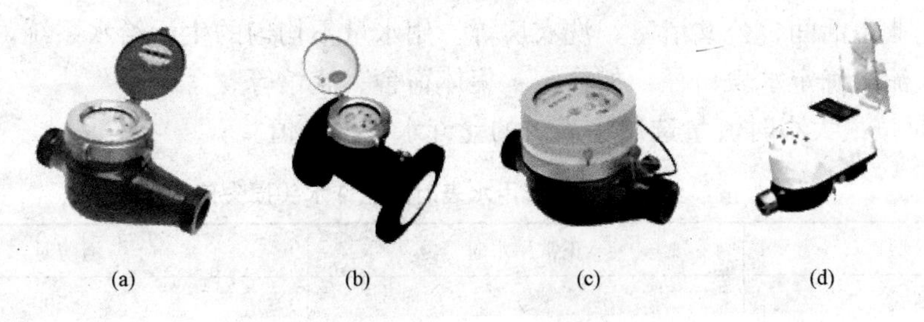

(a) (b) (c) (d)

图1-11 常用水表类型

(a) 旋翼式水表；(b) 螺翼式水表；(c) 远传式水表；(d) IC卡智能水表

(2) 水表的性能参数。

1）过载流量。水表在规定误差使用的上限流量。过载流量时，水表只能短时间使用而不至损坏。水流通过螺翼式水表产生 10kPa 水头损失时的流量值。

2）特性流量。水流通过旋翼式水表产生 100kPa 水头损失时的流量值，此值为水表的特性指标。以 H_B 表示其特性系数，根据水力学原理有

$$H_B = \frac{Q_B^2}{K_B} \tag{1-1}$$

$$K_B = \frac{Q_t^2}{100} \tag{1-2}$$

式中 H_B——水流通过水表的水头损失（kPa）；

Q_B——通过水表的流量（m^3/h）；

K_B——水表特性系数；

Q_t——旋翼式水表特性流量（m^3/h）；

100——水表通过特性流量时的水头损失值（kPa）。

对于螺翼式水表，根据流通能力的定义，则有

$$K_B = \frac{Q_L^2}{10} \tag{1-3}$$

式中 Q_L——螺翼式水表的流通能力（m^3/h）；

10——水表通过流通能力时的水头损失值（kPa）。

3）额定流量。水表可以长时间正常运转的上限流量值，也称公称流量或常用流量。

4）最小流量。水表能够开始准确指示的流量值，是水表正常运转的下限值。

5）分界流量。水表误差限度改变时的流量。

6）灵敏度。水表开始连续指示的流量值，也称启动流量、始动流量。

（3）水表的选用。

1）水表类型的确定。应综合考虑用水量及其变化幅度、水质、水温、水压、水流方向、管道口径、安装场所等因素，经过比较后确定。一般管径小于或等于 50mm 时采用旋翼式水表；管径大于 50mm 时采用螺翼式水表；流量变化幅度很大时采用复式水表；水温小于或等于 40℃时选用冷水表，水温大于 40℃时选用热水表。

2）水表口径的确定。一般以通过水表的设计流量小于水表的额定流量确定水表的公称直径。用水量均匀的生活给水系统，应以给水设计流量选定水表的额定流量来确定水表口径，如工业企业生活间、公共浴室、洗衣房等。用水量不均匀的生活给水系统，以设计流量选定水表最大流量确定水表口径，如住宅、集体宿舍、旅馆等。

表 1-4 是按最大小时流量选用水表时的允许水头损失值。

表 1-4　按最大小时流量选用水表时的允许水头损失值　kPa

类　型	正常用水时	消防时
旋翼式	<25	<50
螺翼式	<13	<30

【例 1-1】 经计算总水表通过的设计流量为 $50m^3/h$，分户支管通过水表的设计流量为 $3.2m^3/h$。试计算水头损失。已知 DN80 的水平螺翼式水表，其额定流量为 $60m^3/h$，流通

能力为 65m³/h；DN25 的旋翼湿式的水表其最大流量为 3.5m³/h，特性流量 Q_t 为 7.0m³/h。

解：总进水管上的设计流量为 50m³/h。查表 1-3 得 DN80 的水平螺翼式水表，其额定流量为 60m³/h，流通能力为 65m³/h，水表水头损失为

$$K_B=\frac{Q_L^2}{10}=\frac{65^2}{10}=422.5$$

$$H_B=\frac{Q_B^2}{K_B}=\frac{50^2}{422.5}=5.92\text{kPa}<13\text{kPa}$$

满足要求（此处暂未计入消防流量），故总水表口径定为 DN80。

各分户支管流量为 3.2m³/h，又因住宅用水不均匀性，按 $Q_g<Q_{max}$ 选定水表，从表 1-2 中查得，DN25 的旋翼湿式的水表其最大流量为 3.5m³/h，特性流量 Q_t 为 7.0m³/h。水表的水头损失为

$$K_B=\frac{Q_t^2}{100}$$

$$H_B=\frac{Q_B^2}{K_B}=\frac{Q_B^2\times100}{Q_t^2}=\frac{3.2^2\times100}{7.0^2}=20.90\text{kPa}<25\text{kPa}$$

满足要求，故分户水表的口径确定为 DN25。

(4) 水表的设置。住宅的分户水表宜相对集中读数，宜设置于户外观察方便、不冻结、不被任何液体及杂质所淹没和不易受损坏的地方。

1) 传统方式。在厨房或卫生间用水比较集中处设置给水立管，每户设置水平支管，安装阀门、分户水表，再将水送到各用水点。这种方式管道系统简单，管道短，耗材少，沿程阻力小，但必须入户抄表，不能保证房主的私密性。

2) 分层方式。将给水立管设于楼梯平台处，墙体预留 500mm×300mm×220mm 的分户水表箱安装孔洞。这种方式节省管材，水头损失小，适合于高层住宅。

3) 首层集中方式。将分户水表集中设置在首层管道井或室外水表井，每户有独立的进户管、立管。适合于多层建筑，便于抄表，减轻抄表人员劳动强度，维修方便，但管材耗量大，立管必须在公共区域布置，不准在户内通过。

4) 远传方式。远传水表为一次水表，发出传感信号，通过电缆线被采集到数据采集箱（又称二次表），采集箱上的数码管显示水表运行状态，记录相关信息。这种方式使给水管道布置灵活，节省管材，管理方便。

5) IC 卡计量方式。用户将已充值的 IC 卡插入水表存贮器，通过电磁阀来控制水的通断，用水时 IC 卡上的金额会自动被扣除。

6) 管道过滤器。管道过滤器是指液压系统中用于管路部分的过滤器。主要由接管、筒体、滤篮、法兰、法兰盖及紧固件等组成。用于除去液体中少量固体颗粒，安装在水泵吸水管、水加热器进水管、换热装置的循环冷却水进水管上，以及进水总表、住宅进户水表、减压阀、自动水位控制阀，温度调节阀等阀件前，可以使设备免受杂质的冲刷、磨损、淤积和堵塞，保证设备正常运行。

7) 倒流防止器。多数城市往往只建一个给水管网，它除了主要供应生活用水外，还供应消防用水、工业用水、绿化用水等方面的非生活饮用水，因此，需要从生活饮用水管道接出非生活饮水管道。然而，非生活饮用水管道由于长期不用或在使用过程中和环境接触受到污染，一旦产生倒流，生活饮用水管网就有被严重污染的可能。生活饮用水管道上接出的非

生活饮用水管道中，不论其中的水是否已被污染，只要倒流入生活饮用水管道，均称为倒流污染。

倒流防止器是防止倒流污染的专用附件，由进口止回阀、自动漏水阀和出口止回阀组成，阀前水压不应小于0.12MPa，才能保证水正常通过流动，当管道出现倒流防止器出口端压力高于进口端压力时，只要止回阀无渗漏，泄水阀不会打开泄水。管道中的水也不会出现倒流。当两个止回阀中有一个渗漏时，自动泄水阀就会泄水，防止倒流产生。

8）水锤消除器。水锤消除器能在无需阻止流体流动的情况下，有效消除各类流体在传输系统可能产生的水外锤和浪涌发生的不规则水击波振荡，从而消除具有破坏性的冲击波，起到保护目的。可安装在水平、垂直、甚至倾斜的管路中。

1.3 给水管道的布置与敷设

合理地布置室内给水管道和确定管道的敷设方式，以保证供水的安全可靠，节省工料，便于施工和日常维护管理。给水管道的布置与敷设，除满足自身要求外，还要充分了解该建筑物的建筑功能和结构情况、做好与建筑、结构、暖通及电气等专业的配合，避免管线的交叉、碰撞，以便于工程施工和维修管理。管网布置的总原则：缩短管线、减少阀门、安装维修方便、不影响美观。

1.3.1 给水管道的布置

1. 给水管道布置形式

（1）按供水可靠程度不同，分为枝状和环状两种形式。枝状管网单向供水，可靠性差，节省管材，造价低，一般建筑内给水管网宜采用枝状布置；环状管网双向甚至多向供水，管道互相连通，可靠性高，管线长，造价高，用于不允许间断供水的建筑和设备。

（2）按水平干管位置不同分为上行下给、下行上给和中分式三种形式。上行下给式指干管设在顶层顶棚下、吊顶内或技术夹层中，由上向下供水，适用于设置高位水箱的居住与公共建筑和地下管线较多的工业厂房；下行上给式指干管埋地、设在底层或地下室中，由下向上供水，适用于利用市政管网直接供水或增压设备位于底层但不设高位水箱的建筑；中分式的干管设在中间技术夹层或某中间层的吊顶内，由中间向上、下两个方向供水，适用于屋顶用作露天茶座、舞厅并设有中间技术夹层的建筑。

2. 给水管道布置要求

（1）满足良好的水力条件，确保供水可靠性，力求经济合理。管道尽可能与墙、梁、柱平行，呈直线走向，力求管路简短，减少工程量，降低造价，不能有碍于生活、工作和通行；一般设置在管井、吊顶内或墙角边。干管应布置在用水量大或不允许间断供水的配水点附近，既利于供水安全，又可减少流程中不合理的转输流量，节省管材。当建筑物不允许间断供水时，引入管要设置两条或两条以上，并应由市政管网不同侧引入，在室内将管道连成环状或贯通状双向供水。如不可能时可由同侧引入，但两根引入管间距不得小于15m，并应在接管点间设置阀门。

（2）保证建筑物的使用功能和生产安全。室内给水管道的布置，不得妨碍生产操作、交通运输和建筑物的使用；为避免管道渗漏，造成配电间电气设备故障或短路，管道不能从变配电间通过；不得穿越电梯机房、通信机房、大中型计算机房、计算机网络中心、有屏蔽要求的X光/CT室、档案室、书库、音像库房等；给水管道应避免穿越人防地下室，必须穿越时应按人防工程要求设置防爆阀门；也不能布置在妨碍生产操作和交通运输处或遇水能引起燃烧、爆炸或损坏的设备、产品和原料上；不宜穿过橱窗、壁柜、吊柜等设施或在机械设备上方通过，以免影响各种设施的功能和设备的维修。

（3）保证给水管道的正常使用。生活给水引入管与污水排出管管道外壁的水平净距不小于1.0m，室内给水管与排水管之间的最小净距，平行埋设时应为0.5m；交叉埋设时应为0.15m，给水管应在排水管的上面。

室内给水管道不得布置在烟道、风道、电梯井内、排水沟内；不得穿过橱窗、壁柜、吊柜、木装修处；给水管道不得穿过大便槽和小便槽，且立管离大便槽和小便槽端部不得小于0.5m。生活给水管道不得与输送易燃、可燃或有害的液体或气体的管道同管廊（沟）敷设。

室内给水管道不宜穿过伸缩缝、沉降缝，必须穿过时应采取保护措施，设置补偿管道伸缩和剪力变形的装置。常用的措施有：在管道或保温层外皮上、下留有不小于150mm的净空；软性接头法即用橡胶软管或金属波纹管连接沉降缝、伸缩缝隙两边管道；沉降过程中两边沉降差由丝扣弯头旋转来补偿，此方法适用于小管径管道；在沉降缝两侧设立支架，使管道只能垂直位移，不能水平横向位移，以适应沉降、伸缩之应力。丝扣弯头法与活动支架法分别见图1-12和图1-13。

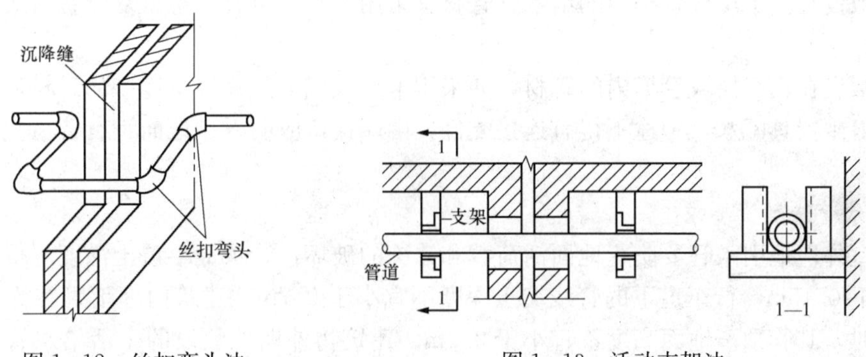

图1-12　丝扣弯头法　　图1-13　活动支架法

（4）便于管道的安装与维修。布置管道时周围要留有一定空间，以满足安装、维修要求，管道井应每层设外开检修门。管道井尺寸，应根据管道数量、管径大小、排列方式、维修条件，结合建筑平面和结构形式等合理确定。需进入维修管道的管井，其维修人员的工作通道净宽度不宜小于0.6m。

室内给水立管与墙面的最小净距见表1-5。

表1-5　室内给水立管与墙面的最小净距

立管管径（mm）	<32	32～50	70～100	125～150
与墙面净距（mm）	25	35	50	60

1.3.2　给水管道的敷设

1. 给水管道敷设形式

根据建筑对卫生、美观方面的要求，给水管道敷设一般分为明设和暗设两类。

明设是指管道沿墙、梁、柱、天花板下暴露敷设。其优点是造价低，施工安装和维护修理均较方便。缺点是由于管道表面积灰、产生凝结水等影响环境卫生，而且管道外露影响房屋内部美观。一般装修标准不高的民用建筑和大部分生产车间均采用明设方式。室外明设的管道，在结冻地区要做保温层，在非结冻地区也宜做保温层，以防止管道受阳光照射后管内水温高，导致用水时水温忽热忽冷，水温升高管内的水受到"热污染"，给细菌繁殖提供良好的环境。室外明设的塑料给水管道不需保温时，亦应有遮光措施，以防塑料老化缩短使用寿命。

暗设是将管道直接埋地或埋设在墙槽、楼板找平层中，或隐蔽敷设在地下室、技术夹层、管道井、管沟或吊顶内。管道暗设卫生条件好、美观，对于标准较高的高层建筑、宾馆、实验室等均采用暗设；在工业企业中，针对某些生产工艺要求，如精密仪器或电子元件车间要求室内洁净无尘时，也采用暗设，造价高，施工复杂、维修困难。给水管道暗装时，应符合下列要求：

(1) 不得直接敷设在建筑物结构层内。

(2) 干管和立管应敷设在吊顶、管井、管窿内，支管宜敷设在楼（地）面的找平层内或沿墙敷设在管槽内。

(3) 敷设在找平层或管槽内的给水支管的外径不宜大于25mm。

(4) 敷设在找平层或管槽内的给水管管材宜采用塑料、金属与塑料复合管材或耐腐蚀的金属管材。

(5) 敷设在找平层或管槽内的管材，如采用卡套式或卡环式接口连接的管材，宜采用分水器向各卫生器具配水，中途不得有连接配件，两端接口应明露，地面宜有管道位置的临时标识。

2. 给水管道敷设要求

(1) 室外埋地引入管要防止地面活荷载和冰冻的破坏，管顶最小覆土深度不得小于土壤冰冻线以下0.15m，行车道下的管线覆土深度不宜小于0.7m。建筑内埋地管在无活荷载和冰冻影响时，其管顶离地面高度不宜小于0.3m。建筑物外埋地敷设的生活给水管与排水管之间的最小净距，平行埋设时不应小于1m。

(2) 给水管道穿过建筑物墙体或基础预留洞时，为保护管道不致因建筑沉降而损坏，管顶上部净空不得小于建筑物的沉降量，一般不小于0.1m。引入管进入建筑内有两种情况，一种由浅基础下面通过，另一种穿过建筑物基础，如图1-14所示。给水管道与污水管道或输送有毒液体管道交叉时，给水管道应敷设在上面，且不应有接口重叠；当给水管道敷设在下面时，应采用钢管或钢套管，钢套管伸出交叉管的长度，每端不得小于3m，钢套管的两端应采用防水材料封闭。

(3) 干管和立管应敷设在吊顶、管井、管窿内，支管宜敷设在楼（地）面的平层内或沿墙敷设在管槽内。明设立管应布置在不易受撞击处，如果不能避免时，应在管外加保护措施。塑料给水管道不得布置在灶台上边缘；明设的塑料给水立管距灶台边缘不得小于0.4m，距燃气热水器边缘不宜小于0.2m。达不到此要求时，应有保护措施。塑料给水管道不得与水加热器或热水炉直接连接，应有不小于0.4m的金属管段过渡。室内给水管道上的各种阀门，宜装设在便于检修和便于操作的位置。室外给水管道上的阀门，宜设置在阀门井或阀门套筒内。

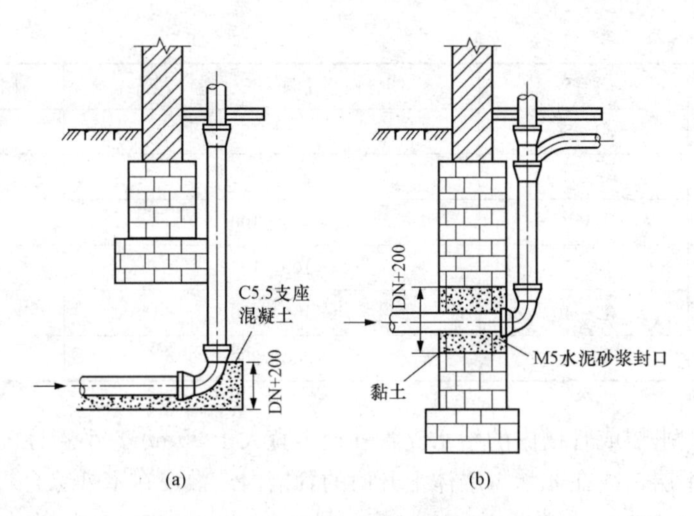

图1-14 引入管穿基础时预留孔洞要求

(a) 从浅基础下通过；(b) 穿基础

(4) 管道在空间敷设时，必须采取固定措施，保证施工方便和供水安全。固定管道可用管卡、吊环、托架等，如图1-15所示。给水钢立管一般每层须安装1个管卡，当层高大于5m时，则每层须安装2个，管卡安装高度，距地面应为1.5～1.8m。

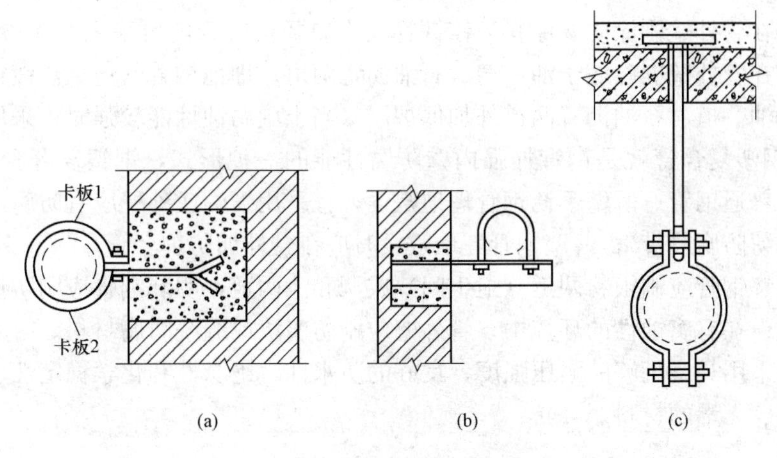

图1-15 管道支、吊架

(a) 管卡；(b) 托架；(c) 吊环

(5) 给水管道不宜穿过伸缩缝、沉降缝和变形缝，必须穿过时应采取相应措施。如给水横管穿承重墙或基础、立管穿楼板时均应预留孔洞，暗装管道在墙中敷设时，也应预留墙槽，以免临时打洞、刨槽影响建筑结构的强度。管道预留孔洞和墙槽的尺寸见表1-6。塑料给水管道在室内宜暗设。

表1-6 给水管预留孔洞、墙槽尺寸 mm

管道名称	管径	明管预留孔洞［长（高）×宽］	暗管墙槽（宽×深）
立管	≤25	100×100	130×130

续表

管道名称	管径	明管预留孔洞［长（高）×宽］	暗管墙槽（宽×深）
立管	32～50	150×150	150×130
	70～100	200×200	200×200
2根立管	≤32	150×100	200×130
横支管	≤25	100×100	60×60
	32～40	150×130	150×100
入户管	≤100	300×200	

(6) 敷设在找平层或管槽内的给水支管外径不宜大于25mm。小管径配水支管，可直接埋设在楼板面找平层，或在非承重墙体上开凿的管槽内。敷设在室外综合管廊（沟）内的给水管道，宜在热水和热力管道下方，冷冻管和排水管上方。室内冷、热水管上、下平行敷设，冷水管应在热水管下方，垂直平行敷设，冷水管应在热水管右侧。给水管道与各管之间净距，应满足安装操作需要，不宜小于0.3m。

1.3.3 给水管道的防护

1. 防腐蚀

明设和暗设的金属管道都要采取防腐措施，通常防腐做法是先对管道除锈，使之露出金属光泽，然后在管外壁刷涂防腐涂料。铸铁管及大口径钢管管内可采用水泥砂浆衬里防腐。埋地铸铁管宜在管外壁刷冷底子油一遍、石油沥青两道；埋地钢管（包括热镀锌钢管）宜在外壁刷冷底子油一道、石油沥青两道外加保护层（当土壤腐蚀性能较强时可采用加强级或特加强防腐）；钢塑复合管就是钢管加强内壁防腐性能的一种形式，钢塑复合管埋地敷设时，其外壁防腐同普通钢管；薄壁不锈钢管埋地敷设，宜采用管沟或外壁应有防腐措施（管外加防腐套管或外缚防腐胶带）；薄壁铜管埋地敷设时应在管外加防护套管。

明装热镀锌钢管应刷银粉两道（卫生间）或调和漆两道；明装铜管应刷防护漆。

当管道敷设在有腐蚀性的环境中，管外壁应刷防腐漆或缠绕防腐材料。

防腐层应采用具有足够的耐压强度、良好的防水性、绝缘性和化学稳定性、能与被保护管道牢固黏结、无毒的材料。

2. 防冰冻

敷设在有可能结冻的房间、地下室及管井、管沟等地方的生活给水管道，为保证冬季安全使用应有防冻保温措施。保温层外壳，应密封防渗。金属管保温层厚度根据计算确定，但不能小于25mm。

3. 防结露

在湿热的气候条件下，或在空气湿度较高的房间内敷设给水管道，由于管道内的水温较低，空气中的水分会凝结成水附着在管道表面，严重时还会产生滴水，这种管道结露现象，会引起管道或设备腐蚀，影响使用及环境卫生，导致装饰、物品等受损害。在这种情况下，给水管道必须做防结露保冷层，防结露措施是设置防潮绝缘层，一般与防冰冻方法相同。

4. 防渗漏

管道布置不当，或管材质量和施工质量低劣，均可能导致管道漏水，不仅浪费水量，影响给水系统正常供水，还会损坏建筑，特别是湿陷性黄土地区，埋地管漏水将会造成土壤湿陷，严重影响建筑基础稳固性。防漏的主要措施是避免将管道布置在易受外力损坏的位置，或采取必要的保护措施，避免其直接承受外力。

给水管道穿越下列部位或接管时，应设置防水套管：穿越地下室或地下构筑物的外墙处；穿越屋面处（有可靠的防水措施时，可不设套管）；穿越钢筋混凝土水池（箱）的壁板或地板连接管道。

5. 防太阳照射

室外明设给水管道宜做保温层，防止管道受阳光照射后管内水温升高，导致用水时水温忽热忽冷，不舒适，且水温升高还给细菌繁殖提供了良好的环境，室外明设的塑料给水管道不需保温时，亦应有遮光措施，以防塑料老化缩短使用寿命。

6. 防振动

管道中水流速度过大，启闭水龙头、阀门易出现水锤现象，引起管道、附件振动，不但会损坏管道附件造成漏水，还会产生噪声。设计时应控制管道水流速度，在系统中尽量减少使用电磁阀或速闭型水栓。住宅建筑进户管阀门后，装设可曲挠橡胶接头进行隔振；并可在管道支架、管卡内衬垫减振材料，减少噪声扩散。住宅建筑进户管阀门后（沿水流方向），宜装设家用可曲挠橡胶接头进行隔振，如图 1 - 16 所示。可在管支架、吊架内衬垫减振材料，以降低噪声扩散，如图 1 - 17 所示。

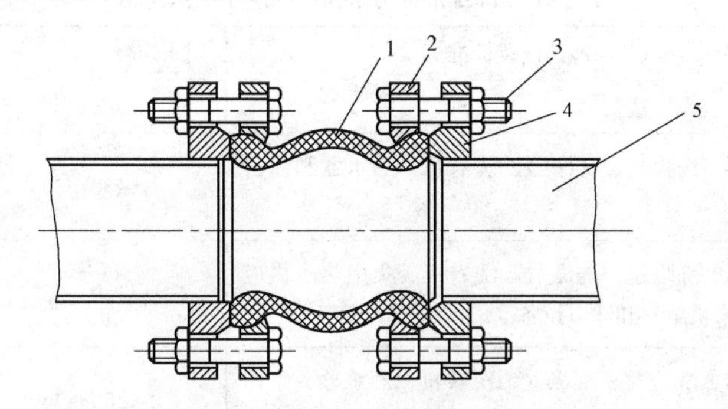

图 1 - 16 可曲挠橡胶接头

1—可曲挠橡胶接头；2—特制法兰；3—螺杆；4—普通法兰；5—管道

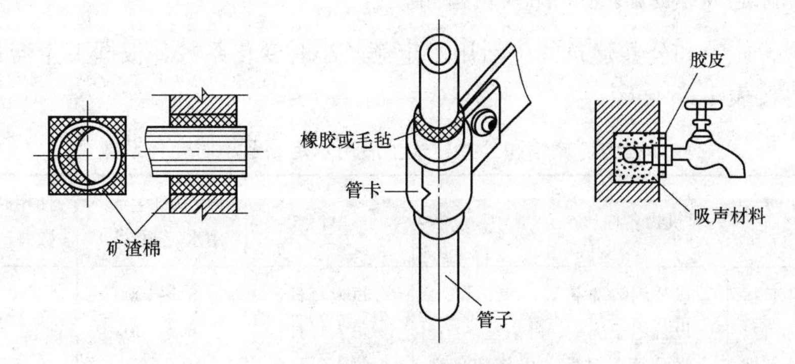

图 1 - 17 各种管道器材的防噪声措施

1.4 给水系统水量和水压

1.4.1 给水系统所需水量

1. 用水定额

用水定额是计算用水量的依据，根据具体的用水对象和用水性质确定一定时期内相对合理的单位用水量的数值，合理选定用水定额直接关系到给水系统的规模及工程造价。根据各个地区的人民生活水平、消防和生产用水情况，用水定额主要有生活用水定额、生产用水定额、消防用水定额。

生活用水定额指每个用水单位用于生活目的所消耗的水量，包括居住建筑和公共建筑生活用水定额及工业企业建筑生活、淋浴用水定额等。生活用水定额受当地气候、建筑物使用性质、卫生器具和用水设备完善程度、使用者生活习惯及水价等多种因素影响，一般是不均匀的。最高日用水时间内用水量最大的1h称为最大时用水量，最高日最大时用水量与平均时用水量比值称为小时变化系数。

住宅的最高日生活用水定额及小时变化系数，根据住宅类别、建筑标准、卫生器具完善程度和区域等因素，可按表1-7确定。

表1-7 住宅最高日生活用水定额及小时变化系数

住宅类别		卫生器具设置标准	用水定额［L/（人·d)］	小时变化系数 K_h
普通住宅	Ⅰ	有大便器、洗涤盆	85～150	3.0～2.5
	Ⅱ	有大便器、洗脸盆、洗涤盆、洗衣机、热水器和沐浴设备	130～300	2.8～2.3
	Ⅲ	有大便器、洗脸盆、洗涤盆、洗衣机、集中热水供应（或家用热水机组）和沐浴设备	180～320	2.5～2.0
别墅		有大便器、洗脸盆、洗涤盆、洗衣机、洒水栓、家用热水机组和沐浴设备	200～350	2.3～1.8

注 1. 当地主管部门对住宅生活用水定额有具体规定时，应按当地规定执行。
2. 别墅用水定额中含庭院绿化用水和汽车抹车用水。

集体宿舍、旅馆和公共建筑的生活用水定额及小时变化系数，根据卫生器具完善程度和区域条件，可按表1-8确定。

表1-8 集体宿舍、旅馆和公共建筑生活用水定额及小时变化系数

序号	建筑物名称		单位	最高日生活用水定额（L）	使用时数（h）	小时变化系数 K_h
1	单身职工宿舍、学生宿舍、招待所、培训中心、普通旅馆	设公用盥洗室	每人每日	50～100	24	3.0～2.5
		设公用盥洗室、淋浴室	每人每日	80～130		
		设公用盥洗室、淋浴室、洗衣室	每人每日	100～150		
		设单独卫生间、公用洗衣室	每人每日	120～200		

续表

序号	建筑物名称		单位	最高日生活用水定额（L）	使用时数（h）	小时变化系数 K_h
2	宾馆客房	旅客 员工	每床位每日 每人每日	250～400 80～100	24	2.5～2.0
3	医院住院部	设公用盥洗室 设公用盥洗室、淋浴室 设单独卫生间 医务人员 门诊部、诊疗所 疗养院、休养所住房部	每床位每日 每床位每日 每床位每日 每人每班 每病人每次 每床位每日	100～200 150～250 250～400 150～250 10～15 200～300	24 24 24 8 8～12 24	2.5～2.0 2.5～2.0 2.5～2.0 2.0～1.5 1.5～1.2 2.0～1.5
4	养老院、托老所	全托 日托	每人每日 每人每日	100～150 50～80	24 10	2.5～2.0 2.0
5	幼儿园、托儿所	有住宿 无住宿	每儿童每日 每儿童每日	50～100 30～50	24 10	3.0～2.5 2.0
6	公共浴室	淋浴 浴盆、淋浴 桑拿浴（淋浴、按摩池）	每顾客每次 每顾客每次 每顾客每次	100 120～150 150～200	12 12 12	2.0～1.5
7	理发室、美容院		每顾客每次	40～100	12	2.0～1.5
8	洗衣房		每千克干衣	40～80	8	1.5～1.2
9	餐饮业	中餐酒楼 快餐店、职工及学生食堂 酒吧、咖啡馆、茶座、卡拉OK房	每顾客每次 每顾客每次 每顾客每次	40～60 20～25 5～15	10～12 12～16 8～18	1.5～1.2 1.5～1.2 1.5～1.2
10	商场	员工及顾客	每平方米营业厅面积每日	5～8	12	1.5～1.2
11	办公楼		每人每班	30～50	8～10	1.5～1.2
12	教学、实验楼	中小学校 高等院校	每学生每日 每学生每日	20～40 40～50	8～9 8～9	1.5～1.2 1.5～1.2
13	电影院、剧院		每观众每场	3～5	3	1.5～1.2
14	健身中心		每人每次	30～50	8～12	1.5～1.2
15	体育场（馆）	运动员淋浴 观众	每人每次 每人每场	30～40 3	— 4	3.0～2.0 1.2
16	会议厅		每座位每次	6～8	4	1.5～1.2
17	客运站旅客、展览中心观众		每人次	3～6	8～16	1.5～1.2

续表

序号	建筑物名称	单位	最高日生活用水定额（L）	使用时数（h）	小时变化系数 K_h
18	菜市场地面冲洗及保鲜用水	每平方米每日	10～20	8～10	2.5～2.0
19	停车库地面冲洗水	每平方米每次	2～3	6～8	1.0

注 1. 除养老院、托儿所、幼儿园的用水定额中含食堂用水，其他均不含食堂用水。
2. 除注明外，均不含员工生活用水，员工用水定额为每人每班40～60L。
3. 医疗建筑用水中已含医疗用水。
4. 空调用水应另计。

工业企业建筑生活、淋浴用水定额见表1-9。

表1-9　　工业企业建筑生活、淋浴用水定额

<table>
<tr><td colspan="3">生活用水定额[L/（班·人）]</td><td>小时系数变化</td><td>注</td></tr>
<tr><td>管理人员</td><td colspan="2">40～60</td><td rowspan="2">1.5～2.5</td><td rowspan="2">每班工作时间以8h计</td></tr>
<tr><td>车间工人</td><td colspan="2">30～50</td></tr>
<tr><td colspan="4">工业企业建筑淋浴用水定额</td><td rowspan="7">淋浴用时延续时间为1h</td></tr>
<tr><td colspan="3">车间卫生特征</td><td rowspan="2">每人每班淋浴用水定额（L）</td></tr>
<tr><td>有毒物质</td><td>生产性粉尘</td><td>其　他</td></tr>
<tr><td>极易经皮肤吸收的剧毒物质（如有机磷、三硝基甲苯、四乙基铅等）</td><td></td><td>处理传染性材料原料（如皮毛等）</td><td rowspan="2">60</td></tr>
<tr><td>易经皮肤吸收或有恶臭的物质或高毒物质（如丙烯腈等）</td><td>严重污染全身或对皮肤有刺激性的粉尘</td><td>高温作业、井下作业</td></tr>
<tr><td>其他毒物</td><td>一般粉尘（棉尘）</td><td>重作业</td><td rowspan="2">40</td></tr>
<tr><td colspan="3">不接触物质及粉尘、不污染或轻度污染身体（如仪表、金属冷加工、机械加工等）</td></tr>
</table>

汽车冲洗用水定额，应根据车辆用途、道路路面等级和沾污程度，以及采用的冲洗方式，可按表1-10确定。

表1-10　　汽车冲洗用水定额　　L/（辆·次）

冲洗方式	软管冲洗	高压水枪冲洗	循环用水冲洗	抹车
轿车	200～300	40～60	20～30	10～15
公共汽车 载重汽车	400～500	80～120	40～60	15～30

生活用水通过各种卫生器具和用水设备来实现，卫生器具的水量大小与所连接的管道直径、配水阀前的工作压力有关。为保证卫生器具能够满足使用要求，对各种卫生器具配水出口在单位时间内流出的规定的水量、连接管的直径和最低工作压力进行相应规定，见

表1-11。

表1-11 卫生器具的给水额定流量、当量、连接管公称管径和最低工作压力

序号	给水配件名称		额定流量（L/s）	当量	连接管公称管径（mm）	最低工作压力（MPa）
1	洗涤盆、拖布盆、盥洗槽	单阀水嘴 单阀水嘴 混合水嘴	0.15～0.20 0.30～0.40 0.15～0.20（0.14）	0.75～1.00 1.50～2.00 0.75～1.00（0.50）	15 20 15	0.050
2	洗脸盆	单阀水嘴 混合水嘴	0.15 0.15（0.10）	0.75 0.75（0.50）	15 15	0.050
3	洗手盆	感应水嘴 混合水嘴	0.10 0.15（0.10）	0.50 0.75（0.50）	15 15	0.050
4	浴盆	单阀水嘴 混合水嘴（含带淋浴转换器）	0.20 0.24（0.20）	1.00 1.20（1.00）	15 15	0.050 0.050～0.070
5	淋浴器	混合阀	0.15（0.10）	0.75（0.50）	15	0.050～0.100
6	大便器	冲洗水箱浮球阀 延时自闭式冲洗阀	0.10 1.20	0.50 6.00	15 25	0.020 0.100～0.150
7	小便器	手动或自动自闭式冲洗阀 自动冲洗水箱进水阀	0.10 0.10	0.50 0.50	15 15	0.050 0.020
8	小便槽穿孔冲洗管（每米长）		0.05	0.25	15～20	0.015
9	净身盆冲洗水嘴		0.10（0.07）	0.50（0.35）	15	0.050
10	医院倒便器		0.20	1.00	15	0.050
11	实验室化验水嘴（鹅颈）	单联 双联 三联	0.07 0.15 0.20	0.35 0.75 1.00	15 15 15	0.020 0.020 0.020
12	饮水器喷嘴		0.05	0.25	15	0.050
13	洒水栓		0.40 0.70	2.00 3.50	20 25	0.050～0.100 0.050～0.100
14	室内地面冲洗水嘴		0.20	1.00	15	0.050
15	家用洗衣机水嘴		0.20	1.00	15	0.050

注 1. 表中括弧内的数值系在有热水供应时，单独计算冷水或热水时使用。

2. 当浴盆上附设淋浴器时，或混合水嘴有淋浴器转换开关时，其额定流量和当量只计水嘴，不计淋浴器。但水压应按淋浴器计。

3. 家用燃气热水器，所需水压按产品要求和热水供应系统最不利配水点所需工作压力确定。

4. 绿地的自动喷灌应按产品要求设计。

2. 给水系统所需水量的确定

建筑给水系统用水量是选择给水系统中水量调节、贮存设备的基本依据。建筑内给水包括生活、生产和消防用水三部分。

生活用水量，要满足生活上的各种需要所消耗的用水，其水量与建筑物内卫生设备的完善程度、当地气候、使用者的生活习惯、水价等因素有关，可根据国家制定的用水定额、小时变化系数和用水单位数等来确定，用水量不均匀。

生产用水量，根据生产工艺过程、设备情况、产品性质、地区条件等因素确定，计量方法有按消耗在单位产品的水量计算和按单位时间内消耗在生产设备上的用水量计算两种，一般比较均匀。

消防用水量大而集中，与建筑物的使用性质、规模、耐火等级和火灾危险程度等密切相关，为保证灭火效果，建筑内消防用水量应按规定根据同时开启消防。

(1) 最高日用水量。最高日用水量一般在确定贮水池（箱）容积过程中使用。建筑内生活用水的最高日用水量可按式（1-4）计算

$$Q_{\mathrm{d}}=\frac{\sum m_i q_{\mathrm{d}i}}{1000} \tag{1-4}$$

式中 Q_{d}——最高日用水量（$\mathrm{m^3/d}$）；

m_i——用水单位数（人数、床位数等）；

$q_{\mathrm{d}i}$——最高日生活用水定额［L/（人·d）、L/（床·d）］。

(2) 最大小时用水量。最大小时用水量用于确定水泵流量和高位水箱容积等。根据最高日用水量、建筑物内每天用水时间和小时变化系数，可以计算出最大小时用水量

$$Q_{\mathrm{h}}=\frac{Q_{\mathrm{d}}K_{\mathrm{h}}}{T}=Q_{\mathrm{p}}K_{\mathrm{h}} \tag{1-5}$$

式中 Q_{h}——最大小时用水量（$\mathrm{m^3/h}$）；

T——建筑物内每天用水时间（h）；

Q_{p}——最高日平均小时用水量（$\mathrm{m^3/h}$）；

K_{h}——小时变化系数。

1.4.2 给水系统所需水压

建筑内部给水系统应具有一定的供水压力。各种配水装置为克服给水配件内摩阻、冲击及流速变化等阻力，其额定出流流量所需的最小静水压力称为最低工作压力。给水系统水压如能够满足某一配水点所需水压，则系统中其他用水点的压力均能满足，则称该点为给水系统中的最不利配水点。最不利配水点可能是直接给水方式的进户管、增压给水方式的水泵吸水管、高位水箱出水管。

要满足建筑内给水系统各配水点单位时间内使用时所需的水量，给水系统的水压（自室外引入管起点管中心标高算起）应保证最不利配水点具有足够的流出水头，要保证最不利配水点的压力需求，必须进行不同给水方式下的压力计算。

1. 直接给水方式

对于如图1-18所示的直接给水方式，系统所需水压可按式（1-6）计算

$$H=H_1+H_2+H_3+H_4 \tag{1-6}$$

式中 H——引入管接管处应该保证的最低水压（kPa）；

H_1——由最不利配水点与引入管起点的高程差产生的静压差（kPa）；

H_2——设计流量通过水表时产生的水头损失（kPa）；

H_3——设计流量下引入管起点至最不利配水点的总水头损失（kPa）；

H_4——最不利点配水附件所需最低工作压力（kPa）。

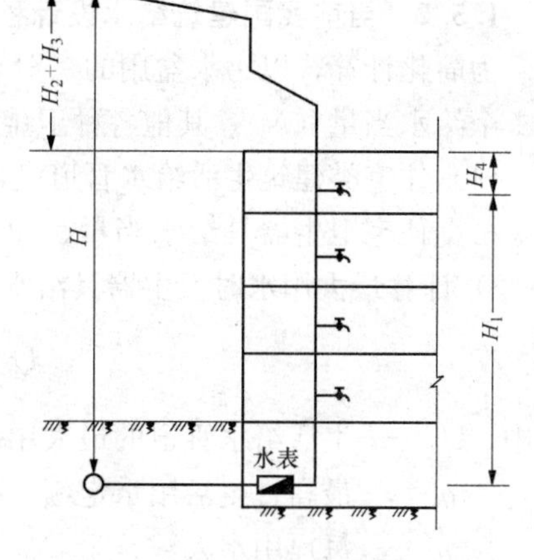

图1-18 给水系统所需要压力

【例1-2】 一栋7层居住建筑，层高3m，城市管网压力为300kPa，判断城市管网压力是否能满足该栋建筑供水要求。

解：根据经验，二层为120kPa，三层以上每增加一层，水压增加40kPa，共增加了5层，则水压增加了200kPa。

这栋七层居住建筑所需要供水压力应为

$$H=120+40\times5=320\text{kPa}>300\text{kPa}$$

即系统所需要压力大于城市管网压力，城市管网压力不能满足该栋建筑供水要求，需另设加压设备。

2. 分区给水方式

竖向分区的高层建筑生活给水系统，各分区最不利配水点的水压，都应满足用水水压要求；并且各分区最低卫生器具配水点处的静水压不宜大于0.45MPa，特殊情况下不宜大于0.55MPa；对于水压大于0.35MPa的入户管（或配水横管），宜设减压或调压设施。

3. 水泵增压给水方式

水泵扬程应该由式（1-17）和式（1-18）计算确定。

4. 水箱供水方式

由高位水箱供水的系统，水箱设置高度可由式（1-22）确定。

1.5 给水设计秒流量

1.5.1 给水设计秒流量方法概述

建筑内部生活用水量在一天中每时每刻都是变化的，如果以最大小时生活用水量作为设计流量，难以保证室内生活用水。为保证系统的正常用水，生活给水管道的设计流量指的是给水管网中所负担的卫生器具按最不利情况组合出流时的最大瞬时流量，又称为设计秒流量。它是确定各管段管径、计算管路水头损失、进而确定给水系统所需压力的主要依据。建筑内的生活用水量在1昼夜、1h里都是不均匀的，为保证用水，生活给水管道的设计流量应为建筑内，卫生器具按最不利情况组合出流时的最大瞬时流量，又称室内给水管网的设计秒流量。

生活给水管网设计秒流量的计算方法，按建筑的性质及用水特点分为概率法、平方根法和经验法。

1.5.2 当前我国建筑给水设计秒流量计算公式

为简化计算，以污水盆用的一般球形阀配水龙头在出流水头为2m全开时的流量0.2L/s为1个给水当量（N），其他各种卫生器具配水龙头的流量以此换算成相应的当量数。

（1）住宅类建筑生活给水管道设计秒流量，按概率法进行计算。

根据住宅卫生器具给水当量、使用人数、用水定额、使用时数和小时变化系数，按式（1-7）计算最大用水时卫生器具给水当量平均出流概率

$$U_0=\frac{q_0 m K_h}{0.2N_g T\times 3600} \tag{1-7}$$

式中 U_0——生活给水管道的最大用水时卫生器具给水当量平均出流概率（%）；

q_0——最高日生活用水定额，按表1-7取用；

m——每户用水人数；

K_h——小时变化系数，按表1-7取用；

N_g——每户设置的卫生器具给水当量数；

T——用水时数（h）；

0.2——1个卫生器具给水当量的额定流量。

根据计算管段上的卫生器具给水当量总数，按式（1-8）计算得出该管段的卫生器具给水当量的同时出流概率

$$U=\frac{1+\alpha_c(N_g-1)^{0.49}}{\sqrt{N_g}} \tag{1-8}$$

式中 U——计算管段的卫生器具给水当量同时出流概率（%）；

α_c——对应于不同U_0的系数，按表1-12取用；

N_g——计算管段的卫生器具给水当量总数。

表1-12 给水管段卫生器具给水当量同时出流概率计算系数 α_c

U_0	1.0	1.5	2.0	2.5	3.0	3.5	4.0	4.5	5.0	6.0	7.0	8.0
α_c	0.032 3	0.069 7	0.010 97	0.015 12	0.019 39	0.023 74	0.028 16	0.032 63	0.037 15	0.046 29	0.055 55	0.064 89

根据计算管段上的卫生器具给水当量同时出流概率，按式（1-9）计算管段设计秒流量

$$q_g=0.2UN_g \tag{1-9}$$

式中 q_g——计算管段的设计秒流量（L/s）。

有两条或两条以上具有不同最大用水时卫生器具给水当量平均出流概率的给水支管的给水干管，该管段的最大时卫生器具给水当量平均出流概率按式（1-10）计算

$$\overline{U}_0=\frac{\sum U_{0i}N_{gi}}{\sum N_{gi}} \tag{1-10}$$

式中 $\overline{U}_0$——给水干管的卫生器具给水当量平均出流概率（%）；

U_{0i}——支管的最大用水时卫生器具给水当量平均出流概率（%）；

N_{gi}——相应支管的卫生器具给水当量总数。

（2）集体宿舍、旅馆、宾馆、医院、疗养院、幼儿园、养老院、办公楼、商场、客运站、会展中心、中小学教学楼、公共厕所等建筑的生活给水设计秒流量，按平方根法计算

$$q_g = 0.2\alpha\sqrt{N_g} \tag{1-11}$$

式中 q_g——计算管段的给水设计秒流量（L/s）；

α——根据建筑物用途而定的系数，按表1-13取用；

N_g——计算管段的卫生器具给水当量总数。

表1-13　根据建筑物用途而定的系数α值

建筑物名称	幼儿园、托儿所 养老院	门诊部 诊疗所	办公楼 商场	学校	医院、疗养院 休养所	集体宿舍、旅馆 招待所、宾馆	客运站、会展中心 公共厕所
α	1.2	1.4	1.5	1.8	2.0	2.5	3.0

如计算值小于该管段上1个最大卫生器具给水额定流量时，应采用1个最大的卫生器具给水额定流量作为设计秒流量。

如计算值大于该管段上按卫生器具给水额定流量累加所得流量值时，应按卫生器具给水额定流量累加所得流量值采用。

有大便器延时自闭冲洗阀的给水管段，大便器延时自闭冲洗阀的给水当量均以0.5计，计算得到的 q_g 附加1.20L/s的流量后，为该管段的给水设计秒流量。

（3）工业企业的生活间、公共浴室、职工食堂或营业餐馆的厨房、体育场馆运动员休息室、剧院的化妆间、普通理化实验室等建筑的生活给水管道的设计秒流量，按经验法计算。根据卫生器具给水额定流量、同类型卫生器具数和卫生器具的同时给水百分数按式（1-12）计算

$$q_g = \sum q_0 N_0 b \tag{1-12}$$

式中 q_g——计算管段的给水设计秒流量（L/s）；

q_0——同类型的1个卫生器具给水额定流量（L/s）；

N_0——计算管段同类型卫生器具数；

b——卫生器具同时给水百分数，按表1-14～表1-16采用。

表1-14　工业企业生活间、公共浴室、剧院化妆间、体育场馆运动员休息室等卫生器具同时给水百分数

卫生器具名称	同时给水百分数（%）			
	工业企业生活间	公共浴室	剧院化妆间	体育场馆运动员休息室
洗涤盆（池）	33	15	15	15
洗手盆	50	50	50	50
洗脸盆、盥洗槽水嘴	60～100	60～100	50	80
浴盆		50		
无间隔淋浴器	100	100		100
有间隔淋浴器	80	60～80	60～80	60～100
大便器冲洗水箱	30	20	20	20
大便器自闭式冲洗阀	2	2	2	2

续表

卫生器具名称	同时给水百分数（%）			
	工业企业生活间	公共浴室	剧院化妆间	体育场馆运动员休息室
小便器自闭式冲洗阀	10	10	10	10
小便器（槽）自动冲洗水箱	100	100	100	100
净身盆	33			
饮水器	30～60	30	30	30
小卖部洗涤盆		50		50

注 健身中心的卫生间，可采用本表体育场馆运动员休息室的同时给水百分率。

表 1-15 职工食堂、营业餐馆厨房设备同时给水百分数

厨房设备名称	污水盆（池）	洗涤盆（池）	煮锅	生产性洗涤机	器皿洗涤机	开水器	蒸汽发生器	灶台水嘴
同时给水百分数（%）	50	70	60	40	90	50	100	30

注 职工或学生饭堂的洗碗台水嘴，按100%同时给水，但不与厨房用水叠加。

表 1-16 实验室化验水嘴同时给水百分数

化验水嘴名称	同时给水百分数（%）	
	科学研究实验室	生产实验室
单联化验水嘴	20	30
双联或三联化验水嘴	30	50

如计算值小于该管段上1个最大卫生器具给水额定流量时，应采用1个最大的卫生器具给水额定流量作为设计秒流量。大便器自闭式冲洗阀应单列计算，当单列计算值小于1.2L/s时，以1.2L/s计；大于1.2L/s时，以计算值计。

【例1-3】 某5层办公楼，每层两端设有盥洗间、厕所各一个，每个盥洗间设有10个DN15配水龙头（N=1.0），每个厕所设有4m小便槽（N=1.0/m）1个、冲洗水箱浮球阀大便器5个（N=5），试计算该楼给水引入管的设计秒流量（α=3）。

解：该办公楼卫生器具总当量数为

$$N_g=(10+4+5)\times 2\times 5=190$$

根据式（1-11）得

$$q_g=0.2\alpha\sqrt{N_g}=8.3\text{L/s}$$

故可得该办公楼给水引入管的设计秒流量为8.3L/s。

1.6 给水管网水力计算

给水管网水力计算的目的在于确定各管段管径、管网的水头损失和确定给水系统的所需压力。给水管网水力计算的任务有：

（1）确定给水管道各管段的管径；

（2）求出计算管路通过设计秒流量时各管段产生的水头损失；

（3）确定室内管网所需水压；

（4）复核室外给水管网水压是否满足使用要求；

（5）选定加压装置所需扬程和高位水箱设置高度。

1.6.1 给水管径

管段的设计流量确定后，根据水力学公式［式（1-13）］及流速控制范围可初步选定管径，按式（1-14）计算管道直径

$$q_g = Av = \frac{\pi d^2}{4} v \tag{1-13}$$

$$d = \sqrt{\frac{4q_g}{\pi v}} \tag{1-14}$$

式中 d——管道直径（m）；

q_g——管道设计流量（m^3/s）；

v——管道设计流速（m/s）。

管段流量确定后，流速大小直接影响管道系统技术、经济的合理性。流速过大将引起水锤，产生噪声，损坏管道、附件，并增加管道水头损失，提高室内给水系统所需压力；流速过小又将造成管材浪费。因此，设计时应综合考虑以上因素，将给水管道流速控制在适当的范围内，即所谓的经济流速，使管网系统运行平稳且不浪费。生活或生产给水管道的经济流速见表1-17，消火栓给水管道的流速不宜大于2.5m/s，自动喷水灭火系统给水管道的流速不宜大于5m/s。

表1-17 生活与生产给水管道的经济流速

公称直径（mm）	15～20	25～40	50～70	≥80
水流速度（m/s）	≤1.0	≤1.2	≤1.5	≤1.8

根据公式计算所得管道直径一般不等于标准管径，可根据计算结果取相近的标准管径，并核算流速是否符合要求。如不符合，应调整流速后重新计算。

在实际工程方案设计阶段，可以根据管道所负担的卫生器具当量数，按表1-18估算管径。

住宅的进户管，公称直径不小于20mm。

表1-18 按卫生器具当量数确定管径

管径（mm）	15	20	25	32	40	50	70
卫生器具当量数	3	6	12	20	30	50	75

1.6.2 给水管网水头损失

给水管网水头损失的计算包括沿程水头损失和局部水头损失两部分内容。

（1）给水管道的沿程水头损失可按式（1-15）计算

$$h_f = iL = 105C_h^{-1.85} d_j^{-4.87} q_g^{1.85} L \tag{1-15}$$

式中 h_f——沿程水头损失（kPa）；

i——单位长度管道上的水头损失（kPa/m）；
L——管道长度（m）；
C_h——海澄-威廉系数，按表1-19采用；
d_j——管道计算内径（m）；
q_g——管道设计流量（m^3/s）。

表1-19 各种管材的海澄-威廉系数

管道类别	塑料管、内衬（涂）塑管	铜管、不锈钢管	衬水泥、树脂的铸铁管	普通钢管、铸铁管
C_h	140	130	130	100

设计计算时，也可直接使用由上列公式编制的水力计算表（见附表A）。根据设计秒流量 q 和经济流速，查出管径和单位长度的水头损失 i。

（2）给水管道的沿程水头损失可按式（1-16）计算

$$h_j = \sum \zeta \frac{v^2}{2g} \tag{1-16}$$

式中 h_j——管段的局部水头损失（m）；
v——管段内平均水流速度（m/s）；
g——重力加速度（m/s^2）；
ζ——局部阻力系数。

给水管网中管件如弯头、三通等甚多，随构造不同其水头损失也不尽相同，详细计算较为繁琐，实际工程中给水管网局部水头损失计算，可采用管（配）件当量长度法。螺纹接口的阀门及管件摩阻损失的当量长度见表1-20。当管道管（配）件当量长度资料不足时，可根据下列管件连接状况，按管网沿程水头损失百分数取值：

1）管（配）件内径与管道内径一致，采用三通分水时，取25%～30%；采用分水器分水时，取15%～20%。

2）管（配）件内径略大于管道内径，采用三通分水时，取50%～60%；采用分水器分水时，取30%～35%。

3）管（配）件内径略小于管道内径，管（配）件的插口插入管口内连接，采用三通分水时，取70%～80%；采用分水器分水时，取35%～40%。

表1-20 螺纹接口的阀门及管件的摩阻损失当量长度表

管件内径（mm）	各种管件的折算管道长度（m）						
	90°弯头	45°弯头	三通90°转角	三通直向流	闸阀	球阀	角阀
9.5	0.3	0.2	0.5	0.1	0.1	2.4	1.2
12.7	0.6	0.4	0.9	0.2	0.1	4.6	2.4
19.1	0.8	0.5	1.2	0.2	0.2	6.1	3.6
25.4	0.9	0.5	1.5	0.3	0.2	7.6	4.6
31.8	1.2	0.7	1.8	0.4	0.2	10.6	5.5
38.1	1.5	0.9	2.1	0.5	0.3	13.7	6.7

续表

管件内径 (mm)	各种管件的折算管道长度（m）						
	90°弯头	45°弯头	三通 90°转角	三通直向流	闸阀	球阀	角阀
50.8	2.1	1.2	3.0	0.6	0.4	16.7	8.5
63.5	2.4	1.5	3.6	0.8	0.5	19.8	10.3
76.2	3.0	1.8	4.6	0.9	0.6	24.3	12.2
101.6	4.3	2.4	6.4	1.2	0.8	38.0	16.7
127.0	5.2	3	7.6	1.5	1.0	42.6	21.3
152.4	6.1	3.6	9.1	1.8	1.2	50.2	24.3

注 本表的螺纹接口是指管件无凹口的螺纹，当管件为凹口螺纹或管件与管道为等径焊接，其当量长度取本表值的一半。

（3）水表的局部水头损失，应按选用产品所给定的压力损失值计算。未确定具体产品时，可按下列情况选用：住宅进户管水表，宜取0.01MPa；建筑物或小区引入管水表，在生活用水工况时，宜取0.03MPa，校核消防工况时，宜取0.05MPa。

（4）比例式减压阀水头损失，阀后动水压宜按阀后静水压的80%～90%采用。

（5）管道过滤器的局部水头损失，宜取0.01MPa。

（6）管道倒流防止器的局部水头损失，宜取0.025～0.04MPa。

为了简化计算，管道的局部水头损失之和，一般可以根据经验采用沿程水头损失的百分数进行估算。不同用途的室内给水管网，其局部水头损失占沿程水头损失的百分数如下：

1）生活给水管网25%～30%；

2）生产给水管网20%；

3）消防给水管网10%；

4）自动喷淋给水管网20%；

5）生活、消防共用的给水管网25%；

6）生活、生产、消防共用的给水管网20%。

1.6.3 给水管网水力计算方法和步骤

首先根据建筑平面图，绘出给水管道平面布置图；估算给水系统所需压力，并根据市政管网提供的压力确定给水方式，绘制出系统图；同时列出水力计算表，以便将每步计算结果填入表内，使计算有条不紊地进行。

（1）根据系统图选择配水最不利点，确定最不利计算管路。若在系统图中难以判定配水最不利点，则应同时选择几条计算管路，分别计算各管路所需压力，取计算结果最大的作为给水系统所需压力。

（2）以计算管路流量变化处为节点，从最不利配水点开始，进行节点编号。两个节点之间的管路作为计算管段，将计算管路划分成若干计算管段，并标出两节点间计算管段的长度。

（3）根据建筑性质选用设计秒流量公式，根据卫生器具当量数计算各管段设计秒流量。

（4）根据各设计管段的设计流量和各管段控制流速，查附录A表A-1～表A-3确定出各管段的管径、管道单位长度的压力损失、管段的沿程压力损失值。

（5）确定各管段管径和单位长度水头损失，计算局部及管路总水头损失。

（6）若初定为外网直接给水方式，当室外给水管网可利用水压 H_0 大于或等于给水系统所需压力 H 时，原方案可行；当 H 略大于 H_0 时，可适当放大部分管段的管径，减小管道系统的水头损失，以满足 $H_0 \geqslant H$ 的条件；若 H 比 H_0 大很多时，则应修正原方案，在给水系统中增设升压设备。对采用水箱上行下给布置方式的给水系统，应校核水箱的安装高度，若水箱高度不能满足供水要求，可采用提高水箱高度、放大管径、设置管道泵或选用其他供水方式来解决。

（7）确定非计算管路各管段的管径。

（8）若设置升压、贮水设备的给水系统，还应对其设备进行选择计算，确定给水系统所需压力、选择增压设备、确定水箱设置高度。

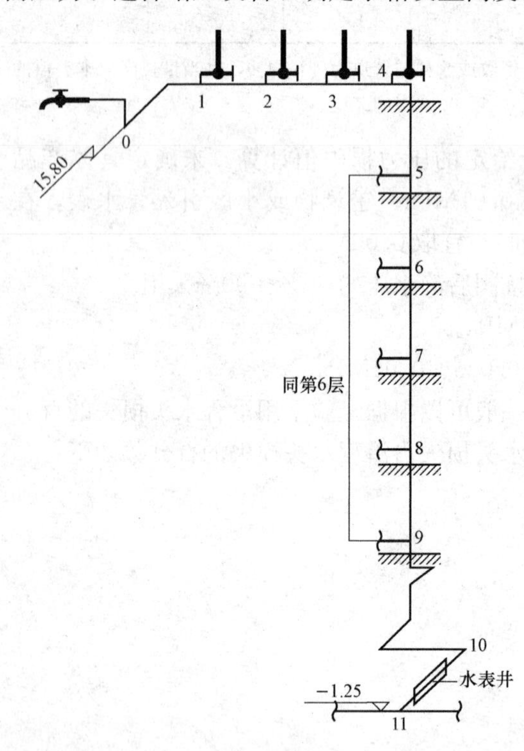

图 1-19　给水系统轴测图

【例 1-4】　某 6 层办公楼，每层一个卫生间，每层卫生间内有低水箱坐式大便器 2 套，洗手盆 1 个，小便器 2 个。图 1-19 所示为该住宅给水系统轴测图，管材为给水塑料管。引入管与室外给水管网连接点到最不利配水点的高差为 18.23m。室外给水管网所能提供的最小压力 $H_0=300$kPa。试进行给水系统的水力计算。

解：由图 1-19 确定配水最不利点为大便器，计算管路为 0、1、2、…、9、10、11。

该建筑为办公楼，选用式（1-11）计算各管段设计秒流量。

查表 1-11 得：大便器 $N=0.5$，小便器 $N=0.5$，洗手盆水嘴 $N=0.5$。

查表 1-13 找出对应的 α 值为 1.5。再代入式（1-11）就可求得该管段的设计秒流量 q_g，

重复上述步骤可求出所有管段的设计秒流量。流速应控制在允许范围内，查附录 A 表 A-3 可得管径 DN 和单位长度沿程水头损失 i，由式（1-15）计算出管路的沿程水头损失 h_i。各项计算结果均列入表 1-21 中。

表 1-21　　**给水管网水力计算表**

计算管段编号	当量总数 N_g	设计秒流量 q_g(L/s)	管径 DN(mm)	流速 v(m/s)	每米管长沿程水头损失 i(kPa/m)	管段长度 L(m)	管段沿程水头损失 $h_y=iL$(kPa)	管段沿程水头损失累计 (kPa)
0-1	0.5	0.1	15	0.5	0.275	0.9	0.248	0.248
1-2	1.0	0.2	15	0.99	0.94	0.9	0.846	1.094
2-3	1.5	0.3	20	0.79	0.422	0.9	0.379	1.473
3-4	2.0	0.4	25	0.61	0.188	4	0.752	2.253

续表

计算管段编号	当量总数 N_g	设计秒流量 q_g(L/s)	管径 DN(mm)	流速 v(m/s)	每米管长沿程水头损失 i(kPa/m)	管段长度 L(m)	管段沿程水头损失 $h_y=il$(kPa)	管段沿程水头损失累计 (kPa)
4-5	2.5	0.47	25	0.87	0.343	5	1.715	3.94
5-6	5.0	0.67	32	0.66	0.168	3	0.504	4.444
6-7	7.5	0.82	32	0.81	0.24	3	0.72	5.164
7-8	10.0	0.94	32	0.92	0.305	3	0.915	6.079
8-9	12.5	1.06	40	0.64	0.119	3	0.357	6.436
9-10	15	1.16	40	0.7	0.142	7.7	1.093	7.53
10-11	15	1.16	40	0.7	0.142	4	0.568	8.098

计算局部水头损失 $\sum h_j$ 为

$$\sum h_j = 30\% \sum h_i = 0.3 \times 8.098 = 2.429\text{kPa}$$

计算管路的水头损失为

$$H_2 = \sum (h_j + h_i) = 2.429 + 8.098 = 10.527\text{kPa}$$

计算水表的水头损失：因办公楼水量较小，总水表及分户水表均选用LXS湿式水表，分户水表和总水表分别安装在4-5和10-11管段上，$q_{4-5}=0.47\text{L/s}=1.692\text{m}^3/\text{h}$，$q_{10-11}=1.16\text{L/s}=4.176\text{m}^3/\text{h}$。查表1-22选20mm口径的分户水表，其常用流量为$2.5\text{m}^3/\text{h} > q_{4-5}$，过载流量为$5\text{m}^3/\text{h}$。所以分户水表的水头损失为

$$h_d = q_q^2/K_b = q_g^2/(Q_{max}^2/100) = 1.692^2/(5^2/100) = 11.45\text{kPa}$$

选口径32mm的总水表，常用流量为$6\text{m}^3/\text{h} > q_{10-11}$，过载流量为$12\text{m}^3/\text{h}$。

所以总水表的水头损失为

$$H'_d = q_g^2/K_b = 4.176^2/(12^2/100) = 12.11\text{kPa}$$

h_d和H'_d均小于水表水头损失允许值。水表的总水头损失为

$$H_3 = h_d + H'_d = 11.45 + 12.11 = 23.56\text{kPa}$$

经计算其水头损失大于允许值，故选用口径32mm的总水表。

由式（1-6）计算给水系统所需压力H为

$$H = H_1 + H_2 + H_3 + H_4 = 18.23 \times 10 + 10.527 + 23.56 + 20 = 236.39 < 300\text{kPa}$$

满足要求。

表1-22　　LXS旋翼湿式、LXSL旋翼立式水表技术参数

型　号	公称口径 (mm)	计量等级	过载流量	常用流量	分界流量	最小流量	始动流量	最小读数	最大读数
			m^3/h		L/h			m^3	
LXS-15C LXSL-15C	15	A	3	1.5	0.15	45	14	0.0001	9999
		B			0.12	30	10		

续表

型　号	公称口径（mm）	计量等级	过载流量	常用流量	分界流量	最小流量	始动流量	最小读数	最大读数
			m^3/h			L/h		m^3	
LXS-20C LXSL-20C	20	A	5	2.5	0.25	75	19	0.0001	9999
		B			0.20	50	14		
LXS-25C	25	A	7	3.5	0.35	105	23	0.0001	9999
		B			0.28	70	17		
LXS-32C	32	A	12	6	0.60	180	32	0.0001	9999
		B			0.48	120	27		
LXS-40C	40	A	20	10	1.00	300	56	0.0001	9999
		B			0.80	200	46		
LXS-50C	50	A	30	15	1.50	450	75	0.0001	9999
		B							

1.7　增压与贮水设备

1.7.1　水泵

水泵是给水系统中的主要增压设备，当城市给水管网压力较低，供水压力不足时，需设水泵来增加压力。离心式水泵结构简单、体积小、效率高、运转平稳，在建筑给水中应用广泛。选择水泵应以节能为原则，水泵在给水系统中大部分时间保持高效运行。当采用设水泵、水箱给水方式时，通常水泵直接向水箱输水，水泵出水量、扬程几乎不变，选用离心式恒速水泵即可保持高效运行。对于无水量调节设备的给水系统，电源可靠条件下，选用装有自动调速装置的离心式水泵。

离心泵主要由泵壳、泵轴、叶轮、吸水管、压水管等部分组成，如图1-20所示。水泵内充满水状态下，水泵叶轮高速转动，离心力的作用使叶片槽道中的水从叶轮中心甩向泵壳，使水获得动能。开动水泵前，要使泵壳及吸水管中充满水，以排除泵内空气，当叶轮高速运转动时，在离心力作用下，叶片槽道（两叶片间的过水通道）中的水从叶轮中心被甩向

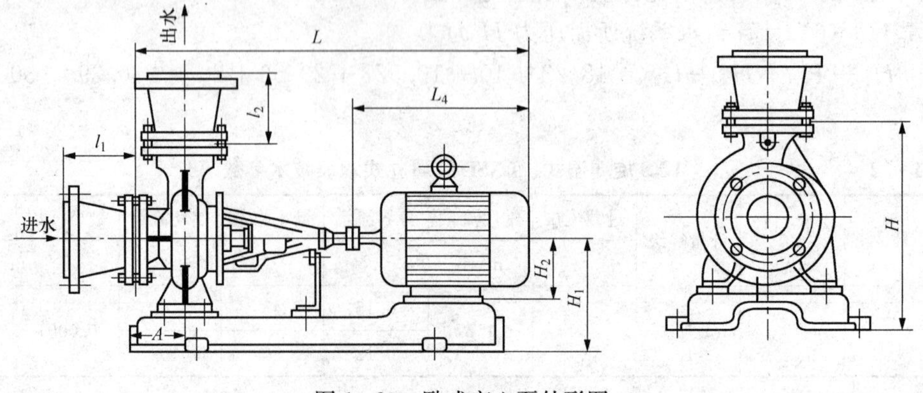

图1-20　卧式离心泵外形图

泵壳，使水获得动能与压能。由于泵壳的断面是逐渐扩大的，所以水进入泵壳后流速逐渐减小，部分动能转化为压能，因而泵出口处的水便具有较高的压力，流入压水管路。在水被甩走的同时，水泵中心及进口处形成真空，由于大气压力的作用，将吸水池中的水通过吸水管压向水泵进口，进而流入泵体。电动机带动叶轮连续地运转，即可不断地将水压送到各用水点或高位水箱。

在图1-20中，在轴穿过泵壳处设有填料函，以防漏水或透气。在轴上装有叶轮，它是离心泵的最主要部件，叶轮上装有不同数目的叶片，当电动机通过轴带动叶轮回转时，叶片就搅动水做高速回转，拦污栅起拦阻污物的作用。

离心泵有吸入式和灌入式两种工作方式，吸入式指泵轴高于吸水面；灌入式指吸水池水面高于泵轴，此方式可省掉真空泵等抽气设备，而且利于水泵的运行和管理。一般来说，设水泵的室内给水系统多与高位水箱联合工作，为了减小水箱的容积，水泵的开停采用自动控制，而灌入式易满足此种要求。

1. 离心式水泵的分类

常见离心式水泵形式如图1-21所示。

图1-21 常见离心式水泵形式

(1) 单吸、双吸离心泵。单吸式水泵流量较小，适用于用水量小的给水系统，具有高效节能、性能可靠、安装使用方便等特点。双吸式水泵流量较大，适用于用水量大的给水系统，具有结构紧凑、外形美观、稳定性好、便于安装、运行平稳等特点。

(2) 单级、多级离心泵。单级离心泵包括泵体、泵盖、带输出轴的电动机，以及在泵体内装设的泵轴、轴承座、叶轮、机械密封和机封压盖，是通过加长弹性联轴器与电动机连接的。单级离心泵扬程较低，一般用于低层或多层建筑。多级离心泵将具有同样功能的离心泵集合在一起，流体通道结构上，表现为第一级的介质泄压口与第二级的进口相通，第二级的介质泄压口与第三级的进口相通，如此串联的机构形成了多级离心泵。多级离心泵的意义在于提高设定压力。多级泵扬程较高，通常用于高层建筑。

（3）卧式、立式离心泵。立式泵占地面积较小，泵房面积紧张时适用，主要用于输送清水及物理化学性质类似于清水的其他液体之用，适用于工业和城市给排水、高层建筑增压送水、园林喷灌、消防增压、远距离输送、暖通制冷循环。卧式泵占地面积较大，多用于泵房面积宽松的场合。卧式泵主要优点为结构简单、维修方便、固定安装无振动、密封较好、噪声低、维护方便、价格便宜；但是，由于卧式离心泵的主轴位置是水平的，安装的时候水平放置，所以比立式离心泵要占用更多的地方，而且因为吸出高度的限制，水泵安装位置很低，容易受潮、受淹，影响安全运行。

（4）管道泵。管道泵是单吸单级或多级离心泵的一种，属立式结构，因其进出口在同一直线上，且进出口口径相同，仿似一段管道，可安装在管道的任何位置，故取名为管道泵（又名增压泵）。管道泵一般为小口径泵，进出口直径相同，且位于同一中心线上，可以像阀门一样安装于管路之中，灵活方便，不必设置基础，紧凑美观，占地面积小，带防护罩的管道泵可设置在室外。

（5）自吸泵。自吸泵属自吸式离心泵，它具有结构紧凑、操作方便、运行平稳、维护容易、效率高、寿命长，并有较强的自吸能力等优点。管路不需安装底阀，工作前只需保证泵体内贮存有定量引液即可。不同液体可采用不同材质自吸泵。适用于从地下贮水池吸水、不宜降低泵房地面标高而且水泵机组频繁启动的场合。

（6）潜水泵。潜水泵是深井提水的重要设备。使用时整个机组潜入水中工作。把地下水提取到地表，可用于生活用水、矿山抢险、工业冷却、农田灌溉、海水提升、轮船调载、喷泉景观，还可适用于从深井中提取地下水，也可用于河流、水库、水渠等提水工程，以用于农田灌溉及高山区人畜用水，热水潜水泵可用于温泉洗浴。潜水泵不需灌水、启动快、运行噪声小、不需设置泵房，但维修不方便。

2. 水泵选择

水泵选择的主要依据是给水系统所需要的水量和水压，由流量和扬程查水泵性能表或曲线即可确定其型号，应选择特性曲线随流量增大而扬程逐渐下降的水泵，这样的水泵工作稳定，并联使用时可靠，从而使水泵保持在高效区工作。

生活给水加压泵长期工作，水泵效率对节约能耗、降低运行费用起着关键作用。因此，应该选择效率高的水泵，且管网特性曲线要求的水泵工作点应位于水泵效率曲线高效区内。通常情况下，一个给水加压系统宜由同一型号水泵组合并联工作。最大流量时由 2～3 台并联供水（时变化系数为 1.5～2.0 的系统用 2 台，时变化系数为 2.0～3.0 的系统用 3 台）。若系统有持续较长的时段处于零流量状态，可另配备小型泵用于此时段供水。为保证供水可靠，生活加压给水系统的水泵机组应设备用泵，备用泵供水能力不应小于最大一台运行水泵的供水能力。

（1）水泵流量。建筑物内采用高位水箱调节供水的系统，水泵由高位水箱中的水位控制其启动或停止。当高位水箱的调节容量（启动泵时箱内的存水一般不小于 5min 用水量）不小于 0.5h 最大用水时水量的情况下，可按平均小时流量选择水泵流量；当高位水箱的有效调节容量较小时，应以最大时流量选泵。

生活给水系统采用调速泵组（无水箱等调节装置）供水时，应按设计秒流量选泵，调速泵在额定转速时的工作点，应位于水泵高效区的末端。

对于用水量变化较大的给水系统，应采用水泵并联、大小泵交替工作等方式适应用水量的变化，实现系统的节能运行。消防水泵流量应以室内消防设计水量确定。生活、生产、消防共用调速水泵在消防时其流量除保证消防用水总量外，还应保证生活、生产用水量的要求。

（2）水泵扬程。水泵的扬程应满足最不利处的用水点或消火栓所需水压，具体分两种情况：

1）水泵直接由室外管网吸水时，水泵扬程按式（1-17）确定

$$H_b = H_1 + H_2 + H_3 + H_4 - H_0 \tag{1-17}$$

式中 H_b——水泵扬程（kPa）；

H_1——最不利配水点与引入管起点的静压差（kPa）；

H_2——设计流量下计算管路的总水头损失（kPa）；

H_3——最不利点配水附件的最低工作压力（kPa）；

H_4——水表的水头损失（kPa）；

H_0——室外给水管网所能提供的最小压力（kPa）。

然后，应以室外管网的最大水压校核系统是否超压。若室外给水管网出现最大压力时，水泵扬程过大，为避免管道、附件损坏，应采取相应的保护措施，如采用扬程不同的多台水泵并联工作，或设水泵回流管、管网泄压管等。

2）水泵从贮水池吸水时，总扬程按式（1-18）确定

$$H_b = H_1 + H_2 + H_3 \tag{1-18}$$

式中 H_1——最不利配水点与贮水池最低工作水位的静压差（kPa）。

3. 水泵管路设置

（1）管路敷设。吸水管敷设要求不漏气、不积气、不吸气，如图1-22（b）所示。图1-22（a）所示为不正确安装，施工时应注意。

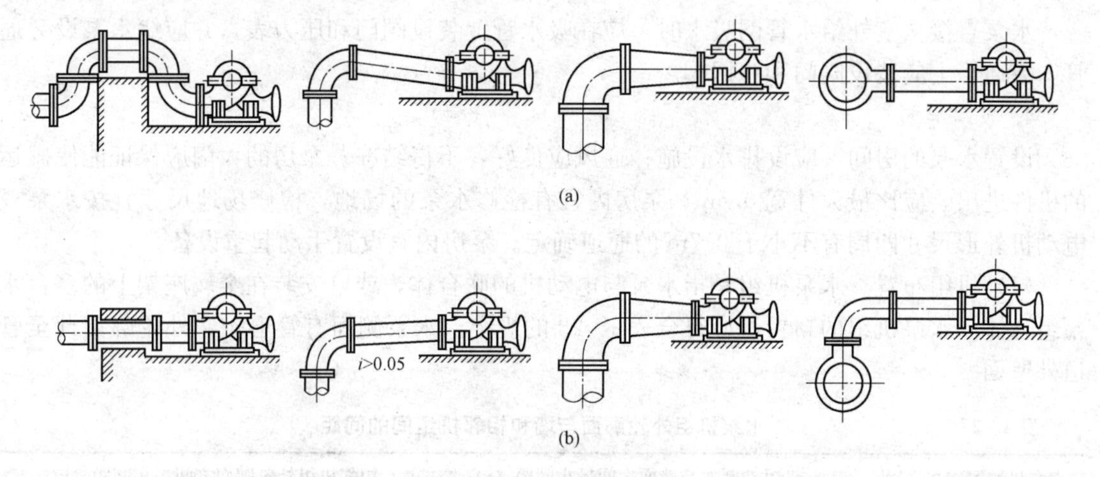

图1-22 水泵吸水管安装

（a）不正确；（b）正确

为了提高水泵的吸入性能，管道泵吸入管路应尽可能缩短，尽量少拐弯（弯头最好用大曲率半径），以减少管道阻力损失。吸水管内的流速宜采用1.0～1.2m/s；吸水管口应设置向下的喇叭口，喇叭口低于水池最低水位，不宜小于0.5m，达不到此要求时，应采取防止空气被吸入的措施。

当每台水泵单独从水池吸水有困难时，可采用单独从吸水总管上自灌吸水。吸水总管伸入水池的引水管不宜少于两条，每条引水管上应设闸门，当一条引水管发生故障时，其余引水管应能通过全部设计流量。引水管应设向下的喇叭口，喇叭口低于水池最低水位的距离不宜小于0.3m，水泵吸水管与吸水总管应采用管顶平接，或高出管顶连接，吸水总管内的流速应小于1.2m/s。水泵压水管内水流速度可采用1.5～2.0m/s，所选水泵扬程较大时采用上限值，反之采用下限值。

对于双吸入泵，为了避免双向吸入水平离心泵的汽蚀，水泵双吸入管要对称布置，以保证两边流量分配均匀。垂直管道通过弯头直接连接，但泵的轴线一定要垂直于弯头所在的平面。此时，进口配管要求尽量短，弯头接异径管，再接进口法兰。在其他条件下，泵进口前应有不小于3倍管径的直管段。

(2) 管路附件。每台水泵的出水管上，应装设压力表、止回阀和阀门。符合多功能阀安装条件的出水管，可用多功能阀取代止回阀和阀门，必要时应设置水锤消除装置。自灌式吸水的水泵吸水管上应装设阀门，并宜装设管道过滤器。

水泵吸水管上的阀门平时常开，仅在检修时关闭，宜选用手动阀门；出水管上的阀门启闭比较频繁，应选用电动、液动或气动阀门。为减小水泵运行时振动所产生的噪声，每台水泵的吸水管、压水管上应设橡胶接头或其他减振装置。自灌式吸水的水泵吸水管上应安装真空压力表，吸入式水泵的吸水管上应安装真空表。出水管可能滞留空气的管段上方应设排气阀。输送密度小于650kg/m^{3}的液体，水泵如液化石油气、液氨等，泵的吸入管道应有1/10～1/100的坡度坡向泵，使气化产生的气体返回吸入罐内，以避免泵产生汽蚀。同时，为了防止泵产生汽蚀，水泵泵吸入管路应尽可能避免积聚气体的囊形部位，不能避免时，应在囊形部位设DN15或DN20的排气阀。

水泵直接从室外给水管网吸水时，应在吸水管上装设阀门和压力表，并应绕水泵设旁通管，旁通管上应装设阀门和止回阀。

4. 泵房布置

设置水泵的房间，应设排水设施；通风应良好，不得结冻。泵房的大门应保证能使搬运的机件进出，应比最大件宽0.5m。泵房内宜有检修水泵的场地，检修场地尺寸宜按水泵或电动机外形尺寸四周有不小于0.7m的通道确定。泵房内宜设置手动起重设备。

(1) 机组布置。水泵机组是指水泵与电动机的联合体，或已安装在金属座架上的多台水泵组合体。水泵机组的布置，应符合表1-23的规定。水泵侧面有管道时，外轮廓面计至管道外壁面。

表1-23　水泵机组外轮廓面与墙和相邻机组间的间距

电动机额定功率（kW）	机组外廓面与墙面之间最小间距（m）	相邻机组外轮廓面之间最小间距（m）
≤22	0.8	0.4
25～55	1.0	0.8
55（含）～160（含）	1.2	1.2

水泵机组一般设置在水泵房内，泵房应远离防振、防噪声要求较高的房间，室内要有良好的通风、采光、防冻和排水措施。水泵机组的布置应保证机组工作可靠，运行安全，卫生

条件好，装卸及维修和管理方便，且管道总长度最短，接头配件最少，并考虑泵房有扩建的余地。水泵的布置要便于起吊设备的操作，管道连接力求管线短，弯头少，其间距要保证检修时能拆卸、放置电动机和泵组，并满足维修要求。水泵启闭尽可能采用自动控制，间接抽水时应优先采用自吸充水方式，以便水泵及时启动。

生活加压给水系统的水泵机组应设备用泵，备用泵的供水能力不应小于最大1台运行水泵的供水能力。每组消防水泵应有1台不小于主要消防泵的备用机组。不允许断水的给水系统的水泵，应有不间断的动力供应。水泵宜自动切换交替运行。

当水泵中心线高出吸水井或贮水池水面时，均需设引水装置启动水泵。

(2) 水泵基础。水泵机组基础应牢固地浇注在坚实的地基上。为操作安全，防止操作人员误触快速运转中的泵轴，同时便于安装，水泵基础高出地面的高度不应小于0.1m；泵房内管道管外底距地面或管沟底面的距离，当管径小于或等于150mm时，不应小于0.2m；当管径大于或等于200mm时，不应小于0.25m。当水泵基础需在基坑时，则基坑四周应有高出地面不小于0.1m的防水栏。

5. 水泵的隔振

以下情况均会引起水泵振动：水泵使用时间较长，水泵磨损老化；水泵入口管、叶轮内、泵内有杂物；水泵工作中推进水流时，伴随的涡流，汽蚀不可避免地会产生振动；水泵制造工艺不过关等。为减少水泵运转时对周围环境的影响，应对水泵进行隔振处理。下列场所设置水泵应采取隔振措施：设置在播音室、录音室、音乐厅等建筑的水泵；设置在教学楼、科研楼、化验楼、综合楼、办公楼等建筑的水泵；设置在工业建筑内、邻近居住建筑和公共建筑的独立水泵房内，以及有人操作管理的工业企业集中泵房内的水泵。水泵隔振应包括水泵机组隔振、管道隔振、支架隔振。

(1) 水泵机组隔振。水泵机组隔振方式应采用支承式。当设有惰性块或型钢机座时，隔振元件应设置在惰性块或型钢机座的下面。

卧式水泵宜采用橡胶隔振垫，安装在楼层时宜采用多层串联迭合的橡胶隔振垫或橡胶隔振器或阻尼弹簧隔振器。立式水泵宜采用橡胶隔振器。常见的SD型橡胶隔振垫如图1-23所示。水泵隔振安装结构如图1-24所示。

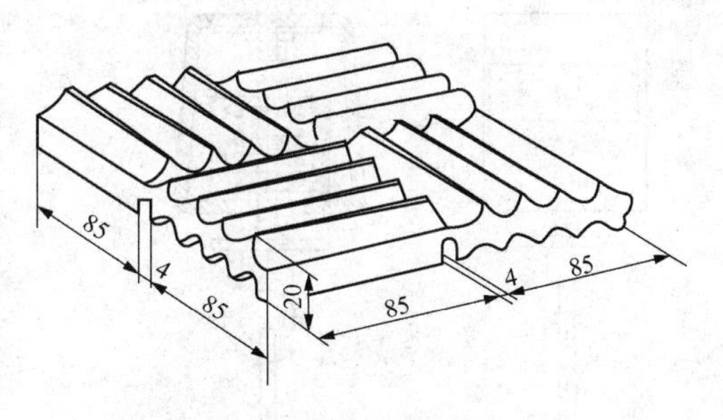

图1-23 SD型橡胶隔振垫

水泵机组隔振元件支承点数量应为偶数，且不少于4个。

一台水泵机组各个支承点的隔振元件，其型号、规格、性能应尽可能保持一致。

(2) 管道隔振。当水泵基础采用隔振措施时，水泵吸水管和出水管上均应采用管道隔振元件。管道隔振元件应具有隔振和位移补偿双重功能，常见的产品为框架式弹性吊架。

采用管道隔振时，一般采用以橡胶为原料的可曲挠管道配件。用于生活给水系统的可曲挠橡胶配件，应采用符合饮用水水质标准的原材料和添加剂，不产生有害物质，不危害人体健康；用于水泵出水管的可曲挠橡胶管道配件，应按工作压力选用；可曲挠橡胶管道配件，应避免与酸碱、油类和有机溶剂接触。

(3) 支架隔振。当水泵机组的基础和管道采取隔振措施时，管道支架应采用弹性支架。

弹性支架应具有固定架设管道与隔振双重功能。常用的产品为弹簧式弹性吊架和橡胶垫

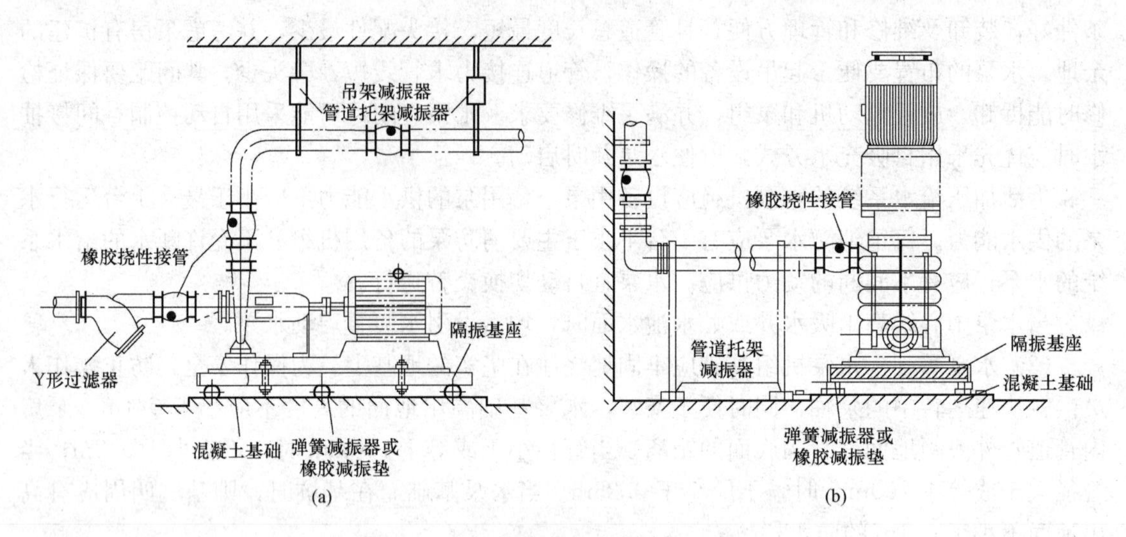

图 1-24 水泵隔振安装结构示意

(a) 卧式水泵减振方法；(b) 立式水泵减振方法

式弹性吊架，弹簧式弹性吊架如图 1-25 所示，橡胶垫式弹性吊架如图 1-26 所示。

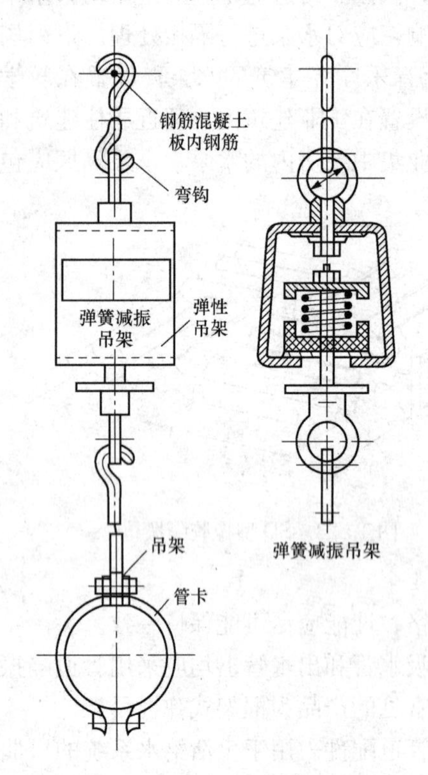

图 1-25 弹簧式弹性吊架

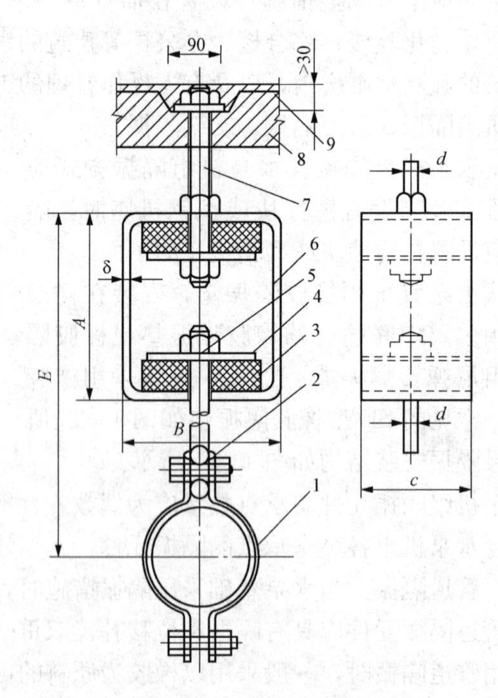

图 1-26 橡胶垫式弹性吊架

1—管卡；2—吊架；3—橡胶隔振器；4—钢垫片；5—螺母；
6—框架；7—螺栓；8—钢筋混凝土板；9—预留洞填水泥砂浆

弹性支架数量应根据管道质量确定，支架悬挂物体的总质量应不大于支架容许额定荷载量。支架隔振元件应根据管道的直径、质量、数量、隔振要求和与楼板或地面的距离选择，可选用弹性支架、弹性托架、弹性吊架。

弹性吊架应均匀布置，安装间距见表1-24。

表1-24 弹性吊架安装间距

序号	1	2	3	4	5	6
公称直径DN（mm）	25	50	80	100	125	150
安装间距（m）	2～3	2.5～3.5	3～4	5～6	7～8	8～10

1.7.2 水箱和水池

1. 水箱

水箱具有贮存水量、增压、稳压、减压和调节水泵工作的作用。按用途不同分为高位水箱、减压水箱、冲洗水箱、断流水箱等多类型，其形状多为矩形和圆形，制作材料有钢板(包括普通钢、搪瓷钢、镀锌钢、复合钢与不锈钢等)、钢筋混凝土、玻璃钢和塑料等，在建筑给水系统中起到稳定水压、贮存和调节水量的作用。

(1) 高位水箱的有效容积。水箱的有效容积根据调节容积、生产事故备用水量及消防贮存水量之和计算。

1) 由室外给水管网供水的调节容积为

$$V = QT \tag{1-19}$$

式中 V——水箱的调节容积（m^3）；

Q——水箱连续供水的平均小时用水量（m^3/h）；

T——水箱连续供水的最长时间（h）。

缺乏上述资料时，宜按用水人数和最高日用水定额确定。

2) 水泵自动启动供水的调节容积为

$$V = C\frac{Q_b}{4n} \tag{1-20}$$

式中 V——水箱的调节容积（m^3）；

C——安全系数，可在1.5～2.0内采用；

Q_b——水泵供水量（m^3/h）；

n——水泵1h内最大启动次数，一般选用4～8次/h。

水泵为自动控制时，水箱调节容积可按最高日用水量的5%估算，不宜小于最大小时用水量的50%。

对于生活用水的调节水量，如水泵自动运行时，可按最高日用水量的5%计，如水泵为人工操作时，可按12%计；无资料时，可按水箱服务区域内的最大小时用水量的50%确定。

3) 水泵-水箱联合供水时水箱容积。由人工启动水泵供水时，水箱容积为

$$V = \frac{Q_d}{n_b} - Q_p T_b \tag{1-21}$$

式中 V——水箱的有效容积（m^3）；

Q_d——最高日用量（m^3/d）；

n_b——水泵每天启动次数（次/d）；

T_b——水泵启动一次的最短运行时间（h），由设计确定；

Q_p——水泵运行时间内的建筑平均小时用水量（m^3/h）。

当资料不足时，可按水箱服务区域内的最高日用水量的12%确定；生产事故备用水量可按工艺要求确定。

水箱内的有效水深一般采用0.70～2.50m，水箱的保护高度一般为200mm。

（2）高位水箱设置高度。水箱的设置高度，应使其最低水位的标高满足最不利配水点或消火栓或自动喷水喷头的最小工作压力相对应的压头的要求，即

$$Z = Z_1 + H_1 + H_2 \tag{1-22}$$

式中 Z——水箱最低动水位标高（m）；

Z_1——最不利配水点标高（m）；

H_1——设计流量下水箱至最不利配水点的总水头损失［$m(H_2O)$］；

H_2——最不利点配水附件所需最低工作压力［$m(H_2O)$］。

（3）水箱的配管与附件。水箱的配管与附件如图1-27所示。

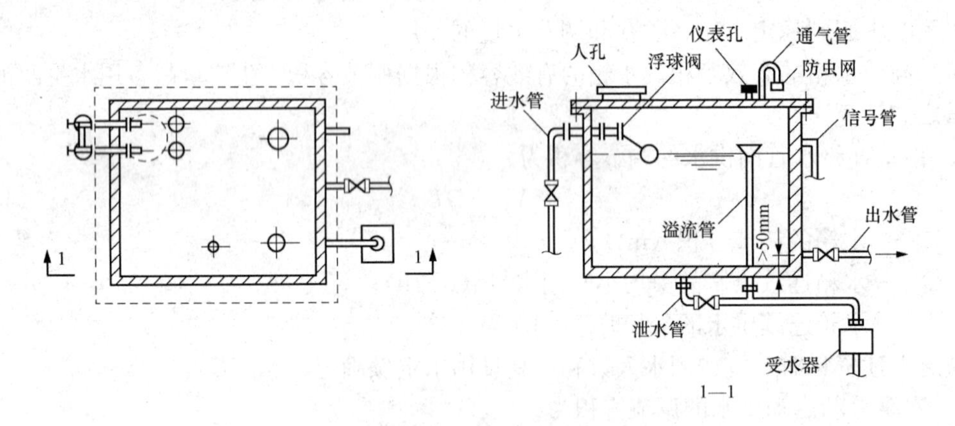

图1-27 水箱的各种管道及附件

1）进水管。进水管的管径可按水泵出水量或管网设计秒流量确定。水箱进水管宜设在检修孔的下方，由水箱侧壁接入，也可从顶部或底部接入。利用市政管网直接进水的水箱，进水管出口应装设液压水位控制阀（优先采用）或浮球阀，进水管上还应装设检修用的阀门，当管径大于或等于50mm时，控制阀（或浮球阀）不少于2个。从侧壁进入的进水管其中心距箱顶应有150～200mm的距离。

当水箱采用水泵加压进水时，进水管不得设置自动水位控制阀，应设置利用水箱水位自动控制水泵启停的装置。当水泵供给多个水箱进水时，应在水箱进水管上装设电动阀，由水位监控设备实现自动控制，电动阀应与进水管管径相同。当水箱由水泵供水并采用自动控制水泵启闭的装置时，可不设水位控制阀。进水管径可按水泵出水量或管网设计秒流量计算确定。

2）出水管。出水管管径应按设计秒流量计算。出水管可从侧壁或底部接出，其管底至箱底距离应大于50mm，若从箱底接出其管顶入水口距箱底距离也应大于50mm，以免将箱底沉淀物带入配水管网，并应装设阀门以利检修。为避免出现较大死水区，出水管不宜与进水管在同一侧。为防止短流，进、出水管宜分设在水箱两侧。

为便于减小阻力，出水管上应装设阻力较小的闸阀，不允许安装阻力大的截止阀；水箱

进出水管宜分别设置；如进水、出水合用一根管道，则应在出水管上装设阻力较小的旋启式止回阀，止回阀的标高应低于水箱最低水位 1.0m 以上，以保证止回阀开启所需的压力。

3）溢流管。溢流管的作用是控制水箱的最高水位。溢流管径应按能够排泄水箱最大入流量确定，并宜比进水管大 1～2 级。管口应在水箱报警水位以上 50mm 处，管顶设 1∶1.5～1∶2 喇叭口。溢流管上不允许设阀门，其出口应设网罩。溢流管宜采用水平喇叭口集水，喇叭口下的垂直管段不宜小于 4 倍溢流管管径。为了防止污水倒灌，溢流管不得与排水系统直接相连，必须采用间接排水，设断流水箱和水封装置。当水箱装置在平屋顶时，溢水可直接流到屋面上。

4）泄水管。泄水管用于排放冲洗水箱的污水。管径一般比进水管小一级，且不应小于 50mm。水箱泄水管应自底部接出，用以检修或清洗时放空水箱，管上应装设闸阀，其出口可以与溢水管相连后用同一根管排水，但不能与下水管道直接连接。

5）水位信号装置。水位信号装置是反映水位控制阀失灵报警的装置。在溢流管口下 10mm 处设水位信号管，直通值班室洗涤盆等处，常用管径为 15mm。为减少工程中由于自动水位控制阀失灵，水箱溢水造成水资源浪费，水箱宜设置水位监视和溢流报警装置，信息应传至监控中心。报警水位应高出最高水位 50mm 左右。若水箱液位与水泵联动，则可在水箱侧壁或顶盖上安装液位继电器或信号器，采用自动水位报警装置。

可在溢流管口（或内底）齐平处设信号管，一般自水箱侧壁接出，其出口接至值班室洗涤盆上。

为了就地指示水位，应在观察方便、光线充足的水箱侧壁上安装玻璃位计。

6）通气管。供生活饮用水的水箱，当贮量较大时，宜在箱盖上设通气管，以便箱内空气流通，通气管管径一般为 100～150mm，通气管应高出水箱顶 0.5m，管口应朝下并设网罩。通气管可伸至室内或室外，但不得伸到有毒有害气体处。

7）人孔。为便于清洗、检修，箱盖上应设人孔。

（4）水箱的布置与安装。

1）水箱间。水箱间的位置应结合建筑、结构条件和便于管道布置考虑，应设置在通风良好、不结冻的房间内（室内最低温一般不得低于 5℃）。管线应尽量简短，同时应有较好的采光和防蚊蝇条件。为防止结冻或阳光照射水温上升导致余氯加速挥发，露天设置的水箱都应采取保温措施。水箱间净高不得低于 2.20m，并能满足布置要求。水箱底与水箱间地面板的净距，当有管道敷设时不宜小于 0.8m，以便安装管道和进行检修。

2）水箱的布置与安装。水箱布置间距要求见表 1-25。对于大型公共建筑和高层建筑，为保证供水安全，宜将水箱分成两个水箱。安装金属水箱时，用槽钢（工字钢）梁或钢筋混凝土支墩支承。为防水箱底与支承接触面发生腐蚀，应在它们之间垫以石棉橡胶板、橡胶板或塑料板等绝缘材料。

表 1-25　水箱布置间距

形式	箱外壁至墙面的距离（m）		水箱之间的距离（m）	箱顶至建筑最低点的距离（m）
	有阀一侧	无阀一侧		
圆形	0.8	0.5	0.7	0.6
矩形	1.0	0.7	0.7	0.6

2. 水池

贮水池是贮存和调节水量的构筑物。当建筑物所需水量、水压明显不足，城市供水管网难以满足时，为提高供水可靠性，避免用水高峰期市政管网供水能力不足时出现无法满足设计流量的现象，减少因市政管网或引入管检修造成停水影响，应当设置贮水池。贮水池一般宜分成容积基本相等的两格，以便清洗、检修时不中断供水。

贮水池可设置成生活用水贮池、生产用水贮水池、消防用水贮水池。贮水池的形状有圆形、方形、矩形和因地制宜的异形。小型贮水池可以是砖石结构、混凝土抹面，大型贮水池多为钢筋混凝土结构。不论采用哪种结构形式，都必须保证安全卫生，结构牢固，不渗不漏。

贮水池（箱）的有效容积应按进量与用水量变化曲线经计算确定；当资料不足时，生活（生产）调节水量可以按不小于建筑最高日用水量的20%～25%计，居住小区的调节水量可以按不小于建筑最高日用水量的15%～20%计。消防贮存水量应根据消防要求，以火灾延续时间内所需消防用水总量计。生产事故备用水量应根据用户安全供水要求，中断供水后果和城市给水管网可能停水等因素确定。

贮水池有效容积包括调节水量、消防贮存水量和生产事故备用水量三部分，与市政管网供水能力、用水量变化情况和用水可靠性要求有关，一般按式（1-23）计算

$$V=(Q_b-Q_g)T_b+V_f+V_s \tag{1-23}$$

式中 V——贮水池的有效容积（m^3）；

Q_b——水泵出水量（m^3/h）；

Q_g——水源供水能力（水池进水量）（m^3/h）；

T_b——水泵最长连续运行时间（h）；

V_f——消防贮存水量（m^3）；

V_s——生产事故备用水量（m^3）。

贮水池应设进、出水管、溢流管、泄水管和水位信号装置，溢流管管径宜比进水管管径大一级，泄空管管径应按水池（箱）泄空时间和泄水受体的排泄能力确定，一般可按2h内将池内存水全部泄空进行计算，但最小不得小于100mm。顶部应设有人孔，一般宜为800～1000mm，其布置位置及配管设置均应满足水质防护要求。仅贮存消防水量的水池，可兼作水景或人工游泳池的水源，但后者应采取净水措施。非饮用水与消防水共用一个贮水池应有消防水量平时不被动用的措施。贮水池的设置高度应利于水泵自吸抽水，且宜设深度大于或等于1m的集水坑，以保证其有效容积和水泵的正常运行。

1.7.3 气压给水设备

气压给水设备是指由水泵机组、气压水罐和电气控制系统组成的加压给水设备。气压给水设备升压供水的理论依据是波义耳-马略特定律，即在定温条件下，一定质量气体的绝对压力和它所占的体积呈反比。它是利用气压水罐内气体的可压缩性以达到给水管网保持较稳定的水压和流量调节的气压给水设备，其作用相当于高位水箱或水塔。

由于气压给水设备的供水压力由罐内压缩空气维持，故罐体的安装高度可不受限制。其优点是灵活性大，设置位置不受限制，便于隐蔽，安装、拆卸都很方便；成套设备均在工厂生产，现场集中组装，占地面积小，工期短，土建费用低；实现了自动化操作，便于维护管理。气压水罐为密闭罐，不但水质不易污染，同时还有助于消除给水系统中水锤的影响。其

缺点是给水安全性较差，由于有效容积较小，一旦因故停电或自控失灵，断水的概率较大；给水压力变动较大，可能影响给水配件的使用寿命；调节能力小（一般调节水量仅占总容积的20%～30%），运行费用较高，钢材耗量较大；因是压力容器，对用材、加工条件、检验手段均有严格要求；耗电较多，水泵启动频繁，启动电流大；水泵不都是在高效区工作，平均效率低；水泵扬程要额外增加电耗（因此推荐采用两台以上水泵并联工作的气压给水设备）。在设计时气压给水设备的供水系统的规模不宜过大。

1. 气压给水设备的分类

按罐内气水接触方式不同，可分为补气式和隔膜式气压给水设备。按气压给水设备输水压力稳定性不同，可分为变压式和定压式气压给水设备。补气式气压水罐，因有空气融入水中，对供水水质存在水质污染的潜在危险，且可能引起用户表计量不准确，故应慎用。

（1）变压式气压给水设备。变压式气压给水设备在向给水系统输水过程中，水压处于变化状态。常用在中小型给水系统中，其供水压力变化幅度较大，对给水附件的寿命有一定的影响，不适于用水量大和要求水压稳定的用水对象，使用受到一定限制。故在给水系统对压力稳定要求不高时采用。

工作过程：罐内水在压缩空气的起始压力下（最大工作压力的作用下）被压送至给水管网，随罐内水量减少，压缩空气体积膨胀，从而压力减小，当压力降至最小工作压力时，压力继电器动作，使水泵启动。水泵出水除供用户外，多余部分进入气压罐，罐内水位上升，空气又被压缩。当压力达到最大时，压力继电器动作，水泵停止工作，由气压水罐再次向管网输水。如此往复，实现供水的目的。

图1-28所示为设补气罐的变压式气压给水设备。气与水在气压水罐中直接接触，设备运行过程中，部分气体溶于水中，随着空气量的减少，罐内压力下降，不能满足供水需要，为保证给水系统的设计工况，需设补气调压装置。在允许停水的给水系统中，可采用开启罐顶进气阀，泄空罐内存水的简单补气法；不允许停水的给水系统，可采用空气压缩机补气，在水泵吸水管上安装补气阀，水泵出水管上安装水射器或补气罐等方法补气。

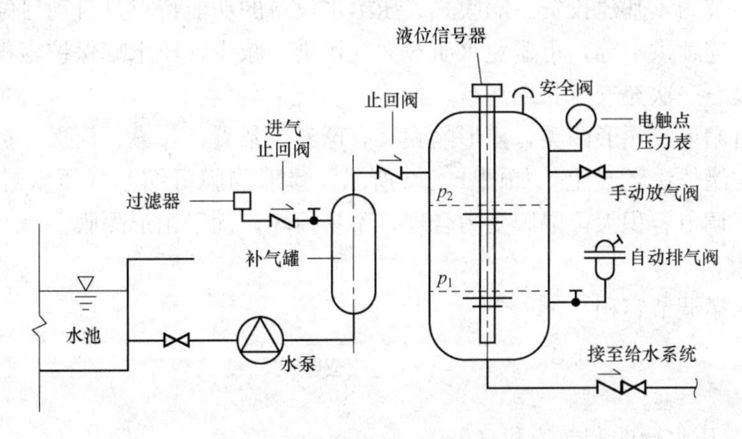

图1-28 设补气罐的变压式气压给水设备

（2）定压式气压给水设备。定压式气压给水设备在向给水系统输水过程中，水质相对稳定，给水系统的压力不随气压罐的压力变化而变化。在用户要求水压稳定时，可在气水共罐的单罐变压式气压给水装置的供水管上安装压力调节阀，将出水压力控制在要求范围内，使管网处在恒压下工作。如图 1 - 29 所示。也可在气与水不共罐的双罐变压式气压给水设备的压缩空气连通管上安装压力调节阀，分别控制阀出口端的水压或气压系统所需压力。

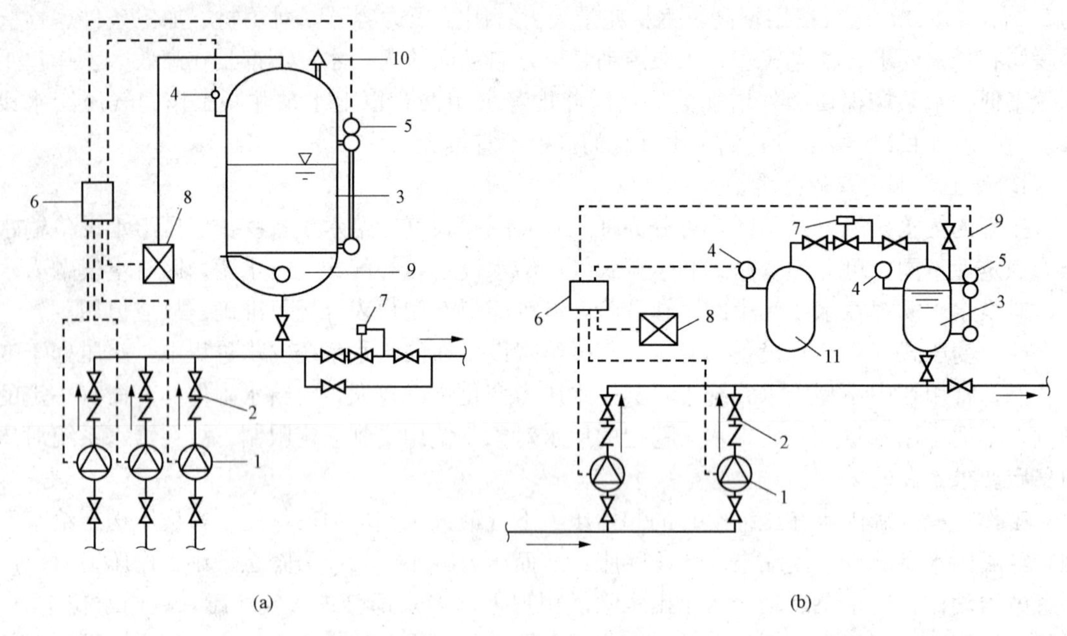

图 1 - 29　定压式气压给水设备

(a) 单罐；(b) 双罐

1—水泵；2—止回阀；3—气压罐；4—压力信号器；5—液位信号器；6—控制器；

7—压力调节阀；8—补气装置；9—排气阀；10—安全阀；11—贮气罐

(3) 隔膜式气压给水设备。隔膜式气压给水设备是在气压水罐中设置胶质弹性隔膜，将气水分离，既使气体不会溶于水中，又使水质不易被污染，补气装置也就不需设置，从而减少了机房面积，节约了基建投资。隔膜式气压给水设备的功能特点是自动启停水泵、贮水加压、蓄能稳压、连续供水等，可避免水质被大气污染、减少气压水罐保护容积、降低给水系统氧化腐蚀速度、一次充气可长期运行。

隔膜主要有帽形、囊形两类，囊形隔膜又有球囊、梨囊、斗囊、筒囊、折囊、胆囊。两类隔膜均固定在罐体法兰盘上，如图 1 - 30 所示，囊形隔膜可缩小气压水罐固定隔膜的法兰，气密性好，调节容积大，隔膜受力合理，不易损坏，优于帽形隔膜。

2. 设计计算

(1) 气压水罐调节容积

$$V_{q2} = \frac{\alpha_a q_b}{4 n_q} \tag{1-24}$$

式中　V_{q2}——气压水罐的调节容积（m^3）；

α_a——安全系数，宜取 1.0～1.3；

q_b——水泵（或泵组）的出流量（m^3/h）；

n_q——水泵 1h 启动次数，宜采用 6～8 次。

(2) 气压水罐的总容积

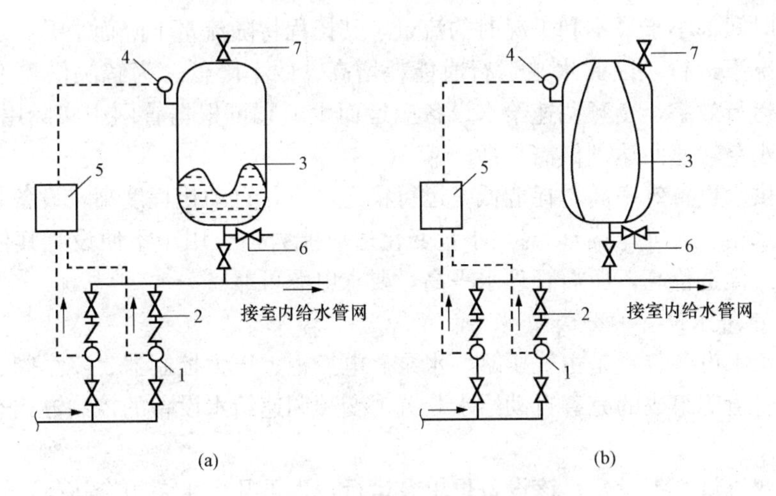

图1-30　隔膜式气压给水设备

（a）帽形隔膜；（b）胆囊形隔膜

1—水泵；2—止回阀；3—隔膜式气压罐；4—压力信号器；5—控制器；6—泄水阀；7—安全阀

$$V_q = \beta \frac{V_{q1}}{1-\alpha_b} \geqslant \beta \frac{V_{q2}}{1-\alpha_b} \tag{1-25}$$

式中　V_q——气压水罐的总容积（m^3）；

β——容积附加系数，气压水罐总容积与最低工作压力时空气容积的比值，补气式卧式水罐取1.25，补气式立式水罐取1.10，隔膜式气压水罐取1.05；

V_{q1}——气压水罐的水容积，应等于或大于气压水罐调节容量（m^3）；

α_b——气压水罐内的工作压力比（以绝对压力计），即最低工作压力与最高工作压力的比值，取0.65～0.85。

生活给水系统采用气压给水设备供水时，气压罐内最低工作压力，应满足管网最不利配水点所需水压；气压水罐内最高工作压力，不得使管网最大水压处配水点水压大于0.55MPa；水泵（或泵组）流量（以气压水罐内的平均压力计，其对应的水泵扬程的流量）不应小于给水系统最大小时用水量的1.2倍。气压罐的布置应满足下列要求：罐顶至建筑结构最低梁底距离不宜小1.0m；罐与罐之间及罐与墙面之间的净距不宜小于0.7m；罐体应置于混凝土底座上，底座应高出地面不小于0.1m，整体组装式气压给水设备采用金属框架支承时，可不设设备基础。

【例1-5】　某建筑拟采用隔膜式气压给水设备供水方式，已知水泵出水量为3.5L/s，设计最小工作压力为250kPa（表压），试求气压水罐总容积。

解：取$\alpha_a=1.3$，$n_q=6$，则气压水罐的调节容积为

$$V_{q2} = \frac{\alpha_a q_b}{4n_q} = \frac{1.3\times3.5\times3600}{4\times6} = 0.6825\text{m}^3$$

因选用隔膜式气压水罐，取$\beta=1.05$，$\alpha_b=0.8$，$V_{q2}=V_{q1}$，则气压水罐的总容积为

$$V_q = \beta\frac{V_{q1}}{1-\alpha_b} = 1.05\times\frac{0.6825}{1-0.8} = 2.3\text{m}^3$$

1.7.4　变频调速给水设备

增压泵根据管网最不利工况下的流量、扬程而选定，但管网中高峰用水量时间不长，用

水量在大多数时间都小于最不利工况时的流量，其扬程将随流量下降而上升，水泵经常处于扬程过剩的情况下运行。因此水泵运行时能耗增高、效率降低。为解决供需不相吻合的矛盾，提高水泵运行效率，变频调速给水设备应运而生，它可根据管网中实际用水量及水压，通过自动调节水泵转速而达到供需平衡。

变频调速供水设备效率高、耗能低，运行稳定可靠，自动化程度高，设备紧凑，占地面积少（省去了水箱、大气压罐），对用水量变化适应能力强，用于不便设置其他水量调节设备的给水系统。但造价高，所需管理水平高，要求电源可靠。

1. 变频调速给水设备的分类

变频调速给水设备装置是由气压罐、水泵、电控柜、压力控制器、安全阀、压力表、止回阀、闸阀及管道等组成的完善自动给水装置。变频调速给水设备的控制方式有恒压变量与变压变量两种。

（1）恒压变流量给水设备。该设备可单泵运行，也可几台水泵组合运行，组合运行为恒速泵（含1台备用泵）加1台变频调速泵，控制柜（箱）内有电气接线、开关、保护系统、变频调速系统和信息处理自动闭合控制系统等。该设备（4台泵）示意如图1-31所示，运行图（3台泵）如图1-32所示。恒压变流量供水设备自动化程度高，运行安全；各泵能交替使用，泵间负荷均衡，运行可靠性得到提高；有过电流、过载等完善的保护手段；可带双电源切换装置，当主电源发生故障时，自动切换备用电源；便于集中控制。当给水管网中动扬程比静扬程所占比例较小时，可以采用恒压变流量给水设备。

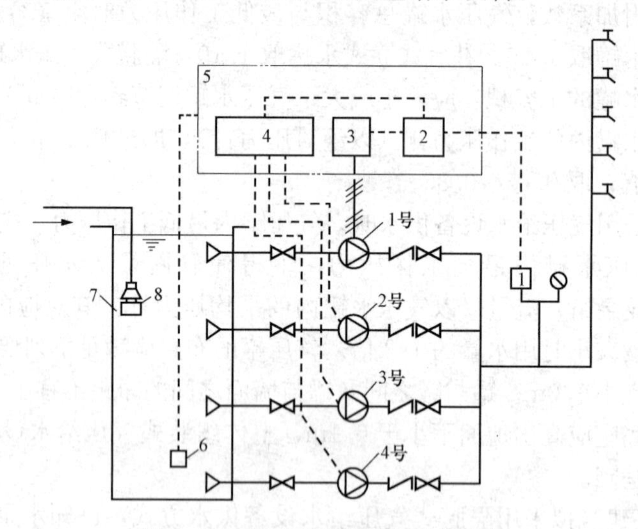

图1-31　恒压变流量给水设备示意

1—压力传感器；2—可编程序控制器；3—变频调节器；4—恒速泵控制器；5—电控柜；6—水位传感器；7—水池；8—液位自动控制阀

（2）变压变流量给水设备。变压变流量给水设备指的是出口，按给水管网运行要求变压变流量供水。设备构造和恒压变流量供水设备基本相同，控制信号的采集和处理及传感系统与恒压变流量设备不一致。变压变流量供水设备关键是解决好控制参数的设定和传感问题，控制参数的设定，可以在给水管网最不利点（控制点）恒压控制，亦可以在设备出口按时段恒压控制，还可在设备出口按设定的管网运行特性曲线变压控制。

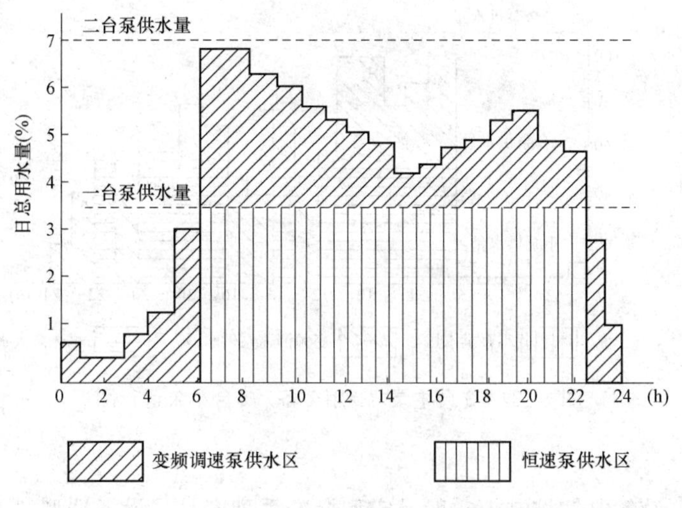

图1-32　3台主泵（其中1台备用）运行图

变压变流量给水设备节能效果好，同时改善给水管网对流量变化的适应性，提高了管网的供水安全可靠性。并且，管道和设备的保养、维修工作量与费用大大减少。但这种设备控制信号的采集和传感系统比较复杂，调试工作量大，设计时必须有一定的管网基本技术资料。

（3）带有小水泵或小气压罐的变频调速变压（恒压）变流量给水设备。带有小水泵或小气压罐的变频调速变压（恒压）变流量给水设备在系统中加设了小流量供水小泵或型气压罐，通过流量传感器或可编程序控制器进行控制，可降低耗电量。所以该设备主要是解决小流量或零流量供水情况下耗电量大的问题。该装置示意如图1-33所示，其运行图如1-34所示。

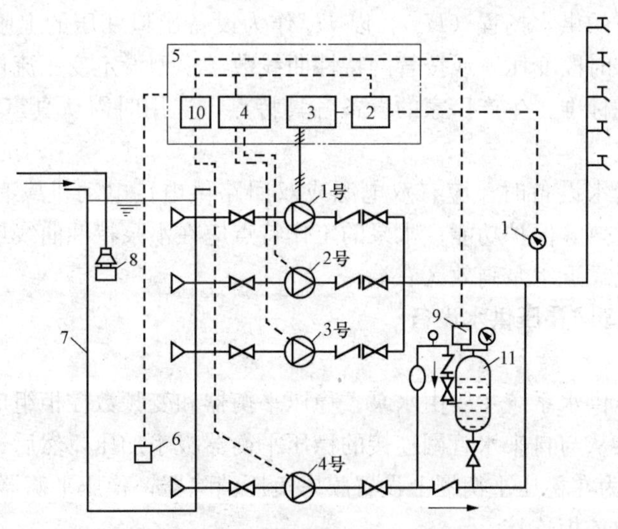

图1-33　恒压变流量给水设

1—压力传感器；2—可编程序控制器；3—变频调节器；4—恒速泵控制器；5—电控柜；6—水位传感器；7—水池；8—液位自动控制阀；9—压力开关；10—小泵控制器；11—小气压罐

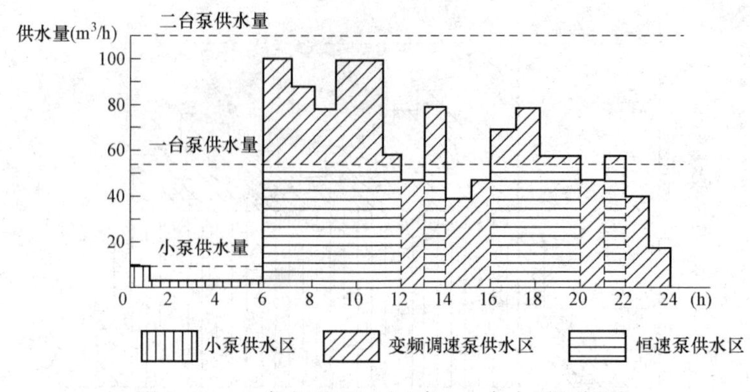

图 1-34　3 台主泵（2 用 1 备）1 台小泵运行图

2. 设计计算

变频调速给水设备电气控制柜一般是定型标准系列产品，设备选型时，只要根据给水管网系统提出的设计和扬程，确定设备的类型（恒压与变压），选择合适的控制柜，选泵组装即可。

（1）设计流量。设备用于建筑物内，出水量应接管网无调节装置，以设计秒流量作为设计流量。

设备用于建筑小区内，出水量应与给水管网设计流量相同。加压服务范围为居住小区干管网，应取小区最大小时流量作为设计流量；加压服务范围为居住组团管网，应按其担负的卫生器具当量数计算得出设计秒流量作为设计流量。

（2）设计扬程。设备确定为变频速调恒压变流量给水设备，根据管网中最不利点要求，计算设备供水扬程，此扬程即为设计扬程（H_s）。取设备出口的设计恒压等于 H_s 即可。

如果设备确定为变频调速变压变流量给水设备，可根据管网设计流量时管网中最不利点的要求，计算出设备的供水扬程（H_s），以 H_s 作为设备出口变压的上限值，再根据管网运行的特性设定出口分时段变压，或按管网特性曲线数学模型设定变压流量供水。变频调速给水设备尚无国家统一标准，生产厂家的设备各具特点，选用时需认真审阅厂家的产品样本，按其产品说明书选定。

采用变频调速给水设备时，应有双电源或双回路供电；电动机应有过载、短路、过电压、缺相、欠电压过热等保护功能；水泵的工作特点应在水泵特性曲线最高效率点附近，水泵最不利工况点尽量靠近水泵高效区右端。

1.7.5　直接式管网叠压供水设备

1. 系统组成

直接式管网叠压供水系统主要由水泵、稳压平衡器和变频数控柜组成，取消了贮水池和屋顶水箱，水泵直接从与自来水管网连接的稳压平衡器吸水加压，然后送至各用水点，如图 1-35 所示。其特征为在稳压平衡器上设置膜虑负压消除器，稳压平衡器内设置液位控制器，液位控制器与变频数控柜连接。

2. 工作原理

该设备的原理是系统设定一恒定压力值，当管网压力高于该设定值时，电触点压力表会将管网压力反馈给变频控制柜，水泵机组处于停机状态，自来水可通过连通管路直接到达用

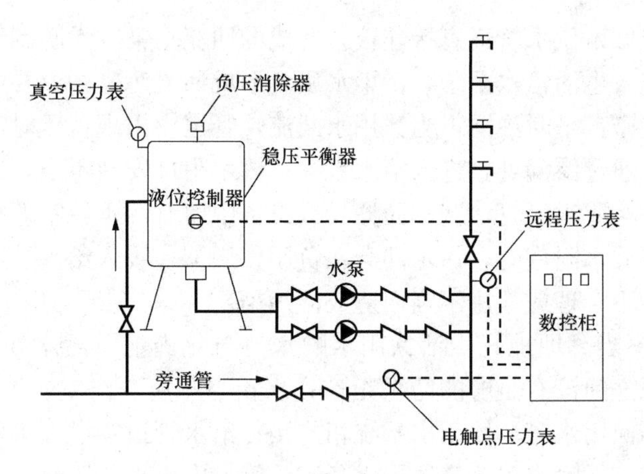

图1-35　叠压供水设备

户管网对用户进行供水。当市政管网压力变化或用户管网用水量变化使管网压力下降时，远传压力表将管网压力反馈给变频控制柜中的PID控制器，通过PID控制器调整变频器的输出频率，启动水泵机组并调节水泵转速以保持恒压供水；如果不能满足供水要求，则变频器将控制多台变频泵和工频泵的启停而达到恒压变量供水的要求。

当水泵机组的供水和自来水对稳压平衡器的进水保持平衡时，则膜滤负压消除器使稳压平衡器与外界隔离，水泵机组可叠加市政管网的原有压力进行恒压供水；当这种平衡被破坏时，膜滤负压消除器使稳压平衡器与外界相通，消除负压的形成及水泵机组对管网的脉冲影响，仍能维持正常供水，并且不影响市政管网对其他用户的正常供水。

当市政管网停水时，水泵机组仍可继续工作，直到稳压平衡器中的水位下降至液位控制器所设定的水位后自动停机，来水后自动开机。停电时水泵机组停止工作，自来水可通过连通管进入用户管网，来电时自动开机恢复正常供水。

1.8　给水水质安全防护

从市政管网引入的水，其水质一般都符合《生活饮用水卫生标准》（GB 5749—2006），若给水系统设计、施工安装和管理维护不当，就可能导致水质被污染，从而导致疾病传播，直接危害人民的健康和生命，或者导致产品质量不合格，影响使用。

人们对生活质量要求日益提高，饮用水安全意识不断增强。为防止不合格水质对人们带来的种种危害，要求在设计、施工中必须采用合理的方案，重视和加强水质防护，确保供水安全。

1.8.1　水质污染原因

（1）供水系统自身的污染，主要是由于城市管网老化、年久失修，在输水过程中本身腐蚀、渗漏造成的污染。

（2）有污染源对管道造成污染，水在贮水池（箱）中停留时间过长，余氯耗尽，微生物繁殖使水腐败变质。

（3）二次加压提升或蓄水池、水箱被污染，长期处于死水状态，特别是消防和生活共用水池而生活水量又相对较小时更易污染。

（4）自备水源与城市供水管道直接连接，造成的回流污染。无防倒流污染措施时，非饮用水或其他液体倒流入生活给水系统，污染水质。形成回流污染的主要原因是：埋地管道或阀门等附件连接不严密，平时渗漏，当饮用水断流，管道中出现负压时，被污染的地下水或阀门井中的积水即会通过渗漏处，进入给水系统；放水附件安装不当，出水口设在卫生器具或用水设备溢流位下，或溢流管堵塞，而器具或设备中留有污水，室外给水管网又因事故供水压力下降，当开启放水附件时，污水即会在负压作用下，吸入给水管道。

（5）其他因设计不合理或使用不当而造成的污染。

1）位置或连接不当。埋地式生活饮用水贮水池与化粪池、污水处理构筑物、渗水点、垃圾堆放点等污染源之间没有足够的防护距离；水箱与厕所、浴室、盥洗室、厨房等相邻；饮用水系统与中水、回用水等非饮用水系统相连接；给水管道穿过大小便槽；埋地管道与阀门等附件连接不严密，平时渗漏，当饮用水断流，管道中出现负压时，被污染的地下或阀门井中的积水即会通过渗漏处进入给水系统。

2）设计缺陷。如水池（箱）的人孔不严密，通气口和溢流口敞开设置，尘土、蚊虫、鼠类、雀鸟等均可能通过以上孔口进入水中游动或溺死池（箱）中，造成污染；贮水池或水箱容积过大，水流停留时间过长且无二次消毒设备。

3）材料选用。镀锌钢管使用过程中会有铁锈，出现“赤水”；UPVC管道在生产过程中会加入重金属添加剂；塑料管如果采用溶剂连接，所用的胶黏剂很难保证无毒；混凝土贮水池或水箱墙体中会有石灰类物质渗出，导致pH值、碱度增加。

4）施工问题。地下水位较高时，贮水池底板防渗处理不好；贮水池与水箱的溢流管、泄水管间接排水不符合要求；配水器件出水口高出承接用水容器溢流边缘的空气间隙太小；布置在环境卫生条件恶劣地段的管道接口密闭不严均会导致水质受到污染。

5）管理不善。贮水池、水箱等贮水设备未定期进行水质检验，未按规范要求进行清洗、消毒；空气管、溢流管出口网罩破损后未能及时修补；配水龙头上任意连接软管，形成淹没出流等管理问题。

1.8.2 水质污染的防止措施

（1）水质要符合相应标准。生活给水系统的水质，应符合《生活饮用水卫生标准》（GB 5749—2006）的要求。生活杂用水系统的水质，应符合《生活杂用水水质标准》（GB/T 18920—2002）的要求。海水仅用于便器冲洗，水质应符合《海水水质标准》（GB 3097—1997）中的第一类的要求。

（2）城市给水管道严禁与自备水源的供水管道直接连接。这是国际上通用的规定。当用户需要将城市给水作为自备水源的备用水或补充水时，只能将城市给水管道的水放入自备水源的贮水（或调节）池，经自备系统加压后使用。放水口与水池溢流水位之间必须具有有效的空气隔断。

（3）生活饮用水不得因管道产生虹吸回流而受污染，卫生器具和用水设备生活饮用水管道的配水件出水口应符合下列规定：

1）家用洗衣机的取水水嘴，宜高出地面1.0～1.2m。

2）公共厕所的连接冲洗软管的水嘴，宜高出地面1.2m。

3）绿化洒水的洒水栓应高出地面至少400mm，并宜在控制阀出口安装吸气阀。

4）带有软管的浴盆混合水嘴，宜高出浴盆溢流边缘400mm，并宜选用转换开关（水嘴与淋浴器的出水转换）能自动复位的产品。

5）生活饮用水管道的配水件出水口不得被任何液体或杂质所淹没。出水口高出承接用水容器溢流边缘的最小空气间隙，不得小于出水口直径的2.5倍。

（4）从给水管道上直接接出下列用水管道时，应在这些用水管道上设置管道倒流防止器或其他有效的防止倒流污染的装置：

1）单独接出消防用水管道时，在消防用水管道的起端设置管道倒流防止器（不含室外给水管道上接出的室外消火栓）。

2）从城市给水管道上直接吸水的水泵，因泵后压力高于泵前，必须防止水的倒流。所以要在吸水管起端设置管道倒流防止器。

3）非淹没出流的出水管、补水管当空气间隙不足时，要防止因管网失压引起的倒流。所以当游泳池、水上游乐池、按摩池、水景观赏池、循环冷却水集水池等的充水或补水管道出口与溢流水位之间的空气间隙小于出口管径2.5倍时，在充（补）水上设置管道倒流防止器。

4）从城市给水环网不同管段接出引入管向居住小区供水，且小区供水管与城市给水管形成环状管网时，其引入管上（一般在总水表后）设置管道倒流防止器。

5）由城市给水管直接向锅炉、热水机组、水加热器、气压水罐等有压容器或密闭容器注水的注水管上；绿地等自动喷灌系统，当喷头为地下式或自动升降式时，其管道起端设置管道倒流防止器。

6）垃圾处理站、动物养殖场（含动物园的饲养展览区）的冲洗管道及动物饮水管道的起端。

（5）严禁生活饮用水管道与大便器（槽）直接连接。生活饮用水管道应避开毒物污染区，当条件限制不能避开时，应采取防护措施。给水管道不得穿过大、小便槽，且立管离大、小便槽端部不得小于0.5m，当立管距离大、小便槽端部小于或等于0.5m时，在大、小便槽端部应有建筑隔断措施。建筑物内埋地敷设的生活给水管与排水管之间的最小净距，平行埋设时不应小于0.5m；交叉埋设时不应小于0.15m，且给水管应布置在排水管的上面。

（6）建筑物内的生活饮用水水池（箱）体，应采用独立结构形式，不得利用建筑物的本体结构作为水池（箱）的壁板、底板及顶盖。

（7）生活饮用水水池（箱）与其他用水水池（箱）并列设置时，应有各自独立的分隔墙，不得共用一幅分隔墙，隔墙与隔墙之间应有排水措施。

（8）建筑物内的生活饮用水水池（箱）宜设在专用房间内，其上方的房间不应有厕所、浴室、盥洗室、厨房、污水处理间等。

（9）当生活饮用水水池（箱）内的贮水，48h内不能得到更新时，应设置水消毒处理装置。

（10）在非饮用水管道上接出水嘴或取水短管时，应采取防止误饮误用的措施。

（11）采用中水为生活杂用水时，生活杂用水系统的水质应符合现行国家标准《城市污水再利用城市杂用水水质》（GB/T 18920—2002）的要求。中水、回用雨水等非生活饮用水管道严禁与生活饮用水管道连接。

1.1 建筑给水系统根据其用途分为哪些类别?

1.2 建筑给水系统常用给水方式有哪些?每种方式各有什么优缺点?每种方式的适用条件是什么?

1.3 常用的金属给水管材如镀锌钢管、不锈钢管以及铜管,它们的主要优点是什么?常采用什么样的连接方式?

1.4 选择给水管材应注意的主要因素有哪些?选择埋地给水管材和室内给水管材分别要注意的因素有哪些?

1.5 在高层建筑减压给水方式中,减压阀给水方式和减压水箱给水方式相比有哪些优点?

1.6 给水系统附件的主要功能是什么?一般分为哪三类?

1.7 给水管道敷设时主要考虑哪些因素?

1.8 水泵选择的原则是什么?

1.9 如何确定给水系统中水泵的流量和扬程?

1.10 简述管网叠压供水装置主要设备组成。

1.11 如何确定水箱容积?水箱的设置有哪些要求?

1.12 生活、生产用水定额与哪些因素有关?

1.13 在建筑给水系统中普遍使用的水表有哪几种?水表的主要性能参数是什么?各性能参数的意义是什么?

1.14 某集体宿舍管道上有 10 个盥洗水龙头,每个水龙头的设计秒流量为 0.2L/s,该管道上有 4 个大便器采用延时自闭冲洗阀,大便器的设计秒流量为 1.2L/s,集体宿舍 α 值为 2.5,求该给水管道上的设计秒流量。

1.15 为什么要将给水管道的水流速度控制在一定范围内?常用的流速范围是多少?

1.16 在建筑生活给水系统中,为什么要求各分区最不利配水点的水压应满足用水水压要求?

1.17 为什么建筑高度不超过 100m 的建筑的生活给水系统,宜采用垂直分区并联供水或分压减压的供水方式?

1.18 导致建筑给水系统水质污染的常见原因有哪些?如何有效防止建筑给水系统的水质被二次污染?

第2章 建筑消防系统

建筑物发生火灾，根据建筑物的性质、功能及燃烧物，可通过水、泡沫、卤代烷、二氧化碳和干粉等灭火剂来扑灭。建筑消防系统根据使用灭火剂的种类可分为以下两大类：

(1) 水消防灭火系统，包括消火栓给水系统和自动喷水灭火系统；

(2) 非水灭火剂灭火系统，如干粉灭火系统、二氧化碳灭火系统、泡沫灭火系统等。

水是不燃液体，在与燃烧物接触后会通过物理、化学反应从燃烧物中摄取热量，对燃烧物起到冷却作用；同时，水在被加热和汽化的过程中产生的大量水蒸气，能够阻止空气进入燃烧区，并能稀释燃烧区内氧的含量，从而减弱燃烧强度；另外，经水枪喷射出来的压力水流具有很大的动能和冲击力，可以冲散燃烧物使燃烧强度显著减弱。在水、泡沫、酸碱、卤代烷、二氧化碳和干粉等灭火剂中，水具有使用方便、灭火效果好、来源广泛、价格便宜、器材简单等优点，是目前建筑消防的主要灭火剂，本章重点介绍水消防系统。

2.1 室外消防系统

室外消防系统的作用：一是供消防车从该系统取水，经水泵接合器向室内消防系统供水增补室内消防用水不足；二是消防车从该系统取水，供消防车、曲臂车等的带架水枪用水，控制和扑救火灾。

室外消防系统主要由室外消防水源、室外消防管道和室外消火栓组成。

2.1.1 室外消防水源

1. 消防给水水源

建筑物室外消防用水可由市政给水管网、天然水源或消防水池供给。

(1) 由市政给水管网提供（一般为低压室外消防系统），当市政给水管网能满足消防时用水量时（水压不小于0.1MPa，从室外地面计）采用。

(2) 就近利用天然水源供室外消防用水，应考虑天然水源地与保护建筑的距离、天然水源的水量与水位，以及天然水源与保护建筑之间的交通条件。

(3) 利用建筑的室内（外）水池中贮备消防用水作为室外消防水源。

2. 消防水池设置要求

消防水池是消防用水量的贮备构筑物，一般设计成室内、外消防共用水池。贮存水量应根据室外管网补水情况，建筑物类型，综合考虑室内、外消防水量要求确定。

市政给水管网为环状，能保证发生火灾时向消防水池连续补水情况下，消防水池容量可减去火灾延续时间内的市政补水量；水池充水的时间不宜超过48h；水池总容积超过500m^{3}时，应分隔为两个能独立使用的水池。

供消防车取水的消防水池应设取水口或取水井，其最低水位应保证消防车的消防水泵吸水高度不超过6.00m。不能保证时，可在消防水泵房内设专用加压泵由消防水池直接取水向室外消防管网供水。供消防车取水的消防水池，其保护半径小于或等于150m，并应设取水口，取水口与被保护建筑物外墙距离不宜小于15m；与甲、乙、丙类液体贮罐距离不宜小于40m；与液化石油气罐距离不宜小于60m，若有防止辐射热的保护设施时，可减为40m；寒冷地区的消防水池应有防冻措施。

2.1.2 室外消防水量

城市与居住区的消防水量，可作为城市和居住区室外给水管网设计时管网校核的依据。建筑物的室外消防用水量应根据建筑物性质、高度、面积、体积等因素确定，不应小于表2-1的规定。

表2-1 **工厂、仓库和民用建筑室外消火栓用水量** L/s

耐火等级	建筑物名称及类别 \ 建筑物体积（m^3）		≤1500	1501～3000	3001～5000	5001～20 000	20 001～50 000	>50 000
一、二级	厂房	甲、乙	10	15	20	25	30	35
		丙	10	15	20	25	30	40
		丁、戊	10	10	10	15	15	20
	库房	甲、乙	15	15	25	25	—	—
		丙	15	15	25	25	35	45
		丁、戊	10	10	10	15	15	20
	民用建筑		10	15	15	20	25	30
三级	厂房或库房	乙、丙	15	20	30	40	45	—
		丁、戊	10	10	15	20	25	35
	民用建筑		10	15	20	25	30	—
四级	丁、戊类厂房或库房		10	15	20	25	—	—
	民用建筑		10	15	20	25	—	—

注 1. 室外消火栓用水量应按消防需水量最大的1座建筑物或1个防火分区计算。成组布置的建筑物应按消防需水量较大的相邻2座计算。
2. 火车站、码头和机场的中转库房，其室外消火栓用水量应按相应耐火等级的丙类物品库房确定。
3. 国家级文物保护单位的重点砖木、木结构的建筑物室外消防用水量，按三级耐火等级民用建筑物消防用水量确定。

在计算建筑室外消防用水量时，如果城市或居住区给水管网设计流量中消防用水量小于建筑室外用水量时，应考虑将不足部分和建筑室内消防用水量一起贮存于消防水池内。

2.1.3 室外消防水压

室外消防管网按消防水压情况分为高压、临时高压和低压管网。

室外高压消防管网：室外管网内经常保持足够高的水压，灭火时不需使用消防车或其他移动式水泵加压，直接由消火栓接水带水枪灭火。

室外高压消防管网的水压可按式（2-1）计算确定

$$H = H_Z + H_1 + H_2 \tag{2-1}$$

式中 H——管网最不利处消火栓的压力（kPa）；

H_Z——室外消火栓口至建筑檐口或女儿墙上沿所需静水压（kPa）；

H_1——长度为120m（6条水带）、直径为65mm的麻质水带的水头损失之和（kPa）；

H_2——19mm水枪，充实水柱小于或等于100kPa，每支水枪的流量不小于5L/s时，水枪喷嘴所需的水压（kPa）。

室外临时高压消防管网：室外消防管网平时水压不高，在泵站内设置高压消防泵，当发生火警时，消防泵开动后，管网内压力达到高压管网的要求。

室外低压消防管网：室外管网平时水压较低，灭火时水枪所需要的压力，由消防车或移动式消防泵供给。低压管网的水压：当生活、生产、消防用水达到最大时，最不利点消火栓处的压力不低于100kPa。

城镇、居住区、企业事业单位的室外消防给水管道，在有可能利用地势设置高位水池，或设置集中高压水泵房时，就有采用高压给水管道的可能。一般情况下，多采用临时高压消防给水系统。

当城镇、居住区或企业事业单位内有高层建筑时，一般情况下，很少能直接采用室外高压或临时高压消防给水系统。因此，常采用区域（即数幢或几幢建筑物）合用泵房加压或独立（即每幢建筑物设水泵房）的临时高压给水系统，保证数幢建筑的室内消火栓（室内其他消防设备）或一幢建筑物的室内消火栓（室内其他消防设备）的水压要求。

区域高压或临时高压消防给水系统，可采用室外或室内均为高压或临时高压的消防给水系统，也可采用室内高压或临时高压，室外低压消防给水系统。

室内采用高压或临时高压消防给水系统时，一般情况下，室外采用低压消防给水系统。气压给水装置只能形成临时高压。

2.1.4 室外消防给水管网

1. 室外消防给水管道的布置

室外消防给水管道是指从市政给水干管接居住小区、工厂和公共建筑物室外消防给水管道。

室外消防管网按用途分为：生活与消防合用的给水管网；生产与消防用水合用的给水管网；生产、生活与消防用水合用的给水管网及独立的消防给水管网。

室外消防管网按管道布置形式分为枝状管网和环状管网。消防管网一般宜采用环状管网，只有在管网建设初期或室外消防水量小于15L/s时，可采用枝状管网。高层建筑的室外消防给水管道应布置为环状。

环状管网的输水干管（指环网中承担输水的主要管道）及向环状管网输水的输水管（指市政管网向小区环网的进水管）均不得少于2条，输水管中一条发生故障后，其余输水管仍应保证供应100%的生活、生产与消防用水。

环网应用阀门分成若干独立段，使在某根引入管或某市政管段故障维修时，通过阀门操作，其余引入管仍能保证消防供水；每个独立段中消火栓数量不宜超过5个。一般单体建筑、高层建筑，消火栓较少时，至少应用阀门将环管分成能独立工作的两段。环状给水管网布置示意如图2-1所示。

当只能从一条市政给水管引入输水管时，应在该市政给水管上设一阀门。管网上应设消防分隔阀门，阀门设在管道的三通、四通处，三通处设2个，四通处设3个，皆应设在下游，且两阀门之间消火栓数目不应超过5个。

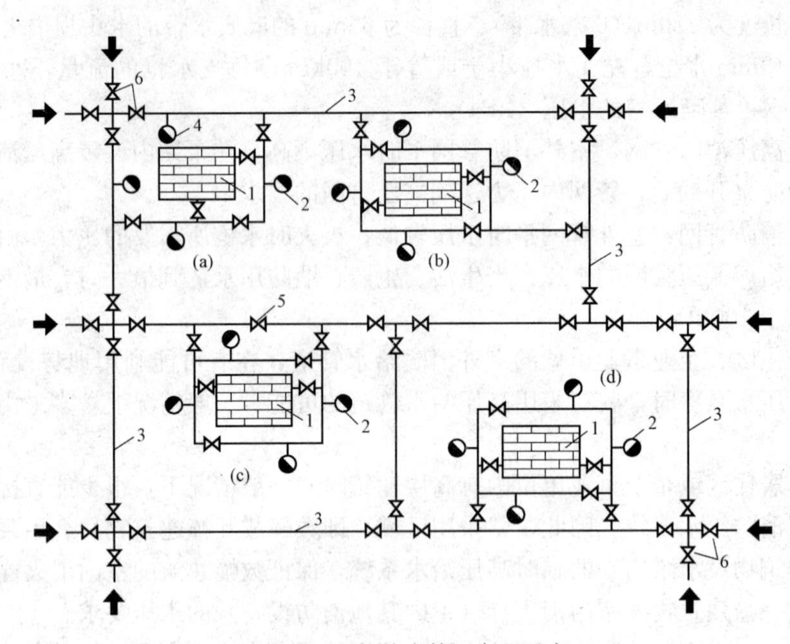

图 2-1 环状给水管网布置示意

(a) 室外给水管道与市政给水管成环（不同市政给水管段引入）；
(b) 室外给水管道在建筑物周围成环（不同市政给水管段引入）；
(c) 室外给水管道在建筑物周围成环（同一方向，不同市政管段引入）；
(d) 室外给水管道在建筑物周围成环（同一方向，同一市政管段引入，只能作枝状给水管计）
1—建筑物；2—室外消火栓；3—市政给水环管；4—市政消火栓；5—分段阀；6—阀门

2. 室外消防给水管道的管径

室外消防给水管道的管径为

$$D_j = \sqrt{\frac{4Q \times 1000}{\pi(n_j - 1)v_j}} \tag{2-2}$$

式中 D_j——室外消防给水管道的管径（mm）；

Q——消防、生活、生产用水总量（L/s）；

v_j——管道流速（m/s），不宜大于 2.5m/s；

n_j——进水管数量。

另外，一般要求管径不小于 100mm。

2.1.5 室外消火栓的布置

室外消火栓有地上式与地下式两种。在我国北方寒冷地区宜采用地下式消火栓，在南方温暖地区可采用地上式或地下式消火栓。室外地上式消火栓应有一个直径 150mm 或 100mm 的栓口和两个直径 65mm 的栓口；室外地下式消火栓应有直径 100mm 和 65mm 的栓口两个，并有明显的标志。

室外消火栓间距不应超过 120m，保护半径不应超过 150m；城市消火栓保护半径 150m 内，如消防用水量不超过 15L/s 时，可不再设室外消火栓。

室外消火栓应沿道路设置，道路宽度超过 60m 时，宜在道路的两边设置消火栓，并宜靠近十字路口；消火栓距车行道边小于或等于 2m；距建筑大于或等于 5m（一般设在人行道边），且小于或等于40m，在此范围内的市政消火栓可计入室外消火栓的数量；甲、乙、丙类液体贮罐区和液化石油气贮罐区的消火栓，应设在防火堤外。

2.2 室内消火栓给水系统

室内消火栓给水系统是把室外给水系统提供的水量输送到用于扑灭建筑内火灾而设置的灭火设施，是建筑物中最基本的灭火设施。低层建筑灭火以外救为主，室内消火栓设施主要用于扑灭消防车赶到之前的初期火灾，高层建筑灭火以自救为主。因此，低层建筑和高层建筑消火栓系统设计标准和要求不同。本章重点介绍层数少于10层的住宅及建筑高度（建筑物室外地面到其女儿墙顶部或檐口的高度）不超过24m的低层民用建筑，以水作为灭火剂的消火栓给水系统。

2.2.1 消火栓灭火系统的设置

按照《建筑设计防火规范》（GB 50016—2014）的规定，下列建筑应设置消火栓给水系统：

（1）建筑占地面积大于300m^{2}的厂房和仓库。

（2）高层公共建筑和建筑高度大于21m的住宅建筑。

注：建筑高度不大于27m的住宅建筑，设置室内消火栓系统确有困难时，可只设置干式消防竖管和不带消火栓箱的DN65的室内消火栓。

（3）体积大于5000m^{3}的车站、码头、机场的候车（船、机）建筑、展览建筑、商店建筑、旅馆建筑、医疗建筑和图书馆建筑等单、多层建筑。

（4）特等、甲等剧场，超过800个座位的其他等级的剧场和电影院等以及超过1200个座位的礼堂、体育馆等单、多层建筑。

（5）建筑高度大于15m或体积大于10 000m^{3}的办公建筑、教学建筑和其他单、多层民用建筑。

（6）国家级文物保护单位的重点砖木或木结构的古建筑，宜设置室内消火栓系统。

（7）人员密集的公共建筑、建筑高度大于100m的建筑和建筑面积大于200m^{2}的商业服务网点内应设置消防软管卷盘或轻便消防水龙。高层住宅建筑的户内宜配置轻便消防水龙。

2.2.2 消火栓给水系统的组成

建筑内部消火栓给水系统一般由消火栓设备、消防卷盘、消防管道，消防水池、高位水箱、水泵接合器及增压水泵等组成。如图2-2所示为设有水泵-水箱的消防供水方式。

1. 消火栓设备

消火栓设备由水枪、水带和消火栓组成，安装于消火栓箱内，如图2-3所示。

水枪一般为直流式，作用是产生灭火效率高的密实水柱。水枪喷嘴口径主要有13、16、19mm三种。

水带口径有50、65mm两种。口径13mm水枪配置口径50mm的水带，口径16mm水枪可配置口径50mm或65mm的水带，口径19mm水枪配置口径65mm的水带。水带长度一般为15、20、25m共三种，水带材质有麻织和化纤两种，有衬橡胶与不衬橡胶之分，衬胶水带阻力较小。水带的长度应根据建筑物长度计算选定。

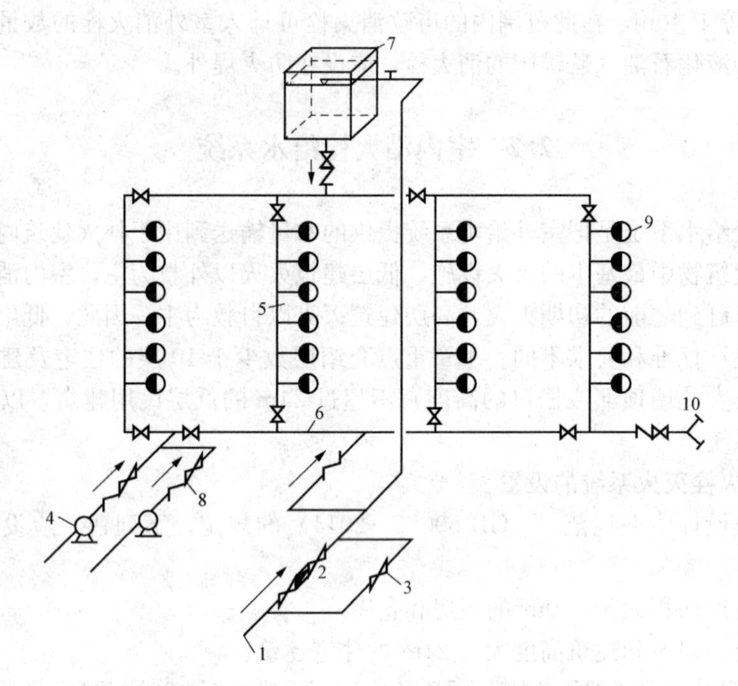

图 2-2 水泵-水箱消防供水方式

1—引入管；2—水表；3—旁通管及阀门；4—消防水泵；5—竖管；6—干管；7—水箱；8—止回阀；9—消火栓设备；10—水泵接合器

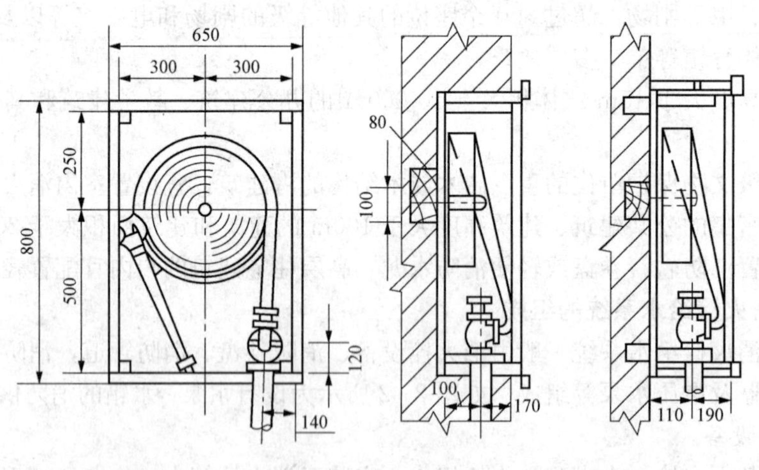

图 2-3 消火栓箱

消火栓均为内扣式接口的球形阀式水龙头，有单出口和双出口之分。双出口消火栓直径65mm，如图 2-4 所示，单出口消火栓口径有 50mm 和 65mm 两种。当每支水枪最小流量小于 3L/s 时选用口径 50mm 消火栓和水带，口径 13～16mm 水枪；流量大于 3L/s 时选用口径 65mm 消火栓水带，口径 19mm 水枪。

2. 消防卷盘

消火栓给水系统中，因喷水压力和消防流量较大，65mm口径消火栓对没有经过消防训练的普通人员来说，难以操纵，影响扑灭初期火灾效果，同时，造成的水渍损失较大，因此，消火栓给水系统可加设消防卷盘（又称消防水喉），供没有经过消防训练的普通人员扑救初期火灾使用。

消防卷盘由25mm或32mm小口径室内消火栓、内径不小于19mm的输水胶管、喷嘴口径为6、8mm或9mm的小口径开关和转盘配套组成，胶管长度为20～40m，整套消防卷盘与普通消火栓可设在一个消防箱内（见图2-5），也可从消防立管接出独立设置在专用消防箱内。

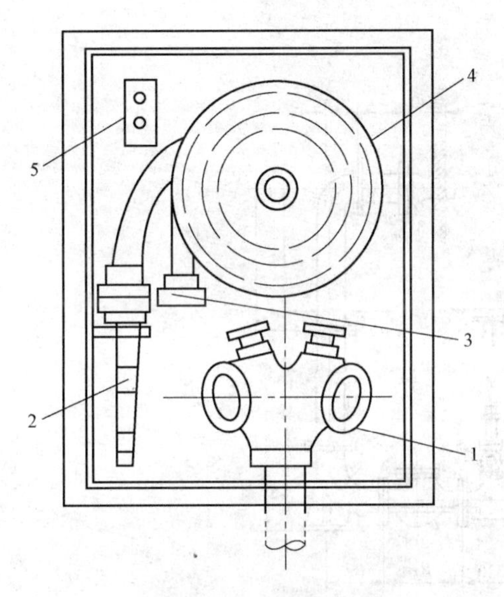

图2-4　双出口消火栓

1—双出口消火栓；2—水枪；3—水带接口；4—水带；5—消防水泵启动按钮

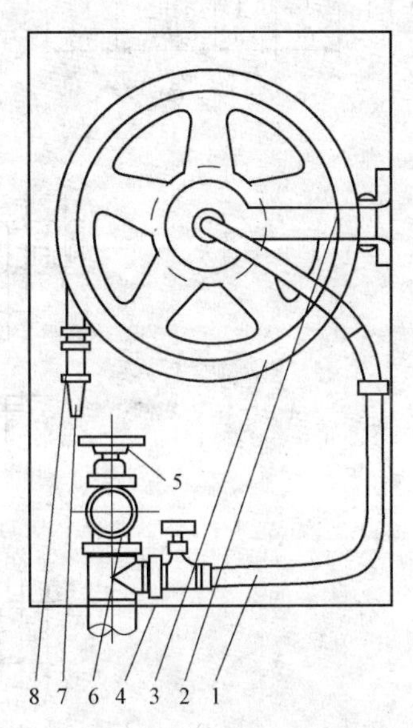

图2-5　消火栓与消防卷盘布置

1—卷盘供水管；2—卷盘摇臂；3—卷盘主体；4—箱壁；5—阀门；6—普通消火栓；7—水枪喷嘴；8—软管

消防卷盘在低层建筑，一般设在安装有空调系统的高级旅馆、办公楼，超过1500个座位的剧院、会堂，闷顶内安装有面灯部位的马道处；在高层建筑内一般设在有服务人员的高级旅馆、一类建筑的商业楼、展览楼、综合楼等和建筑高度超过100m的其他超高层建筑。

消防卷盘一般设置在走道、楼梯附近、明显易于取用的地点，其间距应保证室内地面的任何部位有一股水柱能够到达。

3. 水泵接合器

建筑消防给水系统中均应设置水泵接合器，水泵接合器是连接消防车向室内消防给水系统加压的装置，一端由消防给水管网水平干管引出，另一端设于消防车易于接近的地方。水泵接合器有地上、地下和墙壁式3种，如图2-6所示。其设计参数和尺寸见表2-2和表2-3。

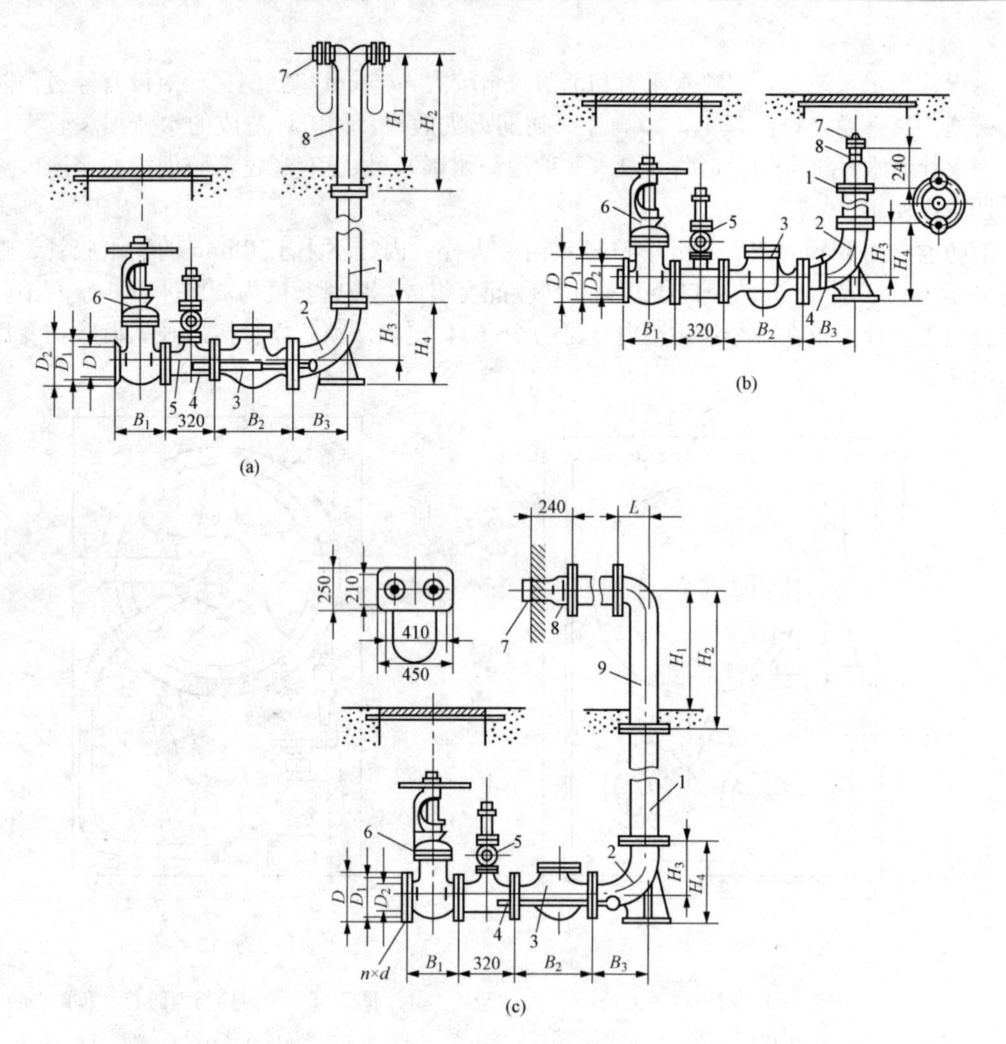

图 2-6 水泵接合器外形图

(a) SQ型地上式；(b) SQ型地下式；(c) SQ型墙壁式

1—法兰接管；2—弯管；3—升降式单向阀；4—放水阀；5—安全阀

6—楔式闸阀；7—进水用消防接口；8—本体；9—法兰弯管

表 2-2　　水泵接合器型号及基本参数

型号规格	形式	公称直径 DN（mm）	公称压力 PN（MPa）	进水口	
				形式	直径（mm）
SQ100 SQX100 SQB100	地上 地下 墙壁	100	1.6	内扣式	65×65
SQ150 SQX150 SQB150	地上 地下 墙壁	150			80×80

表 2-3 水泵接合器的基本尺寸

公称直径 DN（mm）	结构尺寸（mm）													消防接口
	B_1	B_2	B_3	H_1	H_2	H_3	H_4	L	D	D_1	D_2	d	n	
100	300	350	220	700	800	210	318	130	220	180	158	17.5	8	KWS65
150	350	480	310	700	800	325	465	465	285	240	212	22	8	KWS80

4. 消防水池和水箱

消防水池的主要作用是供消防车和消防泵取水之用。

消防水箱的主要作用是保持消防管网的水压力和扑救室内初期火灾。

2.2.3 消火栓给水系统的给水方式

消火栓给水系统给水方式的确定主要由室外给水管网提供的可靠水量和水压、建筑物高度以及消火栓设计流量和水压的要求等因素确定。在初步确定给水方式时，对层高不超过3.5m的民用多层建筑，建筑消防给水系统所需的压力，可采用以下估算式

$$H = 280 + 40(n-2) \quad (2-3)$$

式中 H——多层建筑消防给水系统所需压力（自室外地面算起）（kPa）；

n——建筑物层数，层高不超过3.5m的多层民用建筑。

如消火栓系统水枪的设计流量小于5L/s，H 值可减少40kPa。如给水横干管较长，H 值应增加。

1. 外网直接供水的给水方式

宜在室外给水管网提供的水量和水压 H_0，在任何时候均能满足室内消火栓给水系统所需的水量、水压 H 要求时（$H_0 \geqslant H$）采用，如图2-7所示。该方式中消防管道有两种布置形式：一种是消防管道与生活（或生产）管网共用，水表处应设旁通管，水表选择应能承受短历时通过的消防水量，这种形式可以节省1根给水干管、简化管道系统；另一种是消防管道单独设置，可避免消防管道中由于滞留过久而腐化的水，对生活（或生产）管网供水产生

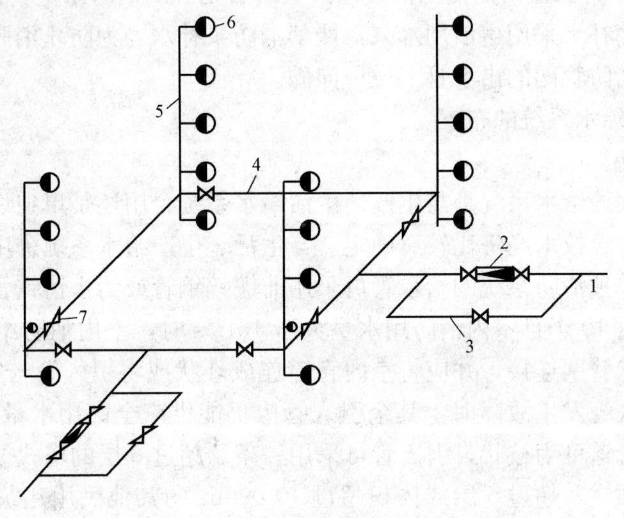

图 2-7 外网直接供水的给水方式

1—进水管；2—水表；3—旁通管及阀门；4—水平干管；5—消防竖管；6—室内消火栓；7—阀门

污染。

2. 水箱供水的给水方式

宜在室外管网一天之内有一定时间能保证消防水量、水压时（或是由生活泵向水箱补水）的低层建筑采用。如图 2-8 所示，水箱贮存 10min 消防水量，灭火时由水箱供水。

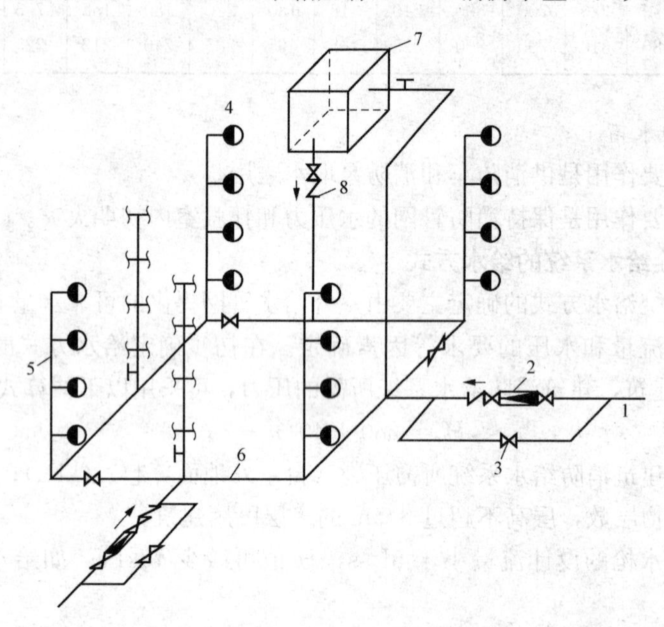

图 2-8 水箱供水的给水方式

1—引入管；2—水表；3—旁通管及阀门；4—室内消火栓；5—消防竖管；
6—干管；7—水箱；8—止回阀

3. 水泵-水箱联合供水的给水方式

这种方式适用于室外给水管网的水压、水量不能满足室内消火栓给水系统所需水压、水量。如图 2-2 所示，为保证初期使用消火栓灭火时有足够的消防水量，设置水箱贮备 10min 室内消防用水，水箱补水采用生活用水泵，严禁消防泵补水。为防止消防时消防泵出水进入水箱，在水箱进入消防管网的出水管上设单向阀。

2.2.4 消火栓给水系统的布置

1. 给水管道布置

建筑物内的消火栓给水系统是与生产、生活给水系统合用还是单独设置，应根据建筑物的性质和使用要求，经技术经济比较后确定。与生活、生产给水系统合用时，给水管一般采用热浸镀锌钢管。单独消防系统的给水管可采用非镀锌钢管或给水铸铁管。

室内消火栓超过 10 个且室内消防用水量大于 15L/s 时，室内消防给水管道至少应有两条引入管与室外环状管网连接，并应将室内管道连成环状或将引入管与室外管道连成环状。当环状管网一条引入管发生故障时，其余引入管应仍能供应全部用水量。7～9 层的单元住宅，室内消防给水管道可为枝状，引入管可采用一条。超过 6 层的塔式（采用双出口消火栓者除外）和通廊式住宅，超过 5 层或体积超过 10 000m^3 的其他民用建筑，超过 4 层的厂房和库房，如室内消防竖管为两条或两条以上时，应至少每两根竖管相连组成环状管道。每条竖管直径应按最不利点消火栓出水，流量符合表 2-5 的规定。

室内消防给水管道应用阀门分成若干独立段，某段损坏时，停用的消火栓在一层中不应超过5个。阀门经常处于开启状态，并应有明显的启闭标志。

消防用水与其他用水合并的室内管道，当其他用水达到最大秒流量时，应仍能供应全部消防用水量。淋浴用水量可按计算用水量的15%计算，洗刷用水可不计算在内。引入管上设置的计量设备不应降低引入管的过水能力。室内消火栓给水管网与自动喷水灭火设备的管网宜分开设置，如有困难，应在报警阀前分开设置。

2. 水泵接合器布置

超过4层的厂房和库房、设有消防管网的住宅、超过5层的其他民用建筑，其室内消防管网应设消防水泵接合器。

距接合器15～40m内应设室外消火栓或消防水池。接合器数量应按室内消防用水量计算确定，按表2-4选用，流量按10～15L/s计算。

水泵接合器应与室内环状管网连接，其连接点应尽量远离消防水泵输水管与室内管网连接点，以使消防水泵接合器向室内管网输水能力达到最大。

表2-4 水泵接合器选用数据

室内消防流量 Q (L/s)	水泵接合器		
	单个流量（L/s）	直径DN（mm）	个数（个）
10	10	100	1
15	10	100	2
20	10	100	2
25	15	150	2
30	15	150	2
40	15	150	3

3. 消火栓的设置

（1）消火栓的设置要求。设有消防给水的建筑物，其各层（无可燃物的设备层除外）均应设置消火栓。室内消火栓的布置，应保证有两支水枪的充实水柱可同时达到室内任何部位（建筑高度小于或等于24m，且$V \leqslant 5000m^3$的库房可采用1支），均用单出口消火栓布置，这是因为考虑到消火栓是室内主要灭火设备，任何情况下，均可使用室内消火栓进行灭火。因此，当相邻一个消火栓受到火灾威胁而不能使用时，该栓和不能使用的消火栓相邻的一个消火栓协同仍能保护任何部位。塔式建筑可采用双出口消火栓。

消防电梯前室应设室内消火栓。消防电梯前室是消防人员进入室内扑救火灾的进攻桥头堡。为使消防人员向火场发起进攻或开辟通路，在消防电梯前室应设有室内消火栓，保证火场灭火的需要。消防电梯内的室内消火栓与室内其他的消火栓一样，无特殊的要求，但不能计入总消火栓数内。

室内消火栓应设在明显、易于取用的地点。栓口离地面高度为1.1m，其出水方向应向下或与设置消火栓的墙面呈90°角。冷库的室内消火栓应设在常温穿堂内或楼梯间内。

设有室内消火栓的建筑，如为平屋顶时宜在平屋顶上设置试验和检查用的消火栓。

同一建筑内应采用同一规格的消火栓和水带。

高位水箱设置高度不能保证最不利点消火栓的水压要求时，应在每个室内消火栓处设置

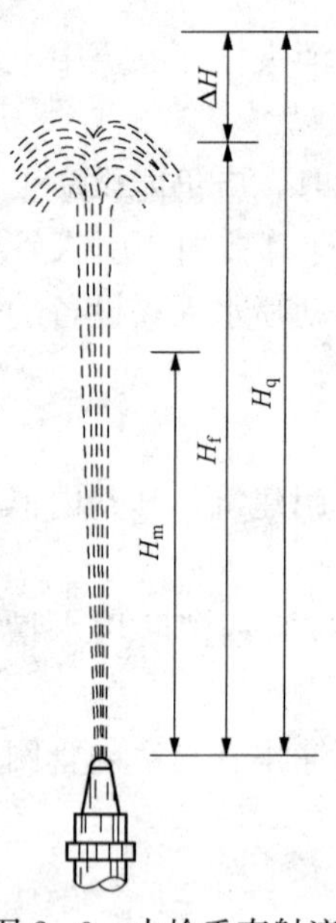

图 2-9 水枪垂直射流

直接启动消防水泵的按钮，并应有保护措施。

（2）水枪充实水柱长度。消火栓设备的水枪射流灭火，需要有一定强度的密实水流能有效地扑灭火灾。如图 2-9 所示，水枪射流中在 26～38mm 直径圆断面内、包含全部水量 75%～90%的密实水柱长度称为充实水柱长度，以 H_m表示。

水枪充实水柱长度计算

$$H_m = \frac{H_{层高}}{\sin\alpha} \tag{2-4}$$

式中 H_m——水枪充实水柱长度（m）；

α——水枪的上倾角，一般为 45°。

根据实验数据统计，当水枪充实水柱长度小于 7m 时，火场的辐射热使消防人员无法接近着火点、达到有效灭火的目的；当水枪的充实水柱长度大于 15m 时，因射流的反作用力而使消防人员无法把握水枪灭火。表 2-5 为各类建筑要求水枪充实水柱最小长度，设计时可参照选用。

表 2-5 各类建筑要求水枪充实水柱最小长度

建筑物类别		最小充实水柱长度（m）
低层建筑	一般建筑	7
	甲、乙类厂房＞六层民用建筑＞四层厂房、库房	10
	高架库房	13
高层建筑	民用建筑高度≥100m	13
	民用建筑高度＜100m	10
	高层工业建筑	13
人防工程内		10
停车场、修车库内		10

【例 2-1】 有一厂房内设有室内消火栓，该厂房的层高为 10m，试求水枪充实水柱的长度。

解：根据层高计算充实水柱的长度。采用水枪上倾角为 45°，该厂房为单层丙类厂房。则需要的水枪充实水柱长度为

$$H_m = \frac{H_{层高}}{\sin\alpha} = \frac{10}{0.707} = 14.1\text{m}$$

根据表 2-5 要求，丙类单层厂房的水枪充实水柱长度不应小于 7m。

充实水柱的长度应采用 14.1m。

【例 2-2】 有一高层工业建筑，其层高为 5m，试求水枪的充实水柱的长度。

解：根据层高计算充实水柱的长度。采用水枪上倾角为 45°，该厂房为单层丙类厂房。则需要的水枪充实水柱长度为

$$H_m = \frac{H_{层高}}{\sin\alpha} = \frac{5}{0.707} = 7.07\text{m}$$

根据表2-5要求，高层工业建筑的水枪充实水柱长度不应小于13m。

为保证火场消防人员的安全和有效地扑救建筑物内的火灾充实水柱的长度应采用13m。

(3) 消火栓的保护半径。消火栓的保护半径是指某种规格的消火栓、水枪和一定长度的水带配套后，并考虑消防人员使用该设备时有一定的安全保障（为此，水枪的上倾角不宜超过45°，否则着火物下落将伤及灭火人员），以消火栓为圆心，消火栓能充分发挥作用的水平距离。

消火栓的保护半径可按式（2-5）计算

$$R = 0.8L_d + L_s \tag{2-5}$$

式中 R——消火栓保护半径（m）；

L_d——水带的长度（m）；

L_s——水枪的充实水柱在水平面的投影长度（m），对于一般建筑（层高3～3.5m）由于两层楼板限制，一般取 $L_s = 3$m；对于工业厂房和层高大于3.5m的民用建筑按 $L_s = H_m \cos 45°$ 计算。

(4) 消火栓的布置间距。室内消火栓间距应经过计算确定，但高层工业建筑、高架库房、甲、乙类厂房，室内消火栓间距小于或等于30m。其他单层和多层建筑室内消火栓间距小于或等于50m。

1）如图2-10（a）所示，当室内宽度较小只有一排消火栓，并且只要求一股水柱到达室内任何部位时，消火栓的间距按式（2-6）计算

$$S_1 \leqslant 2\sqrt{R^2 - b^2} \tag{2-6}$$

式中 S_1——1股水柱时消火栓间距（m）；

R——消火栓的保护半径（m）；

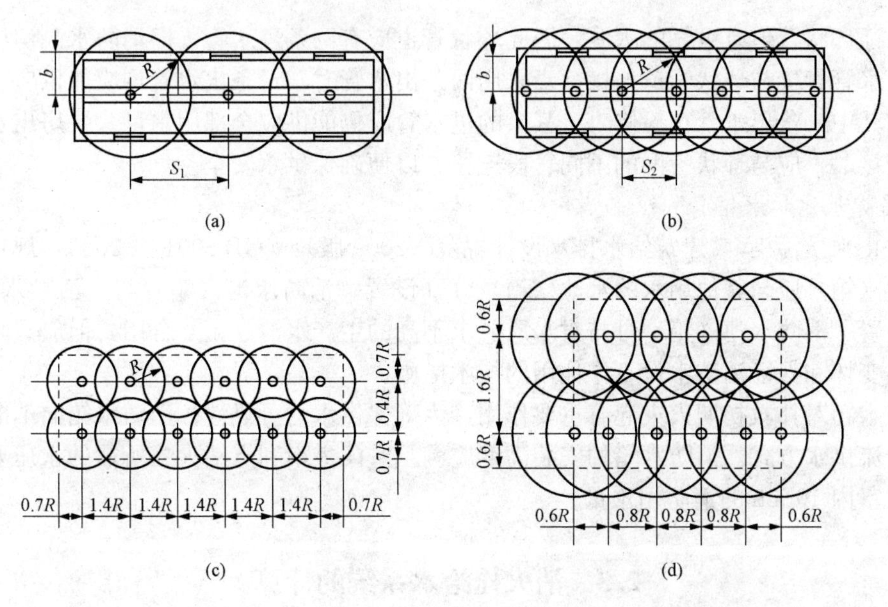

图2-10 消火栓布置间距

(a) 单排1股水柱到达室内任何部位；(b) 单排2股水柱到达室内任何部位；
(c) 多排1股水柱到达室内任何部位；(d) 多排2股水柱到达室内任何部位

b——消火栓的最大保护宽度（m），外廊式建筑 b 为建筑宽度，内廊式建筑 b 为走道两侧中最大一边宽度。

2）如图 2-10（b）所示，当室内只有一排消火栓，且要求有两股水柱同时到达室内任何部位时，消火栓的间距按式（2-7）计算

$$S_2 \leqslant \sqrt{R^2 - b^2} \tag{2-7}$$

式中 S_2——2 股水柱时消火栓间距（m）。

3）如图 2-10（c）所示，当建筑物较宽，需要布置多排消火栓，且要求有一股水柱到达室内任何部位时，消火栓的间距按式（2-8）计算

$$S_n = 1.4R \tag{2-8}$$

如图 2-10（d）所示，当建筑物较宽，需要布置多排消火栓，且要求有两股水柱同时到达室内任何部位时，消火栓的间距按式（2-8）计算值缩短一半。

4. 消防水泵

消防水泵是消防给水系统的心脏，在火灾情况下，应仍能坚持工作，不应受到火灾的威胁。为保证消防水泵不间断供水，一组（两台或两台以上，其中包括备用泵）消防水泵应有两条吸水管。当其中一条吸水管在检修或损坏时，其余的吸水管应仍能通过 100%的用水总量。

高压消防水泵、临时高压消防水泵，均应有独立的吸水管，即每台工作消防泵（如一个系统，一台工作泵，一台备用泵，可共用一条吸水管）均应有独立的吸水管，从消防水池（或市政管网）直接取水，保证供应火场用水。

消防水泵应能及时启动，保证火场消防用水。因此消防水泵应经常充满水，以保证及时启动供水，因此建议采用自灌式引水方式。若采用自灌式引水有困难时，应有可靠迅速的充水设备。

为保证环状管道有可靠的水源，因此环状管道应有两条进水管，即消防水泵房应有不少于两条出水管直接与环状管道连接。当采用两条出水管时，每条出水管均应能供应全部用水量。即当其中一条出水管在检修时，其余的进水管应仍能供应全部用水量。泵房出水管与环状管网连接时，应与环状管网的不同管段连接，以便确保供水安全。

5. 消防水池和水箱

为防止水质污染，《建筑给水排水设计规范（2009 版）》（GB 50015—2003）规定，生活饮用水池（箱）应与其他用水的水池（箱）分开设置。消防水池（箱）与生活贮水池（箱）应分开设置。消防水池（箱）可与对水质要求不高的生产水池（箱）合用，但应有防止消防贮水水质变坏和保证消防水量不作他用的技术措施。

消防水箱对扑救初期火灾起着重要作用，为确保供水的可靠性，消防水箱向消防管网应采用重力流供水方式。消防水箱的安装高度应满足室内最不利点消火栓所需的水压要求，且应贮存有室内 10min 的消防用水量。

2.3 消火栓给水系统的计算

消火栓给水系统计算的主要任务，是根据室内消火栓消防水量的要求，进行合理的流量分配后，确定给水系统管道的管径、系统所需水压、水箱的设置高度和容积、消防水泵的型

号等。

2.3.1 室内消火栓用水量

室内消火栓用水量是由建筑物的性质、高度、体积、耐火等级及建筑物内可燃物的数量等因数确定的。室内消火栓用水量应根据消火栓的布置和充实水柱长度计算，但不应小于表2-6的规定。

表2-6 室内消火栓用水量

建筑物名称	高度、层数、体积或座位数	消火栓用水量（L/s）	同时使用水枪支数（支）	每支水枪最小流量（L/s）	每根竖管最小流量（L/s）
厂房	高度≤24m、体积≤10 000m³	5	2	2.5	5
	高度≤24m、体积>10 000m³	10	2	5	10
	高度24~50m	25	5	5	15
	高度>50m	30	6	5	15
科研楼 实验楼	高度≤24m、体积≤10 000m³	10	2	5	10
	高度≤24m、体积>10 000m³	15	3	5	10
库房	高度≤24m、体积≤5000m³	5	1	5	5
	高度≤24m、体积>5000m³	10	2	5	10
	高度24~50m	30	6	5	15
	高度>50m	40	8	5	15
车站、码头 机场建筑物 展览馆等	5001~25 000m³	10	2	5	10
	25 001~50 000m³	15	3	5	10
	>50 000m³	20	4	5	15
商店 病房楼 教学楼等	5001~25 000m³	5	2	2.5	5
	25 001~50 000m³	10	2	5	10
	>50 000m³	15	3	5	10
剧院、礼堂 俱乐部 电影院 体育馆等	801~1200个	10	2	5	10
	1201~5000个	15	3	5	10
	5001~10 000个	20	4	5	15
	>10 000个	30	6	5	15
住宅	7~9层	5	2	2.5	5
其他建筑	≥6层或体积≥10 000m³	15	3	5	10
国家级文物保护单位的重点砖木、木结构的古建筑	体积≤10 000m³	20	4	5	10
	体积>10 000m³	25	5	5	15

2.3.2 室内消火栓口处所需水压力

消火栓口所需的水压按式（2-9）计算

$$H_x = H_q + H_d + H_k \tag{2-9}$$

式中 H_x——消火栓口的水压（kPa）；

H_q——水枪喷嘴处的压力（kPa）；

H_d——水带的水头损失（kPa）；

H_k——消火栓栓口水头损失（kPa），按20kPa计算。

1. 水枪喷嘴处的压力

理想的射流高度（即不考虑空气对射流的阻力）为

$$H_q = \frac{v^2}{2g} \tag{2-10}$$

式中 v——水流在喷嘴口处的流速（m/s）；

g——重力加速度（m/s^2）；

H_q——水枪喷嘴处的压力（m）。

实际射流对空气的阻力为

$$\Delta H = H_q - H_f = \frac{K}{d}\frac{v^2}{2g}H_f \tag{2-11}$$

把（2-10）代入（2-11）得：

$$H_q - H_f = \frac{K}{d}H_q H_f$$

设 $\varphi=\frac{K}{d}$，则

$$H_q = \frac{H_f}{1-\varphi H_f} \tag{2-12}$$

其中

$$\varphi = \frac{0.25}{d+(0.1d)^3}$$

式中 K——空气沿程阻力系数，由实验确定的阻力系数；

H_f——水流垂直射流高度（m）；

d——水枪喷嘴口径（m）；

φ——与水枪喷嘴口径有关的实验数据，见表2-7。

表2-7　　系数 φ 值

水枪喷嘴直径 d（mm）	13	16	19
φ	0.0165	0.0124	0.0097

水枪充实水柱高度 H_m 与水流垂直射流高度 H_f 的关系由式（2-13）表示

$$H_f = \alpha_f H_m \tag{2-13}$$

其中

$$\alpha_f = 1.19 + 80\,(0.01H_m)^4$$

式中 α_f——与 H_m 有关的实验数据，见表2-8。

表2-8　　系数 α_f 值

H_m（m）	7	10	13	15	20
α_f	1.19	1.20	1.21	1.22	1.24

将式（2-13）代入式（2-12）可得到水枪喷嘴处的压力与充实水柱的关系为

$$H_q = \frac{\alpha_f H_m}{1-\varphi\alpha_f H_m} \tag{2-14}$$

2. 水枪的实际射流量

根据孔口出流公式

$$q_x = \mu \frac{\pi d^2}{4} \sqrt{2gH_q} = 0.003\,477\mu d^2 \sqrt{H_q}$$

令 $B=(0.003\,477\mu d^2)^2$ 则

$$q_x = \sqrt{BH_q} \tag{2-15}$$

式中 q_x——水枪的射流量（L/s）；

B——水枪水流特性系数，与水枪口径有关，见表 2-9；

H_q——水枪喷嘴处的压力（m）；

μ——孔口流量系数，采用 $\mu=1.0$。

注意：水枪的设计射流量不应小于表 2-6 的最小流量的要求。

表 2-9　　水枪水流特性系数 B

水枪口直径（mm）	13	16	19	22
B	0.346	0.793	1.577	2.836

3. 水流通过水带的水头损失

水流通过水带的水头损失为

$$h_d = A_d L_d q_x^2 \tag{2-16}$$

式中 h_d——水带的水头损失（m）；

A_d——水带的比阻，见表 2-10；

L_d——水带的长度（m）；

q_x——水枪的射流量（L/s）。

表 2-10　　水带的比阻 A_d 值

水带材料	水带直径（mm）	
	50	65
帆布、麻质	0.015	0.0043
衬胶	0.006 77	0.001 72

设计时，根据规范对最小流量的要求和充实水柱的要求，查表 2-11 即可确定消火栓口处所需水压力，表中水带的长度 L_d 按 25m 计。

表 2-11　　H_m-H_q-q_x 计算成果表

规范要求最小射流量（L/s）	最小充实水柱 H_m(m)	栓口直径 DN(mm)	喷嘴直径 d(mm)	设计射流量 q_x(L/s)	设计充实水柱 H_m(m)	设计喷嘴压力 H_q(kPa)	水带水头损失 h_d(kPa)		设计栓口所需压力 H_x(kPa)	
							帆布麻质	衬胶	帆布麻质	衬胶
2.5	7.0	50	13	2.50	11.6	181.3	23.5	10.6	225	212
			16	2.72	7.0	93.1	27.8	12.5	141	126

续表

规范要求最小射流量（L/s）	最小充实水柱 H_m(m)	栓口直径 DN(mm)	喷嘴直径 d(mm)	设计射流量 q_x(L/s)	设计充实水柱 H_m(m)	设计喷嘴压力 H_q(kPa)	水带水头损失 h_d(kPa)		设计栓口所需压力 H_x(kPa)	
							帆布麻质	衬胶	帆布麻质	衬胶
2.5	10.0	50	13	2.50	11.6	181.3	23.5	10.6	225	212
			16	3.34	10.0	140.8	12.0	4.8	173	166
5.0	7.0	65	19	5.00	11.4	158.3	26.9	10.8	205	189
	13.0	65	19	5.42	13.0	186.1	31.6	12.6	238	219

2.3.3 消防水箱

1. 高位消防水箱容积的确定

按照《建筑消防防火规范》（GB 50016—2014）规定，消防水箱应贮存10min的消防用水总量，以供补救初期火灾之用。消防水箱有效容积计算公式为

$$V_x = \frac{Q_x \times 10 \times 60}{1000} = 0.6Q_x \tag{2-17}$$

式中 V_x——消防水箱贮存消防水量（m^3）；

Q_x——室内消防用水总量（L/s）。

临时高压消防给水系统的高位消防水箱有效容积应满足初期火灾消防用水量的要求，符合如下规定：

（1）一类高层公共建筑，不应小于36m^3，建筑高度大于100m时不应小于50m^3，建筑高度大于150m时不应小于100m^3。

（2）多层公共建筑、二类高层公共建筑和一类高层住宅，不应小于18m^3；超过100m的一类高层住宅不应小于36m^3；二类高层住宅不应小于12m^3；建筑高度大于21m的多层住宅不应小于6m^3。

（3）工业建筑室内消防给水设计流量当小于或等于25L/s时，不应小于12m^3；大于25L/s时，不应小于18m^3。

（4）总建筑面积大于10 000m^2且小于30 000m^2的商店建筑不应小于36m^3，总建筑面积大于30 000m^2的商店，不应小于50m^3。

2. 高位消防水箱高度的设置

高位消防水箱的设置应高于所服务的灭火设施，且最低有效水位应满足水灭火设施最不利点处的静水压力，满足表2-12规定。

表2-12 消防水箱的设置高度

序号	建筑物类别	设置高度（m）	备注
1	一类高层建筑<100m 一类高层建筑≥100m	最不利消火栓不应低于0.1MPa 最不利消火栓不应低于0.15MPa	不能满足时需设稳压泵
2	高层住宅、二类高层公共建筑，多层公共建筑、多层住宅	最不利消火栓不小于0.07MPa	

续表

序号	建筑物类别	设置高度（m）	备注
3	工业建筑，建筑体积≥20 000m³ 工业建筑，建筑体积＜20 000m³	最不利消火栓不应低于 0.10MPa 最不利消火栓不宜低于 0.07MPa	不能满足时需设稳压泵
4	自喷系统	最不利消火栓不小于 0.1MPa	

2.3.4 消防贮水池

1. 贮水池设置条件

下列情况之一者应设消防贮水池：

（1）当生产、生活用水量为最大时，市政给水管网或入户引入管不能满足室内外消防给水设计流量。

（2）当采用一路消防供水或只有一条入户引入管，且室外消火栓设计流量大于 20L/s 或建筑高度大于 50m。

（3）市政消防给水设计流量小于建筑室内外消防给水设计流量。

2. 消防水池有效容积

$$V_f = 3.6(Q_f - Q_L)T_x \tag{2-18}$$

式中 V_f——消防水池贮存消防水量（m^3）；

Q_f——室内消防用水量与室外给水管网不能保证的室外消防用水量之和（L/s）；

Q_L——市政给水管网可连续补充的水量（L/s）；

T_x——火灾延续时间（h），见表 2-13。

表 2-13 建筑物火灾延续时间

建筑物名称		火灾延续时间（h）
低层建筑、工业建筑	高层民用建筑	
甲、乙、丙类物品仓库、百货楼、展览楼、财贸金融楼、省级邮政楼、高级旅馆和重要的科研楼、图书馆、档案楼可燃气体贮罐、焦炭露天堆场	一类建筑的财贸金融楼、重要的档案楼、图书馆、高级旅馆、商业楼、展览楼、综合楼、商住楼 二类建筑的商业楼、展览楼、综合楼、商住楼 超高层建筑	3
居住区、工厂和丁、戊类仓库 3h 火灾延续时间以外的建筑	其他高层民用建筑	2
浮顶罐、地下和半地下固定顶立式罐、覆土贮罐和直径不超过 20m 的地上固定顶立式罐		4
液化石油气罐 易燃、可燃材料露天、半露天堆场（不包括煤、炭露天堆场） 直径超过 20m 的地上固定顶立式罐		6
泡沫灭火		0.5
自动喷水灭火系统		1

2.3.5 管网水力计算

消防管网水力计算的主要目的在于计算消防给水管网的管径、消防水泵的流量和扬程，并确定消防水箱的设置高度。

由于建筑物发生火灾地点的随机性，以及水枪充实水柱数量的限定（即水量限定），在进行消防管网水力计算时，对于枝状管网应首先选择最不利立管和最不利消火栓，以此确定计算管路，并按照消防规范规定的室内消防用水量进行流量分配，低层建筑消防立管流量分配应按表 2-6 确定。对于环状管网（由于着火点不确定），可假定某管段发生故障，仍按枝状网进行计算。在最不利点水枪射流量确定后，以下各层水枪的实际射流量应根据消火栓口处的实际压力计算。在确定了消防管网中各管段的流量后，通常可从钢管水力计算表中直接查得管径及单位管长沿程水头损失值。

消火栓给水管道中的流速一般以 1.4～1.8m/s 为宜，不允许大于 2.5m/s。消防管道沿程水头损失的计算方法与给水管网计算相同，其局部水头损失按管道沿程水头损失的 10%采用。

当有消防水箱时，应以水箱最低水位作为起点选择计算管路，计算管径和水头损失，确定水箱设置高度或补压设备。当设有消防水泵时，应以消防水池最低水位作为起点选择计算管路，计算管径和水头损失，确定消防水泵的扬程。

为保证消防车通过水泵接合器向消火栓给水系统供水灭火，对于低层建筑消火栓给水管网管径不得小于 DN50。

室内消防系统所需水压力（或消防泵的扬程）为

$$H = H_1 + H_2 + H_{x0} \tag{2-19}$$

式中 H_1——给水引入管与最不利消火栓之间的高程差（kPa），如由消防泵供水，则为消防贮水池最低水位与最不利消火栓之间的高程差；

H_2——计算管路水头损失（kPa）；

H_{x0}——最不利消火栓口处所需水压力（kPa）。

【例 2-3】 一幢 7 层科研楼，已知该楼层高均为 3.2m，建筑宽 15m，长 40m，体积大于 10 000m^3。室外给水管道的埋深 1m，所提供的水压力为 200kPa，室内外地面高层差 0.4m，要求进行消火栓给水系统管径和水泵的设计计算。

解：(1) 选择给水方式。

估算室内消防给水所需水压力

$$H = 280 + 40(n-2) = [280 + 40 \times (7-2)] = 480\text{kPa}$$

室外给水管道所提供的水压力为 200kPa，显然不能满足室内消防给水水压要求，应采用水泵-水箱联合给水方式。

(2) 消火栓的布置。按规范要求采用单出口消火栓布置，按两股水柱可达室内平面任何部位计算，水带长度为 25m。则消火栓的最大保护半径和布置间距为

$$R = 0.8L_d + L_s = (0.8 \times 25 + 3) = 23\text{m}$$

$$S \leqslant \sqrt{R^2 - b^2} = (\sqrt{23^2 - 8.0^2}) = 21.6\text{m}$$

每层楼布置一排 3 个消火栓，如图 2-11 (a) 所示，消火栓的间距为 20m。根据平面图绘制系统，如图 2-11 (b) 所示。

(3) 水力计算。

1) 确定最不利情况下出流水枪支数及出流水枪位置。

查表 2-6，该科研楼室内消火栓最小用水量为 15L/s，3 支水枪同时出流，每根竖管最

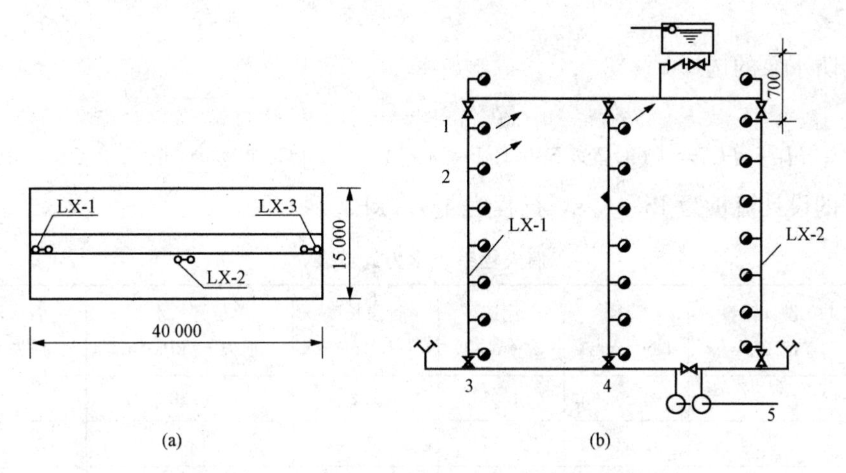

图 2-11 科研楼消火栓给水平面图、系统图

(a) 平面图；(b) 系统图

小流量 10L/s，每支水枪最小流量 5L/s。

选最不利立管上 2 支水枪出流，次不利立管上 1 支水枪出流，如图 2-11 所示。

2）确定消火栓设备规格。

查表 2-5，大于六层的民用建筑水枪充实水柱长度不得小于 10m。

根据水枪充实水柱长度不得小于 10m 和每支水枪最小流量 5L/s 的要求，查表 2-11，则设计充实水柱长度 H_m=11.4m，每支水枪最小流量 q_x=5L/s，设计栓口所需压力 H_x=205kPa。消火栓设备规格：水枪 DN=19mm，水带 DN=65mm，L_d=25m，麻质水带；水栓 DN=65mm。

3）消防管道流量、管径、水头损失计算。

查表 2-9，B=1.577；

查表 2-10，A_d=0.0043。

1-2 段

$$Q_{1-2}=q_{x1}=5\text{L/s}\quad H_1=H_{x1}=205\text{kPa}$$

采用镀锌钢管，查附录 A 表 A-4，DN=80mm，v=1.01m/s，i=0.30kPa/m。

2-3 段

$$H_2=H_1+\Delta Z_{1-2}+\sum h_{1-2}=(205+32+3.2\times0.3)=237.96\text{kPa}=23.8\text{mH}_2\text{O}$$

$$H_2=H_{q2}+h_{d2}+2=\frac{q_{x2}^2}{B}+A_ZL_dq_{x2}^2+2$$

$$q_{x2}=\left(\sqrt{\frac{H_2-2}{\frac{1}{B}+A_zL_d}}\right)=\left(\sqrt{\frac{23.8-2}{\frac{1}{1.577}+0.0043\times25}}\right)=5.4\text{L/s}$$

$$Q_{2-3}=q_{x1}+q_{x2}=(5+5.4)=10.4\text{L/s}$$

查附录 A 表-4，DN=80mm，v=2.11m/s，i=1.29 kPa/m。

3-4 段、4-5 段

$$Q_{3-4}=Q_{2-3}=10.4\text{L/s}\quad Q_{4-5}=Q_{2-3}+5=15.4\text{L/s}$$

计算结果详见表 2-14，考虑到着火的机遇性，消防立管均采用 DN80，横干管均采用DN100。

(4) 消防水泵的选择

$$Q_b = 15.4\text{L/s}$$

$$H_b = H_z + H_f + H_x = \left[(3.2\times6+1.1+1.4)\times10+1.1\times\sum iL+205\right] = 467.2\text{kPa}$$

消防泵的设计流量为15.4L/s，扬程为467.2kPa。

表2-14 消火栓系统水力计算表

设计管段编号	设计流量 Q (L/s)	管径 DN (mm)	流速 v (m/s)	管段长度 L (m)	单位管长水头损失 i (kPa/m)	管段沿程水头损失 iL (kPa)
1-2	5	80	1.01	3.2	0.30	0.96
2-3	10.4	80	2.11	17.5	1.29	22.58
3-4	10.4	100	1.21	20	0.30	6.0
4-5	15.4	100	1.79	18	0.64	11.52
					$\sum iL=$	41.06

2.4 自动喷水灭火系统

自动喷水灭火系统是一种固定形式的自动灭火装置。系统的喷头以适当的间距和高度安装于建筑物、构筑物内部。当建筑物内发生火灾时，喷头会自动开启灭火，同时发出火警信号，启动消防水泵从水源抽水灭火。

实践证明，自动喷水灭火系统与消火栓系统相比，最大优点是灭火效率高，工作性能稳定，适用于一切可用水扑灭火灾的场所；但设施建设和控制较复杂，投资较大。根据美国国家防火协会的资料：自动喷水灭火系统的控火、灭火成功率可达96.2%。根据澳大利亚和新西兰国家报道资料：其灭火成功率可达99.8%。因此，自动喷水灭火系统在欧美等国家设置较为普及，国外不仅在商场、仓库、高层建筑、公共建筑中安装自动喷水灭火设施，在一些家庭住宅中也有装设。我国采用自动喷水灭火系统已有50多年的历史。鉴于自动喷水灭火系统造价较高和我国目前的经济发展状况，设置场所有限，但使用范围和使用量正在不断扩展与增长。

2.4.1 自动喷水灭火系统设置原则

《自动喷水灭火系统设计规范（2005版）》(GB 50084—2001）中规定：自动喷水灭火系统应在人员密集、不易疏散、外部增援灭火与救生较困难的性质重要或火灾危险性较大的场所中设置。设置原则见表2-15。

表2-15 各类自动喷水灭火系统设置原则

系统类型	设置原则
闭式自动喷水灭火系统	(1) 大于或等于50 000纱锭的棉纺厂的开包、清花车间，大于或等于5000锭的麻纺厂的分级、梳麻车间，服装、针织高层厂房，面积超过1500m²的木器厂房，火柴厂的烤梗、筛选部位，泡沫塑料厂的预发、成型、切片、压花部位。

续表

系统类型	设置原则
闭式自动喷水灭火系统	(2) 每座占地面积超过1000m²的棉、麻、毛、丝、化纤、毛皮及其制品库房，每座占地面积超过600m²的火柴库房，建筑面积超过500m²的可燃物品地下库房，可燃、难燃物品的高架库房和高层库房（冷库、高层卷烟成品库房除外），省级以上或藏书超过100万册图书馆的书库。 (3) 超过1500个座位的剧院观众厅、舞台上部（屋顶采用金属构件时）、化妆室、道具室、贵宾室，超过2000个座位的会堂或礼堂的观众厅、舞台上部、贮藏室、贵宾室，超过3000个座位的体育馆、观众厅的吊顶上部、贵宾室、器材间、运动员休息室。 (4) 省级邮政楼的邮袋库。 (5) 每层面积超过3000m²或建筑面积超过9000m²的百货楼、展览大厅。 (6) 设有空气调节系统的旅馆和综合办公楼内的走道、办公室、餐厅、商店、库房和无楼层服务台的客房。 (7) 飞机发动机试验台的准备部分。 (8) 国家级文物保护单位的重点砖木或木结构建筑。 (9) 建筑面积超过500m²的地下商店。 (10) 设置在地下、半地下的超过300m²的建筑首层、2层、3层、4层及4层以上建筑的歌舞娱乐放映游艺场所。 (11) 建筑高度超过100m的高层建筑，除面积小于5m²的卫生间、厕所和不宜用水扑救的部位外，均应设置闭式自动喷水灭火系统。 (12) 建筑高度不超过100m的一类高层建筑及裙房的下列部位：公共活动用房，走道、办公室和旅馆的客房，可燃物品库房，高级住宅的居住用房，自动扶梯底部和垃圾道顶部。 (13) 二类高层民用建筑中的商场营业厅、展览厅等公共活动用房和超过200m²的可燃物品库房。 (14) 高层建筑中经常有人停留或可燃物较多的地下室房间、歌舞娱乐放映游艺场所等
水幕系统	(1) 超过1500个座位的剧院和超过2000个座位的会堂、礼堂的舞台口，以及与舞台相连的侧台、后台的门窗洞口。 (2) 应设防火墙等防火分隔物而无法设置的开口部位。 (3) 防火卷帘或防火幕的上部。 (4) 高层民用建筑物内超过800个座位的剧院、礼堂的舞台口宜设防火幕或水幕隔离
雨淋喷水灭火系统	(1) 火柴厂的氯酸钾压碾厂房，建筑面积超过100m²的生产、使用硝化棉、喷漆棉、火胶棉、赛璐珞胶片、硝化纤维的厂房。 (2) 建筑面积超过60m²或贮存量超过2t的硝化棉、喷漆棉、赛璐珞胶片、硝化纤维的库房。 (3) 日装瓶数量超过3000瓶的液化石油贮配站的灌瓶间、实瓶库。 (4) 超过1500个座位的剧院和超过2000个座位的会堂舞台的葡萄架下部。 (5) 建筑面积超过400m²的演播室，建筑面积超过500m²的电影摄影棚。 (6) 乒乓球厂的轧坯、切片、磨球、分球检验部位
水喷雾灭火系统	(1) 单台容量在40MW及以上的厂矿企业可燃油浸电力变压器、单台容量在90MW及以上可燃油浸电厂电力变压器或单台容量在125MW及以上的独立变电所可燃油浸电力变压器。 (2) 飞机发动机试验台的试车部分。 (3) 高层建筑内的下列房间：燃油、燃气锅炉房，可燃油浸电力变压器室，充可燃油的高压电容器和多油开关室，自备发电机房

2.4.2 自动喷水灭火系统的分类与原理

自动喷水灭火系统根据组成构件、工作原理及用途可以分成若干种基本形式。我国目前应用的系统主要有闭式系统和开式系统之分。闭式自动喷水灭火系统是指在自动喷水灭火系统中采用闭式喷头，平时系统为封闭系统，火灾发生时喷头自动打开喷水灭火的灭火系统。开式系统是指在自动喷水灭火系统中采用开式喷头，平时系统为敞开状态，报警阀处于关闭状态，管网中无水，发生火灾时报警阀开启，管网充水，喷头喷水灭火。

1. 闭式系统

闭式系统主要分为湿式自动灭水系统、干式自动灭水系统、预作用自动灭水系统三种类型。

（1）湿式自动喷水灭火系统。湿式自动喷水灭火系统主要由闭式喷头、管路系统、报警装置、湿式报警阀及其供水系统组成。由于在喷水管网中经常充满有压力的水，故称湿式喷水灭火系统，其设置形式如图 2-12 所示。

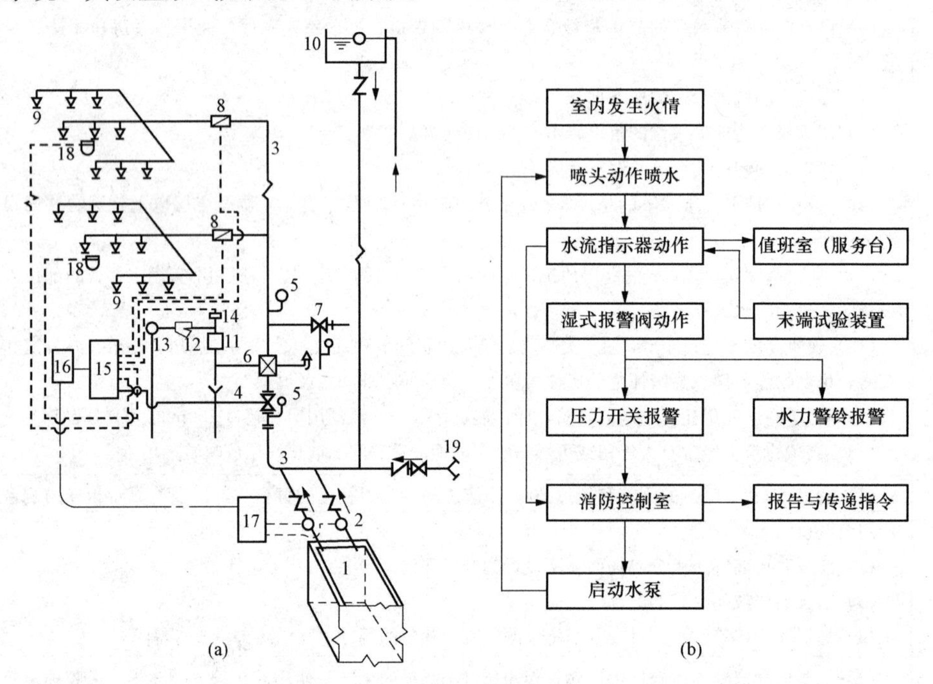

图 2-12 湿式自动喷水灭火系统图

（a）组成示意；（b）工作原理图

1—消防水池；2—消防泵；3—管网；4—控制蝶阀；5—压力表；6—湿式报警器；7—泄放试验阀；8—水流指示器；9—喷头；10—高位水箱、稳压泵或气压给水设备；11—延时器；12—过滤器；13—水力警铃；14—压力开关；15—报警控制器；16—非标控制箱；17—水泵启动箱；18—探测器；19—水泵接合器

发生火灾时，高温火焰或高温气流使闭式喷头的热敏感元件动作，闭式喷头自动打开喷水灭火。管网中处于静止状态的水发生流动，水流经过水流指示器，指示器被感应发出电信号，在报警控制器上显示某一区域已在喷水；不断喷水使湿式报警阀的上部水压低于下部水压，当压力差达到某一定值时，压力水将原本处于关闭状态的报警阀片冲开，使水流流向干管、配水管、喷头；同时，压力水通过细管进入报警信号通道，推动水力警铃发出火警声号报警。另外，根据水流指示器和压力开关的报警信号或消防水箱的水位信号，控制器能自动启动消防水泵向管网加压供水，达到持续喷水灭火的目的。

湿式喷水灭火系统应用较广，与其他类型的自动喷水灭火系统比较，具有灭火迅速、构造较简单、经济可靠、维护检查方便等优点。但由于管网中充满有压水，如安装不当，会产生渗漏，损坏建筑物装饰，影响建筑物使用。湿式自动喷水灭火系统适用于室内环境温度不低于4℃和不高于70℃的建筑物和构筑物。

（2）干式自动喷水灭火系统。干式自动喷水灭火系统适用于室内温度低于4℃或高于70℃的建筑物和构筑物，主要由闭式喷头、管路系统、报警装置、干式报警阀、充气设备及供水系统组成。由于在报警阀上部管路中充以有压气体，故称干式喷水灭火系统，如图2-13所示。

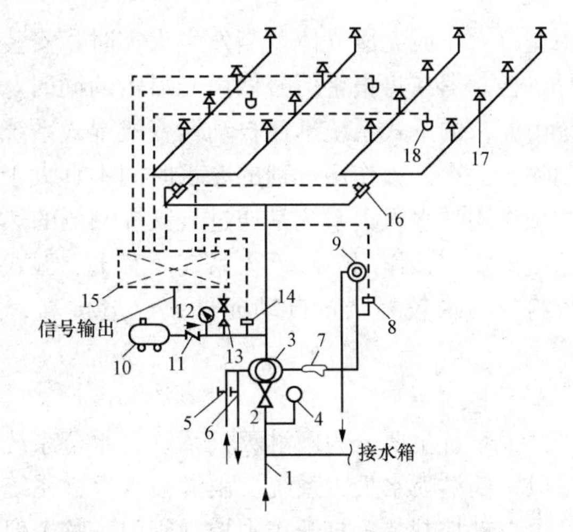

图2-13 干式自动喷水灭火系统图

1—供水管；2—总闸阀；3—报警阀；4—压力表；5、6—截止阀；7—过滤器；8—压力开关；9—水力警铃；10—空气压缩机；11—止回阀；12—系统气压表；13—安全阀；14—压力开关；15—火灾报警控制箱；16—水流指示器；17—闭式喷头；18—火灾探测器

干式报警阀前管网内充满压力水，阀后的管路内充满压缩空气，平时处于警备状态。当发生火灾时，室内温度升高使闭式喷头打开，喷出压缩空气，报警阀后的气压下降。当降至某一限值时，报警阀前的压力水进入供水管路，将剩余的气体从已打开的喷头处推赶出去，喷水灭火。同时，压力水通过另一管路系统推动水力警铃和压力开关报警，并启动消防水泵加压供水。

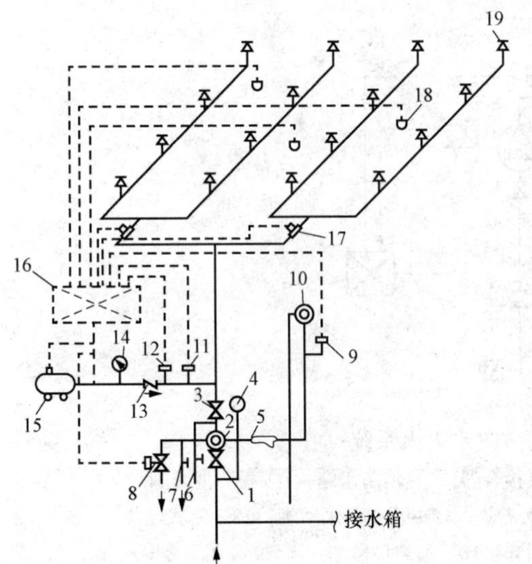

图2-14 预作用自动喷水灭火系统图

1—总控制闸阀；2—预作用阀；3—检修闸阀；4—压力表；5—过滤器；6—截止阀；7—手动开启截止阀；8—电磁阀；9—压力开关；10—水力警铃；11—空压机开停信号开关；12—低气压报警开关；13—止回阀；14—空气压力表；15—空压机；16—火灾报警控制箱；17—水流指示器、18—火灾探测器；19—闭式喷头

由于干式喷水灭火系统在报警阀后充以空气而无水，该系统在喷水之前有一个排气进水过程，使喷水灭火的动作较湿式系统缓慢，影响控火速度。一般可在干式报警阀出口管道上安装排气加速器，加速报警阀处的降压过程，缩短排气时间。另外，干式喷水灭火系统需有1套充气设备，管网气密性能要求高，系统设备复杂，维护管理也较为不便。

（3）预作用自动喷水灭火系统。不允许有水渍损失的建筑物、构筑物中宜采用预作用自动喷水灭火系统，该系统主要由火灾探测系统、闭式喷头、预作用阀、报警装置及供水系统组成。预作用喷水灭火系统将火灾自动探测控制技术和自动喷水灭火技术相结合，系统平时处于干式状态，当发生火灾时，能对火灾进行初期报警，同时迅速向管网充水使系统成为湿式状态，进而喷水灭火。系统的这种转变过程包含着预备动作的作用，故称预作用喷水灭火系统，其设置形式如图2-14所示。

平时系统在预作用阀前至喷水喷头的配水

管中充以有压或无压气体，当发生火灾时，安装于现场的火灾探测器首先发现火情发出报警信号，控制器在将报警信号做声光显示的同时，自动使报警阀开启，压力水很快进入管路，系统由原来的干式系统迅速自动转变成湿式系统。当温度继续升高，喷头受热自动开启，便立刻喷水灭火。预作用过程的充水时间不宜大于3min，并要求在闭式喷头动作前完成。

预作用喷水灭火系统是通过火灾探测器的热敏感元件启动，因此较干、湿灭火系统的启动速度更快。预作用喷水灭火系统兼有干、湿式喷水灭火系统的优点，并且适用范围广。但系统组成结构较复杂，自动元件多、造价高、技术要求高、对系统的维护管理有一定的要求。

2. 开式系统

开式系统主要分为雨淋灭火系统、水幕系统和水喷雾灭火系统三种形式。

(1) 雨淋喷水灭火系统。雨淋喷水灭火系统为喷头常开的灭火系统，当建筑物发生火灾时，由自动控制装置打开集中控制阀门，整个保护区域所有喷头喷水灭火。

该系统由开式喷头、管道系统、雨淋阀、火灾探测器、报警控制装置、控制组件和供水设备等组成。自动开启雨淋阀的传动控制装置有带易熔锁封钢索绳装置、带闭式喷头的传动控制装置、电动传动装置、手动旋塞传动装置。图2-15所示为传动管启动雨淋喷水灭火系统。

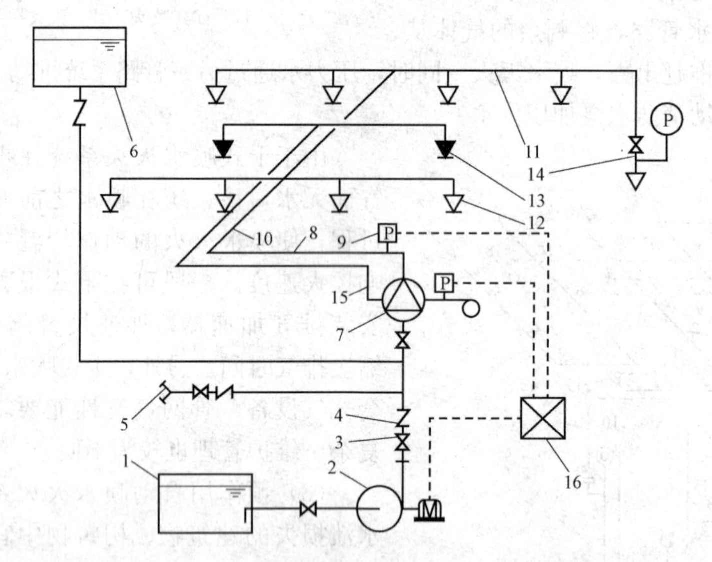

图2-15 传动管启动雨淋喷水灭火系统

1—水池；2—水泵；3—闸阀；4—单向阀；5—水泵接合器；6—消防水箱；7—雨淋报警阀组；8—配水干管；9—压力开关；10—配水管；11—配水支管；12—开式洒水喷头；13—闭式喷头；14—末端试水装置；15—传动管；16—报警控制器

传动管启动雨淋喷水灭火系统工作原理：平时，雨淋阀后的管网无水，雨淋阀在传动系统中的水压作用下紧紧关闭着，火灾发生时，闭式喷头出水，自动地释放掉传动管网中有压水，使雨淋阀上传动水压骤然降低，雨淋阀启动，消防水便立即充满管网经过开式喷头同时喷水。

雨淋喷水灭火系统出水迅速，喷水量大，覆盖面积大，其降温和灭火效率显著，因此有利于控制来势凶猛、蔓延快的火灾。但系统的喷头全部为开式，启动完全由控制系统操纵，因而自动控制系统的可靠性要求高。

(2) 水幕系统。水幕系统不直接扑灭火灾，而是阻挡火焰热气流和热辐射向邻近保护区扩散，起到防火分隔作用。

水幕系统的工作原理与雨淋自动喷水灭火系统基本相同，只是喷头出水的状态及作用不同。按水幕系统灭火的不同作用，可将该系统分为冷却型、局部阻火型及防火水幕带三种类型。冷却型水幕主要以冷却作用为主，增强建（构）筑物的耐火性能，以防火灾扩展。如某些不宜采用防火门、防火窗而用简易防火分隔物代替的部位，其上部设置的水幕即为此类。局部阻火型水幕设置于建筑物中一些面积较小（$<3m^2$）的孔洞、开口处。防火水幕带一般用在需要而无法装置防火分隔物的部位，如展览楼的展览厅、剧院的舞台等。防火水幕可起到分隔及防止火灾进一步扩大的作用。

(3) 水喷雾灭火系统。该系统用喷雾喷头把水粉碎成细小的水雾滴之后喷射到正在燃烧的物质表面，通过表面冷却、窒息以及乳化、稀释的同时作用实现灭火。由于水喷雾具有多种灭火机理，使其具有适用范围广的优点，不仅可以提高扑灭固体火灾的灭火效率，同时由于水雾具有不会造成液体火飞溅、电气绝缘性好的特点，在扑灭可燃液体火灾、电气火灾中均得到了广泛的应用，如飞机发动机试验台、各类电气设备、石油加工场所等。

2.4.3 自动喷水灭火系统组件

1. 喷头及喷头的类型

喷头是自动喷水灭火系统的关键部件，根据系统的应用可将喷头分为闭式喷头、开式喷头、特殊喷头。

(1) 闭式喷头起着探测火事、喷水灭火的重要作用。主要应用于湿式、干式、预作用自动喷水灭火系统。喷头由热敏感元件、溅水盘、喷水口和支架等组成，如图 2-16 所示。正常温度时，热敏感元件将喷口封闭，达到一定温度时，感温元件解体，如玻璃球爆炸、易熔合金脱离，释放机构自动开启，喷口呈开放状态喷水灭火。

按热敏感元件的不同，闭式喷头可分为玻璃球喷头和易熔合金片喷头。

玻璃球喷头如图 2-16 (a) 所示，其热敏感元件是玻璃球，球内装有一种受热会发生膨胀的彩色液体，球内留有 1 个小气泡。平时玻璃球支撑住喷水口的密封垫。当发生火灾、温度升高时，球内液体受热膨胀，气泡缩小。温度持续上升，膨胀液体充满玻璃球整个空间，当压力达到某一值时，玻璃球炸裂，喷水口的密封垫脱落，压力水冲出喷口灭火。玻璃球喷头体积小、质量轻、耐腐蚀，广泛用于各类建筑物、构筑物。由于本身特性影响，在环境温度低于−10℃、受油污或粉尘污染的场所、易于受机械碰撞的部位不能采用。

易熔合金片喷头的热敏感元件为易熔金属合金，平时易熔合金片支撑住喷水口，当发生火灾时，环境温度升高，直至使喷头上的锁封易熔合金熔化，释放机构脱落，压力水冲出喷口喷水灭火。易熔合金片喷头的种类较多，目前选用较多的是弹性锁片型易熔元件喷头，是由易熔金属、支撑片、溅水盘、弹性片组成，如图 2-16 (b) 所示，可安装于不适合玻璃球喷头使用的任何场合。

根据喷头安装位置及布水形式分成标准型喷头、装饰型喷头、边墙型喷头。各种喷头的适用场所见表 2-16。各种喷头的技术性能和色标见表 2-17。

(2) 开式喷头主要应用于水幕系统和雨淋喷水灭火系统。开式喷头与闭式喷头的区别仅在于缺少有热敏感元件组成的释放机构，喷口呈常开状态，主要分为洒水喷头、水幕喷头和

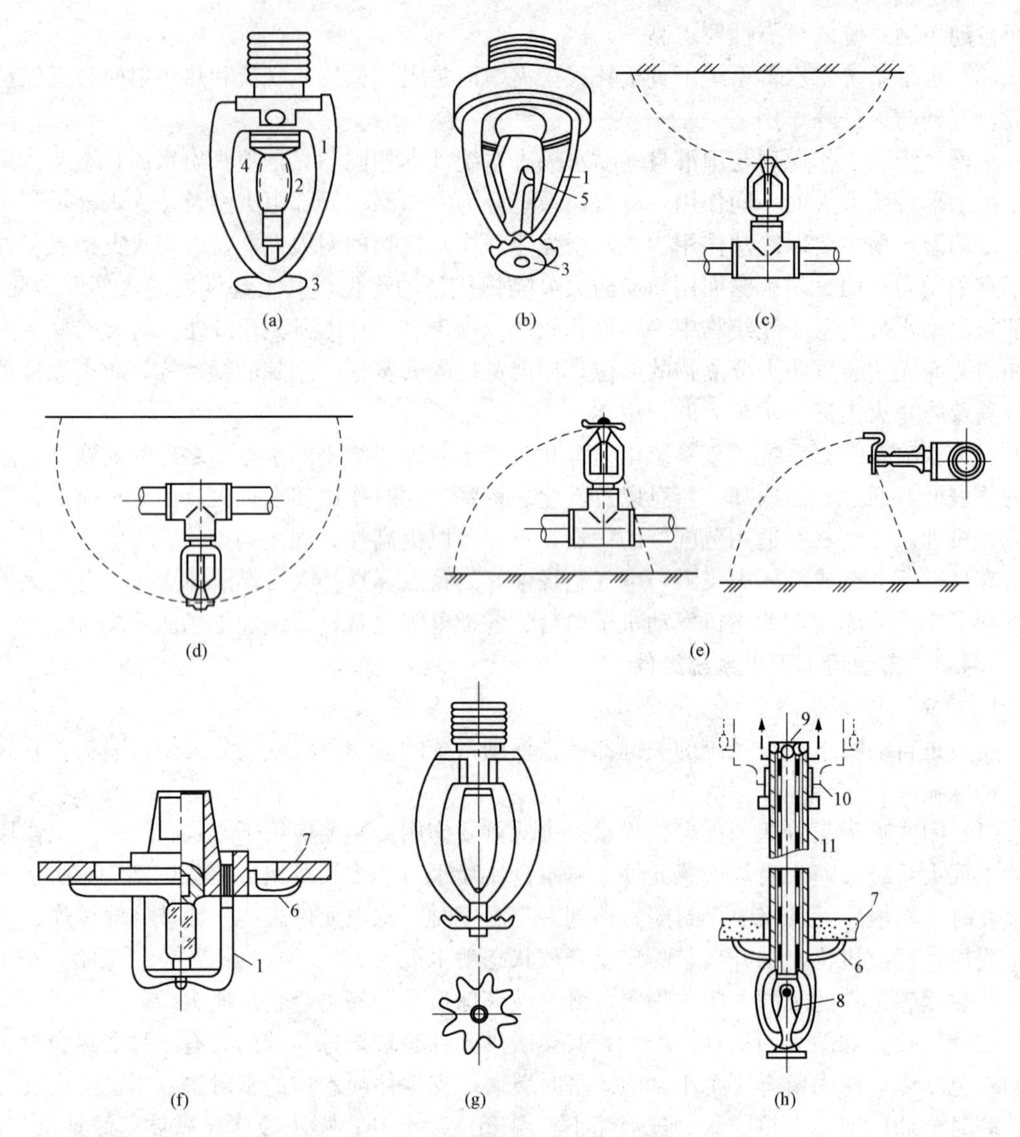

图 2-16 闭式喷头构造示意图

(a) 玻璃球洒水喷头；(b) 易熔合金洒水喷头；(c) 直立型；(d) 下垂型；
(e) 边墙型（立式、水平式）；(f) 吊顶型；(g) 普通型；(h) 干式下垂型
1—支架；2—玻璃球；3—溅水盘；4—喷水口；5—合金锁片；6—装饰罩；7—吊顶；
8—热敏元件；9—金属球；10—密封圈；11—套筒

喷雾喷头，如图 2-17 所示。

表 2-16 **各种类型喷头适用场所**

玻璃球洒水喷头	因外形美观、体积小、质量轻、耐腐蚀，适用于宾馆等要求美观高和具有腐蚀性的场所
易熔合金洒水喷头	适用于外观要求不高、腐蚀性不大的工厂、仓库和民用建筑
直立型洒水喷头	适合安装在管路下经常有移动物体的场所、尘埃较多的场所
下垂型洒水喷头	适用于各种保护场所

续表

边墙型洒水喷头	适用于安装于空间狭窄、通道状建筑
吊顶型喷头	属装饰型喷头，可安装于旅馆、客厅、餐厅、办公室等建筑
普通型洒水喷头	可直立，下垂安装，适用于有可燃吊顶的房间
干式下垂型洒水喷头	专用于干式喷水灭火系统的下垂型喷头
自动启闭洒水喷头	具有自动启闭功能，凡需降低水渍损失场所均适用
快速反应洒水喷头	具有短时启动效果，凡要求启动时间短场所均适用
大水滴洒水喷头	适用于高架库房等火灾危险等级高的场所
扩大覆盖面洒水喷头	喷水保护面积可达 30～36m^2，可降低系统造价

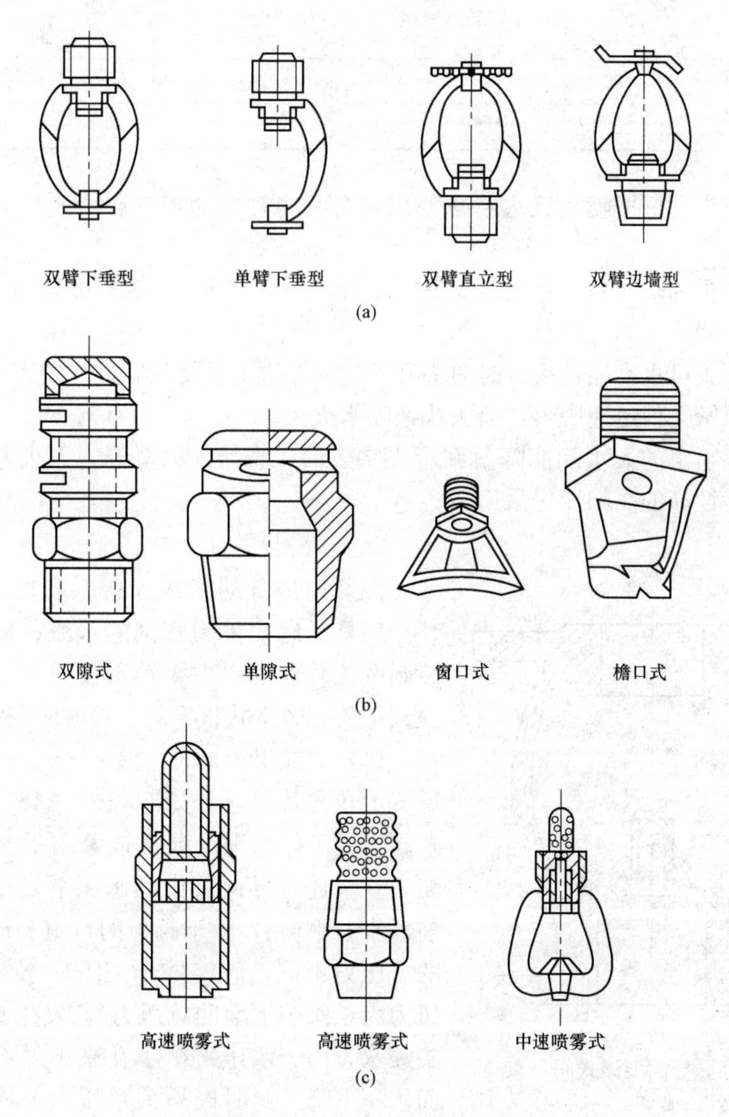

图 2-17 开式喷头构造示意

(a) 开启式洒水喷头；(b) 水幕喷头；(c) 喷雾喷头

表 2-17 几种类型喷头的技术性能参数

喷头类别	喷头公称口径（mm）	玻璃球喷头		易熔合金喷头	
		动作温度（℃）	颜色	动作温度（℃）	颜色
闭式喷头	10，15，20	57 68 79 93 141 182 227 260 343	橙 红 黄 绿 蓝 紫红 黑 黑 黑	57～77 80～107 121～149 163～191 204～246 260～302 320～343	本色 白 蓝 红 绿 橙 黑
开式喷头	10，15，20				
水幕喷头	6，8，10，12.7，16，19				

（3）特殊喷头。根据喷头灭火特殊要求又分为自动启闭喷头、快速反应喷头和大水滴喷头。

自动启闭喷头的功能是，在发生火灾时能自动开启，扑灭火灾后能自动关闭。可减少水渍损失和水量浪费。

快速反应喷头可大大缩短火灾时喷头开启时间，主要是将热敏元件的表面积增大，使其吸热速度快，热敏元件迅速脱落，喷头快速喷水灭火。

大水滴喷头喷出的大水滴能降落到着火物表面，直接灭火降温，灭火效果比普通喷头好。在火灾危险性高的高架库房采用。

2. 报警阀

报警阀是自动喷水灭火系统的关键组件之一，其作用是开启和关闭管网的水流，传递控制信号至控制系统并启动水力警铃直接报警。报警阀又分为湿式报警阀、干式报警阀、雨淋阀三种类型。

（1）湿式报警阀。主要用于湿式自动喷水灭火系统上，在其立管上安装，图 2-18 所示为导阀型湿式阀。其工作原理：湿式报警阀平时阀瓣前后水压相等（水通过导向管中的水压平衡小孔，保持阀瓣前后水压平衡），由于阀瓣的自重和阀瓣前后所受水的总压力不同，阀瓣处于关闭状态（阀瓣上面的总压力大于阀芯下面的总压力），发生火灾时，闭式喷头喷水，由于水压平衡小孔来不及补水，报警阀上面水压下降，此时阀瓣前水压大于阀瓣后水压，于是阀瓣开启，向立管及管网供水，同时，水沿着报警阀的环形槽进入延时器、压力开关及水力警铃等

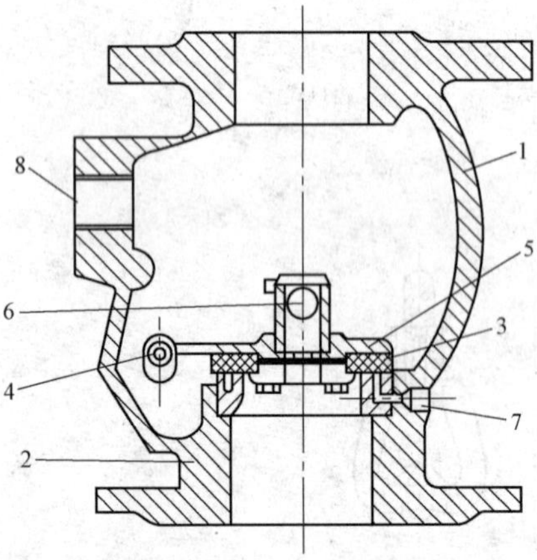

图 2-18 导阀型湿式阀

1—阀体；2—铜座圈；3—胶垫；4—锁轴；5—阀瓣；6—球形止回阀；7—延迟器接口；8—放水阀接口

设施，发出火警信号并启动消防泵。

(2) 干式报警阀。主要用于干式自动喷水灭火系统上，在其立管上安装，图 2-19 所示为差动型干式阀，其工作原理与湿式报警阀基本相同。其不同之处在于湿式报警阀阀板上面的总压力为管网中的有压水的压强引起，而干式报警阀则由阀前水压和阀后管中的有压气体的压强引起。因此，干式报警阀的阀板上面受压面积要比阀板下面积大 8 倍。

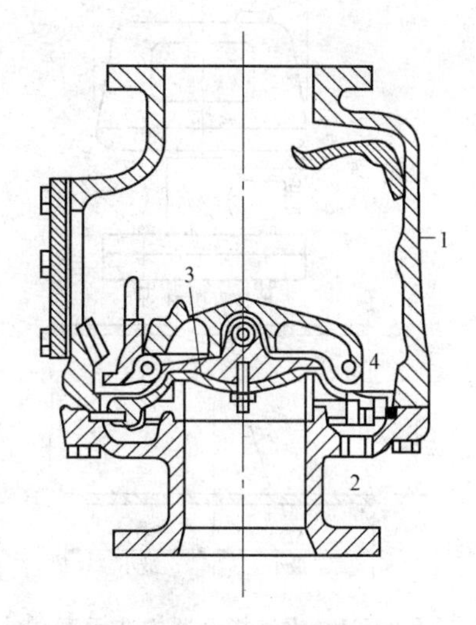

图 2-19 差动型干式阀
1—阀体；2—水力警铃接口；
3—阀瓣；4—弹性隔膜

(3) 雨淋阀。雨淋阀主要用于雨淋系统、预作用喷水灭火系统、水幕系统和水喷雾灭火系统。雨淋阀靠水压力控制阀的开启和关闭，图 2-20 所示为隔膜型雨淋阀。阀体内部分成 A、B、C 三室，A 室接于供水管上，B 室接雨淋配水管，C 室与传动管网相连。平时 A、B、C 三室均充满水。而由于 C 室通过一个直径为 3mm 的小孔阀与供水管相通，使 A、C 两室的水具有相同压力。B 室内的水具有静压力，其静压力是由雨淋管网的水平管道与雨淋阀之间的高差造成。位于 C 室的大圆盘隔膜的面积是位于 A 室小圆盘面积的两倍以上，因此处于相同水压力下，雨淋阀处于关闭状态。当发生火灾时，火灾探测控制设备将自动使 C 室中的水流出，水压释放，C 室内大圆盘上的压力骤降，大圆盘上、下两侧形成大的压力差，雨淋阀在供水管的水压推动下自动开启，向雨淋管网供水灭火。

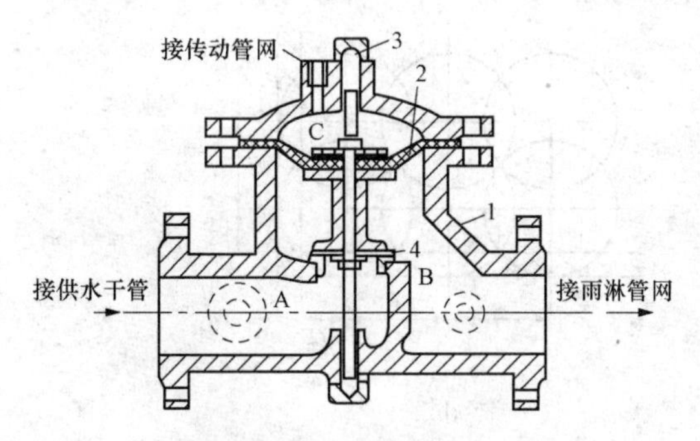

图 2-20 隔膜型雨淋阀
1—阀体；2—大圆盘橡胶隔膜；
3—工作塞；4—小圆盘橡胶隔膜

3. 水流报警装置

水流报警装置主要有水力警铃、水流指示器和压力开关。

(1) 水力警铃。主要用于湿式自动喷水灭火系统，宜装在报警阀附近（其连接管不宜大于 6m）。当报警阀打开消防水源后，具有一定压力的水流冲动叶轮打铃报警。水力警铃不得由电动报警装置取代。

(2) 水流指示器。用于湿式自动喷水灭火系统中。通常安装在各楼层配水干管或支管上，其功能是当喷头开启喷水时，水流指示器中桨片摆动接通电信号送至报警控制器报警，并指示火灾楼层。图 2-21 所示为水流指示器构造示意。

(3) 压力开关。垂直安装于延迟器和报警阀之间的管道上。在水力警铃报警的同时，依靠警铃管内水压的升高自动接通电触点，完成电动警铃报警，并向消防控制室传送电信号或启动消防水泵。

(4) 延迟器。延迟器是一个罐式容器，安装于报警阀与水力警铃（或压力开关）之间。用于防止由于水源水压波动原因引起报警阀开启而导致的误报。报警阀开启后，水流需经 30s 左右充满延迟器后方可冲入水力警铃。

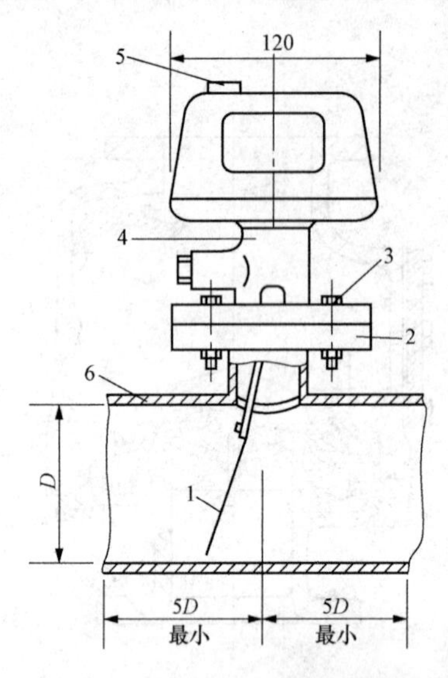

图 2-21　水流指示器构造示意

1—桨片；2—法兰底座；3—螺栓；4—本体；5—接线孔；6—喷水管道

（5）火灾探测器。火灾探测器是自动喷水灭火系统的重要组成部分。目前常用的有感烟、感温探测器。感烟探测器是利用火灾发生地点的烟雾浓度进行探测，感温探测器是通过火灾引起的温升进行探测。火灾探测器布置在房间或走廊的天花板下面，其数量应根据探测器的保护面积和探测区的面积计算确定。

（6）末端检试装置。末端检试装置是指在自动喷水灭火系统中，每个水流指示器的作用范围内供水最不利处，设置一检验水压、检测水流指示器以及报警阀和自动喷水灭火系统的消防水泵联动装置可靠性的检测装置。该装置由控制阀、压力表与及排水管组成，排水管可单独设置，也可利用雨水管排水。

2.4.4　自动喷水灭火系统布置

1. 喷头的布置

喷头的布置形式有正方形、长方形、菱形，如图 2-22所示。具体采用何种形式应根据建筑平面和构造确定。

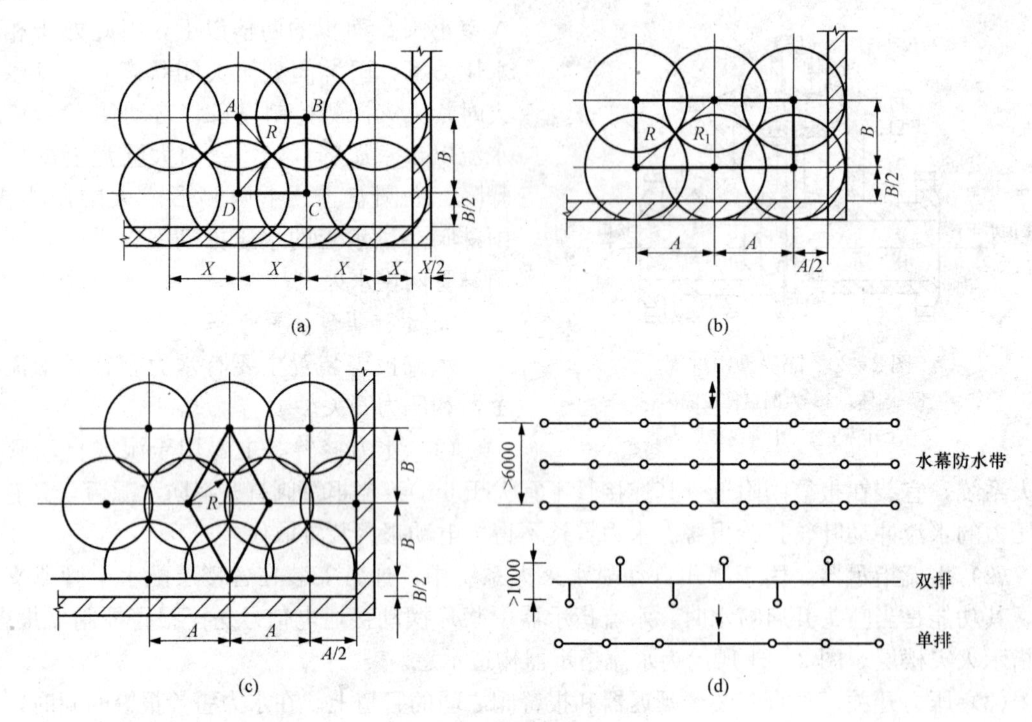

图 2-22　喷头布置几种形式

（a）喷头正方形布置；（b）喷头长方形布置；（c）喷头菱形布置；（d）双排及水幕防水带平面布置

X—喷头间距；R—喷头计算、喷水半径；A—长边喷头间距；B—短边喷头间距

正方形布置时

$$X = B = 2\cos45^\circ \tag{2-20}$$

长方形布置时

$$\sqrt{A^2 + B^2} \leqslant 2R \tag{2-21}$$

菱形布置时

$$A = 4R\cos30^\circ\sin30^\circ \tag{2-22}$$

$$B = 2R\cos30^\circ\sin30^\circ \tag{2-23}$$

式中 R——喷头的最大保护半径（m）。

喷头的布置间距和位置原则上应满足房间的任何部位发生火灾时均能有一定强度的喷水保护。对喷头布置成正方形、长方形、菱形情况下的喷头布置间距，可根据喷头喷水强度、喷头的流量系数和工作压力确定。不大于表 2-18 的规定，并不小于 2.4m。

表 2-18 喷头的布置间距

喷水强度 L/（min·m²）	正方形布置的边长（m）	矩形及平行四边形布置的长边边长（m）	每个喷头最大保护面积（m²）	喷头与端墙的最大距离（m）
4	4.4	4.5	20.0	2.2
6	3.6	4.0	12.5	1.8
8	3.4	3.6	11.5	1.7
12～20	3.0	3.6	9.0	1.5

注 1. 仅在走道上设置单排系统的闭式系统，其喷头间距应按走道地面不留漏喷空白点确定；
2. 货架内喷头的间距不应小于 2m，并不应大于 3m。

喷头一般布置于屋内顶板下、吊顶下或斜屋顶下，安装时应考虑与屋内大梁、顶板、边墙有一定的合理距离，见图 2-23 和表 2-19。

安装于屋内顶板或吊顶下的喷头，其溅水盘与顶板或吊顶不宜太近或太远，距离太近影响喷洒效果；距离太远，集热较慢、喷头的热敏感元件不能及时开启。因此喷头溅水盘与吊顶、楼板、屋面板的距离宜为 75～150mm。

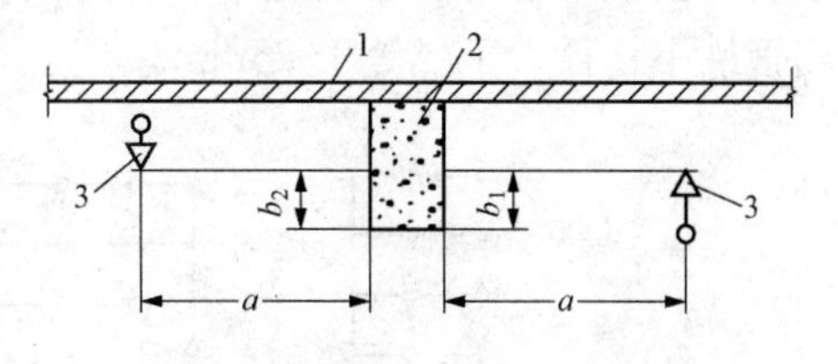

图 2-23 喷头与梁边的距离
1—天花板；2—梁；3—喷头

当楼板、屋面板为耐火极限大于或等于 0.5h 的非燃烧体时，其距离不宜大于 300mm。但装饰型喷头可不考虑上述的距离要求。

表 2-19 喷头与梁边的距离

喷头与梁边的距离 a（cm）	喷头向上安装 b_1（cm）	喷头向下安装 b_2（cm）	喷头与梁边的距离 a（cm）	喷头向上安装 b_1（cm）	喷头向上安装 b_2（cm）
20	1.7	4.0	120	13.5	46.0
40	3.4	10.0	140	20.0	46.0
60	5.1	20.0	160	26.5	46.0
80	6.8	30.0	180	34.0	46.0
100	9.0	41.5			

在门、窗、洞口处设置喷头时，喷头距洞口上表面的距离不宜大于15cm，距墙面的距离在7.5～15cm范围内。

在有坡度的屋面板或吊顶下设置喷头时，考虑到水滴的垂直降落及保证所有面积均有喷水覆盖，喷头的间距应按水平投影计算，并且喷头可垂直于斜面布置。

当屋面板或吊顶的坡度较大（>1∶3），而在屋脊处75cm距离范围内无喷头时，就会有喷洒不到的部位，因此可在屋脊处增设一排喷头。

采用边墙型喷头时，按建筑构造要求，边墙型喷头的溅水盘应距上边吊顶、屋面板、楼板的距离在10～15cm范围内，距边墙为5～10cm的距离，并且喷头两侧1m范围内和墙面垂直方向2m范围内均不得设有障碍物。

沿房间布置边墙型喷头时，应视房间的宽度而确定设置的排数，房间如果宽度大，喷头排数少，必定会出现喷头保护不到的部位；房间如果宽度小，喷头排数多，会使系统的造价提高。因此，当房间宽度小于3.6m时，沿房间长向布置一排喷头；当房间宽度介于3.6～7.2m时，沿房间长向的两侧各布置一排喷头；当房间宽度超过7.2m时，沿房间长向两侧各布置一排喷头外，还应在房间中间布置一排标准型喷头。

当吊顶上闷顶、技术夹层内的净空高度大于800mm，且内部有可燃物（进行防火处理并符合相关标准的除外）时，应在闷顶或技术夹层内设置喷头。在无吊顶的旅馆客房、高级公寓卧室等处可采用大喷水量的侧墙型喷头。

2. 管网的布置

自动喷水灭火管网的布置，应根据建筑平面的具体情况布置成侧边式和中央式两种形式，如图2-24所示，相对干管而言，支管上喷头应尽量对称布置。一般情况下，轻危险级和中危险级及仓库危险级系统每根支管上设置的喷头小于或等于8个，严重危险级系统每根支管上设置的喷头小于或等于6个，以控制配水支管管径不要过大，支管不要过长，从而减小喷头出水量不均衡和系统中压力过高。由于管道因锈蚀等因素引起过流面缩小，要求配水支管最小管径大于或等于25mm。

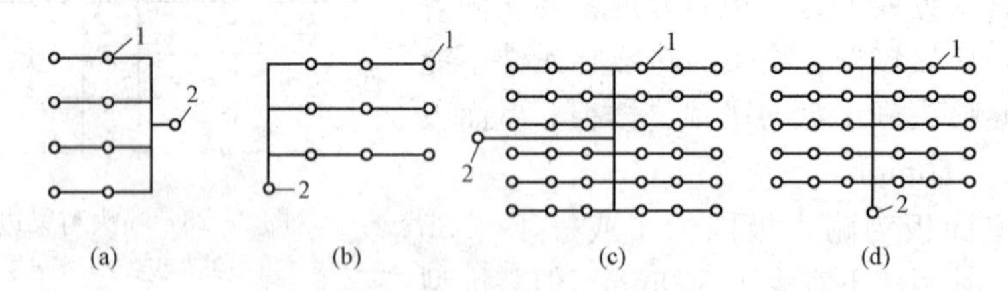

图2-24 管网布置方式

(a) 侧边中心方式；(b) 侧边末端方式；(c) 中央中心方式；(d) 中央末端方式

1—喷头；2—立管

报警阀后的管道，应采用内外镀锌钢管。当报警阀前采用未经防腐处理的钢管时，应增设过滤器。地上民用建筑中设置的轻、中Ⅰ危险级系统，可采用性能等效于内外镀锌钢管的其他金属管材。

管道敷设应有0.003的坡度，坡向报警排水管，以便系统泄空，并在管网末端设充水时的排气措施。

配水支管相邻喷头间应设支吊架，配水立管、配水干管与配水支管上应再附加防晃支架。

自动喷水灭火系统管网内工作压力小于或等于1.2MPa。

3. 报警阀的布置

报警阀应设在距地面高度宜为1.2m，且没有冰冻危险，易于排水，管理维修方便及明显的地点。每个报警阀组供水的最高与最低喷头，其高程差不宜大于50m。一个报警阀所控制的喷头数应符合表2-20的规定。

表2-20 一个报警阀所控制的喷头数

系统类型		危险级别		
		轻级	中级	严重级
		喷头数（个）		
湿式喷水灭火系统		500	800	1000
干式喷水灭火系统	有排气装置	250	500	500
	无排气装置	125	250	—

当配水支管同时安装保护吊顶下方和上方空间的喷头时，应只将数量较多一侧的喷头计入报警阀组控制的喷头总数。

4. 水力警铃的布置

水力警铃应设在有人值班的地点附近；与报警阀连接管道，其管径为20mm，总长度不宜大于20m。

5. 末端试水装置

每个报警阀组控制的最不利点喷头处，应设末端试水装置。末端试水装置应由试水阀、压力表以及试水接头组成。其他防火分区、楼层的最不利点喷头处，均应设置直径为25mm的试水阀，以便必要时连接末端试水装置。

6. 水泵设置

系统应设独立的供水泵，并应按一运一备或二运一备比例设置备用泵；水泵应采用自灌式吸水方式，每组供水泵的吸水管不应少于2根；报警阀入口前设置环状管道的系统，如图2-25所示，每组供水泵的出水管不应少于2根；供水泵的吸水管应设控制阀；出水管应设控制阀、止回阀、压力表和直径不小于65mm的试水阀。必要时，应采取控制供水泵出口压力的措施。

7. 水箱的设置

采用临时高压给水系统的自动喷水灭火系统，应设高位消防水箱；消防水箱的供水，应满足系统最不利点处喷头的最低工作压力和喷水强度。

建筑高度不超过24m，并按轻危险级或中危险级场所设置湿式系统、干式系统或预作用系统时，如设置高位消防水箱确有困难，应采用5L/s流量的气压给水设备供给10min初期用水量。

消防水箱的出水管，应符合下列规定：应设止回阀，并应与报警阀入口前管道连接；轻危险级、中危险级场所的系统，管径不应小于80mm，严重危险级和仓库危险级不应小于100mm。

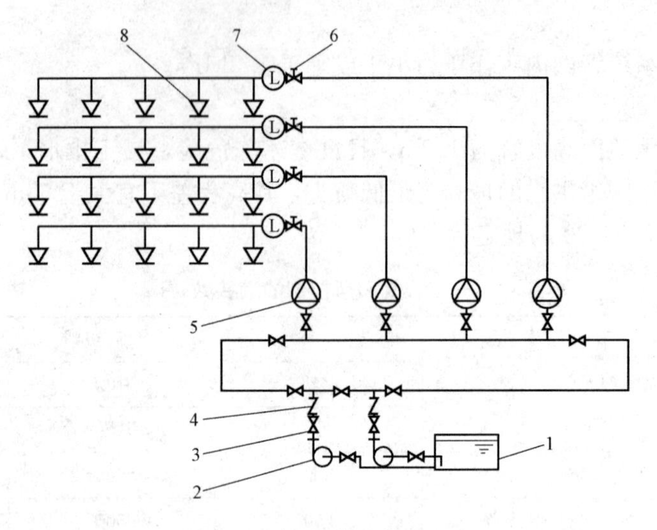

图 2-25　环状供水管网示意

1—水池；2—水泵；3—闸阀；4—止回阀；5—报警阀组；6—信号阀；7—水流指示器；8—闭式喷头

8. 水泵接合器的设置

系统应设水泵接合器，其数量应按系统的设计流量确定，每个水泵接合器的流量宜按10～15L/s 计算。

2.5　自动喷水灭火系统的计算

自动喷水灭火系统计算的目的在于确定系统管径及选定设备。

2.5.1　消防用水量及水压

为保证火灾时，喷头喷出的水有足够强度及有效作用面积，各种危险等级的设计喷水强度、理论喷水量、喷头作用面积和喷头设计压力见表 2-21。具体应用时，对湿式、干式和预作用喷水灭火系统所需基础数据应不小于表 2-21 的规定值；雨淋喷水系统应按表 2-21 中严重危险级数据确定；水幕系统用于保护或配合防火幕、防火卷帘起防火隔断作用时，其设计喷水流量应不小于 0.5L/（s·m）。在自动喷水灭火系统上安装加密喷头代替水幕配合防火卷帘作防火隔断时，可作为自动喷水系统对待，不另增加设计喷水流量。在舞台口和孔洞面积超过 3.0m^2 部位设置防火水幕，其设计喷水流量不宜小于 2L/（s·m）。

自动喷水灭火系统管道的设计流速 $v \leqslant 5$m/s，在个别情况下配水支管设计流速 $v \leqslant 10$m/s。系统管径 DN≥25mm。

表 2-21　　自动喷水灭火系统设计的基础数据

火灾危险等级		喷水强度［L/（min·m^2）］	作用面积（m^2）	喷头工作压力（MPa）
轻危险等级		4		
中危险等级	Ⅰ级	6	160	0.1
	Ⅱ级	8		

续表

火灾危险等级		喷水强度［L/（min·m^2）］	作用面积（m^2）	喷头工作压力（MPa）
严重危险等级	Ⅰ级	12	260	0.1
	Ⅱ级	16		

注 最不利点处喷头最低压力不得小于0.05MPa。

火灾危险等级的划分见表2-22。

表2-22　设置场所火灾危险等级举例

火灾危险等级		设置场所举例
轻危险级		建筑高度为24m及以下的旅馆、办公楼；仅在走道设置闭式系统的建筑等
中危险级	Ⅰ级	（1）高层民用建筑：旅馆、办公楼、综合楼、邮政楼、金融电信楼、指挥调度楼、广播电视楼（塔）等。 （2）公共建筑（含单、多高层）：医院、疗养院；图书馆（书库除外）、档案馆、展览馆（厅）；影剧院、音乐厅和礼堂（舞台除外）及其他娱乐场所；火车站和飞机场及码头的建筑；总建筑面积小于5000m^2的商场、总建筑面积小于1000m^2的地下商场等。 （3）文化遗产建筑：木结构古建筑、国家文物保护单位等。 （4）工业建筑：食品、家用电器、玻璃制品等工厂的备料与生产车间等；冷藏库、钢屋架等建筑构件
	Ⅱ级	（1）民用建筑：书库、舞台（葡萄架除外）、汽车停车场、总建筑面积5000m^2及以上的商场、总建筑面积1000m^2及以上的地下商场等。 （2）工业建筑：棉毛麻丝及化纤的纺织、织物及制品、木材木器及胶合板、谷物加工、烟草及制品、饮用酒（啤酒除外）、皮革及制品、造纸及纸制品、制药等工厂的备料与生产车间
严重危险级	Ⅰ级	印刷厂、酒精制品、可燃液体制品等工厂的备料与车间等
	Ⅱ级	易燃液体喷雾操作区域、固体易燃物品、可燃的气溶胶制品、溶剂、油漆、沥青制品等工厂的备料及生产车间、摄影棚、舞台“葡萄架”下部
仓库危险级	Ⅰ级	食品、烟酒，木箱、纸箱包装的不燃难燃物品，仓储式商场的货架区等
	Ⅱ级	木材、纸、皮革、谷物及制品、棉毛麻丝化纤及制品、家用电器、电缆、B组塑料与橡胶及其制品、钢塑混合材料制品、各种塑料瓶盒包装的不燃物品及各类物品混杂贮存的仓库等
	Ⅲ级	A组塑料与橡胶及其制品，沥青制品等

A组：丙烯腈-丁二烯—苯乙烯共聚物（ABS）、缩醛（聚甲醛）、聚甲基丙烯酸甲酯、玻璃纤维增强聚酯（FRP）、热塑性聚酯（PET）、聚丁二烯、聚碳酸酯、聚乙烯、聚丙烯、聚苯乙烯、聚基甲酸酯、高增塑聚氯乙烯（PVC，如人造革、胶牌等）、苯乙烯-丙烯腈（SAN）等；基橡胶、乙丙橡胶（EPDM）、发泡类天然橡胶、腈橡胶（丁腈橡胶）、聚酯合成橡胶、丁橡胶（SBR）等。

B组：醋酸纤维素、醋酸丁酸纤维素、乙基纤维素、氟塑料、锦纶（锦纶6、锦纶66）、三聚氰胺甲、酚醛塑料、硬聚氯乙烯（PVC，如管道、管件等）、聚偏二氟乙烯（PVDC）、聚偏氟乙烯（VDF）、聚氟乙烯（PVF）、脲甲醛等；氯丁橡胶、不发泡类天然橡胶、硅橡胶等

2.5.2 管网水力计算

目前，我国自动喷水灭火系统计算方法有特性系数计算法和作用面积计算法两种。

1. 特性系数计算法

(1) 喷头的出流量。单个喷头的出水量与喷头处的压力和喷头本身的结构、水力特性有关，一般是以不同条件下的喷头的特性系数来反映喷头的结构及喷头喷口直径对流量的影响。

闭式喷头的出水量可按式（2-24）计算

$$q = K\sqrt{10H} \tag{2-24}$$

式中 q——喷头出水量（L/s）；

K——喷头特性系数，当喷头的公称直径为15mm时，$K=1.33$；

H——喷头的工作压力（MPa）。

(2) 管道水头损失。管道沿程水头损失计算公式为

$$h_y = 10ALQ^2 \tag{2-25}$$

式中 h_y——沿程水头损失（kPa）；

L——计算管段长度（m）；

A——管道比阻值（s^2/L^2），见表2-23；

Q——计算管段流量（L/s）。

管道局部水头损失可按沿程水头损失值得20%估算。

表2-23 管道比阻 *A* 值 s^2/L^2

公称管径（mm）	管材		公称管径（mm）	管材	
	钢管	铸铁管		钢管	铸铁管
25	0.4367	—	80	0.001 168	—
32	0.093 86	—	100	0.000 267 4	0.000 365 3
40	0.044 53	—	125	0.000 086 23	—
50	0.011 08	—	150	0.000 033 95	0.000 041 85
70	0.002 893	—	200	0.000 009 273	0.000 009 202 9

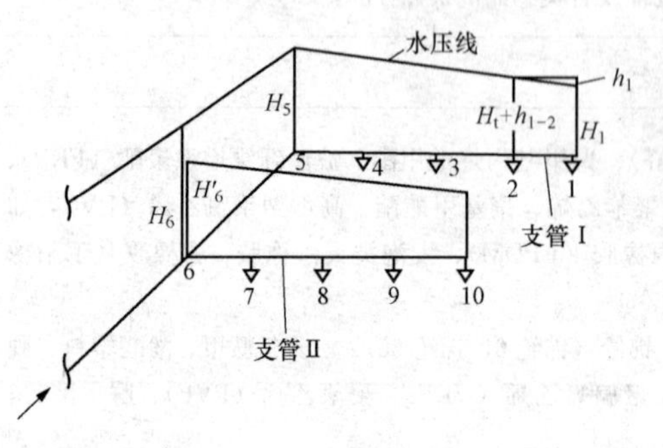

图2-26 计算原理图

(3) 管道流量计算。现以图2-26所示的自动喷水灭火系统计算管路为例，分析计算管路流量。支管Ⅰ的起点喷头1为整个管系的最不利点，在规定的最小工作压力（见表2-20）下，喷头1的出流量为

$$q_1 = K\sqrt{H_1}$$

管道2-1的流量为

$$Q_{2-1} = q_1$$

喷头2的出流量为

$$q_2 = K\sqrt{H_2} = K\sqrt{H_1 + h_{2-1}}$$

h_{2-1}为通过管段 2-1 的水头损失即

$$h_{2-1} = A_{2-1}L_{2-1}Q_{2-1}^2$$

同理，喷头 3、4 的流量分别为

$$q_3 = K\sqrt{H_2 + h_{3-2}}$$

$$q_4 = K\sqrt{H_4 + h_{4-3}}$$

在节点 5 只有转输流量而无节点流量，则

$$Q_{6-5} = Q_{5-4} \tag{2-26}$$

管道 5-4 的水头损失为

$$h_{5-4} = H_5 - H_4 = A_{5-4}L_{5-4}Q_{5-4}^2 \tag{2-27}$$

管道 6-7 的水头损失为

$$h_{6-7} = H_6 - H_7 = A_{6-7}L_{6-7}Q_{6-7}^2 \tag{2-28}$$

设支管Ⅰ和Ⅱ的水力条件（管材、管径、管长、喷头口径及安装位置等）相同，将式（2-27）与式（2-28）相除，可得

$$Q_{6-7} = Q_{5-4}\sqrt{\frac{h_{6-7}}{h_{5-4}}} \tag{2-29}$$

据水流在管中流动连续性方程，节点 6 的转输流量为

$$q_6 = Q_{5-4} + Q_{6-7} \tag{2-30}$$

将式（2-29）代入式（2-30）得

$$q_6 = Q_{5-4}\left(1 + \sqrt{\frac{h_{6-7}}{h_{5-4}}}\right) \tag{2-31}$$

将式（2-26）代入式（2-31）得

$$q_6 = Q_{6-5}\left(1 + \sqrt{\frac{h_{6-7}}{h_{5-4}}}\right) \tag{2-32}$$

式（2-32）可写为

$$q_6 = Q_{6-5}\left(1 + \sqrt{\frac{H_6 - H_7}{H_5 - H_4}}\right)$$

为简化计算，令$\sqrt{\frac{H_6 - H_7}{H_5 - H_4}} \approx \sqrt{\frac{H_6}{H_5}}$

得

$$q_6 = Q_{6-5}\left(1 + \sqrt{\frac{H_6}{H_5}}\right) \tag{2-33}$$

式中 q——节点流量（L/s）；

Q——管段流量（L/s）；

H——节点水压（kPa）；

h——管段水头损失（kPa）；

L——计算管段长度（m）。

（4）管径的选定。管径首先可根据所供喷头数参照表 2-24 估算。

表 2 - 24　　**管 道 估 算 表**

管径（mm）	危险等级		
	轻危险级	中危险级	严重危险级
	喷头数（个）		
25	2	1	1
32	3	3	3
40	5	4	4
50	10	10	8
70	18	16	12
80	48	32	20
100	按水力计算	60	40
150	按水力计算	按水力计算	>40

然后用流速系数法进行管段流速校核，流速必须满足自动喷水灭火系统设计计算的有关规定，流速计算公式如下

$$v = K_c Q \tag{2-34}$$

式中　K_c——流速系数（m/L），见表 2 - 25；

Q——流量（L/s）；

v——流速（m/s）。

表 2 - 25　　**K_c 值**

管径（mm）	25	32	40	50	70	80	100	125	150	200	250
钢　管	1.883	1.05	0.80	0.47	0.283	0.204	0.115	0.075	0.053	—	—
铸铁管	—	—	—	—	—	—	0.1273	0.0814	0.0566	0.0318	0.021

（5）系统设计流量。自动喷水灭火从系统的最不利点喷头开始，沿程逐个计算各喷头的压力、流量和管段的累计流量、水头损失，直到管段累计流量满足式（2 - 35）为止。因为管网中各喷头的实际出水量与理论值有偏差，且管网中有渗漏现象，故自动喷水灭火的设计流量与理论流量之间应考虑一个修正系数，根据世界各国规范并对实际运行数据进行比较后，将修正系数定为 1.15～1.30。即

$$Q_S = (1.15 \sim 1.3) Q_L \tag{2-35}$$

式中　Q_S——系统设计流量（L/s）；

Q_L——理论秒流量，为喷水强度与作用面积的乘积（L/s），喷水强度与作用面积见表 2 - 21。

（6）系统水压力计算。自动喷水灭火系统所需水压力（或消防泵的扬程）计算公式如下

$$H = H_1 + H_2 + H_f + H_0 \tag{2-36}$$

报警阀的局部水头损失计算公式如下

$$H_f = \beta_f Q^2 \tag{2-37}$$

式中　H——系统所需水压（或消防泵的扬程）（kPa）；

H_1——给水引入管与最不利喷头之间的高程差（如由消防泵供水，则为消防贮水池最

低水位与最不利消火栓之间的高程差）（kPa）；

H_2——计算管路水头损失（kPa）；

H_f——报警阀的局部水头损失（kPa）；

H_0——最不利喷头的工作压力（kPa），见表2-21；

Q——设计流量（L/s）；

β_f——报警阀的比阻（s^2/L^2），见表2-26。

表2-26 报警阀的比阻 s^2/L^2

名称	公称直径DN（mm）	β_f	名称	公称直径DN（mm）	β_f
湿式报警阀	100	0.0296	干湿两用报警阀	150	0.0204
湿式报警阀	150	0.008 52	干式报警阀	150	0.0157
干湿两用报警阀	100	0.0711			

特性系数计算方法设计的系统安全性较高，即系统中除最不利点喷头以外的任一喷头的喷水量或任意4个喷头的平均喷水量均超过设计要求。因此在火灾危险性大、燃烧物热量大的场所的管道计算及开式雨淋、水幕系统的管道水力计算可采用这种方法。

2. 作用面积计算法

作用面积计算法是《自动喷水灭火系统设计规范（2005版）》（GB 50084—2001）推荐的计算方法。

（1）确定作用面积。首先按照表2-21中对基本设计数据的要求，选定自动喷水灭火系统中最不利工作作用面积（以F表示）的位置，作用面积的形式宜采用正方形或长方形，由于对流及风的影响，火焰燃烧的形状为长条形，所以，作用面积的形状以呈矩形更为合理。长方形长边平行于配水支管在管道水力计算时是最不利的。当采用长方形布置时，其长边应平行于配水支管，长边长宜为$1.2\sqrt{F}$。

（2）确定喷头的计算喷水量。在计算喷水量时，仅包括作用面积的喷头。计算时假定作用面积内每只喷头的喷水量相等，均以最不利点喷头喷水量取值，最不利点喷头喷水量按式（2-24）计算。

（3）系统水力计算。作用面积选定并计算出喷头的出流量后，从最不利点喷头开始，依次计算各管段的流量（为计算管段上喷头数与1个喷头的出流量的乘积）和水头损失（同前），直至作用面积内最末一个喷头为止。以后管段的流量不再增加，进而计算管道水头损失。需要注意的是，系统计算流量必须满足式（2-35），应保证作用面积内的平均喷水强度不小于表2-21中的规定，且应保证任意作用面积内的平均喷水强度不低于表2-21的规定值。最不利点处作用面积内任意4个喷头围合范围内的平均喷水强度，轻危险级、中危险级不应低于规定值的85%；严重危险级不能低于规定值。

对各配水节水压均假定为10mH_2O。实际各节点水压匀不相等，均大于10mH_2O。这样，管段流量、管段水头损失实际值均大于计算值。根据经验，可在计算结果中，增加5m H_2O水头损失，以补偿系统计算误差。

3. 两种计算方法的比较

特性系数计算法，从系统最不利点喷头开始，沿程计算各喷头的水压力、流量和管段的设计流量、水头损失，直到管段累计流量达到设计流量为止。在此后的管段中流量不再增加。按特性系数计算方法设计的系统，其特点是安全性较高，即系统中除最不利点喷头以外的任一喷头的喷水量或任意4个喷头的平均喷水量均超过设计要求。此种计算方法适用于燃烧物热量大、火灾危险严重场所的管道计算及开式雨淋（水幕）系统的管道水力计算。

特性系数计算法严密细致，工作量大，但计算时按最不利点处喷头起逐个计算，不符合火灾发展的一般规律。实际火灾发生时，一般都是由火源点呈辐射状向四周扩大蔓延，而只有失火区上方的喷头才会开启喷水。火灾实例证明，在火灾初期往往是只开放一个或数个喷头，对轻级或中级危险系统往往也是靠少量喷头喷水扑灭灭火。如上海国际饭店、中百一店和上海几次大的火例，开启的喷头数最多不超过4个喷头。这是因为火灾初期可燃物少，且少量喷头开启，每个喷头的实际水压和流量必然超过设计值较多，有利于灭火；即使火灾扩大，对上述系统只要确保在作用面积内的平均喷水强也能保证灭火。因此，对轻级和中级，采用作用面积计算法是合理的、安全的。

作用面积计算法与特性系数计算法的计算方法最大区别是：计算时假定作用面积内每个喷头的喷水量相等，均以最不利点喷头喷水量取值；而后者每个喷头的出流量是不同的，需逐个计算，较复杂。作用面积计算法可使计算大大简化。因此《自动喷水灭火系统设计规范（2005版）》（GB 50084—2001）推荐采用。

【例2-4】 某五层商场，最不利点喷头与水泵吸水水位高差为28.60m，其作用面积的喷头布置如图2-27所示，试按作用面积法进行自动喷水系统水力计算，确定水泵的流量和扬程。该设置场所火灾危险等级为中危险级Ⅱ级。

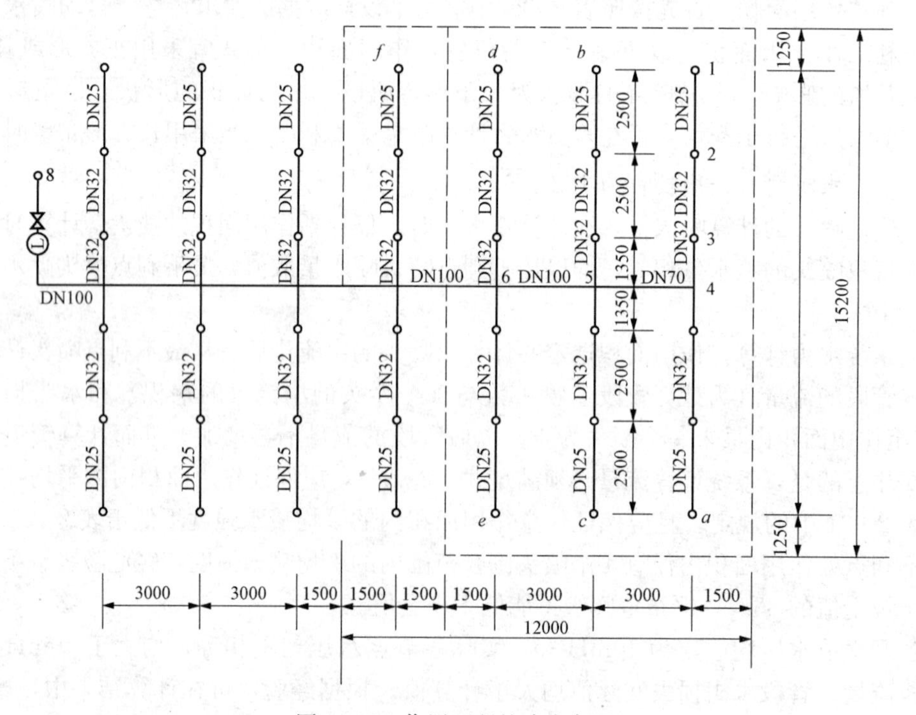

图2-27 作用面积的喷头布置

解：（1）基本设计数据确定。由表2-21查得中危险Ⅱ级建筑物的基本设计数据为：最不利点喷头工作压力 0.10MPa，设计喷水强度为 8.0L/（min·m²），作用面积 160m²。

（2）喷头布置。根据建筑结构与性质，本设计采用作用温度为 68℃闭式吊顶型玻璃球喷头，喷头采用 2.5m×3.0m 和 2.7m×3.0m 矩形布置，使保护范围无空白点。

（3）作用面积划分。作用面积选定为矩形，矩形面积长边长度 $L=1.2\sqrt{F}=(1.2\times\sqrt{160})=15.2\text{m}$，短边长度为 10.5m。

最不利作用面积在最高层（五层处）最远点。矩形长边平行最不利喷头的配水支管，短边垂直于该配水支管。

每根支管最大动作喷头数 $n=(15.2\div2.5)=6$ 个。

作用面积内配水支管 $N=(10.5\div3)=3.5$ 个，取 4 个。

动作喷头数为 4×6=24 个。

实际作用面积 15.2×12=182.4>160m²。

故应从较有利的配水支管上减去 3 个喷头的保护面积，如图 2-27 所示，则最后实际作用面积为 15.2×12−3×2.5×3.0=160m²。

（4）水力计算。计算结果见表 2-27，其计算公式如下。

1）作用面积内每个喷头出流量

$$q=K\sqrt{10H}=(1.33\times\sqrt{10\times0.1})=1.33\text{L/s}$$

2）管段流量 $Q=n\cdot q$。

3）管道流速 $v=K_cQ$，K_c值见表 2-25。

4）管道水头损失 $h_y=10ALQ^2$，A 值见表 2-23。

表 2-27 最不利计算管路水力计算

管 段	喷头数（个）	设计流量（L/s）	管径（mm）	管段长度（m）	流速系数	设计流速（m/s）	管段比阻（S²/L²）	水头损失（kPa）
1-2	1	1.33	25	2.5	1.833	2.44	0.4367	19.3
2-3	2	2.66	32	2.5	1.05	2.79	0.093 86	16.6
3-4	3	3.99	32	1.35	1.05	4.19	0.093 86	20.2
4-5	6	7.89	70	3.0	0.283	2.23	0.002 893	5.4
5-6	12	15.96	100	3.0	0.115	1.84	0.000 267 4	2.0
6-7	18	23.94	100	3.0	0.115	2.75	0.000 267 4	4.6
7-8	21	27.93	100	19.5	0.115	3.21	0.000 267 4	40.7
8-水泵	21	27.93	150	36.2	0.053	1.48	0.000 033 95	9.6
							$\sum h_y$	118.4

（5）校核。

1）设计流量校核。作用面积内喷头的计算流量为

$$Q_S=(21\times1.33)=27.93\text{L/s}$$

理论流量

$$Q_L = \left(\frac{160 \times 8}{60}\right) = 21.33\text{L/s}$$

$\frac{Q_S}{Q_L}=\frac{27.93}{21.33}=1.30$，满足要求。

2）设计流速校核：表 2-27 中，设计流速均满足 $v \leqslant 5\text{m/s}$ 的要求。

3）设计喷水强度校核。从表 2-27 中可以看出，系统计算流量 $Q=27.93\text{L/s}=1675.8\text{L/min}$，系统作用面积为 160m^2，所以系统平均喷水强度为 $1675.8/160=10.5\text{L/min}>8\text{L/min}$，满足中危险级Ⅱ级建筑物防火要求。

最不利点处作用面积内 4 个喷头围合范围内的平均喷水强度 $1.33\times60/3\times2.5=10.64\ \text{L/min}>8\text{L/min}$，满足中危险级Ⅱ级建筑物防火要求。

（6）选择喷洒泵。

1）喷洒泵设计流量

$$Q = 27.93\text{L/s}$$

2）喷洒泵扬程 H

$$H_2 = (1+\beta)\sum h_y = [(1+20\%)\times 118.4] = 142.1\text{kPa}$$

$$H_f = \beta_f Q^2 = (0.0296 \times 27.93^2) = 23.1\text{kPa}$$

$$\begin{aligned} H &= H_1 + H_2 + H_f + H_0 + 50 \\ &= 28.6\times10 + 142.1 + 23.1 + 100 + 50 = 601.2\text{kPa} \end{aligned}$$

2.6 水喷雾灭火系统

水喷雾系统利用喷雾喷头在一定压力下将水流分解成粒径为 100～700μm 的细小雾滴，通过表面冷却、窒息、乳化、稀释的共同作用实现灭火和防护，与自动喷水灭火系统相比，灭火效率高，适用范围广。在工程实践中，对于火灾危险性大、蔓延速度快、火灾后果严重、扑救困难或需要全方位立体喷水，以及为消除火灾威胁而喷水冷却的，采用水喷雾灭火系统是最理想的。

工作原理：水喷雾灭火系统的组成和工作原理与雨淋系统基本一致。其区别在于喷头的结构和性能不同，雨淋系统采用标准开式喷头，水喷雾灭火系统则采用中速或高速喷雾喷头。

相同体积的水以水雾滴形态喷出时，比射流形态喷出时的表面积大几百倍，当水雾滴喷射到燃烧表面，因换热面积大，会吸收大量热迅速汽化，使燃烧物质表面温度迅速降到物质热分解所需要的温度以下，使热分解中断，燃烧即中止。水雾滴受热后汽化形成原体积 1680 倍的水蒸气，可使燃烧物质周围空气中的氧含量迅速降低，燃烧将会因缺氧而削弱或中断。当水雾滴喷射到正在燃烧的液体表面时，由于水雾滴的冲击，在液体表层起搅拌作用，从而造成液体表层的乳化。由于乳化层是不能燃烧的，故使燃烧中断。对于轻质油类，其乳化层只有在连续喷射水雾的条件下存在，对黏度大的重质油类，乳化层在喷射停止后保持相当长的时间，对防止复燃十分有利。对于水溶性液体火灾，可利用水雾稀释液体，使液体的燃烧速度降低而较易扑灭。

喷雾系统的灭火效率比喷水系统的灭火效率高，耗水量小，一般标准喷头的喷水量为

1.33L/s，而细水雾喷头的流量为0.17L/s。

由于水喷雾灭火的原理与喷水灭火存在差别，在分类时单列为水喷雾灭火系统。

2.6.1 水喷雾灭火系统的组成及组件

水喷雾灭火系统由水源、高压给水设备、管道、雨淋阀、过滤器和水雾喷头等组成。

（1）水雾喷头。在工作水压下利用离心力或机械撞击力将消防水按一定的雾化角均匀喷射成雾状，覆盖在被保护对象外表，达到灭火和冷却保护目的。

（2）高压给水设备。提供水雾喷头所需的工作压力。

（3）过滤器。当水雾喷头不带滤网时，除在报警阀前设过滤器外，还应在报警阀后加设过滤器。

其他设施与雨淋喷水灭火系统相同。

2.6.2 水喷雾灭火系统的设计

1. 设置范围

（1）单台容量在40MW及以上的厂矿企业可燃油浸电力变压器、单台容量在90MW及以上可燃油浸电厂电力变压器或单台容量在125MW及以上的独立变电所可燃油浸电力变压器。

（2）飞机发动机试验台的试车部分。

（3）高层建筑内的燃油、燃气锅炉房，可燃油浸电力变压器室，充可燃油的高压电容器和多油开关室，自备发电机房。

2. 设计参数

水喷雾灭火系统的设计基本参数应根据防护目的和保护对象确定，设计喷雾强度和持续喷雾时间不应小于表2-28的规定。

水雾喷头的工作压力，用于灭火时不应小于0.35MPa；用于防护冷却时不应小于0.2MPa。水喷雾灭火系统的响应时间，用于灭火时不应大于45s；用于液化气生产、贮存装置或装卸设施防护冷却时不应大于60s；用于其他设施防护冷却时不应大于300s。

表2-28 水喷雾灭火系统的设计基本参数

<table>
<tr><th>防护目的</th><th colspan="2">保护对象</th><th>设计喷雾强度［L/(min・m²)］</th><th>持续喷雾时间（h）</th></tr>
<tr><td rowspan="6">灭火</td><td colspan="2">固体火灾</td><td>15</td><td>1</td></tr>
<tr><td rowspan="2">液体火灾</td><td>闪点60～120℃的液体</td><td>20</td><td rowspan="2">0.5</td></tr>
<tr><td>闪点高于120℃的液体</td><td>13</td></tr>
<tr><td rowspan="3">电气火灾</td><td>油浸式电力变压器、油开关</td><td>20</td><td rowspan="3">0.4</td></tr>
<tr><td>油浸式电力变压器的集油坑</td><td>6</td></tr>
<tr><td>电缆</td><td>13</td></tr>
<tr><td rowspan="4">防护冷却</td><td colspan="2">甲乙丙类液体生产、贮存、装卸设施</td><td>6</td><td>4</td></tr>
<tr><td rowspan="2">甲乙丙类液体贮罐</td><td>直径20m以下</td><td rowspan="2">6</td><td>4</td></tr>
<tr><td>直径20m以上</td><td>6</td></tr>
<tr><td colspan="2">可燃气体生产、输送、装卸、贮存设施和灌瓶间、瓶库</td><td>9</td><td>6</td></tr>
</table>

3. 设计计算

(1) 按式(2-24)计算水雾喷头流量

$$q=K\sqrt{10P} \tag{2-38}$$

式中 q——喷头出流量(L/min);

K——流量系数;

P——喷头最小工作压力(MPa)。

(2) 按式(2-39)计算保护对象的水雾喷头数量

$$N=\frac{SW}{q} \tag{2-39}$$

式中 N——保护对象的水雾喷头数量(个);

S——保护对象的保护面积(m^2);

W——保护对象的设计喷雾强度[L/(min·m^2)];

q——按式(2-24)求出的喷头流量(L/min)。

(3) 从最不利点喷头开始,依次计算各节点处的水压和喷头出流量,计算方法同闭式系统的水力计算。

(4) 按式(2-40)确定系统计算流量

$$Q_j=\frac{1}{60}\sum_{i=1}^{n}q_i \tag{2-40}$$

式中 Q_j——系统设计流量(L/s);

q_i——各水雾喷头的实际流量(L/min);

n——系统启动后同时喷雾的水雾喷头的数量。

当采用雨淋阀控制同时喷雾的水雾喷头数量时,水喷雾灭火系统的计算流量应按系统中同时喷雾的水雾喷头的最大用水量确定。

(5) 取计算流量的1.05~1.10倍作为系统设计流量,计算管网水头损失。

(6) 根据最不利喷头的实际工作压力、最不利喷头与贮水池最低工作水位的高程差、设计流量下管路的总水头损失三者之和确定水泵扬程。

2.7 固定消防水炮灭火系统

固定消防水炮灭火系统是用于保护面积较大、火灾危险性较高而且价值较昂贵的重点工程的群组设备等要害场所,能及时、有效地扑灭较大规模的区域性火灾的灭火威力较大的固定灭火设备。

消防水炮灭火系统按喷射介质可分为水炮灭火系统、泡沫炮灭火系统和干粉炮灭火系统。

水炮灭火系统为喷射水灭火剂的固定消防炮灭火系统,主要由水源、消防泵组、管道、闸门、水炮、动力源和控制装置组成。水炮灭火系统适用于一般固体可燃物火灾场所。

室内消防水炮的布置数量不应少于两门,其布置高度应保证消防水炮的射流不受上部建筑构件的影响,并应能使两门水炮的水射流同时到达被保护区域的任何部位,水炮的射程应按产品射程的指标值计算。不同规格的水炮在各种工作压力时的射程的试验数据见表2-29。

表 2-29 不同规格的水炮在各种工作压力时的射程的试验数据

水炮型号	射程（m）				
	0.6MPa	0.8MPa	1.0MPa	1.2MPa	1.4MPa
PS40	53	62	70	—	—
PS50	59	70	79	86	—
PS60	64	75	84	91	—
PS80	70	80	90	98	104
PS100	—	86	96	104	112

（1）水炮的设计射程应按式（2-41）确定

$$D_s = D_{s0}\sqrt{\frac{p_e}{p_0}} \tag{2-41}$$

式中 D_s——水炮的设计射程（m）；

D_{s0}——水炮的额定工作压力时的射程（m）；

p_e——水炮的设计工作压力（MPa）；

p_0——水炮的额定工作压力（MPa）。

经计算水炮的设计射程不能满足消防炮布置的要求时，应调整原设定的水炮数量、布置位置或规格型号，直到达到要求。

（2）水炮的设计流量应按式（2-42）确定

$$Q_s = Q_{s0}\sqrt{\frac{p_e}{p_0}} \tag{2-42}$$

式中 Q_s——水炮的设计流量（L/s）；

Q_{s0}——水炮的额定流量（L/s）。

扑救室内一般固体物质火灾的供给强度，其用水量应按两门水炮的水射流同时到达防护区任何一部位的要求计算。民用建筑的用水量不应小于 40L/s，工业建筑的用水量不应小于 60L/s。水炮系统的计算总流量应为系统中需要同时开启的水炮设计流量的总和。

2.8 其他固定灭火设施简介

因建筑使用功能不同，其内的可燃物性质各异，仅使用水作为消防手段不能达到扑救火灾的目的，甚至还会带来更大的损失。因此，应根据可燃物的物理、化学性质，采用不同的灭火方法和手段，才能达到预期的目的。本节简单介绍二氧化碳灭火、干粉灭火、泡沫灭火、七氟丙烷灭火等非水灭火系统的灭火原理、主要设备及工作原理。

2.8.1 二氧化碳灭火系统

二氧化碳是一种惰性气体，自身无色、无味、无毒，密度比空气约大 50%，来源广泛且价格低廉。长期存放不变质，灭火后能很快散逸，不留痕迹，在被保护物表面不留残余物，也没有毒害，是一种较好的灭火剂。

二氧化碳灭火系统可用于扑救各种液体火灾和那些受到水、泡沫、干粉灭火剂的沾污而容易损坏固体物质的火灾；另外，二氧化碳是一种不导电的物质，其电绝缘性比空气还高，可用于扑救带电设备的火灾。二氧化碳灭火系统具有不污损保护物、灭火快、空间淹没效果好等优点。这种灭火系统日益被重视。

1. 二氧化碳的灭火原理

二氧化碳灭火剂主要是通过窒息（隔离氧气）和冷却的作用达到灭火目的，其中窒息作用为主导作用。

二氧化碳灭火剂属液化气体型，一般以液相二氧化碳贮存在高压瓶内。当二氧化碳以气体喷向燃烧物时，它将分布于燃烧物的周围，稀释周围空气中的氧含量，空气中的氧含量降低造成燃烧时热的产生率逐渐减小，当热产生率小于热散失率时，燃烧就会停止。二氧化碳产生的这种作用称为窒息作用。

当二氧化碳从贮存系统喷放出来后，由于其压力突然下降，使二氧化碳由液态迅速转变成气态，因焓降差值大，导致温度急剧下降，当温度达到－56℃以下时，气相二氧化碳有一部分会转变成干冰。正是这一转变过程，干冰比其他气体容易穿透火焰到达燃烧表面，干冰升华时吸热，更有效地冷却燃烧表面。

2. 二氧化碳灭火系统类型

二氧化碳灭火系统可分为全淹没灭火系统和局部应用灭火系统。

全淹没灭火系统是指在规定的时间内，向防护区喷射一定浓度的二氧化碳，并使其均匀地充满整个防护区的灭火系统。该系统适用于无人居留或发生火灾能迅速（30s以内）撤离的防护区。

局部应用灭火系统是指向保护对象以设计喷射率直接喷射二氧化碳，并持续一定时间的灭火系统。该系统适用于经常有人的较大防护区内，扑救个别易燃烧设备或室外设备。

3. 二氧化碳灭火系统的主要设备

二氧化碳灭火系统的组成如图2-28所示。其主要设备有二氧化碳贮存容器、容器阀、选择阀、气启动器、喷嘴及检测控制器等。

二氧化碳贮存容器为无缝钢质容器，高压贮存容器的工作压力不应小于15MPa，贮存容器或容器阀上应设泄压装置。低压储存容器的工作压力不应小于2.5MPa，贮存容器上应至少设置两套安全泄压装置。

容器阀安装在贮存容器瓶上，具有平时密封钢瓶，火灾时释放贮存容器瓶内的二氧化碳灭火剂的作用。

选择阀安装在组合分配系统中每个保护区域的集流管的排出支管上。阀门平时于关闭状态，当该区域发生火灾时，由控制盘启动控制气源来开启选择阀，使二氧化碳气体通过排出支管、选择阀进入发生火灾区域，进行灭火。选择阀可采用电动、气动或机械操作方式。

喷嘴用来控制灭火剂的喷射速率，使灭火剂迅速汽化，从而均匀地分布在被保护区域内。按系统的保护方式分为全淹没式喷嘴和局部保护式喷嘴。

4. 二氧化碳灭火系统的动作控制程序

系统的动作控制程序如图2-29所示。当室内发生火灾时，某个感烟（或感温）控制就会捕捉到火灾信息，并输给检控设备；继而由另一个探测器捕到火灾信息输进检控设备作为第二信息合成“与门”，此时发出灭火指令。指令也可由人目视所获信息而发出。为了让人们有撤离即将使用灭火系统区域的时间，一般需要0～20s（可调）才启动灭火系统。而局部施用灭火系统则无需延迟。

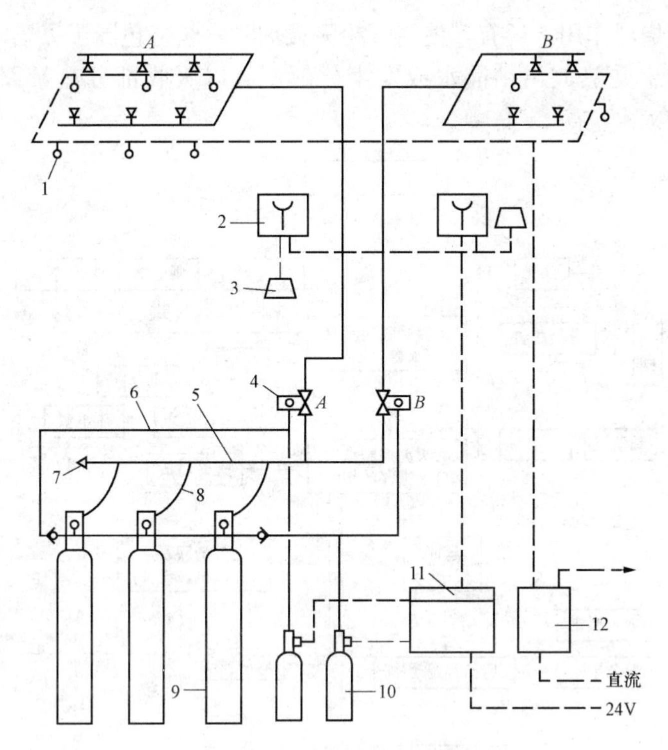

图 2-28 二氧化碳灭火系统

1—探测器；2—手动启动装置；3—报警器；4—选择阀；5—总管；6—操作管；7—安全阀；8—连接管；9—贮存容器；10—启动用气容器；11—控制盘；12—检测盘

灭火动作的同时（或是提前）完成设备联动（包括通风空调设备和开口）并发出声、光报警。一般经过 20min 后打开通风系统换气。换气完成后，人们方可进入灭火现场。

2.8.2 干粉灭火系统

干粉灭火系统是以干粉作为灭火剂的灭火系统。

干粉灭火剂是一种干燥的、易于流动的细微粉末，平时贮存于干粉灭火器或干粉灭火设备中，灭火时由加压气体（二氧化碳或氨气）将干粉从喷嘴射出，形成一股雾状粉流射向燃烧物，起到灭火作用。

干粉灭火具有灭火历时短、效率高、绝缘好、灭火后损失小、不怕冻、不用水、可长期贮存等优点。

干粉灭火系统按其安装方式有固定式、半固定式之分，按其控制启动方法又有自动控制、手动控制之分，按其喷射干粉方式有全淹没和局部应用系统之分。

1. 干粉灭火剂灭火原理

干粉灭火剂对燃烧有抑制作用，当大量的粉粒喷向火焰时，可以吸收维持燃烧连锁反应的活性基团 H·及 OH·，发生如下反应

$$\text{M(粉粒)}+\text{OH}\cdot \longrightarrow \text{MOH}$$

$$\text{MOH}+\text{H}\cdot \longrightarrow \text{M}+\text{H}_2\text{O}$$

随着 H·及 OH·的急剧减少，使燃烧中断，火焰熄灭。此外，当干粉与火焰接触时，其粉粒受高热作用后爆成更小的微粒，从而增加了粉粒与火焰的接触面积，可提高灭火效

力，这种现象称为烧爆作用。还有，使用干粉灭火剂时，粉雾包围了火焰，可以减少火焰的热辐射，同时，粉末受热放出结晶水或发生分解，可以吸收部分热量而分解生成不活泼气体。

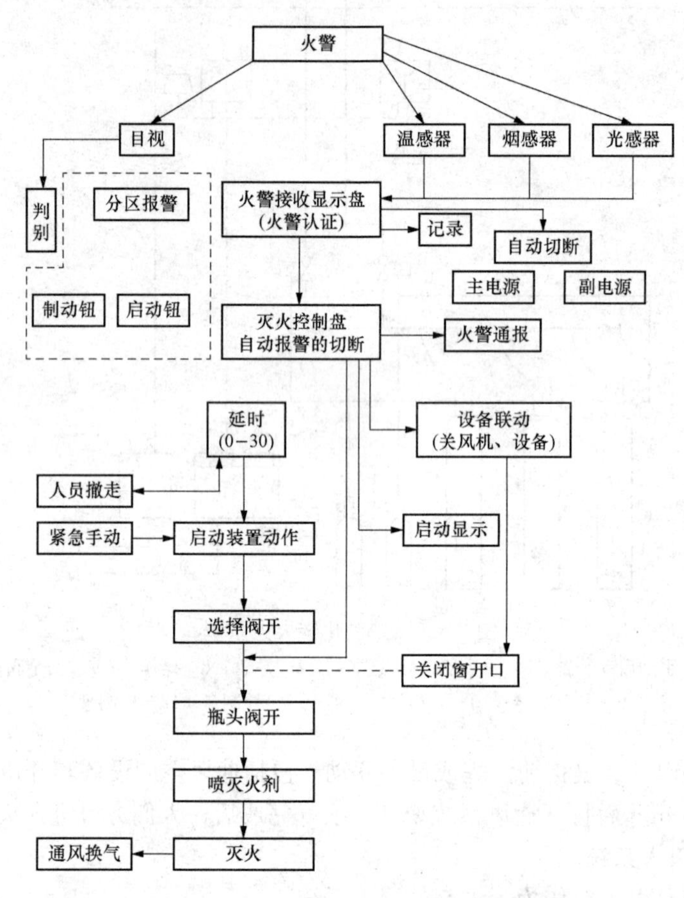

图 2-29 系统的动作控制程序方框图

2. 干粉灭火剂的类型及适用场所

(1) 普通型（BC类）干粉，适用于扑救易燃、可燃液体如汽油、润滑油等引起的火灾，也可用于扑救可燃气体（如液化气、乙炔气等）和带电设备引起的火灾。

(2) 多用途型（ABC类）干粉，适用于扑救可燃液体、可燃气体、带电设备和一般固体物质如木材、棉、麻、竹等形成的火灾。

(3) 金属专用型（D类）干粉，适用于扑灭钾、钠、镁等可燃金属火灾。干粉可与燃烧的金属表层发生反应而形成熔层，与周围空气隔绝，使金属燃烧窒息。

干粉灭火装置不适用于扑救如硝化纤维、过氧化物等燃烧过程能释放氧气或提供氧源化合物的火灾；不适用于燃烧过程中具有阴火的火灾；也不适用扑救精密仪器、精密电气设备和电子计算机等发生的火灾。

3. 系统主要设备和工作过程

固定式自动全淹没干粉灭火系统的组成如图 2-30（a）所示，图 2-30（b）所示为系统工作框图。系统主要设备有干粉贮罐、干粉灭火剂的气体驱动装置、输气管、输粉管、阀类

（包括减压阀、止回阀、调节阀等）、管道附件、喷头和自动控制装置（包括火灾探测器、启动瓶及控制装置、报警器和控制盘等）等。

干粉贮罐是装有干粉灭火剂的密闭压力容器，干粉贮罐具有贮存和输送的功能。干粉贮罐工作过程为：灭火开始，作为动力气体经罐体下部进气口进入罐内搅动干粉灭火剂，要求在20s内达到工作压力，把形成的气粉两相流体经出粉口送往输粉管。

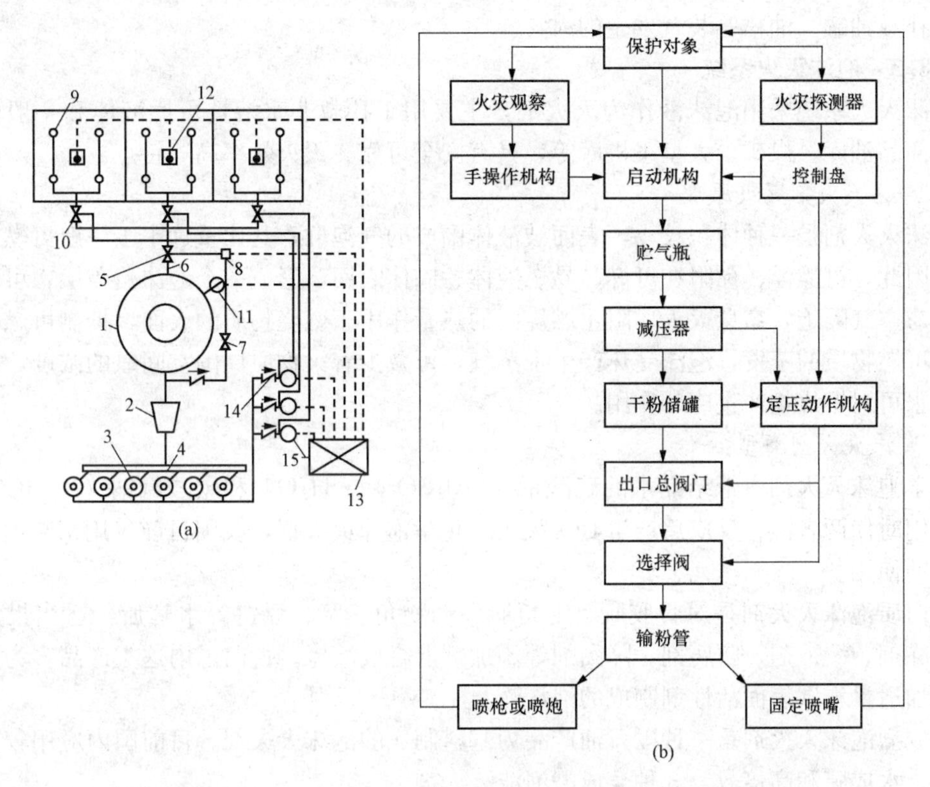

图2-30 固定式自动全淹没干粉灭火系统示意及工作框图

(a) 系统示意；(b) 系统工作框图

1—干粉贮罐；2—压力控制器；3—氮气瓶；4—集气管；5—球阀；6—输粉管；7—减压阀；8—电磁阀；9—喷嘴；10—选择阀；11—压力传感器；12—火灾探测器；13—消防控制中心；14—单向阀；15—启动气瓶

驱动干粉灭火剂的气体为氮气或CO_2气体，前者多用于大型干粉灭火系统，后者用于小型干粉灭火系统。氮气、CO_2各置于40L容积、工作压力15MPa和60L容积、工作压力20MPa的钢制气瓶内贮存。

氮气瓶或CO_2气瓶的工作过程为：当使用该装置开始灭火时，首先要开启气瓶上瓶头阀，瓶头阀有手动、气动和电动开启方式，多个气瓶组成的气瓶驱动组的启动，需另行设置启动气瓶，由启动气瓶先给予1.2～2.0MPa气体压力进入集气管开启所有气瓶的瓶头阀，而后气瓶内氮气经瓶头阀上排气管输出一定压力的氮气，氮气通过集气管汇流进入输气管，搅动干粉贮罐中的灭火剂形成气-粉两相有压介质。

由于灭火剂贮罐工作压力不超过2MPa，而气体驱动装置中气瓶内的压力为15、20MPa。为了保证安全驱动贮罐中灭火剂，必须在气瓶和灭火剂贮罐之间设减压阀。减压阀可安装在气瓶出口、气瓶组总输气管上或灭火剂贮罐进气口端。一般常采用活塞式减压阀装置在总气管上，其进口压力为13～15MPa，可减压到0～7.5MPa。

干粉灭火剂喷射器有固定式喷头和移动式喷枪两种。直流喷头喷出的粉气流呈柱形扩散，射程远，适宜固定安装在被防护装置周边的不同位置，扑救化工装置、变压器设备等发生的火灾；扩散型喷头喷出的粉气流呈伞形，射程短，适用扑救热油泵房和可燃液体散装库房等场所发生的火灾；扇形喷头喷出的粉气流成扇形，射程介于直流与扩散喷头射程之间，适用于扑救油罐、油糟等装置发生的火灾。

2.8.3 泡沫灭火系统

泡沫灭火系统采用泡沫液作为灭火剂，主要用于扑救非水溶性可燃液体和一般固体火灾，如商品油库、煤矿、大型飞机库等，具有安全可靠、灭火效率高等特点。

1. 泡沫灭火剂灭火原理

泡沫灭火剂是一种体积较小，表面被液体围成的气泡群，其比重远小于一般可燃、易燃液体。因此，可漂浮、黏附在可燃、易燃液体、固体表面，形成一个泡沫覆盖层，可使燃烧物表面与空气隔绝，窒息灭火、阻止燃烧区的热量作用于燃烧物质的表面，抑制可燃物本身和附近可燃物质的蒸发，泡沫受热产生水蒸气，可减少着火物质周围空间氧的浓度，泡沫中析出的水可对燃烧物产生冷却作用。

2. 泡沫灭火剂类型：

化学泡沫灭火剂由带结晶水的硫酸铝［$(Al_2SO_4)_3 \cdot H_2O$］和碳酸氢钠（$NaHCO_3$）组成。使用时使两者混合反应后产生CO_2灭火。化学泡沫灭火剂，我国目前仅用于装填在灭火器中手动使用。

蛋白质泡沫灭火剂是对骨胶朊、毛角朊、动物角、蹄、豆饼等水解后，适当投加稳定剂、防冻剂、缓蚀剂、防腐剂、降黏剂等添加剂混合成液体。目前国内这类产品多为蛋白泡沫液添加适量氟碳表面活性剂制成的泡沫液。

合成型泡沫灭火剂是一种以石油产品为基料制成的泡沫灭火剂。目前国内应用较多的有凝胶型、水成膜和高倍数等3种合成型泡沫灭火剂。

3. 泡沫灭火系统的类型和主要设备

泡沫灭火系统有多种类型，按其使用方式有固定式、半固定式和移动式之分，按泡沫喷射方式有液上喷射、液下喷射和喷淋方式之分，按泡沫发泡倍数有低倍、中倍和高倍之分。图2-31所示为固定式泡沫喷淋系统。

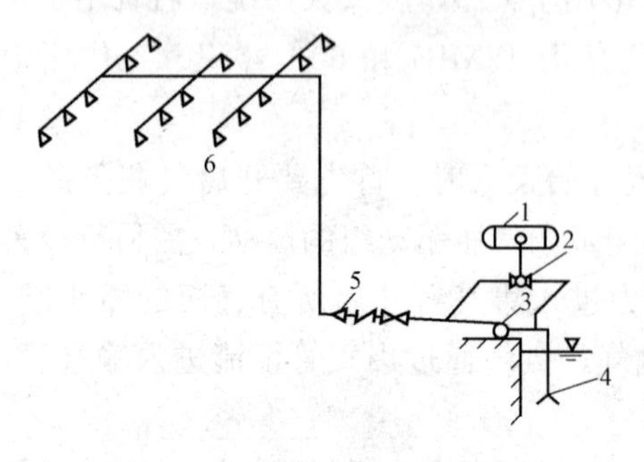

图2-31 固定式泡沫喷淋系统

1—泡沫液贮罐；2—比例混合器；3—消防泵；4—泡沫产生器；5—泡沫产生器；6—喷头

泡沫系统的主要设备有泡沫比例混合器、空气泡沫产生器、泡沫喷头、泡沫液贮罐、消防泵等。

泡沫比例混合器的作用是将水与泡沫液按一定比自动混合，形成泡沫混合液。目前我国生产泡沫比例混合器按混合方式不同分为负压比例和正压比例混合器。

空气泡沫产生器可将输送来的混合液与空气充分混合形成灭火泡沫喷射覆盖于燃烧物表面。

泡沫喷头用于泡沫喷淋系统，按照喷头是否吸入空气分为吸气型和非吸气型。吸气型可采用蛋白、氟蛋白或水成膜泡沫液，通过泡沫喷头上的吸气孔吸入空气，形成空气泡沫灭火。非吸气型只能采用水成膜泡沫液，不能用蛋白和氟蛋白泡沫液。并且这种喷头没有吸气孔，不能吸入空气，通过泡沫喷头喷出的是雾状的泡沫混合液。

泡沫液贮罐用于贮存泡沫液。贮罐用于压力式泡沫比例混合流程时，泡沫液贮罐应选用压力贮罐；当用于其他泡沫比例混合流程时，贮液罐应用常压贮罐。泡沫液贮罐宜采用耐腐蚀材料制作，若为钢罐，其内壁应作防腐处理。泡沫液贮罐的容积由计算确定，应满足一次灭火所需要的泡沫液量。

消防泵应在火警发出5min内启动工作，并应有火场断电时仍能正常运转的备用发电设备，消防泵吸取的水可以是淡水、海水，严禁使用影响泡沫性能的工厂企业排出的废污水。

2.8.4 七氟丙烷灭火系统

气体灭火剂中，卤代烷（哈龙1301）灭火剂的优点是很突出的，如灭火速度快、对保护物体不产生污染等。但它有一个致命的缺点，就是它的燃烧产物Br·可在大气中存留100年，在高空中能与O_3反应，使得大气臭氧层中O_3量减少，严重影响臭氧层对太阳紫外线辐射的阻碍作用，卤代烷灭火剂于2010年在世界范围内禁止生产与使用。随着卤代烷灭火剂的逐步淘汰，各种洁净气体灭火剂相继涌现，其中七氟丙烷灭火剂是比较典型、应用比较广泛的一种。

1. 七氟丙烷灭火剂的特点及应用范围

七氟丙烷是以化学灭火方式为主的气体灭火剂，其商标名称为FM200，化学名称为HFC-227ea，化学式为CF_3CHFCF_3，分子量为170。

作为洁净气体灭火剂，七氟丙烷具有哈龙1301灭火剂的众多优点，达到哈龙替代物八项基本要求的若干项；七氟丙烷灭火系统所使用的设备、管道及配置方式与哈龙1301几乎完全相同；具有良好的灭火效率，灭火速度快、效果好，灭火浓度（8%～10%）低，基本接近哈龙1301灭火系统的灭火浓度（5%～8%）。对大气臭氧层无破坏作用；七氟丙烷不导电，灭火后无残留物。

七氟丙烷灭火系统适用于扑救以下物质引起的火灾：固体物质的表面火灾，如纸张、木材、织物、塑料、橡胶等的火灾；液体火灾或可熔固体火灾，如煤油、汽油、柴油以及醇、醛、醚、酯、苯类火灾；灭火前应能切断气源的气体火灾，如甲烷、乙烷、煤气、天然气等的火灾；带电设备与电器线路火灾，如变配电设备、发动机、发电机、电缆等的火灾。

2. 系统分类

七氟丙烷气体灭火系统可根据需要设计成无管网系统、单元独立系统和组合分配系统。

无管网系统（又称无管网灭火装置），是按一定的应用条件将贮气钢瓶、阀门和喷头等部件组合在一起或喷头离钢瓶不远的气体灭火系统。

单元独立系统（又称预制灭火装置），是保护一个防护区的灭火系统。

组合分配系统（又称管网灭火系统），是指用一套贮存装置通过管网的选择分配，保护多个防护区的灭火系统。

3. 系统的组成和主要设备

图2-32所示为单元独立灭火系统的构成形式。灭火系统由七氟丙烷贮瓶、瓶头阀、电磁启动器、释放阀、单向阀、安全阀、压力信号器、喷头等组成。

七氟丙烷贮瓶，平时用于贮存七氟丙烷，按设计要求充装七氟丙烷和增压N_2。在贮瓶瓶口安装瓶头阀，瓶头阀出口与管网系统相连。

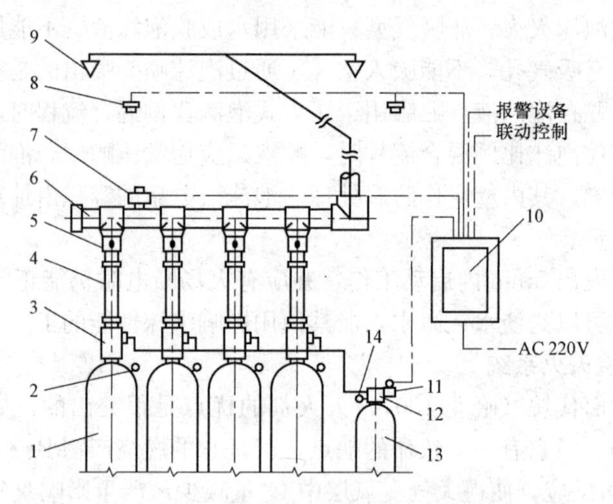

图 2-32 单元独立灭火系统

1—七氟丙烷贮瓶；2—压力表；3—瓶头阀；4—高压软管；5—单向阀；6—集流管；7—压力信号器；8—探测器；9—喷头；10—控制盘；11—电磁启动器；12—启动瓶头阀；13—N_2启动瓶；14—压力表

瓶头阀安装在七氟丙烷贮瓶瓶口上，具有封存、释放、充装、超压排放等功能。

电磁启动器安装在启动瓶钢瓶上，按灭火控制指令给其通电启动，进而打开释放阀及瓶头阀，释放七氟丙烷实施灭火，它也可实行机械应急操作实施灭火系统启动。

释放阀用于组合分配灭火系统中，安装在七氟丙烷贮瓶出流的汇流管上，对应每个保护区各设一个。

七氟丙烷单向阀安装在七氟丙烷贮瓶出流的汇流管上，防止七氟丙烷从汇流管向贮瓶倒流。

高压软管用于瓶头阀与七氟丙烷单向阀之间的连接，形成柔性结构，便于瓶体称重检漏和安装。

气体单向阀安装在系统的启动气路上。用于控制释放阀的启闭，与释放阀相对应的七氟丙烷瓶头阀连动启闭。

安全阀安装在汇流管上。由于组合分配系统安装了释放阀使汇流管形成封闭管段，一旦有七氟丙烷积存在里面，可能由于温度的关系会形成较高的压力，因此要装设安全阀，起到保护系统的作用。

压力信号器安装在释放阀的出口部位（对于单元独立系统，则安装在汇流管上）。当释放阀开启释放七氟丙烷时，压力信号器动作送出工作信号给灭火控制系统。

思考题与习题

2.1 简述火灾发生的原因。

2.2 按火灾的特点可将火灾的发展过程分成哪几个阶段？

2.3 试述水消防系统灭火的主要机理。

2.4 室外消火栓给水系统的作用是什么？其组成包括哪些部分？

2.5 室内消火栓给水系统由哪几部分组成？

2.6 室外消防给水管道的布置应符合哪些规定?

2.7 按压力条件室外消火栓有哪几种类型?简述各类型的设置位置和主要特点。

2.8 什么是消火栓水枪的充实水柱长度?如何确定充实水柱的长度?

2.9 高层建筑消防用水量与哪些因素有关?

2.10 常用的自动喷水灭火系统有哪些种类?

2.11 自动喷水灭火系统的主要组件有哪些?

2.12 在自动喷水灭火系统中,为什么要求管道有坡度,并坡向泄水管?

2.13 某7层办公楼,最高层喷头安装标高23.7m,一层地坪标高为0.00m,喷头流量特性系统为0.133,喷头处压力为0.1MPa,设计喷水强度为6L/(min·m^2),作用面积为200m,形状为长方形,长边$L=1.2\sqrt{F}=1.2\sqrt{200}=17$m,短边为12m,作用面积内喷头数为20个。试计算作用面积内的设计秒流量是多少?作用面积内的计算平均喷水强度为多少?

2.14 水喷雾灭火系统与自动喷水灭火系统有何区别?

2.15 在什么条件下自动喷水灭火局部应用系统可以不设置报警阀组?不设报警阀组的自动喷水局部应用系统应注意什么问题?

第3章　建筑内部排水系统

3.1　排水系统的分类与组成及系统选择

建筑内部排水系统的任务就是将人们在生活、生产过程中使用过的污（废）水及屋面降水（包括雨水和冰雪融化水）收集起来，经局部处理后尽快畅通地排至室外的污水管网系统。

3.1.1　排水系统的分类及排放要求

1. 排水系统的分类

（1）按水力状态分类。按水力状态分为重力流排水系统和压力流排水系统。

重力流排水系统利用重力势能作为排水动力，管道系统排水按一定充满度设计，管内水压基本与大气压保持平衡。常见的、传统的建筑内部排水系统均为重力流排水系统。

压力流排水系统利用重力势能或水泵等机械作为排水动力，管道系统排水按满流设计，管系内整体水压大于（局部可小于）大气压力。

压力流排水系统在卫生器具排水口下装设微型污水泵，卫生器具排水时，微型污水泵启动加压排水，排水管内水流状态由重力非满流变为压力满流。压力流排水系统排水管径小，配件少，占用空间小，横管无需坡度，流速大，自净能力强，管道布置不受限制，卫生器具出口可不设水封，室内环境卫生条件好。

（2）按排除污（废）水的性质分类。按所排污（废）水性质，建筑排水系统可分为污水排水系统和屋面雨水排水系统两大类，根据污（废）水的来源，污（废）水排水系统又分为生活排水系统和工业废水排水系统。

生活污水排水系统接纳并排除居住建筑、公共建筑及工业企业生活间的生活污（废）水。按照污（废）水处理、卫生条件或杂用水水源需要，生活排水系统又可分为生活污水排水系统和生活废水排水系统。生活污水是指大便器（槽）、小便器（槽）以及用途与此相似的卫生设备产生的污水，经过化粪池局部处理后排入室外排水系统；生活废水是指盥洗、洗涤废水，经过处理后可作为杂用水，用来冲洗厕所、浇洒道路和绿地、冲洗汽车等。

工业排水系统排除工业企业在生产过程中产生的污（废）水。按照污染程度不同分为生产废水排水系统和生产污水排水系统。生产废水是指在使用过程中受到轻度污染或水温稍有增高的水，通常经某些处理后即可在生产中重复使用或直接排放水体；生产污水是指在使用过程中受到较严重污染的水，多半具有危害性，需经处理达到排放标准后才能排放。

建筑雨水排水系统的作用是收集排除屋面、墙面和窗井等雨（雪）水。

2. 污水的排放要求

建筑工业废水和生活污水排入城市排水系统应符合《污水排入城市下水道水质标准》（CJ 343—2010）的规定。为避免污水悬浮杂质在管道中沉淀，阻塞管道，要求严禁向城镇下水道倾倒垃圾、粪便、积雪、工业废渣等物质和排入易凝聚、沉积、造成下水道堵塞的污水。排入的污水基本呈中性（pH 值为 6～9），以防强酸碱污水对管道的侵蚀影响污水的进一步处理；当污水中含有伤寒、痢疾、炭疽、结核、肝炎等病原体时，必须严格消毒处理；

对污水中有毒物质、放射性物质、汽油或油脂等易燃液体也有限制；水质超过要求的污水，应进行预处理，不得用稀释法降低其浓度后排入城镇下水道。详见表3-1。

表3-1 **污水排入城市下水道水质标准**

序号	控制项目名称	单位	A等级	B等级	C等级
1	水温	℃	35	35	35
2	色度	倍	50	70	60
3	易沉固体	mL/（L·15min）	10	10	10
4	悬浮物	mg/L	400	400	300
5	溶解性总固体	mg/L	1600	2000	2000
6	动植物油	mg/L	100	100	100
7	石油类	mg/L	20	20	15
8	pH值		6.5～9.5	6.5～9.5	6.5～9.5
9	生化需氧量（BOD_5）	mg/L	350	350	150
10	化学需氧量（COD）	mg/L	500(800)	500(800)	300
11	氧氮（以N计）	mg/L	45	45	25
12	总氮	mg/L	70	70	45
13	总磷	mg/L	8	8	5
14	阴离子表面活性剂（LAS）	mg/L	20	20	20
15	总氰化物	mg/L	0.5	0.5	0.5
16	总余氧（Cl_2计）	mg/L	8	8	8
17	硫化物	mg/L	1	1	1
18	氮化物	mg/L	20	20	20
19	氯化物	mg/L	500	600	800
20	硫酸盐	mg/L	400	600	600
21	总汞	mg/L	0.02	0.02	0.02
22	总镉	mg/L	0.1	0.1	0.1
23	总铬	mg/L	1.5	1.5	1.5
24	六价铬	mg/L	0.5	0.5	0.5
25	总砷	mg/L	0.5	0.5	0.5
26	总铅	mg/L	1	1	1
27	总镍	mg/L	1	1	1
28	总铍	mg/L	0.005	0.005	0.005
29	总银	mg/L	0.5	0.5	0.5

续表

序号	控制项目名称	单位	A等级	B等级	C等级
30	总硒	mg/L	0.5	0.5	0.5
31	总铜	mg/L	2	2	2
32	总锌	mg/L	5	5	5
33	总锰	mg/L	2	5	5
34	总铁	mg/L	5	10	10
35	挥发酚	mg/L	1	1	0.5
36	苯系物	mg/L	2.5	2.5	1
37	苯胺类	mg/L	5	5	2
38	硝基苯类	mg/L	5	5	3
39	甲醛	mg/L	5	5	2
40	三氯甲烷	mg/L	1	1	0.6
41	四氯化碳	mg/L	0.5	0.5	0.06
42	三氯乙烯	mg/L	1	1	0.6
43	四氯乙烯	mg/L	0.5	0.5	0.2
44	可吸附有机卤化物（AO_x，以Cl计）	mg/L	8	8	5
45	有机磷农药（以P计）	mg/L	0.5	0.5	0.5
46	五氯酚	mg/L	5	5	5

注 括号内数值为污水处理厂新建或改、扩建，且 $BOD_5/COD>0.4$ 时控制指标的最高允许值。

3.1.2 建筑排水系统的组成

排水系统要求迅速通畅地排除建筑内部的污（废）水，保证排水管道系统内压力稳定，防止水封破坏，工程造价低，管线简短顺直，布置合理。

建筑内部排水系统由卫生器具和生产设备受水器、排水管道、清通设备和通气管道组成（见图3-1）。部分排水系统中，根据需要还设有污废水提升设备和局部处理构筑物。

1. 卫生器具和生产设备的受水器

卫生器具或生产设备受水器是建筑内部给水终端，也是排水系统的起点，除大便器外，其他卫生器具均应在排水口处设置栏栅。

2. 排水管道

排水管道是将各个用水点产生的污废水及时、迅速地排至室外。包括器具排水管（含存水弯）、横支管、立管、埋地干管和排出管。

器具排水管：连接卫生器具和排水横支管的短管，除坐式大便器等自带水封装置卫生器具外，均应设水封装置。

排水横支管：将器具排水管送来的污水转输到立管中去。

排水立管：用来收集其上所接的各横支管排来的污水，然后再将污水送入排出管。

排出管：用来收集一根或几根立管排来的污水并将其排至室外排水管网中去。

3. 清通设备

污废水管道中有少量固体杂物和厨房排出的油脂废水，污废水易在管内沉积、黏附，减小管道的通水能力甚至堵塞。为了疏通管道保证管道的输水能力，需设置清通设备包括检查口、清扫口、检查井（详见 3.3.2）。

4. 通气管道组成

建筑内部排水管道内近似看成水气两相流，为了平衡管道内压力，防止水封破坏，避免管内因压力波动而使有毒有害气体进入室内，需设置通气管道与大气相通（详见 3.1.4）。

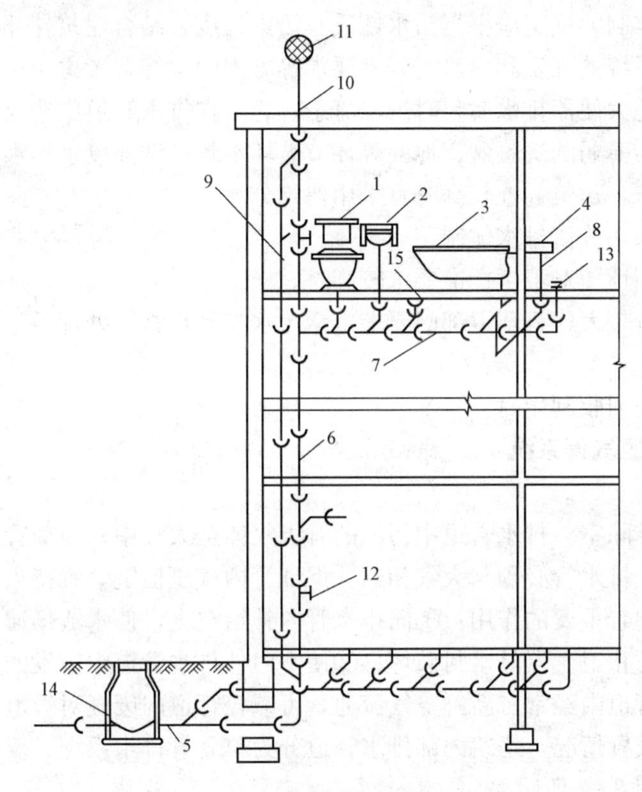

图 3-1　建筑内部排水系统的组成

1—坐便器；2—洗脸盆；3—浴盆；4—洗涤盆；5—排出管；6—立管；7—横支管；8—支管；9—通气立管；10—伸顶通气管；11—网罩；12—检查口；13—清扫口；14—检查井；15—地漏

5. 污废水的提升设备

工业与民用建筑地下室、人防建筑、高层建筑地下设备层和地铁等处标高较低，污废水不能自流排至室外检查井，需设污水提升设备（详见 3.4.1）。

6. 局部处理构筑物

建筑内部污水未经处理不允许直接排入市政排水管网或水体时，须设污水局部处理构筑物。如化粪池、降温池、隔油池及消毒池等（详见 3.4.2）。

3.1.3　排水体制与选择

1. 排水体制

排水体制是指对生活污水、工业（污）废水和雨、雪水径流采取的汇集方式，分为合流制和分流制。

分流制排水是指将室内产生的污废水按不同性质分别设置管道排出室外，此系统水力条件好，有利于污水的处理和利用，总投资大。

合流制排水是将室内产生的不同性质污水共用一根管道排出，如将其中两类或三类污（废）水合流排出。

对于居住建筑和公共建筑采用合流与分流是指粪便污水与生活污水的合流与分流；对于工业建筑是指生产污水和生产废水的合流与分流。

2. 排水体制的选择

建筑内部排水体制的确定应根据污水性质、污染程度、结合建筑外部排水系统体制、利于综合利用、中水系统的开发和污水的处理要求等方面因素综合考虑。

生活污水特别是大便器排水属瞬时洪峰流态，容易在排水管道中造成较大压力波动，有可能在水封强度较为薄弱的洗脸盆、地漏等环节破坏水封；洗涤废水排水属于连续流，排水平稳。为防止窜臭味，建筑标准较高时宜采用建筑分流。

下列情况，宜采用分流排水体制。

（1）建筑物使用性质对卫生标准要求较高时。

（2）生活废水量较大，且环卫部门要求生活污水需经化粪池处理后才能排入城镇排水管道时。

（3）生活废水需回收利用时。

3.1.4 排水及通气管系统

1. 排水管道系统

通气系统可以排除室外排水管道中污浊的有害气体至大气中；平衡管道内正负压，保护器具水封防止破坏，排水管必须与大气相通，保证管内气压恒定，维持重力流状态。

通气管道系统起着重要的作用：①向排水管内补给空气，使水流畅通，减小排水管道内的气压变化幅度，防止卫生器具水封破坏；②使室内外排水管道中散发的臭气和有害气体能排到大气中去；③管道内经常有新鲜空气流通，可减轻管道内废气对管道的锈蚀。根据排水立管和通气立管的设置情况，建筑内部排水管道分为单立管排水系统、双立管排水系统和三立管排水系统，如图 3-2 所示。

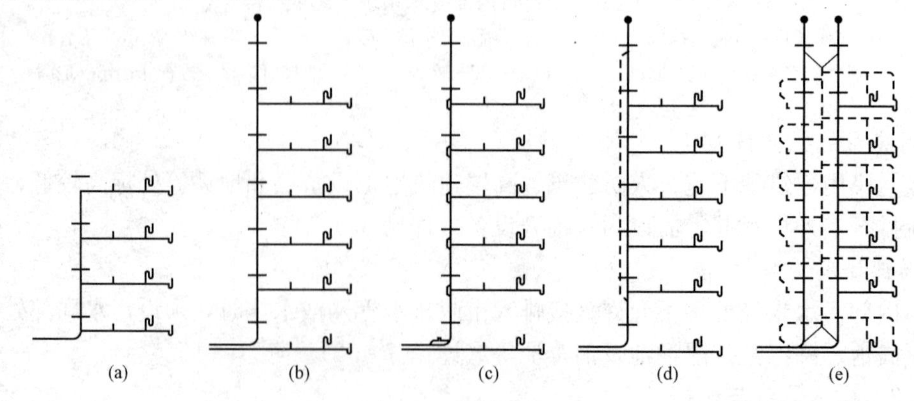

图 3-2 污废水排水系统类型

（a）无通气管的单立管排水系统；（b）有通气的普通单立管排水系统；
（c）特制配件单立管排水系统；（d）双立管排水系统；（e）三立管排水系统

(1) 单立管排水系统。单立管排水系统也称内通气系统，只设一根排水立管，不设专用通气立管。它利用排水立管本身与其相连接的横支管进行气流交换，常见的单立管排水系统根据建筑层数和卫生器具的多少又有以下几种常见类型：

1) 无通气管的单立管排水系统。立管顶部不与大气相通，当排水系统中的立管短，卫生器具少，排水量少，立管顶端不便伸出屋面时采用［见图3-2 (a)］。

2) 有通气管的普通单立管排水系统（也称诱导式内通气）。排水立管向上延伸至屋面一定高度与大气相通，适用于一般多层建筑［见图3-2 (b)］。

3) 特制配件单立管排水系统。利用特殊结构改变水流方向和状态，在横支管与立管连接处、立管底部与横干管或排出管连接处设置特制配件；在排水立管管径不变的情况下，改善管内水流与通气状态，增大排水流量。广泛用于高层建筑排水系统中［见图3-2 (c)］。

(2) 双立管排水系统（外通气系统）。由一根排水立管和一根通气立管组成。双立管排水系统利用排水立管进行气流交换，改善管内水流状态，适用于污水、废水合流的各类多层和高层建筑［见图3-2 (d)］。

(3) 三立管排水系统（外通气系统）。由一根生活污水立管、一根生活废水立管和一根通气立管组成，两根排水立管共用一根通气立管。适用于生活污水和生活废水需分别排出室外的各类多层和高层建筑［见图3-2 (e)］。

2. 通气系统

通气管系统的类型有伸顶通气管和专用通气管（见图3-3）。

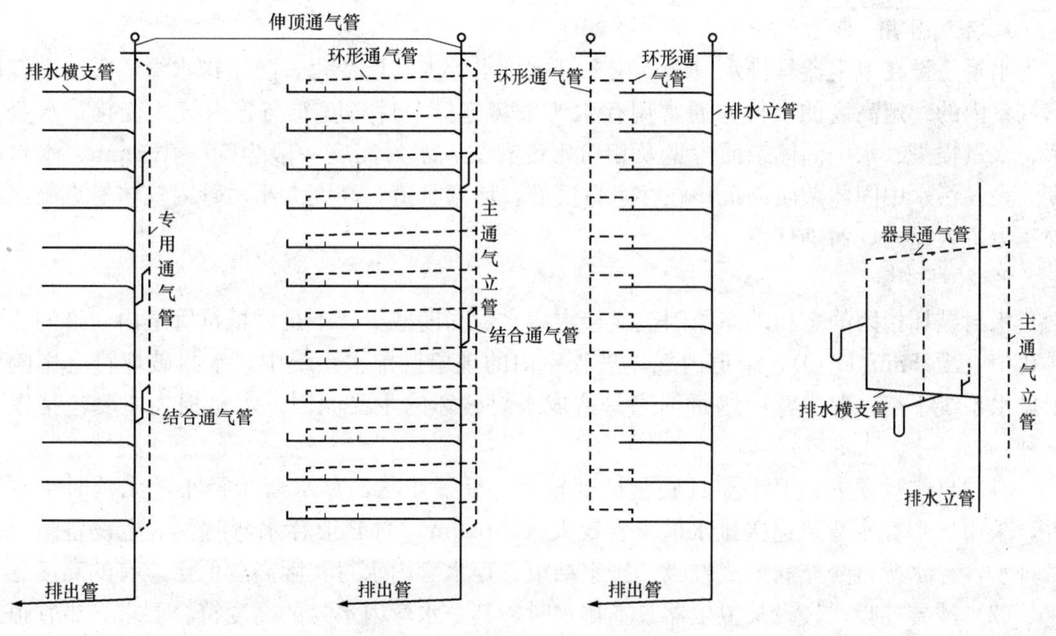

图3-3 通气管系统的类型

(1) 伸顶通气管。适用于层数不高、卫生器具不多的建筑物，可将排水立管上端延长并伸出屋顶，这一段管叫伸顶通气管。

(2) 专用通气管。指仅与排水主管连接，为污水主管内空气流通而设置的垂直通气管道。适用于层数较高、卫生器具较多的建筑物，因排水量大，空气流动易受排水过程干扰，需将排水管和通气管分开，设专用通气管道。

（3）主通气管。为连接环形通气管和排水管，并为排水支管和排水主管内空气流通而设置的垂直管道。

（4）副通气立管。仅与环形通气管连接，为使排水横支管内空气流通而设置的通气管道。

（5）环形通气管。在多个卫生器具的排水横支管上，从最始端卫生器具下游端接至通气立管的那一段通气管段。

（6）器具通气管。卫生器具存水弯出口端，在高于卫生器具上一定高度处与主通气立管连接的通气管段。

（7）结合通气管。排水立管与通气立管的连接管段。

3.2 排水系统中水气流动规律

建筑内部排水管道系统的设计流态和流动介质与室外排水管道系统相同，都是按重力非满流设计的，污水中都含有固态杂质，是水、气、固三种介质的复杂运动。由于固体物较少，可简化为水、气两相流。建筑内部排水具有水量气压变化幅度大、流速变化剧烈、事故危害大等特点。

3.2.1 水封的作用及其破坏原因

1. 水封作用

水封是设在卫生器具排水口下，用来抵抗排水管内气压变化，防止排水管道系统中气体窜入室内的一定高度的水柱，通常用存水弯来实施。水封高度 h 与管内气压变化、水蒸发率、水量损失、水中固体杂质含量及相对密度有关，水封高度一般为 50～100mm。水封高度太大，污水中固体杂质易沉积在存水弯底部，堵塞管道；高度太小，管内气体易克服水封静压力进入室内，污染环境。

2. 水封破坏

水封破坏指因静态和动态原因造成存水弯水封高度减少，不足以抵抗管道内允许的压力变化值（±25mm H_2O），管道内气体进入室内的现象。排水系统中，水封破坏将会影响整个排水系统平衡，存水弯内水量损失是造成水封破坏的主要原因。水量损失主要包括以下三种：

（1）自虹吸损失。卫生器具底盘坡度较大，呈漏斗状，存水弯管径小，无延时供水装置，采用S形存水弯或连接排水横支管较大（>0.9m）的P形存水弯时，卫生设备瞬时大量排水，存水弯自身充满形成虹吸，排水结束，存水弯内水封实际高度低于应有的高度。

（2）诱导虹吸损失。某卫生器具不排水时，其存水弯内水封的高度符合要求。当管道系统内其他卫生器具大量排水时，系统内压力变化使存水弯内水上下振动，引起水量损失。

（3）静态损失。水封流入端，水封水面会因自然蒸发而降低，造成水量损失；在流出端，因存水弯内壁不光滑或粘有油脂，会在管壁上积存较长的纤维和毛发，产生毛细作用，造成水量损失。

3.2.2　管道内水流状态

1．立管中水流状态

排水立管上接各层横支管，下接横干管或排出管，立管内水流呈竖直下落流动状态，水流能量转换和管内压力变化剧烈。排水立管的合理设计直接影响排水系统的造价和正常使用。

（1）排水立管水流特点。由于卫生器具排水特点和对建筑内部排水安全可靠性能的要求，污水在立管内的流动有以下几个特点：

1）断续的非均匀流。卫生器具使用是间断，排水不连续。器具使用后，污水由横支管流入立管初期，立管中流量递增；在排水末期，流量递减。当无卫生器具排水时，立管中流量为零，充满空气。所以，排水立管中流量是断续的、非均匀的。

2）水、气两相流。为防止排水管道系统内气压波动太大，水封破坏，排水立管按非满流设计。水流在下落过程中夹带管内气体一起流动，立管中复杂的三相流忽略固体物质简化为水气两相流。

3）管内压力变化。污水由横支管进入立管竖直下落过程中夹带部分气体一起向下流动，若不能及时补充带走的气体，立管上部形成负压。夹气水流进入横干管后，流速减小，夹带的气体析出，水流形成水跃，充满横干管断面，从水中分离出的气体不能及时排走，在立管下部和横干管内形成正压。沿水流方向，立管中的压力由负到正，由小到大逐渐增加，零压点靠近立管底部。排水横支管距立管底部越高，排水量越大，通气量越小，形成的负压越大。

（2）水流流动状态。在部分充满水的排水立管中，水流运动状态与排水量、管径、水质、管壁粗糙度、横支管与立管连接处的几何形状、立管高度及同时向立管排水的横支管数目等因素有关，其中排水量和管径是主要因素。常用充水率 α 表示，充水率 α 指水流断面积 W_t 与管道断面积 W_j 之比。

通过对单一横支管排水，立管上端开口通大气，下端经排出横干管接室外检查井通大气的情况下进行实验研究，发现随流量不断增加，立管中水流状态主要分为附壁螺旋流、水膜流和水塞流3个阶段，如图3-4所示。

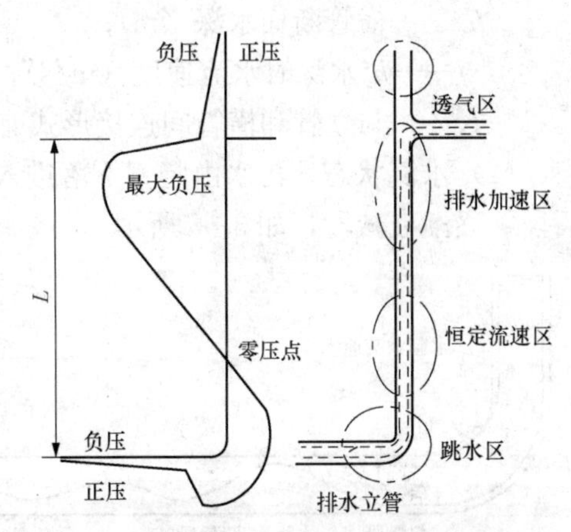

图3-4　排水立管和横干管内压力分布图

1）附壁螺旋流。横支管排水量小时，管内水深较浅，水平流速较小。因排水立管内壁粗糙，固（管道内壁）液（污水）两相间界面力大于液体分子间内聚力，进入立管水沿管内壁周边向下做螺旋流动。随排水量增加，当水量足够覆盖立管整个管壁时，水流附着于管壁向下流动，无离心力作用，只有水与管壁间界面力，此时气液两相界面不清晰，水流向下有夹气作用。因排水量小，管中心气流正常，气压稳定，此状态很短。实验发现设有专用通气立管，充水率 $\alpha<1/4$ 时，立管内为附壁螺旋流。

2）水膜流。流量进一步增加，由于空气阻力和管壁摩擦力共同作用，水流沿管壁下落，形成有一定厚度的、带有横向隔膜的附壁环状水膜流。附壁环状水膜流与其上部的横向隔膜连在一起向下运动。随水流下降流速增加，水膜所受管壁摩擦力随之增加。当水膜所受向上摩擦力与重力平衡时，水膜下降速度和厚度不再变化，此时的流速为终限流速v_t，从排水横支管水流入口至终限流速形成处的高度为终限长度L_t。

横向隔膜不稳定，在向下运动过程中，隔膜下部管内压力不断增加到一定值时，管内气体将横向隔膜冲破，管内气压恢复正常。继续下降过程中又形成新的横向隔膜。水膜流时排水量较小，形成的横向隔膜厚度较薄，破坏的压力小于水封破坏的控制压力。在水膜流阶段，立管内充水率为1/4～1/3，气压有波动，不会破坏水封。

3）水塞流。排水量继续增加，充水率超过1/3后，横向隔膜的形成与破坏越来越频繁，水膜厚度不断增加，隔膜下部压力不能冲破水膜，最后形成稳定的水塞。水塞向下运动，管内气体压力波动剧烈，水封破坏，排水系统不能正常使用。

排水立管内的水流流动状态影响排水系统的安全可靠程度和工程造价，若选用附壁螺旋流状态，系统内压力稳定，安全可靠，室内环境卫生好，但管径大，造价高；若选用水塞流状态，管径小，造价低，系统内压力波动大，水封容易破坏，污染室内环境卫生。同时考虑安全因素和经济因素情况下将水膜流作为设计排水立管的依据。

2. 横管内水流状态

建筑内部排水系统接纳的排水点少，排水时间短，具有断续的非均匀流特点。水流在立管内下落过程中夹带大量空气一起向下运动，进入横管后变成横向流动，其能量、流动状态、管内压力及排水能力均发生变化。

(1) 能量。竖直下落的污水具有较大的动能，进入横管后，由于改变流动方向，流速减小，转化为具有一定水深的横向流动，其能量转换关系式为

$$K\frac{v_0^2}{2g}=h_e+\frac{v^2}{2g} \tag{3-1}$$

式中 v_0——竖直下落末端水流速度（m/s）；

h_e——横管断面水深（m）；

v——h_e水深时水流速度（m/s）；

K——与立管和横管间连接形式有关的能量损失系数。

(2) 水流状态。污水由竖直下落进入横管后，横管中的水流状态分为急流段、水跃及跃后段、逐渐衰减段，如3-5所示。

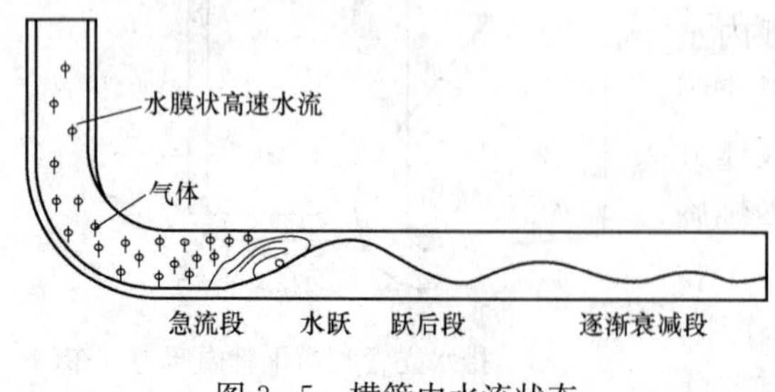

图3-5 横管内水流状态

(3) 管内压力。

1）横支管内压力变化。排水横支管内压力的变化与排水横支管的位置（立管的上部还是下部）和是否还有其他横支管同时排水有关。横支管连接A、B、C三个卫生器具，中间卫生器具B突然排水时，横支管内压力的变化情况如下：

a. AB段内气体不能自由流动，A器具存水弯进水端水面上升；BD段气体自由流动，管内压力变化小，C器具存水弯进水端水面稳定。随着B器具排水量逐渐减少，在横支管坡度作用下，水流向D点做单向运动，A点负压轴吸，带走少量水，存水弯水面下降（见图3-6）。

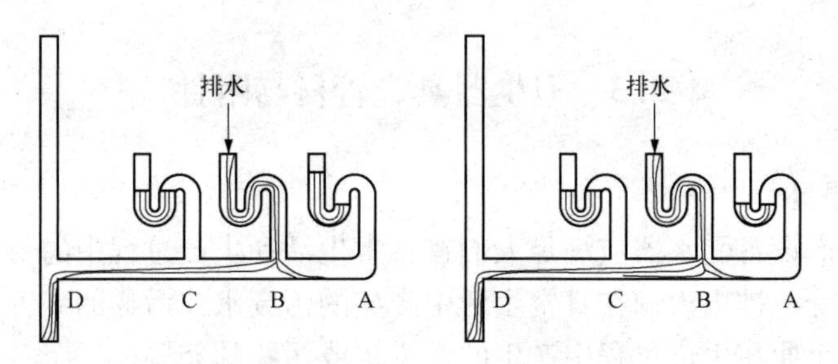

图3-6　无其他排水时横支管内排水初期（左）及末期（右）

b. 当立管内同时还有其他排水时，在立管上部和BD段内形成负压，对B器具排水有抽吸作用，减弱AB段正压；C器具存水弯进水段水面下降，带走少量水。B器具排水末期，三个卫生器具存水弯进水端水面都会下降（见图3-7）。

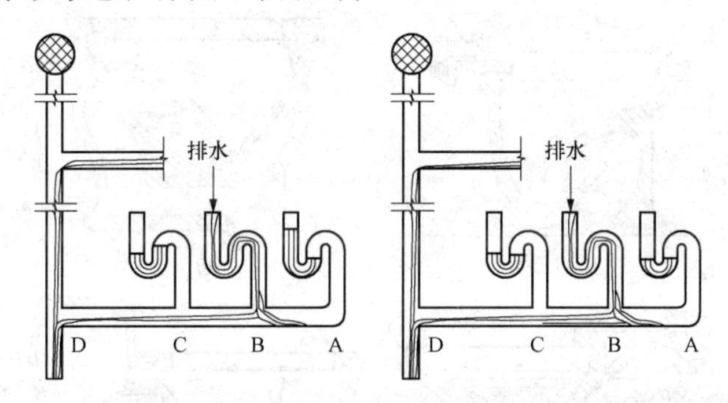

图3-7　有其他排水时上部横支管内排水初期（左）及末期（右）

c. 排水横支管位于立管的底部，立管内同时还有其他排水，在立管底部和BD段内形成正压，阻碍B器具排水，又使A和C器具存水弯进水端水面升高；其他器具排水结束后，三个卫生器具存水弯进水端水面下降，横支管内压力趋于稳定（见图3-8）。

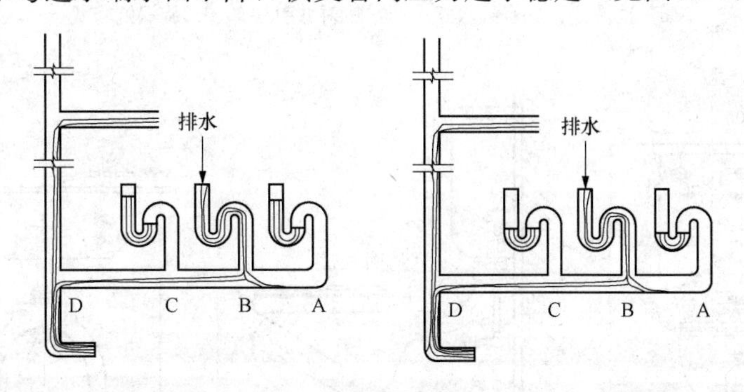

图3-8　有其他排水时下部横支管内排水初期（左）及末期（右）

2）横干管内压力变化。横干管连接立管和室外排水检查井，接纳的卫生器具多，多个卫生器具可能同时排水，排水量大。且距排水横支管高差大，在连接处产生较大动能，水跃高度大，水流可能充满横干管断面。当上部水流不断下落时，立管底部与横干管之间空气不能自由流动，空气压力上升，下部几层横支管内形成较大正压，可能会产生正压喷溅。

3.3 卫生器具、管材与附件

3.3.1 卫生器具

卫生器具和生产设备受水器应满足人们在日常生活和生产过程中的卫生和工艺要求。卫生器具是供水并接受、排出人们在日常生活中产生的污废水或污物的装置。生产设备受水器是接受、排出工业企业在生产过程中产生的污废水或污物的装置。

(1) 便溺用卫生器具。便溺用器具设置在卫生间和公共厕所，收集生活污水。

1) 大便器。大便器的作用是把粪便和便纸快速排入下水道，同时要防臭。常用的大便器有坐式、蹲式大便器和大便槽三种。坐式大便器类型如图 3-9 所示，安装图如图 3-10 所示。

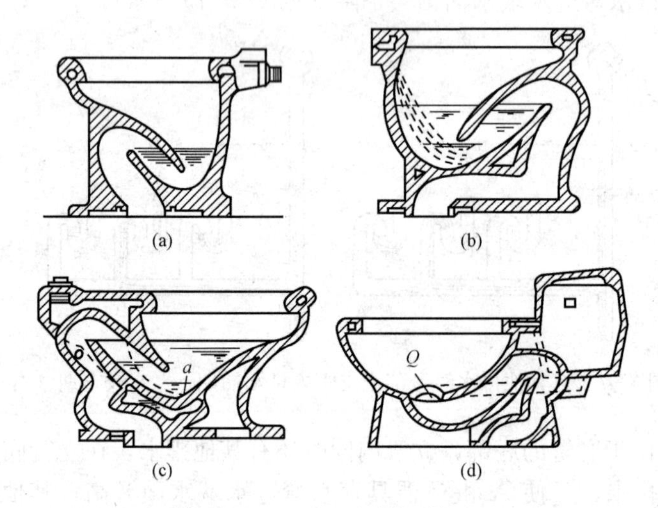

图 3-9 坐式大便器

(a) 冲洗式；(b) 虹吸式；(c) 喷射虹引式；(d) 旋涡虹吸式

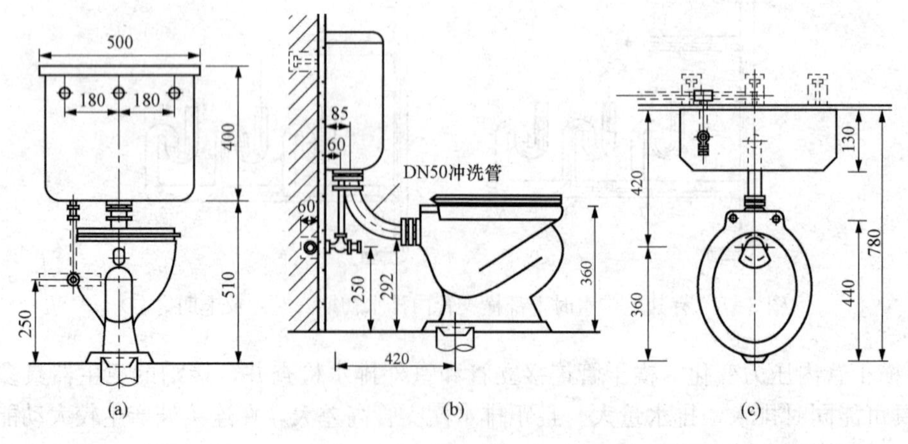

图 3-10 坐式大便器安装图

(a) 立面图；(b) 侧立面图；(c) 平面图

蹲式大便器多见于集体宿舍、公共建筑物公厕，压力冲洗水经大便器周边配水孔，将大便器冲洗干净，一般自身不带存水弯，管道安装时需在下方加设P型、S型存水弯（见图3-11）。蹲式大便器一般采用高位水箱，一层采用S型存水弯，其他楼层均采用P型存水弯。

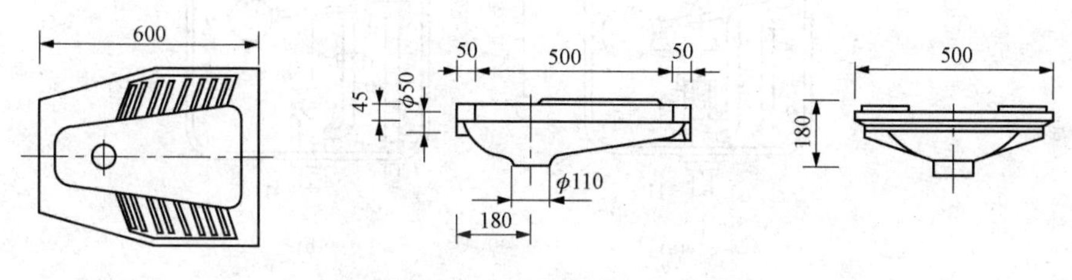

图3-11　蹲式大便器

大便槽用于学校、火车站、汽车站、游乐场等人员较多的场所，造价低，便于采用集中自动冲洗水箱和红外线数控冲洗装置，节水又卫生（见图3-12）。

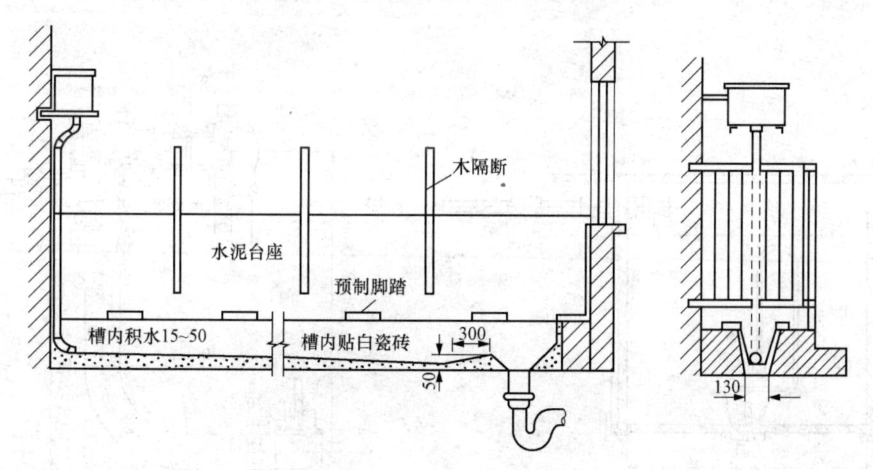

图3-12　大便槽平面图

2）小便器。小便器设于公共建筑男厕所内，有挂式、立式和小便槽三类。

挂式小便器悬挂在墙上，一般采用延时自闭冲洗阀或自动冲洗水箱，小便斗应装设存水弯，多设于住宅建筑和普通公共建筑；立式小便器大多成组安装在对卫生设备要求较高、装饰标准高的公共建筑。小便槽用于工业企业、公共建筑和集体宿舍等建筑。

3）冲洗设备。冲洗设备有冲洗水箱和冲洗阀两种。冲洗水箱分高位水箱和低位水箱，高位水箱用于蹲式大便器和大小便槽，公共厕所宜用自动式冲洗水箱，住宅和旅馆多用手动式，低位水箱用于坐式大便器，一般为手动式。冲洗阀直接安装在大小便器冲洗管上，多用于公共建筑、工厂及火车厕所内。如图3-13～图3-15所示。

（2）盥洗、沐浴器具。

1）洗脸盆。一般用于洗脸、洗手和洗头，设置在盥洗室、浴室、卫生间及理发室内。

2）盥洗槽。盥洗槽通常设置在同时有多人需要使用盥洗的地方，如工厂、学校集体宿、工厂生活间等，比洗脸盆的造价低，使用灵活。

3）浴盆。设在住宅、宾馆、医院等卫生间及公共浴室。一般用陶瓷、搪瓷钢板、塑料、复合材料制成。

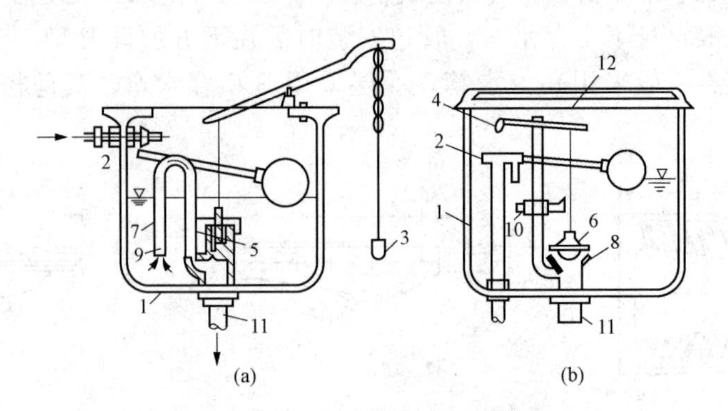

图 3-13 手动虹吸冲洗水箱

(a) 高水箱塞式阀；(b) 低水箱塞式阀

1—水箱；2—浮球阀；3—拉链；4—扳手；5—弹簧塞阀；6—橡胶塞阀；7—虹吸管；8—阀座；9—ϕ5 小孔；10—导向装置；11—冲洗管；12—溢流管

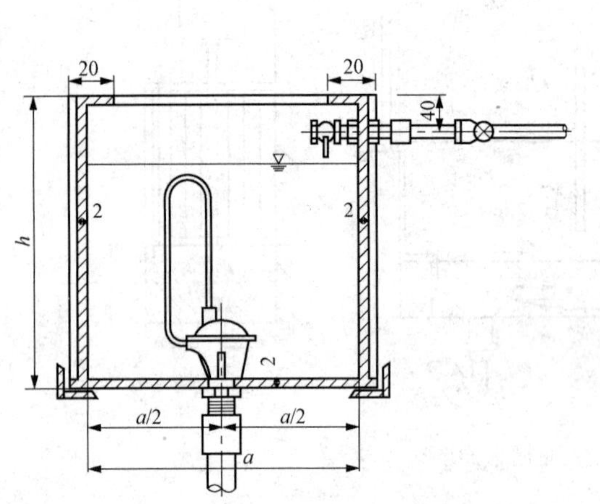

图 3-14 自动冲洗水箱图

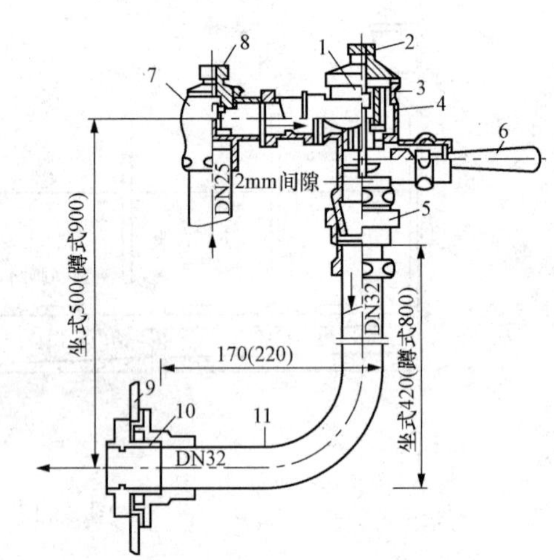

图 3-15 延时自闭式冲洗阀的安装

1—冲洗阀；2—调时螺栓；3—小孔；4—滤网；5—防污器；6—手柄；7—直角截止阀；8—开闭螺栓；9—大便器；10— 大便器卡；11—弯管

4）淋浴器。淋浴器多用于工厂、学校机关、部队公共浴室和集体宿舍、体育馆内。与浴盆相比，占地面积小，设备费用低，耗水量小，清洁卫生，避免疾病传染。

5）净身盆。净身盆与大便器配套安装，供便溺后洗下身用，更适合妇女和痔疮患者使用。一般用于宾馆高级客房的卫生间内，也用于医院、工厂的妇女卫生室内。

（3）洗涤器具。

1）洗涤盆。装设在厨房或公共食堂内，用来洗涤碗碟、蔬菜等。洗涤盆有单格和双格之分，双格洗涤盆一格洗涤，另一格泄水。

2）化验盆。设置在工厂、科研机关和学校的化验室或实验室内，盆内已带水封，根据需要，可装置单联、双联、三联鹅颈龙头。

3）污水盆。设置在公共建筑厕所、盥洗室内，供洗涤拖把、打扫厕所或倾倒污水用。

3.3.2 卫生器具的选用

1. 卫生器具设置定额

不同建筑内卫生间使用情况、设置卫生器具数量均不相同，除住宅和客房卫生间在设计时可统一设置外，各种用途的工业和民用建筑内公共卫生间卫生器具设置定额按表3-2选用。

表3-2　每一个卫生器具使用人数

建筑物名称			大便器		小便器	洗脸盆	盥洗水嘴	淋浴器
			男	女				
集体宿舍	职工		10，>10时20人增1个	8，>8时15人增1个	20	每间至少1个	8，>8时12人增1个	
集体宿舍	中小学		70	12	20	每间至少1个	12	
旅馆、公共卫生间			18	12	18	每间至少1个	8	30
中小学教学楼	中师、中学、幼师		40～45	20～25	20～25	每间至少1个		
中小学教学楼	小学		40	20	20	每间至少1个		
医院	疗养院		15	12	15	每间至少1个	6～8	8～20
医院	综合医院	门诊	120	75	60	每间至少1个	12～15	12～15
医院	综合医院	病房	16	12	16			
办公楼			50	25	50	每间至少1个		
图书阅览楼	成人		60	30	30	60		
图书阅览楼	儿童		50	25	25	60		
剧场			75	50	25～40	100		
电影院	<600座位 601～1000座位 >1000座位		150 200 300	75 100 150	75 100 150	每间至少1个且每4个蹲位设1个		
商店	顾客用	百货自选专业商店、联营商场、菜场	200 400	100 200	100 200			
商店	店员内部用		50	30	50			
公共食堂（职工数）	厨房炊事员用		500	500	>500	每间至少1个		
餐厅	客用	<400座 400～650座 >650座	100 125 250	100 100 100	50 50 50	每间至少1个		
餐厅	炊事员卫生间		100	100	100			

续表

建筑物名称			大便器		小便器	洗脸盆	盥洗水嘴	淋浴器
			男	女				
公共浴室	工业企业生活间	卫生特征 Ⅰ Ⅱ Ⅲ Ⅳ	50个衣柜	30个衣柜	50个衣柜	按入浴人数4%计		3～4 5～8 9～12 13～24
	商业用浴室		50个衣柜	30个衣柜	50个衣柜	5个衣柜		40
体育场	运动员		50	30	50	每间至少1个		20
	观众	小型 中型 大型	500 750 1000	100 150 200	100 150 200			
体育馆游泳池（按游泳人数计）	运动员观众更衣前游泳池旁观众		30 100 50～75 100～150 100	20 50 75～100 100～150 50	30 50 25～40 50～100 50	30（女20） 每间至少1个		10～15
幼儿园			5～8	5～8		3～5	10～12	
工业企业车间	≤100人		25	20	25			
	>100人		25，每增50人增1具	20，每增35人增1具				

注 1. 0.5m长小便槽可折算成1个小便器。

2. 1个蹲位的大便槽相当于1个大便器。

3. 每个卫生间至少设1个污水池。

2. 卫生器具材质和功能要求

（1）卫生器具的材质应不透水、无气孔、耐腐蚀、耐磨损、耐冷热、耐老化，具有一定的强度，不含有对人体有害的成分。

（2）表面光滑，不易积污纳垢，沾污后便于清扫，易清洗。

（3）在能完成卫生器具的冲洗功能的基础上节水减噪。

（4）如卫生器具内设有存水弯，则存水弯内要保持规定高度的水封。为防止粗大污物进入管道，发生堵塞，除了大便器外，所有卫生器具均应在放水口处设栏栅。

卫生间根据卫生器具类型、数量合理布置，考虑排水立管的位置、管道井和通气立管的公用等问题；使用方便、容易清洁，充分考虑管道布置；尽量少转弯、管线短、排水通畅、水力条件好。卫生器具应顺着一面墙布置。如卫生间、厨房相邻，应在该墙两侧设置卫生器具，有管道竖井时，卫生器具紧靠管道竖井墙布置，减少排水横的转弯管道接入根数。

3. 卫生器具的安装高度

卫生器具的安装高度见表3-3，卫生器具给水配件的安装高度见表3-4。

表3-3 卫生器具的安装高度

序号	卫生器具名称		卫生器具边缘离地高度（mm）	
			居住和公共建筑	幼儿园
1	架空式污水盆（池）（至上边缘）		800	800
2	落地式污水盆（池）（至上边缘）		500	500
3	洗涤盆（池）（至上边缘）		800	800
4	洗手盆（至上边缘）		800	500
5	洗脸盆（至上边缘）		800	500
6	盥洗槽（至上边缘）		800	500
7	浴盆（至上边缘）		480	—
	按摩浴盆（至上边缘）		450	—
	淋浴盆（至上边缘）		100	—
8	蹲、坐式大便器（从台阶面至高水箱底）		1800	1800
9	蹲式大便器（从台阶面至低水箱底）		900	900
10	坐式大便器（至低水箱底）	外露排出管式	510	—
		虹吸喷射式	470	370
		冲落式	510	—
		旋涡连体式	250	—
11	坐式大便器（至上边缘）	外露排出管式	400	—
		虹吸喷射式	380	—
		冲落式	380	—
		旋涡连体式	360	—
12	大便槽（从台阶面至冲洗水箱底）		不低于2000	—
13	立式小便器（至受水部分上边缘）		100	—
14	挂式小便器（至受水部分上边缘）		600	450
15	小便槽（至台阶面）		200	150
16	化验盆（至上边缘）		800	—
17	净身器（至上边缘）		360	—
18	饮水器（至上边缘）		1000	—

表3-4 卫生器具给水配件的安装高度

给水配件名称	配件中心距地面高度（mm）	冷热水龙头距离（mm）
架空式污水盆（池）水龙头	1000	—
落地式污水盆（池）水龙头	800	—
洗涤盆（池）水龙头	1000	150
住宅集中给水龙头	1000	—

续表

给水配件名称		配件中心距地面高度（mm）	冷热水龙头距离（mm）
洗手盆水龙头		1000	—
洗脸盆	水龙头（上配水）	1000	150
	水龙头（下配水）	800	150
	角阀（下配水）	450	—
盥洗槽	水龙头	1000	150
	冷热水管其中热水龙头上下并行	1100	150
浴盆	水龙头（上配水）	670	150
淋浴器	截止阀	1150	95
	混合阀	1150	—
	淋浴喷头下沿	2100	—
蹲式大便器（台阶面算起）	高水箱角阀及截止阀	2040	
	低水箱角阀	250	—
	手动式自闭冲洗阀	6500	—
	脚踏式自闭冲洗阀	150	—
	拉管式冲洗阀（从地面算起）	1600	—
	带防污助冲器阀门（从地面算起）	900	—
坐式大便器	高水箱角阀及截止阀	2040	—
	低水箱角阀	150	—
大便槽冲洗水箱截止阀（从台面算起）		≥2400	—
立式小便器角阀		1130	—
挂式小便器角阀及截止阀		1050	—
小便槽多孔冲洗管		1100	—
实验室化验水龙头		1000	—
妇女卫生盆混合阀		360	—

注 装设在幼儿园内的洗手盆、洗脸盆和盥洗槽水嘴中心离地面安装高度应为700mm，其他卫生器具给水配件的安装高度，应按卫生器具实际尺寸相应减少。

3.3.3 排水管材与附件

小区室外排水管道，应优先采用埋地排水塑料管；建筑内部排水管道应采用建筑排水塑料管及管件或柔性接口机制排水铸铁管及相应管件；当连续排水温度大于40℃时，应采用金属排水管或耐热塑料排水管；压力排水管道可采用耐压塑料管、金属管或钢塑复合管。

1. 管材

(1) 排水塑料管。硬聚氯乙烯管（UPVC）是目前建筑内部广泛使用的排水塑料管。塑料管具有质量轻、不结垢、不腐蚀、外壁光滑、易切割、便于安装、投资抵、节能、强度低、耐温性差（−5～50℃）、噪声大、易老化、防火性差等特点。硬聚氯乙烯排水塑料管规格见表3-5。

表3-5　硬聚氯乙烯排水塑料管常见规格　mm

工程外径d_e		50	75	90	110	125	160	200	250	315
Ⅰ型	壁厚e	2.0	2.3	3.2	3.2	3.2	4.0	4.9	6.2	7.7
	内径d_j	46	70.4	83.6	103.6	118.6	152.0	190.2	237.6	299.6
Ⅱ型	壁厚e					3.7	4.7	5.9	7.3	9.2
	内径d_j					117.6	150.0	188.2	235.4	296.6
管长		4000～6000								

（2）排水铸铁管。排水铸铁管有柔性接口和刚性接口两种。

柔性接口铸铁管主要是为了使管道在内水压下具有良好的曲挠性和伸缩性，以适应建筑楼层间变位导致的轴向位移和横向曲挠变形，防止管道裂缝、折断。柔性接口机制排水铸铁管强度大、抗振性能好、噪声低、防火性能好、寿命长、膨胀系数小、安装施工方便、美观、耐磨、耐高温、造价高。常用于建筑高度超过100m、对防火等级要求高的建筑、要求环境安静的场所、环境温度可能出现零度以下及连续排水温度大于40℃时瞬时排水温度大于80℃的排水管道。

（3）钢管。用作卫生器具排水支管及生产设备振动较大的地点、非腐蚀性排水支管上，管径小于或等于50mm的管道，可采用焊接或配件连接。

2. 附件

室内排水管道是通过各种附件来连接的，常用的有以下几种：

（1）存水弯。存水弯是在卫生器具排水管上或卫生器具内部设置一定高度的水柱，防止排水管道系统中的气体窜入室内的附件，存水弯内一定高度的水柱称为水封。

存水弯按构造分为管式存水弯和瓶式存水弯。管式存水弯是利用排水管道几何形状的变化形成的存水弯，有S形、P形和U形3种类型，如图3-16所示。S形存水弯用于排水横管距卫生器具出水口较远，器具排水管与排水横管垂直连接时；P形存水弯用于排水横管距卫生器具出水口位置较近时；U形存水弯用于水平横支管。为防止污物沉积，在U形存水弯两侧设置清扫口。瓶式存水弯排水管不连续，易于清通，外形美观，一般用于卫生器具的排出管上。

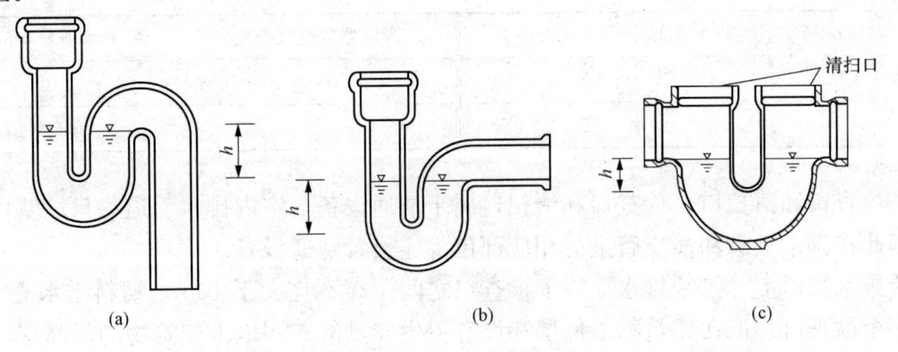

图3-16　存水弯及水封

(a) S形；(b) P形；(c) U形

(2) 地漏。地漏一般设在经常有水溅出的地面、有水需要排除和经常需要清洗的地面最低处（如淋浴间、盥洗室、厕所、卫生间等），是一种特殊装置。其地漏箅子应低于地面5～10mm，带水封的地漏水封深度不得小于50mm。常见地漏见图3-17。

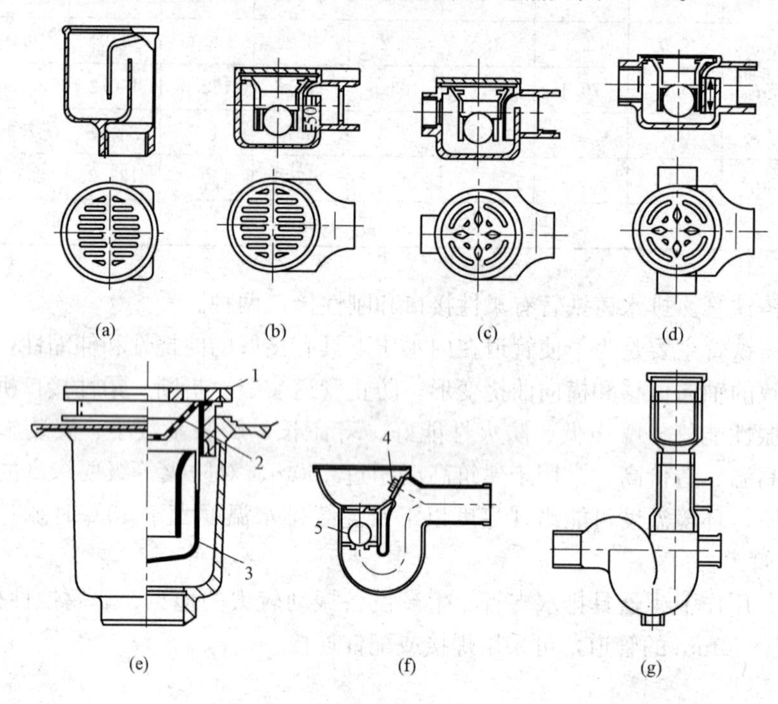

图3-17　地漏

(a) 普通地漏；(b) 单通道地漏；(c) 双通道地漏；(d) 三通道地漏；
(e) 双箅杯式地漏；(f) 防倒流地漏；(g) 双接口多功能地漏
1—外箅；2—内箅；3—杯式水封；4—清扫口；5—浮球

地漏的选择应符合下列要求：优先采用设置存水弯直通式地漏；卫生要求高或非经常使用地漏排水的场所设置密闭地漏；食堂、厨房和公共浴室等排水宜设置网框式地漏。淋浴室内地漏的排水负荷按表3-6选用，当用排水沟排水时，8个淋浴器可设置一个直径100mm的地漏。

表3-6　　　　　　　　　　淋浴室地漏管径

淋浴器数量（个）	地漏管径（mm）	淋浴器数量（个）	地漏管径（mm）
1～2	50	4～5	100
3	75		

(3) 检查口和清扫口。检查口和清扫口属于清通设备，室内排水管道一旦堵塞可以方便疏通，因此在排水立管和横支管上的相应部位都应设置清通设备。

生活排水管道上，铸铁排水立管上检查口之间距离不宜大于10m，塑料排水立管宜每6层设置一个检查口；但在建筑物最低层和设有卫生器具的二层以上建筑物的最高层，应设置检查口，当立管水平拐弯或有乙字弯时，在该层立管拐弯处和乙字弯的上部应设检查口。

清扫口一般设置在横管上，横管上连接的卫生器具较多时，横管起点应设清扫口（有时用可清掏的地漏代替)。在连接2个或2个以上的大便器或3个及3个以上的卫生器具的铸铁排水横管上，宜设置清扫口。在连接4个及4个以上的大便器塑料排水横管上宜设置清扫口。在水流偏转角大于45°的排水横管上，应设检查口或清扫口。从污水立管或排出管上的清扫口至室外的检查井中心的最大长度，大于表3-7数值时设清扫口。

表3-7　排水立管或排出管上的清扫口至室外检查井中心的最大长度

管径（mm）	50	75	100	100以上
最大长度（m）	10	12	15	20

排水横管的直线管段上检查口或清扫口之间的最大距离，按表3-8确定。

表3-8　排水横管直线段上清扫口或检查口之间的最大距离

管道管径（mm）	清扫设备种类	距离（m）	
		生活废水	生活污水
50～75	检查口	15	12
	清扫口	10	8
100～150	检查口	20	15
	清扫口	15	10
200	检查口	25	20

室内埋地横干管上设检查口井。检查口、清扫口如图3-18所示。

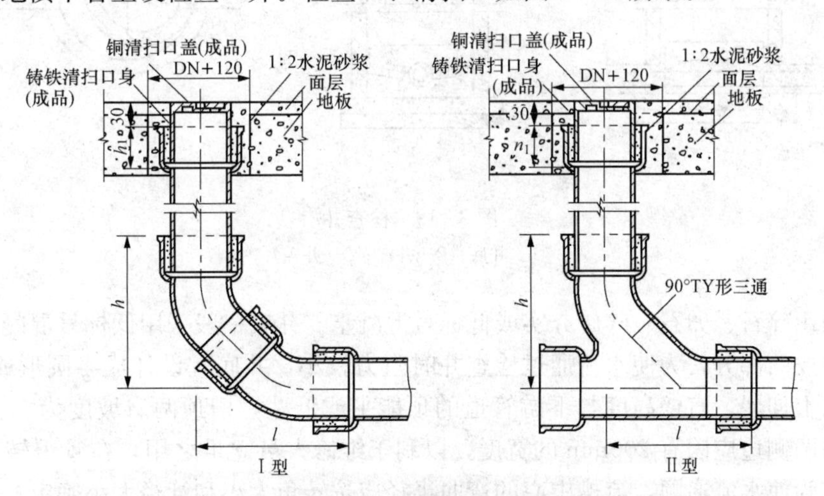

图3-18　清通设备

(4) 检查井。检查井的作用是便于养护人员对管道定期进行检查和清通；连接上下游排水管道。它一般设置在管渠交汇处；管渠的尺寸、方向、坡度、高程改变处；直线管路上每隔一定距离也需设置。检查井在直线管路上的最大间距根据疏通方法按表3-9确定。

表 3-9 **检查井最大间距**

管径或暗渠净高（mm）	最大间距（m）	
	污水管道	雨水管道
200～400	40	50
500～700	60	70
800～1000	80	90
1100～1500	100	120
1600～2000	120	120

检查井由井基和井底、井身、井盖和井座三部分组成，如图 3-19 所示。

井基采用碎石、卵石、碎砖夯实或低标号混凝土。井底一般采用低标号混凝土，底宜设计成半圆形或弧形流槽，井流槽直壁向上伸展，使水流通过检查井时阻力较小，直壁高度与下游管道的顶能平或低些，槽顶两肩坡度为 0.05，以免淤泥沉积，槽两侧边有 200mm 宽度，以利于维修人员立足之用，在管渠转弯或几条管渠交汇处，流槽中心的弯曲半径应按转角大小和管径大小确定，但不得小于大管的管径，以使水流通顺。

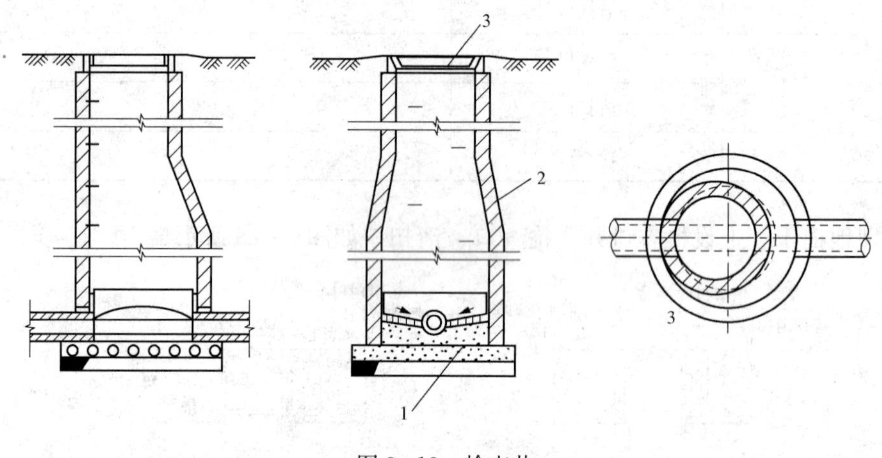

图 3-19 检查井

1—井底；2—井深；3—井盖

井基采用碎石、卵石、碎砖夯实或低标号混凝土。井底一般采用低标号混凝土，井底是检查井最重要的部分，为使水流通过检查井时阻力较小，井底宜设计成半圆形或弧形流槽，流槽直壁向上伸展。直壁高度与下游管道的顶能平或低些，槽顶两肩坡度为 0.05，以免淤泥沉积，槽两侧边应因有 200mm 的宽度，以利于维修人员立足之用，在管渠转弯或几条管渠交汇处，为使水流通顺，流槽中心的弯曲半径应按转角大小和管径大小确定，但不得小于大管的管径。

井身材料可采用砖、石、混凝土、钢筋混凝土。我国目前多采用砖砌，以水泥砂浆抹面。井身的平面形状一般为圆形，但在大直径的管线上可做成方形、矩形等形状，为便于养护人员进出检查井，井壁应设置爬梯。

井口和井盖的直径采用 0.65～0.7mm，在车行道下的井盖宜采用铸铁盖，在人行道或绿化带内可用钢筋混凝土盖。

(5) 其他管件。

1) 弯头。用在管道转弯处，使管道改变方向。常用弯头的角度有90°、45°两种。

2) 乙字管。排水立管在室内距墙比较近，但基础比墙要宽，为了到下部绕过基础需设乙字管，或高层排水系统为消能而在立管上设置乙字管。

3) 三通或四通。用在两条管道或三条管道的汇合处。三通有正三通、顺流三通和斜三通。四通有正四通和斜四通。

4) 管箍。也叫套袖，它的作用是将两段排水铸铁直管连在一起。

常用铸铁排水管件、塑料排水管件如图3-20和图3-21所示。

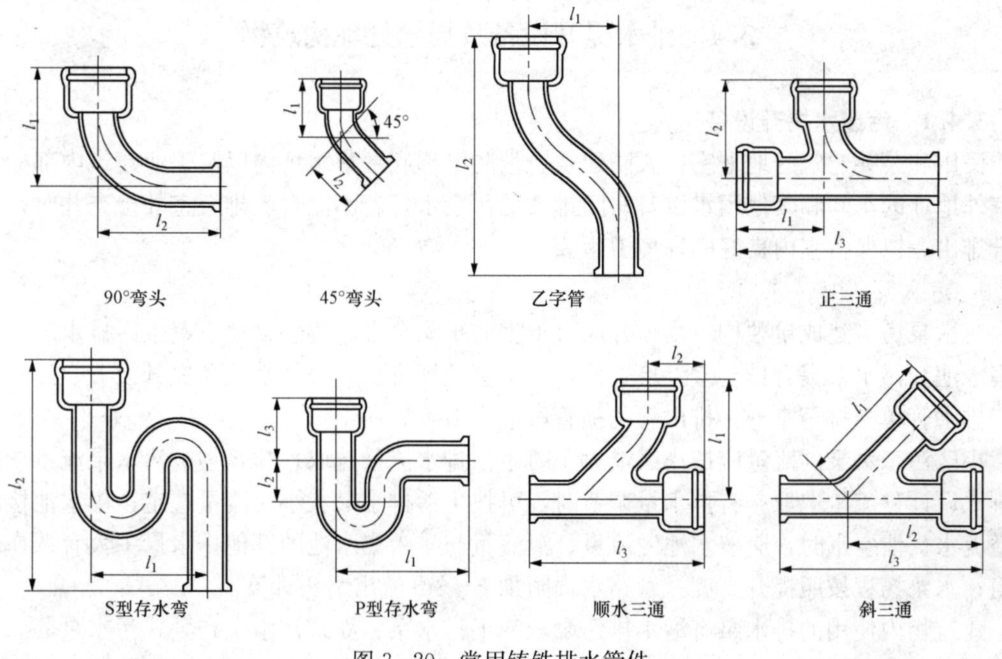

图3-20 常用铸铁排水管件

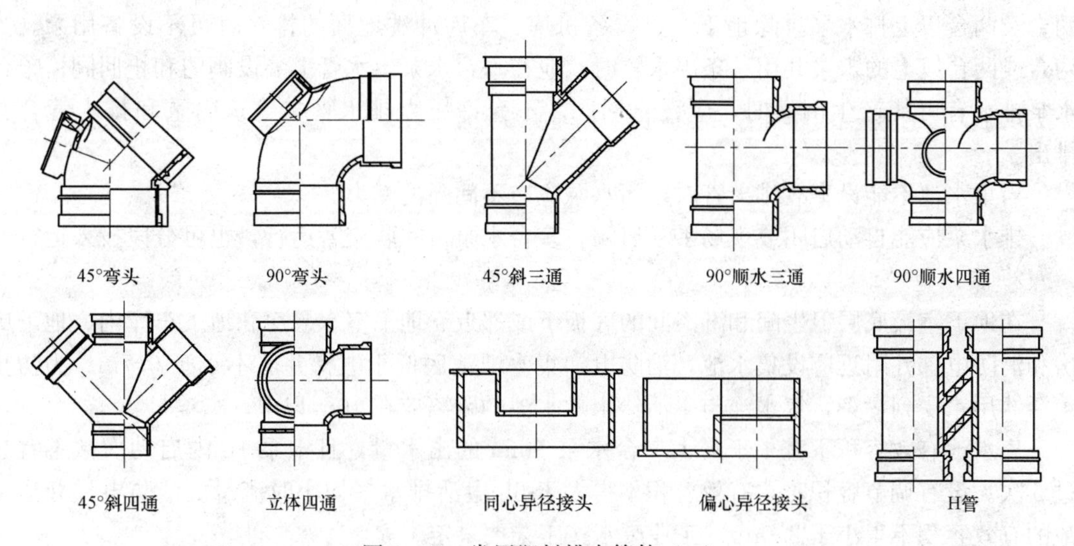

图3-21 常用塑料排水管件（一）

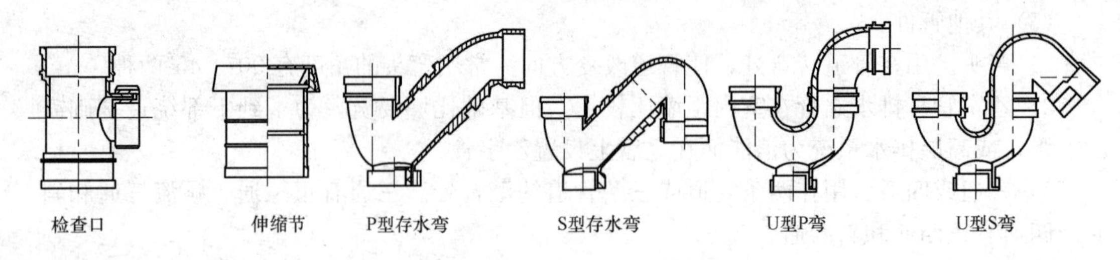

图 3-21 常用塑料排水管件（二）

3.4 排水提升设备及局部处理构筑物

3.4.1 污废水提升设备

民用和公共建筑的地下室，人防建筑、消防电梯底部集水坑内以及工业建筑内部标高低于室外地坪的车间和其他用水设备房间排放的污废水，若不能自流排至室外检查井时，必须提升排出，以保持室内良好的环境卫生。

1. 污水泵

污水泵房应建成单独构筑物，并应有卫生防护隔离带；建筑物地下室生活排水应设置污水集水池和污水泵提升排至室外检查井，地下室地坪排水应设集水坑和提升装置。污水泵宜设置排水管单独排至室外，排出管的横管段应有坡度坡向出口。

小区污水水泵的流量应按小区最大小时生活排水流量选取；建筑物被污水泵流量按照生活排水设计秒流量选取；有排水量调节时，可按生活排水最大小时流量选定；集水池接纳水池溢流水、泄空水时，应按水池溢流量、泄流量与排入集水池的其他排水量中大者选择水泵机组；水泵扬程按照提升高度、管路水损附加 2～3m 流出水头计算。

建筑物内使用的排水泵有潜水排污泵、液下排水泵、立式污水泵和卧式污水泵等。

公共建筑内应以每个生活排水集水池为单元设置一台备用泵，平时宜交替运行。设有两台及两台以上排水泵排除地下室、设备机房、车库冲洗地面的排水时可不设备用泵。当两台或两台以上的水泵共用一条出水管时，应在每台水泵出水管上装设阀门和止回阀；单台水泵排水有可能产生倒灌时，应设止回阀。不允许压力排水管与建筑内重和排水管合并排出。

当集水池不能设事故排出管时，污水泵应有不间断的动力。

排水泵应能自动启闭或现场手动启闭。多台水泵可并联交替运行，也可分段投入运行。

2. 集水池

在地下室最底层卫生间和淋浴间的底板下或邻近、地下室水泵房和地下车库内、地下厨房和消防电梯井附近应设集水池，消防电梯集水池池底低于电梯井底不小于 0.7m。为防止生活饮用水受到污染，集水池与生活给水贮水池的距离应在 10m 以上。

集水池有效容积不宜小于最大一台水泵 5min 的出水量，且水泵 1h 内启动次数不宜超过 6 次。设有调节容积时，有效容积不得大于 6h 生活排水平均小时流量。消防电梯井集水池的有效容积不得小于 2.0m^3。工业废水按工艺要求定。

集水池的有效水深一般取 1～1.5m，保护高度取 0.3～0.5m。生活污水集水池内壁应采取防腐防渗漏措施。池底坡向吸水坑，坡度不小于0.05，并在池底设冲洗管，利用水泵出水进行冲洗，防止污泥沉淀。为防止堵塞水泵，收集含有大块杂物排水的集水池入口处应设格栅，敞开式集水池（井）顶应设置格栅盖板，否则，潜水排污泵应带有粉碎装置。

3.4.2 局部处理构筑物

1. 化粪池

化粪池利用沉淀和厌氧发酵原理，去除生活污水中悬浮性有机物，沉淀下来的污泥经过3个月以上的厌氧消化，有机物分解成稳定的无机物，易腐败的生污泥转化为稳定的熟污泥，改变污泥结构，降低污泥含水率。需定期清掏外运，填埋或用作肥料。

化粪池多设于建筑物背向大街一侧靠近卫生间的地方，尽量隐蔽，不宜设在人们经常活动之处。当受条件限制，化粪池设置于建筑物内时应采取通气、防臭和防爆措施。化粪池外壁距建筑物外墙不宜小于5m，化粪池距地下取水构筑物不得小于30m。

化粪池的设计主要是计算化粪池容积，按《给水排水国家标准图集》选用化粪池标准图。化粪池有效容积为污水部分和污泥部分容积之和，即

$$V = V_w + V_n \tag{3-2}$$

$$V_w = \frac{\alpha N q t}{24 \times 1000} \tag{3-3}$$

$$V_n = \frac{\alpha N a T(1-b)Km}{(1-c) \times 1000} = \frac{\alpha N}{1000}\left(\frac{qT}{24} + 0.48aT\right) \tag{3-4}$$

式中 V_w——污水部分容积（m^3）；

V_n——污泥部分容积（m^3）；

q——每人每日污水量［L/（人·d）］，见表3-10；

t——污水在池中停留时间（h），宜采用12～24h；

a——每人每日污泥量［L/（人·d）］，见表3-11；

T——污泥清掏周期（h），宜采用3～12月；

b——新鲜污泥含水率（%），取95%；

c——污泥发酵浓缩后的含水率（%），取90%；

K——污泥发酵后体积缩减系数，取0.8；

N——化粪池服务总人数（或床位数，座位数）；

m——清掏污泥后遗留的熟污泥量容积系数，取1.2；

α——使用卫生器具人数占总人数的百分比（%），见表3-12。

表3-10 化粪池每人每日计算污水量

分类	生活污水与生活废水合流排入	生活污水单独排入
每人每日污水量（L）	（0.85～0.95）用水量	15～20

表3-11 化粪池每人每日计算污泥量 L

建筑物分类	生活污水与生活废水合流排入	生活污水单独排入
有住宿的建筑物	0.7	0.4

续表

建筑物分类	生活污水与生活废水合流排入	生活污水单独排入
人员逗留时间大于4h并小于或等于10h的建筑物	0.3	0.2
人员逗留时间小于或等于4h的建筑物	0.1	0.07

表3-12 化粪池使用人数百分数

建筑物名称	百分数
医院、疗养院、养老院、幼儿园（有住宿）	100%
住宅、宿舍、旅馆	70%
办公室、教学楼、实验室、工业企业生活间	40%
职工食堂、餐饮业、影剧院、体育场（馆）、商业和其他场所（按座位）	5%～10%

污水在化粪池中的停留时间是影响化粪池出水的重要因素。一般平流沉淀池中，污水中悬浮固体的沉淀效率在2h内最显著。而化粪池服务人数较少，排水量少，进入化粪池的污水不连续、不均匀；矩形化粪池的长宽比和宽深比很难达到平流式沉淀池的水力条件；化粪池的配水不均匀，易形成短流；池底污泥厌氧消化产生的大量气体上升，破坏水流的层流状态，干扰颗粒沉降。化粪池的停留时间取12～24h，污水量大时取下限；生活污水单独排入时取上限。

污泥清掏周期是指污泥在化粪池内平均停留时间。污泥清掏周期与新鲜污泥发酵时间有关。而新鲜污泥发酵时间又受污水温度的控制，其关系见表3-13，也可用式（3-5）计算

$$T_h = 482 \times 0.87^t \tag{3-5}$$

式中 T_h——新鲜污泥发酵时间（d）；

t——污水温度（℃），可按冬季平均给水温度再加上2～3℃计算。

表3-13 污水温度与污泥发酵时间关系表

污水温度（℃）	6	7	8.5	10	12	15
污泥发酵时间（d）	210	180	150	120	90	60

污泥清掏周期一般为3～12个月。清掏污泥后保留20%污泥量，以便为新鲜污泥提供厌氧菌种，保证污泥腐化分解效果。

化粪池结构简单、便于管理、不消耗动力、造价低，但是有机物去除率低，仅为20%左右；沉淀和厌氧消化在一个池内进行，污水与污泥接触，使化粪池出水呈酸性，有恶臭。清掏污泥时臭气扩散，影响环境卫生。

2. 隔油池

公共食堂和饮食业排放的污水中含有植物和动物油脂。污水含油量与地区、生活习惯有关，一般为50～150mg/L。厨房洗涤水中含油约750mg/L。据调查，含油量超过400mg/L的污水进入排水管道后，随着水温的下降，污水中夹带的油脂颗粒开始凝固，并黏附在管壁上，使管道过水断面减小，最后完全堵塞管道。所以，职工食堂和营业餐厅的含油废水，应

经出油装置后方可排入污水管道。

隔油池流量按照设计秒流量计算，流速不得大于0.005m/s，池内停留时间宜为2～10mim，存油部分容积不得小于该池有效容积的25%。为了便于清理，隔油池内应有拦截固体残渣装置。

3. 小型沉淀池

汽车库冲洗废水中含有大量的泥沙，为防止堵塞和淤积管道，在污废水排入城市排水管网之前应进行沉淀处理，一般宜设小型沉淀池。

小型沉淀池的有效容积包括污水和污泥两部分容积，应根据车库存车数、冲洗水量和设计参数确定。

4. 降温池

温度高于40℃的废水，在排入城镇排水管道之前应采取降温处理，否则，会影响维护管理人员身体健康和管材的使用寿命。降温方法主要有二次蒸发、水面散热和加冷水降温。降温池的容积与废水的排放形式有关，连续排放废水时，应保证污水与冷却水充分混合；间断排放污水时，按一次最大排水量与所需冷却水量总和计算有效容积。

5. 医院污水处理

医院污水处理包括医院污水消毒处理、放射性污水处理、重金属污水处理、废弃药物污水处理和污泥处理。

医院污水处理由预处理和消毒两部分组成。预处理可以节约消毒剂用量并使消毒彻底。医院污水所含的污染物中有一部分是还原性的，若不进行预处理去除这些污染物，直接进行消毒处理会增加消毒剂用量。医院污水中含有大量的悬浮物，这些悬浮物会把病菌、病毒和寄生虫卵等致病体包藏起来，阻碍消毒剂作用，使消毒不彻底。

根据医院污水的排放去向，预处理方法分为一级处理和二级处理。当医院污水处理是以解决生物性污染为主，消毒处理后的污水排入有集中污水处理厂的城市排水管网时，可采用一级处理。一级处理主要去除漂浮物和悬浮物，主要构筑物有化粪池、调节池等。

一级处理去除的悬浮物较高，一般为50%～60%，去除的有机物较少，BOD_5仅去除20%左右，在后续消毒过程中，消毒剂耗费多，接触时间长。因工艺流程简单，运转费用和基建投资少，所以，当医院所在城市有污水处理厂时，宜采用一级处理。

当医院污水处理后直接排入水体时，应采用二级处理或三级处理。医院污水二级处理主要经过调节池、沉淀池和生物处理构筑物，医院污水经二级处理后，有机物去除率在90%以上，消毒剂用量少，仅为一级处理的40%，而且消毒彻底。为了防止造成环境污染，中型以上的医疗卫生机构的医院污水处理设施的调节池、初次沉淀池、生化处理构筑物、二次沉淀池、接触池等应分两组，每组按50%的负荷计算。

医院污水包括住院病房排水和门诊、化验、制剂、厨房、洗衣房的排水。医院污水排水量按病床床位计算，日平均排水量标准和时变化系数与医院的性质、规模、医疗设备完善程度有关。

医院污水的水质与每张病床每日的污染物排放量有关，应实测确定，无实测资料时，每张病床每日污染物排放量可按下列数值选用：BOD_5为60g/（床·d），COD为100～150g/（床·d），悬浮物为50～100g/（床·d）。

医院污水经消毒处理后，应连续三次取样500mL进行检测，不得检出肠道致病菌和结核杆菌；每升污水的总大肠杆菌数不得大于500个；若采用氯消毒时，接触时间和余氯量应满足要求，达到这三个要求后方可排放。

医院污水处理过程中产生的污泥需进行无害化处理，使污泥中蛔虫卵死亡率大于95%，粪大肠菌值不小于10^{-2}；每10g污泥中不得检出肠道致病菌和结核杆菌。

医院污水消毒方法主要有氯化法和臭氧法。氯化法按消毒剂又分为液氯、商品次氯酸钠、现场制备次氯酸钠、二氧化氯、漂粉精或三氯异尿酸。消毒方法和消毒剂的选择应根据污水量、污水水质、受纳水体对排放污水的要求及投资、运行费用、药剂供应、处理站离病房和居民区的距离、操作管理水平等因素，经技术经济比较后确定。

氯化法具有消毒剂货源充沛、价格低、消毒效果好，且消毒后在污水中保持一定的余氯，能抑制和杀灭污水中残留的病菌，已广泛应用于医院污水消毒处理。

液氯法具有成本低、运行费用省的优点，但要求安全操作，如有泄漏会危及人身安全。所以，污水处理站离居民区保持一定距离的大型医院可采用液氯法。

漂粉精投配方便，操作安全，但价格较贵，适用于小型或局部污水处理；漂白粉含氯量低，操作条件差，投加后有残渣，适用于县级医院或乡镇卫生院；次氯酸钠法安全可靠，但运行费用高，适用于处理站离病房和居民区较近的情况。

为满足对排放污水中余氯量的要求，预处理为一级处理时，加氯量为30～50mg/L；预处理为二级处理时，加氯量为15～25mg/L。加氯量不是越多越好，处理后水中余氯过多，会形成氯酚等有机氯化物，造成二次污染。而且，余氯过多也会腐蚀管道和设备。

臭氧消毒灭菌具有快速和全面的特点。不会生成危害很大的三氯甲烷，能有效去除水中色、臭、味及有机物，降低污水的浊度和色度，增加水中的溶解氧。臭氧法同时也存在投资大，制取成本高，工艺设备腐蚀严重，管理水平要求高的缺点。当处理后污水排入有特殊要求的水域，不能用氯化法消毒时，可考虑用臭氧法消毒。

医院污水处理过程中产生的污泥中含有大量的病原体，所有污泥必须经过有效的消毒处理。经消毒处理后的污泥不得随意弃置，也不得用于根块作物的施肥。处理方法有加氯法、高温堆肥法、石灰消毒法、加热法、干化法和焚烧法。当污泥采用氯化法消毒时，加氯量应通过试验确定，当无资料时，可按单位体积污泥中有效氯投加量为2.5g/L设计，消毒时应充分搅拌混合均匀，并保证有不小于2h的接触时间。当采用高温堆肥法处理污泥时，堆温保持在60℃以上不小于1d，并保证堆肥的各部分都能达到有效消毒。当采用石灰消毒时，石灰投加量可采用15g/L [以$Ca(OH)_2$计]，污泥的pH值在12以上的时间不少于7d。若有废热可以利用，可采用加热法消毒，但应有防止臭气扩散污染环境的措施。

3.5 管道的布置与敷设

1. 排水管道的布置与敷设

建筑内部排水管道的布置和敷设应具备水力条件良好、防止环境污染、维修方便、使用可靠、经济和美观的要求，兼顾到给水管道、热水管道、供热通风管道、燃气管道、电力照明线路、通信线路等管线的布置和敷设要求。

(1) 排水管道的布置。

1) 小区排水管的布置应根据小区规划、地形标高、排水流向，按管线段、埋深小、尽可能自流排出原则确定。当排水管道不能以重力自流排入市政排水管道时，应设置排水泵房，特殊情况下可采用真空排水系统。

2）排水立管宜靠近排水量最大的排水点。

3）自卫生器具至排出管的距离应最短，管道转弯最少。

4）排水管道不得敷设在对生产工艺或卫生有特殊要求的生产房内，以及食品和贵重商品仓库、通风小室、电气机房和电梯机房内；不得穿越住宅客厅、餐厅，不宜靠近卧室相邻的内墙；不宜穿越橱窗、壁柜；不得穿过沉降缝、伸缩缝、烟道和风道；当排水管道必须穿过沉降缝、伸缩缝和变形缝时应采取措施；避免布置在易受机械撞击处。

5）排水埋地管道，不得布置在可能受重物压坏处或穿越生产设备基础。

6）排水塑料管应避免布置在热源附近；不能避免并导致管道表面受热温度大于60℃时应采取隔热措施；塑料排水立管与家用灶边静距不得小于0.4m。

（2）排水管道的敷设。

1）排水管应尽量避免穿过伸缩缝、沉降缝，若必须穿越时，应采用相应的技术措施，如用橡胶管连接等。

2）排水立管穿楼层时，预埋套管比通过的管径大50～100mm。

3）根据建筑功能的要求几根通气立管可以汇合成一根，通过伸顶通气总管排出屋面。

4）接有大便器的污水管道系统中，如无专用通气管或主通气管时，在排水横干管管底以上0.70m的立管管段内，不得连接排水支管，在接有大便器的污水管道系统中，距立管中心线3m范围内的排水横干管上不得连接排水管道。

5）布置在高层建筑管道井内的排水立管，必须每层设置支撑支架，以防整根立管重量下传至最低层。高层建筑如旅馆、公寓、商业楼等管井内的排水立管，不应每根单独排出，可在技术层内用水平管加以连接，分几路排出，连接多根排水立管的总排水横管必须按坡度要求并以支架固定。

6）排水管穿过承重墙或基础时，应预留管洞，使管顶上部净空不得小于建筑物的沉降量，一般不小于0.15m。

7）塑料排水立管每层均设置伸缩器，一般设在楼板下排水支管汇合处三通以下；塑料排水立管穿楼层应设置阻燃圈，横管穿越防火墙，防火隔墙时在穿越处两侧应设阻燃圈。

8）住宅卫生间的卫生器具排水管要求不穿越楼板进入他户时应设置同层排水。

9）污水管经常发生堵塞的部位一般在管道的接口和转弯处，卫生器具排水管与排水横支管连接，宜采用90°斜三通；排水管道的横管与或立管连接，宜采用45°斜三通或45°斜四通和顺水三通或顺水四通；排水立管与排出管端部的连接，宜采用两个45°弯头或弯曲半径不小于4倍管径的90°弯头或90°变径弯头；排水立管应避免在轴线偏置；当受条件限制时，宜采用乙字弯或两个45°弯头连接；当排水支管、排水立管接入横干管时，应在横干管管顶或其两侧45°范围内采用45°斜三通接入。

10）靠近排水立管底部的排水支管连接，应符合下列要求：排水立管最低排水横支管与立管连接处距排水立管管底垂直距离，不得小于表3-14的规定；单根排水立管的排出管易与排水立管相同管径；排水支管连接在排出管或排水横干管时，连接点距立管底部下游水平距离不得小于1.5m；横支管接入横干管竖直转向管段时，连接点距转向处以下不得小于0.6m；当排水立管采用内螺旋管时，排水立管底部宜采用长弯变径接头，排出管管径宜放大一号。

表 3-14 最低横支管与立管连接处至立管管底的距离

<table>
<tr><th rowspan="2">立管连接卫生器具的层数</th><th colspan="2">垂直距离（m）</th></tr>
<tr><th>仅设伸顶通气</th><th>设通气立管</th></tr>
<tr><td>≤4</td><td>0.45</td><td rowspan="3">按配件最小安装尺寸确定</td></tr>
<tr><td>5～6</td><td>0.75</td></tr>
<tr><td>7～12</td><td>1.20</td></tr>
<tr><td>13～39</td><td>3.00</td><td>0.75</td></tr>
<tr><td>≥20</td><td>3.00</td><td>1.20</td></tr>
</table>

2. 同层排水管道布置与敷设

同层排水是指卫生间器具排水管不穿越楼板，排水横管在本层套内与排水立管连接，安装检修不影响下层的一种排水方式。同层排水具有如下特点：首先，产权明晰，卫生间排水管路系统布置在本层中，不干扰下层；其次，卫生器具的布置不受限制楼板上没有卫生器具的排水预留孔，用户可以自由布置卫生器具的位置，满足卫生器具的个性化要求，从而提高房屋品味；再次，排水噪声小，渗漏概率小。

同层排水作为一种新型的排水安装方式，适用于任何场合下的卫生间，当下层设计为卧室、厨房、生活饮用水池，遇水会引起燃烧、爆炸的原料、产品和设备时，应设置同层排水。

同层排水技术有以下几种：

（1）降板式同层排水。卫生间的结构板下沉 300～400mm，排水管敷设在楼板下沉的空间内，是简单、实用，而且较为普遍的方式。但排水管的连接形式有不同：

1）采用传统的接管方式，即用 P 弯和 S 弯连接浴缸、面盆、地漏。这种传统方式维修比较困难，一旦垃圾杂质堵塞弯头，不易清通。

2）采用多通道地漏连接，即将洗脸盆、浴缸、洗衣机、地平面的排水收入到多通道地漏，再排入立管。采用多通道地漏连接，无需安装存水弯装置杂质也可通过地漏内的过滤网收集和清除。很显然，该方式易于疏通检修，但相对的对下沉高度要求较高。

3）采用接入器连接，即用同层排水接入器连接卫生器具排水支管、排水横管。除大便器外，其他卫生器具无需设置存水弯，水封问题在接入器本身解决，接入器设有检查盖板、检查口，便于疏通检修。该方式综合了多通道地漏和苏维脱排水系统中混合器的优点，可以减小降板高度，做成局部降板卫生间。

（2）不降板的同层排水。不降板同层排水，即将排水管敷设在卫生间墙面或墙外。

1）排水管设在卫生间地面，即在卫生器具后方砌一堵假墙，排水支管不穿越楼板而在墙内敷设，并在同一楼层内与主管连接，坐便器采用后出口，洗面盆、浴盆、淋浴器的排水横管敷设在卫生间的地面，地漏设置在仅靠立管处，其存水弯设在管井内。此种方式在卫生器具的选型、卫生间的布置都有一定的局限性，且卫生间难免会有明管。

2）排水管设于墙外，即将所有卫生器具沿外墙布置，器具采用后排水方式，地漏采用侧墙地漏，排水管在地面以上接至室外排水管，排水立管和水平横管均明装在建筑外墙。该方式的卫生间内排水管不外露，整洁美观，噪声小，但限于无霜冻期的南方使用，对建筑物的外观也有一定的影响。

3）隐蔽式安装系统的同层排水。隐蔽式的同层排水是一种隐蔽式卫生器具安装的墙排水系统。在墙体内设置隐蔽式支架，卫生器具与支架固定，排水与给水管道也设置在支架内并与支架充分定。该方式的卫生间因只明露卫生清洁本体和配水嘴，整洁、干净，适于高档住宅装修品质的要求，是同层排水设计和安装的趋势。

3. 通气系统的布置与敷设

（1）生活排水管道和散发有毒有害气体的生产污水管道应设伸顶通气管。伸顶通气管高出屋面不得小于0.3m，且应大于该地区最大积雪厚度，屋顶有人停留时，应大于2m。

（2）生活排水管道的立管顶端，应设置伸顶通气立管。如遇特殊情况伸顶通气管无法伸出屋面，设置侧墙通气时，通气管口不宜设在建筑物挑出部分的下面，且通气管口周围4m以下有门窗时，通气管口应高出窗顶0.6m或引向无门窗一侧；在室内设置成汇合通气管后应在侧墙伸出延伸至屋面以上；或设置自循环通气管道系统。

（3）连接4个及4个以上卫生器具，且长度大于12m的排水横支管；连接6个及6个以上大便器的污水横支管；设有器具通气管的排水管段上应设置环形通气管。对卫生、安静要求较高的建筑物内，生活排水管道宜设器具通气管。器具通气管应设在存水弯出口端；环形通气管应在横支管始端的两个卫生器具之间接出，并应在排水横支管中心线以上与排水横支管呈垂直或45°连接；器具通气管、环形通气管应在卫生器具上边缘以上不小于0.15m处按不小于0.01的上升坡度与通气立管连接。

（4）专用通气立管和主通气立管的上端可在最高层卫生器具上边缘以不小于0.15m或检查口以上与排水立管通气部分以斜三通连接；下端应在最低排水横支管以下与排水立管以斜三通连接。

（5）建筑物内各层的排水管道上设有环形通气管时，应设置连接各层环形通气管的主通气立管或副通气立管。

（6）通气立管不得接纳污水、废水和雨水，不得与风道和烟道连接。

（7）在建筑物内不得设置吸气阀替代通气管。

（8）结合通气管宜每层或隔层与专用通气立管、排水立管连接，与主通气立管、排水立管连接不宜多于8层；专用通气立管应每隔2层，主通气立管每隔8～10层设结合通气管与排水立管连接。结合通气管下端宜在排水横支管以下与排水立管以斜三通连接，上端可在卫生器具上边缘以上不小于0.15m处与通气立管以斜三通连接。

（9）伸顶通气管不允许或不可能单独伸出屋面时，可设置汇合通气管。

3.6 排水管网设计计算

3.6.1 排水定额

建筑内部的排水定额有两个：一个是以每人每日为标准，另一个是以卫生器具为标准。从用水设备流出的生活给水使用后损失很小，绝大部分被卫生器具收集排放，所以生活排水定额和时变化系数与生活给水相同。生活排水平均时排水量和最大时排水量的计算方法与建筑内部的生活给水量计算方法相同，计算结果主要用来设计污水泵和化粪池等。

卫生器具排水定额是经过实测得来的。主要用来计算建筑内部各个管段的管径。某管段的设计流量与其接纳的卫生器具类型、数量及使用频率有关。为了便于累加计算，与建筑内部给水相似，以污水盆排水量 0.33L/s 为一个排水当量，将其他卫生器具的排水量与 0.33L/s 的比值，作为该种卫生器具的排水当量。由于卫生器具排水具有突然、迅速、流量大的特点，所以，一个排水当量的排水流量是一个给水当量额定流量的 1.65 倍。各种卫生器具的排水流量和当量值见表 3-15。

表 3-15　　卫生器具排水流量、当量和排水管的管径

序号	卫生器具名称	卫生器具类型	排水流量（L/s）	排水当量	排水管管径（mm）
1	洗涤盆、污水盆（池）		0.33	1.00	50
2	餐厅、厨房洗菜盆（池）	单格洗涤盆（池）	0.67	2.00	50
		双格洗涤盆（池）	1.00	3.00	50
3	盥洗槽（每个水嘴）		0.33	1.00	50～75
4	洗手盆		0.10	0.30	32～50
5	洗脸盆		0.25	0.75	32～50
6	浴盆		1.00	3.00	50
7	淋浴器		0.15	0.45	50
8	大便器	高水箱	1.50	4.50	100
		自闭式冲洗阀	1.2	3.6	100
9	医用倒便器	低水箱冲落式	1.50	4.50	100
10	小便器	自闭式冲洗阀	0.10	0.30	40～50
		感应式冲洗阀	0.10	0.30	40～50
11	大便槽	≤4 个蹲位	2.50	7.50	100
		>4 个蹲位	3.00	9.00	150
12	小便槽（每米）	自动冲洗水箱	0.17	0.50	
13	化验盆（无塞）		0.20	0.60	40～50
14	净身器		0.10	0.30	40～50
15	饮水器		0.15	0.15	25～50
16	家用洗衣机		0.50	1.50	50

3.6.2　排水设计流量

建筑内部排水管道的设计流量是确定各管段管径的依据，因此，排水设计流量的确定应符合建筑内部排水规律。建筑内部排水流量与卫生器具的排水特点和同时排水的卫生器具数量有关，具有历时短、瞬时流量大、两次排水时间间隔长、排水不均匀的特点。为保证最不利时刻的最大排水量能迅速、安全地排放，某管段的排水设计流量应为该管段的瞬时最大排水流量，又称为排水设计秒流量。

按建筑物的类型，我国生活排水设计秒流量计算公式有两个。

(1) 住宅、宿舍（Ⅰ、Ⅱ类）、旅馆、宾馆、酒店式公寓、医院、疗养院、幼儿园、养老院、办公楼、商场、图书馆、书店、客运中心、航站楼、会展中心、中小学校教学楼、食堂或营业餐厅等建筑生活排水管道设计秒流量，按式（3-6）计算

$$q_p = 0.12\alpha\sqrt{N_p} + q_{max} \tag{3-6}$$

式中 q_p——计算管段排水设计秒流量（L/s）；

N_p——计算管段的卫生器具排水当量总数；

q_{max}——计算管段上排水量最大的一个卫生器具的排水流量（L/s）；

α——根据建筑物用途而定的系数，按表3-16确定。

表3-16　　根据建筑物用途而定的系数α值

建筑物名称	宿舍（Ⅰ、Ⅱ类）、住宅、宾馆、酒店式公寓、医院、疗养院、幼儿园、养老院的卫生间	旅馆和其他公共建筑的盥洗室和厕所间
α值	1.5	2.0～2.5

注　当按式（3-6）计算排水量时，若计算所得流量值大于该管段上按卫生器具排水流量累加值时，应按卫生器具排水流量累加值确定设计秒流量。

（2）宿舍（Ⅲ、Ⅳ）、工业企业生活间、公共浴室、洗衣房、职工食堂或营业餐厅的厨房、实验室、影剧院、体育场（馆）等建筑的生活管道排水设计秒流量，应按式（3-7）计算

$$q_p = \sum q_0 n_0 b \tag{3-7}$$

式中 q_0——同类型的一个卫生器具排水流量（L/s）；

n_0——同类型卫生器具数；

b——卫生器具的同时排水百分数（%），冲洗水箱大便器的同时排水百分数按12%计算，其他卫生器具的同时排水百分数同给水。

注：当计算排水流量小于一个大便器排水流量时，应按一个大便器的排水流量计算。

3.6.3 排水管网水力计算

1. 相关规定

（1）横管的水力计算。为保证管道系统有良好的水力条件，稳定管内气压，防止水封破坏，保证良好的室内环境卫生，在设计计算横支管和横干管时，须满足下列规定：

1）最大设计充满度。建筑内部排水横管按非满流设计，以便使污废水释放出的气体能自由流动排入大气，调节排水管道系统内的压力，接纳意外的高峰流量。建筑内部排水横管的最大设计充满度见表3-17和表3-18。

2）管道坡度。管道坡度过小也会使固体杂物会在管内沉淀淤积，造成排水不畅或堵塞管道。建筑内部生活排水管道的坡度有通用坡度和最小坡度两种，见表3-17。通用坡度是指正常条件下应予以保证的坡度；最小坡度为必须保证的坡度。一般情况下应采用通用坡度，当横管过长或建筑空间受限制时，可采用最小坡度。建筑排水塑料管粘接、熔接连接的排水横支管的标准坡度应为0.026，胶圈密封连接排水横管的坡度按表3-18调整。

表3-17　　建筑物内生活排水铸铁管道的最小坡度好最大设计充满度

管径（mm）	通用坡度	最小坡度	最大设计充满度
50	0.035	0.025	0.5

续表

管径（mm）	通用坡度	最小坡度	最大设计充满度
75	0.025	0.015	0.5
100	0.02	0.012	
125	0.015	0.01	
150	0.01	0.007	0.6
200	0.008	0.005	

表 3-18　建筑排水塑料管排水横管的最小坡度、通用坡度和最大设计充满度

外径（mm）	通用坡度	最小坡度	最大设计充满度
50	0.025	0.0120	0.500
75	0.015	0.0070	
110	0.012	0.0040	
125	0.010	0.0035	
160	0.007	0.0030	0.600
200	0.005	0.0030	
250	0.005	0.0030	
315	0.005	0.0030	

3）最小管径。为了排水通畅，防止管道堵塞，保障室内环境卫生，规定建筑内部排出管的最小管径为50mm。

医院、厨房、浴室以及大便器排放的污水水质特殊，其最小管径应大于50mm。

医院洗涤盆和污水盆内往往有一些棉花球、纱布、玻璃碴和竹签等杂物落入，为防止管道堵塞，管径不小于75mm。

厨房排放的污水中含有大量的油脂和泥沙，容易在管道内壁附着聚集，减小管道的过水面积。为防止管道堵塞，多层住宅厨房间的排水立管管径最小为75mm，公共食堂厨房排水管实际选用的管径应比计算管径大一号，且干管管径不小于100mm，支管管径不小于75mm。浴室泄水管的管径宜为100mm。

小便槽或连接3个及3个以上的小便器排水管，应考虑冲洗不及时而结尿垢的影响，管径不得小于75mm。

大便器具是唯一没有十字栏栅的卫生器具，瞬时排水量大，污水中的固体杂质多。凡连接大便器的支管，即使仅有1个大便器，其最小管径也为100mm。

大便槽的排水管管径最小应为150mm。

浴池的泄水管管径宜采用100mm。

当建筑底层无通气的排水管道与其楼层管道分开单独排出时，其排水横支管管径按表3-19确定。

表 3-19　无通气的底层单独排出的排水横支管最大设计排水能力

排水横支管管径（mm）	50	75	100	125	150
最大设计排水能力（L/s）	1	1.7	2.5	3.5	4.8

（2）水力计算方法。对于横干管和连接多个卫生器具的横支管，应逐段计算各管段的排水设计秒流量，通过水力计算来确定各管段的管径和坡度。排水横管的水力计算，应按式（3-7）和式（3-8）计算

$$q_p = Av \tag{3-8}$$

$$v = \frac{1}{n}R^{2/3}I^{1/2} \tag{3-9}$$

式中　A——管道在设计充满度的过水断面（m^2）；

v——流速（m/s）；

R——水力半径（m）；

I——水力坡度，采用排水管的坡度；

n——粗糙系数；铸铁管为0.013，混凝土管、钢筋混凝土管为0.013～0.014，钢管为0.012，塑料管为0.009。

（3）立管水力计算。排水立管的通水能力与管径、系统是否通气、通气的方式及管材有关，不同管径、不同通气方式、不同管材排水立管的最大允许排水流量见表3-20。

表 3-20　生活排水立管最大排水能力

排水立管系统类型			最大设计排水能力（L/s）				
			排水立管管径（mm）				
			50	75	100（110）	125	150（160）
伸顶通气管	立管与横支管连接配件	90°顺水三通	0.8	1.3	3.2	4.0	5.7
		45°斜三通	1.0	1.7	4.0	5.2	7.4
专用通气	专用通气管 75mm	结合通气管每层连接	—	—	5.5	—	—
		结合通气管隔离连接	—	3	4.4	—	—
	专用通气管 100mm	结合通气管每层连接	—	—	8.8	—	—
		结合通气管隔离连接	—	—	4.8	—	—
主、副通气立管＋环形通气管			—	—	11.5	—	—
自循环通气	专用通气形式		—	—	4.4	—	—
	环形通气形式		—	—	5.9	—	—
特殊单立管	混合器		—	—	4.5	—	—
	内螺旋管＋旋流器	普通型	—	1.7	3.5	—	8
		加强型	—	—	6.3	—	—

注　排水层数在15层以上时宜乘0.9系数。

1）管径DN100的塑料排水管公称外径为de110，管径DN150的塑料排水管公称外径为de160。

2）塑料管、螺旋管、特制配件单立管的排出管、横干管以及与之连接的立管底部（最低排水横支管以下）应放大一号管径。

3）排水立管工作高度，按最高排水横支管和立管连接点至排出管中心线间的距离计算。

4）如排水立管工作高度在表 3-20 中列出的两个高度值之间时，可用内插法求得排水立管的最大排水能力数值。

5）排水立管管径不得小于横支管管径。

2. 通气管道计算

单立管排水系统的伸顶通气管管径可与污水管相同，但在最冷月平均气温低于－13℃的地区，为防止伸顶通气管口结霜，减小通气管断面，应在室内平顶或吊顶以下 0.3m 处将管径放大一级。

通气管的最小管径不宜小于排水管管径的 1/2，通气管最小管径可按表 3-21 确定。

表 3-21　通气管最小管径

通气管名称	排水管管径（mm）				
	50	75	100	125	150
器具通气管	32	—	50	50	—
环形通气管	32	40	50	50	—
通气立管	40	50	75	100	100

通气立管长度在 50m 以上时，其管径应与排水立管管径相同。

通气立管长度小于或等于 50m 时，两根或两根以上排水立管共用一根通气立管，应按最大一根排水立管查表 3-21 确定通气立管管径，通气立管的管径不得小于其余任何一根排水立管管径。

结合通气管管径不宜小于与其连接的通气立管管径。

伸顶通气管管径应与排水立管管径相同。但在最冷月平均气温低于－13℃的地区，应在室内平顶或吊顶以下 0.3m 处将管径放大一级。

汇合通气管和总伸顶通气管的断面积应不小于最大一根通气立管断面积与 0.25 倍的其余通气立管断面积之和，可按式（3-10）计算

$$d_e \geqslant \sqrt{d_{max}^2 + 0.25\sum d_i^2} \tag{3-10}$$

式中　d_e——汇合通气管和总伸顶通气管管径（mm）；

d_{max}——最大一根通气立管管径（mm）；

d_i——其余通气立管管径（mm）。

【例 3-1】　图 3-22 所示为某 7 层办公楼公共卫生间排水管道平面布置图，每层男卫生间设自闭式冲洗阀大便器 3 个，感应式冲洗阀小便器 4 个，洗手盆 2 个，地漏 1 个；每层女卫生间设自闭式冲洗阀大便器 3 个，洗手盆 2 个，地漏 1 个，污水盆 1 个，图 3-23 所示为管道系统计算草图，管材为排水塑料管。试进行水力计算，确定各管段管径和坡度。

解：（1）横支管计算。

根据式（3-6）计算排水设计秒流量，其中 α 取 2.0，卫生器具当量和排水流量按表 3-15选取，计算各管段的设计秒流量后查附录 A 表 A-5，确定管径和坡度（均采用标准

坡度)。计算结果详见表3-22。

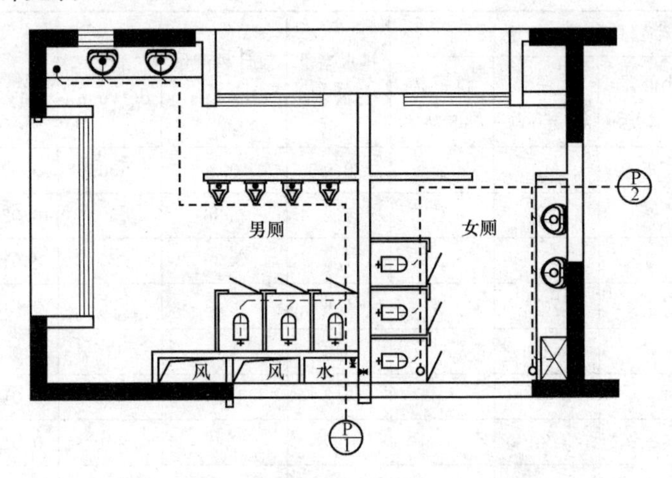

图3-22　某办公楼公共卫生间排水管道平面布置图

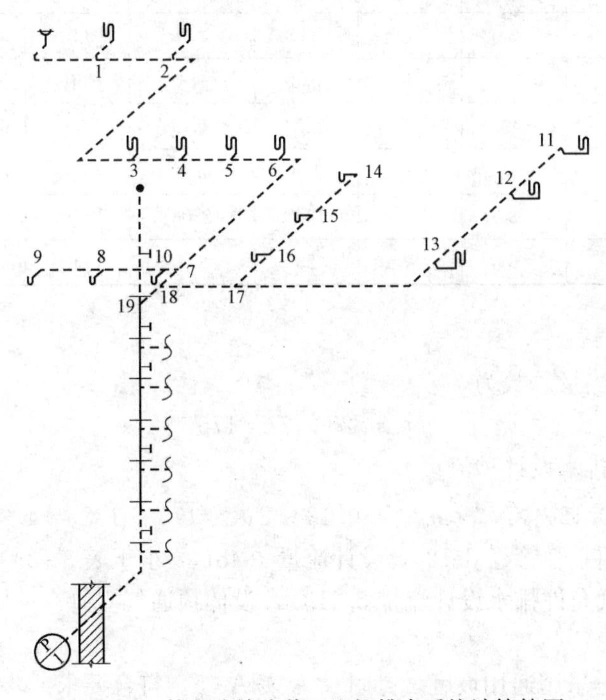

图3-23　某办公楼公共卫生间排水系统计算简图

表3-22　各层横支管水力计算表

管段编号	卫生器具名称、数量				排水当量总数 N_p	设计秒流量 Q_p (L/s)	管径 de (mm)	坡度 i	备注
	污水池 $N_p=1.00$	小便器 $N_p=0.30$	大便器 $N_p=3.60$	洗手盆 $N_p=0.30$					
1-2				1	0.3	0.1	50	0.025	
2-3				2	0.6	0.2	50	0.025	

续表

管段编号	卫生器具名称、数量				排水当量总数 N_p	设计秒流量 Q_p (L/s)	管径 de (mm)	坡度 i	备注
	污水池 $N_p=1.00$	小便器 $N_p=0.30$	大便器 $N_p=3.60$	洗手盆 $N_p=0.30$					
3-4		1		2	0.9	0.3	50	0.025	①管段1-2、9-10、11-12、14-15流量取第一个卫生器具流量; ②管段2-3、3-4、11-12、12-13、13-17计算结果大于卫生器具排水流量累加值，取累加值作为计算结果; ③管段5-6连接三个小便器，最小管径75mm
4-5		2		2	1.2	0.36	50	0.025	
5—6		3		2	1.5	0.39	75	0.015	
6-7		4		2	1.8	0.42	75	0.015	
9-8			1		3.6	1.2	110	0.012	
8-10			2		7.2	1.84	110	0.012	
10-7			3		10.8	2.0	110	0.012	
14-15			1		3.6	1.2	110	0.012	
15-16			2		7.2	1.84	110	0.012	
16-17			3		10.8	2.0	110	0.012	
11-12				1	0.3	0.1	50	0.025	
12-13				2	0.6	0.2	50	0.025	
13-17	1			2	1.6	0.53	50	0.025	
17-18	1		3	2	12.4	2.05	110	0.012	
18-19	1	4	6	4	25	2.4	110	0.012	

(2) 立管计算。

立管接纳的排水当量总数为

$$N_p = 25 \times 7 = 175$$

立管最下部管段排水设计秒流量

$$q_p = 0.12\alpha\sqrt{N_p} + q_{max} = 0.12 \times 2 \times \sqrt{175} + 1.2 = 4.37\text{L/s}$$

查表3-20，选用立管管径de125，设计流量3.45L/s小于表3-20中de125排水塑料管采用45°斜三通，最大允许排水设计流量5.2L/s，设伸顶通气立管。

(3) 排出管计算。

排出管取de125，采用通用坡度，查附录A表A-5，符合要求。

【例3-2】 某28层宾馆，建筑高度为85m，排水系统采用合流制，设专用通气立管，管材采用柔性接口机制铸铁排水管，排水立管管径选用100mm，与通气立管隔层连接。已知屋顶不能伸出太多通气管，选用2根通气立管汇合通气，求通气管径。

解：根据规定，通气立管长度在50m以上时，其管径应与排水立管管径相同。

本建筑高度85m，所以通气管管径与排水立管相通，取100mm。

汇合通气管和总伸顶通气管的断面积应不小于最大一根通气立管断面积与0.25倍的其余通气立管断面积之和，按式(3-9)计算，即

$$d_e \geqslant \sqrt{d_{max}^2 + 0.25\sum d_i^2} = \sqrt{100^2 + 0.25 \times 100^2} = 112\text{mm}$$

选 DN125 符合要求。

思考题与习题

3.1　建筑内排水系统的功能是什么?

3.2　何谓建筑分流排水（分流制)? 何谓建筑合流排水（合流制)?

3.3　如何选择建筑内部的排水机制?

3.4　建筑内排水系统的组成有哪些?

3.5　单立管排水系统、双立管排水系统、三立管排水系统在建筑排水设计中应用的条件是什么?

3.6　卫生器具出口设置水封的作用是什么? 常用水封的种类有哪些? 如何保证水封的作用?

3.7　试述地漏位置设置时应注意的问题。

3.8　在生活排水管道上，应按哪些要求来设置检查口和清扫口?

3.9　在什么情况下要设置污水集水坑与污水泵?

3.10　建筑内部排水横管为什么要规定最小管径? 建筑内部排水横管的最小管径是多少?

3.11　污水水泵流量和扬程的选择应符合哪些规定?

3.12　简述隔油井（池）基本原理，以及对隔油井（池）的基本要求。

第4章 建筑雨水排水系统

4.1 雨水系统分类

屋面雨水的排除方式按雨水管道的位置分为外排水系统和内排水系统。一般情况下，应尽量采用外排水系统或将两种排水系统综合考虑。

4.1.1 外排水系统

外排水系统是指屋面不设雨水斗，建筑物内部没有雨水管道的雨水排放系统。按屋面有无天沟，又分为普通外排水系统和天沟外排水系统。

1. 普通外排水系统

普通外排水系统又称檐沟外排水系统，由檐沟和雨落管组成，如图4-1所示。降落到屋面的雨水沿屋面集流到檐沟，然后流入到隔一定距离沿外墙设置的雨落管排至地面或雨水口。雨落管多用镀锌铁皮管或塑料管，镀锌铁皮管为方形，断面尺寸一般为80mm×100mm或80mm×120mm，塑料管管径为75mm或100mm。根据降雨量和管道的通水能力确定一根雨落管服务的房屋面积，再根据屋面形状和面积确定雨落管间距。根据经验，民用建筑雨落管间距为8～12m，工业建筑为18～24m。普通外排水方式适用于普通住宅、一般公共建筑和小型单跨厂房。

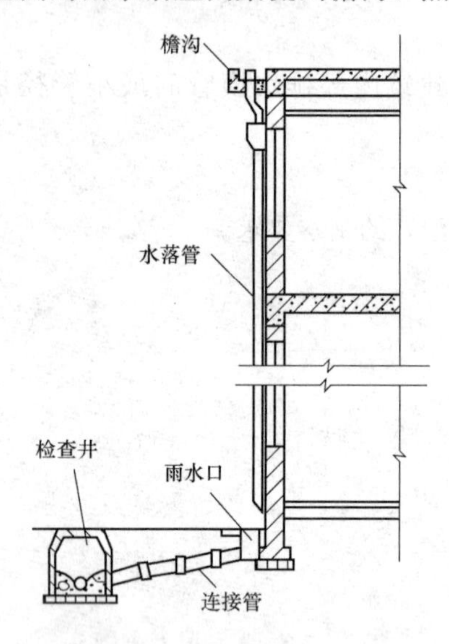

图4-1 普通外排水系统

2. 天沟外排水系统

天沟外排水系统由天沟、雨水斗和排水立管组成（见图4-2）。天沟设置在两跨中间并坡向端墙，雨水斗沿外墙布置（见图4-3）。降落到屋面上的雨水沿坡向天沟的屋面汇集到天沟，沿天沟流至建筑物两端（山墙、女儿墙）流入雨水斗，经立管排至地面或雨水井。天沟外排水系统适用于长度不超过100m的多跨工业厂房。

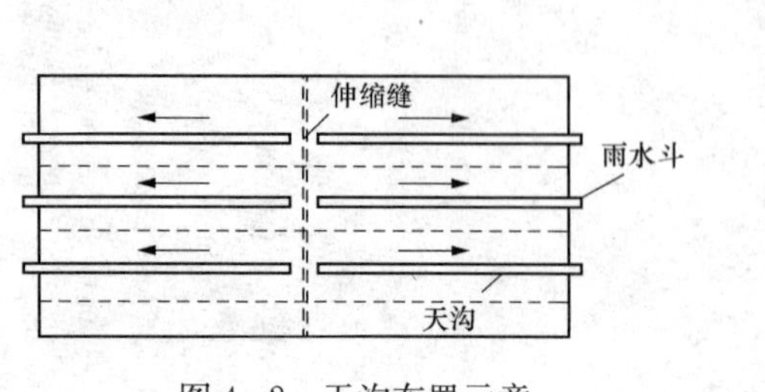

图4-2 天沟布置示意

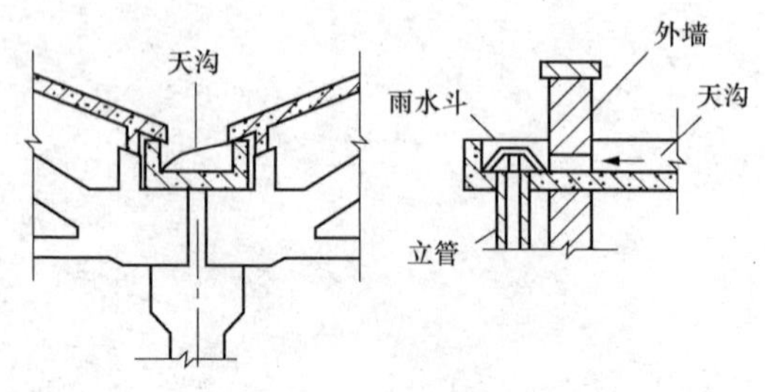

图4-3 天沟与雨水管连接

天沟的排水断面形式根据屋面情况而定，一般多为矩形和梯形。天沟坡度不宜太大，以免天沟起端屋顶垫层过厚而增加结构的荷重，但也不宜太小，以免天沟抹面时局部出现倒坡，雨水在天沟中集聚，造成屋顶漏水，所以天沟坡度一般为0.003～0.006。

天沟内的排水分水线应设置在建筑物的伸缩缝或沉降缝处，天沟的长度应根据地区暴雨强度、建筑物跨度、天沟断面形式等进行水力计算确定，一般不要超过50m。为了排水安全，防止天沟末端积水太深，在天沟顶端设置溢流口，溢流口比天沟上檐低50～100mm。

采用天沟外排水方式，在屋面不设雨水斗，排水安全可靠，不会因施工不善造成屋面漏水或检查井冒水，且节省管材，施工简便，有利于厂房内空间利用，也可减小厂区雨水管道的埋深。但因为天沟有一定的坡度，而且较长，排水立管在山墙外，也存在着屋面垫层厚、结构负荷增大的问题，使得晴天屋面堆积灰尘多，雨天天沟排水不畅，在寒冷地区排水立管有被冻裂的可能。

4.1.2 内排水系统

内排水系统是指屋面设雨水斗，建筑物内部有雨水管道的雨水排水系统。对于跨度大、特别长的多跨工业厂房，在屋面设天沟有困难的锯齿形或壳形屋面厂房及屋面有天窗的厂房，应考虑采用内排水形式。对于建筑立面要求高的建筑，大屋面建筑及寒冷地区的建筑，在墙外设置雨水排水立管有困难时，也可考虑采用内排水形式。

1. 内排水系统组成

内排水系统由雨水斗、连接管、悬吊管、立管、排出管、埋地干管和检查井组成，如图4-4所示。降落到屋面上的雨水，沿屋面流入雨水斗，经连接管、悬吊管进入排水立管，再经排出管流入雨水检查井，或经埋地干管排至室外雨水管道。

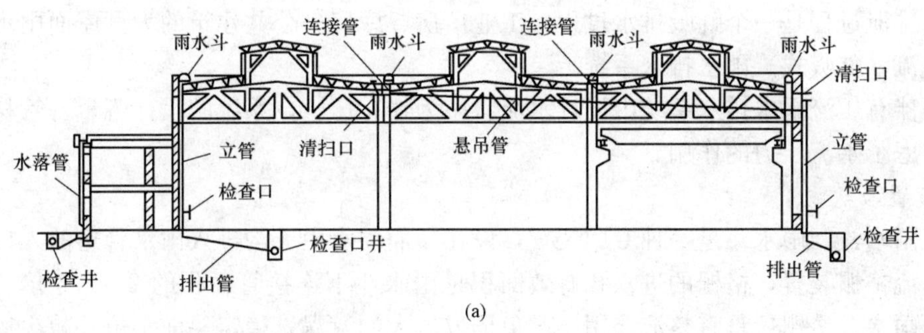

(a)

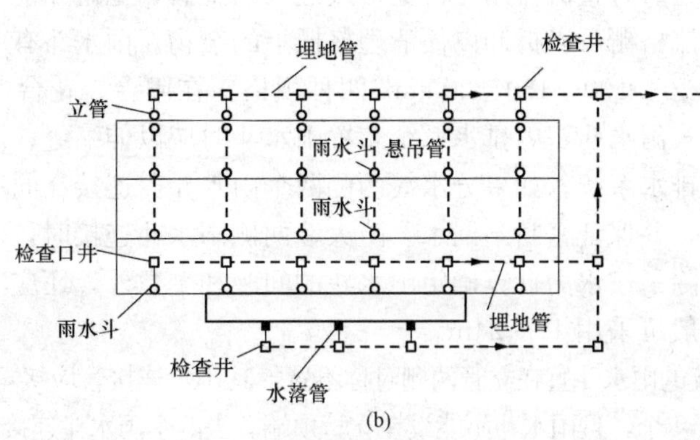

(b)

图4-4 内排水系统

(a) 剖面；(b) 平面

2. 内排水系统分类

（1）单斗和多斗雨水排水系统。按每根立管连接的雨水斗数量内排水系统可分为单斗和多斗雨水排水系统两类。

单斗系统一般不设悬吊管，多斗系统中悬吊管将与雨水斗和排水立管连接起来。对于单斗雨水排水系统的水力工况，人们已经进行了一些实验研究，并获得了初步的认识，实际工程也证实了所得的设计计算方法和取用参数比较可靠。但对于多斗雨水排水系统的研究较少，尚未得出结论。所以，在实际中宜采用单斗雨水排水系统。

（2）敞开式和密闭式雨水排水系统。按排除雨水的安全程度，内排水系统分为敞开式和密闭式两种排水系统。

敞开式雨水排水系统利用重力排水，雨水经排出管进入普通检查井。但由于设计和施工的原因，当暴雨发生时，会出现检查井冒水现象，造成危害。敞开式雨水排水系统也有在室内设悬吊管、埋地管和室外检查井的做法，这种做法虽可避免室内冒水现象，但管材耗量大且悬吊管外壁易结露。

密闭式雨水排水系统利用压力排水，埋地管在检查井内用密闭的三通连接。当雨水排泄不畅时，室内不会发生冒水现象。其缺点是不能接纳生产废水，需另设生产废水排水系统。为了安全可靠，一般宜采用密闭式雨水排水系统。

（3）压力流（虹吸式）、重力伴有压流和重力无压流雨水排水系统。按雨水管中水流的设计流态，可分为压力流（虹吸式）、重力伴有压流和重力无压流雨水排水系统。

压力流（虹吸式）雨水排水系统采用虹吸式雨水斗，管道中呈全充满的压力流状态，屋面雨水的排泄过程是一个虹吸排水过程。工业厂房、库房、公共建筑的大型屋面雨水排水宜采用压力流（虹吸式）雨水排水系统。

重力伴有压流雨水排水系统中设计水流状态为伴有压流，系统的设计流量、管材、管道布置等考虑了水流压力的作用。

3. 布置与敷设

（1）雨水斗。雨水斗是一种专用装置，设在屋面雨水由天沟进入雨水管道的入口处。雨水斗有整流格栅装置，格栅的进水孔有效面积是雨水斗下连接管面积的2～2.5倍，能迅速排除屋面雨水。格栅还具有整流作用，避免形成过大的漩涡，稳定斗前水位，减少掺气，并拦隔树叶等杂物，整流格栅可以拆卸以便清理格栅上的杂物。雨水斗有65型、79型、87型和虹吸雨水斗等，有75、100、150、200mm四种规格。在阳台、花台、供人们活动的屋面及窗井处可采用平箅式雨水斗。内排水系统布置雨水斗时应以伸缩缝、沉降缝和防火墙为天沟分水线，各自自成排水系统。如果分水线两侧两个雨水斗需连接在同一根立管或悬吊管上时，应采用伸缩接头，并保证密封不漏水。防火墙两侧雨水斗连接时，可不用伸缩接头。

布置雨水斗时，除了按水力计算确定雨水斗的间距和个数外，还应考虑建筑结构特点使立管沿墙柱布置，一般可采用12～24m。

多斗雨水排水系统的雨水斗宜在立管两侧对称不置，其排水连接管应接至悬吊管上。悬吊管上连接的雨水斗不得多于4个，且雨水斗不能设在立管顶端。当两个雨水斗连接在同一根悬吊管上时，应将靠近立管的雨水斗口径减小一级。接入同一立管的雨水斗，其安装高度宜在同一标高层。

虹吸式雨水斗应设置在天沟或檐沟内，天沟的宽度和深度应按雨水斗的要求确定，一般沟的宽度不小于550mm，沟的深度不小于300mm。一个计算汇水面积内，不论其面积大小，均应设置不少于2个雨水斗，而且雨水斗之间的距离不应大于20m。

（2）连接管。连接管是连接雨水斗和悬吊管的一段竖向短管。连接管一般与雨水斗同径，但不宜小于100mm，连接管应牢固固定在建筑物的承重结构上，下端用斜三通与悬吊管连接。

（3）悬吊管。悬吊管连接雨水斗和排水立管，是雨水内排水系统中架空布置的横向管道，一般沿梁或管道下弦布置，其管径不小于雨水斗连接管管径，如沿屋架悬吊时，其管径不得大于300mm。悬吊管长度大于15m时，为便于检修，在靠近柱、墙的地方应设检查口或带法兰盘的三通，其间距不得大于20m。重力流雨水系统的悬吊管管道充满度不大于0.8，敷设坡度不得小于0.005，以利于流动而且便于清通。虹吸式雨水系统的悬吊管，原则上不需要设坡度，但由于大部分时间悬吊管内可能处于非满流排水状态，宜设置不小于0.003的坡度以便管道泄空。

悬吊管与立管间宜采用45°三通或90°斜三通连接。悬吊管一般可采用铸铁管，用铁箍、吊卡固定在建筑物的桁架或梁上。在管道可能受振动或生产工艺有特殊要求时，可采用钢管，焊接连接。

对于一些重要的厂房，不允许室内检查井冒水，不能设置埋地横管时，必须设置悬吊管。在精密机械设备和遇水会产生危害的产品及原料的上空，不得设置悬吊管，否则应采取预防措施。

（4）立管。雨水立管承接悬吊管或雨水斗流来的雨水，一根立管连接的悬吊管根数不多于两根，立管管径不得小于悬吊管管径。立管宜沿墙、柱安装，在距地面1m处设检查口。立管的管材和接口与悬吊管相同。

为避免排水立管发生故障时屋面雨水系统瘫痪，设计时，建筑屋面各个汇水范围内，雨水排水立管不宜少于两根。

（5）排出管。排出管是立管和检查井间的一段有较大坡度的横向管，管径不得小于立管管径。排出管与下游埋地管在检查井中宜采用管顶平接，水流转角不得小于135°。

（6）埋地管。埋地管敷设于室内地下，承接立管的雨水并将其排至室外雨水管道。埋地管最小管径为200mm，最大不超过600mm。埋地管一般采用混凝土管、钢筋混凝土管、UPVC管或陶土管，按生产废水管道最小坡度值计算其最小坡度。

（7）附属构筑物。常见的附属构筑物有检查井、检查口井和排气井，用于雨水管道清扫、检修、排气。检查井适用于敞开式内排水系统，设置在排出管与埋地管连接处，埋地管转弯、变径及长度超过30m的直线管路上。检查井井深不小于0.7m，采用管顶平接，井底设高流槽，流槽应高出管顶200mm。埋地管起端几个检查井与排出管间应设排气井（见图4-5）。水流从排出管流入排气井，与溢

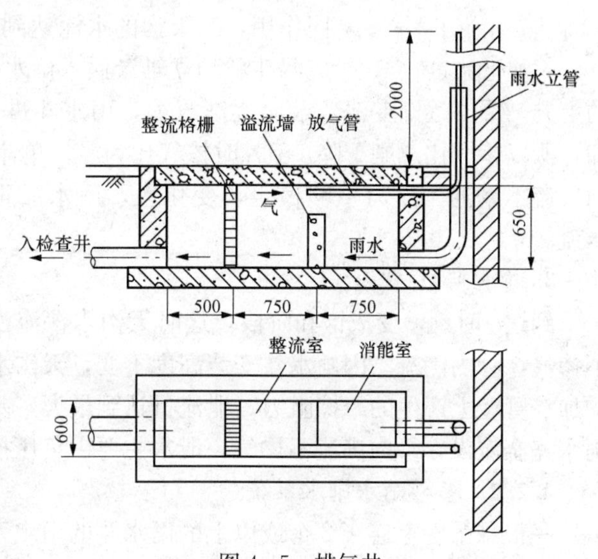

图4-5　排气井

流墙碰撞消能，流速减小，气水分离，水流经格栅稳压后平稳流入检查井，气体由放气管排出。密闭内排水系统的埋地管上设检查口，将检查口放在检查井内，便于清通检修。

4.2 内排水系统的水气流动规律

4.2.1 单斗雨水排水系统

降雨过程中，随着降雨历时的延长，斗前水深不断增加，雨水斗的泄流量 Q、雨水斗前水深 h，压力 p 与掺气比 K 之间也呈现出一定的规律，具体如图 4-6 所示。掺气比是指进入雨水斗的空气量与雨水量的比值。

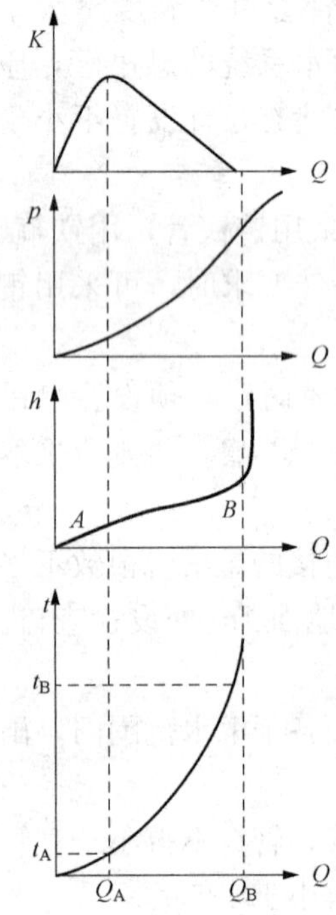

图 4-6 雨水斗性能参数变化曲线图

根据 t-Q 曲线，按降雨历时 t，系统的泄流状态又可分为三个阶段：初始阶段（$0\leqslant t<t_A$）、过渡阶段（$t_A\leqslant t<t_B$）、饱和阶段（$t\geqslant t_B$）。

1. 初始阶段（$0\leqslant t<t_A$）

初始阶段，降雨刚刚开始，雨水流量小，只有小部分降水汇集到雨水斗。随着降雨历时的延长，汇水面积增加，雨水斗泄流量也增加。在这一阶段，因天沟水深较浅，雨水斗大部分暴露在空气中。由于斗前水面稳定，进气面积大，而泄流量又较小，所以掺气比急剧上升，到t_A时达到最大。单斗雨水系统的初始阶段，雨水排水系统的泄流量小，管内气流畅通，压力稳定，雨水靠重力流动，是水气两相重力无压流。

2. 过渡阶段（$t_A\leqslant t<t_B$）

在过渡阶段，汇水面积增加，斗前水深也加大。由于管道断面面积固定不变，泄水量的增加，管内充水率的增加，会导致泄流量的增长速率越来越小。因大气压力、地球引力和地球自转切力的共同作用，当天沟的水深达到一定高度时，在雨水斗上方，会自然生成漏斗状的立轴漩涡，雨水斗斗前水面波动大。随着雨水斗前水位的上升，漏斗逐渐变浅，漩涡逐渐收缩，雨水斗进气面积和掺气量逐渐减小，而泄流量增加，所以掺气比急剧下降，到t_B时掺气比为零。单斗雨水系统的过渡阶段的泄流量较大，管内气流不畅通、压力不够稳定，变化大，雨水靠重力和负压抽吸流动，是水气两相半有压流。

3. 饱和阶段（$t\geqslant t_B$）

到达t_B时刻，变成饱和阶段。这时天沟水深淹没雨水斗，雨水斗上的漏斗和漩涡消失。不掺气，管内满流。因雨水斗安装高度不变，天沟水深增加所产生的水头不足以克服因流量增加在管壁上产生的摩擦阻力，泄流量达到最大，基本不再增加。单斗雨水系统饱和阶段的雨水完全淹没，管内满流不掺气，泄水主要由负压抽力进行，是水-相压力流。

4.2.2 多斗雨水排水系统

一根悬吊管上连接 2 个或以上的雨水斗的雨水系统称为多斗雨水排水系统。

1. 初始和过渡阶段

初始阶段，降雨历时短，泄流量小，管内空气比较流通，气压稳定。随着泄流量的增加，管内产生负压抽吸，雨水就会在重力半有压流状态下流动。各个雨水斗之间互相干扰的大小与雨水斗之间的间距、同一根悬吊管上雨水斗的数量及雨水斗离排水立管的远近有关。

图4-7所示是立管高度4.2m、天沟水深为40mm时多斗雨水排水系统泄流量的实测资料，图中数据为泄流量。

由于沿水流方向悬吊管内的负压逐渐增大，距离立管近的雨水斗受到的负压抽吸作用大，因此泄流量也大；离立管远的，受到的负压抽吸作用小，排水流程也长，受到的水流阻力大，因此泄流量小。

雨水斗会因距离立管的远近而遭到不同程度的淹没。距离立管远的，泄水能力小，该雨水斗处的天沟水位上升快，雨水斗可能淹没。而近立管处，由于天沟的水深不能无限制增高，故此处的雨水斗不可能淹没，但是其中总要掺杂气体，立管内呈现水气两相流。

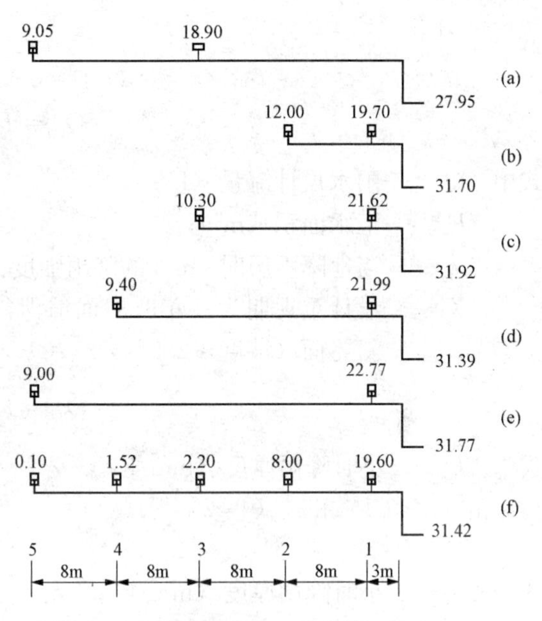

图4-7 多斗系统雨水泄流规律（单位：L/s）

在设两个雨水斗时，离立管等距离近的第一个雨水斗的总泄流量是基本相同的，如图4-7（b）、（c）、（d）、（e）所示。随着两个雨水斗间距的增加，离立管近的雨水斗泄流量逐渐增加，远离立管的雨水斗泄流量逐渐减小，但总的变化幅度不大。

当两个雨水斗间距相同，距离立管不同时，如图4-7（a）、（c）所示；两个雨水斗的泄流量的比值基本相同。但距离立管近的，总泄流量更大。

若一根悬吊管上连接5个雨水斗时，如图4-7（f）所示。离立管近的泄流量大。5个雨水斗的泄流量之比为1∶15∶20∶80∶196。前两个雨水斗的泄流量占总泄流量的87.8%，则第三个之后的雨水斗的设计则显得毫无意义。

通过以上分析，我们可以得出下列结论：在重力半有压流的多斗雨水排水系统中，同一根悬吊管上的雨水斗不宜过多，两个雨水斗之间的间距也不宜过大，近立管雨水斗应尽量靠近立管。

2. 饱和阶段

在饱和阶段，所有雨水斗都被淹没，没有空气进入的多斗雨水排水系统均为水一相系统。悬吊管和立管上部负压达到最大值，但抽吸作用大，下游雨水斗的泄流量不会向上游回水，对上游雨水斗排水产生的影响小，各雨水斗的泄流量相差不多。系统内水流速度大，泄流量远大于初始和过渡阶段的重力流和重力半有压流。

下游某雨水斗到悬吊管的距离小于上游雨水斗到这一点的距离，为保持该处压力平衡，应增加下游雨水斗到悬吊管的水头损失。因悬吊管和立管上部负压值很大，为保证安全，防止管道损坏，应选用铸铁管或承压塑料管。

4.3 雨水系统的水力计算

4.3.1 雨水量计算

1. 计算公式

计算公式为

$$Q_y = K_1 \frac{F_w q_5}{100} \tag{4-1}$$

式中 Q_y——雨水设计流量（L/s）；

F_w——汇水面积（m^2）；

q_5——当地降雨历时 5min 的降雨强度［$L/(s \cdot 100m^2)$］；

K_1——设计重现期为一年时屋面渲泄能力的系数，平屋面（坡度＜2.5%）K_1＝1，斜屋面（坡度≥2.5%）K_1＝1.5～2.0。

$$Q_y = K_1 \frac{F_w h_5}{3600} \tag{4-2}$$

式中 h_5——小时降雨厚度（mm/h）。

由式（4-1）和式（4-2）得

$$h_5 = 36 q_5 \tag{4-3}$$

式中 h_5——小时降雨厚度（mm/h）；

q_5——降雨历时 5min 的暴雨强度［$L/(s \cdot 100m^2)$］。

2. 屋面汇水面积的计算

（1）屋面汇水面积计算。屋面的汇水面积应按屋面的水平投影面积计算。

（2）高出屋面的侧墙汇水面积计算。一面侧墙，按侧墙面积的 50%折算成汇水面积；两面相邻侧墙，按两面侧墙面积平方和的平方根的 50%折算成汇水面积；两面相对并且高度相等的侧墙可不计入汇水面积；两面相对不同高度的侧墙，按高出低墙上面面积的 50%折算成汇水面积；三面和四面互不相等的情况可认为是前四种基本情况的组合再推求汇水面积。

3. 废水量换算

排入室内雨水管中的生产废水量如大于 5%的雨水量时，雨水管的设计流量应以雨水量和生产废水量之和计，一般可将废水量换算成为当量汇水面积

$$F_c = KQ \tag{4-4}$$

式中 F_c——当量汇水面积（m^2）；

Q——生产废水流量（L/s）；

K——换算系数（$m^2 \cdot s/L$），见表 4-1。

表 4-1 降雨强度与系数 K 的关系

小时降雨厚度（mm/h）	50	60	70	80	90	100	110	120	140	160	180	200
系数 K	72	60	51.4	45	40	36	32.7	30	25.7	22.5	20	18

注 降雨强度介于表中两数之间时，系数 K 按内插法决定。

4.3.2 雨水外排水系统水力计算

1. 普通外排水设计计算

根据屋面坡向和建筑物立面要求，按经验布置雨落管，划分并计算每根雨落管的汇水面积，按式（4-1）或式（4-2）计算每根雨落管需排泄的雨水量。查表4-2，确定雨落管管径。

表4-2　雨水排水立管最大设计泄流量

管径（mm）	75	100	125	150	200
最大设计泄流量（L/s）	9	19	29	42	75

注　75mm管径立管用于阳台排放雨水。

2. 天沟外排水设计计算

（1）计算公式

雨水流量，见式（4-1）。

天沟内流速为

$$V=\frac{1}{n}R^{2/3}i^{1/2} \tag{4-5}$$

过水断面面积计算

$$\omega=Q/V \tag{4-6}$$

汇水面积计算

$$F=LB \tag{4-7}$$

式中　Q——天沟排除雨水流量（m^3/s）；

F——屋面的汇水面积（m^2）；

V——天沟中水流速度（m/s）；

n——天沟的粗糙系数；

R——水力半径（m）；

i——天沟坡度；

ω——天沟的过水断面面积（m^2）；

L——天沟长度（m）；

B——厂房跨度（m）。

（2）粗糙系数n值。n值的选用应根据天沟的材料及施工情况确定，一般天沟的n值见表4-3。

表4-3　各种材料明渠的n值

明渠壁面材料情况	表面粗糙系数n值
水泥砂浆光滑抹面混凝土槽	0.011
普通水泥砂浆抹面混凝土槽	0.012～0.013
无抹面混凝土槽	0.014～0.017
喷浆护面混凝土槽	0.016～0.021
表面不整齐的混凝土槽	0.020
豆砂沥青玛蹄脂混凝土槽	0.025

（3）天沟断面及尺寸。天沟断面的形式多是矩形或梯形，其尺寸应由计算确定。为了排水安全可靠，天沟应有不小于100mm的保护高度，天沟起点水深不应小于80mm。

（4）天沟排水立管。天沟排水立管的管径可按表4-2选用。

（5）溢流口。天沟末端山墙、女儿墙上设置溢流口，用以排泄立管来不及排除的雨水量，其排水能力可按宽顶堰计算

$$Q = mb\ (2g)^{1/2} H^{3/2} \tag{4-8}$$

式中 Q——溢流水量（L/s）；

b——堰口宽度（m）；

H——堰上水头（m）；

m——流量系数，可采用320。

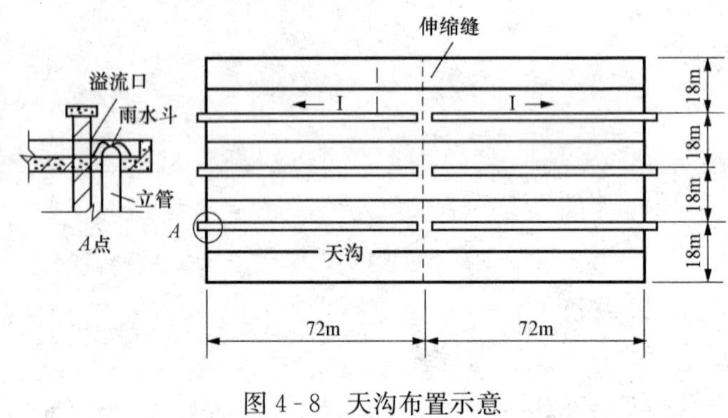

图4-8 天沟布置示意

【例4-1】 天津某厂金工车间全长为144m，跨度为18m；利用拱形屋架及大型屋面板所形成的矩形凹槽作为天沟，天沟槽宽度为0.65m，积水深度为0.15m；天沟坡度为0.006；天沟表面铺绿豆砂，粗糙系数$M=0.025$。天沟布置如图4-8所示。计算天沟的排水流量是否满足要求，确定立管直径和溢流口泄流量。

（1）天沟的过水断面积

$$\omega = 0.65 \times 0.15 = 0.097\ 5\text{m}^2$$

（2）湿周

$$x=0.65+0.15\times2=0.95\text{m}$$

（3）水力半径

$$R=0.097\ 5\div0.95=0.103\text{m}$$

（4）水流速度

$$V=\frac{1}{n}R^{2/3}i^{1/2}=1/0.025\times(0.103)^{\frac{2}{3}}\times(0.006)^{\frac{1}{2}}=0.68\text{m/s}$$

（5）天沟的排水量

$$Q=0.097\ 5\times0.68=0.067\text{m}^3/\text{s}=67\text{L/s}$$

（6）天沟的汇水面积

$$F=LB=144\div2\times18=1296\text{m}^2$$

（7）暴雨量计算。当重现期为1年时，查我国部分城镇降雨强度表［《建筑给水排水设计手册（第2版）》表4.2-2，陈耀宗等主编，中国建筑工业出版社，2008年］得

$$q_5=2.77\text{L/(100m}^2\cdot\text{s)}$$

$$Q=KFq_5\times10^{-2}=1.5\times1296\times2.77\times10^{-2}=53.8(\text{L/s})$$

故1年重现期暴雨量<天沟的排水量。

当重现期为1年时，允许的汇水面积为

$$F = Q/q_5 = 67 \times 100/2.77 = 2418\text{m}^2 > 1296\text{m}^2$$

允许的天沟流水长度为

$$L = 2418/18 = 134\text{m} > 72\text{m}$$

由以上天沟长度的核算说明设计的天沟是安全可用的。

(8) 雨水排水立管。查表 4-2，如立管管径采用 200mm，则允许排水流量为 75L/s。能满足 1 年重现期的暴雨流量 53.8L/s 的排水要求。

(9) 溢流口。在天沟端墙上开一个溢流口，口宽 $b = 0.65\text{m}$。堰上水头采用 $H = 0.15\text{mH}_2\text{O}$ ($1\text{mH}_2\text{O} = 9.81\text{kPa}$)，流量系数 $m = 320$，则溢流口的排水流量为

$$\begin{aligned} Q &= mb\,(2g)^{1/2} H^{3/2} \\ &= 320 \times 0.65 \times (2 \times 9.81)^{1/2} \times 0.15^{3/2} = 53.5(\text{L/s}) \end{aligned}$$

也基本上满足溢流要求。

4.3.3　雨水内排水系统水力计算

传统屋面雨水内排水系统的计算包括雨水斗、连接管、悬吊管、立管、排出管和埋地管等的选择、计算。

1. 雨水斗

雨水斗的汇水面积与其泄流量的大小有直接关系，雨水斗的汇水面积可用式 (4-9) 计算

$$F = KQ \tag{4-9}$$

式中　F——雨水斗的汇水面积 (m^2)；

Q——雨水斗的泄流量 (L/s)，见表 4-4；

K——系数，取决于降雨强度，可用 $K = 3600/h$ 计算；

h——小时降雨厚度 (mm/h)。

根据式 (4-9) 和表 4-4 对于不同的小时降雨厚度，可计算出单斗的最大汇水面积（见表 4-5)，以及多斗的最大汇水面积（见表 4-6)。

表 4-4　屋面雨水斗最大泄流量（试验值）

斗数	雨水斗规格 (mm)	最大实验泄流量 (L/s)
单斗	75	9.5
	100	15.5
	150	31.5
	200	51.5
多斗	75	7.9
	100	12.5
	150	25.9
	200	39.2

表 4-5　单斗系统一个雨水斗最大允许汇水面积　　m²

雨水斗形式	雨水斗直径 (mm)	降雨厚度 (mm/h)											
		50	60	70	80	90	100	110	120	140	160	180	200
79 型	75	884	570	489	428	380	342	311	285	244	214	190	171
	100	1116	930	797	698	620	558	507	465	399	349	310	279
	150	2268	1890	1620	1418	1260	1134	1031	945	810	709	630	567
	200	3708	3090	2647	2318	2060	1854	1685	1545	1324	1159	1030	927
65 型	100	1116	930	797	698	620	558	507	465	399	349	310	279

表 4-6　多斗系统一个斗的最大允许汇水面积　　m²

雨水斗形式	雨水斗直径 (mm)	降雨厚度 (mm/h)											
		50	60	70	80	90	100	110	120	140	160	180	200
79 型	75	569	474	406	356	316	284	259	237	203	178	158	142
	100	929	774	663	581	516	464	422	387	332	290	258	232
	150	1865	1554	1331	1166	1036	932	847	777	666	583	518	466
	200	2822	2352	2016	1764	1568	1411	1283	1176	1008	882	784	706
65 型	100	929	774	663	581	516	464	422	387	332	290	258	232

2. 连接管

一般情况下，一根连接管上接一个雨水斗，因此连接管的管径不必计算。可采用与雨水斗出口直径相同管径。

3. 悬吊管

悬吊管的排水流量与连接雨水斗的数量和雨水斗至立管的距离有关。连接雨水斗数量多，则水斗掺气量大，水流阻力大；雨水斗至立管远，则水流阻力大，所以悬吊管的排水流量小。一般单斗系统的泄水能力，可比同样情况下的多斗系统增大 20%左右。

悬吊管的最大汇水面积见表 4-7，表中数值是按照小时降雨强度 100mm/h，管道充满度 0.8，敷设坡度不得小于 0.005 和管内壁粗糙系数 $n=0.013$ 计算的。如果设计小时降雨厚度与此不同，则应将屋面汇水面积换算成相当 100mm/h 的汇水面积，然后再查用表 4-7，确定所需管径。

例如，当地的暴雨强度按 5min 降雨历时，1 年重现期计算，其降雨厚度为 h(mm/h)时，则其换算系数为，$K=h/100=0.01h$。换算后的面积为 $F_{100}=Fh\times 0.01h=0.01Fh\cdot h(\mathrm{m^2})$。因单斗架空系统的悬吊管泄水能力，可较多斗悬吊管增大 20%，因此单斗的 $F_{100}=1.2\times 0.01Fh\cdot h(\mathrm{m^2})$。

表 4-7　多斗雨水排水系统中悬吊管最大允许汇水面积　m^2

管坡	管径（mm）				
	100	150	200	250	300
0.007	152	449	967	1751	2849
0.008	163	480	1034	1872	3046
0.009	172	509	1097	1986	3231
0.010	182	536	1156	2093	3406
0.012	199	587	1266	2293	3731
0.014	215	634	1368	2477	4030
0.016	230	678	1462	2648	4308
0.018	244	719	1551	2800	4569
0.020	257	758	1635	2960	4816
0.022	270	795	1715	3105	5052
0.024	281	831	1791	3243	5276
0.026	293	865	1864	3375	5492
0.028	304	897	1935	3503	5699
0.030	315	929	2002	3626	5899

注　1. 本表计算中 $h/D=0.8$。

2. 管道的 $n=0.013$。

3. 小时降雨厚度为100mm。

4. 立管

掺气水流通过悬吊管流入立管形成极为复杂的流态，使立管上部为负压，下部为正压，因而立管处于压力流状态，其泄水能力较大。但考虑到降雨过程中，常有可能超过设计重现期，水流掺气占有一定的管道容积，泄流能力必须留有一定的余量，以保证运行安全。不同管径的立管最大允许汇水面积见表 4-8。

表 4-8 是按照降雨厚度 100mm/h 列出的最大允许汇水面积。如设计降雨厚度不同，则可用换算成相当于 100mm/h 的汇水面积，再来确定其立管管径。

表 4-8　立管最大允许汇水面积

管径（mm）	75	100	150	200	250	300
汇水面积（m^2）	360	720	1620	2880	4320	6120

5. 排出管

排出管的管径一般采用与立管管径相同，不必另行计算。如果加大一号管径，可以改善管道排水的水力条件，减小水头损失，增加立管的泄水能力，对整个架空管系排水有利。

为了改善埋地管中水力条件，减小水流掺气，可在埋地管中起端几个检查井的排出管上设放气井，散放水中分离的空气，稳定水流，对防止冒水有一定作用。

6. 埋地管

由架空管道系统流来的雨水掺有空气，抵达检查井时，水流速度降低，放出部分掺气，阻碍水流排放，为了排水畅通，埋地管中应留有过气断面面积，采用建筑排水横管的计算方法，控制最大计算充满度和最小坡度。此外在起端几个检查井的排出管上设置放气井，以防检查井冒水。

埋地管的水力计算也可采用表 4 - 9 进行，该表是按重力流，降雨强度 100mm/h，按规定的最大充满度和坡度制成的。

表 4 - 9　埋地管最大允许汇水面积　m^2

充满度 / 管径(mm) / 水力坡度	0.50						0.65			0.80	
	75	100	150	200	250	300	350	400	450	500	600
0.001 0	13	27	81	174	315	512	1165	1663	2277	3902	6346
0.001 5	15	33	98	212	385	626	1427	2037	2789	4779	7772
0.002 0	18	39	114	245	445	723	1648	2352	3220	5519	8974
0.002 5	20	43	127	274	497	809	1842	2630	3600	6170	10 034
0.003 0	22	47	140	300	545	886	2018	2881	3944	6759	10 991
0.003 5	24	51	150	325	588	957	2180	3112	4260	7300	11 872
0.004 0	25	55	161	345	629	1023	2330	3327	4554	7805	12 692
0.004 5	27	57	171	368	667	1085	2471	3529	4830	8298	13 461
0.005 0	28	61	180	388	703	1144	2605	3719	5092	8726	14 190
0.005 5	30	64	189	407	738	1200	2732	3900	5340	9152	14 882
0.006 0	31	67	197	423	771	1253	2854	4074	5578	9559	15 544
0.006 5	32	69	205	442	802	1304	2970	4241	5809	9949	16 178
0.007 0	33	72	213	459	832	1353	3084	4401	6025	10 325	16 789
0.007 5	35	74	220	475	861	1400	3190	4555	6236	10 687	17 379
0.008 0	36	77	228	491	890	1447	3295	4705	6441	11 038	17 949
0.008 5	37	79	235	506	917	1491	3397	4850	6639	11 377	18 501
0.009 0	38	82	242	520	944	1535	3495	4990	6832	11 707	19 037
0.010	40	86	255	549	995	1618	3684	5260	7201	12 341	20 067
0.011	42	91	267	575	1043	1697	3964	5517	7553	12 943	21 047
0.012	44	95	279	601	1090	1772	4036	5762	7888	13 519	21 983
0.013	46	99	290	626	1134	1844	4200	5997	8210	14 070	22 880
0.014	47	102	301	649	1177	1914	4359	6224	8520	14 602	23 744
0.015	49	106	312	672	1218	1981	4512	6442	8820	15 114	24 577
0.016	51	109	322	694	1258	2046	4660	6654	9109	15 610	25 383
0.017	52	113	332	715	1297	2109	4804	6858	9389	16 090	26 164
0.018	54	116	342	736	1335	2170	4943	7057	9661	16 557	26 923
0.019	55	119	351	756	1371	2230	5078	7250	9926	17 010	27 661

续表

充满度 / 管径(mm) / 水力坡度	0.50						0.65			0.80	
	75	100	150	200	250	300	350	400	450	500	600
0.020	57	122	360	776	1407	2288	5210	7439	10 184	17 452	28 379
0.021	58	125	369	795	1442	2344	5339	7623	10 435	17 883	29 080
0.022	59	128	378	814	1475	2399	5465	7802	10 681	18 304	29 765
0.023	61	131	386	832	1509	2453	5587	7977	10 921	18 715	30 433
0.024	62	134	395	850	1541	2506	5708	8149	11 156	19 118	31 088
0.025	63	137	403	867	1573	2558	5825	8317	11 386	19 512	31 729
0.026	64	139	411	885	1604	2608	5941	8482	11 611	19 900	32 357
0.027	66	142	419	902	1635	2658	6054	8643	11 833	20 278	32 974
0.028	67	145	426	918	1665	2707	6165	8802	12 050	20 650	33 579
0.029	68	147	434	934	1694	2755	6274	8958	12 263	21 015	34 173
0.030	69	150	441	950	1723	2802	6381	9111	12 473	21 375	34 757
0.031	70	152	449	966	1751	2848	6487	9261	12 679	21 728	35 332
0.032	72	155	456	981	1779	2894	6591	9410	12 882	22 076	35 897
0.033	73	157	463	997	1807	2938	6693	9555	13 081	22 418	36 454
0.034	74	159	470	1012	1834	2983	6793	9699	13 278	22 755	37 002
0.035	75	162	477	1026	1861	3026	6893	9841	13 472	23 087	37 542
0.036	76	164	483	1040	1887	3069	6990	9980	13 663	23 415	38 075
0.037	77	166	490	1055	1913	3111	7087	10 118	13 852	23 738	38 600
0.038	78	168	497	1070	1939	3153	7182	10 254	14 038	24 056	39 118
0.039	79	171	503	1083	1965	3195	7276	10 388	14 221	24 370	39 630
0.040	80	173	510	1097	1990	3235	7368	10 520	14 402	24 681	40 134
0.042	82	177	522	1124	2039	3315	7550	10 780	14 758	25 291	41 126
0.044	84	181	534	1151	2087	3393	7728	11 034	15 105	25 886	42 093
0.046	86	185	546	1177	2133	3470	7902	11 282	15 445	26 468	43 039
0.048	88	189	558	1202	2179	3544	8072	11 524	15 777	27 037	43 905
0.050	90	193	570	1227	2224	3617	8238	11 762	16 102	27 594	44 872
0.055	94	202	597	1287	2333	3793	8640	12 336	16 888	28 941	47 062
0.060	98	212	624	1344	2437	3962	9024	12 884	17 639	30 228	49 154
0.065	102	220	650	1399	2536	4124	9393	13 410	18 359	31 462	51 161
0.070	106	228	674	1451	2632	4280	9747	13 917	19 052	32 650	53 093
0.075	110	236	698	1502	2724	4430	10 090	14 405	19 721	33 796	54 956
0.080	113	244	720	1552	2813	4575	10 420	14 878	20 368	34 904	56 758

注　本表降雨强度按100mm/h计算，管道粗糙系数取0.014。

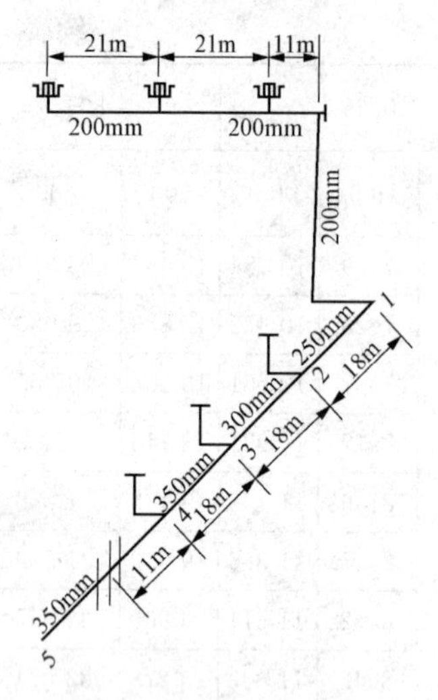

图 4-9　内排水系统草图

【例 4-2】　某多层建筑雨水内排水系统如图 4-9 所示，每根悬吊管连接 3 个雨水斗，每个雨水斗的实际汇水面积为 $378m^2$。设计重现期为 2 年，该地区 5min 降雨强度 459L/($s \times 10^4 m^2$)。选用 79 式雨水斗，采用密闭式排水系统，设计该建筑雨水内排水系统。

解：(1) 雨水斗的选用。

该地区 5min 降雨历时的小时降雨深度为

$$h_5 = 459 \times 0.36 = 165.24\text{mm/h}$$

查表 4-6，选用口径 $D_1 = 100$mm 的 79 式雨水斗，每个雨水斗的泄流量

$$Q_1 = F/K = 378/30.3 = 12.48\text{L/s}$$

79 式雨水斗口径为 100mm 时最大排水能力可达 12.5L/s，大于设计雨水斗泄流量 12.48L/s。

(2) 连接管管径 D_2 与雨水斗口径相同，即

$$D_2 = D_1 = 100\text{mm}$$

(3) 悬吊管设计。

悬吊管的汇水面积为

$$F_{100} = Fh \times 0.01h = 378 \times 3 \times 0.01 \times 165.24 = 1874\text{m}^2$$

查表 4-7 取管径 $D_3 = 200$mm，符合悬吊管的要求。

(4) 立管只连接一根悬吊管，所以汇水面积同悬吊管，查表 4-8 选 $D_4 = 200$mm 管径。

(5) 排出管管径 D_5 与立管相同，即 $D_5 = D_4 = 200$mm

(6) 埋地管查表 4-9，管段 1～2 的管径为 250mm，管段 2～3 的管径为 300mm，管段 3～4 和 4～5 的管径均为 350mm。

4.3.4　虹吸式屋面雨水排水系统设计计算

虹吸式屋面雨水排水系统按压力流进行计算，应充分利用系统提供的可利用水头，以满足流速和水头损失允许值的要求。水力计算的目的是合理确定管径，降低造价，使系统各节点由不同支路计算的压力差限定在一定的范围内，保证系统安全、可靠、正常地工作。

1. 虹吸式雨水系统水力计算一般规定

为了保障虹吸式雨水排水系统能够维持正常的压力流排水状态，压力流雨水排水系统应符合以下规定：

(1) 雨水斗的设置。虹吸式雨水斗应设置在天沟或檐沟内，天沟的宽度和深度应按雨水斗的安装要求确定，一般沟的宽度不小于 550mm，深度不小于 300mm。一个计算汇水面积内，不论其面积大小，均应设置不少于两个雨水斗，而且雨水斗之间的距离不应大于 20m。屋面汇水最低处应至少设置一个雨水斗，同一系统中的雨水斗宜在同一水平面上。

(2) 几何高度。悬吊管应低于雨水斗的出口 1m 以上；雨水排水管道中的总水头损失与流出水头之和不得大于雨水管进、出口的几何高差。

(3) 水流速度。系统中的所有管段，管道内的设计最小流速应大于 1m/s，以使管道有良好的自净能力。最大流速常发生在立管上，立管的设计流速宜小于 6m/s，但不宜小于 2.2m/s，以减小水流动时的噪声，最大不宜大于 10m/s。立管底部接至室外窨井的排出管

管内流速不宜大于 1.5m/s。雨水管系的出口应放大管径，出口的水流速度不宜大于 1.8m/s，以减少水流对排水井的冲击，如出口速度大于 1.8m/s，应采取消能措施，宜通过消能井溢流至室外排水管道。

（4）水头损失。雨水排水系统的总水头损失和流速水头之和应小于雨水斗天沟底面与排水管出口的几何高差，其压力余量宜稍大于 100Pa。压力流屋面雨水排水系统悬吊管与立管交点（转折点）处的最大负压值，对于金属管道不得大于 80kPa；对于塑料管道应视产品的力学性能而定，但不得大于 70kPa。管段计算所得压力值应基本平衡，即系统中各节点的上游不同支路的计算水头损失之差，在管径小于或等于 DN75 时，不应大于 10kPa；管径大于 DN100 时，不应大于 5kPa。否则应调整管径重新计算。

2. 计算公式

（1）额定流量下雨水斗的水头损失与局部阻力系数。雨水斗的局部阻力系数因雨水斗的结构、尺寸、材质不同而有所差别。国产的虹吸式雨水斗的局部阻力系数见表 4-10，雨水斗额定流量与斗前水深见表 4-11。

表 4-10　国产虹吸式雨水斗的局部阻力系数

雨水斗型号	YT50	YG50	YT75	YG75	YT100
局部阻力系数	1.3	1.3	2.4	2.4	5.6*

* 设计值，其他为实测值。

表 4-11　雨水斗额定流量与斗前水深

雨水斗型号、规格	压力流（虹吸式）雨水斗		
	DN50	DN75	DN100
额定流量（L/s）	6.0	12.0	25.0
斗前水深（mm）	45	70	
排水状态	淹没泄流		

（2）管段压力计算。虹吸式雨水系统管道中任一断面处，压力水头按伯努里方程进行计算。如图 4-10 所示，天沟水面和任一计算断面 x 之间的伯努里方程为

$$H+\frac{p_1}{\gamma}+\frac{u_1^2}{2g}=H_x+\frac{p_x}{\gamma}+\frac{u_x^2}{2g}+h_{1-x} \tag{4-10}$$

由于式（4-10）中，$p_1=0$，$u_1=0$，$h_x=H-H_x$，则有

$$\frac{p_x}{\gamma}=h_x-\frac{u_x^2}{2g}-h_{1-x} \tag{4-11}$$

式中 p_1——天沟水面处的压力，为大气压（$p_1=0$）；

$\frac{p_x}{\gamma}$——管道计算断面 x 断面处的压力水头（mH_2O）；

h_x——天沟水面至管道 x-x 断面的高差（mH_2O）；

H——天沟水面距离雨水系统排出口的高差（m）；

H_x——计算断面 x 断面距离雨水系统排出口的高差（m）；

u_1——天沟水面的下降速度，可忽略不计（m/s）；

u_x——x-x 断面处管道中的水流速度（m/s）；

h_{1-x}——天沟水面至管道 x-x 断面之间的水头损失（mH_2O）。

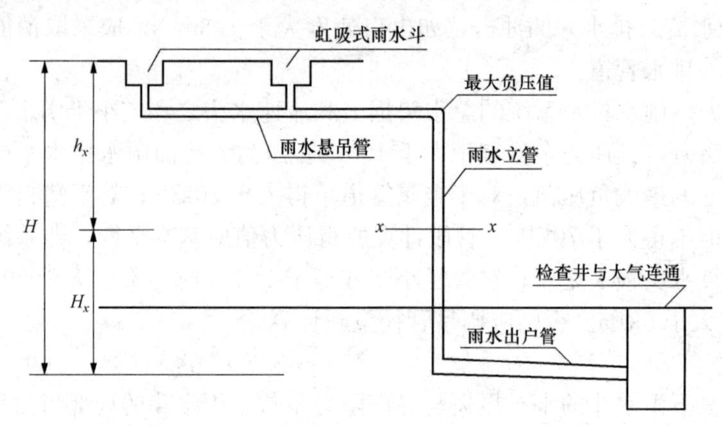

图 4-10 虹吸式屋面雨水排水系统水力分析

（3）沿程水头损失。虹吸式屋面雨水排水系统一般使用内壁喷塑柔性排水承压铸铁管或钢塑复合管及承压塑料管等，应采用海澄-威廉公式计算管道的沿程水头损失，并采用不同的 C 值

$$i=\frac{11\ 785\times q_y^{1.85}\times 10^6}{C^{1.85}\times d_j^{4.87}} \tag{4-12}$$

式中 i——单位长度水头损失（mH_2O/m）；

q_y——流量（L/s）；

d_j——计算内径（mm）；

C——管道材质系数，铸铁管 C=100，钢管 C=120，塑料管 C=140～150。

局部阻力损失用当量长度或局部阻力系数计算。虹吸式屋面雨水排水系统管道的局部阻力损失的系数参见表 4-12。

表 4-12 局部阻力系数

管件名称	内壁涂塑铸铁或钢管	塑料管
90°弯头	0.8	1
45°弯头	0.3	0.4
干管上斜三通	0.5	0.35
支管上斜三通	1	1.2
转变为重力流处出口	1.8	1.8
压力流（虹吸式）雨水斗	厂商提供	

3. 水力计算方法

（1）计算汇水面积。根据建筑物的设计图，计算排水屋面的水平投影面积和汇水面积。

（2）计算总的降雨量，确认当地气象资料如降雨强度和重现期。虹吸式屋面雨水排水系统按满管压力流进行计算，降雨强度计算中建议采用较大的重现期。

（3）布置雨水斗。选择压力流雨水斗的规格和额定流量，计算各汇水面积需要雨水斗的数量。

（4）绘制水力计算管系图。确定雨水斗、悬吊管、立管和排出管（接至室外窨井）的平面和空间位置。绘制雨水排水系统的水力计算管系图，并确定节点和管段，为各节点和管段编号。

（5）计算系统中雨水斗至系统出口之间的高度差 H，最远的雨水斗到系统出口的管道长度 L；并确定系统的计算管长 L_A，估算铸铁管的局部水头损失当量长度为管道长度的0.2；塑料管当量长度为管道长度的0.6，故金属管计算管长可按 $L_A=1.2L$；塑料管计算管长可按 $L_A=1.6L$ 估算。

（6）估算单位长度的水头损失即水力坡度 i，$i=H/L_A$。

（7）根据管段流量和水力坡度，查附录A图A-1确定管径，水流速度应不小于1m/s。

（8）检查系统的高度 H 和立管管径的关系应满足设计要求。

（9）计算系统的压力降 $h_f=iL_A$，有多个计算管段时，应逐段计算后累计。

（10）检查是否满足 $H-h_f\geqslant 1$m；并计算系统的立管最高处的最大负压值，检查各节点压力平衡状况，如负压值或节点压力平衡不满足要求，应调整管径，重新计算，达到要求为止。

【例4-3】　某建筑屋面长100m，宽40m，采用满管压力流排水系统。屋面径流系数取1.0，设计重现期对应的暴雨强度 $q_5=370$L/(s·hm^2)。管材为内壁涂塑离心排水铸铁管。试计算雨水排水管道系统。

解：（1）屋面汇水面积为100×40=4000m^2。

由式（4-1），设计雨水量为

$$Q=370\times 4000\times 1.0/10\,000=148\text{L/s}$$

（2）查表4-11选用满管压力流雨水斗，1个100mm雨水斗的泄流量为25L/s，所需雨水斗的数量为 $N=148/25=5.92$，取6个。雨水斗及管道平面布置如图4-11所示。

（3）绘制各管系的水力计算草图，如图4-12所示。

（4）单位长度的水头损失 i

$$H_0=1.5+14+1.3=16.8\text{m}$$

$$L_A=1.2L=1.2\times(1.5+3+15+15+5+14+1.3+8)=75.36\text{m}$$

$$i=9.8H_0/L_A=9.8\times 16.8/75.36=2.19\text{kPa/m}$$

（5）悬吊管、立管和排出管的设计泄流量见表4-13。按悬吊管内流速不小于1m/s，立管内流速不小于2.2m/s且不大于10m/s，排出管内流速不大于1.8m/s，$i<2.19$kPa/m的规定，查附录A图A-1初步确定各管段的管径。

（6）根据 i、L 计算各管段的沿程水头损失 h_y，根据管件局部阻力系数、v 便可计算出各管段的局部水头损失 h_j，h_y 和 h_j 之和为计算管段的总水头损失 h；累加得到各节点上游管段水头损失之和 $\sum h_z$。

（7）校核是否满足 $H-h_f\geqslant 1$m；并计算系统的立管最高处的最大负压值，检查各节点压力平衡状况。

计算数据见表4-13。

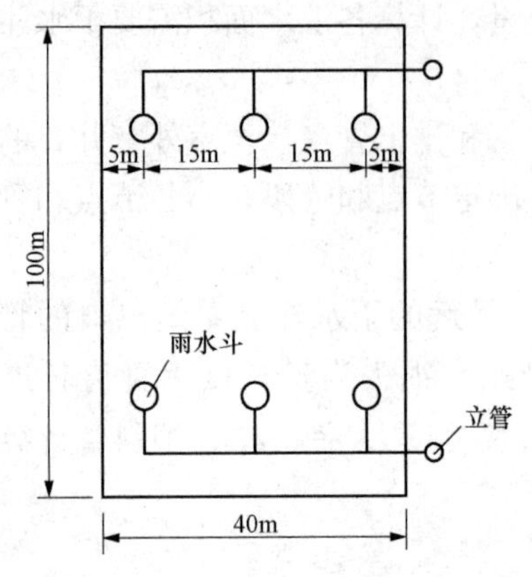

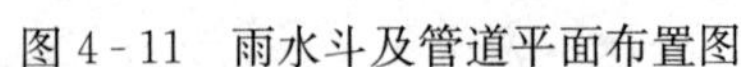
图 4-11　雨水斗及管道平面布置图

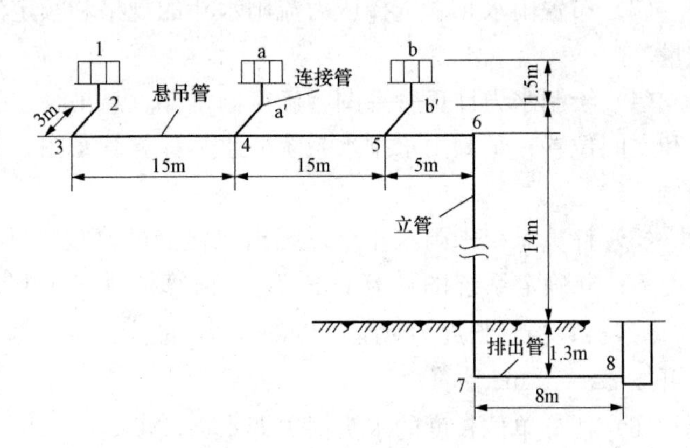

图 4-12　管道系统图

表 4-13　　水力计算表

管段	L(m)	Q(m/s)	d(mm)	v(m/s)	i(kPa/m)	h_f(kPa)	ε	h_j	h_s	$\sum h$	校核计算
1~2	1.5	25	100	3.25	1.75	2.63	5.9	3.18	5.80	5.80	$\sum h$ 悬吊管=29.90kPa(符合要求) $\sum h_{总}$=56.57kPa $\sum h_{总}+\frac{v^2}{2g}$=57.67+0.12=56.69kPa 9.81$H_{总}$=9.81×16.8=164.81kPa(满足) 节点 4：$\sum h_f$ −4=11.27kPa $\sum h_s$ −4=11.21kPa(符合) 节点 5：$\sum h_f$ −5=24.23kPa $\sum h_s$ −5=11.21(不符合) 节点 6：$\sum h_f$ −6=26.70kPa 放大管段 4~5 的管径结果见下面一栏中的数据 节点 5：$\sum h_f$ −5=14.49kPa $\sum h_s$ −5=14.43kPa $\sum' h$ −5=11.21kPa(符合) 节点 6：$\sum h_f$ −6=16.95kPa $\sum h_s$ −6=16.89kPa $\sum' h$ −6=13.67kPa(符合)
2~3	3	25	125	2.07	0.585	1.76	0.3	0.07	1.82	7.62	
3~4	15	25	150	1.44	0.24	3.60	0.5	0.05	3.65	11.27	
4~5	15	50	150	2.87	0.85	12.75	0.5	0.21	12.96	24.23	
			200	1.61	0.21	3.15		0.07	3.22	14.09	
5~6	5	75	200	2.42	0.445	2.23	0.8	0.24	2.46	26.70	
										16.95	
6~7	15.3	75	150	4.31	1.81	27.09	0.8	0.76	28.45	55.15	
										45.40	
7~8	8	75	250	1.54	0.15	1.20	1.8	0.22	1.42	56.57	
										46.82	
a~a'	1.5	25	100	3.25	1.75	2.63	5.9	3.18	5.80	5.80	
a'~b	3	25	100	3.25	1.75	5.25	0.3	0.16	5.41	11.21	
b~b'	1.5	25	100	3.25	1.75	2.63	5.9	3.18	5.80	5.80	
b'~5	3	25	100	3.25	1.75	2.25	0.3	0.16	5.41	11.21	

思考题与习题

4.1　简述何谓降雨强度。

4.2　屋面雨水排除系统有哪些类型。

4.3　简述建筑雨水内排水系统的组成。

4.4　简述雨水排水立管设置的基本要求。

4.5　长天沟外排水系统对天沟的设置有何要求?

4.6　试述建筑雨水排水系统的选择选用原则。

第5章 建筑内部热水供应系统

5.1 热水供应系统的分类、组成和供水方式

室内热水供应系统指水的加热、贮存和输配的总称，其任务是满足建筑内人们在生产和生活中对热水的需求。

5.1.1 热水供应系统的分类

按供应范围，建筑热水供应系统分为局部热水供应系统、集中热水供应系统和区域热水供应系统类。应根据使用要求、耗热量、用水点分布情况，结合热源条件选定。

1. 局部热水供应系统

采用小型加热器在用水场所就地加热，供局部范围内一个或几个配水点使用的热水系统称为局部热水供应系统。如小型电热水器、燃气热水器及太阳能热水器等，供给单个厨房、浴室等用水。

局部热水供应系统的特点是：热水管路短，热损失小，造价低、设施简单、维护管理方便灵活；但供水范围小，热水分散制备，但热效率低、制热水成本高，使用不够方便舒适，每个用水场所均需设置加热装置，占用建筑面积较大。一般靠近用水点设置小型加热设备供给一个或几个用水点使用。

局部热水供应系统适用于热水用量较小且较分散的建筑，如单元式住宅、小型饮食店、理发馆、医院、诊所等公共建筑和车间卫生间热水点分散的建筑物。

2. 集中热水供应系统

集中热水供应系统是指在热交换站、锅炉房或加热间集中制备热水后、通过热水管网供给一幢（不含单栋别墅）或数幢建筑物所需热水的供应系统。

该系统的优点是加热设备集中设置，便于维护管理，建筑物内各热水用水点不需另设加热设备占用建筑空间；加热设备的热效率较高，制备热水的成本较低。其缺点是设备、系统较复杂，投资较大，热水管网较长，热损失较大。

该系统宜用于热水用量较大（设计小时耗热量超过293 100kJ/h）、用水点比较集中的建筑，如标准较高的居住建筑、旅馆、公共浴室、医院、疗养院、体育馆、游泳池、大型饭店以及较为集中的工业企业建筑等。

3. 区域热水供应系统

在热电厂或区域锅炉房将水集中加热后，通过城市热力管网输送到居住小区、街坊、企业及单位的热水供应系统称为区域热水供应系统。区域热水供应系统一般采用二次供水。

区域热水供应系统的特点是：便于热能的综合利用和集中维护管理，有利于减少环境污染，可提高热效率和自动化程度，热水成本低，占地面积小，使用方便舒适，供水范围大，安全性高；但热水在区域锅炉房中的热交换站制备，管网复杂，热损失大，设备多，自动化程度高，一次性投资大。

区域热水供应系统一般用于城市片区、居住小区的整个建筑群。目前在发达国家应用较多。

5.1.2 热水供应系统的组成

集中热水供应系统由热源、热媒管网、热水输配管网、循环水管网、热水贮存水箱、循环水泵、加热设备及配水附件等组成，如图5-1所示。锅炉产生的蒸汽经热媒管送入水加热器把冷水加热，凝结水回凝水池，再由凝结水泵打入锅炉加热成蒸汽。由冷水箱向水加热器供水，加热器中的热水由配水管送到各用水点。为保证热水温度，补偿配水管的热损失，需设热水循环管。

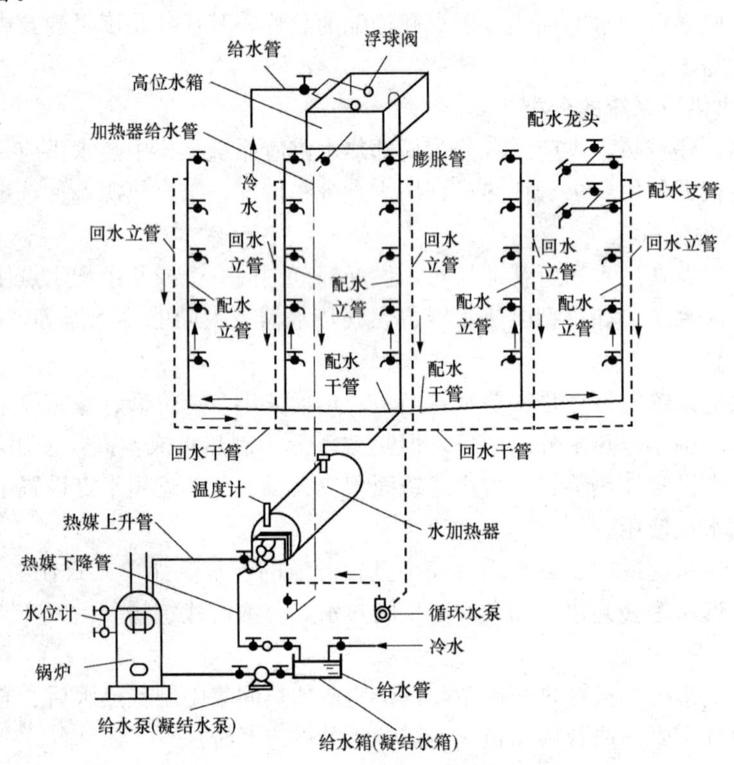

图5-1 集中热水供应系统组成示意

热水供应系统由以下三部分构成：

（1）热媒循环管网（第一循环系统）。由热源、水加热器和热媒管网组成。锅炉产生的蒸汽（或高温水）经热媒管道送入水加热器，加热冷水后变成凝结水，靠余压经疏水器流回到凝结水池，冷凝水和补充的软化水由凝结水泵送入锅炉重新加热成蒸汽，如此循环完成水的加热过程。

（2）热水配水管网（第二循环系统）。由热水配水管网和循环管网组成。配水管网将在加热器中加热到一定温度的热水送到各配水点，冷水由高位水箱或给水管网补给；为保证用水点的水温，支管和干管设循环管网，用于使一部分水回到加热器重新加热，以补充管网所散失的热量。

（3）附件和仪表。为满足热水系统中控制和连接的需要，常使用的附件包括各种阀门、水嘴、补偿器、疏水器、自动温度调节器、温度计、水位计、膨胀罐和自动排气阀等。

5.1.3 热水供应系统的供水方式

按加热冷水、贮存热水及管网布置方式不同，热水供应系统的供水方式有多种。应根据使用对象、建筑物特点、热水用水量、耗热量、用水规律、用水点分布、热源类型、加热设备及操作管理条件等因素，经技术经济比较后确定。

1. 热水的加热方式

热水的加热方式可分为直接加热方式和间接加热方式，如图5-2所示。

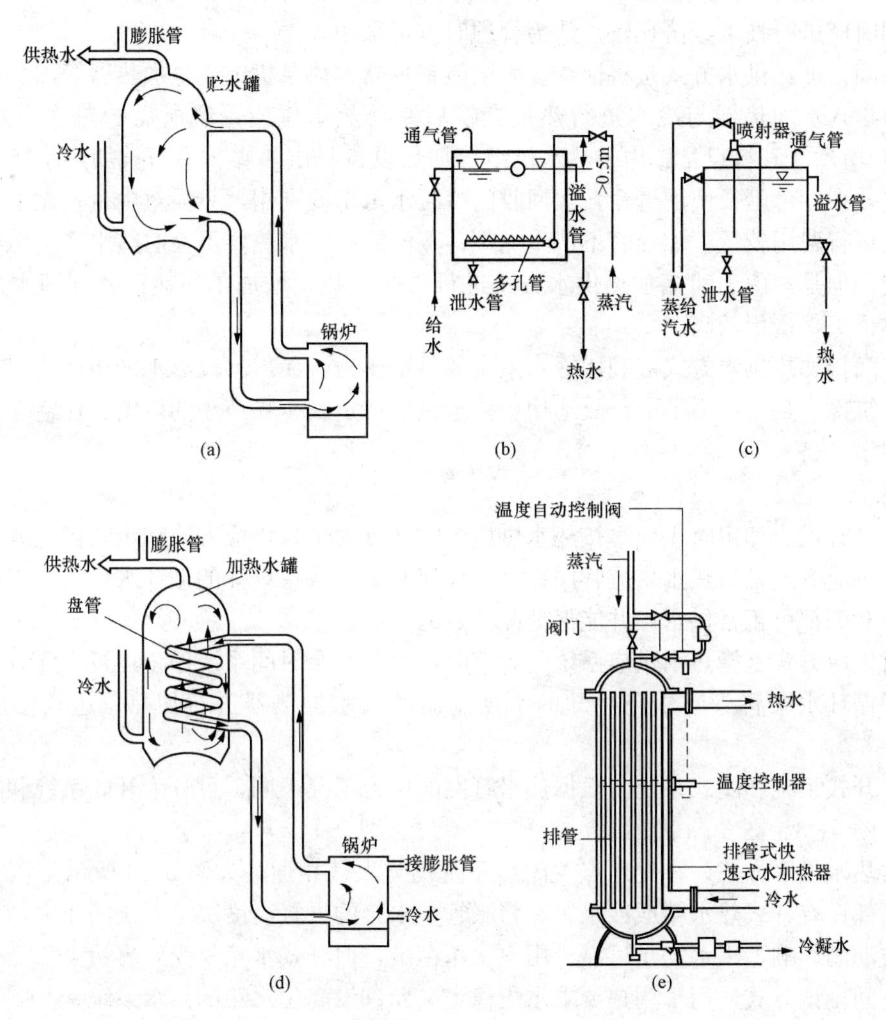

图5-2 加热方式

（a）热水锅炉直接加热；（b）蒸汽多孔管直接加热；（c）蒸汽喷射器混合直接加热；（d）热水锅炉间接加热；（e）蒸汽-水加热器间接加热

（1）直接加热方式也称一次换热，是利用燃气、燃油、燃煤为燃料的热水锅炉把冷水直接加热到所需温度，或者是将蒸汽或高温水通过穿孔管或喷射器直接与冷水接触混合制备热水。

直接加热的燃油（气）热水机组的冷水供水水质总硬度宜小于150mg/L（以$CaCO_3$计）。图5-2（a）所示为热水锅炉制备热水的管路图，燃油（气）热水机组直接供应热水时，一般配置调节贮热用的贮水罐或贮热水箱，以保证用水高峰时不间断供水。当屋顶有放置加热和贮热设备的空间时，其热媒系统可布置在屋顶。

蒸汽（或高温水）直接加热供水方式是将蒸汽（或高温水）通过穿孔管或喷射器送入加

热水箱中，与冷水直接混合后制备热水，如图5-2（b)、(c）所示。该方式具有设备简单、热效率高、无需冷凝水管的优点。但该方式产生的噪声大；对蒸汽质量要求高，热媒中不得含油质及有害物质；由于冷凝水不能回收而使热源供水量大，补充水需进行水质处理时，还会增加运行费用。该方式仅适用于对噪声无严格要求的公共浴室、洗衣房、工矿企业等用户。选用时应进行技术经济比较，认为合理时方可采用。

(2）间接加热供水方式是将锅炉、太阳能集热器、热泵机组、电加热器等加热设备产生的热媒，送入水加热器与冷水进行热量交换后制得热水供应系统所需的热水，如图5-2(d)、(e）所示。其特点是：由于热水机组等加热设备只供热媒，不与被加热水接触，有利于保持热效率，可延长使用寿命；因回收的冷凝水可重复利用，只需对少量补充水进行软化处理，故运行费用较低；加热时不产生噪声；蒸汽或高温水热媒不会对热水产生污染，供水安全稳定。但是，由于间接加热供水方式进行二次换热，增加了换热设备（即水加热器)，增大了热损失，造价较高。

由于间接加热供水方式能利用冷水系统的供水压力，无需另设热水加压系统，有利于保持整个系统冷、热水压力平衡，故适用于要求供水稳定安全噪声小的旅馆、住宅、医院、办公楼等建筑。

2. 热水供应方式

(1）全日供应和定时供应。按热水供应的时间分为全日供应方式和定时供应方式。

全日供应方式是指热水供应管网在全天任何时刻都保持设计的循环水量，热水配水管网全天任何时刻都可正常供水，并能保证配水点的水温。

定时供应方式是指热水供应系统每天定时供水，其余时间系统停止运行。此方式在供水前，利用循环水泵将管网中已冷却的水强制循环到水加热器进行加热，达到使用温度才使用。

(2）开式系统和闭式系统。根据热水管网的压力工况不同，可分为开式系统和闭式系统两类，如图5-3、图5-4所示。

开式热水供水方式，在配水点关闭后系统仍与大气相通，如图5-3所示。该方式一般在管网顶部设有开式热水箱或冷水箱和膨胀管，水箱的设置高度决定系统的压力，而不受外网水压波动的影响，供水安全可靠、用户水压稳定，但开式水箱易受外界污染，且占用建筑面积和空间。该方式适用于用户要求水压稳定又允许设高位水箱的热水系统。

以下情况宜采用开式热水供应系统：①当给水管道的水压变化较大，用水点要求水压稳定时，宜采用开式热水供应系统或采用稳压措施；②公共浴室热水供应系统宜采用开式热水供应系统，以使管网水压不受室外给水管网水压变化的影响，避免水压过高造成水量浪费，也便于调节冷、热水混合水龙头的出水温度；③采用蒸汽直接通入水中或采用汽水混合设备的加热方式时，宜采用开式热水供应系统。

闭式热水供水方式，在配水点关闭后系统与大气隔绝，形成密闭系统，如图5-4所示。该系统的水加热器设有安全阀、压力膨胀罐，以保证系统安全运行。闭式系统具有管路简单、系统中热水不易受到污染等优点，但水压不稳定，一般用于不宜设置高位水箱的热水系统。

(3）同程式系统和异程式系统。按照热水循环管网（第二循环管网）中每支循环管路的长短是否相同，分为同程式系统和异程式系统。

同程式系统是指每一个热水循环环路长度相等，对应管段管径相同，所有环路的水头损失相同，如图 5-5 所示。异程式系统是指每一个热水循环环路各不相等，对应管段管径也不相同，所有环路水头损失也不相同，如图 5-6 所示。

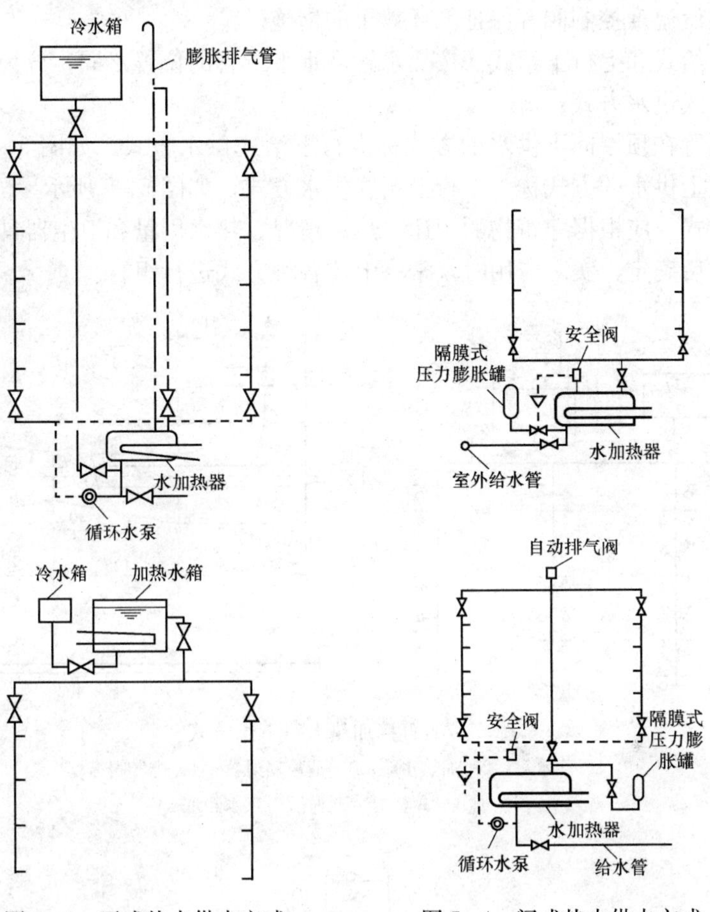

图 5-3　开式热水供水方式　　图 5-4　闭式热水供水方式

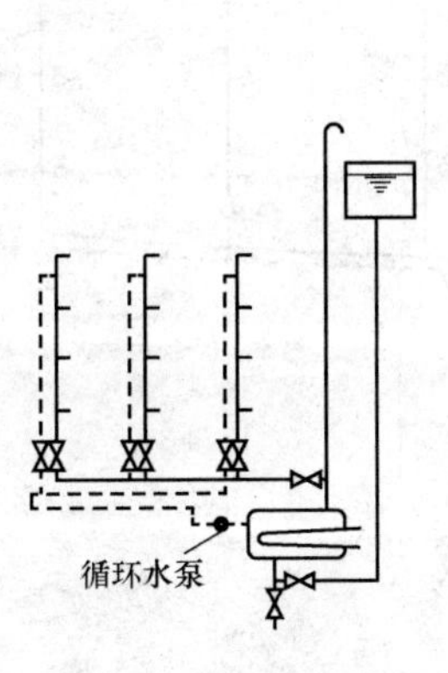

图 5-5　同程式全循环

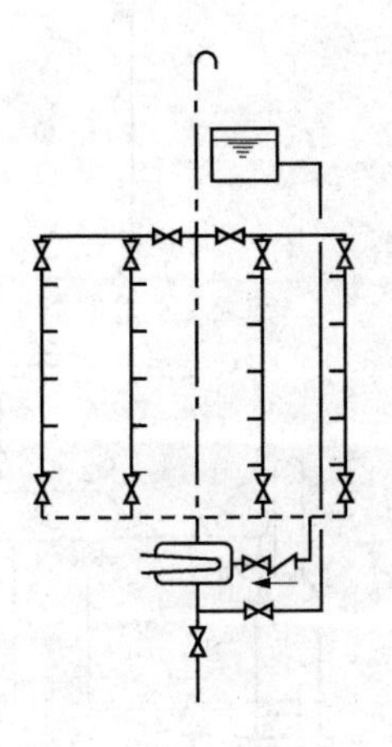

图5-6　异程式自然循环

建筑物内集中热水供应系统的热水循环管道，宜采用同程式布置。当采用同程式有困难时应采用保证干管、立管循环效果的措施：①当建筑内各供、回水立管布置相同或相似时，各回水立管管采用导流三通与回水干管连接；②当建筑内各供、网水立管布置不相同时，应在回水立管上装设温度控制阀等保证循环效果的措施。

（4）下行上给式和上行下给式。按热水管网水平干管的位置不同，分为下行上给式供水方式和上行下给式供水方式。

水平干管设置在顶层向下供水的方式称上行下给式供水方式，如图 5-7 所示。水平干管设置在底层向上供水的方式称为下行上给式供水方式，如图 5-8 所示。

选用何种方式，应根据建筑物的用途、热源情况、热水用量和卫生器具的布置情况进行技术和经济比较后确定，实际应用时，常将上述各种方式进行组合。

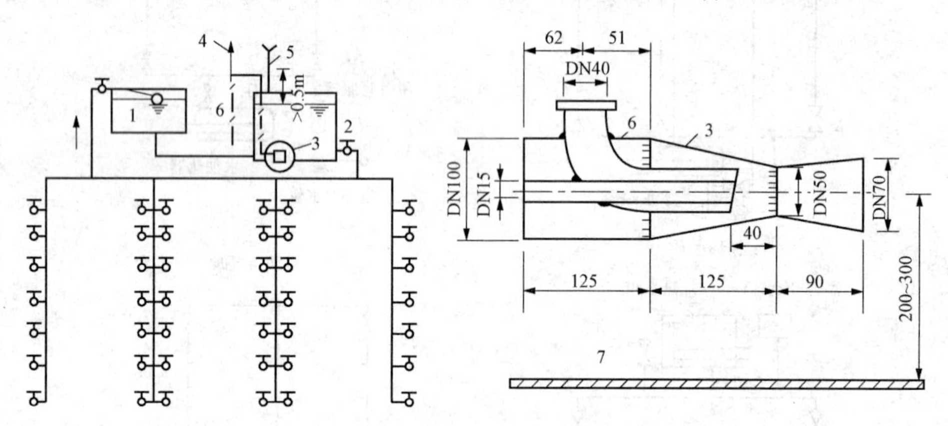

图 5-7 直接加热上行下给方式

1—冷水箱；2—加热水箱；3—消声喷射器；4—排气阀；5—透气管；6—蒸汽管；7—热水箱底

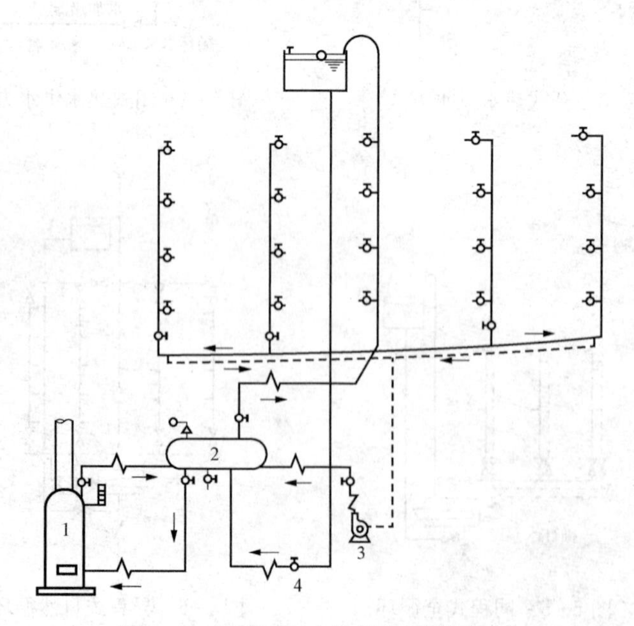

图 5-8 干管下行上给机械半循环方式

1—热水锅炉；2—热水贮罐；3—循环泵；4—给水管

3. 循环方式

（1）全循环、半循环和不循环供水方式。根据热水供应系统是否设置循环管网或如何设置循环管网，可分为全循环、半循环和不循环热水供应方式。

1）全循环热水供应方式是指热水供应系统中热水配水管网的水平干管、立管、甚至配水支管都设有循环管道。该系统设循环水泵，用水时不存在使用前放水和等待时间，适用于高级宾馆、饭店、高级住宅等高标准建筑，如图5-9所示。

2）半循环热水供应方式，又有立管循环和干管循环之分。干管循环方式是指热水供应系统中只在热水配水管网的水平干管设循环管道，该方式多用于定时供应热水的建筑中，打开配水龙头时需放掉立管和支管的冷水才能流出符合要求的热水，如图5-10所示。立管循环方式是指热水立管和干管均设置循环管道，保持热水循环，打开配水龙头时只需放掉支管中的少量存水，就能获得规定温度的热水。此方式多用于设有全日供应热水的建筑和设有定时供应热水的高层建筑。

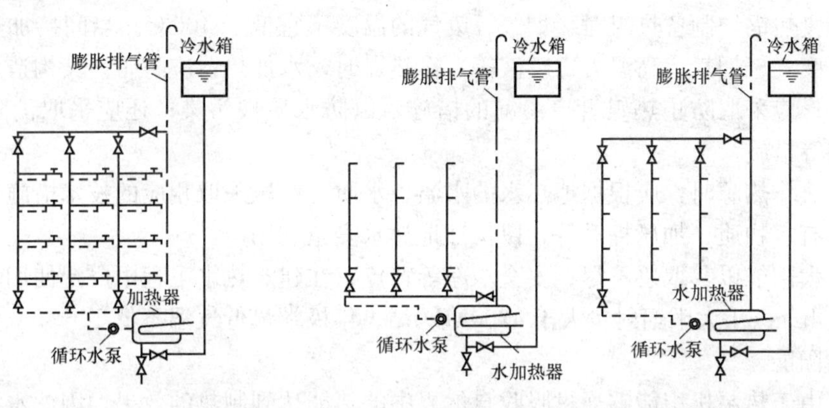

图5-9　全循环热水供应系统　　图5-10　半循环热水供应系统

3）不循环热水供应方式是指热水供应系统中热水配水管网的水平干管、立管、配水支管都不设任何循环管道。适用于小型热水供应系统和使用要求不高的定时热水供应系统或连续用水系统，如公共浴室、洗衣房等，如图5-11所示。

集中热水供应系统应设置热水循环管道，保证干管和立管热水循环。对于要求随时取得不低于规定温度热水的建筑物，应保证支管中的热水循环，当支管循环难以实现时，可采用自控调温电伴热等保证支管中热水温度的措施。

（2）自然循环方式和机械循环方式。热水供应管网按循环动力不同，可分为自然循环方式和机械循环方式。

自然循环方式是利用配水管和回水管内的温度差所形成的压力差，使管网维持一定的循环流量，以补偿热损失，保持一定的供水温度，如图5-6所示。因配水管与回水管内的水温差一般为5～10℃，自然循环水头值很小，实际使用中应用不多。一般用于热水供应系统小，用户对水温要求不严格的系统中。

机械循环方式是在回水干管上设循环水泵强制一定量的水在管网中循环，以补偿配水管道热损失，保证用户对热水温度

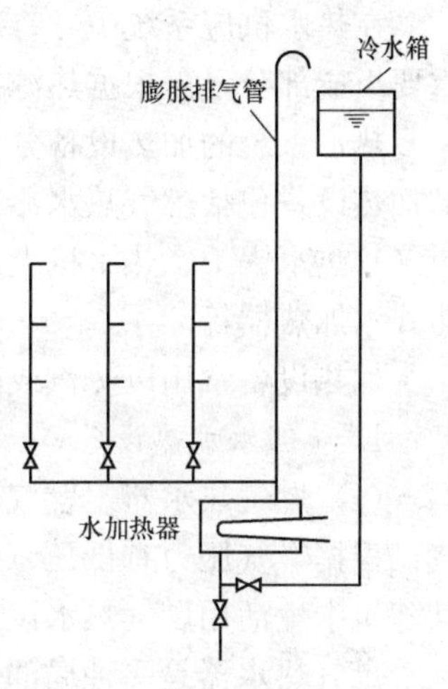

图5-11　不循环热水供应系统

的要求，如图5-9所示。集中热水供应系统和高层建筑热水供应系统均应采用机械循环方式。在设有3个或3个以上卫生间的住宅、别墅的局部热水供应系统中，当共用水加热设备时宜采用机械循环方式，设置热水回水管及循环水泵。

5.2 热水供应系统的热源、加热和贮热设备

5.2.1 热水供应系统的热源

热源是用以制取热水的能源，可以是工业废热、余热、太阳能、可再生低温能源、地热、燃气、电能，也可以是城镇热力网、区域锅炉房或附近锅炉房提供的蒸汽或高温水。

1. 集中热水供应系统热源的选用

(1) 本着节约能源的基本原则，集中热水供应系统宜首先利用工业余热、废热、地热等热源。

利用废热锅炉制备热煤时，烟气、废气的温度不宜低于400℃。当间接加热供水方式利用废热（废气、烟气、高温无毒废液等）作热媒时，水加热器应防腐，其构造应便于清理水垢和杂物；应采取防止热媒管道渗漏的措施，以防水质被污染；还应采取消除废气压力波动、除油等措施。

以地热作热源时，应根据地热水的水温、水质、水压采取相应的技术措施进行升温、降温、去除有害物质、加压提升等，以保证地热水安全利用。

(2) 太阳能以其取之不尽、安全洁净等特点，在建筑热水工程中广泛使用。在日照系数大于1400h/a、年太阳辐射量大于4200MJ/m²、年极端最低气温不低于−45℃的地区，宜优先采用太阳能。

(3) 由于热泵机组能够通过吸收自然界中的热能达到制热的效果，因此水源、空气源及土壤源均可作为热泵热水供应系统的热源，具有节能、环保、安全的特点。

2. 局部热水供应系统热源的选用

局部热水供应系统的热源宜采用太阳能及电能、燃气、蒸汽等。

5.2.2 加热和贮热设备

在热水供应系统中，将冷水加热，常采用加热设备来完成。加热设备是热水供应系统的重要组成部分，需根据热源条件和系统要求合理选择。

热水系统的加热设备分为局部加热设备和集中热水供应系统的加热和贮热设备。其中局部加热设备包括燃气热水器、电热水器、太阳能热水器等；集中加热设备包括燃煤（燃油、燃气）热水锅炉、热水机组、容积式水加热器、半容积式水加热器、快速式水加热器和半即热式水加热器等。

加热设备常用以蒸汽或高温水为热媒的水加热设备。

1. 局部水加热设备

(1) 燃气热水器。燃气热水器的热源可以是天然气、焦炉煤气、液化石油气或混合煤气。根据燃气压力有低压（$p \leqslant 5$kPa）、中压（5kPa$< p \leqslant$150kPa）热水器之分。民用和公共建筑中生活用燃气热水设备一般采用低压，工业生产所用燃气热水器可采用中压。

燃气热水器是一种局部供应热水的加热设备，按其构造可分为直流式和容积式两种。

直流式快速式燃气热水器一般带有自动点火和熄火保护装置，冷水流经带有翼片的蛇形

管时，被热烟气加热到所需温度的热水供生活用，其结构如图5-12所示。直流快速式燃气热水器一般安装在用水点就地加热，可随时点燃并可立即取得热水，供一个或几个配水点使用，常用于厨房、浴室、医院手术室等局部热水供应。

容积式燃气热水器是能贮存一定容积热水的自动水加热器，使用前应预先加热。

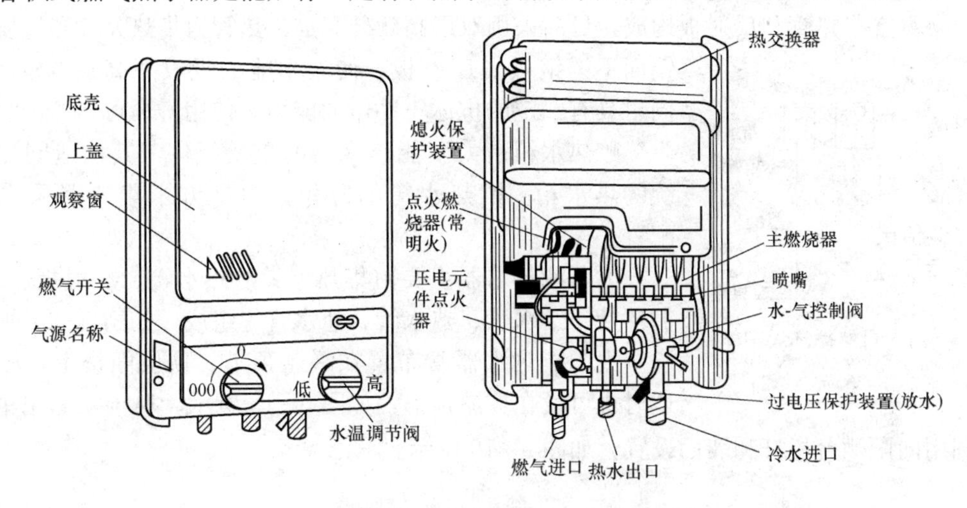

图5-12　直流式快速燃气热水器构造图

(2) 电热水器。电热水器是把电能通过电阻丝变为热能加热冷水的设备。在电源供应充沛的地方可采用电热水器。

加热器是电热水器中的重要组成部件，按照加热方式分为间热式加热器、直热式加热器。间热式加热器的电热丝与护套之间存在间隙，电热丝产生的热量辐射传递给护套，再将水加热，其缺点是热效率低，耗电多，且寿命较短；直热式加热器的电热丝与电热管之间用氧化镁粉（导热性和绝缘性好）填充，电热丝的热量通过填充材料直接传导至电热管并将水加热，其热效率高、结构简单、寿命长、使用安全。

电热水器通常以成品在市场上销售，按贮热容积的不同，电热水器也可分为快速式和容积式两种。快速式电热水器无贮水容积，使用时不需预先加热，通水通电后即可得到被加热的热水，具有体积小、质量轻、热损失少、效率高、安装方便、易调节水量和水温等优点，但电耗大，在缺电地区受到一定限制。容积式电热水器具有一定的贮水容积，其容积从10L至10m³不等，在使用前需预先加热到一定温度，可同时供应几个热水用水点在一段时间内使用，具有耗电量少、使用方便等优点，但热损失较大，适用于局部热水供应系统，容积式电热水器的构造如图5-13所示。

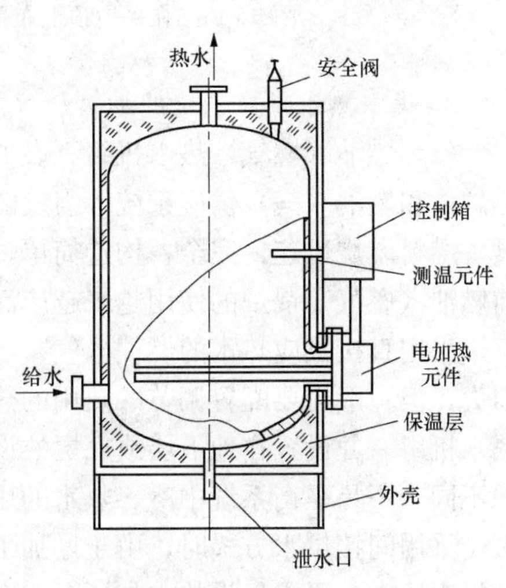

图5-13　容积式电热水器

(3) 太阳能热水器。太阳能作为一种取之不尽、用之不竭且无污染的能源越来越受到人们的重视。

利用太阳能集热器集热，是太阳能利用的一个主要方面，它具有结构简单、维护方便、使用安全、费用低廉等优点，但受天气、季节等影响不能连续稳定运行，需配贮热和辅助电加热设施，且占地面积较大。

太阳能热水器是将太阳能转换成热能并将水加热的装置，集热器是太阳能热水器的核心部分，由真空集热管和反射板构成，目前采用双层高硼硅真空集热管为集热元件和优质进口镜面不锈钢板做反射板，使太阳能的吸收率高达92%以上，同时具有一定的抗冰雹冲击的能力，使用寿命可达15年以上。

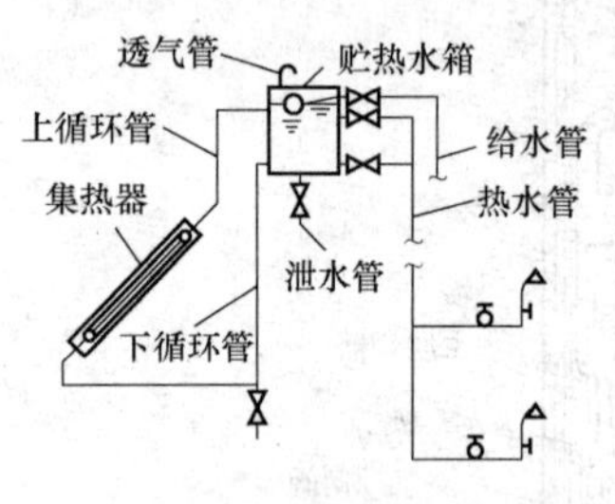

图5-14 自然循环太阳能热水器

贮热水箱是太阳能热水器的重要组件，其构造同热水系统的热水箱。贮热水箱的容积按每平方米集热器采光面积配置。

太阳能热水器主要由集热器、贮热水箱、反射板、支架、循环管、给水管、热水管、泄水管等组成，如图5-14所示。

太阳能热水器常布置在平屋顶上、顶层阁楼上，倾角合适时也可设在坡屋顶上，如图5-15所示。对于家庭用集热器也可利用向阳晒台栏杆和墙面设置，如图5-16所示。

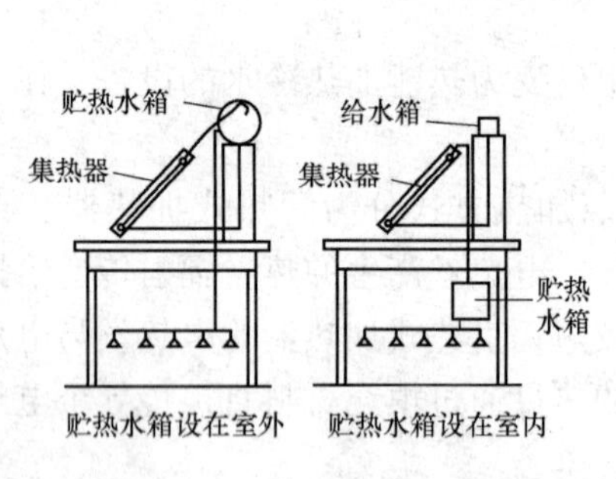

图5-15 在平屋顶上布置

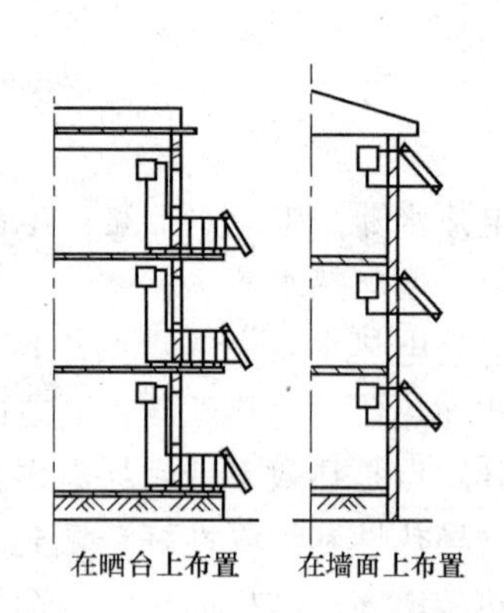

图5-16 在晒台和墙面上布置

2. 集中热水供应系统的加热和贮热设备

(1) 燃油（燃气）热水机组。燃油（气）热水机组是以油、气为燃料，由燃烧器、水加热炉体和燃油（气）供应系统等组成的设备组合体，如图5-17所示。燃油（气）热水机组具备燃料燃烧迅速、完全，构造简单，体积小，热效高，排污总量少，管理方便等优点。目前燃油（燃气）锅炉的使用越来越广泛。

采用直接供应热水的燃油（气）热水机组，无需换热设备，有利于提高热效率，减少热损失，但一般需要配置调节贮热用的热水箱。当热水箱不能设置在屋顶时，多与燃油（气）热水机组一并设置在地下层或底层的设备间，需另设热水加压泵。由于冷、热水供水压力来源不同，不易平衡系统中冷、热水的压力。

采用间接供水方式时，由于增加了换热设备使热损失增大。但热水系统能利用冷水系统的供水压力，无需另设热水加压泵，有利于平衡系统中冷、热水的压力。

(2) 容积式水加热器。容积式水加热器是一种间接加热设备，内设换热管束并具有一定的贮热容积，既可加热冷水又可贮备热水，常用热媒为饱和蒸汽或高温水，分立式和卧式两

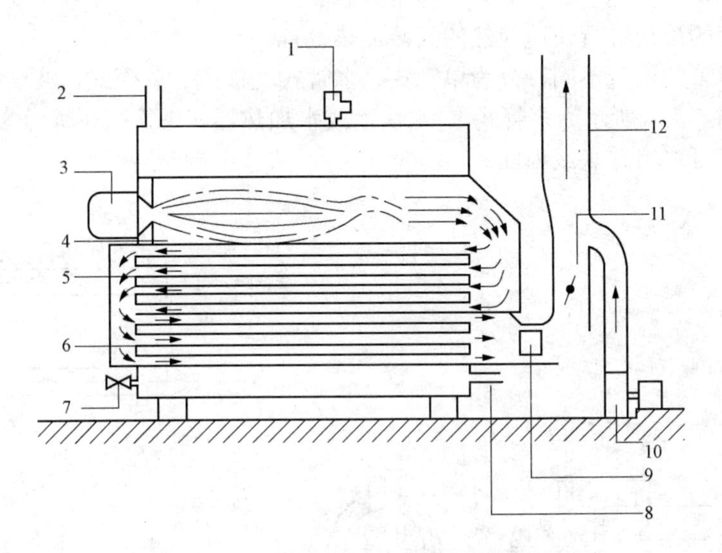

图 5-17　燃油（燃气）锅炉构造示意

1—安全阀；2—热媒出口；3—油（煤气）燃烧器；4—一级加热管；5—二级加热管；6—三级加热管；7—泄空阀；8—回水（或冷水）入口；9—导流器；10—风机；11—风挡；12—烟道

种，如图 5-18 所示。容积式水加热器的主要优点是具有较大的贮存和调节能力，被加热水流速低，压力损失小，出水压力平稳，水温较稳定，供水较安全。但该加热器传热系数小，热交换效率较低，体积庞大，U 形盘管以下部分水不能被加热，冷水滞水区占水加热器总容积的 20%～30%，即有效贮热容积为总贮热容积的 70%～80%。常用的容积式水加热器有传统的 U 形管型容积式水加热器和导流型容积式水加热器。

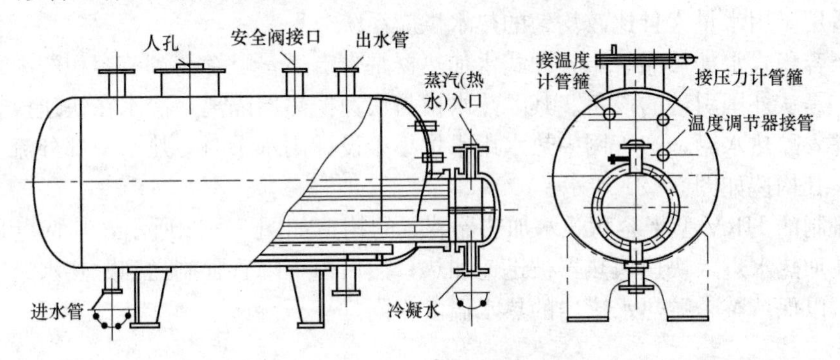

图 5-18　容积式水加热器构造图

容积式水加热器适用于用水量不均匀、热源供应不足或足要求供水可靠性高、供水水温和水压平稳的热水供应系统。

(3) 快速式水加热器。根据加热方式，水加热器有间接式水加热器、直接式水加热器两类。间接式水加热器的原理是载热体与被加热水被金属壁面隔开互不接触，通过管壁进行热交换，加热被加热水。快速式水加热器就是热媒与被加热水进行快速换热的一种间接式水加热器，在快速式水加热器中，热媒与冷水通过较高速度流动，进行紊流加热，提高了热媒对管壁及管壁对被加热水的传热系数，提高了传热效率，由于热媒不同，有汽-水、水-水两种类型。加热导管有单管式、多管式、波纹板式等多种形式。快速式水加热器是热媒与被加热水通过较大速度的流动进行快速换热的间接加热设备。

根据加热导管的构造不同，分为单管式、多管式、板式、管壳式、波纹板式及螺旋板式等多种形式。图 5-19 所示为多管式汽-水快速式水加热器，图 5-20 所示为单管式汽-水快速式水加热器，可多组并联或串联。

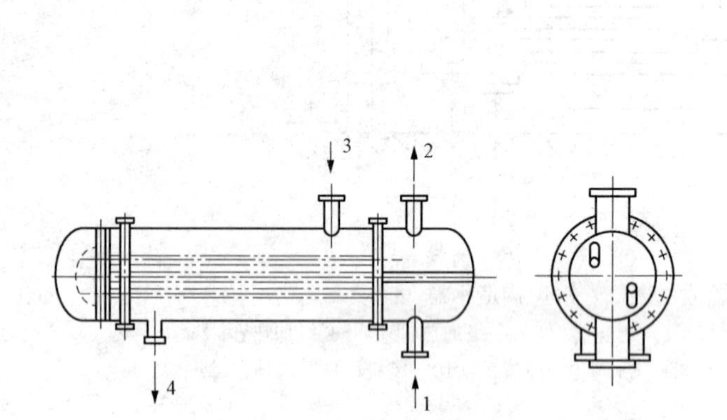

图 5-19 多管式汽-水快速式水加热器

1—冷水；2—热水；3—蒸汽；4—凝水

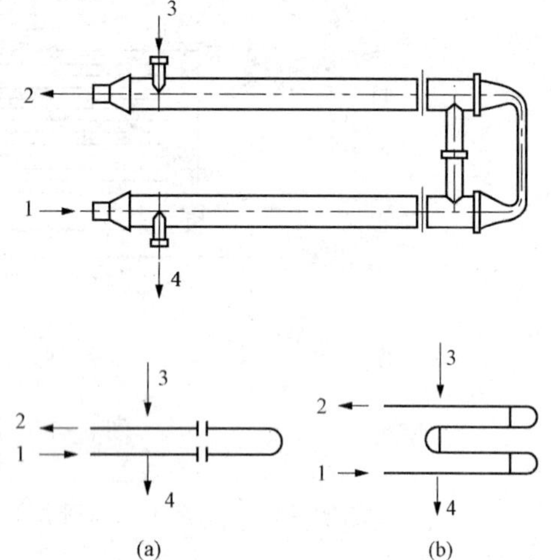

图 5-20 单管式汽-水快速式水加热器

(a) 并联；(b) 串联

1—冷水；2—热水；3—蒸汽；4—凝水

快速式水加热器体积小、安装方便、热效高，但不能贮存热水、水头损失大、出水温度波动大，适用于用水量大且比较均匀的热水供应系统。

(4) 半容积式水加热器。半容积式水加热器是带有适量贮存与调节容积的内藏式容积式水加热器，是从外国引进的设备。其贮热水罐与快速换热器隔离，冷水在快速换热器内迅速加热后，进入贮热水罐，当管网中热水用水量小于设计用水量时，热水一部分流入罐底部被重新加热，其构造如图 5-21 所示。

我国研制的 HRV 型半容积式水加热器装置的构造如图 5-22 所示，其特点是取消了内循环泵，被加热水进入快速换热器被迅速加热，然后由下降管强制送到贮热水罐的底部，再向上流动，以保持整个贮热水罐内的热水温度相同。

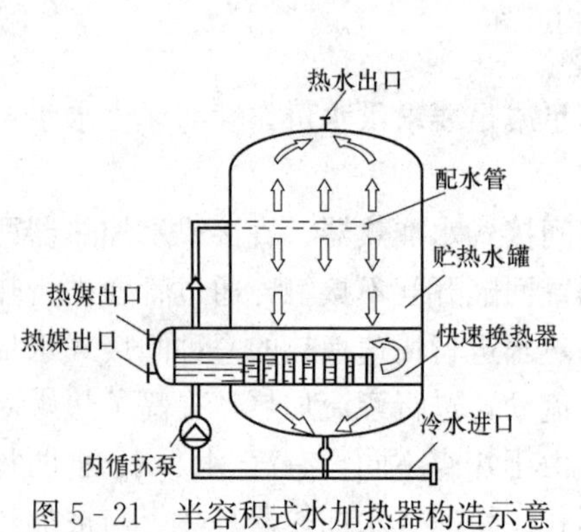

图 5-21 半容积式水加热器构造示意

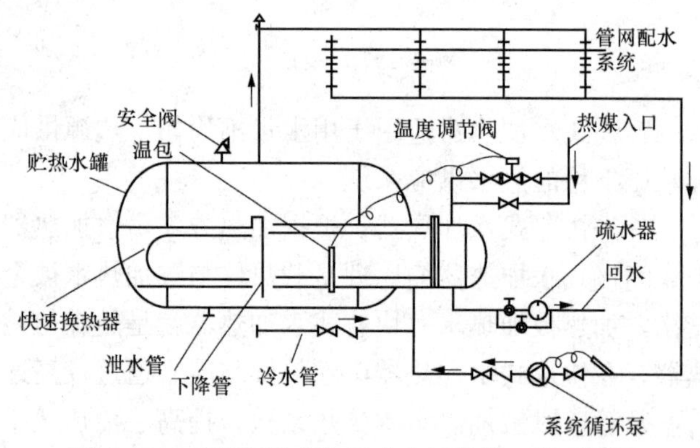

图 5-22 HRV 型半容积式水加热器工作系统图

半容积式水加热器有一定的调节容积，对温控阀的要求不高（温控阀的精度为±4℃），供水水温、水压较稳定，具有体型小、加热快、换热充分、供水温度稳定、罐体容积利用率高的优点，但设备用房占地面积较大。半容积式水加热器适用于热媒供应较充足（能满足设计小时耗热量的要求）或要求供水水温、水压较平稳的系统。

（5）半即热式水加热器。半即热式水加热器是带有超前控制，具有少量贮水容积的快速式水加热器，如图5-23所示为其构造示意。

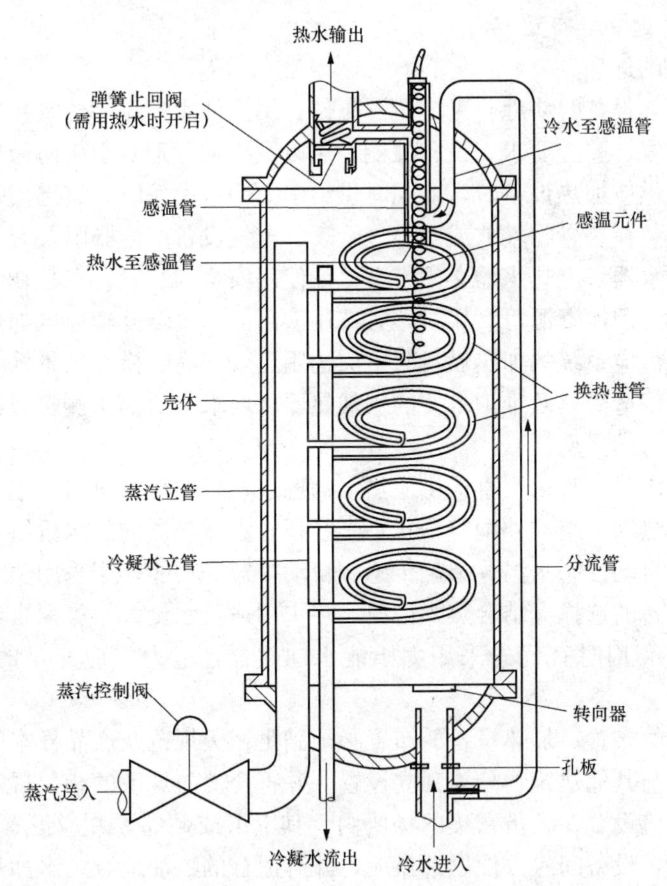

图5-23　半即热式水加热器构造示意

热媒由底部进入各并联盘管，冷凝水经立管从底部排出，冷水经底部孔板流入罐内，并有少量冷水经分流管至感温管。冷水经转向器均匀进入罐底并向上流过盘管得到加热，热水由上部出口流出，同时部分热水进入感温管开口端。冷水以与热水用水量呈比例的流量由分流管同时进入感温管，感温元件读出感温管内冷、热水的瞬间平均温度，向控制阀发送信号，按需要调节控制阀，以保持所需热水温度。只要配水点有用水需要，感温元件能在出口水温未下降的情况下，提前发出信号开启控制阀，即有了预测性。加热时多排螺旋形薄壁铜质盘管自由收缩膨胀并产生颤动，造成局部紊流区，形成紊流加热，增大传热系数，加快换热速度，由于温差作用，盘管不断收缩、膨胀，可使传热面上的水垢自动脱落。

半即热式水加热器具有传热系数大，热效高，体积小，加热速度快，占地面积小、热水贮存容量小（仅为半容积式水加热器的1/5）的特点，适用于热媒能满足设计秒流量所需耗热量、系统用水较为均匀的热水系统及各种机械循环热水供应系统。

(6) 加热水箱和热水贮水箱。加热水箱是一种直接加热的热交换设备，在水箱中安装蒸汽穿孔管或蒸汽喷射器，给冷水直接加热；也可在水箱内安装排管或盘管给冷水间接加热。加热水箱常用于公共浴室等用水量大而均匀的定时热水供应系统。

热水贮水箱（罐）是专门调节热水量的设施，常设在用水不均匀的热水供应系统中，用以调节水量、稳定出水温度。

3. 加热设备的选择与布置

(1) 加热设备的选择

选择加（贮）热设备时应综合考虑热源条件、用户使用特点、建筑物性质、耗热量、供水可靠性、安装位置、安全要求、设备性能特点以及维护管理及卫生防菌要求等因素。

选用局部热水供应加热设备时，需同时供给多个用水设备时，宜选用带贮容积的加热设备；热水器不应安装在易燃物堆放或对燃气管表、电气设备产生影响及有腐蚀性气体和灰尘多的场所；燃气热水器、电热水器必须带有保证使用安全的装置，严禁在浴室内安装直燃式燃气热水器；当有太阳能资源可利用时，宜选用太阳能热水器并辅以电加热装置。

选择集中热水供应系统的加热设备时，应选用热效率高、换热效果好、节能、节省设备用房、安全可靠、构造简单及维护方便的水加热器；要求生活热水侧阻力损失小，有利于整个系统冷、热水压力的平衡。

当采用自备热源时，宜采用直接供应热水的燃气、燃油热水机组，也可采用间接供应热水的自带换热器的热水机组或外配容积式、半容积式水加热器的热水机组，并具有燃料燃烧完全、消烟除尘、自动控制水温、火焰传感、自动报警等功能；当采用蒸汽或高温水为热源时，间接水加热设备的选择应结合热媒情况、热水用途及水量大小等因素经技术经济比较后确定；有太阳能可利用时宜优先采用太阳能水加热器，电力供应充足的地区可采用电热水器。

(2) 加热设备的布置。加热设备的布置必须满足相关规范及产品样本的要求。热水机组不宜露天布置，宜与其他建筑物分离独立设置，并符合消防规范的相关规定。机组设备间设在建筑物内时，不应设置在人员密集的场所内、其上下或贴邻，并应设置对外的安全出口。当热水机组燃油时，设备间应方便燃油供应，并有适合的贮油地点。水加热设备和贮热设备可设在锅炉房或单独房间内，房间尺寸应满足设备进出、检修、人行通道、设备之间净距的要求，并符合通风、采光、照明、防水等要求。热媒管道、凝结水管道、凝结水箱、水泵、热水贮水箱、冷水箱及膨胀管、水处理装置的位置和标高，热水进、出口的位置、标高应符合安装和使用要求，并与热水管网相配合。

水加热设备的上部、热媒进出口管上及贮热水罐上应装设温度计、压力表；热水循环管上应装设控制循环泵开停的温度传感器；压力罐上就设安全阀，其泄水管上不得安装阀门并引到安全的地方。

水加热器上部附件的最高点至建筑结构最低点的净距应满足检修要求，并不得小于0.2m，房间净高不得小于2.2m，热水机组的前方不少于机组长度2/3的空间，后方应留0.8～1.5m的空间，两侧通道宽度应为机组宽度，且不小于1.0m。机组最上部部件（烟囱除外）至屋顶最低点净距不得少于0.8m。机组安装位置宜有高出地面50～100mm的安装基座。

5.3　热水系统的管材及附件

5.3.1　热水供应系统的管材和管件

（1）热水供应系统的管材和管件，应符合现行有关产品的国家标准和行业标准的要求。管道的工作压力和工作温度不得大于产品标准标定的允许工作压力和工作温度。热水管道应选用耐腐蚀、安装连接方便可靠的管材，可选用薄壁铜管、薄壁不锈钢管、塑料热水管、塑料和金属复合热水管等。

（2）当采用塑料热水管或塑料和金属复合热水管材时，管道的工作压力应按相应温度下的容许工作压力选择。由于塑料材质脆、怕撞击，故设备机房内的管道不应采用塑料热水管。

（3）管道与管件宜为相同材质。由于塑料的伸缩系数大于金属的伸缩系数，如管道采用塑料管、管件为金属材质时，易在接头处出现胀缩漏水的问题。

（4）定时供应热水系统内水温经常发生冷热变化，不宜选用塑料热水管。

5.3.2　热水供应系统的附件

1. 自动温度调节器

为了节能节水、安全供水，在水加热设备的热媒管道上应装设自动温度控制装置来控制和调节出水温度。水加热设备的出水温度应根据贮热调节容积的大小分别采用不同级别精度的自动温度控制装置，自动温度调节器可按温度范围和精度要求查相关设计手册。自动温度控制装置常采用直接式或间接式自动温度调节器，它实质上由阀门和温包组成，温包放在水加热器热水出口管道内，感受温度自动调节阀门的开启及开启度大小，阀门放置在热媒管道上，自动调节进入水加热器的热媒量，其构造原理如图5-24所示，其安装方法如图5-25所示。

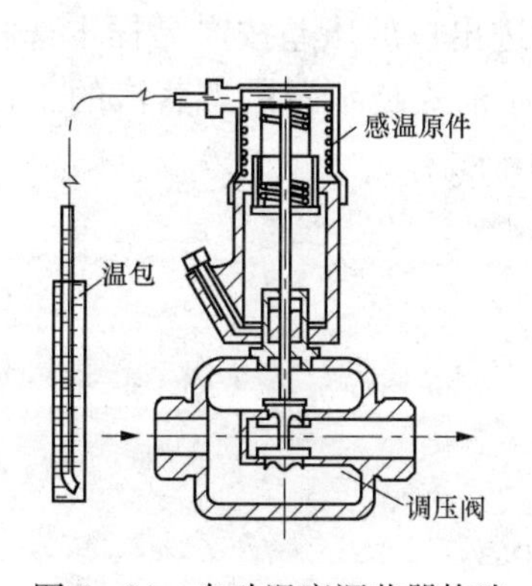

图5-24　自动温度调节器构造

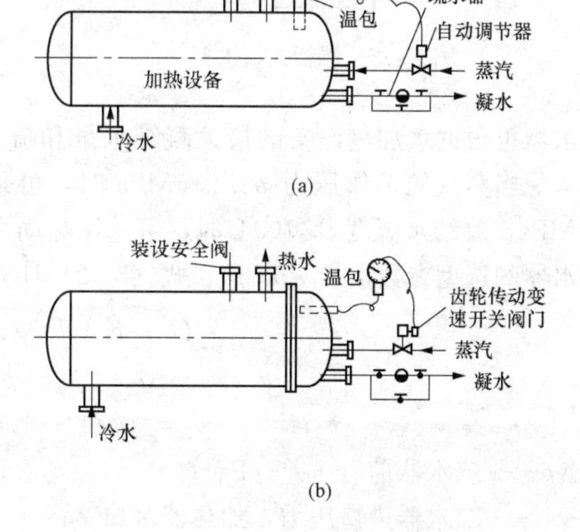

图5-25　自动温度调节器安装示意

（a）直接式自动温度调节；（b）间接式自动温度调节

水加热设备上部、热媒进出口管上，贮热水罐和冷热水混合器上等位置均应装温度计、压力表，便于工作人员观察和判断设备及系统运行情况；热水循环进水管上应装温度计及控制循环泵开关的温度传感器；热水箱应装温度计、水位计。

密闭系统中的水加热器、贮水器、锅炉、分汽缸、分水器、集水器等各种承压设备，以及热水加压泵、循环泵的出水管上均应装设压力表，以便操作人员观察其运行工况，减少和避免一些偶然的不安全事故。

2. 疏水器

疏水器的作用是自动排出管道和设备中的凝结水，同时阻止蒸汽流失。为保证使用效果，疏水器前应装过滤器。以蒸汽为热媒的间接加热供水方式的管路中，应在每台用汽设备（如水加热器、开水器等）凝结水回水管上装设疏水器，每台加热设备各自装设疏水器是防止水加热器热媒阻力不同（即背压不同）相互影响疏水器工作的效果。蒸汽立管最低处、蒸汽管下凹处的下部宜设疏水器。当水加热器换热能确保凝结水回水温度不大于80℃时，可不装疏水器。

疏水器按其工作压力有低压和高压之分，热水系统通常采用高压琉水器，一般可选用浮桶式疏水器（见图5-26）和热动力式疏水器（见图5-27）。浮桶式疏水器属机械型疏水器的一种，它依靠蒸汽和凝结水的密度差工作。热动力式疏水器是利用相变原理靠蒸汽和凝结水热动力学特性的不同来工作的。

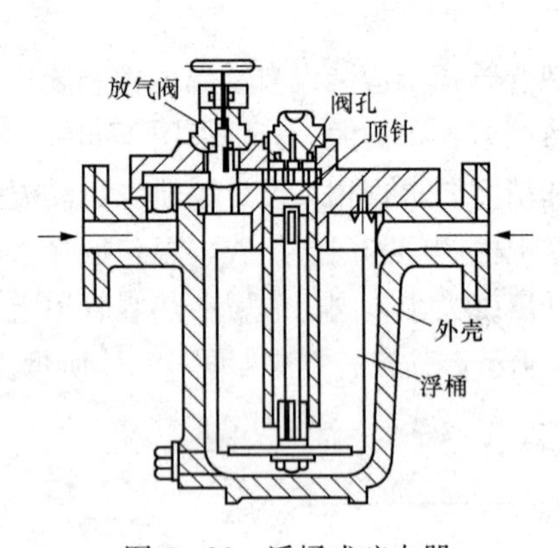

图5-26 浮桶式疏水器

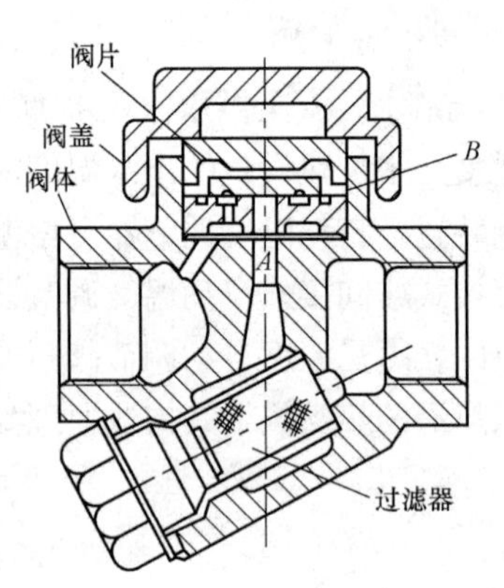

图5-27 热动力式疏水器

疏水器可根据水加热设备的最大凝结水量和疏水器进出口的压差按产品样本选择。同时，应考虑当蒸汽的工作压力 $p \leqslant 0.6$MPa时，可采用浮桶式疏水器；当蒸汽的工作压力 $p \leqslant 1.6$MPa，凝结水温度 $t \leqslant 100$℃时，可选用热动力式疏水器。

疏水器的选型参数按式（5-1）、式（5-2）计算

$$G = KA\,d^2\sqrt{\Delta p} \tag{5-1}$$

$$\Delta p = p_1 - p_2 \tag{5-2}$$

其中 $$p_2 = (0.4 \sim 0.6)p_1$$

式中 Δp——疏水器前后压差（Pa）；

p_1——疏水器进口压力，加热器进口蒸汽压力（Pa）；

p_2——疏水器出口压力（Pa）；

G——疏水器排水量（kg/h）；

A——排水系数，对于浮桶式疏水器可查表5-1；

d——疏水器排水阀孔直径（mm）；

K——选择倍数，加热器可取 3。

表 5-1　排水系数 A 值

d(mm)	Δp(kPa)									
	100	200	300	400	500	600	700	800	900	1000
	A									
2.6	25	24	23	22	21	20.5	20.5	20	20	19.8
3	25	23.7	22.5	21	21	20.4	20	20	20	19.5
4	24.2	23.5	21.6	20.6	19.6	18.7	17.8	17.2	16.7	16
4.5	23.8	21.3	19.9	18.6	18.3	17.7	17.3	16.9	16.6	16
5	23	21	19.4	18.5	18	17.3	16.8	16.3	16	15.5
6	20.8	20.4	18.8	17.9	17.4	16.7	16	15.5	14.9	14.3
7	19.4	18	16.7	15.9	15.2	14.8	14.2	13.8	13.5	13.5
8	18	16.4	15.5	14.5	13.8	13.2	12.6	11.7	11.9	11.5
9	16	15.3	14.2	13.6	12.9	12.5	11.9	11.5	11.1	10.6
10	14.9	13.9	13.2	12.5	12	11.4	10.9	10.4	10	10
11	13.6	12.6	11.8	11.3	10.9	10.6	10.4	10.2	10	9.7

疏水器的安装应符合以下要求：

（1）疏水器的安装位置应便于检修，并尽量靠近用汽设备，安装高度应低于设备或蒸汽管道底部 150mm 以上，以便凝结水排出。

（2）浮筒式或钟形浮子式疏水器应水平安装。

（3）疏水器一般不装设旁通管。对于特别重要的加热设备，如不允许短时间中断排除凝结水或生产上要求速热时，可考虑装设旁通管。旁通管应在疏水器上方或同一平面上安装，避免在疏水器下方安装。

（4）当采用余压回水系统、回水管高于疏水器时，应在琉水器后装设止回阀。

（5）当疏水器距加热设备较远时，宜在疏水器与加热设备之间安装回汽支管。

（6）当凝结水量很大，一个疏水器不能排除时，则需几个疏水器并联安装。并联安装的疏水器应同型号、同规格，一般适宜并联 2 个或 3 个疏水器，且必须安装在同一平面内。

3. 减压阀

减压阀是通过启闭件（阀瓣）的节流来调节介质压力的阀门。按其结构不同分为弹簧薄膜式、活塞式、波纹管式等，常用于空气、蒸汽等管道。图 5-28 所示为 Y43H-6 型活塞式减压阀的构造示意。

（1）蒸汽减压阀的选择与计算。根据蒸汽流量计算出所需阀孔截面积，然后查产品样本确定其型号。

蒸汽减压阀阀孔截面积可按式（5-3）计算

$$f=\frac{G}{0.6q} \tag{5-3}$$

式中　f——所需阀孔截面积（cm^2）；

G——蒸汽流量（kg/h）；

0.6——减压阀流量系数；

q——通过每平方厘米阀孔截面积的理论流量［$kg/(cm^2 \cdot h)$］，可按图 5-29 查得。

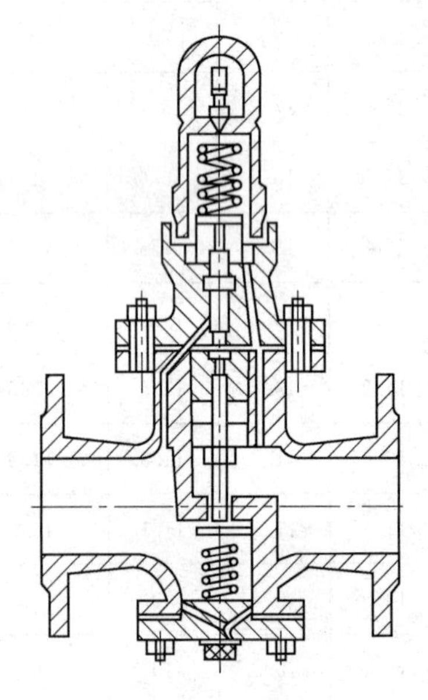

图 5-28　Y43H-6 型活塞式减压阀的构造示意

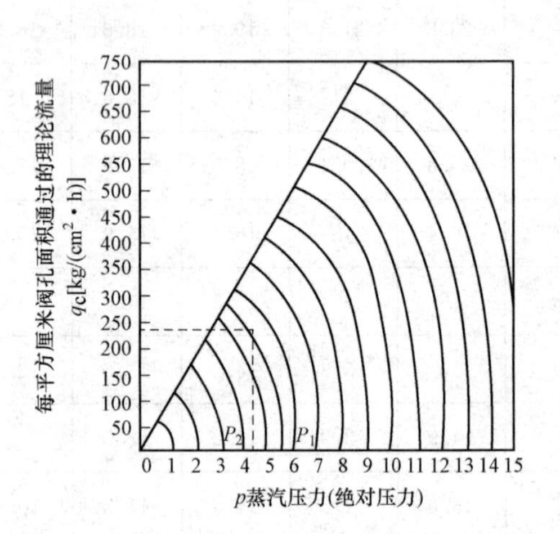

图 5-29　减压阀工作孔口面积选择图

【例 5-1】　某容积式水加热器采用蒸汽作为热媒，蒸汽管网压力（减压阀前绝对压力）为 $p_1=5.4\times10^5$Pa，水加热器要求压力（减压阀后的绝对压力）不能大于 $p_2=4.5\times10^5$Pa，蒸汽流量 G=2000kg/h，求减压阀所需孔口截面积。

解：根据 p_1、p_2 由图 5-8 查得 $q=2400kg/(cm^2 \cdot h)$，由式（5-3）可得

$$f=\frac{G}{0.6q}=\frac{2000}{0.6\times240}=13.89cm^2$$

由计算所得 f 值查相关产品样本选定减压阀的公称直径。

（2）蒸汽减压阀的安装。蒸汽减压阀的阀前后压力之比不应超过 5～7，超过时应采用 2 级减压；活塞式减压阀的阀后压力不应小于 100kPa，如必须送到 70kPa 以下时，则应在活塞式减压阀后增设波纹管式减压阀或截止阀进行二次减压；减压阀的公称直径应与管道一致，产品样本列出的阀孔面积值是指最大截面积，实际选用时应小于此值。

比例式减压阀宜垂直安装，可调式减压阀宜水平安装。安装节点还应安装阀门、过滤器、安全阀、压力表及旁通管等附件，如图 5-30 所示，安装尺寸见表 5-2。

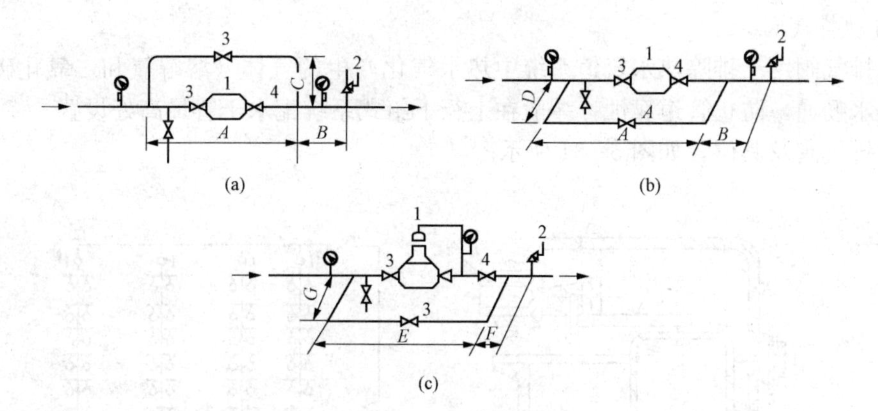

图5-30 减压阀安装示意

(a) 活塞式减压阀旁通管垂直安装；(b) 活塞式减压阀旁管水平安装；(c) 薄膜式或波纹管减压涡的安装

1—减压阀；2—安全阀；3—法兰截止阀；4—低压截止阀

表5-2　　减压阀安装尺寸　　mm

减压阀公称直径DN(mm)	A	B	C	D	E	F	G
25	1100	400	350	200	1350	250	200
32	1100	400	350	200	1350	250	200
40	1300	500	400	250	1500	300	250
50	1400	500	450	250	1600	300	250
65	1400	500	500	300	1650	350	300
80	1500	550	650	350	1750	350	350
100	1600	550	750	400	1850	400	400
125	1800	600	800	450			
150	2000	650	850	500			

4. 安全阀

加热设备为压力容器时，应按压力容器设置要求安装安全阀（应由制造厂配套提供）；闭式热水供应系统的日用热水量小于或等于30m³时，可采用设置安全阀泄压的措施。

水加热器宜采用微启式弹簧安全阀，并设防止随意调整螺栓的装置；安全阀的开启压力一般为热水系统工作压力的1.1倍，但不得大于水加热器本体的设计压力（一般分为0.6、1.0、1.6MPa三种规格）。

安全阀的接管直径应比计算值放大一级，并应符合锅炉及压力容器的有关规定。安全阀的设置位置应便于检修，应直立安装在水加热器的顶部，其排出口应设导管将排泄的热水引至安全地点。安全阀与设备之间不得装设取水管、引气管或阀门。

5. 自动排气阀

自动排气阀用于排除热水管道系统中热水气化产生的气体（溶解氧和二氧化碳），以保证管内热水畅通，防止管道腐蚀，一般在上行下给式系统配水干管最高处设置。

自动排气阀及其位置如图 5-31 所示。

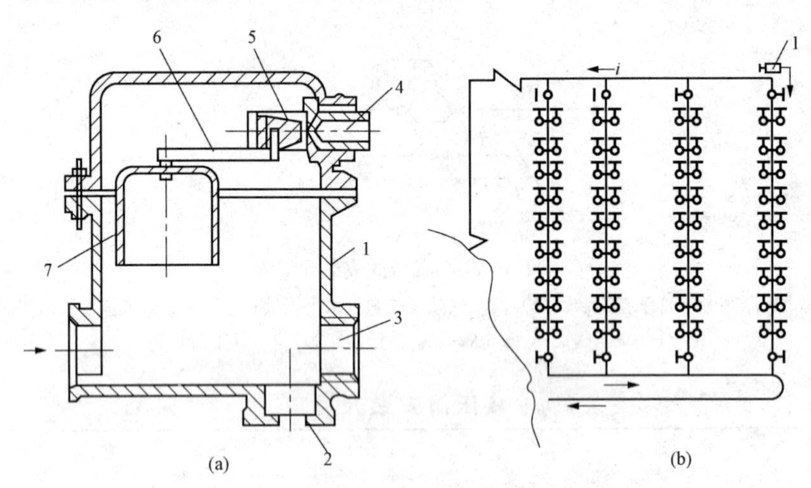

图 5-31 自动排气阀及其安装位置

(a) 自动排气阀构造示意；(b) 自动排气阀的安装位置

1—排气阀体；2—直角安装出水口；3—水平安装出水口；4—阀座；5—滑阀；6—杠杆；7—浮钟

6. 自然补偿管道和伸缩器

热水管道随水温变化会产生伸缩，因而承受内应力。如果伸缩量得不到补偿，当管道所承受的内应力超过自身的极限时就会发生弯曲、位移、接头开裂甚至破裂。因此，热水管道系统应采取补偿管道热胀冷缩的措施，常用的技术措施有自然补偿和伸缩器补偿。自然补偿是利用管道敷设自然形成的 L 型或 Z 型弯曲管段，来补偿管道的温度变形。当直线管段较长，不能依靠自然补偿作用时，需每隔一定距离设置伸缩器来补偿管道伸缩量。

管道的热伸长量按式（5-4）计算

$$\Delta L = \alpha(t_2 - t_1)L \tag{5-4}$$

式中 ΔL——管道的热伸长（膨胀）量（mm）；

t_2——管道中热水最高温度（℃）；

t_1——管道周围环境温度（℃），一般取 $t_1 = 5$℃；

α——线膨胀系数[mm/(m·℃)]，见表 5-3；

L——计算管段长度（m）。

表 5-3 **不同管材的 α 值**

管材	PP-R	PEX	PB	ABS	PVC-U	PAP	薄壁铜管	钢管	无缝铝合金衬塑	PVC-C	薄壁不锈钢管
α	0.16～(0.14～0.18)	0.15 (0.2)	0.13	0.1	0.07	0.025	0.02 (0.017～0.018)	0.012	0.025	0.08	0.0166

(1) 自然补偿管道。热水管道应尽量利用自然补偿，即利用管道敷设的自然弯曲、折转等吸收补偿管道的温度变形，在直线距离较短、转向多的室内管段可采用这种技术措施。通常在转弯前后的直线段上设置固定支架，让其伸缩在弯头处补偿，一般L型壁和Z型平行伸长壁不宜大于20～25m。

方形补偿器如图5-32所示。

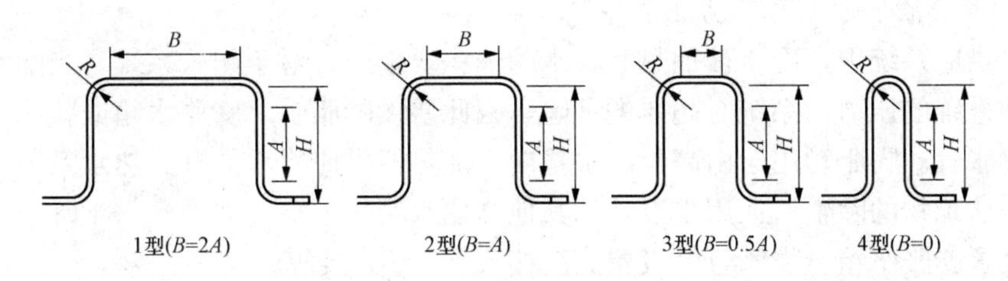

图5-32　方形补偿器

(2) 伸缩器。当直线管段较长无法利用自然补偿时，应每隔一定的距离设置伸缩器，如塑料伸缩节、不锈钢波纹管、多球橡胶软管接头等，如图5-33所示。

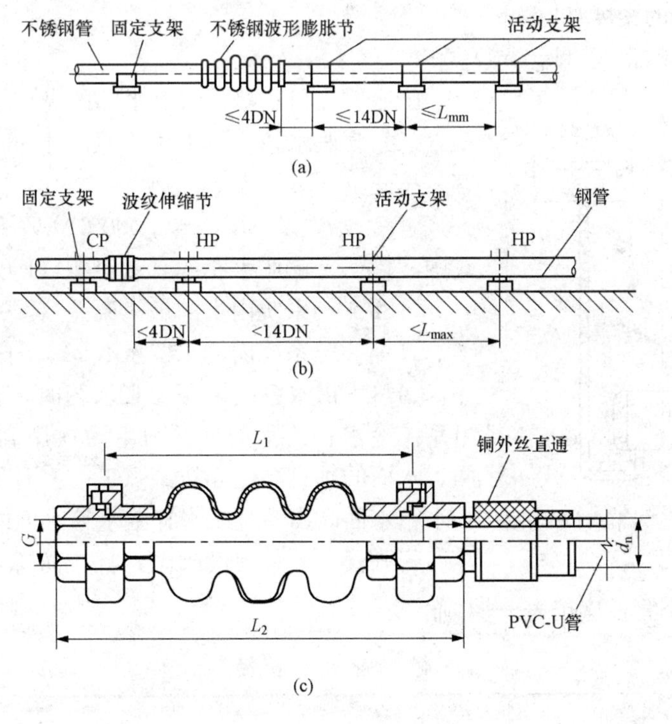

图5-33　波纹伸缩节

(a) 不锈钢波纹膨胀节；(b) 波纹伸缩节；(c) 多球橡胶伸缩节

不锈钢波形膨胀节是由一层或多层薄壁不锈钢管坯制成的环形波纹管，波形膨胀节的波数应按管道同定支架内管道长度和膨胀节的理论特性经计算伸缩量确定，选择波数时要计算其弯曲变形、疲劳寿命和安全系数。

波纹伸缩节的安装位置应靠近固定支架处，其后的导向性活动支架可按安装图要求的尺寸布置，铜管固定支架每隔 10～20m 设置。立管的固定支架应设置在楼面或有钢筋混凝土梁、板处。横管的固定支架应设置在钢筋混凝土柱、梁、板处。波纹允许伸缩量可按 60%值选用。

室内塑料伸缩节有多球橡胶伸缩节和伸缩塑料伸缩节，前者宜用于横管，后者宜用于立管。

7. 膨胀管、膨胀水箱和压力膨胀罐

在热水供应系统中，冷水被加热后，水的体积要膨胀，对于闭式系统，当配水点不用水时，会增加系统的压力，系统有超压的危险，因此要设膨胀管、膨胀水箱或膨胀水罐。

(1) 膨胀管。膨胀管用于由高位冷水箱向水加热器供应冷水的开式热水系统，可将膨胀管引至同一建筑物的除生活饮用水以外的其他高位水箱的上空，如图 5-34 所示。当无此条件时，应设置膨胀水箱。膨胀管的设置高度按式（5-5）计算

$$h = H\left(\frac{\rho_l}{\rho_r} - 1\right) \tag{5-5}$$

式中 h——膨胀管高出生活饮用高位水箱水面的垂直高度（m）；

H——锅炉、水加热器底部至生活饮用高位水箱水面的高度（m）；

ρ_l——冷水的密度（kg/m^3）；

ρ_r——热水的密度（kg/m^3）。

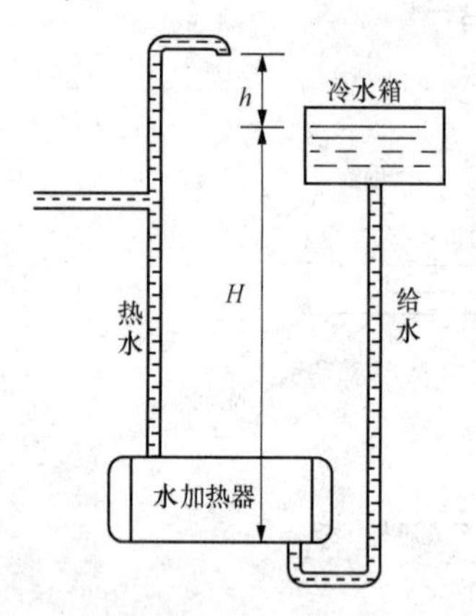

图 5-34 膨胀管安装高度计算用图

膨胀管出口离接入水箱水面的高度不应小于 100mm。

(2) 膨胀水箱。热水供应系统上如设置膨胀水箱，其容积按式（5-6）计算

$$V_p = 0.000\,6\Delta t\, V_s \tag{5-6}$$

式中 V_p——膨胀水箱的有效容积（L）；

Δt——系统内水的最大温差（℃）；

V_s——系统内的水容量（L）。

当热水供水系统设有膨胀水箱时，膨胀水箱水面应高出系统冷水补给水面（常为生活饮用高位水箱）的水面。两者水面的垂直高度亦按式（5-5）计算，此时 h 是指膨胀水箱水面高出系统冷水补给水箱水面的垂直高度。

膨胀管上严禁装设阀门，且应防冻，以确保热水供应系统安全。其最小管径应按表 5-4 确定。

表 5-4　　膨胀管最小管径

锅炉或水加热器的传热面积（m^2）	<10	10～15	15～20	≥20
膨胀管的最小管径（mm）	25	32	40	50

注　对多台锅炉或水加热器应分设膨胀管。

(3) 膨胀水罐。日用热水量小于或等于 $30m^3$ 的热水供应系统，可采用安全阀等泄压的措施；日用热水量大于 $30m^3$ 的热水供应系统应设置压力式膨胀罐（见图 5-35）。用以容纳贮热设备及管道内的水升温后的膨胀量，防止系统超压，保证系统安全运行。压力膨胀水罐

宜设置在加热设备的热水回水管上。与压力膨胀罐连接的热水管上不得装阀门。

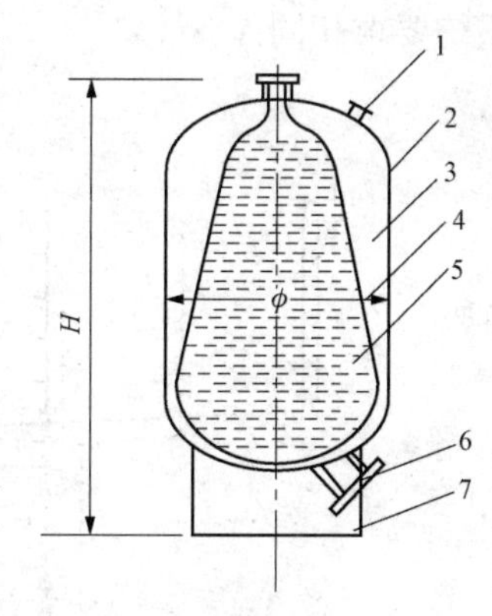

图5-35　隔膜式压力膨胀罐
1—充气嘴；2—外壳；3—气室；4—隔膜；5—水室；6—接管口；7—罐座

膨胀水罐的总容积按式（5-7）计算

$$V_e = \frac{(\rho_f - \rho_r)\, p_2}{(p_2 - p_1)\, \rho_r} V_s \qquad (5-7)$$

式中　V_e——膨胀水箱的总容积（m^3）；

ρ_f——加热前加热、贮热设备内水的密度（kg/m^3），相应ρ_f的水温，加热设备为单台且为定时供应热水的系统，可按进加热设备的冷水温度t_1计算，加热设备为多台的全日制热水供应系统，可按最低回水温度确定；

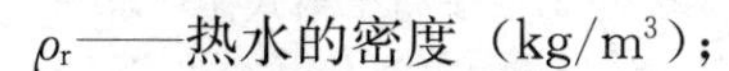
ρ_r——热水的密度（kg/m^3）；

p_1——膨胀水罐处管内水压力（MPa）（绝对压力），为管内工作压力加0.1MPa；

p_2——膨胀水罐处管内最大允许水压力（MPa）（绝对压力）；其数值可取$1.10p_1$；

V_s——系统内的热水总容积（m^3），当管网系统不大时，V_S可按水加热设备的容积计算。

【例5-2】　某建筑热水系统由生活饮用高位水箱补水，水加热器底部至生活饮用高位水箱水面的高度为50m，冷水密度为0.999 7kg/L，热水密度为0.983 2kg/L。则膨胀管应高出生活饮用高位水箱水面多少？

解：膨胀管高出生活饮用高位水箱水面的垂直高度，按式（5-5）计算

$$h = H\left(\frac{\rho_1}{\rho_r} - 1\right) = 50 \times \left(\frac{0.999\ 7}{0.983\ 2} - 1\right) = 0.84\text{m}$$

【例5-3】　某建筑热水系统的水容积为1000L，设膨胀水箱，水加热器底部至系统冷水补给水箱水面的高度为50m，水的最大温差为55℃，冷水密度为0.999 7kg/L，热水密度为0.983 2kg/L。则：膨胀水箱的有效容积为多少？膨胀水箱水面应高出冷水补给水箱水面多少？

解：膨胀水箱水面高出冷水补给水箱水面的垂直高度，按式（5-5）计算

$$h = H\left(\frac{\rho_1}{\rho_r} - 1\right) = 50 \times \left(\frac{0.999\ 7}{0.983\ 2} - 1\right) = 0.84\text{m}$$

将已知条件代入式（5-6）

$$V_p = 0.000\ 6\Delta t V_s = 0.000\ 6 \times 55 \times 1000 = 33\text{L}$$

则膨胀水箱水面应高出冷水补给水箱水面0.84m，膨胀水箱的有效容积为33L。

5.4　热水管网的敷设、保温与防腐

5.4.1　热水管网的布置

热水管网的布置可采用下行上给式或上行下给式，如图5-36和图5-37所示，布置时应注意到因水温高引起的体积膨胀、管道保温、伸缩补偿、排气、防腐等问题，其他与给水

系统要求相同。

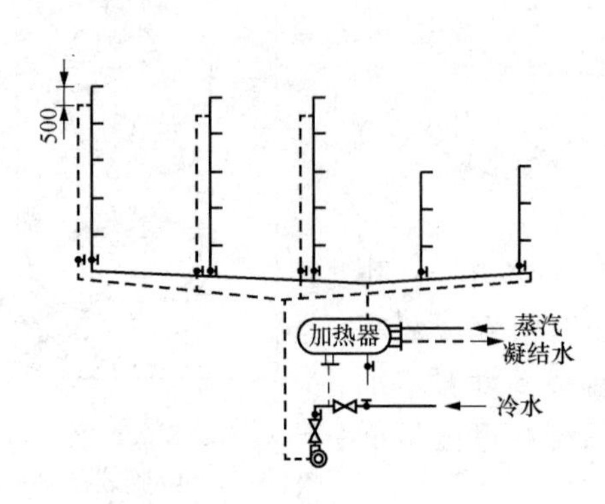

图 5-36 下行上给式循环系统

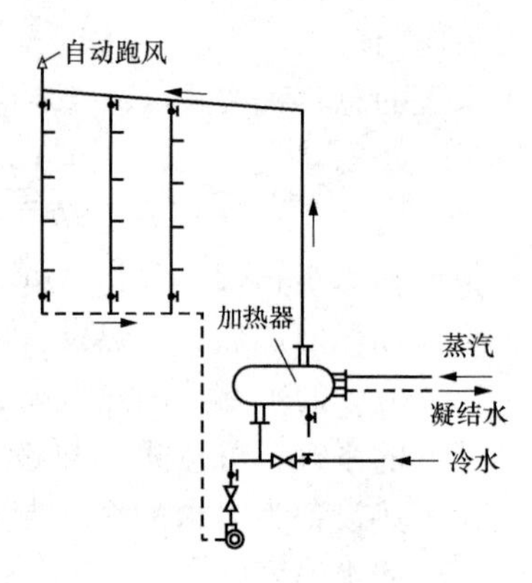

图 5-37 上行下给式循环系统

(1) 上行下给式的配水干管的最高点应设排气装置（自动排气阀、带手动放气阀的集气罐和膨胀水箱），热水管网水平干管可布置在顶层吊顶内或专用技术设备层内，并设有与水流方向相反且不小于 0.003 的坡度。

(2) 下行上给式布置时，水平干管可布置在地沟内或地下室顶部，不允许埋地敷设。对线膨胀系数大的管材要特别重视直线管段的补偿，应有足够的伸缩器，并利用最高配水点排气，方法是在配水立管最高配水点下 0.5m 处连接循环回水立管。

(3) 热水横管均应设与水流方向相反的坡度，要求坡度不小于 0.003，管网最低处设泄水阀门，以便维修。热水管与冷水管平行布置时，热水管在上、左，冷水管在下、右。

(4) 工业企业生活间和学校的淋浴室宜采用单管热水供应系统。多于 3 个淋浴器的公共浴室，其配水管道宜布置成环形，以避免或减少启闭某一淋浴器阀门时对其他淋浴器出水水温的影响。

公共浴室内浴盆、洗涤池等卫生洁具启闭时，引起淋浴器管网内水压、出水流量变化而导致出水水温不稳定。为此，应将连接给水额定流量较大的用水设备的管道与淋浴器配水管道分开设置。

成组淋浴器的配水管，当淋浴器小于或等于 6 个时，其沿程水头损失可采用每米不大于 300Pa；当淋浴器多于 6 个时，可采用每米不大于 350Pa。

配水管不宜变径，且其最小管径不得小于 25mm。

5.4.2 热水管网的敷设

(1) 室内热水管网的敷设可分为明设和暗设两种形式。明设管道尽可能敷设在卫生间、厨房墙角处，沿墙、梁、柱暴露敷设。暗设管道可敷设在管道竖井或预留沟槽内，塑料热水管宜暗设。

(2) 热水管道穿过建筑物的楼板、墙壁和基础时应加套管，热水管道穿越屋面及地下室外墙时应加防水套管。热水管道穿越楼板时应加套管是为了防止管道膨胀伸缩移动造成管外壁四周出现缝隙，引起上层漏水至下层的事故。一般套管内径应比通过热水管的外径大 2～3 号，中间填不燃烧材料再用沥青油膏之类的软密封防水填料灌平。穿过可能有积水的房间地面或楼板时，套管应高出地面 50～100mm，以防止套管缝隙向下流水。

（3）塑料热水管材质脆，刚度（硬度）较差，应避免撞击、紫外线照射，故宜暗设。对于外径 de≤25mm 的聚丁烯管、改性聚丙烯管、交联聚乙烯管等柔性管一般可以将管道直埋在建筑垫层内，但不允许将管道直接埋在钢筋混凝土结构墙板内。埋在垫层内的管道不应有接头。外径 de≥32mm 的塑料热水管可敷设在管井或吊顶内。塑料管明设时立管宜布置在不受撞击处，如不能避免时，应在管外加保护措施。

（4）在配水立管和回水立管的端点，从立管接出的支管、3 个和 3 个以上配水点的配水支管及居住建筑和公共建筑中每一户或单元的热水支管上，均应设阀门，如图 5-38 所示。

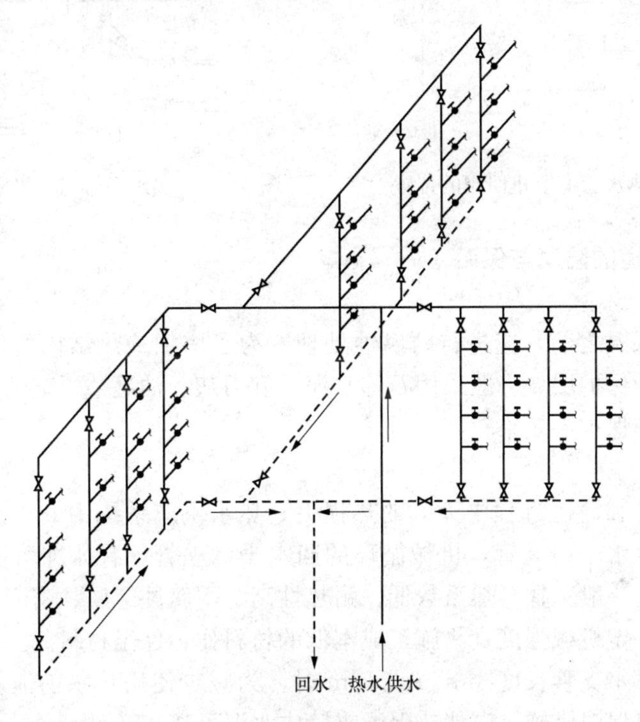

图 5-38　热水管网上阀门的安装位置

（5）为防止加热设备内水倒流被泄空而造成安全事故及防止冷水进入热水系统影响配水点的供水温度，热水管道中水加热器或贮水器的冷水供水管、机械循环第二循环回水管和冷热水混水器的冷、热水供水管上应设止回阀，如图 5-39 所示。

（6）当需计量热水总用水量时，应在水加热设备的冷水供水管上装冷水表，对成组和个别用水点可在专供支管上装设热水水表，有集中供应热水的住宅应装设分户热水水表。水表应安装在便于观察及维修的地方。

（7）热水立管与横管连接时，为避免管道伸缩应力破坏管道，应考虑加设管道装置，如补偿器、乙字弯管等，如图 5-40 所示。

（8）热水管道安装完毕后，管道保温之前应进行水压试验。

（9）热水供应系统竣工后必须进行冲洗。

（10）为减少热损失，热水配水干管、贮水罐及水加热器等均需保温，常用的保温材料有石棉灰、蛭石及矿渣棉等，保温层厚度应根据设计确定。

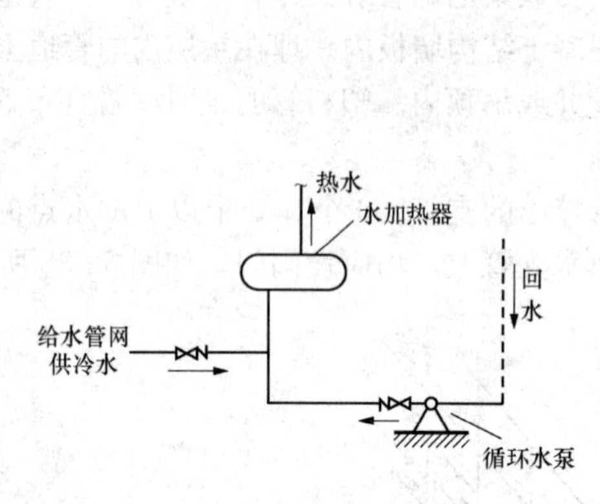

图 5-39 热水管道上止回阀的位置

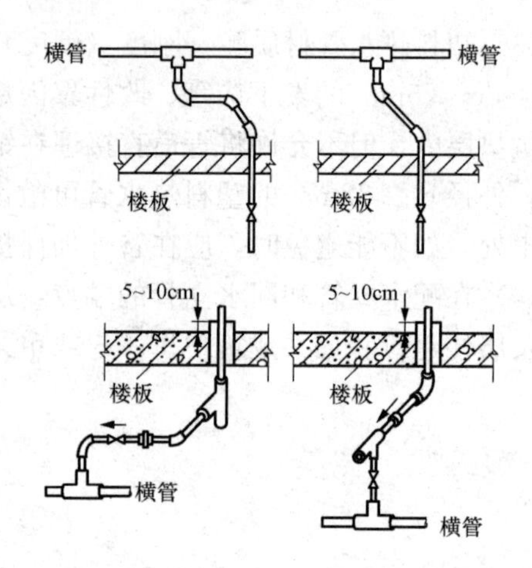

图 5-40 热水立管与水平干管的连接方法

5.4.3 热水管道的防腐与保温

1. 管道的防腐

管道和设备在保温之前，应进行防腐蚀处理。为了增加绝热结构的机械强度及防湿功能，应在绝热层外做保护层。一般采用石棉水泥、麻刀灰、油毛毡、玻璃布、铝箔等作保护层，但用金属薄板作保护层效果较好。

2. 管道的保温

为减少热水制备和输送过程中无效的热损失，热水供应系统中的水加热设备，贮热水器，热水箱，热水供水干、立管，机械循环的回水干、立管，有冰冻可能的自然循环回水干、立管均应保温。一般选择导热系数低、耐热性高、不腐蚀金属、密度小并有一定的孔隙率、吸水性低且有一定机械强度、易施工成本低的材料作为保温材料。

对未设循环的供水支管长度 3m≤L≤10m 时，为减少使用热水前泄放的冷水量，可采用自动调控的电伴热保温措施，电伴热保温支管内水温可按 45℃设计。

热水供、回水管、热媒水管常用的保温材料为岩棉、超细玻璃棉、硬聚氨酯、橡塑泡棉等材料，其保温层厚度可参照表 5-5 采用。蒸汽管用憎水珍珠岩管壳保温时，其厚度见表 5-6。水加热器、热水分集水器、开水器等设备采用岩棉制品、硬聚氨酯发泡塑料等保温时，绝热层厚度可为 35mm。

表 5-5 热水配、回水管、热媒水管保温层厚度

管径 DN(mm)	热水供、回水管				热媒水、蒸汽凝结水管	
	15～20	25～50	65～100	＞100	≤50	＞50
保温层厚度（mm）	20	30	40	50	40	50

表 5-6 蒸汽管保温层厚度

管径 DN(mm)	≤40	50～60	≥80
保温层厚度（mm）	50	60	70

不论采用何种保温材料，管道和设备在保温之前，应进行防腐处理，保温材料应与管道

或设备的外壁紧密相贴密实，并在保温层外表面作防护层。如遇管道转弯处，其保温应作伸缩缝，缝内填柔性材料。

3. 热水供应系统的试压

热水系统安装完毕，管道保温之前应进行水压试验。试验压力应符合设计要求。当设计未注明时，热水供应系统水压试验压力应为系统顶点的工作压力加 0.1MPa，同时在系统顶点的试验压力不小于 0.3MPa。

检验方法是钢管或复合管道系统试验压力下 10min 内压力降不大于 0.02MPa，然后降至工作压力检查，压力应不降，且不渗不漏；塑料管道系统在试验压力下稳压 1h，压力降不得超过 0.05MPa，然后在工作压力 1.15 倍状态下稳压 2h，压力降不得超过 0.03MPa，连接处不得渗漏。

热交换器应以工作压力的 1.5 倍作水压试验。蒸汽部分应不低于蒸汽压力加 0.3MPa，热水部分应不低于 0.4MPa。

检验方法是试验压力下 10min 内压力不下降，不渗不漏。

5.5 热水供应系统的设计

5.5.1 热水用水定额、水温和水质

1. 热水用水定额

生活用热水定额有两种。一是根据建筑物使用性质和内部卫生器具的完善程度以每人每日（或每床位每日等）最高日热水用水量确定，其水温以 60℃计算，见表 5-7。选取时还应考虑当地气候条件等影响因素。二是根据建筑物使用性质以卫生器具的单位用水量来确定，卫生器具的 1 次和 1h 热水用水定额按表 5-8 确定，该热水定额与卫生洁具使用水温有关。

表 5-7　60℃ 热 水 用 水 定 额

序号	建筑物名称		单位	最高日用水定额（L）	使用时间（h）
1	住宅	有自备热水供应和沐浴设备	每人	40～80	24
		有集中热水供应和沐浴设备	每日	60～100	
2	别墅		每人每日	70～110	24
3	单身职工宿舍、学生宿舍、招待所、培训中心、普通旅馆	设公用盥洗室	每人每日	25～40	24 或定时供应
		设公用盥洗室、淋浴室	每人每日	40～60	
		设公用盥洗室、淋浴室、洗衣室	每人每日	50～80	
		设单独卫生间、公用洗衣室	每人每日	60～100	
4	宾馆客房	旅客	每床位每日	120～160	24
		员工	每人每日	40～50	

续表

序号	建筑物名称		单位	最高日用水定额（L）	使用时间（h）
5	医院住院部	设公用盥洗室	每床位每日	60～100	24
		设公用盥洗室、淋浴室	每床位每日	70～130	
		设单独卫生间	每床位每日	110～200	
		医务人员	每人每班	70～130	8
		门诊部、诊疗所	每病人每日	7～13	24
		疗养院、休养所住房部	每床位每日	100～160	
6	养老院		每床位每日	50～70	
7	幼儿园、托儿所	有住宿	每儿童每日	20～40	24
		无住宿	每儿童每日	10～15	10
8	公共浴室	淋浴	每顾客每次	40～60	12
		淋浴、浴盆	每顾客每次	60～80	
		桑拿浴（淋浴、按摩池）	每顾客每次	70～100	
9	理发室、美容院		每顾客每次	10～15	12
10	洗衣房		每千克干衣	15～30	8
11	餐饮厅	营业餐厅	每顾客每次	15～20	10～12
		快餐店、职工及学生食堂	每顾客每次	7～10	12～16
		酒吧、咖啡厅、茶座、卡拉OK房	每顾客每次	3～8	8～18
12	办公楼		每人每班	5～10	8
13	健身中心		每人每次	15～25	12
14	体育场（馆）	运动员淋浴	每人每次	25～35	4
15	会议厅		每座位每次	2～3	4

注 1. 表内所列用水定额均已包括在给水用水定额中。

2. 本表60℃热水水温为计算温度，卫生器具使用时的热水水温见表5-2。

表5-8　　卫生器具的1次和1h热水用水定额及水温

序号	卫生器具名称		一次用水量（L）	小时用水量（L）	使用水温（℃）
1	住宅、旅馆、别墅、宾馆	带有淋浴器的浴盆	150	300	40
		无淋浴器的浴盆	125	250	40
		淋浴器	70～100	140～200	37～40
		洗脸盆、盥洗槽水嘴	3	30	30
		洗脸盆（池）	—	180	50

续表

序号	卫生器具名称			一次用水量（L）	小时用水量（L）	使用水温（℃）
2	集体宿舍、招待所、培训中心淋浴器	有淋浴小间		70～100	210～300	37～40
		无淋浴小间		—	450	37～40
		盥洗槽水嘴		3～5	50～80	30
3	餐饮业	洗涤盆（池）		—	250	50
		洗脸盆	工作人员用	3	60	30
			顾客用	—	120	30
		淋浴器		40	400	37～40
4	幼儿园、托儿所	浴盆	幼儿园	100	400	35
			托儿所	30	120	35
		淋浴器	幼儿园	30	180	35
			托儿所	15	90	35
		盥洗槽水嘴		15	25	30
		洗涤盆（池）		—	180	50
5	医院、疗养院、休养所	洗手盆		—	15～25	35
		洗涤盆（池）		—	300	50
		浴盆		125～150	250～300	40
6	公共浴室	浴盆		125	250	40
		淋浴器	有淋浴小间	100～150	200～300	37～40
			无淋浴小间	—	450～540	37～40
		洗脸盆		5	50～80	35
7	办公楼　洗手盆	—		50～100	35	
8	理发室　美容院	洗脸盆		—	35	35
9	实验室	洗脸盆		—	60	50
		洗手盆		—	15～25	30
10	剧场	淋浴器		60	200～400	37～40
		演员用洗脸盆		5	80	35
11	体育场	淋浴器		30	300	35
12	工业企业生活间	淋浴器	一般车间	40	360～540	37～40
			脏车间	60	180～480	40
		洗脸盆或盥洗槽水龙头	一般车间	3	90～120	30
			脏车间	5	100～150	35
13	净身器			10～15	120～180	30

注　一般车间指现行的《工业企业设计卫生标准》（GB/Z 1—2010）中规定的 3、4 级卫生特征的车间、脏车间指该标准中规定的 1、2 级卫生特征的车间。

生产车间用热水定额应根据生产工艺要求确定。

2. 水温

(1) 热水使用温度。生活用热水水温应满足生活使用的各种需要，卫生器具一次或1h热水用量及使用水温见表5-8。但是，在一个热水供应系统计算中，先确定出最不利点的热水最低水温，使其与冷水混合达到生活用热水的水温要求，并以此作为设计计算的参数，热水锅炉或水加热器出口的最高水温和配水点的最低水温，见表5-9。

表5-9 直接供应热水的热水、热水机组或水加热器出口的最高水温和配水点的最低水温

水质处理情况	热水锅炉、热水机组或水加热器出口的最高水温（℃）	配水点的最低水温（℃）
原水水质无需软化处理，原水水质需水质处理且有且有水质处理	≤75	≥50
原水水质需水质处理但未进行水质处理	≤60	≥50

注 当热水供应系统只供淋浴和盥洗用水，不供洗涤盆（池）用水时，配水点最低水温可不低于40℃。

生产用热水水温根据工艺要求确定。

(2) 热水供应温度。直接供应热水的热水、热水机组或水加热器出口的最高水温和配水点的最低水温按表5-9确定。水温偏低，满足不了要求；水温过高，会使热水系统的管道、设备结垢加剧，且易导致烫伤、积尘、热损失增加等。锅炉或水加热器的出水温度与配水点的最低水温的温差，单体建筑不得大于10℃；小区不得大于12℃。水温差的大小应根据系统的大小、保温材料等作经济技术比较后确定。

设置集中热水供应系统的住宅，配水点的水温不应低于45℃。

(3) 冷水计算温度。在计算热水系统的耗热量时，冷水温度应以当地最冷月平均水温资料确定。无水温资料时，可按表5-10确定。

表5-10 冷水计算温度

分区	地面水温度（℃）	地下水温度（℃）
黑龙江、吉林、内蒙古的全部，辽宁的大部分，河北、山西、陕西偏北部分，宁夏偏东部分	4	6～10
北京、天津、山东全部，河北、山西、陕西的大部分，河北北部，甘肃、宁夏、辽宁的南部，青海偏东和江苏偏北的一小部分	4	10～15
上海、浙江全部，江西、安徽、江苏的大部分，福建北部，湖南、湖北东部，河南南部	5	15～15
广东、台湾全部，广西大部分，福建、云南的南部	10～15	20
重庆、贵州全部，四川、云南的大部分，湖南、湖北的西部，陕西和甘肃秦岭以南地区，广西偏北的一小部分	7	15～20

(4) 冷热水比例计算。在冷热水混合时，应以配水点要求的热水水温、当地冷水计算水

温和冷热水混合后的使用水温求出所需热水量和冷水的比例。

若以混合水量为100%，则所需热水量占混合水的百分数，按式（5-8）计算

$$K_r = \frac{t_h - t_1}{t_r - t_1} \times 100\% \quad (5-8)$$

式中　K_r——热水在混合水中所占百分数；

t_h——混合水水度（℃）；

t_r——热水水温（℃）；

t_1——冷水计算温度（℃）。

所需冷水量占混合水量的百分数K_1，按式（5-9）计算

$$K_1 = 1 - K_r \quad (5-9)$$

【例5-4】　某热水系统供水温度为60℃，冷水温度为10℃，用水温度为40℃，试计算热水量和冷水量占混合水的比例。

解：热水占混合水的百分数为

$$K_r = \frac{t_h - t_1}{t_r - t_1} \times 100\% = \frac{40 - 10}{60 - 10} \times 100\% = 60\%$$

冷水量占混合水的百分数为

$$K_1 = 1 - K_r = 1 - 60\% = 40\%$$

3. 热水水质

（1）热水使用的水质要求。生活热水水质的各项指标应符合《生活饮用水卫生标准》（GB 5749—2006）的要求。集中热水供应系统制备热水的原水是否需要进行处理，应根据水质、水量、水温、水加热设备的构造、使用要求等因素，经技术经济比较按下列条件确定：

1）洗衣房日用热水量（接60℃计）大于或等于10m³且原水总硬度（以碳酸钙计）大于300mg/L时，应进行水质软化处理；原水总硬度（以碳酸钙计）为150～300mg/L时，宜进行水质软化处理。

2）其他生活日用热水量（按60℃计）大于或等于10m³且原水总硬度（以碳酸钙计）大于300mg/L时，宜进行水质软化或阻垢缓蚀处理。

3）经软化处理后的水质总硬度（以碳酸钙计）宜为洗衣房用水50～100mg/L，其他用水75～150mg/L。

4）水质阻垢缓蚀处理应根据水的硬度、适用流速、温度、作用时间或有效长度及工作电压选择合适的物理处理或化学稳定剂处理方法。

5）系统对溶解氧控制要求较高时，宜采取除氧措施。

生产用热水水质应根据工艺要求确定。

（2）水质处理。

1）软化处理。生活热水的原水软化处理一般采用离子交换的方法，适用于原水硬度高且对热水供应要求高、维护管理水平高的高级旅馆、别墅及大型洗衣机房等场所。

2）阻垢缓蚀处理。阻垢缓蚀处理是指采用电、磁、化学稳定剂等物理、化学方法稳定水中钙、镁离子，使其在一定的条件下不形成水垢，延缓对加热设备或管道的腐蚀。生活热水原水的阻垢缓蚀处理有物理法和化学法。物理法主要有磁处理、电场处理和超声波处理等方法。化学法主要是投加聚磷酸盐（硅磷晶）。

3）除气处理。为了减少热水管道和设备的腐蚀，水中的溶解氧不宜超过5mg/L，水中的二氧化碳不宜超过5mg/L。否则，集中热水供应系统制备热水的原水宜在进入加热设备前进行除气处理。

5.5.2 耗热量、热水量与热媒耗量的计算

耗热量、热水量和热媒耗量是热水供应系统中选择设备和管网计算的主要依据。

1. 耗热量计算

集中热水供应系统的设计小时耗热量，应根据用水情况和冷、热水温差计算。

（1）全日供应热水的宿舍（Ⅰ、Ⅱ类）、住宅、别墅、酒店式公寓、招待所、培训中心、旅馆、宾馆的客房（不含员工）、医院住院部、养老院、幼儿园、托儿所（有住宿）、办公楼等建筑的集中热水供应系统的设计小时耗热量应按式（5-10）计算

$$Q_h = k_h \frac{mq_r C(t_r - t_l)\rho_r}{86\ 400} \tag{5-10}$$

式中 Q_h——设计小时耗热量（kJ/h）；

m——用水计算单位数（人数或床位数）；

q_r——热水用水定额[L/(人·d)或L/(床·d)等]，按表5-7采用；

C——水的比热容，C=4187 J/(kg·℃)；

t_r——热水温度，t_r=60℃；

t_l——冷水计算温度（℃），按表5-10选用；

ρ_r——热水密度（kg/L）；

k_h——热水小时变化系数，全日供应热水时可按表5-11采用。

表5-11 热水小时变化系数 K_h 值

类别	住宅	别墅	酒店式公寓	宿舍（Ⅰ、Ⅱ类）	招待所 培训中心 旅馆	宾馆	医院 疗养院	幼儿园 托儿所	养老院
热水用水定额[(L/(人·d)或L/(床·d)]	60～100	70～110	80～100	70～100	25～50 40～60 50～80 60～100	120～160	60～100 70～130 110～200 100～160	20～40	50～70
使用人（床）数	100～6000	100～6000	150～1200	150～1200	150～1200	150～1200	50～1000	50～1000	50～1000
K_h	4.8～2.75	4.21～2.47	4.00～2.58	4.80～3.20	3.84～3.00	3.33～2.60	3.63～2.56	4.8～3.20	3.20～2.74

注 1. K_h应根据热水用水定额高低、使用人（床）数多少取值，当热水用水定额高、使用人（床）数多时取低值，反之取高值，使用人（床）数小于等于下限值及大于等于上限值的，K_h就取下限值及上限值，中间值可用内插法求得。

2. 设有全日制集中热水供应的办公楼、公共浴室等表中未列入的其他类建筑，其K_h可按给水的小时变化系数选值。

（2）定时供应热水的住宅、旅馆、医院及工业企业生活间、公共浴室、宿舍（Ⅲ、Ⅳ类）、剧院化妆间、体育馆（场）运动员休息室等建筑的集中热水供应系统的设计小时耗热量应按式（5-11）计算

$$Q_h = \sum q_h (t_r - t_l)\ \rho_r n_0 bC \tag{5-11}$$

式中　Q_h——设计小时耗热量（kJ/h）；

q_h——卫生器具用水的小时用水定额（L/h），应按表5-8采用；

C——水的比热容，$C=4187J/(kg\cdot℃)$；

t_r——热水温度（℃），按表5-8采用；

t_l——冷水计算温度（℃），按表5-10选用；

ρ_r——热水密度（kg/L）；

n_0——同类型卫生器具数；

b——卫生器具的同时使用百分数，住宅、旅馆，医院、疗养院病房卫生间内浴盆或淋浴器可按70%～100%计，其他器具不计，但定时连续供水时间应不小于2h；工业企业生活间、公共浴室、学校、剧院、体育馆（场）等的浴室内的淋浴器和洗脸盆均按100%计；住宅一户带多个卫生间时，只按一个卫生间计算。

（3）具有多个不同使用热水部门的单一建筑或具有多种使用功能的综合性建筑，当其热水由同一热水供应系统供应时，设计小时耗热量，可按同一时间内出现用水高峰的主要用水部门的设计小时耗热量加其他用水部门的平均小时耗热量计算。

2. 热水量计算

设计小时热水量，可按式（5-12）计算

$$q_{rh}=\frac{Q_h}{(t_r-t_l)\rho_r C} \tag{5-12}$$

式中　q_{rh}——设计小时热水量（L/h）；

Q_h——设计小时耗热量（kJ/h）；

t_r——热水温度（℃），按表5-8采用；

t_l——冷水计算温度（℃），按表5-10选用；

ρ_r——热水密度（kg/L）；

C——水的比热容，$C=4187J/(kg\cdot℃)$。

3. 热媒耗量计算

根据热媒种类和加热方式不同，热媒耗量应按不同的方法计算。

（1）采用蒸汽直接加热时，蒸汽耗量按式（5-13）计算

$$G=(1.05\sim1.10)\frac{Q_h}{i''-i'} \tag{5-13}$$

其中

$$i'=4.187t_{mz}$$

式中　G——蒸汽耗量（kg/h）；

Q_h——设计小时耗热量（kJ/h）；

i''——蒸汽的热焓（kJ/kg），按表5-12选用；

i'——蒸汽与冷水混合后的热水热焓（kJ/kg）；

t_{mz}——蒸汽与冷水混合后的热水温度（℃），应由产品样本提供，参考值见表5-13和表5-14。

表 5-12 饱和水蒸气的性质

绝对压力(MPa)	饱和水蒸气温度(℃)	热焓(kJ/kg)		水蒸气的气化热(kJ/kg)
		液体	蒸汽	
0.1	100	419	2679	2260
0.2	119.6	502	2707	2205
0.3	132.9	559	2726	2167
0.4	142.9	601	2738	2137
0.5	151.1	637	2749	2112
0.6	158.1	667	2757	2090
0.7	164.2	694	2767	2073
0.8	169.6	718	2713	2055

表 5-13 导流型容积式水加热器主要热力性能参数

参数 / 热媒	传热系数 K[W/(m^2·℃)]		热媒出水温度 t_{mz}(℃)	热媒阻力损失 Δh_1(MPa)	被加热水水头损失 Δh_2(MPa)	被加热水温升 Δt(℃)
	钢盘管	铜盘管				
0.1～0.4MPa 的饱和蒸汽	791～1093	872～1204 2100～2550 2500～3400	40～70	0.1～0.2	≤0.005 ≤0.01 ≤0.01	≥40
70～150℃的高温水	616～945	680～1047 1150～1450 1800～2200	50～90	0.01～0.03 0.05～0.1 ≤0.1	≤0.005 ≤0.01 ≤0.01	≥35

注 1. 表中铜管的 K 值及 Δh_1、Δh_2 中的二行数字由上而下分别表示 U 形管、浮动盘管和铜波节管三种导流型容积式水加热器的相应值。

2. 热媒为蒸汽时，K 值与 t_{mz} 对应；热媒为高温水时，K 值与 Δh_1 对应。

表 5-14 容积式水加热器主要热力性能参数

参数 / 热媒	传热系数 K[W/(m^2·℃)]		热媒出水口温度 t_{mz}(℃)	热媒阻力损失 Δh_1(MPa)	被加热水水头损失 Δh_2(MPa)	被加热水温升 Δt(℃)	容器内冷水区容积 V_L(%)
	钢盘管	铜盘管					
0.1～0.4MPa 的饱和蒸汽	689～756	814～872	≤100	≤0.1	≤0.005	≥40	25
70～150℃的高温水	926～349	348～407	60～120	≤0.03	≤0.005	≥23	25

注 容积水加热器即传统的二行程光面 U 形管式容积式水加热器。

（2）采用蒸汽间接加热时，蒸汽耗量按式（5-14）计算

$$G=(1.10\sim1.20)\frac{Q_h}{\gamma_h} \tag{5-14}$$

式中 G——蒸汽耗量（kg/h）；

Q_h——设计小时耗热量（kJ/h）；

γ_h——蒸汽的汽化热（kJ/kg），按表5-12选用。

（3）采用高温热水间接加热时，高温热水耗量按式（5-15）计算

$$G=(1.10\sim1.20)\frac{Q_h}{C(t_{mc}-t_{mz})} \tag{5-15}$$

式中 Q_h——设计小时耗热量（kJ/h）；

G——高温热水耗量（kg/h）；

t_{mc}、t_{mz}——高温热水进口与出口水温（℃），参考值见表5-13和表5-14；

C——水的比热容，$C=4187$J/(kg·℃)。

【例5-5】 某住宅楼共144户，每户按3.5人计，采用集中热水供应系统。热水用水定额按80L/(人·d)计（60℃，$\rho=0.9832$kg/L），冷水温度按10℃计（$\rho=0.9997$kg/L），每户设有2个卫生间和1个厨房，每个卫生间内设1个浴盆（小时用水量为300L/h，水温40℃，$\rho=0.9922$kg/L，$b=70\%$）、1个洗手盆（小时用水量为30L/h，水温30℃，$\rho=$0.995 7kg/L，0.995 7kg/L，$b=50\%$）和1个大便器，厨房内设1个洗涤盆（小时用水量为180L/h，水温50℃，$\rho=0.9881$kg/L，$b=70\%$）。小时变化系数为3.28。试计算：采用全日或定时集中热水供应系统时，该住宅楼的设计小时耗热量为多少？

解：根据式（5-10），全日制集中热水供应系统的设计小时耗热量应为

$$\begin{aligned}Q_h&=k_h\frac{mq_rC(t_r-t_l)\rho_r}{86\,400}\\&=3.28\times\frac{144\times3.5\times80\times4.187\times(60-10)\times0.983\,2}{24}\\&=1\,134\,221.7\text{kJ/h}\end{aligned}$$

根据式（5-11），定时制集中热水供应系统的最小设计小时耗热量应为

$$\begin{aligned}Q_h&=\sum q_h(t_r-t_l)\rho_r n_0 bC\\&=300\times(40-10)\times0.992\,2\times144\times70\%\times4.187\\&=3\,768\,818.5\text{kJ/h}\end{aligned}$$

故：采用全日或定时集中热水供应系统时，该住宅楼的设计小时耗热量分别为1 134 221.7kJ/h、3 768 818.5kJ/h。

5.5.3 加热与贮热设备的选择

全日集中热水供应系统中，锅炉、水加热器的设计小时供热量应根据日热水量小时变化曲线、加热方式及水加热设备的工作制度，经积分曲线计算确定。无资料时可按下列方法计算。

1. 加热设备供热量的计算

（1）容积式水加热器或贮热容积与其相当的水加热器、燃油（气）热水机组应按式（5-16）计算

$$Q_g=Q_h-\frac{\eta V_r}{T}(t_r-t_l)C\rho_r \tag{5-16}$$

式中 Q_g——容积式水加热器的设计小时供热量（kJ/h）；

Q_h——设计小时耗热量（kJ/h）；

η——有效贮热容积系数，容积式水加器取 0.7～0.8，导流型容积式水加热器取 0.8～0.9，第一循环系统为自然循环时，卧式贮热水罐取 0.8～0.85，立式贮热水罐取 0.85～0.9，第一循环系统为机械循环时，卧式、立式贮热水罐取 1.0；

V_r——总贮热容积（L）；

T——设计小时耗热量持续时间（h），$T=2\sim4$h；

t_r——热水温度（℃），按设计水加热器出水温度或出水温度计算；

t_1——冷水温度（℃）；

ρ_r——热水密度（kg/L）；

C——水的比热容，$C=4187$J/(kg·℃)。

式（5-16）前部分为热媒的供热量，后部分为水加热器已贮存的热量。

（2）半容积式水加热器或贮热容积与其相当的水加热器、燃油（气）热水机组的设计小时供热量应按设计小时耗热量计算。

（3）半即热式、快速式水加热器及其他无贮热容积的水加热设备的设计小时供热量应按设计秒流量所需耗热量计算。

2. 水加热器加热面积的计算

容积式水加热器、快速式水加热器和加热水箱中加热排管或盘管的传热面积应按式（5-17）计算

$$F_{jr}=\frac{C_r Q_z}{\varepsilon K \Delta t_j} \tag{5-17}$$

式中 F_{jr}——表面式水加热器的加热面积（m^2）；

Q_z——制备热水所需热量，可按设计小时耗热量计算（kJ/h）；

K——传热系数［kJ/(m^2·℃·h)］，可参见表 5-15、表 5-16 查用；

ε——由于水垢和热媒分布不均匀影响传热效率的系数，一般采用 0.6～0.8；

C_r——热水供应系统的热损失系数，$C_r=1.10\sim1.15$；

Δt_j——热媒和被加热水的计算温差（℃），按水加热形式，按式（5-18）和式（5-19）计算。

表 5-15 容积式水加热器中盘管的传热系数 K 值

热媒种类		热媒流速 (m/s)	被加热水流速 (m/s)	K[W/(m^2·℃)]	
				铜盘管	钢盘管
蒸汽压力 (MPa)	≤0.07	—	<0.1	640～698	756～814
	>0.07	—	<0.1	698～756	814～872
热水温度 70～150℃		0.5	<0.1	326～349	384～407

注 表中 K 值按盘管内通过热媒和盘管外通过被加热水。

表 5-16　**快速热交换器的传热系数 K 值**

被加热水流速 (m/s)	传热系数 K[W/(m^2·℃)]							
	热媒为热水时，热水流速（m/s）						热媒为蒸汽时，蒸汽压力（kPa）	
	0.5	0.75	1.0	1.5	2.0	2.5	≤100	>100
0.5	1105	1279	1400	1512	1628	1686	2733/2152	2558/2035
0.75	1244	1454	1570	1745	1919	1977	2431/2675	3198/2500
1.00	1337	1570	1745	1977	2210	2326	3954/3082	3663/2908
1.50	1512	1803	2035	2326	2558	2733	4536/3722	4187/3489
2.00	1628	1977	2210	2558	2849	3024	—/4361	—/4129
2.50	1745	2093	2384	2849	3198	3489	—	—

注　热媒为蒸汽时，表中分子为两回程汽-水快速式水加热器将被加热水的水温升高 20～30℃的 K 值；分母为四回程将被加热水的水温升高 60～65℃时的 K 值。

(1) 容积式水加热器、导流型容积式水加热器、半容积式水加热器的热媒与被加热水的计算温差 Δt_j 采用算术平均温度差，按式（5-18）计算

$$\Delta t_j = \frac{t_{mc}+t_{mz}}{2} - \frac{t_c+t_z}{2} \tag{5-18}$$

式中　Δt_j——计算温度差（℃）；

t_{mc}、t_{mz}——热媒的初温和终温（℃），热媒为蒸汽时，按饱和蒸汽温度计算，可查表 5-12确定；热媒为热水时，按热力管网供、回水的最低温度计算，但热媒的初温与被加热水的终温的温度差，不得小于 10℃；

t_c、t_z——被加热水的初温和终温（℃）。

(2) 半即热式水加热器、快速式水加热器热媒与被加热水的温差采用平均对数温度差按式（5-19）计算

$$\Delta t = \frac{\Delta t_{max} - \Delta t_{min}}{\ln \dfrac{\Delta t_{max}}{\Delta t_{min}}} \tag{5-19}$$

式中　Δt_{max}——热媒和被加热水在水加热器一端的最大温差（℃）；

Δt_{min}——热媒和被加热水在水加热器另一端的最小温差（℃）。

加热设备加热盘管的长度，按式（5-20）计算

$$L = \frac{F_{jr}}{\pi D} \tag{5-20}$$

式中　L——盘管长度（m）；

D——盘管外径（m）；

F_{jr}——加热器的传热面积（m^2）。

3. 热水贮水器容积的计算

(1) 容积式水加热器、导流型容积式水加热器、加热水箱、半容积式水加热器的贮热容积的计算公式。

热水器贮水容积的确定：由于供热量和耗热量之间存在差异，需要一定的贮热容积加以

调节，而在实际工程中，有些理论资料又难以收集，可用经验法确定贮水器的容积，可按式（5-21）计算

$$V \geqslant \frac{TQ_h}{(t_r - t_l)C} \tag{5-21}$$

式中 V——贮水器的贮水容积（L）；

T——贮热时间（min），按表5-17确定；

Q_h——热水供应系统设计小时耗热量（kJ/h）。

表5-17 水加热器的贮热量

加热设备	以蒸汽和95℃以上的高温软化水为热媒时		以低于95℃低温软化水为热媒时	
	工业企业淋浴室	其他建筑物	工业企业淋浴室	其他建筑物
容积式水加热器或加热水箱	≥30minQ_h	≥45minQ_h	≥60minQ_h	≥90minQ_h
导流式容积式水加热器	≥20minQ_h	≥30minQ_h	≥40minQ_h	≥45minQ_h
半容积式水加热器	≥15minQ_h	≥15minQ_h	≥25minQ_h	≥30minQ_h

注 半即热式、快速式水加热器的热媒按设计流量供应，且有完善可靠的温度自动调节装置时，可不设贮水器。表中容积式水加热器是指传统的二行程式容积式水加热产品，壳内无导流装置，被加热水无组织流动，存在换热不充分、传热系数值K低的缺点。

按式（5-21）确定的容积式水加热器或水箱容积后，有导流装置时，计算容积应附加10%～15%；当冷水下进上出时，容积宜附加20%～25%；当采用半容积式水加热器时，或带有强制罐内水循环装置的容积式水加热器，其计算容积可不附加。

（2）半即热式水加热器、快速式水加热器，当热媒按设计秒流量供应且有完善可靠的温度自动调节和安全装置时，可不考虑贮热容积；当热媒不能保证按设计秒流最供应，或无完善可靠的温度自动调节和安全装置时，则应设热水贮水器，其有效贮热量宜根据热媒条件按导流型容积式水加热器或半容积式水加热器确定。

4. 锅炉的选择计算

锅炉属于发热设备，对于小型建筑物的热水系统可单独选择锅炉。对小型建筑热水系统可直接查产品样本，样本中查出的加热设备发热量值应大于小时供热量，而小时供热量要比设计小时耗热量大10%～20%，主要考虑热水供应系统自身的热损失。

【例5-6】 某宾馆采用集中式全日制间接加热供水系统供给客房部热水用水。客房有80个床位（按40个房间计），热水用水定额q_r=160L/(床·d)（60℃），小时变化系数取2.60。客房卫生间使用热水的器具有浴盆（带淋浴器）、洗脸盆各1个。热媒采用饱和蒸汽，其初温、终温分别为150、60℃；被加热水初温、终温分别为10、60℃。当分别采用导流型容积式水加热器、半即热式水加热器时，其贮热容积与加热面积各是多少？已知：导流型容积式水加热器、半即热式水加热器的传热系数分别为2500kJ/(m^2·h·℃)、6000kJ/(m^2·h·℃)，传热影响系数取0.8，热损失系数取1.15。

解：(1) 设计小时热水量为

$$q_{rh}=K_h\frac{q_r m}{T}=2.60\times\frac{160\times80}{24}=1386.7\text{L/h}$$

设计小时耗热量为

$$Q_h=K_h\frac{mq_r C(t_r-r_L e_t)}{T}=q_{rh}C(t_r-r_L)\rho_r$$
$$=1386.7\times4.187\times(60-10)\times0.9832$$
$$=285\ 428.5\text{kJ/h}$$

客房部热水进水管的设计秒流量，按给水设计秒流量公式计算，其中 $\alpha=2.5$，N_g为客房部热水进水管所服务的总给水当量。表1-11，单独计算热水时浴盆、洗脸盆的给水当量分别为1、0.5。即每间给水当量总数为1+0.5= 1.50，故

$$N_g=1.5\times40=60$$

$$q_{rs}=0.2\alpha\sqrt{N_g}=0.2\times2.5\times\sqrt{60}=3.87\text{L/s}=13\ 932\text{L/h}$$

(2) 导流型容积式水加热器。

查表5-13，水加热器的贮热量不得小于30minQ_h，其有效容积按式(5-21)计算

$$V=\frac{TQ_h}{(t_r-t_l)C}=\frac{0.5\times285\ 428.5}{(60-10)\times4.187}=681.7\text{L}$$

导流型容积式水加热器的有效贮热容积系数 η 取0.9，则总贮热容积为

$$V_r=\frac{V}{\eta}=\frac{681.7}{0.9}=757.4\text{L}$$

选用2台，每台水加热器的贮热容积为378.7L。

导流型容积式水加热器的设计小时供热量 Q_g按式(5-16)计算，设计小时耗热量持续时间 T 取3h，则

$$Q_g=Q_h-\frac{\eta V_r}{T}(t_r-t_l)C\rho_r$$
$$=285\ 428.5-\frac{0.9\times757.4}{3}\times(60-10)\times4.187\times0.9832$$
$$=238\ 659.14\text{kJ/h}$$

Δt_j按(5-18)计算

$$\Delta t_j=\frac{t_{mc}+t_{mz}}{2}-\frac{t_c+t_z}{2}=\frac{150+60}{2}-\frac{10+60}{2}=70℃$$

加热面积按式(5-17)计算

$$F_{jr}=\frac{C_r Q_z}{\varepsilon K\Delta t_j}=\frac{1.15\times238\ 659.14}{0.8\times2500\times70}=1.96\text{m}^2$$

故每台水加热器的加热面积为0.98m^2。

(3) 半即热式水加热器。

半即热式水加热器的设计小时供热量，应按设计秒流量所需耗热量计算

$$Q_g=q_{rs}C(t_r-t_l)\rho_r=13\ 932\times4.187\times(60-10)\times0.9832=286\ 7664.24\text{kJ/h}$$

Δt_j按(5-19)计算

$$\Delta t=\frac{\Delta t_{max}-\Delta t_{min}}{\ln\frac{\Delta t_{max}}{\Delta t_{min}}}=\frac{(150-60)-(60-10)}{\ln\frac{150-60}{60-10}}=\frac{90-50}{\ln\frac{90}{50}}=68.05℃$$

则

$$F_{jr}=\frac{C_rQ_z}{\varepsilon K\Delta t_j}=\frac{1.15\times 2\ 867\ 664.24}{0.8\times 6000\times 68.05}=10.1\text{m}^2$$

故每台水加热器的加热面积为 5.05m²。

所以采用 2 台导流型容积式水加热器时，每台水加热器的加热面积为 0.98m²，贮热容积为 379m³。采用 2 台半即热式水加热器时，每台水加热器的加热面积为 5.05m²，无贮热容积。

5.6 热水供应系统的管网水力计算

热水管网的水力计算是在热水供应系统的布置、绘出热水管网平面图和系统图，并选定加热设备后进行的。水力计算包括以下内容：

热水管网水力计算包括第一循环管网（热媒管网）和第二循环管网配水管网和回水管网）。第一循环管网水力计算，需按不同的循环方式计算热媒管道管径、凝结水管径和相应水头损失；第二循环管网计算，需计算设计秒流量、循环流量，确定配水管管径、循环流量、回水管管径和水头损失。

5.6.1 第一循环管网水力计算

（1）热媒为热水。计算步骤如下：

1）根据高温水耗量和热水管中流速的规定值（见表 5-18），确定热媒供水、回水管的管径。因热水管道容易结垢，热媒管道的计算内径 d_j 应考虑结垢和腐蚀引起的过水断面缩小的因素。

表 5-18　热水管道的控制流速

公称直径（mm）	15～20	25～40	≥50
流速（m/s）	≤0.8	≤1.0	≤1.2

热水管网水力计算表，见附录 A 表 A-6。

2）热水管道管径初步确定后，应确定其循环方式。按海澄-威廉公式确定热媒循环管网的沿程水头损失（同冷水计算公式）、用管（配）件当量长度法或管网沿程水头损失百分数法确定局部水头损失，据此计算出热媒管路的总水头损失。

3）热水锅炉或水加热器与贮水器连接如图 5-41 所示。第一循环管网（热媒循环管网）的自然循环压力值按式（5-22）计算

$$H_{zr}=9.8\Delta h(\rho_1-\rho_2) \tag{5-22}$$

式中 H_{zr}——第一循环的自然压力（Pa）；

Δh——锅炉中心与与水加热器内盘管中心或贮水器中心的标高差（m）；

ρ_1——水加热器或贮水器的出水密度（kg/m³）；

ρ_2——锅炉出水的密度（kg/m³）。

当 $H_{zr}>H_h$ 时，可行成自然循环，为保证系统的运行可靠，必须满足 $H_{zr}>(1.1\sim1.15)H_h$。若 H_{zr} 略小于 H_h，在条件允许时可适当调整水加热器和贮水器的设置高度来解

决，仍不能满足要求时，应采用机械循环方式，用循环水泵强制循环。循环水泵的扬程和流量应比理论计算值略大些，以确保系统稳定运行。

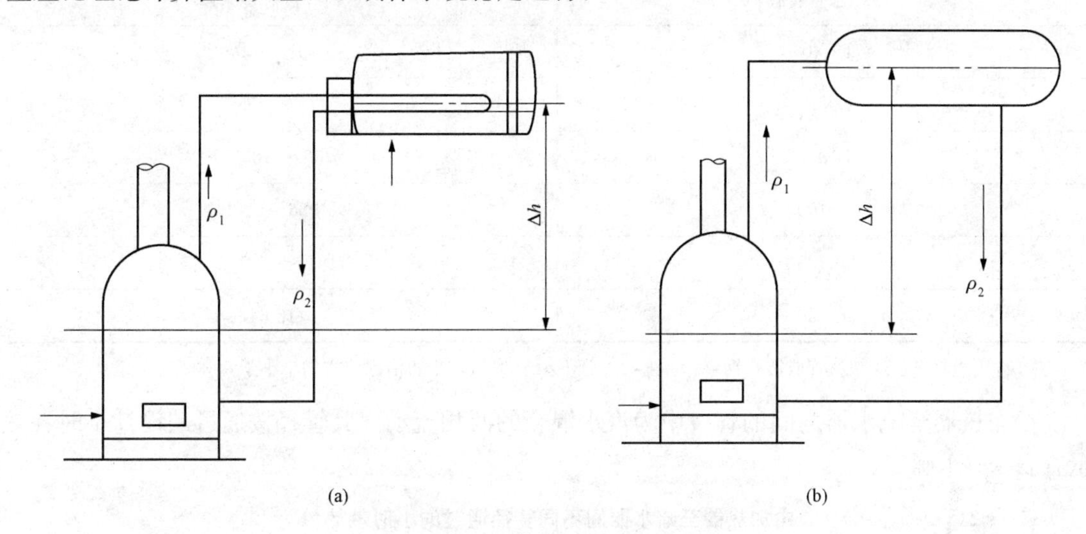

图5-41　热媒管网自然循环压力

(a) 热水锅炉与水加热器连接（间接加热）；(b) 热水锅炉与贮水器连接（直接加热）

(2) 热媒为高压蒸汽。热媒循环管网水力计算的内容主要是确定蒸汽管、凝结水管的管径。

1) 根据热媒耗量按管道的允许流速和相应的比压降查蒸汽管道管径计算表确定管径和水头损失。高压蒸汽管道常用流速见表5-19。

表5-19　高压蒸汽管道常用流速

管径（mm）	15～20	25～32	40	50～80	100～150	≥200
流速（m/s）	10～15	15～20	20～25	25～35	30～40	40～60

2) 确定凝结水回水管的管径。疏水器后为凝结水管，凝结水利用通过疏水器后的余压输送到凝结水箱，先计算出余压凝结水管段的计算热量，按式（5-23）计算

$$Q_j = 1.25Q \quad (5-23)$$

式中　Q_j——余压凝结水管段的计算热量（kJ/h）；

Q——设计小时耗热量（kJ/h）。

根据Q_j查表5-20，确定其管径。

表5-20　凝结水管管径选择表

凝结水管管径	承担冷负荷 Q(kW)
DN20	7
DN25	7.1～17.6
DN32	17.7～100

续表

凝结水管管径	承担冷负荷 Q(kW)
DN40	101～176
DN50	177～598
DN80	599～1055
DN100	1056～1512
DN125	1513～12 462
DN150	＞12 642

注　材质为聚氯乙烯塑料管或镀锌钢管。坡度：支管不小于0.01，干管沿水流方向不小于0.002。

在加热器至疏水器之间的管段中为汽水混合的两相流动，其管径按通过的设计小时耗热量查表5-21确定。

表5-21　由加热器至疏水器间不同管径通过的小时耗热量

DN (mm)	15	20	25	32	40	50	70	80	100	125	150
热量 (W)	33 494	108 857	167 472	355 300	460 548	887 602	2 101 774	3 089 232	4 814 820	7 871 184	17 835 768

5.6.2　第二循环管网水力计算

第二循环管网的水力计算内容包括：确定配水、回水管网中各管段的管径；确定热水循环管网的循环流量；计算热水循环管网的总水头损失；确定循环水泵的流量和扬程。

1. 热水配水管网计算

配水管网计算的目的是根据配水管段的设计秒流量和允许流速值确定管径和水头损失。

热水配水管网的设计秒流量可按生活给水（冷水系统）设计秒流量公式计算；卫生器具热水给水额定流量、当量、支管管径和最低工作压力与室内给水系统相同；热水管道的流速按表5-18选用。

热水与给水计算也有一些区别，主要为：水温高，管内易结垢和腐蚀的影响，使管道的粗糙系数增大、过水断面缩小，因而水头损失的计算公式不同，应查附录A表A-6。管内的允许流速为0.6～0.8m/s（DN≤25mm时）和0.8～1.5m/s（DN＞25mm时），对噪声要求严格的建筑物可取下限。最小管径不宜小于20mm。管道结垢造成的管径缩小量见表5-22。

表5-22　管道结垢造成的管径缩小量

管道公称直径（mm）	15～40	50～100	125～200
直径缩小量（mm）	2.5	3.0	4.0

热水管道的水力计算，应根据选用的管材选择对应的计算图表和公式进行计算，当使用条件不一致时应做相应修正。

（1）热水管采用交联聚乙烯（PE-X）管时，管道水力坡降按式（5-24）计算

$$i = 0.000\,915\,\frac{q^{1.774}}{d_j^{4.774}} \tag{5-24}$$

式中　i——管道水力坡；

q——管道内设计流量（m^3/s）；

d_j——管道设计内径（m）。

如水温 60℃时，可按图 5-42 的水力计算图选用管径。

如水温高于或低于 60℃时，可按表 5-23 修正。

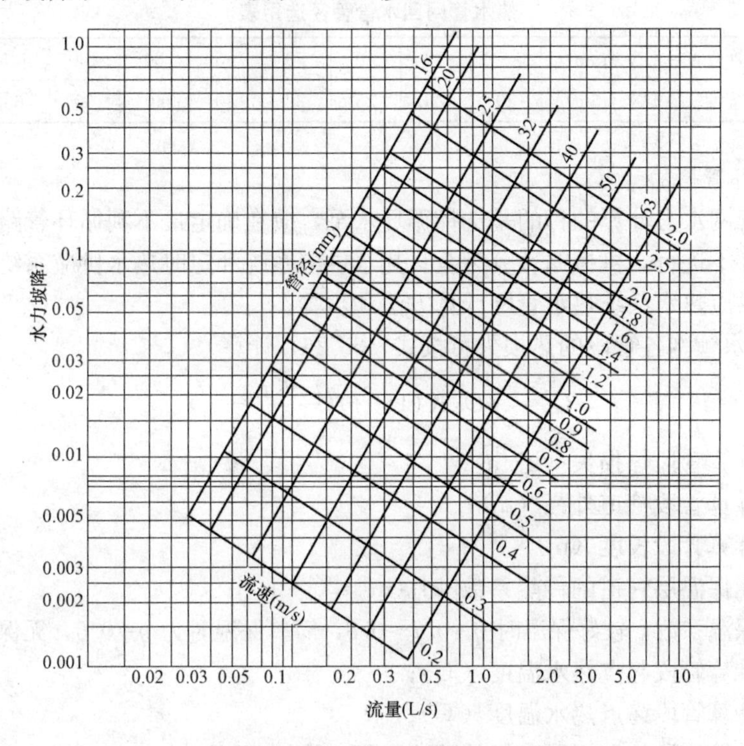

图 5-42　交联聚乙烯（PE-X）管水力计算图（60℃）

表 5-23　　　**水头损失温度修正系数**

水温（℃）	10	20	30	40	50	60	70	80	90	95
修正系数	1.23	1.18	1.12	1.08	1.03	1.00	0.98	0.96	0.93	0.90

（2）热水采用聚丙烯（PP-R）管时，水头损失按式（5-25）计算

$$H_f = \lambda\,\frac{L\,v^2}{d_j 2g} \tag{5-25}$$

式中　H_f——管道沿程水头损失（m）；

λ——沿程阻力系数；

L——管道长度（m）；

d_j——管道内径（m）；

v——管道内水流平均速度（m/s）；

g——重力加速度（m/s^2），一般取 $9.8m/s^2$。

设计时，可按式（5-25）计算，也可查相关水力计算表确定管径。

2. 回水管网的水力计算

回水管网水力计算的目的是确定回水管管径。

回水管网不配水，仅通过用以补偿配水管网热损失的循环流量。为保证立管的循环效果，应尽量减少干管的水头损失，热水配水干管和回干管均不宜变径，可按相应最大管径确定。

回水管管径应经计算确定，宜可参照表 5-24 选用。

表 5-24　热水管网回水管管径选用表

热水管网、配水管段管径 DN（mm）	20～25	32	40	50	65	80	100	125	150	200
热水管网、回水管段管径 DN（mm）	20	20	25	32	40	40	50	65	80	100

3. 机械循环管网的计算

机械循环管网水力计算的目的是选择循环水泵，应在确定最不利循环管路、配水管和循环管管径的条件下进行。机械循环分为全日热水供应系统和定时热水供应系统两类。

（1）全日供应热水系统热水管网计算方法和步骤。

1）热水配水管网各管段的热损失可按式（5-26）计算

$$Q_s = \pi DLK(1-\eta)(\frac{t_c+t_z}{2}-t_j) \tag{5-26}$$

式中　Q_s——计算管段热损失（kJ/h）；

D——计算管段管道外径（m）；

L——计算管段长度（m）；

K——无保温层管道的传热系数[kJ/(m²·℃·h)]；

η——保温系数，较好保温时 $\eta=0.7～0.8$，简单保温时为 $\eta=0.6$，无保温层时 $\eta=0$；

t_c——计算管段起点热水温度（℃）；

t_z——计算管段终点热水温度（℃）；

t_j——计算管段外壁周围空气的平均温度（℃），可按表 5-25 确定。

表 5-25　管段周围空气温度

管道敷设情况	t_k（℃）	管道敷设情况	t_k（℃）
采暖房间内，明管敷设	18～20	不采暖房间的地下室内	5～10
采暖房间内，暗管敷设	30	室内地下管沟内	35
不采暖房间的顶棚内	可采用一月室外平均气温		

t_c和 t_z可按面积比温降法计算

$$\Delta t = \frac{\Delta T}{F} \tag{5-27}$$

$$t_z = t_c - \Delta t \sum f \tag{5-28}$$

式中　Δt——配水管网中计算管路的面积比温降（℃/m²）；

ΔT——配水管网中计算管路起点和终点的水温差（℃），按系统大小确定，一般取 5～10℃；

F——计算管路配水管网的总外表面积（m^2）；

$\sum f$——计算管段终点以前的配水管网的总外表面积（m^2）；

t_c——计算管段起点水温（℃）；

t_z——计算管段终点水温（℃）。

2）计算总循环流量。计算管段热损失目的在于计算管网的循环流量，循环流量是为了补偿配水管网散失的热量，保证配水点的水温。管网的热损失只计算配水管网散失的热量。全日供应热水系统的总循环流量可按式（5-29）计算

$$q_x = \frac{Q_s}{C\Delta T\rho_r} \tag{5-29}$$

式中　q_x——循环流量（L/h）；

Q_s——配水管网的热损失（kJ/h），应经计算确定，也可取设计小时耗热量的 3%～5%；

ΔT——配水管网起点和终点的热水温差（℃），根据系统大小确定，一般取 5～10℃；

ρ_r——热水密度（kg/L）；

C——水的比热容，C=4187J/(kg·℃)。

3）计算各循环管段的循环流量。在确定 q_x后，以图 5-43 为例，可从水加热器后第 1 个节点起依次进行循环流量分配计算。

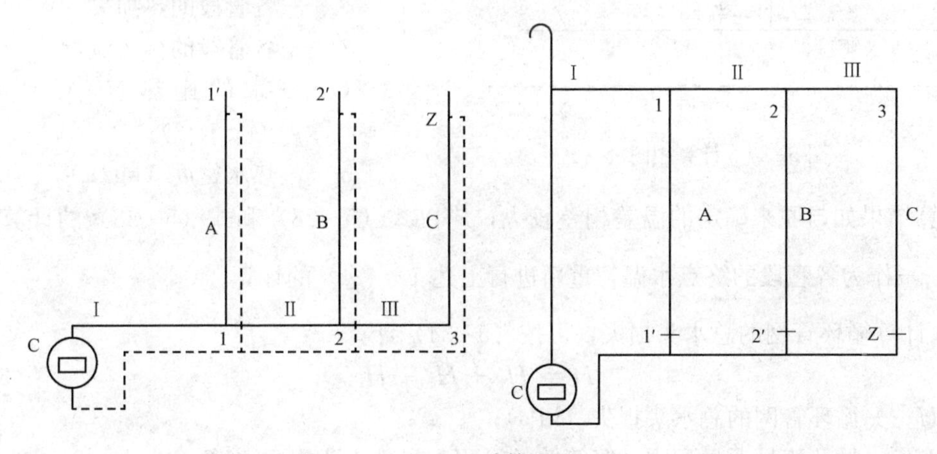

图 5-43　计算用图

通过管段Ⅰ的循环流量 q_{Ix} 即为 q_x，用以补偿整个管网的热损失，流入节点 1 的流量 q_{Ix} 用以补偿 1 点之后各管段的热损失，即 $q_{AS}+q_{BS}+q_{CS}+q_{IIS}+q_{IIIS}$，$q_{Ix}$ 又分配给 A 管段和Ⅱ管段，循环流量分别为 q_{IIx} 和 q_x。按节点流量的平衡原理：$q_{Ix}=q_{1x}$，$q_{IIx}=q_{Ix}-q_{AX}$。q_{IIx} 补偿管段Ⅱ、Ⅲ、B、C 的热损失，即 $q_{BS}+q_{CS}+q_{IIS}+q_{IIIS}$，$q_{AX}$ 补偿管段 A 的热损失 q_{AS}。

因循环流量与热损失成正比和热平衡关系，q_{IIx} 可按式（5-30）计算

$$q_{IIx} = q_{Ix}\frac{q_{BS}+q_{CS}+q_{IIS}+q_{IIIS}}{q_{AS}+q_{BS}+q_{CS}+q_{IIS}+q_{IIIS}} \tag{5-30}$$

流入节点 2 的流量 q_{2x} 用以补偿 2 点之后各管段的热损失，即 $q_{BS}+q_{CS}+q_{IIIS}$，因 q_{2x} 分配给 B 管段和Ⅲ管段，其循环流量分别为 q_{Bx} 和 q_{IIIx}。按节点流量平衡原理：$q_{2x}=q_{IIx}$，$q_{IIIx}=q_{IIx}-q_{BX}$。q_{IIIx} 补偿管段Ⅲ和 C 的热损失，即 $q_{CS}+q_{IIIS}$，q_{Bx} 补偿管段 B 的热损失 q_{BS}。则 q_{IIIx} 可按式（5-31）计算

$$q_{Ⅲx}=q_{Ⅱx}\frac{q_{ⅢS}+q_{CS}}{q_{BS}+q_{ⅢS}+q_{CS}} \tag{5-31}$$

流入节点 3 的流量 q_{3x} 用以补偿 3 点之后管段 C 的热损失 q_{CS}。按节点流量平衡的原理：$q_{3x}=q_{Ⅲx}$，$q_{Ⅲx}=q_{Cx}$，管段Ⅲ的循环流量即为管段 C 的循环流量。可总结出通用计算公式为

$$q_{(n+1)x}=q_{nx}\frac{\sum q_{(n+1)S}}{\sum q_{nS}} \tag{5-32}$$

式中　q_{nx}、$q_{(n+1)x}$——n、$n+1$ 管段所通过的循环流量（L/s）；

$\sum q_{(n+1)S}$——$n+1$ 管段及其后各管段的热损失之和（W）；

$\sum q_{nS}$——n 管段及其后各管段的热损失之和（W）。

n、$n+1$ 管段如图 5-44 所示。

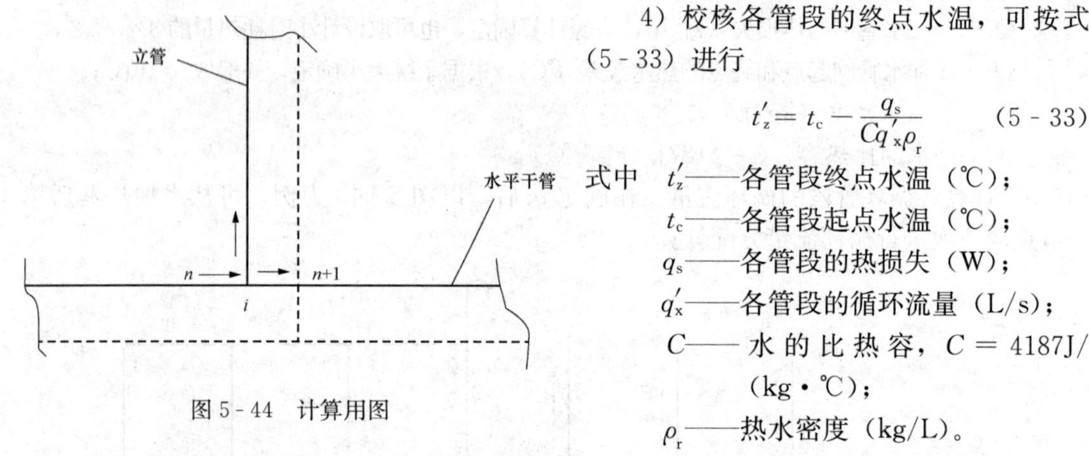

图 5-44　计算用图

4）校核各管段的终点水温，可按式（5-33）进行

$$t'_z=t_c-\frac{q_s}{Cq'_x\rho_r} \tag{5-33}$$

式中　t'_z——各管段终点水温（℃）；

t_c——各管段起点水温（℃）；

q_s——各管段的热损失（W）；

q'_x——各管段的循环流量（L/s）；

C——水的比热容，$C=4187$J/(kg·℃)；

ρ_r——热水密度（kg/L）。

计算结果如与原来确定的温差相差较大，应以式（5-28）和式（5-33）的计算结果：$t''_z=\frac{t_z-t'_z}{2}$ 作为各管段的终点水温，重新进行上述 1）～4）的计算。

5）计算循环管网的总水头损失，可按（5-34）计算

$$H=H_p+H_h+H_j \tag{5-34}$$

式中　H——循环管网的总水头损失（kPa）；

H_p——循环流量通过配水计算管路的沿程和局部水头损失（kPa）；

H_h——循环流量通过回水计算管路的沿程和局部水头损失（kPa）；

H_j——循环流量通过半即热式或快速式水加热器中热水的水头损失（kPa）。

容积式水加热器、导流型容积式水加热器、半容积式水加热器和加热水箱，因内部流速较低、流程短，水头损失很小，在热水系统中可忽略不计。

半即热式或快速式水加热器，因水在内部的流速大、流程长，水头损失应以沿程和局部水头损失之和计算

$$H_j=\left(\lambda\frac{L}{d_j}+\sum\xi\right)\frac{v^2}{2g} \tag{5-35}$$

式中　λ——管道沿程阻力系数；

L——被加热水的流程长度（m）；

d_j——传热管计算管径（m）；

ξ——局部阻力系数；

v——被加热水的流速（m/s）；

g——重力加速度（m/s^2），$g=9.81m/s^2$。

计算循环管路配水管及回水管的局部水头损失可按沿程水头损失的 20%～30%估算。

6）选择循环水泵。热水循环水泵宜选用热水泵，泵体承受的工作压力不得小于其所承受的静水压力加水泵扬程，一般设置在回干管的末端，设置备用泵。

循环水泵的流量为

$$Q_b \geqslant q_x \tag{5-36}$$

式中　Q_b——循环水泵的流量（L/s）；

q_x——全日热水供应系统的总循环流量（L/s）。

循环水泵的扬程为

$$H_b \geqslant H_p + H_h + H_j \tag{5-37}$$

式中　H_b——循环水泵的扬程（kPa）；

H_p——循环流量通过配水计算管路的沿程和局部水头损失（kPa）；

H_h——循环流量通过回水计算管路的沿程和局部水头损失（kPa）；

H_j——循环流量通过半即热式或快速式水加热器中热水的水头损失（kPa）。

（2）定时热水供应系统机械循环管网计算。定时机械循环热水系统与全日系统的区别，在供应热水之前循环泵先将管网中的全部冷水进行循环，加热设备提前工作，直到水温满足要求为止。因定时供应热水时用水较集中，可不考虑配水循环问题，关闭循环泵。

循环泵的出水量可按式（5-38）计算

$$Q \geqslant \frac{V}{T} \tag{5-38}$$

式中　Q——循环泵的出水量（L/h）；

V——热水系统的水容积，但不包括无回水管的管段和加热设备、贮水器、锅炉的容积（L）；

T——热水循环管道系统中全部水循环一次所需时间（h），一般取 0.25～0.5h。

循环泵扬程的计算公式同式（5-37）。

【例 5-7】　某建筑全日热水供水系统的循环管网示意图及其配水管网热损失如图 5-45 所示。水加热器出口温度 60℃（$\rho=0.983\ 2$kg/L），回水温度 40℃（$\rho=0.992\ 2$kg/L），冷水温度 10℃（$\rho=0.999\ 7$kg/L）。计算其热水供水系统的最小循环流量。

解：配水管道热损失为

$$\begin{aligned} Q_s &= q_{0-1} + q_{1-2} + q_{2-3} + q_{1-4} + q_{2-5} + q_{3-6} \\ &= 760 + 180 + 160 + 600 + 580 + 560 \\ &= 2840\text{KJ/h} \end{aligned}$$

配水管道的热水温差取最大值 10℃，则系统最小循环流量为

$$q_x = \frac{Q_s}{C\Delta T\rho_r} = \frac{2840}{4.187\times 0.983\ 2} = 69\text{L/h}$$

【例 5-8】　某建筑定时供应热水，设半容积式加热器，其容积为 2500L，采用上行下给机械全循环供水方式，经计算，配水管网总容积 277L，其中管内热水可以循环流动的配水管管道容积 176L，回水管管道容积 84L。求系统的最大循环流量。

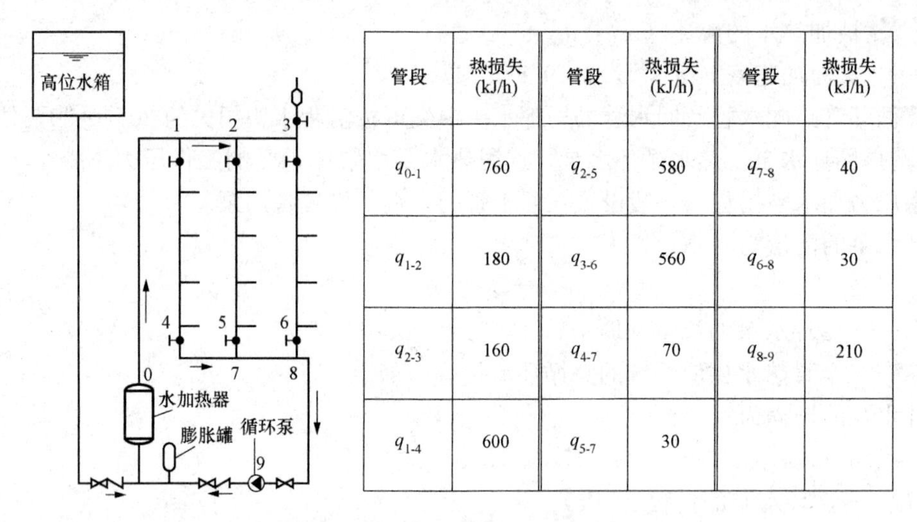

管段	热损失 (kJ/h)	管段	热损失 (kJ/h)	管段	热损失 (kJ/h)
q_{0-1}	760	q_{2-5}	580	q_{7-8}	40
q_{1-2}	180	q_{3-6}	560	q_{6-8}	30
q_{2-3}	160	q_{4-7}	70	q_{8-9}	210
q_{1-4}	600	q_{5-7}	30		

图 5-45 循环管网及热损失示意

解：

(1) 具有循环作用的管网水的容积为

$$V = 176 + 84 = 260\text{L}$$

(2) 系统最大循环流量。定时循环每小时循环 2～4 次，按 4 次计，最大循环流量为

$$Q_\text{h} = 260 \times 4 = 1040\text{L/h}$$

4. 自然循环热水管网的计算

在小型或层数少的建筑物中，有时也采用自然循环热水供应方式。

自然循环热水管网的计算方法与前述机械循环热水系统大致相同，但应在求出循环管网总水头损失之后，先校核一下系统的自然循环压力值是否满足要求。自然热水循环系统分上行下给式和下行上给式两种方式，如图 5-46 所示，其自然循环压力的计算公式有所不同。

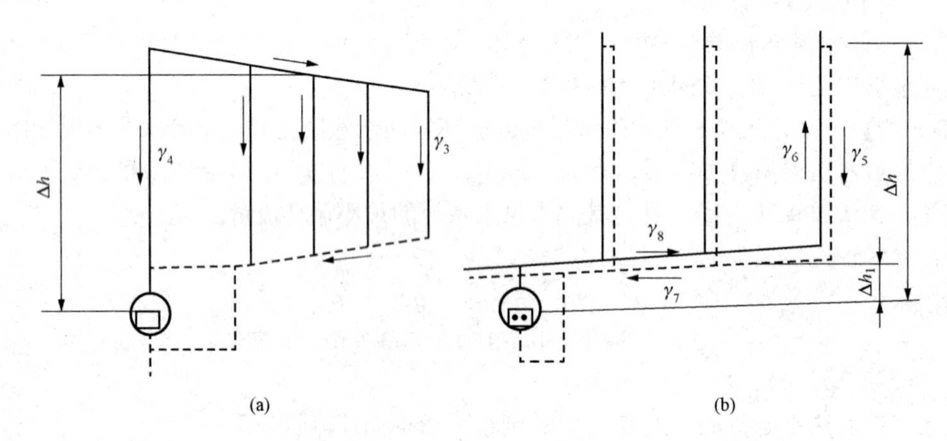

图 5-46 管网自然循环作用水头
(a) 上行下给式；(b) 下行上给式

(1) 上行下给式管网的压力水头，如图 5-46 (a) 所示，压力水头可按式 (5-39) 计算

$$H_{zr}=9.8\Delta h(\rho_3-\rho_4) \tag{5-39}$$

式中　H_{zr}——上行下给式管网的自然循环压力（kPa）；

Δh——锅炉或水加热器中心与上行横干管管段中心的标高差（m）；

ρ_3——最远处立管管段中心点的水的密度（kg/m^3）；

ρ_4——配水立管管段中点的水的密度（kg/m^3）。

（2）下行上给式管网的压力水头，如图 5 - 46（b）所示，压力水头可按式（5 - 40）计算

$$H_{zr}=9.8(\Delta h-\Delta h_1)(\rho_5-\rho_6)+9.8\Delta h_1(\rho_7-\rho_8) \tag{5-40}$$

式中　H_{zr}——下行上给式管网的自然循环压力（kPa）；

Δh——热水贮水罐的中心与上行横干管管段中心的标高差（m）；

Δh_1——锅炉或水加热器的中心至立管底部的标高差（m）；

ρ_5、ρ_6——最远处回水立管和配水立管管段中点水的密度（kg/m^3）；

ρ_7、ρ_8——锅炉或水加热器至立管底部回水管和配水管管段中点水的密度（kg/m^3）。

当管网循环水压 $H_{zr}\geqslant1.35H$ 时，管网才能安全可靠地自然循环，H 为循环管网的总水头损失，可按式（5 - 34）计算确定。不满足上述要求时，若计算结果与上述条件相差不多，可用适当放大管径的方法来加以调整；若相差太大，则应加循环泵，采用机械循环方式。

思考题与习题

5.1　常用热水供应系统有哪些形式？

5.2　选用集中热水供应系统的加热设备时，应符合哪些基本要求？

5.3　各种加热方式有何特点？怎样确定加热方式？

5.4　简述在集中热水供应系统中影响热水贮水器容积大小的主要因素。

5.5　热水配水管网水力计算的方法与室内给水系统水力计算方法有何异同？

5.6　热水管道热损失怎样计算？

5.7　简述热水回流管管径确定的方法。

5.8　热水供应系统管道敷设有哪些要求？

5.9　某配水点要求的热水水温为40℃，若冷水计算水温10℃，试述：

（1）所需热水量（60℃）和冷水量的比例。

（2）若配水点需要40℃热水 500L，需要各提供多少热水量（60℃）和冷水量（10℃）？

5.10　某工程采用半即热式水加热器，热媒为 0.1MPa 的饱和蒸汽（表压），饱和蒸汽温度为 119.6℃，凝结水温度为 80℃，冷水的计算温度为 10℃，水加热器出口温度为 60℃。则热媒与被加热水的计算温差为多少？

5.11　若住宅楼有住户共 100 家，每家平均为 4 人，设有浴盆、洗脸盆、坐便器及厨房洗涤盆各 1 个，建筑内设有集中热水供应系统，试计算：

（1）日最大热水用水量。

（2）最大小时热水用水量。

（3）若被加热的冷水温度为 10℃，加热到 60℃，求其设计小时耗热量。

5.12　某工程采用半容积式水加热器，热媒为热水，供回水温度分别为 95、70℃，冷

水的计算温度为10℃，水加热器出口温度为60℃。则热媒与被加热水的计算温差为多少度?

5.13 某建筑设集中热水供应系统，采用开式上行下给全循环下置供水方式，不设膨胀水箱。系统设2台导流型容积式水加热器，每台容积为2m³，换热面积7m²，管道内热水总容积为1.2m³，水加热器底部至生活饮用水水箱水面的垂直高度为36m。冷水计算温度为10℃，密度为0.999 7kg/L；加热器出水温度为60℃，密度为0.983 2 kg/L；热水回水温度为45℃，密度为0.990 3 kg/L。计算：

(1) 膨胀管的直径。

(2) 膨胀管高出生活饮用水水箱水面的垂直高度。

5.14 某宾馆热水供应系统采用全日制热水供应，最大小时耗热量为1245kW，供水温度60℃，冷水温度为10℃，该系统采用0.2MPa的饱和蒸汽为热媒，饱和温度为133.5℃。拟采用容积式换热器，换热器钢盘管的传热系数按698W/(m²·℃)计，传热效率系数取0.7，试求：

(1) 所需加热面积。

(2) 按45min计算，所需贮水总容积。

第6章 饮 水 供 应

饮水供应是现代建筑给水系统中的一个重要组成部分。饮水按温度来分主要有开水、冷饮水之分；按水质来分有饮用自来水和饮用净水两大类。

直接饮用水与生活用水的水质、水量相差较大，如果将生活给水全部按直接饮用水的标准进行深度处理，将非常不经济，也没有必要。因而提出分质供水的概念，是解决供水水质问题的经济、有效的途径。随着《饮用净水水质标准》（CJ 94—2005）的实施，同时人们生活水平不断提高，室内的卫生设施日趋完善，人们对饮用水的水质要求也越来越高，目前饮用水供应也逐步走向正规。

为满足人们饮水的要求，制备饮水的方法也越来越多。目前，许多城市的居住小区已经将一般生活用水和饮用水分开供应，并安装了饮用净水系统。

6.1 饮水的类型和标准

1. 饮水的类型

(1) 开水供应系统。开水供应系统多用于办公楼、旅馆、学生宿舍和军营等建筑。设开水点的开水间宜靠近锅炉房、食堂等有热源的地方。

(2) 冷饮水供应系统。冷饮水供应系统一般用于大型商场和娱乐场所、工矿企业车间等。人们从饮水器中直接喝水，既方便又可防止疾病的传播。

(3) 饮用净水供应系统。饮用净水供应系统多用于高级住宅。

采用何种类型主要依据人们的生活习惯和建筑物的性质、使用要求以及地区条件确定。

2. 饮水标准

(1) 饮水量定额。饮水定额及小时变化系数可根据建筑物的性质、地区的气候条件及生活习俗的不同，按表6-1选用，表中所列数据适用于开水、温水、饮用净水及冷饮水供应，注意制备冷饮水时其冷凝器的冷却用水量不包括在内。

表6-1 饮水定额及小时变化系数

建筑物名称	单 位	饮水定额（L）	小时变化系数 K_h	开水温度（℃）	冷饮水温度（℃）
热车间	每人每班	3～5	1.5	100（105）	14～18
一般车间	每人每班	2～4	1.5	100（105）	7～10
工厂生活间	每人每班	1～2	1.5	100（105）	7～10
办公楼	每人每班	1～2	1.5	100（105）	7～10
集体宿舍	每人每日	1～2	1.5	100（105）	7～10
教学楼	每学生每日	1～2	2.0	100（105）	7～10

续表

建筑物名称	单　位	饮水定额（L）	小时变化系数 K_h	开水温度（℃）	冷饮水温度（℃）
医院	每病床每日	2～3	1.5	100（105）	7～10
影剧院	每观众每场	0.2	1.0	100（105）	7～10
招待所、旅馆	每客人每日	2～3	1.5	100（105）	7～10
体育馆（场）	每观众每日	0.2	1.0	100（105）	7～10
高级饭店、冷饮店、咖啡店	每客人每时	（0.31～0.38）		100（105）	4.5～7

注　小时变化系数指开水供应时间内的变化系数。

（2）饮水水质。各种饮水水质必须符合《生活饮用水卫生标准》（GB 5749—2006）的规定，作为饮用的温水和冷饮水，还应在接至饮水装置之前进行必要的过滤或消毒处理，以防止饮水在贮存和运输过程中再次污染。

（3）饮水温度。对于开水，应将水烧至100℃后并持续3min，计算温度采用100℃，饮用开水是目前我国采用较多的饮水方式；对于温水，计算温度采用50～55℃，目前我国采用较少；对于生水，一般为10～30℃，国外采用较多，国内一些饭店、宾馆也会提供这样的饮水系统；对于冷饮水，国内除工矿企业夏季供应和高级饭店外，较少采用，目前在一些星级宾馆、饭店中直接为客人提供冰块或者瓶装矿泉水等解决冷饮水的需求。

6.2　饮水制备方法与供水方式

6.2.1　饮水的制备方法

1. 开水制备

开水即通过开水炉、电热炉将自来水烧开制备，常采用的热源为燃煤、燃油、燃气、蒸汽、电等，属直接加热方式；另一种方法是利用热媒间接加热方式制备。这两种都属于集中制备开水的方式。目前在办公楼、旅馆、大学生宿舍等建筑中，常采用小型电开水器，这种加热器灵活方便，可随时满足需求，属于分散制备开水的方式。有的设备可同时制备开水和冷饮水，解决了因气候变化引起的人们不同需求的难题。

2. 冷饮水制备

冷饮水在接至饮水器前必须进行水质净化处理，冷饮水的制备方式有三种：

（1）自来水烧开后再冷却至饮水温度。

（2）自来水经净化处理后再经水加热器加热至饮水温度。

（3）自来水经净化后直接供给用户或饮水点。

冷饮水的常规处理方法是过滤和消毒，用于去除自来水中的悬浮物、有机物和细菌。采用活性炭过滤、砂滤、电渗析、紫外线、加氯、臭氧消毒等处理方法。

3. 饮用净水供应系统

目前市场上出现了大量的净水装置和各种家用净水器，为用户提供矿泉水、纯水、活性水、离子水等多种饮水；一些小区还开发建立了以自来水为水源，经过深度处理后提供饮用水的供水站。

饮用矿泉水分天然矿泉水和人工矿泉水两种。天然矿泉水取自地下深部循环的地下水，

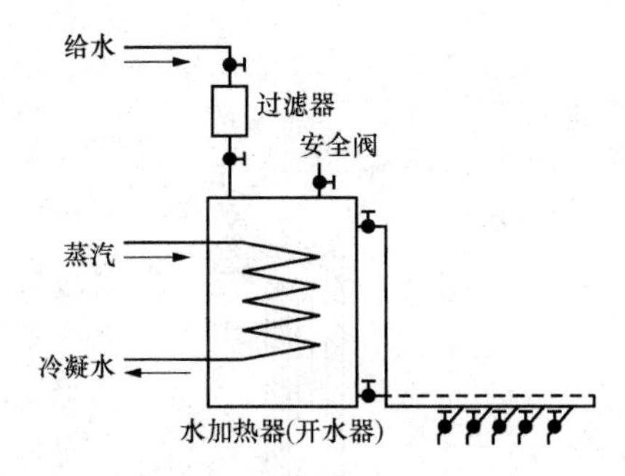

图 6-1 集中制备开水

其水质应符合《饮用天然矿泉水标准》（GB 8537—2008）的要求；人工矿泉水由人工将净化后的水放入装有矿石的装置中进行矿化，再经消毒后制成。

6.2.2 饮水的供水方式

（1）开水集中制备集中供应。在开水间集中制备，人们用容器取水饮用。如图 6-1 所示。

（2）开水统一热源分散制备分散供应。在建筑中把热媒输送至每层，再在每层设开水间制备开水。如图 6-2 所示。

（3）开水集中制备分散供应。如图 6-3 所示，在开水间统一制备开水，通过管道输送至开水取水点，系统对管道材质要求较高，常用耐腐蚀、符合食品级卫生要求的不锈钢管、铜管等管材，以保证水质不受污染。

（4）冷饮水集中制备分散供应。将自来水进行过滤或消毒处理集中制备，通过管道输送至饮水点，如图 6-4 所示。这种供应方式适用于中小学、体育场（馆）、车站及码头等人员集中的公共场所。人们从饮水器中直接喝水，在夏季不启用加热设备，预处理后自来水经制冷设备冷却后降至要求水温；在冬季，冷饮水的温度要求和人体温度接近，一般取 35～40℃。

为保证水质和饮水安全，不造成二次污染，饮水器（见图 6-5）应采用金属镀铬、瓷质或搪瓷等材料，表面光洁易于清理。同时，饮水器的喷嘴应倾斜安装，避免饮水后余水回落，污染喷嘴。

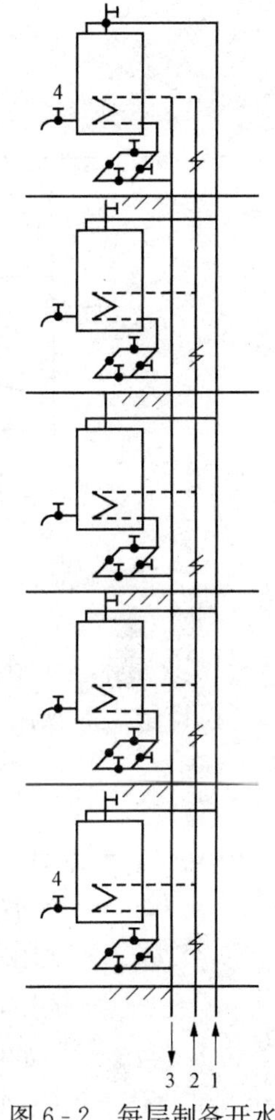

图 6-2 每层制备开水

1—给水；2—蒸汽；3—冷凝水；4—开水器

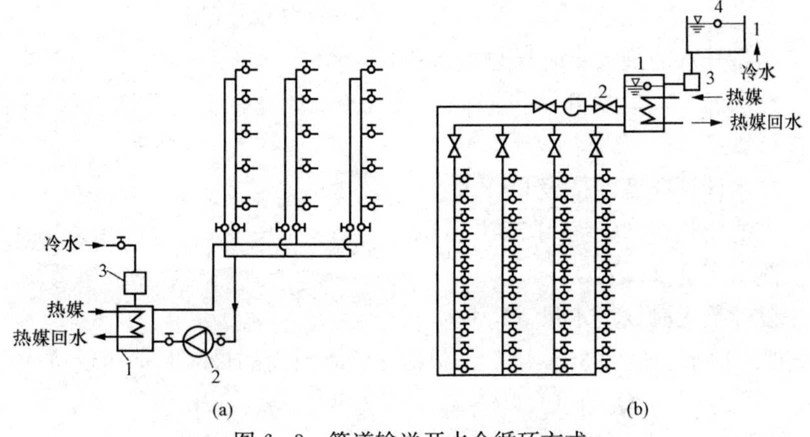

图 6-3 管道输送开水全循环方式

（a）加热器在底层；（b）加热器在顶层

1—开水器（水加热器）；2—循环水泵；3—过滤器；4—高位水箱

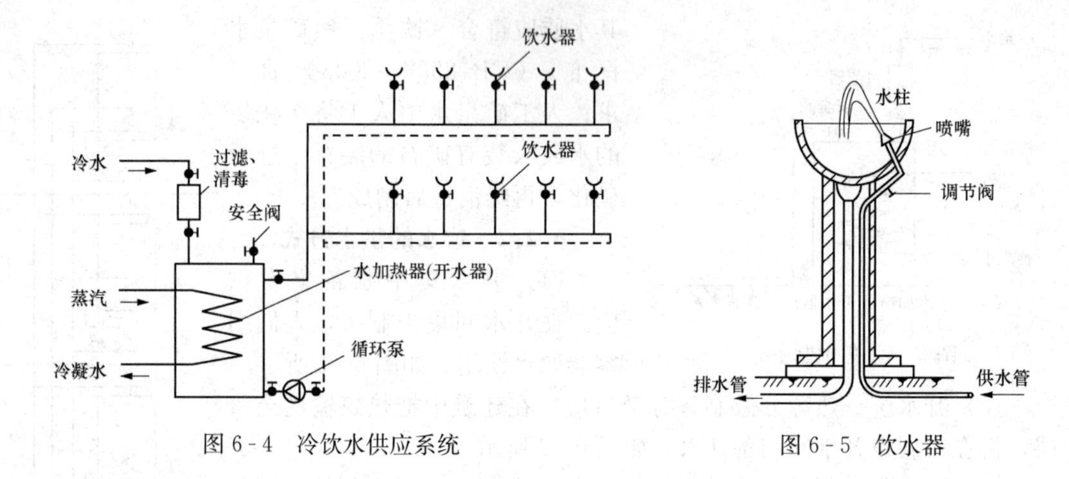

图 6-4　冷饮水供应系统　　　　图 6-5　饮水器

6.3　饮水系统的水力计算

1. 饮用水量的计算

设计最大时饮用水量按式（6-1）计算

$$q_{Emax}=K_k\frac{mq_E}{T} \tag{6-1}$$

式中　q_{Emax}——设计最大时饮用水量（L/h）；

K_k——小时变化系数，按表 6-1 选用；

q_E——饮用水定额［L/（人·d）、L/（床·d）或 L/（观众·d）］，按表 6-1 选用；

m——用水计算单位数（人数或床位数）；

T——供应饮用水时间（h）。

2. 耗热量的计算

制备开水所需的最大小时耗热量按式（6-2）计算

$$Q_K=(1.05\sim1.10)(t_k-t_L)q_{Emax}C\rho_r \tag{6-2}$$

式中　Q_K——制备开水的最大小时耗热量（W）；

t_k——开水温度，集中开水供应系统按 100℃计算，管道输送全循环系统按 105℃计算；

t_L——冷水计算温度，按表 6-2 计算；

C——水的比热容，C=4.187kJ/（kg·℃）；

ρ_r——热水密度（kg/L）；

q_{Emax}——设计最大时饮用水量（L/h）。

在冬季需把冷饮水加热到 35～40℃，制备冷饮水所需的最大时耗热量按式（6-3）计算

$$Q_E=(1.05\sim1.10)(t_E-t_L)q_{Emax}C\rho_r \tag{6-3}$$

式中　t_E——冬季冷饮水的温度，一般取 40℃。

表6-2 冷水计算温度

分区	地面水温度（℃）	地下水温度（℃）
黑龙江、吉林、内蒙古的全部，辽宁的大部分，河北、山西、陕西偏北部分，宁夏偏东部分	4	6～10
北京、天津、山东全部，河北、山西、陕西的大部分，河北北部，甘肃、宁夏、辽宁的南部，青海偏东和江苏偏北的一小部分	4	10～15
上海、浙江全部，江西、安徽、江苏的大部分，福建北部，湖南、湖北东部，河南南部	5	15～15
广东、台湾全部，广西大部分，福建、云南的南部	10～15	20
重庆、贵州全部，四川、云南的大部分，湖南、湖北的西部，陕西和甘肃秦岭以南地区，广西偏北的一小部分	7	15～20

6.4 管道饮用净水供应

管道饮用净水系统是指在建筑物内部保持原有的自来水管道系统不变，供给人们盥洗、洗涤、淋浴及冲洗等用水，同时对自来水中只占少量比例（2%～5%）、对水质要求高用于直接饮用的水集中进行深度处理后，采用高质量无污染的管道材料和管道配件，设置独立的饮用净水管道系统向用户供应饮用净水，人们可直接饮用。如配专用饮水机，可方便地提供热饮水或冷饮水。

6.4.1 管道饮用净水的水质要求

1. 饮用净水的水质要求

直接饮用水应符合《饮用净水水质标准》（CJ 94—2005）的规定，具体指标见附录B表B-1。

2. 饮用净水的水质处理

饮用净水深度处理常用的方法有活性炭吸附过滤法和膜过滤技术。

在管道饮用净水处理工艺中由于处理水量较少，对于水质标准要求较高，所以为适应这一要求通常采用膜过滤技术。

膜过滤技术又分为微滤（MF）、超滤（UF）、纳滤（NF）和反渗透膜（RO）等四种，各种膜技术都有明确的适用范围。由于膜处理的特殊要求，在工艺设计中还需设置必要的预处理、后处理单元和膜的清洗设施。活性炭吸附过滤法具有除臭、除色、去除有机物、除氯和除重金属等功能。在饮用水深度处理系统中通常采用压力式粒状活性炭过滤器。活性炭过滤与膜过滤相比，具有很多优点，如保养维护简单、造价低、耗能少等，因此在管道直饮水净化中常常与膜过滤结合作为预处理，以发挥其优势。

饮用净水后处理包括消毒和矿化。目前消毒常用紫外线与臭氧或与二氧化氯合用，确保消毒效果，又不会产生有机卤化物造成危害；水经纳滤和反渗透处理后，为使出水含有一定的对人体有益的矿物盐，需对出水进行矿化处理，将膜过滤处理后的水再进入装填有含矿物质的粒状介质（如木鱼石、麦饭石等）的过滤器。

6.4.2 管道饮用净水的供水方式

管道饮用净水系统宜采用调速泵组直接供水或屋顶设水箱重力流供水系统，其目的是避免采用高位水箱贮水难以保证循环效果和管道饮用水水质的问题，同时还有设备集中、便于管理控制的优点。

1. 水泵和高位水箱供水方式

如图 6-6 所示，净水处理装置及水泵设在管网的下部，管网为上供下回式，为保证供水水质，在高位水箱出口处设置消毒器，并在回水管路中设置防回流器。

2. 变频调速泵供水方式

如图 6-7 所示，净水处理装置设于管网的下部，管网为下供上回式，由变频调速泵供水，不设高位水箱，低区为防止超压需设置减压阀。

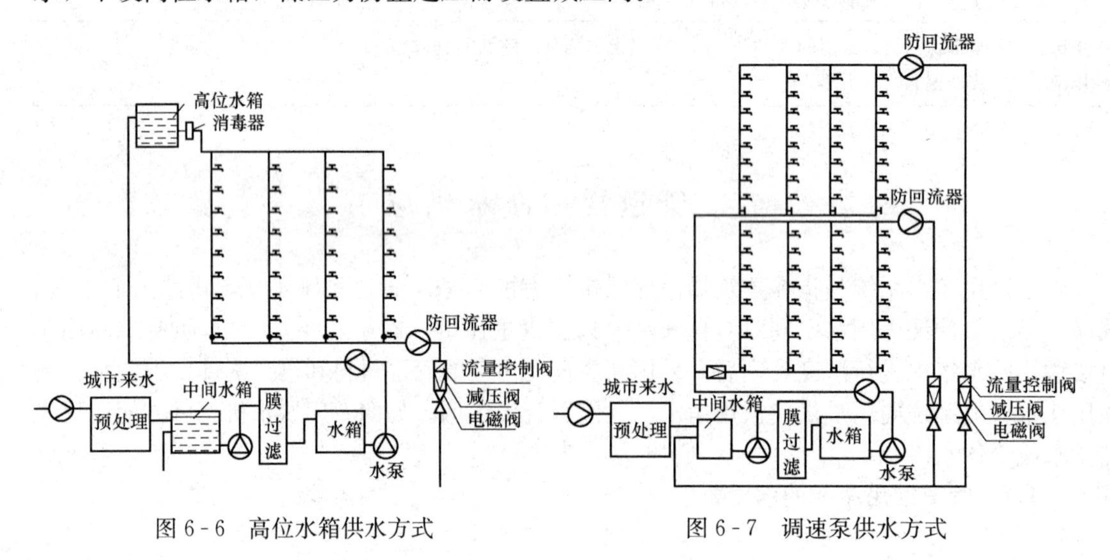

图 6-6 高位水箱供水方式　　图 6-7 调速泵供水方式

3. 屋顶设水箱重力流供水方式

如图 6-8 所示，高位水箱重力供水方式，膜过滤净水处理装置设于层顶，水箱中水靠重力供给配水管网，不需设置饮用净水泵，但配水管网应设计成密封式，设置循环水泵使管网中的水得以循环，用来保证水质新鲜。高层建筑可采用减压阀减压竖向分区供水，饮用净水系统的分区压力比自来水系统小些，一般为 0.32～0.40MPa。系统应设计成环状，并应保证足够的水量和水压。

6.4.3 管道饮用净水的水力计算

1. 饮用净水的水量和水压

由于饮用净水的用水量小、价格高，为避免饮用水浪费，应采用额定流量小的专用水嘴，饮用净水的额定流量宜为 0.04L/s，最低工作压力为 0.03MPa。饮用水定额及小时变化系数可按表 6-1 确定。办公楼饮水小时变化系数，取 $K_h=2.5\sim4.0$，用水时间可取 10h；住宅、公寓可取 $K_h=4.0\sim6.0$，用水时间可取 24h。

2. 饮用净水管网水力计算

饮用净水管网分供水管网和回水管网，水力计算的目的在于确定各管段管径及水头损失及选择加压贮水设备等。设计流量应按最不利时刻的最大用水量考虑，供水管网的设计流量应为饮用净水设计秒流量与循环流量之和；全天循环的循环管网，每条支管回流量可采用一个水嘴的额定流量，系统的回流量为各支管循环流量的总和。

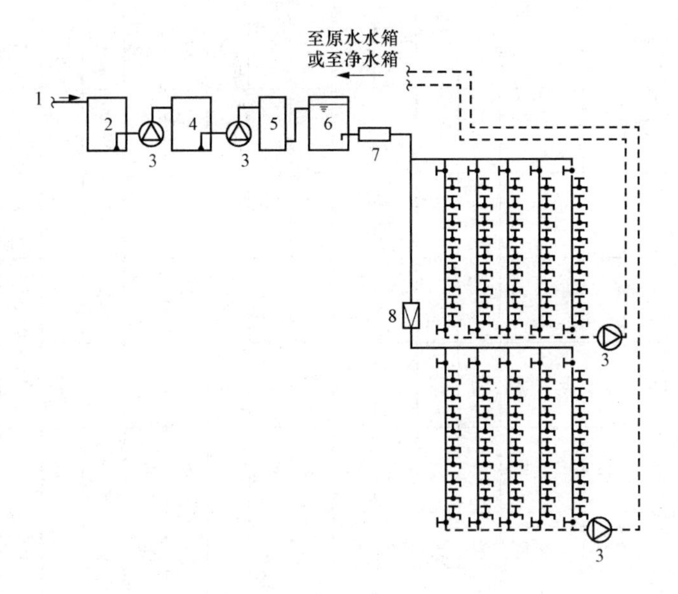

图 6-8 屋顶水箱重力供水系统

1—城市供水；2—原水水箱；3—水泵；4—预处理；
5—膜过滤；6—净水水箱，7—消毒器；8—减压阀

（1）配水管的设计秒流量，应按式（6-4）计算

$$q_g = q_0 m \tag{6-4}$$

式中 q_g——计算管段的设计秒流量（L/s）；

q_0——饮水水嘴额定流量（L/s），取 0.04L/s；

m——计算管上同时使用饮水水嘴个数，设计时可按表 6-3 选用。

当管道中的水嘴个数在 12 个以下时，m 值可采用表 6-3 中的经验值。

表 6-3 **m 值经验值**

水嘴数量 n	1	2	3	4～8	9～12
使用数量 m	1	2	3	3	4

当管道中的水嘴多于 12 个时，m 值按式（6-5）计算

$$\sum_{k=0}^{m} P^k (1-P)^{n-k} \geqslant 0.99 \tag{6-5}$$

其中

$$P = \alpha q_h / (1800 n q_0) \tag{6-6}$$

式中 k——表示 1～m 个饮水水嘴数；

n——饮水水嘴总数；

P——饮水水嘴使用概率；

α——经验系数，取 0.6～0.9；

q_h——设计小时流量（L/s）；

q_0——饮水水嘴额定流量（L/s）。

为简化计算，设计时 m 值可查表 6-4。

表 6-4　水嘴设置数量 12 个以上时水嘴同时使用数量

P/m \ n	$P=\alpha q_b/1800nq_0$（α=0.6～0.9）																		
	0.010	0.015	0.02	0.025	0.03	0.035	0.04	0.045	0.05	0.055	0.06	0.065	0.07	0.075	0.08	0.085	0.09	0.095	0.10
13～25	2	2	3	3	3	4	4	4	4	5	5	5	5	5	6	6	6	6	6
50	3	3	4	4	5	5	6	6	7	7	7	8	8	9	9	9	10	10	10
75	3	4	5	6	6	7	8	8	9	9	10	10	11	11	12	13	13	14	14
100	4	5	6	7	8	8	9	10	11	11	12	13	13	14	15	16	16	17	18
125	4	6	7	8	9	10	11	12	13	13	14	15	16	17	18	18	19	20	21
150	5	6	8	9	10	11	12	13	14	15	16	17	18	19	20	21	22	23	24
175	5	7	8	10	11	12	14	15	16	17	18	20	21	22	23	24	25	26	27
200	6	8	9	11	12	14	15	16	18	19	20	22	23	24	25	27	28	29	30
225	6	8	10	12	13	15	16	18	19	21	22	24	25	27	28	29	31	32	34
250	7	9	11	13	14	16	18	19	21	23	24	26	27	29	31	32	34	35	37
275	7	9	12	14	15	17	19	21	23	25	26	28	30	31	33	35	36	38	40
300	8	10	12	14	16	19	21	22	24	26	28	30	32	34	36	38	40	41	43
325	8	11	13	15	18	20	22	24	26	28	30	32	34	36	38	40	42	44	46
350	8	11	14	16	19	21	23	25	28	30	32	34	36	38	40	42	45	47	49
375	9	12	14	17	10	22	24	27	29	32	34	36	38	41	43	45	47	49	52
400	9	12	15	18	21	23	26	28	31	33	36	38	40	43	45	48	40	52	55
425	10	13	16	19	22	24	27	30	32	35	37	40	43	45	48	50	53	55	57

注　1. n 可用内插法。

2. m 小数点后四舍五入。

（2）管径计算。在求得个管段的设计秒流量后，根据流量公式即可计算管径

$$d_j = [4q_g/(\pi v)]^{1/2} \tag{6-7}$$

式中 d_j——计算管段的管内径（mm），一般不超过50mm；

q_g——计算管段的设计秒流量（m^3/s）；

v——计算管段中管内水流速（m/s）。

饮用净水管道的控制流速可按表6-5选用。

表6-5 饮用净水管道中的流速

公称直径（mm）	15～20	25～40	≥50
流速（m/s）	≤0.8	≤1.0	≤1.2

（3）循环流量。系统的循环流量 q_x（L/s）可按式（6-8）计算

$$q_x = V/T_1 \tag{6-8}$$

式中 V——闭合循环回路上供水系统的总容积（L），包括贮水设备的容积；

T_1——饮用净水管网允许的停留时间（h），可取4～6h。

（4）水泵。变频调速水泵供水系统水泵流量按式（6-9）计算

$$Q_b = 3600q_s + q_x \tag{6-9}$$

水泵扬程按式（6-10）计算

$$H_b = h_0 + 10z + \sum h \tag{6-10}$$

式中 Q_b——水泵流量（L/s）；

q_s——瞬间高峰用水量（L/s）；

q_x——循环流量（L/s）；

H_b——供水泵扬程（kPa）；

h_0——最不利点水嘴自由水头（kPa）；

z——最不利水嘴与净水箱的几何高度（m）；

$\sum h$——最不利水嘴到净水箱的管路总水头损失（kPa）。

水头损失的计算方法与生活给水的水力计算方法相同。

循环水泵的扬程 h_B 包括供水管网的水头损失 h_p 和循环管网的水头损失 h_x，即

$$h_B = h_p + h_x \tag{6-11}$$

若水泵在无用水时运行，则 h_p 比 h_x 小得多，可忽略不计；若高峰用水时运行，h_p 又比 h_x 大。而循环泵的运行应以管网中的水能够维持更新为目标进行设定，当管网用水量超过 $q_{x时}$，循环泵应停止运行。可见，管网用水量是否超过 q_x 可作为控制循环泵启停的评定指标。

6.4.4 饮用净水管道系统的水质防护

确保饮用净水在管网中的水质，是饮用净水管网系统设计中的关键，不仅是水处理设备出口处水质应符合标准，更要保证各个水嘴出水的水质符合标准。

有些已建成的饮用净水系统，存在较明显的附壁物或饮用净水水箱中的水在夏天细菌超标等水质下降的问题，应采取措施，抑制、减少污染物的产生。饮用净水系统的设计中一般应注意以下几点。

1. 管道、设备材料

饮用净水系统的管材应优于生活给水系统。净水机房以及与饮用净水直接接触的阀门、水表、管道连接件、密封材料、配水水嘴等均应符合食品级卫生标准，并应取得国家级资质认证。饮水管道应选用薄壁不锈钢管、薄壁铜管、优质塑料管，一般应优先选用薄壁不锈钢管，因为其强度高、受高温变化的影响小、热传导系数低、内壁光滑、耐腐蚀、对水质的不利影响极小。

此外，净水机房以及与饮用净水直接接触的管道连接件、阀门、水表、配水龙头等选用材质都应该符合食品级卫生要求，并应与管材匹配。

2. 水池、水箱的设置

水池、水箱中出现的水质下降现象，常常是由于水的停留时间长，使得生物繁殖、有机物及浊度增加造成的。饮用净水系统中水池水箱没有与其他系统合用的问题，但是，如果储水容积计算值或调节水量的计算值偏大；以及小区集中供应饮用净水系统中，由于入住率低导致饮用净水用水量达不到设计值时，就有可能造成饮用净水在水池、水箱中的停留时间过长，引起水质下降。

3. 管网系统设计

饮用净水管网系统必须设置循环管道，保证干管和立管中饮用水的有效循环。

饮用净水管网系统应尽量减少系统中的管道数量，各用户从立管上接至配水龙头的支管也应尽量缩短，一般不宜超过 1m，以减少死水管段，并尽量减少接头和阀门。

饮用净水管道应有较高的流速，以防细菌繁殖和微粒沉积、附着在内壁上。干管（DN≥32mm）设计流速宜大于 1.0m/s，支管设计流速宜大于 0.6m/s。

循环回水须经过净化与消毒处理方可再进入饮用净水管道。

4. 防回流

防回流污染的主要措施有：若饮用净水水嘴用软管连接且水嘴不固定、使用中可随手移动，则支管不论长短，均设置防回流阀，以消除水嘴进入低质水产生回流的可能；小区集中供水系统，各栋建筑的入户管在与室外管网的连接处设防回流阀；禁止与较低水质的管网或管道连接。

循环回水管的起端设防回流器以防循环管水中的水回流到配水管网，造成回流污染。有条件时，分高、低区系统的回水管最好各自引回净水车间，以易于对高、低区管网的循环进行分别控制。

思考题与习题

6.1 什么是新的饮水观念？对健康饮用水有什么基本要求？

6.2 目前我国饮用水主要种类有什么？饮用类别的选用原则是什么？

6.3 简述影响饮水定额和小时变化系数的主要因素。

6.4 如何理解饮用净水这一概念？它是怎么制备的？

6.5 试述在管道直饮水处理中软化方法的主要作用。

6.6 管道饮用净水系统的供水方式有哪些？

6.7 在选用饮用净水、直饮水、给水管的管材时，应考虑哪些方面？

6.8 简述开水统一热源集中制备分散供应的优缺点和适用性。

6.9 管道直饮水系统在预防水质二次污染方面有哪些具体的技术措施?

6.10 某单元式住宅楼共6层，每个单元每层两户，每户设1个饮用净水龙头，额定流量为0.04L/s，则该单元饮用净水的设计秒流量为多少?

6.11 某高校集体宿舍有学生1000人，每人每日饮水定额为2L，现设置一个开水间集中供应开水，试计算每天开水供应量、最大时开水用量，制备开水每天、最大时耗热量和耗电量各是多少?

第7章 建筑中水系统

我国水资源匮乏，人均水资源占有量低，时空分布极不均匀。在全国现有城市中，有近一半城市存在不同程度的缺水问题，其中100多座情况严重。水资源危机严重威胁我国社会可持续发展，导致生态环境进一步恶化。中水利用是实现污水资源化的有效途径，运作得好，可实现社会效应、环境效应、经济效应及资源效应等多方面的丰收。据有关资料，每日使用1万 m^3 的回用水，相当于建设一座400万 m^3 的水库。目前中水利用已受到世界各国的重视，是国际上公认的第二水源。

7.1 中水系统的分类及组成

7.1.1 中水的概念

“中水”一词来源于日本，因其水质介于“上水（给水）”和“下水（排水）”之间，相应的技术称为中水道技术。中水是指各种排水经处理后，达到规定的水质标准，可在生活、市政、环境等范围内杂用的非饮用水。其中，用于厕所冲洗、绿化、清洁洒水和冲洗汽车等杂用的中水水质须符合《城市污水再生利用 城市杂用水水质》（GB/T 18920—2002）和《城市污水再生利用 景观环境用水水质》（GB/T 18921—2002）的规定，用于水景、工业循环冷却水等用途的中水水质标准还应有所提高。

7.1.2 中水技术发展趋势

中水技术是在20世纪中叶随着世界性水资源短缺和环境污染加剧出现的，60年代由于污水深度处理技术的发展，污水回用技术有了较大的飞跃。日本首先在1962年开始进行污废水回用，主要回用于工业、农业和日常生活用水。随后美国在1968年，接着德国、苏联、南非、印度、英国、以色列等国也相继研究建设了中水工程。到80年代仅东京的中水道工程就达200多处。

我国从20世纪80年代初将城市污水作为第二水源，开展了回用水处理技术的研究和工程建设，中水技术逐渐引起了人们的重视。中水技术在国内外的发展主要有以下三个趋势。

（1）以雨水为水源的中水利用日益受到重视。

日本中水水源分为A、B、C、D四类。A类，洗手、洗脸、浴水、热水；B类，A类+厨房用水；C类，B类+厕所冲洗水；D类，雨水。在A类水充足时，以A类水为中水水源，如果A类水不够，则补充D类水做为中水水源，若还不够则取B类水+D类水。如果水量还不够则考虑使用C类水，总之中水运行使用原则是不用新水。日本对于以雨水为水源的中水利用十分重视，且发展较快，进来又有雨水利用计划指导。这是日本的中水仍以一定速度发展的原因，也代表中水发展的方向。2003年北京海淀公园雨水回用系统建成，表明我国开始重视雨水利用。

（2）建筑小区和城市中水系统成为发展重点。

中水系统按规模分为建筑、建筑小区和城市中水系统三大基本类型。建筑中水系统以单个建筑物内杂排水、生活污水或屋顶雨水为水源，规模较小，投资及处理运行成本较高；建筑小区中水系统是以住宅小区或数个建筑物形成的建筑群排放的污水或雨水为水源，处理成中水再利用，其管理集中，运行费用相对较低，供水水质较稳定；城市中水系统是以城市污水处理厂的出水为水源，深度处理后供大面积的建筑群作中水使用，其处理运行费用较低。

（3）新的中水处理工艺不断被采用。

目前，在中水处理工艺应用最多的是混凝与过滤工艺，但随着水处理技术的发展，一些新的中水处理工艺不断被采用。

《建筑中水设计规范》（GB 50336—2002）推出的多种处理工艺和利用方式，如膜分离（MF、UF、NF、RO）技术、膜生物反应器、曝气生物滤池、生物活性炭、土壤生物系统、土壤毛吸收处理利用系统（人工土地系统）等，在国内外都有成功的应用，在进一步推广应用中必使中水工程应用登上一个新的台阶。

7.1.3 中水系统的分类

中水回用系统按其供应的范围大小和规模，一般分为建筑中水系统、小区中水系统、城镇中水系统三大类。

1. 建筑中水系统

大型单体建筑或几幢相邻建筑物组成的中水系统，其中水水源一般为优质杂排水或杂排水，建筑物内的排水系统为清、浊分流制；给水系统中杂用水和其他用水分质供水。目前，建筑中水系统主要在宾馆、饭店中使用。

2. 小区中水系统

以居住小区内各建筑物排放的生活废水或污水为中水水源，目前比较常用的是以生活废水为水源。对室内给排水系统设置要求：当以生活污水为水源时，与城镇中水同；当以生活废水为水源时，与建筑中水同。小区中水系统可用于住宅小区、学校以及机关团体大院。

3. 城镇中水系统

以城镇二级生物污水处理厂的出水和部分雨水为中水水源，经过中水处理站处理后，达到《城市污水再生利用　城市杂用水水质》（GB 18920—2002）和《城市污水再生利用　景观环境用水水质》（GB 18921—2002）规定的水质，供城镇杂用水使用。因规模较大，往往与城镇污水处理统筹考虑，同时，要求城镇内的建筑物给水系统中杂用水和其他用水分质供水，回水系统可不分流。

7.1.4 中水系统的组成

中水系统由中水原水系统、中水处理设施和中水供水系统组成。

1. 中水原水系统

中水原水是指选作中水水源而未经处理的排水。中水原水系统是指收集、输送中水原水到中水处理设施的管道系统和一些附属构筑物，其设计与建筑排水管道的设计原则和基本要求相同。除此之外，还应注意以下几点：

（1）原水管道系统宜按重力流设计，靠重力流不能直接接入的排水可采取局部提升等措施接入。

（2）原水系统应计算原水收集率，收集率不应低于回收排放水项目给水量的75%。提出收集率的要求，目的是把可利用的排水都尽量回收。可利用的排水是经水量平衡计算和经

济分析，需要与可能回收里利用的排水。原水收集率按式（7-1）计算

$$\eta=\frac{\sum Q_{\mathrm{P}}}{\sum Q_{\mathrm{J}}}\times 100\% \tag{7-1}$$

式中　η——原水收集率；

$\sum Q_{\mathrm{P}}$——中水系统回收排水项目的回收水量之和（m^3/d）；

$\sum Q_{\mathrm{J}}$——中水系统回收排水项目的给水量之和（m^3/d）。

（3）室内外原水管道及附属构筑物均应采取防渗、防漏措施，并应有防治不符合水质要求的排水接入的措施。井盖应做“中水”标志。

（4）原水系统应设分流、溢流设施和超越管，宜在流入处理站之前满足重力排放要求。

（5）当有厨房排水等含油排水进入原水系统时，应经过隔油处理后，方可进入原水收集系统。

（6）当有粪便排水进入原水系统时，应经过化粪池处理后方可进入原水收集系统。

（7）原水应计量，宜设置瞬时和累计流量的计量装置，当采用调节池容量法计量时应安装水位计。

（8）当采用雨水作为中水水源或水源补充时，应有可靠的调堵容量和溢流排放设施，雨水在小区内的应用，宜结合河、湖、塘水体景观和生态环境建设。

2. 中水处理设施

中水处理设施是中水系统的关键组成部分，任务是将中水原水净化为符合水质标准的回用中水。根据原水水量、水质和中水使用水质要求等因素，通过技术经济比较确定处理工艺，一般分为预处理设施、主要处理设施和后处理设施三类。

（1）预处理设施。预处理设施一般只要包括化粪池、格栅、调节池和毛发聚集器等，其主要目的是用来截留较大的悬浮物和漂浮物。

化粪池能起到集流生活污水的作用，埋于地下，不占小区地面面积。如果在化粪池后再建地下集水池，对后续的污水处理能提供一定的帮助。

格栅的主要作用是拦截水中较大杂物及悬浮物，保证后续设备的正常运行。一般宜采用机械格栅。按栅条大小分为粗、中、细三种，按结构分为固定式、旋转式和活动式，详见表7-1。

表7-1　格栅、格网规格

种　类	有效间隙（mm）	栅渣量（渣/污水）（$m^3/10^{-3}m^3$）	过栅流速（m/s）	格栅角度	水头损失（m）
粗格栅	20～50	0.03～0.01	1.0	45°～75°	0.08
中格栅	10～20	0.1～0.05	～	>60°	～
细格栅	10～2.5	不宜用于污水	0.6	>60°	0.15
格网	12目～18目	用于洗浴废水		0～90°	

为保证设施持续、均匀、稳定、高效地工作，必须将不均匀的排水进行储存调节，这就是调节池。为防止污物在调节池内沉积腐化，在池内设置预曝气。调节池常为矩形，材质分钢混结构或砌砖，一般设在沉砂池或化粪池后，处理水量较小时，可与污水泵站内吸水井或沉砂池或化粪池结合于一体。

以洗浴（涤）排水为原水的中水系统应设置毛发聚集器，作为过滤前处理手段，主要去除水中毛发、纤维装物质、大块颗粒状杂物等，以保障系统正常运行。

（2）主要处理设施。中水处理设施包括沉淀池、生物接触氧化池、曝气生物滤池、生物转盘等。

沉淀池按工艺布置的不同，分为初次沉淀池和二次沉淀池，作用是改善生物处理构筑物的运行条件并降低其 BOD_5 负荷。当原水为优质杂排水或杂排水时，设置调节池后可不再设置初次沉淀池。二次沉淀池规模大时，参照《室外排水设计规范（2014 版）》（GB 50014—2006）中有关部分设计。规模小时，宜采用斜板（管）或竖流沉淀池。斜板（管）沉淀池去除率高，停留时间短，占地面积小。其在设计斜板间净距一般采用 80～100mm，斜管孔径一般采用大于或等于 80mm。斜板（管）斜长一般采用 1～1.2m，倾角采用 60°，排泥净水头不得小于 1.5m。按水流方向与颗粒的沉淀方向之间的相对关系，可分为侧向流斜板（管）沉淀池 [见图 7-1（a）]、同向流斜板（管）沉淀池 [见图 7-1（b）]、逆向流斜板管沉淀池 [见图 7-1（c）]。

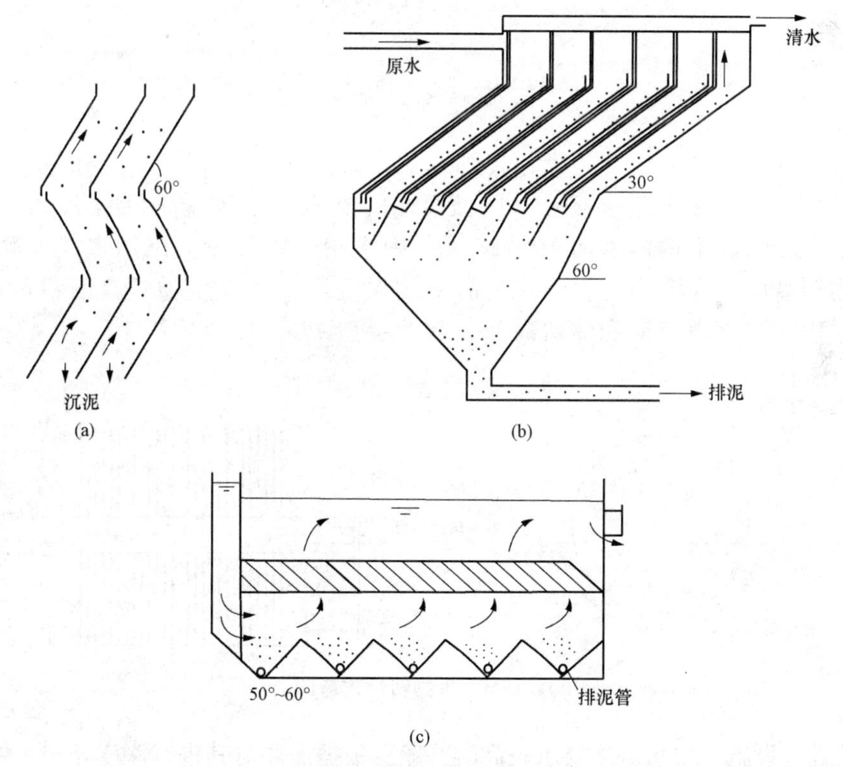

图 7-1 斜板（管）沉淀池

（a）侧向流斜板（管）沉淀池；（b）同向流斜板（管）沉淀池；（c）逆向流斜板（管）沉淀池

接触氧化池在曝气提供充足的条件下，使污水与附着在填料上的生物膜接触得以净化，容积负荷高，停留时间短，有机去除效果好，占地面积小。接触氧化池由池体、填料、布水装置和曝气系统组成。采用鼓风曝气，为防止噪声最好采用水下曝气或射流曝气。填料下部装有曝气装置，气水比 15：1～10：1，溶解氧含量为 2.5～3.5mg/L，进水

BOD_5控制在100～250mg/L。填料一般为蜂窝硬性填料和纤维型软性填料，填料高度不小于1.5m，蜂窝孔径不小于25mm。填料体积按填料容积负荷和平均污水量计算，生活污水的容积负荷一般为1000～1800（BOD_5）/（m^3·d），按水力负荷或接触时间校核，接触时间2～3h，生活污水取上限。曝气量一般为40～80m^3/[kg·（BOD)]。图7-2所示为接触氧化池基本构造。

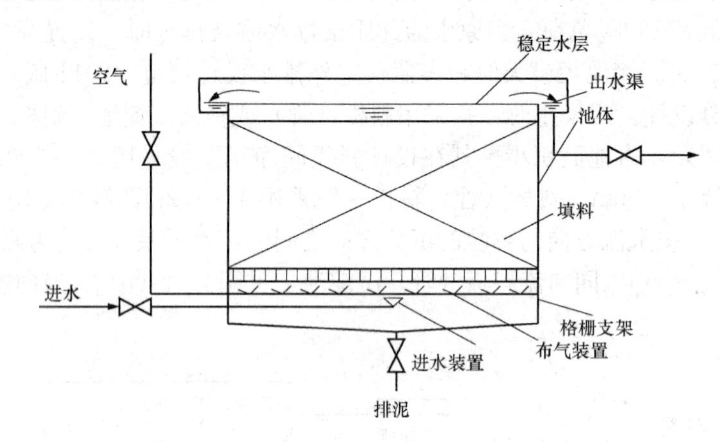

图7-2 接触氧化池基本构造图

生物转盘由盘片、接触反应槽、转轴及驱动装置组成。如图7-3所示，中心贯以转轴，转轴两端安设在半圆形接触反应槽两端的支座上。转盘面积的40%左右浸在槽内的污水中，转轴高出槽内水面10～25cm。中水用生物转盘应采用多级串联式，在寒冷地区生物转盘应设在室内，设在室外时应加保温罩。选择生物转盘面积可按BOD负荷设计或选用。以水力负荷和停留时间复核，一般BOD负荷采用10～20g/（m^2·d），水力负荷可采用0.2m^3/（m^2·d）。

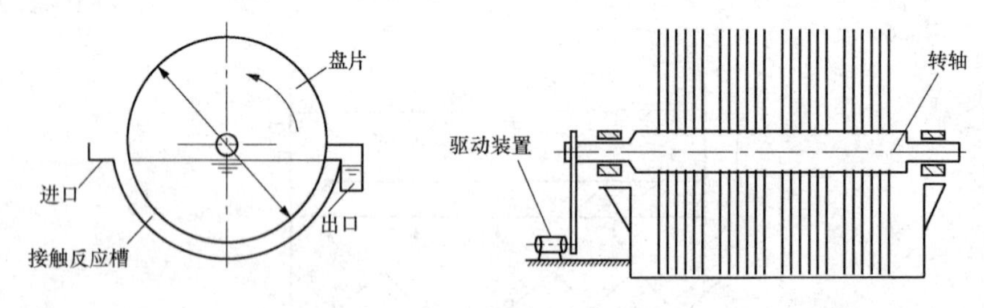

图7-3 生物转盘构造图

（3）后处理设施。中水水质要求较高时一般可根据需要对其进行深度处理，处理方法一般包括滤池、消毒处理设备等。

滤池的作用是去除二级处理水中残留的悬浮物和胶体物质，对BOD、COD和铁等也有一定的去除作用。

中水处理必须要有消毒设施，消毒剂宜采用次氯酸钠、臭氧、漂白粉或其他消毒剂。各种消毒剂的选用和性能比较见表7-2。

表7-2 各种消毒剂的选用和性能比较

消毒剂种类	投加量	投加方式	使用条件
液氯	有效氯5～8mg/L； 保持余氯0.5～1mg/L	必须设氯瓶和加氯机可用真空加氯机或随动式加氯机（当与泵联锁时），不允许直接注入水中	使用普遍、效果可靠、操作方便、成本低；一般加在处理流程末端，接触时间不小于30min，使用时注意氯气毒性
氯片	投加量按有效氯计同液氯，一般氯片有效氯含量为65%～70%	有专门氯片消毒器，若能保证混合效果也可直接投加	适于小规模使用，使用管理方便、设备少，但价格高
二氧化氯	淋浴水0.5～2mg/L浴池水10～30mg/L	有定型二氧化氯发生器可以直接选用	杀菌、消毒能力强、接触时间短，必须采用二氧化氯发生器选场制造，电耗、能耗低
次氯酸钠	投加量按有效氯计同液氯有效氯占10%～20%	用成品溶液或次氯酸钠发生器制取，前者用溶液投加设备投加，后者直接投加	效率效果同液氯，由于其浓度低，安全性比液氯好，发生器价格较高，并需定其加盐、电极也需定期清洗
漂白粉 漂白精	漂白粉含有效氯20%～30%； 漂白精含有效氯60%～70%	可溶于水中制成1%～2%的浓度的溶液投加或直接投加	设备简单，也不需专人管理，比较安全投加量不易掌握，漂白粉需要配置，并需及时清渣，漂白精价格较贵
臭氧	投量1～3mg/L	有专门臭氧发生器	氧化能力强，并且还可长解残余有机物、色度、臭味等，接触时间短，但保持时间也短，设备复杂，不易维护管理，电耗和投资较高，由于国产设备不够成熟，应用受限制

中水的消毒不仅要求杀灭细菌和病毒效果好，尤其要提高中水的产生和使用整个时间内的安全性。投加消毒剂宜采用自动定比投加，与被消毒水充分混合接触。当处理站规模较大并采取严格的安全措施时，可采用液氯为消毒剂。采用氯化消毒时，加氯量宜为有效氯5～8mg/L，消毒接触时间应大于30min。

3. 中水供水系统

中水供水系统的任务是将中水处理设施处理的出水（符合中水水质标准）保质保量地通过室内外和小区的中水输送管网送至各个中水用水点，该系统由中水贮水池、中水增压设施、中水配水管网、控制和配水附件、计量设备等组成。

中水供水系统的设计应符合下列要求：

（1）中水供水系统必须独立设置。

（2）中水管道必须具有耐腐蚀性。

（3）不能采用耐服饰材料的管道和设备，应做好防腐蚀处理，使其表面光滑，易于清洗结垢。

（4）中水供水系统应根据使用要求安装计量装置。

（5）中水管道不得装置取水龙头，便器冲洗宜采用密闭型设备和器具。

(6) 绿化、洗洒、汽车冲洗宜采用壁式或地下式的给水栓。

(7) 中水管道、设备及受水器具应按规定着浅绿色，以免引起误用。

常用的中水供水系统有余压给水系统、水泵水箱供水系统、气压给水系统三种型式（见图7-4）。

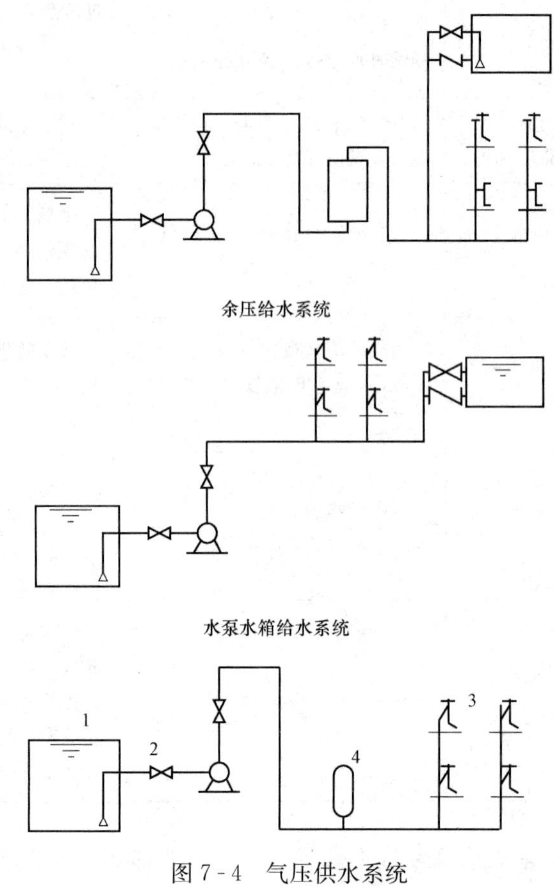

图7-4 气压供水系统

1—中水贮池；2—水泵；3—中水用水器具；4—气压罐

中水供水系统的供水方式、系统组成、管道敷设方式及水力计算与给水系统基本相同，只是在供水范围、水质、使用等方面有些限定和特殊要求。

7.2 中水水源、水质

7.2.1 中水水源及水量

1. 建筑物中水系统

(1) 中水水源。建筑物中水水源可取自建筑的生活排水和其他可利用的水源，根据原水水质、水量、排水状况和中水回用的水质、水量选定。

原水水源要求供水可靠，原水水质经适当处理后能达到回用水的水质标准等。建筑屋面雨水可作为中水水源或其补充，但设计中应注意雨水量的冲击负荷及雨水的分流和溢流等问题。综合医院污水作为中水水源必须经过消毒处理，而且产出的中水只能用于独立的不与人接触的系统，严禁将传染病医院、结核病医院污水和放射性污水作为中水水源。

建筑物中水水源根据处理难易程度和水量大小，可选择种类和顺序如下：

1）卫生间、公共浴室的盆浴和淋浴等的排水。

2）盥洗排水。

3）空调循环冷却系统排污水。

4）冷凝水。

5）游泳池排污水。

6）洗衣排水。

7）厨房排水。

8）厕所排水。

实际工程中，中水的水源一般不是单一水源，多为上述几种原水的组合，一般分成下列几种组合：

1）盥洗排水和沐浴排水（有时也包括冷却水）组合，该组合为优质杂排水，为中水水源水质最好者，应优先选用。

2）盥洗排水、淋浴排水和厨房排水组合，该组合成为杂排水，比1）组合水质差些。

3）生活污水，即所有生活污水排水的总称，水质最差。

中水水源可取自生活污水和冷却水，优先选用优质杂排水，其次选用杂排水，最后考虑生活污水。一般按下列顺序取舍：冷却水、沐浴排水、盥洗排水、洗衣排水、厨房排水、厕所排水。这样可简化处理流程，节约工程造价，降低运转费用。

（2）中水原水水质。中水水源主要来自于建筑物排水，原水水质随建筑物所在区域及使用性质的不同，其污染成分和浓度各不相同。

在设计时原水水质一般应以实测资料为准，在无实测资料时，各类建筑物各种排水的污染浓度可参表7-3确定。

表7-3 **各类建筑物各种排水污染浓度表** mg/L

类别	住宅			宾馆、饭店			办公楼、教学楼			公共浴室			餐饮业、营业餐厅		
	BOD_5	COD_{cr}	SS	BOD_5	COD_{cr}	SS	BOD_5	COD_{cr}	SS	BOD_5	COD_{cr}	SS	BOD_5	COD_{cr}	SS
冲厕	300～450	800～1000	350～450	250～300	700～1000	300～400	260～340	350～450	260～340	260～340	350～450	260～340	260～340	350～450	260～340
厨房	500～650	900～1200	220～280	400～550	800～1100	180～220	—	—	—	—	—	—	500～600	900～1100	250～280
沐浴	50～60	120～135	40～60	40～50	100～110	30～50	—	—	—	45～55	110～120	35～55	—	—	—
盥洗	60～70	90～120	100～150	50～60	80～100	80～100	90～110	100～140	90～110	90～110	100～140	90～110	—	—	—
洗衣	220～250	310～390	60～70	180～220	270～330	50～60	—	—	—	—	—	—	—	—	—
综合	230～300	455～600	155～180	140～175	295～380	95～120	195～260	260～340	195～260	50～65	115～135	40～65	490～590	890～1075	255～285

（3）中水原水水量。中水原水水量是中水工程设计中的一个关键，水量多少是水量平衡、处理设施规模、系统方式、投资费用等内容的主要依据。

测定各类建筑物的排水量一般比较困难，可按用水量进行推算。因此，建筑物中水原水量的大小与建筑物最高日生活给水量和建筑物用水分项给水百分率有关，其计算可按（7-2）式进行

$$Q_1 = \sum \alpha\beta Qb \tag{7-2}$$

式中 Q_1——中水原水水量（m^3/d）；

α——最高日给水量折算成平均日给水量的折算系数，一般取0.67～0.91；

β——建筑物按给水量计算排水量的折减系数，一般取0.8～0.9；

Q——建筑物最高日生活给水量（m^3/d），按《建筑给水排水设计规范（2009版）》（GB 50015—2003）中的用水定额计算确定；

b——建筑物用水分项给水百分率，各类建筑物的分项给水百分率应以实测资料为准，在无实测资料时，可参照表7-4。

表7-4 各类建筑物分项给水百分率

项目	住宅	宾馆、饭店	办公楼、教学楼	公共浴室	餐饮业、营业餐厅
冲厕	21.3%～21%	10%～14%	60%～66%	2%～5%	5%～6.7%
厨房	19%～20%	12.5%～14%	—	—	93.3%～95%
沐浴	29.3%～32%	40%～50%	—	95%～98%	—
盥洗	6.0%～6.7%	12.5%～14%	—	—	—
洗衣	22%～22.7%	15%～18%	34%～40%	—	—
总计	100%	100%	—	100%	100%

注 淋浴包括盆浴和淋浴。

2. 建筑小区中水系统

建筑小区中水系统水源的选择依据水量平衡和技术经济比较确定，并应优先选择水量充裕稳定、污染物浓度低、水质处理难度小、安全且居民易接受的水源。

建筑小区中水系统可供选择的水源包括：

（1）小区内建筑物杂排水，以居民洗浴水为优先水源。

（2）小区或城市污水处理厂出水。

（3）小区附近相对洁净的工业排水，其水质、水量必须稳定，并要有较高的使用安全性。

（4）小区内的雨水。

（5）小区生活污水。

当城市污水处理厂出水达到中水水质标准时，建筑小区可直接连接中水管道使用；当城市污水处理厂出水未达到中水水质标准时，可作为中水原水进一步处理，达到中水水质标准后方可使用。

小区中水水源的水量应根据小区中水水量和可回收排水项目水量的平衡计算确定。小区中水原水量可按下列方法计算。

（1）小区建筑物分项排水量按式（7-2）计算确定。

（2）小区综合排水量，按《建筑给水排水设计规范（2009版）》（GB 50015—2003）计算小区最高日给水量，再乘以最高日折算成平均日给水量的折减系数和排水折减系数的方法计算确定，折减系数取值同α。

7.2.2 中水水质标准

建筑中水的用途主要是城市污水再生利用分类中的城市杂用水，包括绿化、冲厕、道路清扫、消防、车辆冲洗、建筑施工等。污水再生利用按用途分，包括农林牧渔用水、城市杂用水、工业用水、景观环境用水、补充水源水等。

为了更好地开展中水利用，确保中水的安全使用，中水回用除了满足水量的要求外，中水水质必须满足下列基本要求：

（1）卫生上安全可靠，不含有害物质，主要衡量标准包括大肠菌指数、细菌总数、余氯量、悬浮物量、生化需氧量及化学需氧量等。

（2）感官上无不快感，主要衡量指标包括浊度、色度、臭气、表面活性剂和油脂等。

（3）对管道及设备无不良影响，不引起管道设备的腐蚀、结垢及不造成维修管理困难，主要衡量指标包括pH值、硬度、蒸发残留物及溶解性物质等。

中水用途不同，其要满足的水质标准也不同。对于多种用途的中水水质应按照最高要求来确定。

（1）中水用作建筑杂用水和城市杂用水，如冲厕、道路清扫、消防、城市绿化、车辆冲洗、建筑施工等杂用，其水质应符合《城市污水再生利用　城市杂用水水质》（GB/T 18920—2002）的规定，见表7-5。

（2）中水用于景观环境用水，其水质应符合《城市污水再生利用　景观环境用水水质》（GB/T 18921—2002）的规定，见表7-6。

（3）中水用于采暖系补水等其他用途时，其水质应达到相应使用要求的水质标准。对于空调冷却用水的水质标准目前国内尚无统一规定。

表7-5　城市污水再生利用城市杂用水水质

项　目	冲　厕	道路清扫、消防	城市绿化	车辆冲洗	建筑施工
pH值	6.0～9.0				
色度	≤30				
嗅	无不快感				
浊度（NTU）	≤5	≤10	≤10	≤5	≤20
溶解性总固体（mg/L）	≤1500	≤1500	≤1000	≤1000	—
BOD_5（mg/L）	≤10	≤15	≤20	≤10	≤15
氨氮（mg/L）	≤10	≤10	≤20	≤10	≤20
阴离子表面活性剂（mg/L）	≤1.0	≤1.0	≤1.0	≤0.5	≤1.0
铁（mg/L）	≤0.3	—	—	≤0.3	—
锰（mg/L）	≤0.1	—	—	≤0.1	—
溶解氧（mg/L）	≥1.0				
总余氯（mg/L）	接触30min后，≥1.0；管网末端，≥0.2				
总大肠菌群（个/L）	≤3				

表 7-6 城市污水再生利用景观环境用水水质指标 mg/L

项目	观赏性景观环境用水			娱乐性景观环境用水		
	河道类	湖泊类	水景类	河道类	湖泊类	水景类
基本要求	无漂浮物，无令人不愉快的嗅和味					
pH 值	6～9					
BOD_5（mg/L）	≤10	≤6		≤6		
悬浮物	≤20	≤10		—		
浊度（NTU）	—			≤5.0		
溶解氧	≥1.5			≥2.0		
总磷（以 P 计）	≤1.0	≤0.5		≤1.0	≤0.5	
总氮	≤15					
氨氮（以 N 计）	≤5					
粪大肠杆菌数	≤10 000	≤2000		≤500	不得检出	
余氯	≥0.05					
色度	≤30					
石油类	≤1.0					
阴离子表面活性剂	≤0.5					

7.3 中水水量平衡

为使中水系统协调运行，需要使各水量之间保持合理关系。水量平衡就是将设计的建筑或建筑群的中水原水量、处理量、处理设备耗水量、中水调节贮存量、中水用量、自来水补给量等进行计算和协调，达到供给与使用平衡一致的过程。

水量平衡的计算分析结果可以合理确定建筑中水系统集流方式、中水处理系统的规模和水处理工艺流程。使原水收集、水质处理和中水供应几部分有机地结合，使中水系统能在中水原水和中水用水很不稳定的情况下协调运作。水量平衡应保证中水原水量稍大于中水用水量。水量平衡计算是系统设计和量化管理的一项工作，是合理设计中水处理设备、构筑物及管道的依据。

水量平衡设计主要包括用水量平衡计算与调整、绘制水量平衡图和采取的技术措施。

1. 水量平衡计算

水量平衡计算从两方面进行，一方面是确定可作为中水水源的污废水可集流的流量，另一方面是确定中水用水量。水量平衡计算可采用下列步骤：

(1) 实测确定各类建筑物内厕所、厨房、沐浴、盥洗、洗衣及绿化、浇洒等用水量，无实测资料时，可按式（7-2）计算。

(2) 初步确定中水供水对象和中水原水集流对象。

(3) 计算分项中水用水量和中水总用水量。

(4) 计算中水处理水量

$$Q_2 = (1+n)Q_3 \tag{7-3}$$

式中 Q_2——中水日处理水量（m^3/d）；

n——中水处理设施自耗水系数，一般取10%～15%；

Q_3——中水总用水量（m^3/d）。

(5) 计算中水处理能力

$$Q_{2h} = Q_2/t \tag{7-4}$$

式中 Q_{2h}——中水小时处理水量（m^3/h）；

t——中水设施每日设计运行时间（h）。

(6) 计算可集流的中水原水量

$$Q_1 = \sum q_{1i} \tag{7-5}$$

式中 Q_1——可集流的中水原水总量（m^3/d）；

q_{1i}——各种可集流的中水原水量（m^3/d），按给水量的80%～90%计算，其余10%～20%为不可集流水量。

(7) 计算溢流量或自来水补充水量

$$Q_0 = |Q_1 - Q_2| \tag{7-6}$$

式中 Q_0——当$Q_1>Q_2$时，Q_0为溢流不处理的中水原水流量，当$Q_1<Q_2$时，Q_0为自来水补充水量（m^3/d）。

2. 水量平衡图

水量平衡图是系统工程设计及量化管理所必须做的工作和必备的资料。在水量平衡计算的同时绘制。

水量平衡图用图线和数字直观地表示出中水原水的收集、贮存、处理、使用、溢流和补充之间量的关系，如图7-5所示，图中应注明给水量、排水量、集流水量、不可集流水量、中水供水量、中水用水量、溢流水量和自来水补给水量。水量平衡图制定过程就是对集流的中水原水项目和中水供水项目增减调整过程。

经过计算和调整，将满足各种水量之间关系的数值用图线和数字表示出来，使人一目了然。水量平衡图并无定式，以清楚表达水量平衡值关系为准则，能从图中明显看出设计范围中各种水量的来源和去向，各个水量的数值及相互关系，以及水的合理分配和综合利用情况。

3. 水量平衡措施

为使中水原水量与处理水量、中水产量与中水用量之间保持平衡，使中水原水的连续集流与间歇运行的处理设施之间保持平衡，使间歇运行的处理设施与中水的连续使用之间保持平衡，适应中水原水与中水用水量随季节的变化，应采取一些水量平衡调节措施。

(1) 溢流调节。在原水管道进入处理站之前和中水处理设施之后分别设置分流井和溢流井，以适应原水量出现瞬时高峰、设备故障检修或用水短时间中断等紧急特殊情况，保护中水处理设施和调节设施不受损坏。

(2) 贮存调节。设置原水调节池、中水调节池、中水高位水箱等进行水量调节，以控制

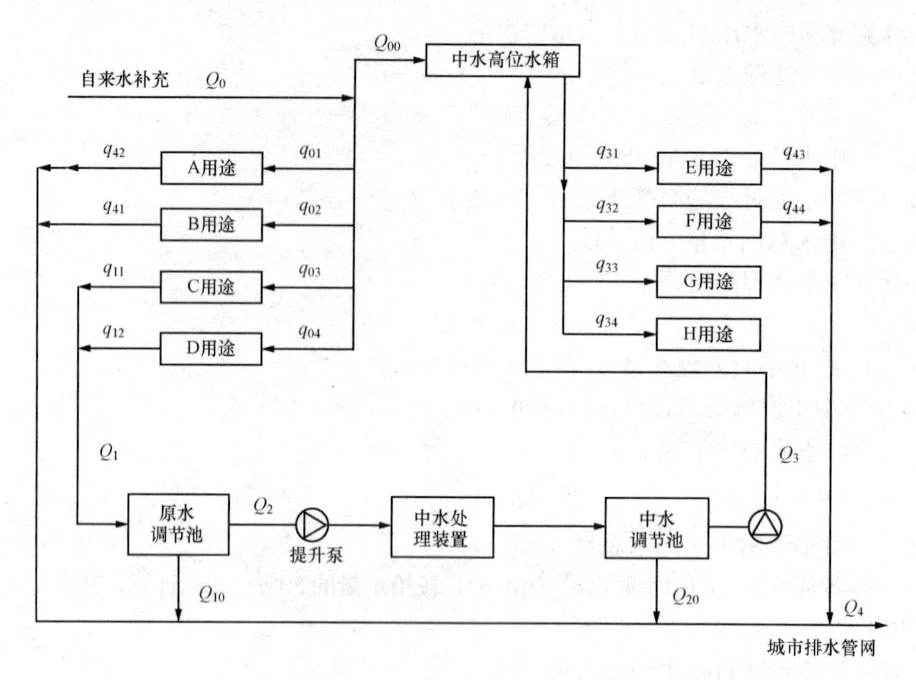

图 7-5 建筑物水量平衡图

原水量、处理水量、用水量之间的不均衡性。原水调节池设在中水处理设施前，中水调节池设在中水处理设施后，原水调节池的调节容积应按中水原水量及中水处理量的逐时变化曲线求得，中水调节池的调节容积应按中水处理量与中水用量的逐时变化曲线求得。若无资料，原水调节池可按下列公式计算：

连续运行时

$$V_1 = \alpha Q_2 \tag{7-7}$$

间歇运行时

$$V_1 = 1.5Q_{1h}(24 - T) \tag{7-8}$$

式中 V_1——原水调节池的有效容积（m^3）；

Q_2——中水日处理水量（m^3/d）；

Q_{1h}——中水原水平均小时进水量（m^3/h）；

α——系数，取 0.35～0.50；

T——处理设备连续运行时间（h）。

中水调节池可按下列公式计算：

连续运行时

$$V_2 = \alpha Q_3 \tag{7-9}$$

间歇运行时

$$V_2 = 1.2(Q_{2h} - Q_{3h})T \tag{7-10}$$

式中 V_2——原水调节池的有效容积（m^3）；

Q_3——中水日用水量（m^3/d）；

Q_{2h}——设备处理能力（m^3/h）；

Q_{3h}——中水平均小时用水量（m^3/h）；

α——系数，取0.25～0.35；

T——处理设备连续运行时间（h）。

当中水供水采用水泵—水箱联合供水时，其高位水箱的调节容积不得小于中水系统最大时用水量的50%。

（3）运行调节。利用水位信号控制处理设备自动运行，并合理调整运行班次，可有效地调节水量平衡。

（4）用水调节。充分开辟其他中水用途，如浇洒道路、绿化、冷却水补水、采暖系统补水、建筑施工用水等，从而可以调节中水使用的季节性不平衡。

（5）自来水调节。在中水调节水池或中水高位水箱上设自来水补水管，当中水原水不足或集水系统出现故障时，由自来水补充水量，以保障用户的正常使用。

设计建筑中水工程时，为使系统建成后能正常运行，降低中水制水成本，发挥良好的经济效益，应注意以下四个问题：

1）中水制水成本（元/m^3）与处理的规模（m^3/d）呈反比关系，所以，中水处理规模不宜太小，否则中水制水成本上升，经济效益下降。

2）设计规模应与实际运行处理规模相近，否则，设备和装置低负荷运行，造成人力、设备和电力的较大浪费，使中水制水成本猛增或者不能满足要求。

3）要合理选择设备，做到工艺先进，运行可靠稳定，设备价格低，质量好，维护费用低。

4）应提高处理设施的自动化程度，减少管理人员，降低人工费用。

7.4 中水处理工艺

7.4.1 中水处理方法

为了将污水处理成符合中水水质标准的出水，一般要进行三个阶段处理：

（1）预处理阶段。主要有格栅和调节池两个处理单元，主要作用是去除污水中的固体杂质和均匀水质。

（2）主处理阶段。是中水回用处理的关键，主要作用是去除污水中的溶解性有机物。

（3）后处理阶段。主要以消毒处理为主，对出水进行深度处理，保证出水达到中水水质标准。

中水处理工艺大致可分成三类：

（1）生物处理法。是利用微生物的吸附、氧化作用分解污水中有机物的处理方法，包括好氧和厌氧微生物处理，在中水回用一体化设备中大多采用好氧生物膜处理技术。

（2）物理化学处理法。采用混凝沉淀、气浮、微絮凝过滤和活性炭吸附等方法或其组合的方式。与传统的二级处理相比，提高了水质。

（3）膜处理。采用一体化膜生物反应器、超滤或反渗透膜处理。其优点是不仅SS的去除率很高，而且细菌及病毒也能得到很好的分离。

上述几种处理方法比较见表7-7。

表 7-7 中水处理工艺性能比较

项目＼工艺	生化处理（接触氧化或曝气）	物化处理（絮凝、沉淀、气浮）	膜处理（超滤或反渗透）
原水要求	适用 A、B、C 型水质	适用 A 型水质	适用 A 型水质
水量负荷变化适应能力	小	较大	大
间断运行适应能力	较差	稍好	好
水质变化适应能力	较适应	较适应	适应
产生污泥量	较多	多	不需经过处理随冲洗水排掉
产生臭气量	多	较少	少
设备占地面积	大	较大	小
基建投资	较少	较少	大
运行管理	较复杂	较容易	容易
动力消耗	小	较小	超滤：较少；反渗透：大
装置密闭性	差	稍差	好
处理后水质 BOD_5 SS	好 一般	一般 好	好 好
中水应用	冲厕	冲厕	冲厕、空调冷却
应用普遍性	多	一般	少
水回收率	90%以上	90%以上	70%左右

注 A 为优质杂排水；B 为杂排水；C 为生活污水。

7.4.2 中水处理的工艺流程

中水水源的主要污染物为有机物，目前大多以生物处理为主要处理方法，已建工程多以接触氧化法为主，现已逐渐开始采用一体化处理设备和膜生物反应器，在工艺流程中消毒灭菌工艺必不可少，一般采用氯化消毒技术。

根据中水水源的水质状况，通常采用物化和生物处理工艺，几种典型的中水处理工艺流程如图 7-6 所示。

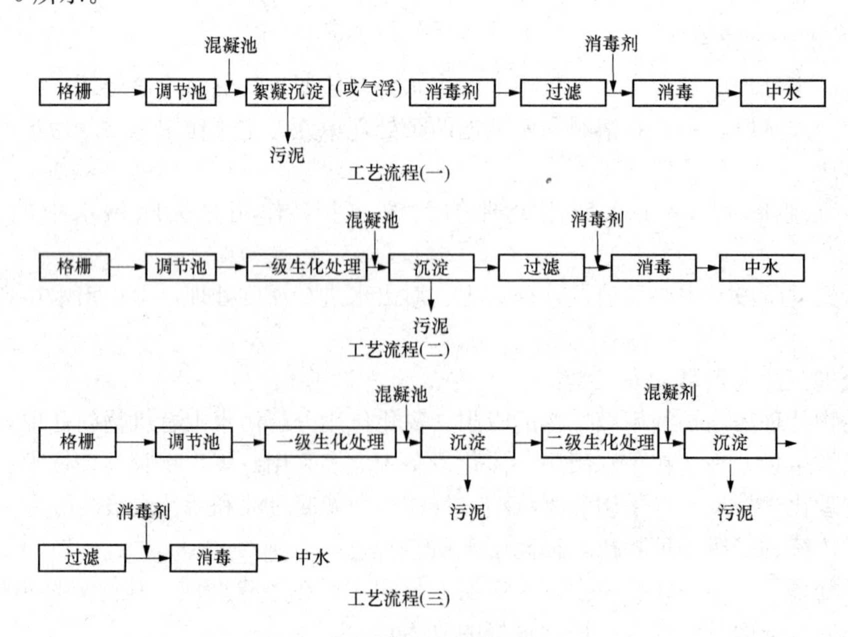

图 7-6 中水处理工艺流程（一）

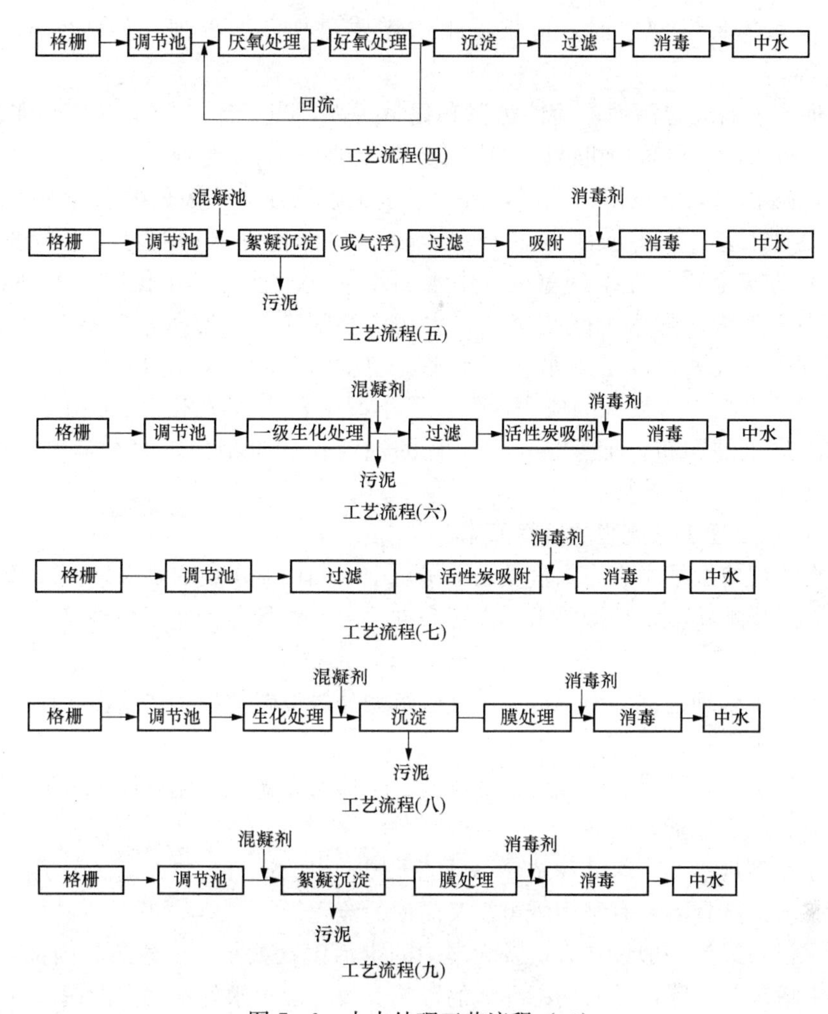

图7-6 中水处理工艺流程（二）

上述工艺流程选择，主要根据原水水质及中水用途决定，每一种流程的处理步骤并非一成不变，可以根据使用要求进行取舍。

流程（一）仅适用于优质杂排水；流程（二）适于优质杂排水和杂排水；流程（三）、（四）适用于生活污水。这四种流程为基本流程，适用范围较广，国内应用较多。流程（五）、（六）主要增加了活性炭吸附，其作用是去除难于降解的有机物（如蛋白质、单宁、杀虫剂、洗涤剂等）、色素和某些有毒的微量金属元素（如汞、铬、银等）以及回用水质要求较高的场合。流程（八）、（九）增加了膜处理法，该流程的处理结果是进一步提高中水水质，不仅SS的去除率很高，而且排水中的细菌和病毒均得到很好的分离，但设备投资和处理成本均较高。

上述流程中格栅和调节池均为预处理；沉淀、气浮、生化处理、膜处理等为主要处理工艺；而过滤、消毒为后处理。其中预处理和后处理在各种流程中基本相同，一般均需要设置，而主要处理工艺则需根据不用要求进行选择。

在确保中水水质的前提下，可采用耗能低、效率高、经过实验或实践检验的新工艺流程。中水用于采暖系统补充水等用途，其水质要求高于杂用水，采用一般处理工艺不能达到相应水质标准要求时，应根据水质需要增加深度处理，如活性炭、超滤或离子交换处理等。

中水处理产生的沉淀污泥、活性污泥和化学污泥，当污泥量较小时，可排至化粪池处理，当污泥量较大时，可采用机械脱水装置或其他方法进行妥善处理。

近年来，随着水处理技术的发展，大量中水工程的建成，多种中水处理工艺流程得到应用，中水处理工艺工程突破了几种常用流程向多样化发展；随着技术、经验的积累，中水处理工艺的安全适用性得到重视，中水回用的安全性得到了保障；各种新技术、新工艺应用于中水工程，如水解酸化工艺、生物活性炭工艺、曝气生物滤池、膜生物反应器、土地处理等，大大提高了中水技术水平，使中水工程的效益更加明显；大量就近收集、处理回用的小型中水设施的应用，促进了小型中水工程技术的集成化、自动化发展；国家相关技术规范的颁布，加速了中水工程的规范化和定型化，中水工程工程质量不断提高。

7.4.3 中水处理工艺流程的选择原则

中水处理流程应根据中水原水水质、水量及中水回用对水质的要求进行选择。进行方案比较时还应考虑场地状况、环境要求、投资条件、缺水背景、管理水平等因素，经过综合经济比较确定。

由于目前中水处理范围多为小区和单独建筑物分散设置类型，在流程选择上不宜过于复杂，宜按下列要求进行：

(1) 尽可能选用定型成套的综合处理设备。这样可以做到简化设计，布置紧凑、节省占地、使用可靠、减少投资。

(2) 对于小型规模的中水处理站，不可能配置较多的运行操作人员。为了便于管理和维护，在处理工艺的选择上，宜采用既可靠又简便的流程。

(3) 中水设备设施一般设在人员较为集中的生活区（如小区、建筑物内部），在设置低点的选择要考虑嗅味、噪声等对周围环境的影响。故一般中水处理站多设在地下室、自成独立的建筑物或采用地埋式处理设备。

(4) 中水处理工程的投资效益是普遍关注的问题。目前使用不够广泛的主要原因除了节水意识较差外，主要是初期投资和处理成本高。

因此，原水水源的选择可以根据回用要求，尽可能选择优质杂排水或杂排水，以便简化流程减少一次投资，另外，还要考虑处理后的回用水能够充分利用，以免无效投资。

7.4.4 中水处理站

中水处理站是中水原水处理设施比较集中的地方，其任务是完成原水处理使中水水质达到要求并加压输送至建筑内中水管网，同时满足中水管网所需的水量、水压和水质要求。

1. 中水处理站的位置及布置要求

(1) 在总体规划上，要充分考虑节水、中水回用的重要性，尽可能使污废水资源化；由于中水处理站可能带来一定的污染，选址应尽可能选在常年主风向的下风向，而且要考虑中水处理站的防洪和防灾，便于小区专业人员管理、有关设备的搬运和安装。

(2) 中水处理站应当靠近中水用水大户，以便减少输水能耗和土建管材的施工费用。

(3) 中水处理站的面积按处理工艺需要确定，并预留发展位置。

(4) 满足工艺流程，不同工艺的组合应紧凑，各工艺的处理单元也应紧凑，使构筑物和设备布置合理。

(5) 处理间必须有通风换气、采暖、照明及给排水设施。

(6) 处理工艺中的化学药剂、消毒剂需妥善处理并有必要的安全防护措施。

(7) 中水处理站必须根据实际情况，采取隔声降噪及防臭气等污染措施。

(8) 在处理过程中可能产生可燃易爆气体，如厌氧处理中产生的可燃气体，应有防火防爆措施；各种药剂产生的有毒气体，如液氯散发的氯气对人体有剧毒，应有防毒措施；次氯酸钠发生器产生的氢气，易燃，要有良好的排气和防火措施。

2. 减振、降噪及防臭措施

(1) 尽量选用不产生或少产生振动和噪声的处理工艺和处理设备。

(2) 处理站设置在建筑内部地下室室时，必须与主体建筑及相邻房间严密隔开，并做隔声处理，以防噪声传播。

(3) 所有转动设备的基座均应采取减振处理，用橡胶垫、弹簧或软木基础与楼板隔开。

(4) 所有连接振动设备的管道均应采用减振接头和减振吊架以防固体传声。

(5) 尽量选用产生臭气较少的处理工艺。

(6) 对产生臭气和有害气体的处理工序必须采用密闭性好的设备。

(7) 处理站尤其是产生臭味的地方必须保障有良好的通风换气设施。

(8) 对不可避免的臭气和集中排出的臭气应采取防臭措施。常用的臭味处置方法如下：

1) 隔离法。对产生臭气的设备加盖、加罩防止散发或集中处理。

2) 稀释法。把收集的臭气排到不影响周围环境的大气中。

3) 燃烧法。将废气在高温下燃烧除掉臭味。

4) 化学法。采用水洗、碱洗及氧气、氧化剂氧化除臭。

5) 吸附法。一般采用活性炭过滤吸附除臭。

6) 土壤法。将臭气用管道排至松散透气好的土壤中，靠土层中的微生物作用将空气中的氨等转化为无臭气体。

7.4.5 中水管道系统

中水原水管道系统可根据原水为优质杂排水、杂排水、生活污水等区别，对排水进行分系统设备，分别设置合流制和分流制两种系统。

中水供水系统为杂用水系统，供水系统和给水供水系统相似，分为水泵加压直接供水、水泵-水箱（高位）供水、水泵-气压罐供水和变频供水等方式。

中水管道系统设计，一般应考虑下述原则：

(1) 中水水量平衡。即原水处理量和中水回用量应基本平衡。

(2) 中水处理设施综合比较。原水回用率与处理流程有关。当采用优质杂排水和杂排水作原水时，处理流程较为简单、投资少、处理成本低，但水回用率也低。排水系统分为两个系统，如采用生活污水作原水时，水的利用率虽然增加，但设备和投资均相应增加。此时排水为一个系统故中水处理设施应根据使用要求资金多少及当地水资源状况等进行综合比较确定。一般生活污水作为原水的系统适于城市集中设置中水处理系统的情况。此时原水系统合流制。优质杂排水、杂排水作为原水的系统适用于洗浴废水所占比例较大的公共浴室、洗衣房、高档公寓、宾馆、饭店、写字楼等建筑物。

(3) 中水回用应尽量符合人们的生活习惯和心理承受能力，特别是生活污水为原水时，则以城市集中处理为宜。

(4) 管道系统布置要求。中水原水系统应设分流、溢流设施和超越管，以便中水处理设备检修和过载时，可将部分或全部原水直接排放。为了便于管道布置，在不影响使用功能的前提下，宜尽量将排水设备集中布置（如同层相邻、上下层对应等）。

7.4.6 中水系统的安全防护

为保证建筑中水系统的安全稳定运行和中水的正常使用，除了确保中水回用水质符合卫生学方面的要求外，在中水系统敷设和使用过程中还应采取如下必要的安全防护措施：

(1) 中水管道不仅禁止与生活饮用水给水管道直接连接，还包括通过倒流防止器或防污隔断阀连接。

(2) 中水管道宜明装，有时亦可敷设在管井、吊顶内。

(3) 中水池（箱）内的自来水补水管应采取自来水防污措施，补水管出水口应高于中水贮存池（箱）内溢流水位，其间距不得小于2.5倍管径。严禁采用淹没式浮球阀补水。

(4) 中水管道与生活饮用水给水管道、排水管道平行埋设时，其水平净距不得小于0.5m；交叉埋设时，中水管道应位于生活饮用水给水管道下面，排水管道的上面，其净距不得小于0.15m。

(5) 中水贮存池（箱）设置的溢流管、泄水管，均应采用间接排水方式排出。溢流管应设隔网。

(6) 中水管道应采取下列防止误接、误用、误饮的措施：

1) 中水管道外壁应按有关标准的规定涂色和标志。

2) 中水池（箱）、阀门、水表及给水栓、取水口均应有明显的“中水”标志。

3) 公共场所及绿化的中水取水口应设带锁装置。

4) 工程验收时应逐段进行检查，防止误接。

7.4.7 中水处理工程案例

1. 工程概况

某大学校区总面积167hm^2，建成后建筑面积约40万m^2，分为行政服务培训区、公共教学区、二级学院区、研发实训区、体育运动区、生活休闲区、公共绿地区等九大功能区。校区各个功能区域主要由人工河、人工湖和桥进行划分，水域面积达10万m^2，平均水深0.5m，溢流水位1.0m。绿化率60%，绿地面积约为100万m^2；路面积为16万m^2；校学生规模约为10 000人。宿舍区集中，利于中水的收集。每间寝室都有独立的卫生系统与淋浴热水器。

学生寝室由于没有厨房设备，不需要对厨房排水进行分离即可得到洗衣、淋浴的优质杂排水。回收处理后的中水主要冲厕，道路浇洒绿化以及补充景观用水。

2. 水量、水质

(1) 水量。整个工程可回用水量700～900m^3/d，处理设备的处理能力按50m^3/h设计。

(2) 水质。原水水质、出水水质及出水标准见表7-8。

表7-8　　某大学浴室原水水质、出水水质及出水标准

项　目	原水水质	出水水质	出水标准
pH值	7.69	6.85	6.5～9
味	洗发膏味	无异味	无不快感
色度	32°	<20°	<30°
COD_{cr}（mg/L）	145～300	11.551	<50
BOD_5（mg/L）	85～194	3.95	<10
SS（mg/L）	100	<5	<5
LAS（mg/L）	4～12	0.141	<0.5
总硬度（以$CaCO_3$）	203.7		

3. 工艺流程及主要技术参数

工艺流程如图7-7所示。

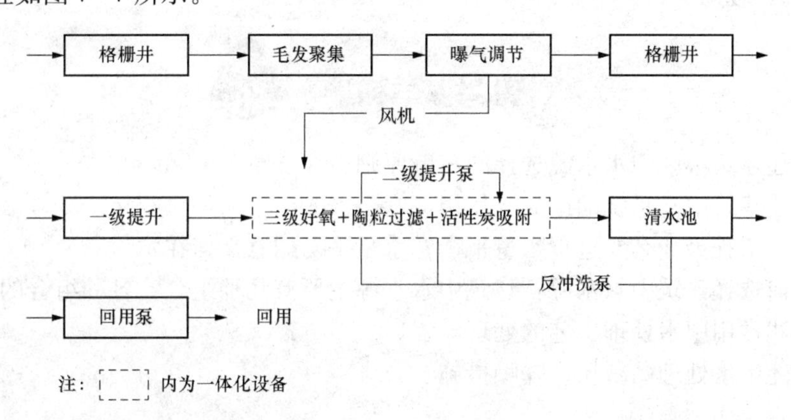

图7-7　工艺流程图

4. 工艺流程说明

工艺采用先进的A/O（水解酸化/好氧接触氧化）＋陶粒过滤＋活性炭吸附的工艺，具有设备简单、占地省、运行管理方便、出水水质好等特点。

格栅井用于去除大颗粒杂物，如塑料袋等。

毛发聚集器去除头发等细小杂物。

曝气调节池的作用是均衡水质、水量，使后续设备连续运行。

水解酸化池在厌氧条件下，利用厌氧菌将大颗粒物质分解成小颗粒物质，将不溶性有机物变为可溶性有机物，以利于好氧处理。

三级好氧处理可形成不同的生态系，使有机物得到充分的降解，以提高水质。其中采用的塑料多孔球形填料，是北京某环保公司同具有多年从事纺织、石油、化工等工业废水治理专家，综合对比国内外生物膜法污水处理中采用多种填料后共同开发的最新产品。具有比表面积大、微生物膜不易脱落、老化生物易脱落、材质稳定（耐酸、耐碱、耐腐蚀、不易老化）、充氧效率高、设计、安装、维修、更换方便、节省综合性投资等特点。

陶粒过滤器采用国内20世纪80年代开发出来的一种新型人工轻质陶粒填料。它的特点是质轻、松散、容重小、比表面积大、孔隙率高，具有足够的机械强度，不含有害于人体健康和妨碍工业生产的有害杂质，化学稳定性能良好，清洁燃料水头损失小，形状系数好，吸附能力强，有适宜的水力精度值。

5. 主要技术参数

（1）曝气调节池：停留时 18h，气水比 3∶1。水解酸化池：停留时 5h。

（2）一体化设备：Ⅰ级好氧，停留时 1.5h，气水比 7∶1；Ⅱ级好氧，停留时 1h，气水比 3∶1；Ⅲ级好氧，停留时 0.5h，气水比 3∶1。陶粒过滤器：过滤速度 $V=10m/L$，反冲洗强度 12L/（sm^2）。活性炭过滤器：吸附时间 20min，反冲洗时间 8～14L/（sm^2）。

（3）清水池：停留时间 8h。

（4）消毒采用漂白精或二氧化氯溶液，加药量（按有效氯计）为 5～8mg/L。

该工程所在地区居民水价标准为 1.63 元/m^3，排水费为 1.09 元/m^3，综合水价为 2.72 元/m^3，实施中水回用工程后，仅中水回用就可节省水费 75 万元，而该中水工程主要成本为灰水处理的建设成本和运行成本，工程造价约为 150 万元，年运行费用约为 30 万元。成本在 4 年内即可收回。

思考题与习题

7.1 简述建筑小区中水水源选择的一般原则。

7.2 简述建筑中水系统的组成与作用。

7.3 中水工程为什么要进行水量平衡？水量平衡的意义何在？

7.4 如何选择建筑中水水源？建筑中水水源主要有几种组合？各种组合的特点是什么？

7.5 简述常用中水处理工艺的处理流程。

7.6 简述中水处理站减振、降噪措施。

第8章 居住小区给水排水

8.1 居住小区给水排水的特点

8.1.1 居住小区

1. 居住小区

居住小区指含有教育、医疗、文体、经济、商业服务及其他公共建筑的城镇居民住宅建筑区。成熟的居住小区具有较完整的、相对独立的给水排水系统。

我国城市居住用地组成的基本构造单元，在大中城市一般由居住区、居住小区两级构成。在居住小区以下也可以分为居住组团和街坊等次级用地。

居住用地分级控制规模如下：

(1) 居住组团。居住户数为300～800户，居住人口数为1000～3000人。

(2) 居住小区。居住户数为2000～3500户，居住人口数为7000～13 000人。

(3) 居住区。居住户数为10 000～15 000户，居住人口数为30 000～50 000人。

在规划居诠区的规模结构时，可以根据实际情况采用居住区-小区-组团、居住区-组团、小区-组团以及独立组团等多种类型。

2. 建筑小区

城镇中工业与其他民用建筑群，如中、小工矿企业的厂区和职工生活区，大专院校、医院、宾馆、体育场所、机关单位的庭院等，和居住小区、组团规模结构相似，常被统称为建筑小区。

建筑小区中的各种建筑群，因其本身的功能特点不同，使其使用的综合利用水排水系统也有所不同，在本章中不做详细分析。

居住小区的给水排水有其自身的特点，其给水排水工程设计既不同于建筑给水排水工程设计，也有别于室外城市给水排水工程设计。它是建筑给水排水和市政给水排水的过渡段，其水量、水质特征及其变化规律与其服务范围、地域特征有关。

居住小区的给水排水工程包括居住小区给水工程、排水工程、雨水工程以及小区中水工程，特定情况下，还包括小区热水供应系统、直饮水供应系统、环保工程供水系统等内容。本章重点介绍居住小区的给水系统、排水系统、雨水系统的设计与计算。

8.1.2 居住小区给水排水系统的分类

根据居住小区离城市的远近、城市管网供水压力大小及水源状况不同，居住小区给水排水系统可以分为直接利用城市管网的给水排水系统、设有给水压和排水提升设施的给水系统、设有独立水源和污水处理站的给水排水系统。

1. 直接利用城市管网的给水排水系统

居住小区位于城市市区范围之内，城市给水管网通过居住小区，管网的资用水头较高，能满足多层建筑生活用水的水压要求，并且小区排水能够靠重力流入城市下水管道。在这种情况下，小区的给水排水系统仅由给水排水管道系统组成。小区内只需进行给水排水管网设计。小区内如有高层建筑和其他特殊建筑，水压不能满足要求或排水不能自流排出，则可在建筑物内给水排水设计时解决。

居住小区给水排水管道系统由接户管、小区支管、小区干管组成，如图 8-1 和图 8-2 所示。

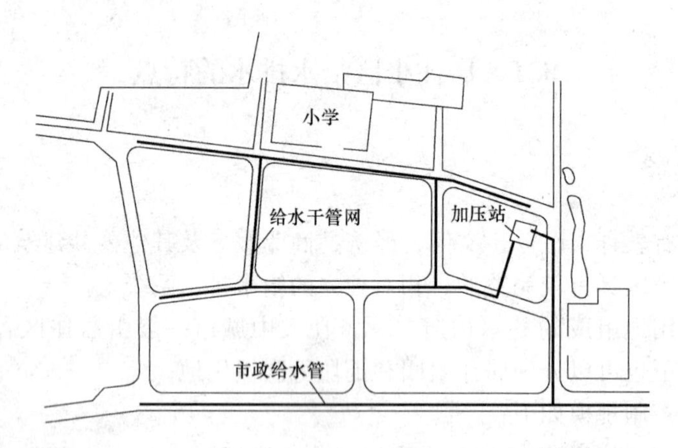

图 8-1 某小区给水管网布置图

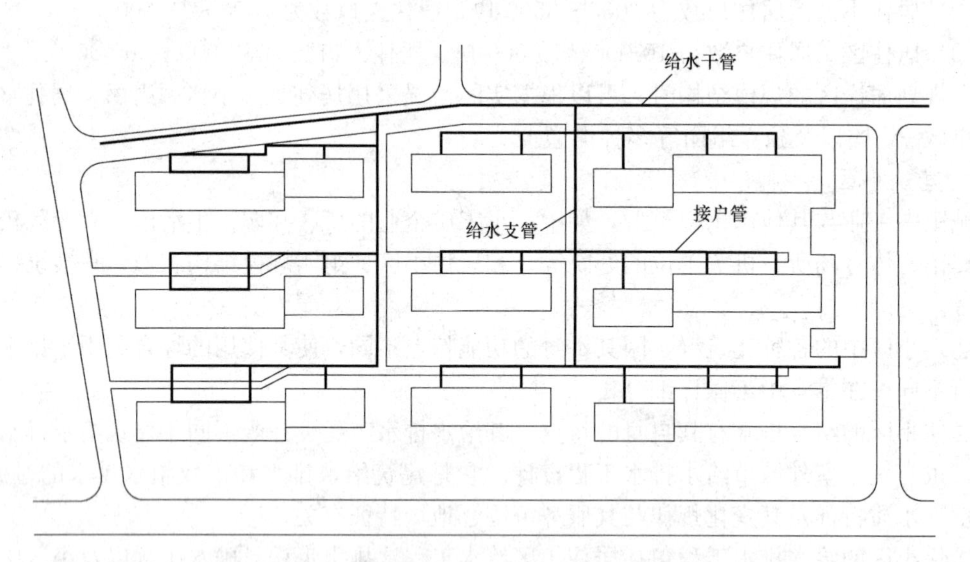

图 8-2 某组团内给水支管和接户管布置图

接户管，指布置在建筑物周围，直接与建筑物引入管和排出管相接的给水排水管道。

小区支管，指布置在居住组团内道路下与接户管相接的给水排水管道。

小区干管，指布置在小区道路或城市道路下与小区支管相接的给水排水管道。

2. 设有给水加压和排水提升设施的给水排水系统

位于城市边缘的居住小区，一般处于城市给水管网末梢。给水系统水量充足，但水压低。这时居住小区以城市给水管网为水源，由水池、水塔、加压泵房、给水管道组成给水系统。

污水在管道中依靠重力从高处流向低处。当管道坡度大于地面坡度时，管道的埋深就越来越大，尤其是地形平坦的地区更为突出。小区污水排入城市下水管道有困难时，应与小区加压站合建。

3. 设有独立水源和污水处理站的给水排水系统

居住小区位于城市郊区，城市给水管网的水压、水量很难满足要求，这时又有合适的水源（特别是地下水），小区给水可以建成独立于城市管网的小区取水、净水、配水工程。

如果这类居住小区的污水不能进入城市下水管道由城市污水处理厂处理，则必须设置集中污水处理站，达标后排放。

8.1.3 居住小区给水排水的特点

由于居住小区给水排水系统的服务范围和用水规律等与城市、居住区不同，也与建筑给水排水系统不同，这就决定了小区给水排水应有自己的特点。这些特点表现在以下几个方面。

(1) 小区给水排水设计流量反映出过渡段特性。

给水排水系统的设计流量确定与系统的安全可靠保证度有关。城市、居住区的给水排水管道系统设计流量，取最高日最大小时流量；建筑给水排水系统设计流量则按设计秒流量。居住小区服务范围介于两者之间，其设计流量反映出过渡段性特性。过渡段流量的确定，直接关系到小区给水排水管道的管径确定，并涉及小区给水排水系统内其他构筑物和设备的设计与选择。

(2) 小区给水方式的选择具有多样性。

居住小区和建筑给水系统的水源，通常都取自城市给水管网，所以小区和建筑给水系统均要求进行给水方式选择。但是居住小区给水方式种类较多，情况较复杂，居住小区给水方式的选择尤为重要。小区给水要通过小区给水管道系统送至各用户，因为城市给水送到居住小区时，常常水压已经较低，有时水量也不能保证足够的设计流量，所以居住小区给水就可能需要加压和流量调蓄。因此，小区给水系统的组成就有给水加压站，要进行加压设备的选择和调蓄构筑物的设计。

居住小区内的排水系统，同样较单幢建筑的排水要复杂。小区排水体制要适应城市排水体制的要求，居住小区的排水要通过小区排水收集系统，一般送至城市下水管道排出（雨水如有合适水体可就近排出），如果小区排水管道敷设较深，不能由重力直接排入城市下水管道，就必须在小区排水系统设计排水提升泵站，进行提升排除。

(3) 居住院小区给水排水系统和城市、居住区及建筑给水排水系统有许多类似之处。

当居住小区给水方式、排水体制、系统组成及设计流量确定之后，小区给水排水系统布置、设计计算方法及步骤，又与城市给水排水和建筑给水排水有相同之处，因此本章节对居住小区给水排水系统布置和设计计算方法及步骤等不再进行介绍。

8.2 居住小区给水

居住小区给水系统主要由水源、管道系统、二次加压泵房和贮水池等组成。

8.2.1 居住小区给水水源

居住小区给水系统既可以直接利用市政供水管网作为给水水源，也可以适当利用自备水源。位于市区或厂矿区供水范围内的居住小区，应采用市政或厂矿给水管网作为给水水源，以减少工程投资，利于城市集中管理。远离市区或厂矿区的居住小区，若难以铺设供水管线，在技术经济合理的前提下，可采用自备水源。自备水源的居住小区给水系统严禁与城市给水管直接连接。当需要将城市给水作为自备水源的备用水或补充水时，只能将城市给水管的水放入自备水源的贮水（或调节）池，经自备系统加压后使用。在严重缺水地区或有中水处理设施的居住小区，应考虑建设中水工程，用中水来冲洗厕所、浇洒绿地和道路。

8.2.2 居住小区给水方式及选择

居住小区供水既可以是生活联合消防合用一个给水系统，也可以是生活给水系统和消防给水系统各自独立。若居住小区中的建筑物不需要设置室内消防给水系统，火灾扑救紧靠室外消火栓或消防车时，宜采用生活和消防共用的给水系统。若居住小区中的建筑物需要设置室内消防给水系统（如高层建筑），宜将生活和消防给水系统各自独立设置。

居住小区供水方式应根据建筑物的类型、建筑高度、市政给水管网的水压和水量等原因综合考虑确定。选择供水方式时首先应保证供水安全可靠，同时要做到技术先进合理、投资省、运行费用低、管理方便。居住小区供水方式可分为直接供水方式、调蓄增压供水方式、分压供水方式和分质供水方式。

1. 直接给水方式

直接给水方式就是利用城市市政给水管网的水压直接向用户供水。当城市市政给水管网的水压和水量能满足居住小区的供水要求时，应尽量采用这种供水方式。从能耗、运行管理、供水水质及接管施工等各方面来比较，居住小区应首选这种方式。

2. 调蓄增压供水方式

城市管网压力过低，不能满足小区压力要求时，应采用小区加压给水方式。小区加压给水方式又分为集中加压方式和分散加压方式，常见方式有：

（1）水池-水泵-水塔。

（2）水池-水泵。

（3）水池-水泵-水箱。

（4）管道泵直接抽水-水箱。

（5）水池-水泵-气压罐。

（6）水池-变频调速水泵。

（7）水池-变频调速水泵和气压罐组合。

3. 分压供水方式

在高层建筑和多层建筑混合的建筑小区内，高层建筑和多层建筑所需压力具有明显的差别，这样的混合建筑小区应采用分压供水系统。这样既可以节省动力消耗，又可以避免多层建筑供水系统的压力过高。

居住小区的加压给水系统应考虑小区的规模、高层建筑的数量、分布、高度、性质、管理和安全等因素，经技术经济比较后确定加压站的数量、规模、水压以及水压分区。当居住小区内所有建筑物的高度和所需水压都相近时，整个小区可集中设置一套加压给水系统。当居住小区内只有一幢高层建筑或幢数不多且各幢所需压力相差很大时，每一幢建筑物宜单独设调蓄增压设施。当居住小区内若干幢建筑的高度和所需水压相近且布置集中时，调蓄增压设施可以分片集中设置，条件相近的几幢建筑物共用一套调蓄增压设施。

4. 分质供水方式

随着社会经济的发展，除了满足正常的生活用水外，一些建筑小区有高标准生活用水要求，需要同步建设直饮水供水系统。而在我国大部分水资源短缺地区，为使水资源充分利用，建立单独的“中水”系统用于冲洗、绿化、浇洒道路等。对同一区域满足不同用水水质要求的供水系统，将成为今后发展的必然趋势。

各种给水方式，都有其优缺点。即使同一种方式用在不同地区或不同规模的居住小区中，其优缺点也往往会发生转化。小区给水方式的选择，应根据城镇供水条件，小区规模和用水要求、技术经济比较、社会和环境效益等综合评价确定。

小区给水方式选择时，应充分利用城镇给水管网的水压，优先采用管网直接给水方式。采用加压给水时，城镇给水管网水压能满足的楼层仍可采用直接给水。

8.2.3 小区给水系统

小区给水系统应与城镇以及建筑给水系统相适应，一般分为生活给水系统和消防给水系统。

低层和多层建筑的居住小区，一般不设室内消防给水系统，小区多用生活－消防给水系统。

在严重缺水地区，可考虑采用中水回用设施，小区生活给水系统则分为饮用水给水系统和杂用水给水系统。如果小区内城镇供水水质很差可考虑采用优质深井水或给水深度净化装置供应饮水，生活给水系统则可分为深井（净水）水给水系统和非饮用水给水系统。

多层、高层组合的居住小区应采用分区给水系统，其中高层建筑部分应根据高层建筑的数量、分布、高度、性质、管理和安全等情况，经技术经济比较后，确定采用分散、分片集中或集中调节器蓄增压给水系统。

分散调蓄增压，是指高层建筑幢数只有一幢或幢数不多，但各幢供水压力要求差异较大，每一幢建筑单独设置水池和水泵的增压给水系统。

分片集中调蓄增压，是指小区内相近的若干幢高层建筑分片共用一套水池和水泵的增压给水系统。

集中调蓄增压，是指小区内的全部高层建筑共用一套水池和水泵的增压给水系统。

分片集中和集中调蓄增压给水增压系统，总投资较省，便于管理，但在地震区安全性较低。

气压给水和变频调速给水装置在1.1.3中已经介绍，不再赘述。

8.2.4 小区给水设计用水量的计算

1. 设计用水量的内容及用水定额

居住小区给水设计用水量应包括居民生活用水量、公共建筑用水量、消防用水量、浇洒道路和绿化用水量、管网漏失水量和未预见水量。

居民生活用水指日常生活所需的饮用、洗涤、沐浴和冲洗便器等用水。居住小区居民生活用水定额及小时变化系数按表8-1确定。

表 8-1　居住小区综合生活用水定额

<table>
<tr><th>城市规模</th><th colspan="3">特大城市</th><th colspan="3">大城市</th><th colspan="3">中、小城市</th></tr>
<tr><th>用水情况
分　区</th><th>最高日
[L/(人·d)]</th><th>平均日
[L/(人·d)]</th><th>时变化
系数</th><th>最高日
[L/(人·d)]</th><th>平均日
[L/(人·d)]</th><th>时变化
系数</th><th>最高日
[L/(人·d)]</th><th>平均日
[L/(人·d)]</th><th>时变化
系数</th></tr>
<tr><td>一</td><td>260～410</td><td>210～340</td><td>2.0～1.8</td><td>240～390</td><td>190～310</td><td rowspan="3">2.3～2.1</td><td>220～310</td><td>170～280</td><td rowspan="3">2.5～2.2</td></tr>
<tr><td>二</td><td>190～280</td><td>150～240</td><td>2.0～1.8</td><td>170～260</td><td>130～210</td><td>150～240</td><td>110～180</td></tr>
<tr><td>三</td><td>170～270</td><td>140～230</td><td>2.0～1.8</td><td>150～250</td><td>120～200</td><td>130～230</td><td>100～170</td></tr>
</table>

注　1. 综合用水指城市居民日常用水和公共建筑用水，但不包括道路、绿化、市政用水及管网漏失的水量。

2. 特大城市指市区和近郊区非农业人口 100 万及以上的城市；大城市是指市区和近郊区非农业人口 50 万以上不满 100 万的城市；中等城市是指市区和近郊区非农业人口 20 万以上不满 50 万的城市；小城市是指市区和近郊区非农业人口不满 20 万的城市。

3. 区域划分：一区包括贵州、四川、湖北、湖南、江西、浙江、福建、广东、广西、海南、上海、云南、江苏、安徽、重庆；二区包括黑龙江、吉林、辽宁、北京、天津、河北、山西、河南、山东、宁夏、陕西、内蒙古河套以东和甘肃黄河以东的地区；三区包括新疆、青海、西藏、内蒙古河套以西和甘肃黄河以西的地区。

4. 经济开发区和特区城市，根据用水实际情况，用水定额可酌情增加。

公共建筑用水指医院、中小学校、幼托、浴室、饭店、食堂、旅馆、洗衣房、菜场、影剧院等用水量较大的公共建筑用水。公共建筑的生活用水量定额及小时变化系数按建筑给水排水规范确定。

居住小区室外消防用水量可按表 8-2 确定，火灾次数一般按 1 次计，火灾延续时间按 2h 计。如果小区内有高层住宅，普通住宅楼的室外消防用水量按 15L/s 计，高级住宅楼的室外消防用水量按 20L/s。

表 8-2　居住小区室外消防用水量

<table>
<tr><th rowspan="2">人口（万人）</th><th colspan="2">一次灭火用水量（L/s）</th></tr>
<tr><th>全部为一、二层建筑物</th><th>有二层或全部为二层以上的建筑物</th></tr>
<tr><td><1.0</td><td>10</td><td>10</td></tr>
<tr><td>1.0～1.5</td><td>10</td><td>15</td></tr>
</table>

居住小区内浇洒道路和绿化用水量可按表 8-3 采用，绿化用水量根据居住小区绿化率确定，一般可按 $2L/m^2$，洒水时间为 1h。

表 8-3　居住小区内浇洒道路和绿化用水量

项目	用水量 [L/（m^2·次）]	浇洒次数
浇洒道路和场地	1.0～1.5	2～3
绿化用水	1.5～2.0	1～2

居住小区管网漏失水量包括室内卫生器具漏水量、屋顶水箱漏水量和管网漏水量。未预见水量包括用水量定额的增长、临时修建工程施工用水量、外来临时人口用水量以及其他未

预见水量。

居住小区管网漏失水量与未预见水量之和，按小区最高日用水量的10%～20%计算。

2. 设计用水量的计算

（1）最高日用水量。居住小区内最高日用水量按式（8-1）计算

$$Q_d = (1.1 \sim 1.2)\sum Q_{di} \tag{8-1}$$

式中 Q_d——最高日用水量（m^3/d）；

Q_{di}——小区内各项设计用水的最高日用水量（m^3/d）；

1.1～1.2——小区内未预见用水和管网漏损系数。

小区内各项设计用水的最高日用水量可按其用水定额 Q_{di} 和设计单位数计算。

（2）最大小时用水量。居住小区内最大时用水量按式（8-2）计算

$$Q_h = \frac{Q_d}{24}K_h \tag{8-2}$$

式中 Q_h——最大小时用水量（m^3/h）；

Q_d——最高日用水量（m^3/d）；

K_h——小区时变化系数。

小区内的时变化系数 K_h 取值，应较城镇时变化系数大，而较建筑物室内时变化系数小。

最大小时用水量的计算也可以分别计算出居住区内各项设计用水量的最大小时用水量然后叠加。如果资料齐全，可以列出小区内各项用水的24h变化表，然后提出最大小时用水量。

（3）生活用水的设计秒流量。居住小区内生活用水的设计秒流量计算可套用建筑物室内给水设计秒流量计算公式。

8.2.5 小区给水管网的设计计算

1. 给水管材及管道的布置与敷设

居住小区给水管道的布置，应包括整个居住小区的给水干管以及居住组团内的小区支管及接户管。定线原则是，首先按小区的干道布置给水干管网，然后在居住组团布置小区支管及接户管。

小区给水干管的布置可以参照城市给水管网的要求和形式。布置时应注意管网要遍布整个小区，保证每个居住组团都有合适的接水点。为了保证供水安全可靠，小区干管应布置成环状或与城镇给水管道连成环网，如图8-1所示。

小区支管和接户管的布置，通常采用枝状网，如图8-2所示，要求小区支管的总长度应最短。对于高层居住组团及用水要求高的组团宜采用环状布置，从不同侧的两条小区干管上接小区支管及接户管，以保证供水安全和满足消防要求。

给水管道宜与道路中心线或与主要建筑物的周边呈平行敷设，并尽量减少与其他管道的交叉；给水管道与建筑物基础的水平净距，管径100～150mm时，不宜小于1.5m；管径50～75mm时，不宜小于1.0m。

给水管道与其他管道平行或交叉敷设时的净距，应根据管道的类型、埋深、施工检修的相互影响、管道上附属构筑物的大小和当地有关规定等条件确定。一般可按表8-4采用。

表 8-4 地下管线（构筑物间最小净距）

种类 \ 净距（m）\ 种类	给水管		污水管		雨水管	
	水平	垂直	水平	垂直	水平	垂直
给水管	0.5～1.0	0.1～0.15	0.8～1.5	0.1～0.15	0.8～1.5	0.1～0.15
污水管	0.8～1.5	0.1～0.15	0.8～1.5	0.1～0.15	0.8～1.5	0.1～0.15
雨水管	0.8～1.5	0.1～0.15	0.8～1.5	0.1～0.15	0.8～1.5	0.1～0.15
低压煤气管	0.5～1.0	0.1～0.15	1.0	0.1～0.15	1.0	0.1～0.15
直埋式热水管	1.0	0.1～0.15	1.0	0.1～0.15	1.0	0.1～0.15
热力管沟	0.5～1.0		1.0		1.0	
乔木中心	1.0		1.5		1.5	
电力电缆	1.0	直埋 0.5 穿管 0.25	1.0	直埋 0.5 穿管 0.25	1.0	直埋 0.5 穿管 0.25
通信电缆	1.0	直埋 0.5 穿管 0.15	1.0	直埋 0.5 穿管 0.15	1.0	直埋 0.5 穿管 0.15
通信及照明电缆	0.5		1.0		1.0	

注 1. 净距指管外壁距离，管道交叉设套管时指套管外壁距离，直埋式热力管指保温管壳外壁距离。
2. 电力电缆在道路的东侧（南北方向的路）或南侧（东西方向的路），通信电缆在道路的西侧或北侧。一般均应在人行道下。

生活给水管道与污水管道交叉时，给水管应敷设在污水管上面，且不应有接口重叠；当给水管道敷设在污水管下面时，给水管的接口离污水管的水平净距不宜小于 1m。

给水管道的埋设深度应根据土层的冰冻深度、外部荷载、管材强度及与其他管道交叉等因素确定。金属管道管顶覆土厚度不宜小于 0.7m。为保证非金属管道不被外部荷载破坏，管顶覆土厚度不宜小于 1.0～1.2m。布置在居住组团内的给水支管和接户管如无较大的外部动荷载时，管顶覆土厚度可减少，但对硬聚氯乙烯管管径小于或等于 50mm，管顶最小埋深为 0.5m；管径大于 50mm 时，管顶最小埋深为 0.7m。

在冰冻地区尚需考虑土层的冰冻影响，小区给水管道管径小于或等于 300mm 时，管底埋深应在冰冻线以下（d+200)mm。

因为居住小区内管线较多，特别是居住组团内敷设在建筑物之间和建筑物山墙之间管线很多，除给水管外，还有污水管、雨水管、煤气管、热力管沟等，所以组团内的给水支管和接户管布置时，应注意和其他管线的综合协调问题。图 8-3 所示是某地区规定的建筑物周围管线综合布置图。

2. 小区中给水管道设计流量确定原则

居住小区中生活给水管道的设计流量按下列方法计算：

(1) 居住组团（人数在 3000 人以内）范围内的生活给水管道，包括接户管的小区支管，设计流量按其负担的卫生器具总数，按概率法进行计算。

给水管道担负卫生器具设置标准不同的住宅时，生活给水设计秒流量计算公式中的系数不同，需要计算其加权平均值。

(2) 居住小区的生活给水干管，设计流量按最大小时流量计算。

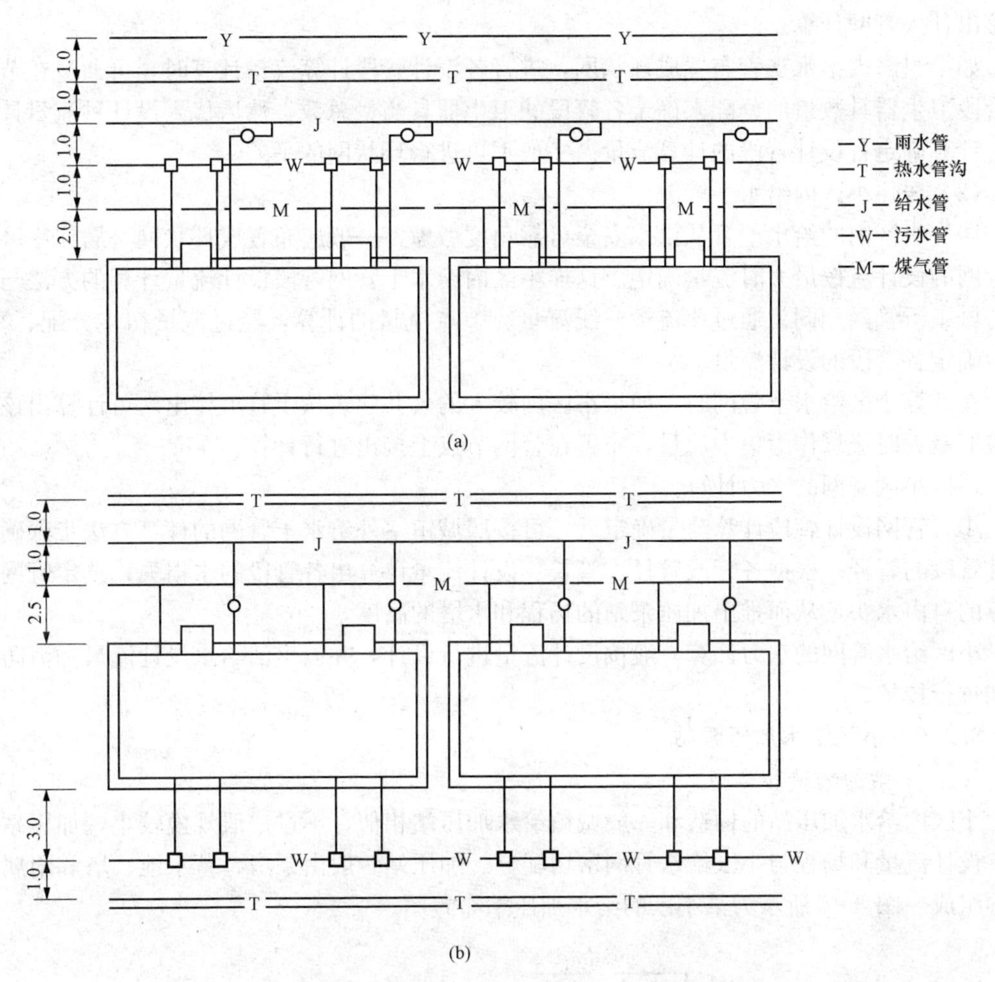

图 8-3 建筑物周围管线综合布置图

(a) 管道在建筑的单侧布置；(b) 管道在建筑物的两侧布置

设有幼托园所、中小学校、菜场、浴室、饭店、旅馆、医院等用水量较大的公共建筑，小区支管和接户管的流量，按设计秒流量公式计算，小区给水干管的流量，则按该建筑最大小时流量，以集中流量计入。

3. 小区给水管网的水力计算

居住小区给水管网的水力计算，可以分为两种类型：一类是小区给水管网的设计计算，目的是确定各管段的管径，并根据控制点的自由水头要求，结合管网的水头损失来确定水泵的扬程和水塔的高度；另一类则是管网的复核计算，目的是在已知水泵的扬程和水塔的高度或接水点的资用水头的情况下，选择和确定管网各管段的管径，再校核能否满足管网各种使用要求。

(1) 居住组团内的给水支管的接户管。

居住组团内的给水支管和接户管一般布置成枝状网，各设计管段确定后，可首先统计各管段负担的卫生器具当量总数，然后代入设计秒流量计算公式，可直接计算确定各设计管段的计算流量。

如果组团内有用水量较大的公共建筑，该建筑可以单独计算设计秒流量，然后以集中流量接出计入管网计算。

如果组团内给水支管布置成环状网，进行各设计管段计算流量计算时，可通过在节点对各管段卫生器具数量的分配来确定各管段的卫生器具当量总数，然后代入设计秒流量计算公式，计算确定各设计管段的计算流量。一般不再进行环状网的平差。

(2) 居住小区内给水干管。

居住小区内的给水干管从供水安全可靠角度考虑，一般应布置成环状网，居住小区给水干管网的设计应按最大时流量确定。这样小区内给水干管网管段设计流量计算的方法与步骤可与城镇干管网相同。通过比流量、线流量、节点流量的计算，经过流量初步分配、平差，最后确定各管段的设计流量。

在计算小区给水干管网时，如果小区内较大的公共建筑从干管上接出，可计算出该公共建筑的最大时流量作为集中流量，布置在管网节点上接出进行计算。

(3) 小区管网的水力计算。

小区管网设计管段计算流量确定后，可按照城镇室外给水干管网的计算方法步骤确定各设计管段的管径；根据各管段管径、管长、设计流量计算出各管段的水损失；选定管网的控制点的自由水头，从而推出加压泵站的扬程和水塔的高度。

小区给水管网的水力计算一般按设计流量进行设计，并以生活给水设计流量和消防流量之和进行校核。

8.2.6 小区给水加压泵站

1. 加压站的构造和类型

小区内给水加压站的构造和一般城镇给水加压站相似，不过一般规模较小，加压站的位置、设计流量和扬程与小区给水管网密切配合。加压站一般由泵房、蓄水池、塔和附属构筑物等组成。图 8-4 所示为某小区的给水加压站布置图。

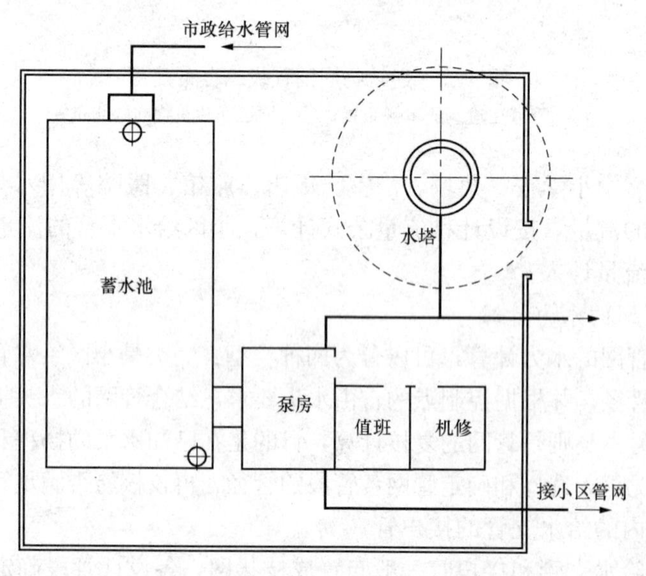

图 8-4 某小区给水加压站布置图

小区给水加压站按其功能可以分为给水加压站和给水调蓄加压站。给水加压站从城镇给水管网直接抽水直接或从吸水井中抽水直接供给小区用户；给水调蓄加压站应布置蓄水池和水塔，除加压作用外，还有流量调蓄的作用。

小区给水加压站按加压技术可以分为设有水塔的加压站、气压给水加压站和变频调速给水加压站。后两种加压站可不设水塔。

2. 加压站的设计流量与扬程的确定

（1）居住小区内给水加压站的设计流量应和给水管网设计流量相协调。一般可按下列原则确定：

1）加压站服务范围为整个小区时，按小区最大小时流量作为设计流量。

2）加压站服务范围为居住组团或组团内若干幢建筑时，按服务范围内担负的卫生器具总数，计算得出的生活用水设计秒流量作为设计流量。

3）加压站如果有消防给水任务，加压站的设计流量应为生活给水流量和消防给水流量之和。

（2）居住小区内加压站的设计扬程可按式（8-3）进行计算

$$H_p = H_c + H_z + \sum h_n + \sum h_s \tag{8-3}$$

式中 H_p——加压站设计扬程（kPa）；

H_c——小区内最不利供水点要求自由水头（kPa）；

H_z——小区内最不利供水点与加压站内泵房吸水井最低水位之间所要求的静水压（kPa）；

$\sum h_n$——小区内最不利供水点与加压站之间的给水管网在设计流量时的水头损失之和（kPa）；

$\sum h_s$——加压站内水泵吸水管、压水管在设计流量时的水头损失之和（kPa）。

3. 加压站位置的选择

小区内加压站位置选择应与供水范围相适应，使整个给水系统布局合理；布置时应靠近用水负荷中心，同时要接近水源或城镇管网接水点处。

小区加压站应布置在工程地质条件较好的地段；离小区配电设施要近，接电要方便；应有良好的卫生环境，便于设计防护地带；给水加压站如对周围环境有影响时，应采取隔振消声措施。

8.2.7 加压与调节设施

1. 泵房

（1）泵房的类型、组成和布置。

小区加压站的泵房类型和城镇加压站泵房相似，有圆形、矩形、地面式、半地下式、地下式、自灌式、非自灌式等类型。一般小区内选择半地下式、矩形、自灌式泵房。

小区内的布置要求可参照室外给水加压泵房的布置，组团内小型泵房参照室内加压泵房的布置。

（2）水泵的选择。

小区内给水泵房的水泵多选用卧式离心泵，扬程高的可选用多级离心泵。泵房隔振消声要求高时，亦可选用立式离心泵。

选择水泵时应考虑到水塔或高位水箱的调节作用，水泵流量可以小于加压站的设计流量。

加压站服务范围为居住小区时，如果无水塔或高位水箱，则应按最大小时流量进行选泵；如果有水塔或高位水箱，应根据调节容积的情况，水泵流量可在最大小时流量和设计秒流量之间确定。

加压站同时担负有消防给水任务时，水泵流量应考虑生活给水流量和消防给水流量之和。

选择水泵时，水泵扬程一般应和加压站设计扬程相同。

2. 水池

水池的有效容积，应根据居住小区生活用水的调蓄贮水量、安全贮水量和消防贮水量确定，即

$$V=V_1+V_2+V_3 \tag{8-4}$$

式中 V——水池的有效容积（m^3）；

V_1——生活用水调蓄贮水量（m^3），按城镇给水近网的供水能力、小区用水曲线和加压站水泵运行规律确定，如果缺乏资料时，可按居住小区最高日用水量的20%～30%确定；

V_2——安全贮水量（m^3），要求最低水位不能见底，应留有一定水深的安全量，并保证市政管网发生事故时的贮水量，一般按2h用水量计算（重要建筑按最大小时用水量，一般建筑按平均时用水时，其中沐浴用水量按15%计算）；

V_3——消防贮水量（m^3），按现行防火规范计算。

贮水池应设进水管、出水管、溢流管、泄水管和水位信号装置。溢流管排入排水系统应有防回流污染措施。水池贮有消防水量时，应有消防用水不被挪用的技术措施，如采用吸水管虹吸破坏法、溢流墙法等。

对于不允许间断供水或有效容积超过1000m^3的水池，应分设两个或两格，之间设连通管，并按单独工作要求布置管道和闸门。

3. 水塔和高位水箱（池）

水塔和高位水箱（池）的位置应根据总体布置，选择在靠近用水中心、地质条件较好、地形较高和便于管理之处。其容积可按式（8-5）计算

$$V=V_d+V_x \tag{8-5}$$

式中 V——水塔容积（m^3）；

V_d——生活用水调节贮水量（m^3），可根据小区用水曲线和加压站水泵运行规律计算确定，如果缺乏资料可按表8-5确定；

V_x——消防贮水量（m^3），按现行防火规范计算。

表8-5 水塔、高位水箱（池）生活用水的调蓄贮水量

居住小区最高日用水量（m^3）	<100	101～300	301～500	501～1000	1001～2000	2001～4000
调蓄贮水量占最高日用水量的百分数	30%～20%	20%～15%	15%～12%	15%～8%	8%～6%	6%～4%

8.3 居住小区排水

8.3.1 小区排水体制及排水系统

1. 小区排水体制

居住小区排水体制的选择，应根据城镇排水体制、环境保护要求等因素进行综合比较，

确定采用分流制或合流制。采用何种排水体制，主要取决于城镇市政总体排水体制和环境的要求，也与居住小区是新建区还是旧区改造以及建筑内部排水体制有关。排水体制的选择要以保证污水不污染当地环境为首要原则，还要考虑工程造价以及技术合理性。在满足环保要求下的前提下，应选择投资、运行成本最小的方案。

居住小区内的分流制是指生活污水管道和雨水管道分流的排水方式；合流制是指同一管渠内接纳生活污水和雨水的排水方式。居住小区的排水出路应排入城市下水管道系统。故小区排水体制应和城镇排水体制相一致。

分流制排水系统中，雨水由雨水管渠系统收集就近排入附近水体或城镇雨水管渠系统；污水则由污水管道系统收集，输送到城镇或小区污水处理厂进行处理后排放。根据环境保护要求新建居住小区一般采用分流制系统。

居住小区内排水需要进行中水回用时，应设分质、分流排水系统，即粪便污水和杂排水（生活废水）分流，以便将杂排水收集作为中水原水。

从环保角度而言，排水体制的选择主要是针对生活污水和初降雨水的污染进行有效控制。当小区污水直接排入环境要求较高的受纳水体或暴雨对附近水体危害较大时，应采用分流制。经济条件好的小区，新建、扩建的小区，尤其是小区或附近有合适的雨水受纳水体或市政排水系统为分流制的情况下，宜采用分流制排水系统。居住小区内需设置中水系统时，为简化中水处理工艺，节省投资和日常运行费用，还应将生活污水和生活废水分质分流。当居住小区设置化粪池时，为减小化粪池容积也应将污水和废水分流，生活污水进入化粪池，生活废水直接排入城市排水管网、水体或中水处理站。

2. 小区排水管道系统

居住小区排水管的布置应根据小区建设的总体规划、道路和建筑物布置、地形标高、污废水和雨水的去向等实际情况，按照排水管线短、埋深小、尽量重力流排出的原则布置管道系统。

小区内若采用分流制排水系统，根据排水管道的功能不同应分设污水管道系统和雨水管道系统。

小区内排水管道系统，根据管道布置的位置和在系统中的作用不同，可分为接户管、小区排水支管、小区排水干管。其布置的程序一般按干管、支管、接户管的顺序进行，根据小区总体规划、道路和建筑的布置、地形标高、污水走向，按管线短、埋深小、尽量自流的原则进行布置。布置干管时应考虑支管接入位置，布置支管时应考虑接户管的接入位置。小区内污水管道布置如图 8-5 和图 8-6 所示。

综上所述，居住小区排水管的布置应符合下列要求：

（1）排水管宜沿道路或建筑物的周边呈平行铺设，尽量减少转弯以及与其他管线的交叉，如不可避免，与其他管线及乔木之间的水平和垂直最小距离应符合表 8-4 的要求。

（2）排水管与建筑物基础间的最小水平净距与管道的埋设深浅有关，但管道埋深浅于建筑物基础时，最小水平净距不小于 1.5m；否则，最小水平间距不小于 2.5m。

（3）排水管应尽量布置在道路外侧的人行道或草地下面，不允许平行布置在铁路的下面和乔木的下面。干管应靠近主要排水建筑物并布置在连接支管较多的一侧。

（4）排水管应尽量远离生活饮用水给水管，避免生活饮用水遭受污染。排水管与生活给水管不可避免地交叉时，排水管应敷设在给水管下面。

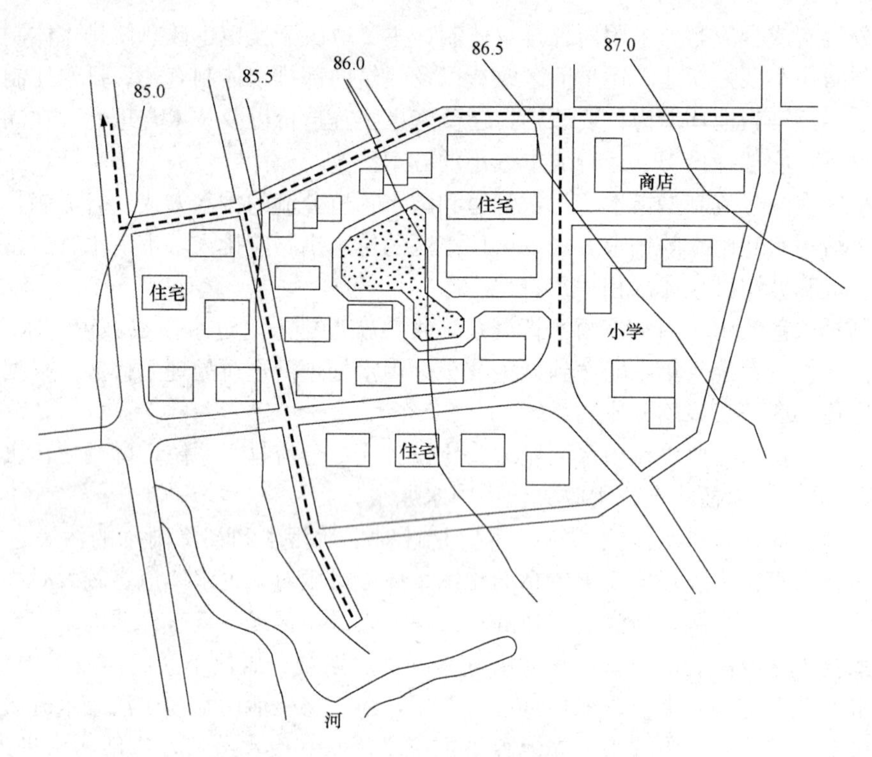

图 8-5 某小区污水干管布置图

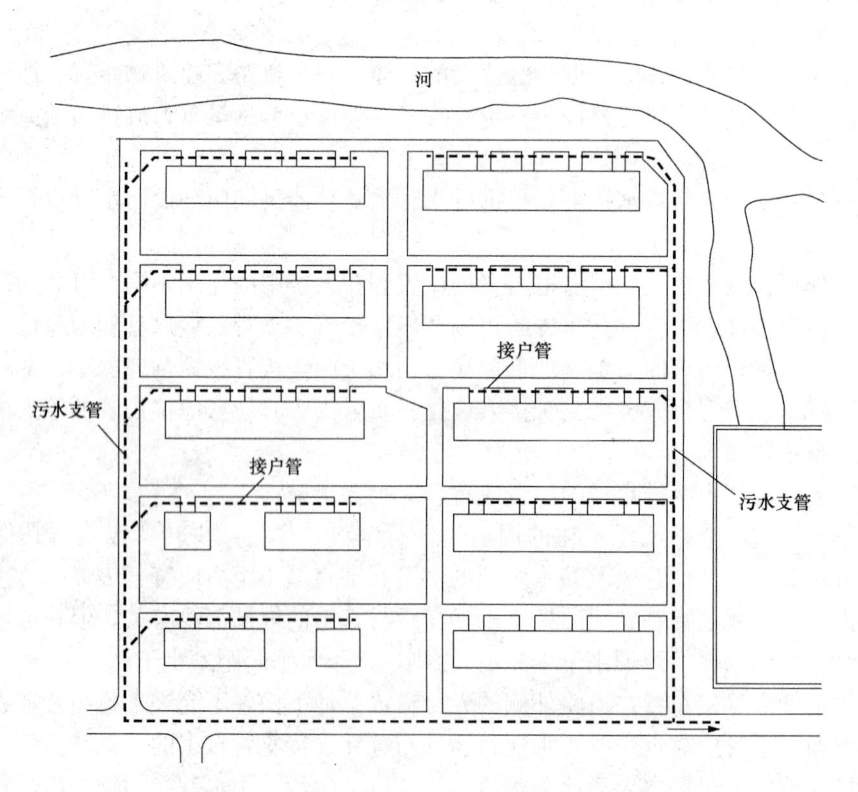

图 8-6 某组团内污水支管和接户管布置图

(5) 排水管转弯和交接处，水流转角应不小于90°，当管径小于或等于300mm且跌水水头大于0.3m时，可不受此限制。各种不同直径的排水管与检查井的连接宜采用管顶平接。

(6) 居住小区排水管的覆土厚度应根据道路的外部荷载、管材受压强度、地基承载力、土层冰冻等因素和建筑物排水管标高经计算确定。小区干道和小区组团道路下的管道，覆土厚度不宜小于0.7m，否则，应采取保护措施；生活污水接户管埋设深度不得高于土壤冰冻线以上0.15m，且覆土厚度不宜小于0.3m。当管道不受冰冻和外部荷载影响时，最小覆土厚度不宜小于0.3m。

(7) 居住小区排水管与室内排出管连接处，管道交汇、转弯、跌水、管径或坡度改变处以及直线管段上一定距离应设检查井。小区内排水管管径小于或等于150mm时，检查井间距不宜大于20m；管径大于或等于200mm时，检查井间距不宜大于30m；居住小区内雨水管和合流管道上检查井的最大间距见表8-6。

表8-6　　雨水检查井最大间距

管径（mm）	最大间距（m）	管径（mm）	最大间距（m）
150（160）	30	400（400）	50
200～300（200～315）	40	≥500（500）	70

注 括号内数据为塑料管的外径。

3. 小区雨水管渠系统布置特点

雨水管渠系统设计的基本要求是能通畅、及时排走居住小区内的暴雨径流量。根据城市规划要求，在平面布置上尽量利用自然地形坡度，以最短的距离靠重力流排入水体或城镇雨水管道。雨水管道应平行道路敷设且布置在人行道或花草地带下，以免积水时影响交通或维修管道时破坏路面。小区内雨水管道布置如图8-7和图8-8所示。

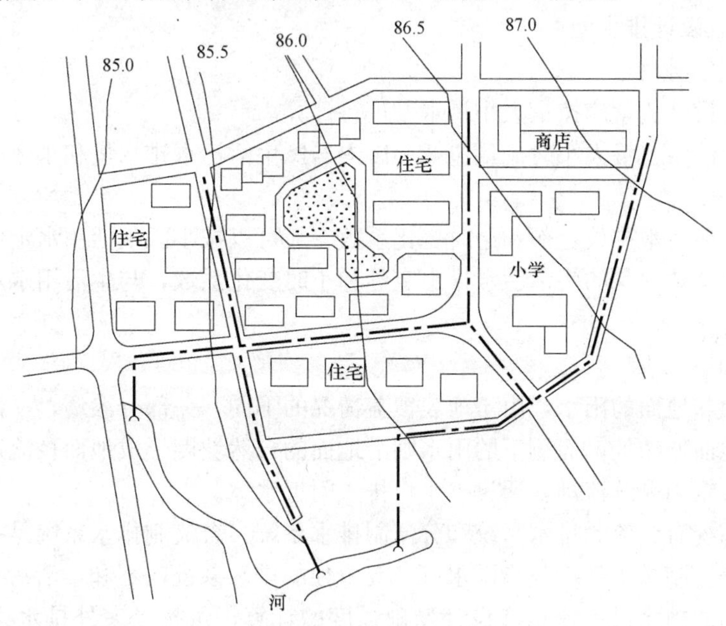

图8-7　某小区雨水干管布置图

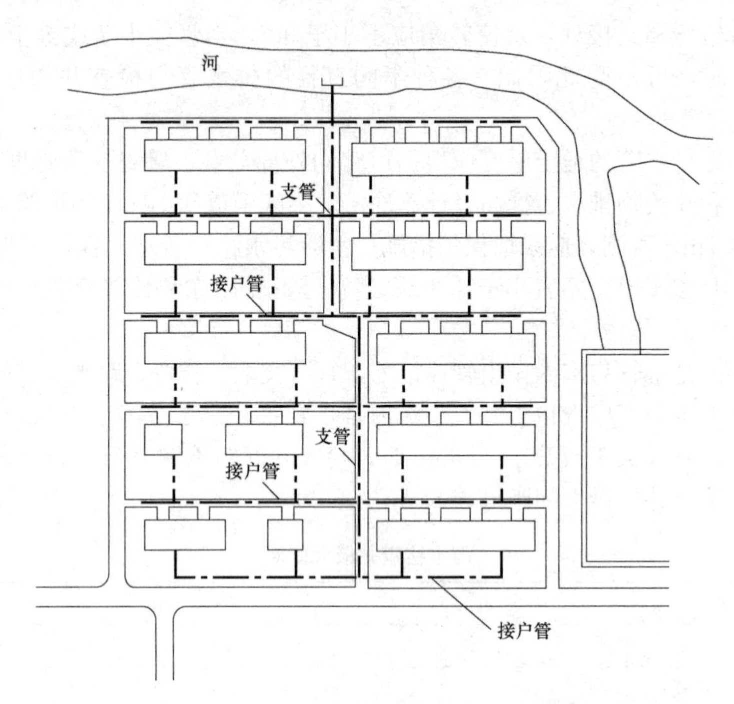

图 8-8 某组团内雨水支管和接户管布置图

雨水口是收集地面雨水的构筑物，小区内雨水不能及时排除或低洼处形成积水往往是由于雨水口布置不当造成。小区内雨水口的布置一般根据小区地形、建筑物和道路布置情况确定。在道路交汇处、建筑物单元出入口附近、建筑物雨落管附近以及建筑物前后空地和绿地的低洼处设置雨水口。雨水口的数量根据汇水面积的汇水流量和选用的雨水口类型及泄水能力确定。雨水口沿街道布置间距一般为 20～40m，雨水口连接管长度不超过 25m。

8.3.2 小区设计排水量

1. 污水设计排水量

污水管道的设计流量应按最大小污水量进行计算。

居住小区生活污水最大小时流量包括小区内居民生活污水排水量和小区内公共建筑的生活污水排水量。

居住小区生活污水排放定额和小时变化系数一般可以按小区生活用水定额及小时变化系数确定。小区内公共建筑的生活污水排水定额和小时变化系数，与生活用水定额及小时变化系数相同。

2. 雨水设计排水量

降落到屋面和地面的雨水，由于地表覆盖情况的不同，一部分渗透，一部分蒸发，还有一部分滞留到地面低洼处，而剩下的雨水则沿地面的自然坡度形成地面径流进入附近的雨水口，并在雨水管渠内继续流动，通过出水口排入附近水体。

雨水排水系统有合流制排水系统和分流制排水系统。合流制排水系统是指生活污水和雨水合流排水；分流制排水系统是指雨水有一套单独的排水系统，不和生活污水统一排放。

居住小区内的雨水设计流量和设计暴雨强度的计算，可按《室外排水设计规范》（GB 50016—2006）中公式计算确定，即

$$Q = q\varphi F \tag{8-6}$$

式中 Q——雨水设计流量（L/s）；

q——设计降雨强度［L/（s·ha^2）］，根据当地暴雨强度计算公式计算确定；

φ——径流系数；

F——汇水面积（ha）。

小区内各种地面径流系数可按表8-7采用，小区内平均径流系数应按各种地面的面积加权平均计算确定。如果资料不足，可根据建筑密度情况确定小区综合径流系数，其值为0.5～0.8，建筑稠密取上限，建筑稀疏取下限。

表8-7　　径流系数

地面种类	径流系数	地面种类	径流系数
各种屋面	0.9～1.0	干砖及碎石路面	0.4
混凝土和沥青路面	0.9	非铺砌路面	0.3
块石路面	0.6	公园绿地	0.15
级配碎石路面	0.45		

在计算设计降雨强度 q 时，当地暴雨强度计算公式中的设计重现期 P 和降雨历时 t 可按下列原则确定：

雨水管渠的设计重现期，应根据地形特点、小区建设标准和气象特点等因素确定，小区宜选用0.5～1.0年。

雨水管渠设计降雨历时，应按式（8-7）计算

$$t = t_1 + mt_2 \tag{8-7}$$

式中 t——降雨历时（min）；

t_1——地面集水时间（min）；与距离长短、地形坡度、地面覆盖情况有关，一般选用5～10min；

m——折减系数，小区支管和接户管取 $m=1$，小区干管为暗管时取 $m=2$，有明渠时取 $m=1.2$；

t_2——管内雨水流行时间。

居住小区合流制管道的设计流量为生活污水量的雨水量之和。生活污水量取设计生活污水量（L/s）；雨水量计算时重现期宜高于同一情况下分流制的雨水管道设计重现期。因为降雨时，合流制管道内同时排除生活污水和雨水，且管内常有晴天时沉积的污泥，如果溢出会对环境影响较大，故雨水流量计算时应适当提高设计重现期。

8.3.3 小区排水管道的水力计算及有关设计数据

1. 污水管道水力计算

污水管道水力计算的目的，在于经济合理地选择管道断面尺寸、坡度和埋深。并校核小区的污水能否重力自流排入城镇污水管道，否则应提出提升泵位置和扬程要求。污水管道是按非满流设计，对于圆管而言，水力计算就是要确定各管段的管径 D、设计充满度 h/D、设计坡度 i 和管段的埋深 H，并做校核计算。

关于水力计算的公式、方法和步骤可参照城镇室外污水管道水力计算方法进行。即在污水管道平面布置、划分设计管段和求得比流量的基础上，列出管道设计流量计算表，计算得出各管段

的设计流量。再通过统计各管段的长度，列出管道的水力计算表，根据小区污水管道水力计算设计数据规定，通过查阅水力计算图表，即可确定设计管段的各项设计参数和进行校核计算。

2. 小区污水管道水力计算的设计数据

（1）设计充满度。在设计流量下，污水在管道中的水深和管道直径的比值称为设计充满度（或水深比）。当在 $h/D=1$ 时称为满流；当在 $h/D<1$ 时称为非满流。污水管道应按非满流计算，其最大充满度按表 8-8 计算。

表 8-8　　**污水管最大设计充满度**

管径 D(mm)	最大设计充满度 h/D
150～300	0.55
350～450	0.65
≥500	0.70

（2）设计流速。和设计流量、设计充满度相应的水流平均流速叫作设计流速；保证管道内不致发生淤积的流速叫作最小允许流速（或叫作自清流速）；保证管道不被冲刷损坏的流速叫作最大允许流速。

污水管道在设计充满度下其最小设计流速为 0.6m/s。

（3）最小设计坡度和最小管径。相应于最小设计流速的坡度叫作最小设计坡度，即保证管道不发生淤积时的坡度。最小设计坡度不仅和流速有关，而且还与水力半径有关。

最小管径是从运行管理角度考虑提出的。因为管径过小容易堵塞，小口径管道清通又困难，为了养护管理方便，做出了最小管径规定。如果按设计流量计算得出的管径小于最小管径，则采用最小管径的管道。

从管道内的水力性能分析，小流量时增大管径并不有利。相同流量时，增大管径流速减小，充满度降低，故最小管径规定应合适。根据上海等地的运行经验表明：服务人口 250 人（70 户）之内的污水管采用 150mm 管径按 0.004 坡度敷设，堵塞概率反而增加。故小区污水管道接户管的最小管径应为 150mm，相应最小坡度为 0.007。居住小区内排水管道最小管径和最小设计坡度按表 8-9 选用。

表 8-9　　**最小管径和最小设计坡度**

管　别		位　置	最小管径（mm）	最小设计坡度
污水管道	接户管	建筑物周围	150	0.007
	支　管	组团内道路下	200	0.004
	干　管	小区道路、市政道路下	300	0.003
雨水管和合流管道	接户管	建筑物周围	200	0.004
	支管及干管	小区道路、市政道路下	300	0.003
雨水连接管			200	0.01

注　1. 污水管道接户管最小管径 150mm，服务人口不宜超过 250 人（70 户），超过 250 人（70 户），最小管径宜用 200mm。

2. 进化粪池前污水管道最小设计坡度，管径 150mm 为 0.010～0.012，管径 200mm 为 0.010。

（4）污水管道的埋设深度。管道的埋设深度有两个意义：

1）覆土厚度——指管道外壁顶部到地面的垂直距离。

2）埋设深度——指管道内壁询问到地面的深度。

为了降低造价，缩短施工工期，管道埋设深度越小越好。但是覆土厚度应该有一个最小的限值，否则就不能满足技术上的要求。这个最小限值称为最小覆土厚度。

小区污水干管埋设在车行道下，管顶的覆土厚度不应小于0.7m，如果小于0.7m，应有防止管道受压损坏的措施。组团内的小区污水支管和接户管，一般埋设在路边或绿地下，管顶覆土厚度可酌情减少，但是不宜小于0.3m。污水管道的埋深还应考虑各幢建筑的污水排出管能否顺利接入。

在冰冻地区污水管的埋深还应考虑冰冻的影响，具体要求同建筑排水管道计算。

3. 雨水管渠水力计算

雨水管渠水力计算目的是确定各雨水设计管段的管段（D），设计坡度（i）和各管段的埋深（H），并校核小区雨水能否重力自流排入城镇雨水管渠或水体，否则应提出提升泵站的位置和扬程要求。

小区雨水管渠的水力计算公式、方法和步骤与城镇室外雨水管渠水力计算相同。在雨水管渠平面布置、划分设计管段的基础上，统计各管段汇水面积，并列出雨水管渠水力计算表，根据小区雨水管渠水力计算设计数据规定，查阅满流水力计算图表，即可确定各项设计参数值，并进行校核计算。

4. 雨水管渠水力计算的设计数据

（1）设计充满度。雨水中主要含有泥砂等无机物质，不同于污水的性质，并且暴雨径流量大，相应设计重现期的暴雨强度的降雨历时不会很长，故管道设计充满度按满流计算，即$h/D=1$。

（2）设计流速。为避免雨水所挟带泥砂沉积和堵塞管道，要求满流时管内最小流速大于或等于0.75m/s，明渠内最小流速应大于或等于0.40m/s。

（3）最小设计坡度和最小管径。对于雨水和合流制排水系统起端的计算管段，当汇水面积较小，计算的设计雨水流量偏小时，按设计流量确定排水管径不安全，也应按最小管径和最小坡度进行设计。居住小区雨水和合流制排水管最小管径和最小设计坡度见表8-10。

表8-10 居住小区雨水和合流制排水管最小管径和最小设计坡度

管别	最小管径（mm）	最小设计坡度	
		铸铁管、钢管	塑料管
小区建筑物周围雨水接户管	200（225）	0.005	0.003
小区道路下干管、支管	300（315）	0.003	0.0015
雨水口连接管	200（225）	0.01	0.01

注 表中管径为铸铁管公称直径，括号内为塑料管外径。

8.3.4 小区排水提升排放

1. 小区排水提升

居住小区排水依靠重力自流排除有困难时，应及时考虑排水提升措施。设置排水泵房时，尽量单独建造，并且距居住建筑和公共建筑25m左右，以免污水、污物、臭气、噪声等对环境产生影响。

排水泵房的设计流量与排水进水管的设计流量相同。污水泵房机组的设计流量按最大小时流量计算，雨水泵房机组的设计流量按雨水管道的最大进水流计算。水泵扬程根据污、雨水提升高度、管道水头损失和自由水头计算决定。自由水头一般采用1.0m。

污水泵尽量选用立式污泵、潜水污水泵，雨水泵则应尽量选用轴流式水泵。雨水泵不得少于两台，以满足雨水流量变化时可开启不同台数进行合作的要求，同时可不考虑备用泵。污水泵的备用泵，数量根据重要性、工作泵台数及型号等确定，但不得少于1台。

污水集水池的有效容积，根据污水量、水泵性能及工作情况确定。其容积一般不小于泵房内最大一台泵5min的出水量，水泵机组为自动控制时，每小时开启水泵次数不超大型过6次。集水池有效水深一般在1.5～2.0m（以水池进水管设计水位到水池吸水坑上缘部）。

雨水集水池容积不考虑调节作用，按泵房中安装的最大一台雨水泵30s的出水量计算，集水池的设计最高水位，一般以泵房雨水管道的水位标高计。

2. 小区污水排放

居住小区内的污水排放应符合《污水综合排放标准》（GB 18918—2002）和《污水排入城市下水道水质标准》（CJ 343—2010）的规定。

一般居住小区内污水都是生活污水，符合排入城市下水道的水质要求，如果小区污水排至城镇污水管道，可以直接就近排放。如果小区内有公共建筑的污水水质指标达不到排入城市下水道水质标准时（如医院污水的细菌指标，饮食行业的油脂指标等），则必须进行放水体的情况，严格执行《污水综合排放标准》（GB 18918—2002），一般要采用二级生物处理达标后方能排放。

8.3.5 小区污水处理

1. 小区污水处理设施的设置

小区内是否设置污水处理设施，应根据城镇总体规划，按照小区污水排放的走向，由城镇排水总体规划管理部门统筹决定。

城镇内的居住小区污水尽量纳入城镇污水集中处理工程范围之内，城镇污水的收集系统应及时敷设到居住小区。

（1）如果城镇已建成或已确定近期要建污水处理厂，小区污水能排入污水处理厂服务范围的城镇污水管道，小区内不应再建污水处理设施。

（2）如果城镇未建污水处理厂，小区污水在城镇规划的污水处理厂的服务范围之内，并已排入城镇管道收集系统，小区内不需建集中的污水处理设施。是否要建分散或过渡处理设施应持慎重态度，由当地政府有关部门按国家政策权衡决策。

（3）如果小区污水因各种原因无法排入城镇污水厂服务范围的污水管道，应坚持排放标准，按污水排放去向，设置污水处理设施，处理达标后方能排放。

（4）如果居住小区内某些公共建筑污水中含有毒、有害物质或某些指标达不到排放标准应设污水局部处理设施自行处理，达标后方能排放。

2. 小区污水处理技术

化粪池处理技术，长期以来一直在国内作为污水分散或过渡处理的一项主要设施，曾起到一定作用。但是化粪池的处理效果并不理想，管理正常时，悬浮物能除去50%～60%，BOD_5可以去除20%左右，但仍达不到国家二级排放的标准。我国城镇污水集中处理的进程正在逐步加快，如果污水进入集中处理前通过化粪池的处理，会使污水的进水浓度降低，影响到生物处理效果，这已成为一些已建污水处理厂困惑的问题，所以化粪池的选用应该慎重。

小区内的水质属一般生活污水，所以城市污水的生物处理技术都能适用于小区污水处理。

居住小区的规模较大，集中处理污水量达 1000m³ 以上规模，小区污水处理可按《室外排水设计规范（2014 版）》（GB 50014—2006）选择合适的生物处理工艺时，应充分考虑小区设置特点，处理构筑物最好能布置在室内，对周围环境的影响应降到最低。

居住小区规模较小（组团级）或污水分散处理，处理污水设计流量小，这时处理设施可采用二级生物处理要求设计的污水处理装置进行处理。目前我国有不少厂家生产这类小型污水处理装置，采用的处理技术一般为好氧生物处理，也有厌氧-好氧生物处理。如果这类处理装置运行管理正常，应该能达到国家规定的二级排放标准（可向Ⅳ、Ⅴ类水域排放），但是前一阶段这类装置在国内运行、管理效果不理想，主要是运行管理存在问题，这类装置在国外运行都和专业管理相结合，日本在这方面有很好的经验。国内对分散处理装置的专业管理问题已开始重视。

3. 新型生态节能分散式污水处理系统

新型生态节能分散式污水处理系统是在传统污水生物处理技术和生态处理技术的基础上，建立的符合一级污水生物处理出水水质要求的厌氧、好氧工艺，体现生态景观、一体节能特征。通过对污染物的降解转化，完成污水的无害化排放和再生利用。预处理系统主要表现为厌氧工艺，使污水中的有机污染物得到初步去除，特别是对 SS 的去除，保证生物托盘在低负荷状态能够长期运行而不至于出现堵塞现象。生物托盘系统则是使污水通过 300～500mm 厚的填料，借填料的物理、化学和生物机理去除污水中的有机污染物，达到净化污水的目的。整个工艺过程由预处理系统、生物托盘系统、中水收集系统等三个部分组成。外观呈驼峰状，可以配合建筑景点修饰。内部为水处理构筑装置，如图 8-9 和图 8-10 所示。

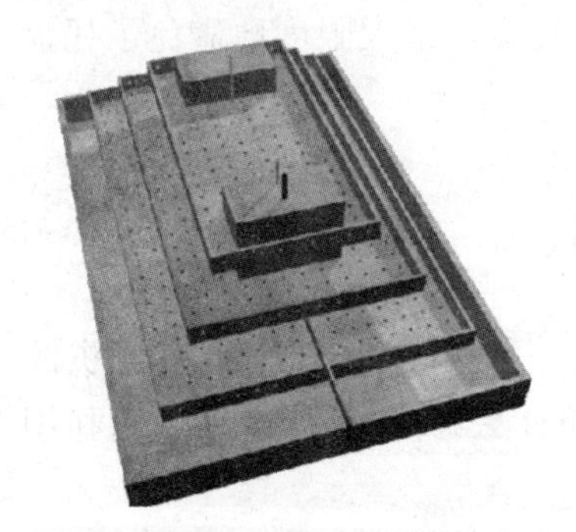

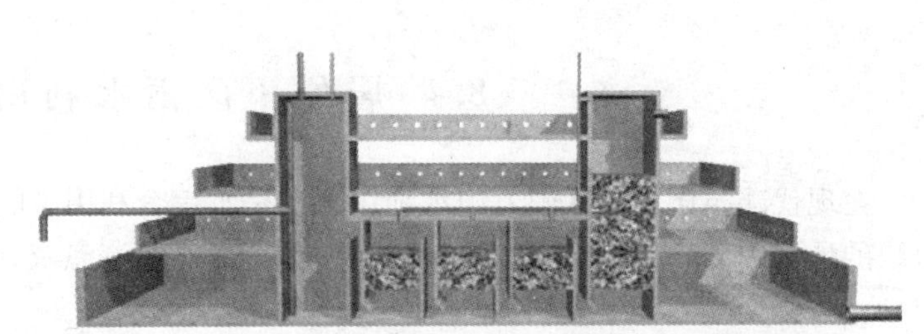

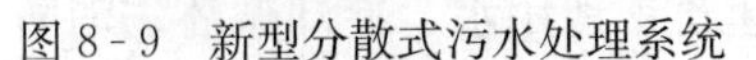
图 8-9 新型分散式污水处理系统

图 8-10 新型分散式污水处理系统原理图

（1）预处理系统。包括污水管网、格栅、污水井（调节池）、改良折流式厌氧反应池。

（2）生物托盘系统。一级生物托盘系统由托盘本体、配水管、布水管、填料组成。根据处理负荷和自然地理条件，生物托盘继续分级为二级、三级、四级等，分别由托盘本体、填料组成。

（3）中水收集系统。主要表现为清水池，根据用户要求可以建立中水管网，按用户所需的供水形式选择的配套加压设备，实现再生水的回用和排放。

新型的分散式污水处理系统具有生态景观和一体节能的特征。根据分散式污水就地处理的特点，在感观上实现景观化，在结构上给人以新颖的视觉，形成逐级放大的托盘，通过空间布水、水的分层跌落，在托盘上部空间种植植物，实现生态链接，通过考察生物托盘对污染物去除的多种机理，模拟自然界生态协调性，在生物配合上实现厌氧菌和好氧菌的密切配合。通过一体化的设计，仅需要起始端的提升动力，或利用自然地形特点无动力进水，形成高位水差，一体化的空间巧妙镶嵌。

生物托盘净化机理是一个十分复杂的综合过程，通过表面模拟自然界的植物吸收、内部填料多种作用，实现生物配合，达到生态的协调性。其中包括：物理及物化过程的过滤、吸附和离子交换；化学反应的化学沉淀；及微生物的代谢作用下的有机物分解等。

与传统工艺相比，该工艺具有以下显著特点：

(1) 集水距离短，可在较分散的建筑就地收集、就地处理和就地利用，实现污水的分散处理。

(2) 利用空间分布，多级生物托盘在空间上实现多层布置，节省了土地面积，同时在托盘表层种植植物，形成生态景观。

(3) 取材方便，便于施工，处理构筑物较少。生物托盘技术可以和预处理系统设计为一个整体，形成凸出地表的生态景观；也可以和预处理系统分开设置，布置在地下，在保证良好通风环境下，地表可进行绿化，对环境不造成任何影响。

(4) 运行管理方便，无需人工曝气和投加药剂，无污泥回流，没有剩余污泥产生。生物托盘设计厚度较小，形同盘状，较小的填料厚度，使污水在托盘中处于好氧状态，在底部形成厌氧区时，污水已开始从盘底滴落下来，到达下一级托盘表面时，水流溅落使污水得到较高的复氧效果。从根本上改变了快速渗滤系统需要通过落干期来完成复氧目的的运行方式。维护排泥时，采用静力自排泥，省去了机械排泥和人工清掏的费用。

(5) 采用改良后的折流式厌氧反应器，作为生物托盘处理技术的预处理系统，其具有较高的降解有机物性能，悬浮物去除效果较好，在低负荷下进入托盘，最大限度地避免了托盘填料的堵塞，延长了生物托盘的工作寿命。

8.4 居住小区雨水利用

在现代建筑居住小区中，雨水利用工程是水综合利用中的一种新的系统工程。在水资源短缺的地区，对雨水进行收集、利用具有很高的经济意义和社会意义。广义的雨水利用包括：

(1) 直接利用。即雨水用作生活杂用水、市政杂用水、建筑工地用水、冷却循环、消防等补充用水，在严重缺水的城市甚至可用于饮用。雨水的直接利用可以设计为单体建筑的雨水回用，也可以设计为小区雨水利用系统。

(2) 间接利用。即雨水渗透，主要是为了增加土壤含水量，补充涵养地下水资源，改善生态环境。

(3) 消减高峰流量。即先将雨水予以贮存，待雨停后再进行有控排放，可消减雨水高峰流量，减轻区域水涝灾害。

对于建筑与居住小区而言，雨水利用的重点是雨水的直接利用。小区雨水利用系统一般包括雨水汇集区、输水管系、截污装置、贮存设施、净化设施、供水设施等几部分，另外还设有溢流设施或渗透设施，使超过储存容量的部分溢流或渗透。

1. 雨水截污

小区内雨水在汇流过程中很难避免不被各种自然或人为因素污染。采取有效的雨水截污措施，可以大大提高雨水收集、处理、回用等设施的使用效率。雨水截污主要是针对雨水的源头污染环节。小区雨水污染主要来源于建筑物表面（屋顶、墙体、建筑附属物）、小区场院（小广场、绿地、健身场地、停车场）、路面及其他附属场地。

降雨的初期，雨水对空气具有洗涤过程，另外，初期雨水又冲刷了地表的各种污染物，因此其受污染程度很高，这种被污染的雨水称为初降雨水，应做严格截流或净化处理。

从建筑物本身而言，可通过限制污染性屋面材料的使用，如避免使用油毡屋面，以改善屋面水质。从小区管理而言，可加强车辆管理、材料堆放管理，加强垃圾管理，及时科学地清扫路面，避免将垃圾混入雨水口，对融雪剂处理过的积雪进行外运，这些措施都可以改善小区雨水水质。

2. 雨水调蓄

雨水利用的前提是雨水的调节和贮存。

雨水调蓄可以通过调蓄池调节、雨水管调节、多功能生态综合调节等方式来实现。调蓄设施宜布置在汇水面的下游。通常，雨水调蓄的主体构筑物是雨水调蓄池。配套设施主要包括溢流设施、提升设施、水位报警设施等。调蓄池的有效容积主要与满蓄次数、可收集雨量有关。水质等条件满足时，雨水调蓄池可以与消防池合建。

3. 雨水净化

小区雨水利用之前，一般都需经过处理才能满足用水水质要求，其净化方法与市政生活污水的处理方法基本类似，主要包括物理处理、化学处理、自然生物处理等方法。常见的雨水净化方法见表 8 - 11。

表 8 - 11　常见的雨水净化方法

类　别	处　理　工　艺
常规物理方法	沉淀、过滤、物理消毒
常规化学方法	液氯消毒、臭氧消毒、二氧化氯消毒
自然处理方法	植被浅沟、植被缓冲带、土壤渗透池、人工湿地、生态塘
深度处理工艺	活性炭技术、微滤技术

4. 雨水利用

对于居住小区而言，其雨水利用主要是指雨水的直接利用，即雨水经过收集、截污、调蓄、净化后用于建筑物内的生活杂用（冲厕、洗衣）、作为中水的补充水、小区内的绿化浇灌用水、道路浇洒用水、洗车用水等，在条件允许的情况下，还可用于屋顶花园、太阳能、风能综合利用、水景利用等场合。

不同的用水目的要求不同的水质标准和水量。在雨水利用的设计中，不仅要考虑雨水量的平衡，还要考虑到雨水水质的控制。雨水用于绿化、冲厕、道路清扫、消防、车辆冲洗、建筑施工等均应满足《城市污水再生利用 城市杂用水水质》(GB/T 18920—2002) 指标要求。雨水用于景观环境用水应满足《城市污水再生利用 景观环境用水水质》(GB/T 18921—2002) 指标要求。

雨水回用设施的供水管网应保证 3 天用水量不小于集水面日雨水径流量。应通过设计促使所收集的雨水尽量及时地供应出去，使得雨水调蓄池能够及时腾出容积以收集更多的后续雨水。雨水供水管必须与生活饮用水管分开设置，严禁回用雨水进入生活饮用水给水系统。若有必要维持雨水供水系统的正常运行，则应在雨水储存容器上设置自动补水装置，补水可以采用生活饮用水或再生水，但补水水质应满足所设计的雨水利用要求。若采用生活饮用水作为补水，必须采取必要措施防止生活饮用水被残余的雨水污染，补水管不宜进入雨水池内。

在经济满足的前提下，应尽量考虑对应于不同用水要求的分质处理、分质供水。雨水供水系统的水泵、水箱设置、系统的选择、管网分区等，应按照相应的国家规范认真计算后进行设计。

思考题与习题

8.1 小区给水系统分类及小区给水系统选择的原则是什么?

8.2 简述居住小区给水水源的选择。

8.3 什么是接户管、小区支管、小区干管?

8.4 简述居住小区供水方式的主要影响因素。

8.5 简述居住小区排水管道布置的基本原则。

8.6 简述小区供水方式。如何选择小区供水方式?

8.7 居住小区设计用水量包括哪些?如何确定小区内生活排水的设计流量?

8.8 在确定居住小区排水管道的基础和接口时，应注意什么问题?

8.9 居住小区排水管道最小覆土深度是如何确定的?

8.10 简述何谓径流系数。

8.11 为什么在居住小区排水管道系统中，应设置检查井?检查井设置的基本原则是什么?

第 9 章 特殊建筑给水排水

9.1 游泳池的给水排水

游泳池是供人们进行游泳比赛、训练、跳水、水球等项目的运动场所，也可作为水上的娱乐设施。游泳池的设计应以实用性、经济性、节约水资源、技术先进、环境优美、安全卫生、管理维护方便为原则。

9.1.1 游泳池的分类和规格

1. 游泳池分类

游泳池的分类见表 9-1。

表 9-1 游泳池的分类

分类方法	类型
按使用性质分	比赛游泳池：进行正式游泳比赛
	训练游泳池：用于具有一定游泳技能和初学游泳的游泳者进行技术训练和学习之用
	跳水游泳池：用于不同高度跳台和跳板的跳水比赛和训练
	儿童游泳池：供儿童初学和进行游泳之用
	幼儿戏水池：供幼儿适应水中活动和玩耍嬉水之用
按经营方式分	公用游泳池：满足社会游泳爱好者的游泳爱好和丰富他们的业余文化生活
	商业游泳池：在旅馆或社会团体建筑内附设修建的游泳池
按建造方法分	人工游泳池：用钢筋混凝土或砖、石修建的游泳池
	天然游泳池：在天然水源水域内划分一定面积的安全水域供游泳者游泳
按有无盖分	室内游泳池：建于室内有完整的池水净化、加热和消毒设施以及辅助建筑的游泳池
	露天游泳池：建于室外、夏季开放，有池水净化、消毒的游泳池

2. 游泳池规格

各类游泳池对水深、场地大小都有不同的要求，游泳池的长度一般为 12.5m 的整倍数，宽度由泳道数目决定，每条泳道的宽度一般为 2.0～2.5m，边道至少应另加 0.25m；国际比赛的泳道宽度为 2.5m，边道另加 0.5m；中、小学游泳池泳道宽度可采用 1.8m。各类游泳池水深及平面尺寸见表 9-2。

表 9-2 游泳池水深及平面尺寸

游泳池类别	水深（m）		池长度（m）	池宽度（m）	备 注
	最浅端	最深端			
比赛游泳池	1.8～2.0 ≥2.5*	2.0～2.2 ≥2.5*	50	26、21、25	
水球游泳池	≥2.0	≥2.0	≥34	≥20	
花样游泳池	≥3.0	≥3.0		21、25	

续表

游泳池类别		水深（m）				池长度（m）	池宽度（m）	备　注
		最浅端		最深端				
跳水游泳池		跳板（台）高度	0.5	水深	≥1.8	12	12	
			1.0		≥3.0	17	17	
			3.0		≥3.5	21	21	
			5.0		≥3.8	21	21	
			7.5		≥4.5	25	21、25	
			10.0		≥4.8、≥5.0*	25*	21、25*	
训练游泳池	运动员用	1.4～1.6		1.6～1.8		50	21、25	含大学生
	成人用	1.2～1.4		1.4～1.6		50、33.3	21、25	
	中学生用	≤1.2		≤1.4		50、33.3	21、25	
公共游泳池		1.8～2.0		2.0～2.2		50、25	25、21、12.5、10	
儿童游泳池		0.6～0.8		1.0～1.2		平面形状和尺寸视具体情况由设计定		含小学生
幼儿戏水池		0.3～0.4		0.4～0.6				

* 国际比赛标准。

游泳池的水面面积根据使用人数计算，普通游泳池约有 2/3 的入场人数在水中活动，约有 1/3 在岸上活动或休息。各种游泳池的水面面积指标见表 9-3。

表 9-3　游泳池的水面面积指标

游泳池类别	比赛池	游泳池	游泳、跳水、合建池	公共池	练习池	儿童池	幼儿池	水球池
面积指标（m^2/人）	10	3～5	10	2～5	2～5	2	2	25～42

9.1.2　水质、水源和水温

游泳池的初次充水和使用过程中的补充水，游泳池饮水、淋浴等生活用水的水质，均应符合《生活饮用水卫生标准》（GB 5749—2006）的要求，世界级竞赛用游泳池的池水水质应符合国际游泳协会（FINA）关于游泳池水水质现行卫生标准的规定；国家级竞赛用游泳池和宾馆内附建的游泳池的池水水质卫生标准，根据经济能力和主管部门的意见参照表 9-4 执行，其他游泳池和水上游乐池正常使用过程中的池水水质卫生标准应符合表 9-5 的规定。

表 9-4　游泳池池水水质卫生标准

序号	项　目	水质卫生标准	备　注
1	温度	26℃±1℃	
2	pH 值	7.2～7.6（电阻值 10.13～10.14Ω）	宜使用电子测量
3	浑浊度	0.10FTU	滤后入池前测定值
4	游离性余氯	0.3～0.6mg/L	DPD 液体
5	化合性余氯	≤0.4mg/L	

续表

序号	项 目	水质卫生标准	备 注
6	菌落①	21℃±0.5℃：100个/mL	24、48、72h
		37℃±0.5℃：100个/mL	24、48h
7	大肠埃希氏杆菌①	21℃±0.5℃：100mL池水中不可检出	24、48h
8	绿脓杆菌①	37℃±0.5℃：100 mL池水中不可检出	24、48h
9	氧化还原电位	≥700mV	电阻值为10.13～10.14Ω
10	清晰度	能清晰看见整个游泳池底	
11	密 度	kg/dm³	20℃时的测定值
12	高锰酸钾消耗量	池水中最大总量10mg/L	
		其他水最大量3mg/L	
13	THM（三卤甲烷）	宜小于20μg/L	
14	室内泳池的空气温度	至少比池水温度高2℃	由于建筑原因

① 细菌的测试应使用膜滤。过滤后，将滤膜在37℃温度下在胰蛋白酶解蛋白大豆琼脂中保存2～4h，然后将滤膜放入隔离的培养基中。

表9-5 人工游泳池池水水质卫生标准

序号	项 目	标 准	序号	项 目	标 准
1	水 温	22～26℃	5	游离性余氯	0.3～0.5mg/L
2	pH值	6.5～8.5	6	细菌总数	≤1000个/mL
3	浑浊度	≤5（NTU）	7	大肠菌数	≤18个/L
4	尿 素	≤3.5mg/L	8	有毒物质	按地面水中有害物质的最高允许浓度

游泳池的初次充水、重新换水和正常使用中的补充水，均应采用城市生活饮用水；当采用城市生活饮用水不经济或有困难时，公共用游泳池和水上游乐池的初次充水、换水和补充水可采用井水（含地热水）、泉水（含温泉水）或水库水，但水质应符合表9-5的要求，否则应进行净化处理以达到表9-5的要求。

室内游泳池和水上游乐池的池水设计温度根据池子类型和使用对象按表9-6采用，为了便于灵活调节供水水温，设计时应留有余地。露天游泳池和水上游乐池的水温，按表9-7选用，不考虑冬泳因素。

表9-6 室内游泳池和水上游乐池的池水设计温度

序 号	池子类型	池水设计温度（℃）
1	竞赛游泳池	25～27
2	训练游泳池、宾馆内游泳池	26～28
3	公共游泳池	26～28
4	跳水池	26～28
5	造浪池、环流池	28～29

续表

序　号	池子类型	池水设计温度（℃）
6	滑道池、休闲池	28～29
7	蹼泳池	≥23
8	儿童游泳池、幼儿戏水池	28～30
9	按摩池	≤40

表 9-7　　露天游泳池的池水设计温度

序号	类　型	池水设计温度（℃）
1	有加热装置	26～28
2	无加热装置	22～23

9.1.3 给水系统

1. 给水系统的比较与选择

游泳池内水体应呈悦目的天蓝色。给水系统的比较与选择，可根据游泳池的使用用途，结合当地的自然和经济条件参照表 9-8 进行选择。

表 9-8　　给水系统的比较

系统分类	特　点	使用条件	优缺点比较
直流给水系统、直流净化给水系统	连续不断向池内供水，且连续不断地将脏水排出；当天然水源须净化和消毒后达到水质标准时，采用直流净化给水系统	（1）有充沛的天然水源（如温泉、地热井水），且水质符合要求；（2）给水净化设施的成本低于或接近循环净化的成本；（3）宜用于幼儿戏水池或儿童游泳池	（1）建设费用低，管理较简单；（2）水质能常保清新，但亦需加强对致病菌的监测；（3）应用范围和地域受局限，一般夏季、露天游泳池采用较多
循环给水系统	将脏水经净化、消毒，符合水质要求后回流游泳池重复使用	室内游泳池和正式比赛用游泳池目前采用较普遍	（1）具有节水和节能重要意义；（2）水质水温较稳定；（3）适用于各种类型和条件要求；（4）建设费用高；（5）管理水平要求较高
定期换水给水系统	每隔几天将用过的脏水全部排除重新注入新水	夏季室外池非正规场合应用，南方相对较多；不符合可持续发展原则，不宜采用	（1）浪费水资源；（2）水质水温不易保证，换水前水质易恶化，不符合卫生要求；（3）建设费用低；（4）换水时影响正常使用

由于我国是一个缺水的大国，目前一般的游泳池多采用循环净化给水系统，将使用过的污水经过一定处理并重新利用，以达到节约水资源的目的。

2. 循环净化给水系统

（1）系统设置。循环净化给水系统是将游泳池中使用过的池水，按规定的流量和流速从池内抽出，经过滤净化并经消毒处理，再送回池子重复使用，如图 9-1 所示。该系统由池子回水管路、净化工艺、加热设备和净化水配水管路组成，具有耗水量少的特点，可保证水质卫生要求，但系统较复杂，投资大。

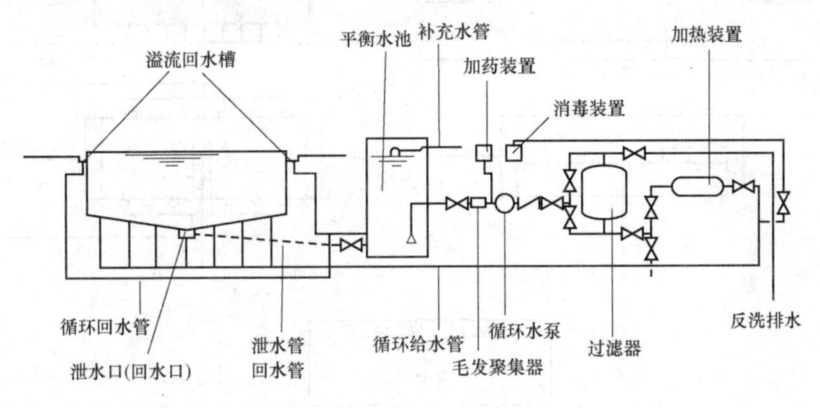

图9-1　循环给水系统

游泳池净化系统的设置，应根据池子的使用功能、卫生标准、使用者特点来确定。竞赛池、跳水池、训练池和公共池以及儿童游泳池、幼儿戏水池均应分别设置各自独立的池水循环净化给水系统，以满足使用要求并便于管理。

(2) 池水循环方式。池水循环方式是为保证游泳池的进水水流均匀分布，在池内不产生急流、涡流、死水区，且回水水流不产生短流，使池内水温和余氯均匀而设计的水流组织方式。游泳池的池水循环方式有逆流式、混流式和顺流式3种，应根据池水容量、池水深度、池子形状、池内设施（指活动池底板、隔板及活动池岸等)、使用性质和技术经济等因素综合比较后确定。

游泳池中给水口和回水口的布置方式形成了不同的池内水流组织，应保证水流分布均匀、不出现短流和涡流及死水区，使净化水与池水有序混合、交换、更新，利于池水表面污物清除和环境卫生的保持及管道、设备的施工安装和维修管理。

1) 逆流式循环。将游泳池的全部循环水量，经设在池壁外侧的溢水槽收集至回水管路，送到净化设备处理后，再通过净化水配水管路送到池底的给水口或给水槽进入池内，这种循环方式能够有效地去除池水表面污物和池底沉淀污物，池底均匀布置给水口满足水流均匀、避免涡流的要求，使池水均匀有效地交换更新。

2) 混流式循环。是指将游泳池全部循环水60%～70%的水量，经设在池壁外侧的溢流回水槽取回，其余30%～40%的循环水量经设在池底的回水口取回。这两部分循环水量汇合后进行净化处理，然后经池底给水口送入池内继续使用，这种循环方式除具有逆流式池水循环方式的优点外，由于池面、池底同时回水使水流能冲刷池底的积污、卫生条件更好。

逆流式和混流式是国际泳联推荐的池水循环方式，为了满足池底均匀布置给水口、方便施工安装和维修更换给水品的要求，池底应架空设置或加大池深（将配水管埋入池底垫层或埋入沟槽)，因此基建投资较高、施工难度较大。竞赛游泳池和训练游泳池的池水应采用逆流式或混流或混流式循环方式；水上游乐池的类型较多，形状不规则，布局分散，应结合具体情况选用池水循环方式。常见的池水循环方式如图9-2所示。

3) 顺流式循环。是指将游泳池的全部循环水量，经设在池子端壁或侧壁水面以下的给水口送入池内，回水则由设在池底的回水口取回，经过净化处理后送回池内继续使用，如图9-2(c)

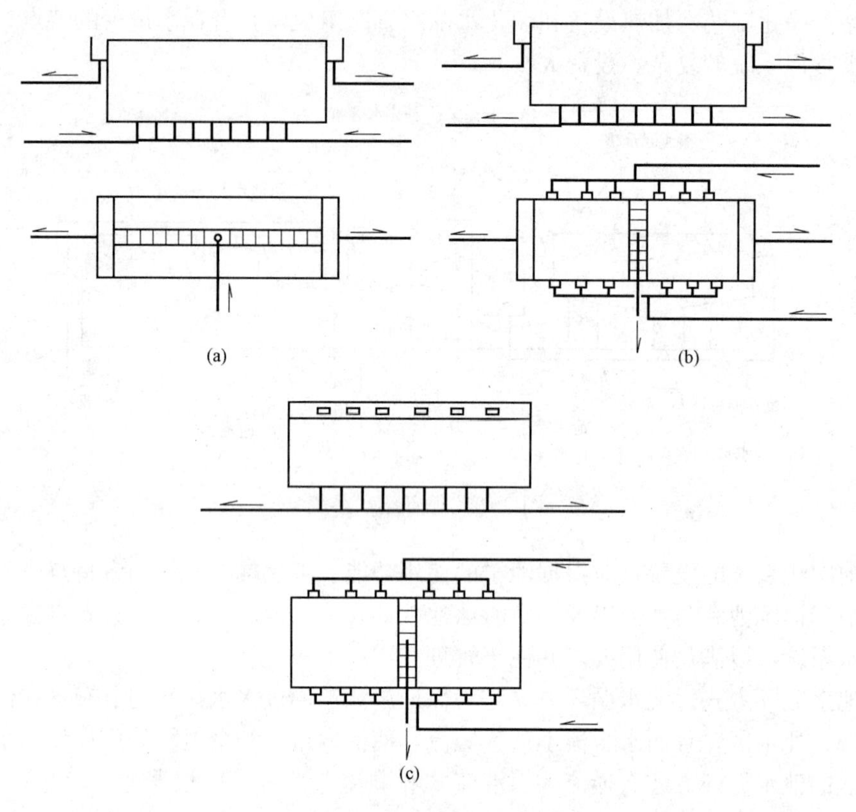

图 9-2 常见的池水循环方式
(a) 逆流式；(b) 混流式；(c) 顺流式

所示。这种循环方式配水较为均匀，底部回水口可与排污口、泄水口合用，结构形式简单，建设费用经济，但是不利于池水表面排污、池内局部沉淀产生，对于公共游泳池和露天游泳池，一般水深较浅，为节省建设施工费用和方便维护管理，宜采用顺流式循环方式。

(3) 循环周期。游泳池的池水净化循环周期，是指将池水全部净化一次所需要的时间。确定循环周期的目的是限定池水中污浊物的最大允许浓度，以保证池水中的杂质、细菌含量和余氯量始终处于游泳协会和卫生防疫部门规定的允许范围内。合理确定循环周期关系到净化设备和管道的规模、池水水质卫生条件、设备性能与成本以及净化系统的效果，它是一个重要的设计数据。循环周期应根据池子的使用性质、使用人数、池水容积、消毒方式、池水净化设备运行时间和除污效率等因素确定。游泳池和水上游乐池的循环周期见表 9-9。

表 9-9　游泳池和水上游乐池的循环周期

序号	泳池类别	循环周期（h）	循环次数（次/d）
1	竞赛池、训练池	4～6	6～4
2	跳水池	8～10	3～2.4
3	跳水、游泳合用池	6～8	4～3
4	公共池、露天池	4～6	6～4

续表

序号	泳池类别		循环周期（h）	循环次数（次/d）
5	儿童池		2～4	12～6
6	幼儿戏水池		1～2	24～12
7	俱乐部、宾馆内游泳池		6～8	4～3
8	环流河		24	12～6
9	造浪池		2	12
10	气泡休闲池		2～4	12～6
11	水力按摩池	公共池	0.3～0.5	80～48
		专　用	0.5～1.0	48～24
12	滑道池		6	4
13	探险池		6	4
14	教学池		8	3
15	大、中学校游泳池		6～8	4～3
16	家庭游泳池		8～10	3～2.4

注　池水的循环次数按每日使用时间与循环周期的比值确定。

（4）循环流量。目前世界上很多国家普遍采用循环周期计算池水循环流量，实践证明，它对保证池水的水质卫生是可行和有效的，该法的主要缺点是没有考虑到使用人数，因为池水被污染是人员在游泳或游乐过程中分泌的汗等污物造成的，但是该因素在计算公式中没有直接体现出来。

循环流量应按式（9-1）计算

$$q_c = \alpha_p V_p T_p^{-1} \tag{9-1}$$

式中　q_c——游泳池或水上游乐池的循环水量（m^3/h）；

α_p——游泳池或水上游乐池管道和设备的水容积附加系数，取 1.05～1.10；

V_p——游泳池或水上游乐池的池水容积（m^3）；

T_p——游泳池或水上游乐池的池水循环周期（h），按表 9-9 选定。

（5）循环水泵。对于不同用途的游泳池、水上游乐池等所用循环水泵应单独设置，以利于控制各自的循环周期和水压。当各池不同时使用中也便于调节，避免造成能源浪费。

循环水泵的设计流量不小于循环流量；扬程按照不小于送水几何高度、设备和管道阻力损失以及流出水头之和确定；工作主泵不宜少于 2 台，以保证净化系统 24h 运行，即白天高负荷时 2 台泵同时工作，夜间无人游泳或游光时只使用 1 台泵运行；宜按过滤器反冲洗时工作泵和备用泵并联运行考虑备用泵的容量，并按反冲洗所需流量和扬程校核循环水泵的工况。

循环水泵装置应符合下列规定：

1）应设计成自灌式，且每台水泵宜设独立的吸水管。

2）宜设置于靠近平衡水池、均衡水池或顺流式循环方式游泳池的回水口处。

3）水泵吸水管内的流速宜采用 1.0～1.2m/s，出水管内的流速宜采用 1.5～2.0m/s。

4）每台水泵的吸水管上应装设可曲挠橡胶接头、阀门、毛发聚集器和压力真空表，其出水管上应装设可曲挠橡胶接头、止回阀和压力表。

5）水泵泵组和管道应采取减振和降低噪声的措施。

（6）平衡水池和均匀衡水池。

1）平衡水池。对采用顺流式循环给水系统的游泳池，为保证池水有效循环，且收集溢流水、平衡池水水面、调节水量浮动、安装水泵吸水口（阀）和间接向池内补水，需要设置平衡水池。当循环水泵受到条件限制必须设置在游泳池水面以上，或是循环水泵直接从泳池吸水时，由于吸水管较长、沿程阻力大，影响水泵吸水高度而无法设计成自灌式开启时，需要设置平衡水池；另外，数座游泳池或水上游乐池共用一组净化设备时必须通过平衡水池对各个水池的水位进行平衡 。平衡水池最高水面与泳池水面齐平，水池内底表面在最低回水管以下 400～700mm。平衡水池的有效容积按循环水净化系统管道和设备内的水容积之和考虑，且不应小于循环水泵 5min 的出水量。

平衡水池的有效容积按式（9-2）计算

$$V_p = V_f + 0.08\,q_c \tag{9-2}$$

式中 V_p——平衡水池的有效容积（m^3）；

V_f——单个最大过滤器反冲洗过滤水量（m^3）；

q_c——游泳池的循环水量（m^3/h）。

2）均衡水池。对采用逆流式循环给水系统的游泳池，为保证循环水泵有效工作而设置低于池水水面的供循环水泵吸水的均衡水池，这是由于逆流式循环方式采用溢流式回水，回水管道中夹带有气体，均衡水池可以起到气水分离、调节泳池负荷不均匀时溢流回水量的浮动。

均衡水池的有效容积按式（9-3）计算

$$V_j = V_a + V_f + V_c + V_s \tag{9-3}$$

$$V_s = A_s\,h_s \tag{9-4}$$

式中 V_j——均衡水池的有效容积（m^3）；

V_a——游泳者入池后所排出的水量（m^3），每位游泳者按 0.056 m^3 计；

V_f——单个最大过滤器反冲洗过滤水量（m^3）；

V_c——充满循环系统管道和设备所需的水容量（m^3）；

V_s——池水循环系统运行时所需的水量（m^3）；

A_s——游泳池的水表面面积（m^2）；

h_s——游泳池溢流回水时的溢流水层厚度（m），可取 0.005～0.01m。

平衡水池和均衡水池能使循环水中较大杂物得到初步沉淀，还可将补充水管接入游泳池间接补水。游泳池补充水管控制阀门出水口应高于水池最高水面（指平衡水池）或溢流水面（指均衡水池）100mm，并应装设倒流防止器。平衡水池和均衡水池应采用耐腐蚀、不透水、不污染水质的材料建造，并应设检修人孔、溢水管、泄水管和水泵吸水坑。

（7）循环管道及附属装置。循环管道由循环给水管和循环回水管组成，水流速度分别为 2.5m/s 以下、0.7～1.0m/s。循环管道的材料以防腐为原则，采用塑料管、铜管和不锈钢管；采用碳钢管或球墨铸铁管时，管内壁应涂刷或内衬符合饮用水要求的防腐涂料或材料。

循环管道的敷设方法应根据游泳池的使用性质、建设标准确定。一般室内游泳池应尽量沿池子周围设置管廊，管廊高度不小于 1.8m，并应留人孔及吊装孔；室外游泳池宜设置管沟布置管道，经济条件不允许时也可埋地敷设。

9.1.4 水处理系统

1. 水的净化

游泳池池水净化系统的设计应满足工艺流程简单，水流顺畅，处理效率高，设备占地省，运行成本低，机房布置紧凑美观，操作方便的要求。

(1) 预净化。为防止游泳池水夹带的固体杂质和毛发、树叶、纤维等杂物的损坏水泵，破坏过滤器滤料层，影响过滤效果和水质，池水的回水首先进入毛发聚集器进行预净化。

毛发聚集器外壳应为耐压、耐腐蚀材料；过滤筒孔眼的直径宜采用 3～4mm，过滤网眼宜采用 10～15 目，且应为耐腐蚀的铜、不锈钢和塑料材料所制成，其耐压能力不应小于 0.4MPa；过滤筒（网）孔眼的总面积不小于连接管道截面面积的 2 倍，以保证循环流量不受影响。毛发聚集器装设在循环水泵的吸水管上，截留池水中夹带的固体杂质。

为保证循环水泵正常运行，过滤筒（网）必须经常清洗或更换，否则会增加水流阻力、降低水泵扬程、减小水泵出水量、影响循环周期。

(2) 过滤。游泳池或游乐池的循环水具有处理水量恒定、浊度低的特点，为简化处理流程，减小净化设备机房占地面积，一般采用水泵加压一次提升的循环方式，过滤设备采用压力过滤器。

过滤器应根据池子的规模、使用目的、平面布置、人员负荷、管理条件和材料情况等因素统一考虑，应符合下列要求：

1) 体积小、效率高、功能稳定、能耗小、保证出水水质。

2) 操作简单、安装方便、管理费用低且利于自动控制。

3) 对于不同用途的游泳池和水上游泳池，过滤器应分开设置，有利于系统管理和维修。

4) 每座池子的过滤器数目不宜少于 2 台，当一台发生故障时，另一台在短时间内采用提高滤速的方法继续工作，一般不必考虑备用过滤器。

5) 一般采用立式压力过滤器，有利于水流分布均匀和操作方便。当直径大于 2.6m 时采用卧式。

6) 重力式过滤器一般低于泳池的水面，一旦停电可能造成溢流淹没机房等事故，所以应有防止池水溢流事故的措施。

7) 压力过滤应设置进水、出水、冲洗、泄水和放气等配管，还应设有检修孔、观察孔、取样管和差压计。

过滤器内的滤料应该具备：比表面积大，孔隙率高，截污能力强，使用周期长，不含杂物和污泥，不含有毒和有害物质，化学稳定性能好，机械强度高，耐磨损，抗压性能好。目前压力过滤器滤料有石英砂、无烟煤、聚苯乙烯料珠、硅藻土等，国内使用石英砂比较普遍。压力过滤的滤料组成、过滤速度和滤料层厚度经实验确定，也可按表 9-10 选用。

压力过滤器的过滤速度是确定设备容量和保证池水水质卫生的基本数据，应从保证池水水质和节约工程造价两方面考虑。对于竞赛池、公共池、教学池、水上游乐池等采用中速过滤，对于家庭池、宾馆池等可采用高速过滤。

表 9-10 压力过滤器的滤料组成和过滤速度

序号	滤料类型		滤料组成			
			粒径（mm）	不均匀系数 K	厚度（mm）	过滤速度（m/h）
1	单层石英砂		$D_{min}=0.5$ $D_{max}=1.0$	≤2.0	≥700	10～15
			$D_{min}=0.6$ $D_{max}=1.2$			
2	单层石英砂		$D_{min}=0.5$ $D_{max}=0.85$	≤1.7	≥700	15～25
3			$D_{min}=0.5$ $D_{max}=0.7$	≤1.4	≥900	30～40
4	双层滤料	无烟煤	$D_{min}=0.8$ $D_{max}=1.6$	≤2.0	300～400	14～18
		石英砂	$D_{min}=0.6$ $D_{max}=1.2$	≤1.7	300～400	
5	多层滤料	沸 石	$D_{min}=0.75$ $D_{max}=1.20$	≤1.7	350	20～30
		活性炭	$D_{min}=1.20$ $D_{max}=2.00$	≤1.7	600	
		石英砂	$D_{min}=0.80$ $D_{max}=1.2$	≤1.7	400	

注 1. 其他滤料如纤维球、硅藻土、树脂、纸芯等，按生产厂商提供并经有关部门认证的数据选用。

2. 滤料的相对密度：石英砂 2.6～2.65；无烟煤 1.4～1.6。

3. 压力过滤器的承托层厚度和卵石粒径，根据配水型式按生产厂提供并经有关部门认证的资料确定。

过滤器在工作过程中由于污物积存于滤料中，使滤速减小，循环流量不能保证，池水水质达不到要求，必须进行反冲洗，即利用水力作用使滤料浮游起来，进行充分的洗涤后，将污物从滤料中分离出来，和冲洗水一起排出。

冲洗周期通常按照压力过滤器的水头损失和使用时间来决定。

过滤器应采用水进行反冲洗，有条件时宜采用气、水组合反冲洗。反冲洗水源可利用城市生活饮用水或游泳池池水。压力过滤器采用水反冲洗时的反冲洗强度和反冲时间按表9-11采用；重力式过滤器的反冲洗应按有关标准和厂商的要求进行；气水混合冲洗时根据试验数据确定。

表 9-11 压力过滤器的反冲洗强度和反冲洗时间

序号	滤料类别	反冲洗强度 [L/（s・m²）]	膨胀率（%）	冲洗时间（mm）
1	单层石英砂	12～15	40～45	7～5
2	双层滤料	13～16	45～50	8～6
3	三层滤料	16～17	50～55	7～5

注 1. 设有表面冲洗装置时，取下限值。

2. 采用城市生活饮用水冲洗时，应根据水温变化适当调整冲洗强度。

3. 膨胀率数值仅作压力过滤器设计计算之用。

2. 水的消毒

游泳池的池水必须进行消毒杀菌处理。消毒方法和设备应符合杀菌力强、不污染水质，并在水中有持续杀菌的功能；设备简单、运行可靠、安全，操作管理方便，建设投资和运行费用低等要求。消毒方式应根据池子的使用性质确定。常用的消毒方式有：

（1）臭氧消毒。对于世界级和国家级竞赛和训练游泳池、宾馆和会所附设的游泳池，室内休闲池及有特殊要求的其他游泳池宜采用臭氧消毒。

臭氧用于游泳池池水消毒的技术，在欧美国家应用比较普遍，我国近几年才开始应用。对于竞赛游泳池以及池水卫生要求很高、人数负荷高的游泳池和水上游乐池，宜采用循环水全部进行消毒的全流量臭氧消毒系统。如图9-3所示，由于全部循环流量与臭氧充分混合、接触反应，能保证消毒效果和池水水质，但该系统设备多，占地面积大、造价高。由于臭氧是一种有毒气体，为了防止臭氧泄漏应采用负压投加以保证安全；而且在采用全流量臭氧消毒方式时应设置活性炭吸附过滤器或多介质滤料过滤器，作为剩余臭氧吸附装置，以脱除多余的臭氧，避免池水中臭氧浓度过大对人体产生危害和腐蚀设备。由于只有溶解于水中的臭氧才有杀菌效用，因此需要设置反应罐让臭氧与水充分混合接触、溶解，完成消毒过程。消毒剂投加量按循环流量计算，采用全流量半程式臭氧消毒方式时，臭氧投加量宜采用0.8～1.2mg/L；采用分流量或全流量全程式臭氧消毒方式时，宜采用0.4～0.6mg/L。

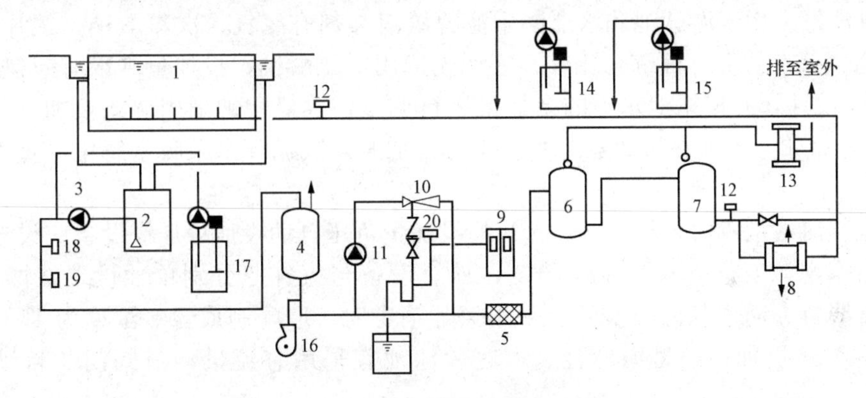

图9-3 全流量臭氧投加系统

1—游泳池；2—均衡水池；3—循环水泵；4—砂过滤器；5—臭氧混合器；6—反应罐；7—剩余臭氧吸附过滤器；8—加热器；9—臭氧发生器；10—负压臭氧投加器；11—加压泵；12—臭氧监测器；13—臭氧尾气处理器；14—长效消毒剂投加装置；15—pH调整剂投加装置；16—风泵；17—混凝剂投加装置；18—pH探测器；19—氯探测器；20—臭氧取样点

臭氧的半衰期仅为30～40min，应边生产边使用，臭氧分解时释放大量的热，在空气中的臭氧浓度达到25%时容易爆炸，且浓度高于0.25mg/L时会影响人体健康，故其尾气应经过处理后排放；对臭氧发生和投中系统的自动化控制和监视、报警是确保臭氧系统安全的必要条件。

由于臭氧没有持续消毒功能，为了防止新的交叉感染和应付突然增加的游泳人数造成的污染，应按允许余氯量向池内投加少量的氯，保持池水余氯符合规定。

对于人员负荷一般，且人员较为稳定的新建游泳池和水上游乐池，或是现有游泳池增建臭氧消毒系统时，宜采用分流量臭氧消毒系统，如图9-4所示。仅对25%的循环流量投加臭氧消毒，然后再与未投加臭氧的75%循环水量混合，通过稀释利用分流消毒水中的剩余臭氧继续进行消毒。该系统可以减小反应罐的容量，取消残余臭氧吸附过滤装置，从而可以节省占地面积，降低投资，减少运行成本。

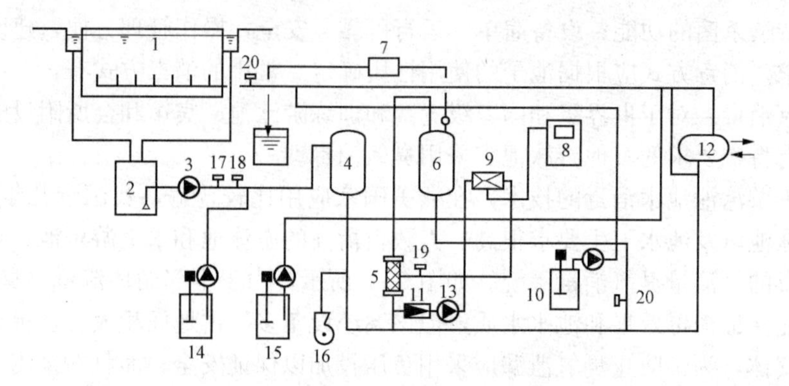

图 9-4　分流量臭氧投加系统

1—游泳池；2—均衡水池；3—循环水泵；4—砂过滤器；5—臭氧混合器；6—反应罐；
7—臭氧尾气处理器；8—臭氧发生器；9—负压臭氧投加器；10—长效消毒剂投加装置；
11—流量计；12—加热器；13—加压泵；14—混凝剂投加装置；15—pH 调整剂投加装置；
16—风泵；17—pH 探测器；18—氯探测器；19—臭氧取样点；20—臭氧监测器

(2) 氯消毒。用于游泳池和水上游乐池的氯消毒剂有氯气、次氯酸钠、氯片等品种，从安全、简便、有效等方面综合比较，宜优先选用次氯酸钠，投加量（以有效氯计），宜按1～3mg/L设计，并根据池水中的余氯量进行调整，次氯酸钠采用湿式投加，配制浓度宜采用 1～3mg/L，投加在过滤器之后（压力投加时）或循环水泵吸水管中（重力式投加时）。

采用瓶装氯气消毒时，按 1～3mg/L 的投加量负压自动投加；加氯设备应设置备用机组，保持供水水源安全可靠且水压稳定，加氯设备与氯气瓶分别单独设置在两个房间，加氯间设置防毒、防水和防爆装置。采用氯片消毒时，应配制成含氯浓度为 1.3mg/L 的氯消毒液后湿式投加；小型游泳池、家庭游泳池宜采用有流量调节阀门的自动投药器投加。

(3) 紫外线消毒。采用紫外线消毒时，因紫外线消毒作用时间短，为防止池水再次受到污染，必须配合其他长效消毒剂同时使用。紫外线剂量室内游泳池不应小于 60MJ/cm²，室外游泳池不宜小于 40MJ/cm²。紫外线消毒器应安装在过滤设备之后、加热设备前，其耐压能力不应低于 0.6MPa。

3. 水的加热

(1) 热量计算。游泳池和水上游乐池水加热所需热量由以下几项耗热量组成：

1) 游泳池和水上游乐池水表面蒸发损失的热量

$$Q_s = 1/\beta\rho\gamma(0.0174v_w + 0.0229)(p_b - p_q)A_s B/B' \qquad (9-5)$$

式中　Q_s——游泳池或水上游乐池水表面蒸发损失的热量（kJ/h）；

β——压力换算系数（Pa），取 133.32Pa；

ρ——水的密度（kg/L）；

γ——与游泳池或水上游乐池水温相等的饱和蒸汽的蒸发汽化潜热（kJ/h）；

v_w——游泳池或水上游乐池水表面上的风速（m/s），室内游泳池或水上游乐池取 0.2～0.5m/s，室外游泳池或水上游乐池取 2～3m/s；

p_b——与游泳池或水上游乐池水温相等的饱和空气的水蒸气分压（Pa）；

p_q——游泳池或水上游乐池的环境空气的水蒸气分压力（Pa）；

A_s——游泳池或水上游乐池的水表面面积（m^2）；

B——标准大气压（Pa）；

B'——当地的大气压（Pa）。

2）游泳池和水上游乐池池壁和池底，以及管道和设备等传导所损失的热量，按第 1）项的 20%计算确定。

3）补充新鲜水加热需要的热量

$$Q_f = \alpha V_f \rho (T_i - T_f) / t_h \tag{9-6}$$

式中　Q_f——游泳池或水上游乐池补充新鲜水加热所需的热量（kJ/h）；

α——热量换算系数（kJ/kcal），取 4.186 8kJ/kcal；

ρ——水的密度（kg/L）；

V_f——游泳池或水上游乐池新鲜水的补水量（L/d）；

T_i——池水设计温度（℃）；

T_f——补充新鲜水的温度（℃）；

t_h——加热时间（h）。

（2）加热方式与加热设备。游泳池和水上游乐池水的加热可采用间接加热或直接加热方式，有条件地区也可采用太阳能加热方式，应根据热源情况和使用性质确定。间接加热方式具有水温均匀、无噪声、操作管理方便的优点，竞赛用游泳池应采用间接加热方式；将蒸汽接入循环水直接混合加热的直接加热方式，具有热效率高的优点，但是应有保证汽水混合均匀和防噪声的措施，有热源条件时可用于公共游泳池；中、小型游泳池可采用燃气、燃油热水机组及电热水器直接加热方式。

池水的初次加热时间直接影响加热设备的规模，应考虑能源条件、热负荷和使用要求等因素，一般采用 24～48h。对于比赛用游泳池，或是能源丰富、供应方便地区，或是池水加热与其他热负荷（如淋浴加热、采暖供热）不同使用时，池水的初次加热时间宜短些，否则可以适当延长。

加热设备是根据能源条件、池水初次加热时间和正常使用时补充水的加热等情况，综合技术经济比较确定。竞赛游泳池、大型游泳池和水上游乐池宜采用快速式换热器，单个的短泳池和小型游泳池可采用半容积式换热器或燃气、燃油热水机组直接加热。

不同用途游泳池的加热设备宜分开设置，必须合用时应保证不同池子和不同水温要求的池子有独立的给水管道和温控装置。加热设备按不少于 2 台同时工作确定数目。为使池水温度符合使用要求，节约能源，每台应装设温度自动调节装置，根据循环水出口温度自动调节热源的供应量。

将池水的一部分循环水加热，然后与未加热的那部分循环水混合，达到规定的循环水出口温度时供给水池，这是国内外大多采用的分流式加热系统。被加热的循环水量一般不少于全部循环水量的 20%～25%，被加热循环水温度不宜超过 40℃，应有充分混合被加热水与未被加热水的有效措施。

9.1.5　附属装置和设施

1. 净化设备机房

游泳池和水上游乐池的循环水净化处理设备主要有过滤器、循环水泵和消毒装置。设备用房的位置应尽量靠近游泳池和水上游乐池，并靠近热源和室外排水管接口，方便药剂和设备的运输。

机房面积和高度应满足设备布置、安装、操作和检修的要求，留有设备运输出入口和吊装孔，并要有良好的通风、采光、照明和隔声措施，有地面排水设施，有相应的防毒、防火、防爆、防气体泄漏、报警等装置。

2. 洗净设施

(1) 浸脚消毒池。为减轻游泳池和水上游乐池水的污染程度，进入水池的每位人员应对脚部进行洗净消毒。必须在进入游泳池或水上游乐池的入口通道上设置浸脚消毒池，保证进入池子的人员通过，不得绕行或跳越通过。浸脚消毒池的长度不小于2.0m，池宽与通道宽度相等，池内消毒液的有效深度不小于0.15m。

浸脚消毒池和配管应采用耐腐蚀材料制造，池内消毒液宜连续供给、连续排放，也可采用定期更换的方式，换水周期不超过4h，以池中消毒液的余氯量保持在5～10mg/L范围为原则。

(2) 强制淋浴。在游泳池和水上游乐池入口通道设置强制淋浴，是清除游泳者和游乐者身体上污物的有效措施，强制淋浴宜布置在浸脚消毒池之前，强制淋浴通道的尺寸应使被洗洁人员有足够的冲洗强度和冲洗效果。强制淋浴通道长度为2.0～3.0m，淋浴喷头不少于3排，每排间距不大于1.0m，每排喷头数不少于2个，间距为0.8m。当采用多孔淋浴管时孔径不小于0.8mm，孔间距不大于0.6m，喷头安装高度不宜大于2.20m。开启方式应采用光电感应的自动控制。

(3) 浸腰消毒池。公共游泳池宜在强制淋浴之前设置浸腰消毒池，对游泳者进行消毒。浸腰消毒池有效长度不宜小于1.0m，有效水深为0.9m。池子两侧设扶手，采用阶梯形为宜。池水宜按连续供应、连续排放方式。采用定时更换池水时其时间间隔不应超过4h。

浸腰消毒池靠近强制淋浴布置，设置在强制淋浴之后时，池中余氯量不得小于5mg/L。设置在强制淋浴之前时，池中余氯不得小于50mg/L。

9.1.6 游泳池的排水

1. 岸边清洗

游泳池岸边如有泥沙、污物，可能会被浪起的池水冲入池内而污染池水。为防止这种现象，池岸应装设冲洗水龙头，每天至少冲洗2次，这种冲洗水应流至排水沟。排水沟内的水经溢水槽排入雨水管道，但应设置防止雨水回流污染的有效措施。

2. 溢流与泄水

(1) 溢流水槽。用于排除各种原因而溢出游泳池的水体，避免溢出的水回流到池中，带入泥沙和其他杂物。溢水管不得与污水管直接连接，且不得装设存水弯，以防污染及堵塞管道；溢水管宜采用铸铁管、镀锌钢管或钢管内涂环氧树脂漆以及其他新型管道。

(2) 泄水口。用于排空游泳池中的水体。泄水口应与池底回水口合并设置在游泳池底的最低处；泄水管按4～6h将全部池水泄空计算管径。如难以达到时，则最长不得超过12h。应优先采用重力泄水，但应有防污水倒流污染的措施。重力泄水有困难时，采用压力泄水，可利用循环泵泄水。泄水口的构造与回水口相同。

3. 排污与清洗

(1) 排污。每天开放之前，将沉积在池底的污物清除。在开放期间，对于池中的漂浮物、悬浮物应随时清除。常用的清除方法见表9-12。

表9-12　常用的清除方法

清除物	清除方法
漂浮物、悬浮物	采用人工拣、捞的方法予以清除
池底沉积物	管道排污、移动式潜污泵法、虹吸排污法、人工排污法

(2) 清洗。游泳池换水时，应对池底和池壁进行彻底刷洗，不得残留任何污物，必要时应用氯液刷洗杀菌。一般采用棕板刷刷洗和压力水冲洗。清洗水源采用自来水或符合《生活饮用水卫生标准》(GB 5749—2006) 规定的其他水。

4. 游泳池辅助设施给水排水

游泳池应配套设置更衣室、厕所、泳后淋浴设施、休息室及器材库等辅助设施。这些设施的给水排水与建筑给水排水相同。

9.1.7　游泳池运行管理

1. 给水系统的运行管理

防止二次供水的污染，对水池、水箱定期消毒，保持其清洁卫生。

对供水管道、阀门、水表、水泵、水箱进行经常性维护和定期检查，确保供水安全。

发生跑水、断水故障，应及时抢修。

消防水泵要定期试泵，至少每年进行一次。要保持电气系统正常工作，水泵正常上水，消火栓设备配套完整，检查报告应送交当地消防部门备案。

2. 给水管道的维修养护

给水管道的维修养护人员应十分熟悉给水系统，经常检查给水管道及阀门（包括地上、地下、屋顶等）的使用情况，经常注意地下有无漏水、渗水、积水等异常情况，如发现有漏水现象，应及时进行维修。在每年冬季来临之前，维修人员应注意做好室内外管道、阀门、消火栓等的防冻保温工作，并根据当地气温情况，分别采用不同的保温材料，以防冻坏。对已发生冰冻的给水管道，宜浇以温水逐步升温或包保温材料，让其自然化冻。对已冻裂的水管，可根据具体情况，采取电焊或换管的方法处理。

漏水是给水管道及配件的主要常见故障，明装管道沿管线检查，即可发现渗漏部位。对于埋地管道，首先进行观察，对地面长期潮湿、积水和冒水的管段进行听漏，同时参考原设计图纸和现有的阀门箱位，准确地确定渗漏位置，进行开挖修理。

3. 设备的维修养护

喷头、阀门、水泵、补水箱、灯具、供配电、自动控制系统等每半年应进行一次全面养护。养护内容主要有：检查水泵轴承是否灵活，如有阻滞现象，应加注润滑油；如有异常摩擦声响，则应更换同型号规格轴承；如有卡住、碰撞现象，则应更换同规格水泵叶轮；如轴键槽损坏严重，则应更换同规格水泵轴；检查压盘根处是否漏水成线，如是，则应加压盘根；清洁水泵外表，若水泵脱漆或锈蚀严重，应彻底铲除脱落层油漆，重新刷油漆；检查电动机与水泵弹性联轴器有无损坏，如损坏则应更换；检查机组螺栓是否紧固，如松弛则应拧紧。

加热设备定期检查加热油耗或加热器，检查温控装置。

4. 水池、水箱的维修养护

水池、水箱的维修养护应每半年进行一次，若遇特殊情况可增加清洗次数。清洗时的程序如下：

(1) 首先关闭进水总阀和连通阀门，开启泄水阀，抽空水池、水箱中的水。

(2) 泄水阀处于开启位置，用鼓风机向水池、水箱吹 2h 以上，排除水池、水箱中的有毒气体，吹进新鲜空气。

(3) 将燃着的蜡烛放入池底，观察其是否会熄灭，以确定空气是否充足。

(4) 打开水池、水箱内照明设施或设临时照明。

(5) 清洗人员进入水池、水箱后，对池壁、池底洗刷不少于 3 遍。

(6) 清洗完毕后，排除污水，然后喷洒消毒药水。

(7) 关闭泄水阀，注入清水。

5. 排水系统的管理

定期对排水管道进行养护、清通。教育住户不要把杂物投入下水道，以防堵塞。下水道发生堵塞时应及时清通。定期检查排水管道是否有生锈、渗漏等现象，发现隐患应及时处理。室外排水沟渠应定期检查和清扫，及时清除淤泥和污物。

6. 排水管道的疏通

排水管道堵塞会造成流水不畅，排泄不通，严重的会在地漏、水池等处形成积水，影响整体美观。造成堵塞的原因多为使用不当所致，如有硬杂物进入管道，停滞在排水管中部、拐弯处或末端，或在管道施工过程中将砖块、木块、砂浆等遗弃在管道中。修理时，可根据具体情况判断堵塞物的位置，在靠近的检查口、清扫口、屋顶通气管等处，采用人工或机械疏通。如无效时可采用“开天窗”的办法，进行大开挖，以排除堵塞。

9.2 水景工程

9.2.1 水景的作用与组成

水景是运用水流的形式、姿态和声音组成的美化环境、点缀风景的水体。利用水景工程制造水景（亦称喷泉），我国在 19 世纪中期已开始兴建。北京圆明园（又名长春园）中的“西洋楼”建筑群中就包括有三组大型喷泉和若干小喷泉。它是用水力传动的龙尾车将水从低处提升到高处的蓄水池（$180m^3$）里，然后通过管道供给喷泉。近代，随着城市和工业的发展，改善城市环境，兴建自然景观日益增多，因而水景的艺术形式和规模都有很大发展。特别是现代电子技术赋予水景的活力，水景中各种音乐喷泉相继出现，雕塑、绿化、灯光、喷泉和瀑布的巧妙配合，构成一幅五光十色、华丽壮观、悦耳动听的美景。因此，水景已经成为城镇规划、旅游建筑、园林景点和大型公共建筑设计中极为重要的内容之一。在现代物业中也起着举足轻重的作用，可以起到增加空气的湿度、增加负氧离子浓度、净化空气、降低气温等改善小区气候的作用，也能兼作消防、冷却喷水的水源。

1. 水景的作用

(1) 美化环境。大型室外水景、庭院水景、室内水景小品等水景工程以其变化各异的水姿、丰富多彩的艺术效果，可以构成景观中心，也可以加强、衬托或装饰其他景观和特定环境，使各种景观，如公园、艺术雕塑、建筑物及室内装饰等的艺术效果更加强烈、更加生动。

（2）净化空气。水景工程可以增加周围环境的空气湿度，尤其在炎热的夏季作用更加明显；可以大大减少周围空气中的含尘量，起到除尘净化的作用；还可以增加附近空气中负氧离子浓度，改善空气的卫生条件；使水景周围的空气更加洁净、凉爽、清新、湿润，使人感觉如临海滨，如置森林，心情愉悦。

（3）其他作用。水景工程可以兼作循环冷却水的喷水降温池，通过喷头的喷水起到降温作用；利用水池容积较大，水池能起充氧防止水质腐败的作用，使之兼作消防水池或绿化贮水池；利用水景的多种形态和变化，供儿童或成人娱乐用；利用水流的充氧作用，使水池兼作养鱼塘，供人们观赏。水景本身也可成为经营项目，进行各种水景表演也可取得一定的经济效益。

2. 水景工程的组成

典型的水景工程由以下几部分组成，如图9-5所示。

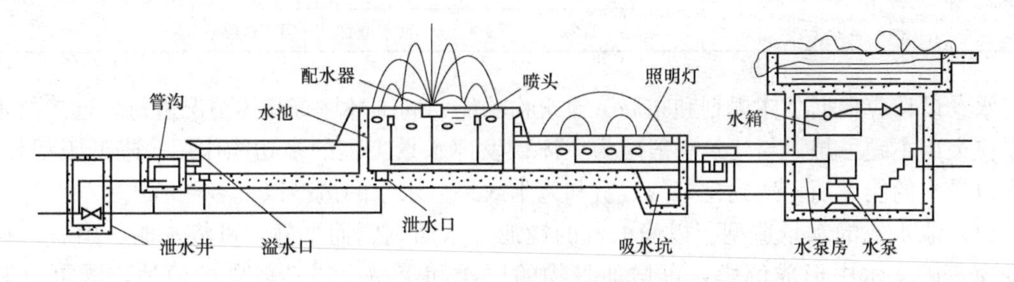

图9-5　典型的水景工程

（1）土建部分。即水泵房、水景水池、管沟、泄水井和阀门井等。

（2）管道系统。即给水管道、排水管道。

（3）造景工艺器材与设备。即配水器、各种喷头、照明灯具和水泵等。

（4）控制装置。即阀门、电气自动控制设备和声控设备等。

9.2.2　水景的造型、形式和控制方式

1. 水景造型

水景是由各种不同喷头等装置模拟自然水流形成的，基本水流形状可按照表9-13分类，由这些水流形态相互组合构成了多姿多态的水景造型。

表9-13　水景的基本水流形态

类型	特　征	形　态	特　点
池水	水面开阔且基本不流动的水体	镜池	具有开阔而平静的水面
		浪池	具有开阔则波动的水面
流水	沿水平方向流动的水流	溪流	蜿蜒曲折的潺潺流水
		渠流	规整有序的水流
		漫流	四处漫溢的水流
		旋流	绕同心作圆周流动的水流

续表

类型	特　征	形　态	特　点
跌水	突然跌落的水流	叠流	落差不大的跌落水流
		瀑布	自落差较大的悬岸上飞流而下的水流
		水幕（水帘）	自高处垂落的宽阔水膜
		壁流	附着陡壁流下的水流
		孔流	自孔口或管嘴内重力流出的水流
喷水（喷泉）	在水压作用下自特制喷头喷出的水流	射流	自直流喷头喷出的细长透明长柱
		冰塔（雪松）	自吸气喷头中喷出的白色形似宝塔（塔松）的水流
		冰柱（雪柱）	自吸气喷头中喷出的白色柱状水流
		水膜	自成膜喷头中喷出的透明膜状水流
		水雾	自成雾喷头中喷出的雾状水流
涌水	自低处向上涌起的水流	涌泉	自水下涌出水面的水流
		珠泉	自水底涌出的串串气泡

水景设计应根据总体规划和布局、建筑物功能、周围环境等具体情况进行。选择的水流形态应突出主题思想，与建筑一般融为一体；发挥水景工程的多功能作用，降低工程投资，力求以最小的能量消耗达到良好的观赏和艺术效果。水景的造型以下多种形式。

（1）池水式的水景造型。以静取胜的镜池，水面宽阔而平静，可将水榭、山石、树木和花草等映入水中形成倒影，可增加景物的层次和美感。以动取胜的浪池，既可以制成鳞纹细波，也可制成惊涛骇浪，具有动感和趣味性，还能加强池水的充氧效果，防止水质腐败变质。

（2）漫流式的水景造型。灵活巧妙利用地形地物，将溪流、漫流和叠流等有机地配合应用，使山石、亭台、小桥、花木等穿插其间，使水流平跃曲直、时隐时现、水流淙淙、水花闪烁、欢快活泼、变化多端。

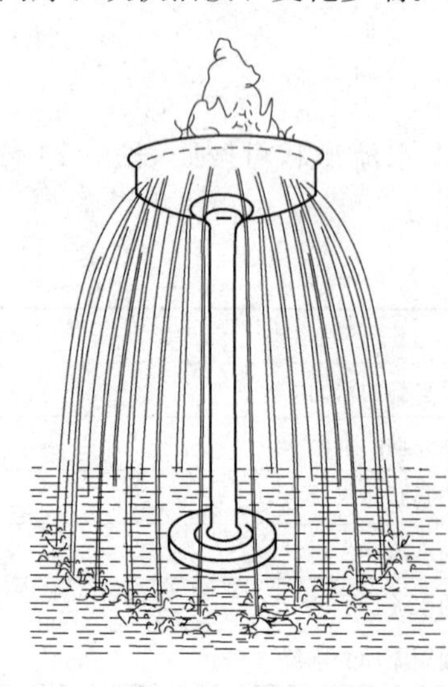

图 9 - 6　孔流

（3）叠水式的水景造型。利用峭壁高坎或假山，构成飞流瀑布、雪浪翻滚、洪流跌落、水雾腾涌的壮景或凌空飘垂的水幕，让人感到气势宏大。而孔流的水柱纤细透明、轻盈妩媚，别具一格，活泼可爱，如图 9 - 6 所示。

（4）喷水式的水景造型。喷水式借助水和多种形式的喷头构成，具有广阔的创作天地。射流水柱造型中，射流水柱可喷得高低远近不同，喷射角也可任意设置和调节，是水景工程中最常用的造景手段，如图 9 - 7 所示。膜状水流新颖奇特、噪声低、充氧强，易受风干扰，宜在室内和风速较小的地方采用。汽水混合水柱造型水柱较粗，颜色雪白，形状浑厚壮观，但噪声、能耗较大。水雾是将少量的水喷洒到很大的范围内，形成水汽腾腾、云雾腾腾的景象，配以阳光或白炽灯的照射，还可呈现彩虹映空的美景。其他水流辅以水雾烘托，水景的效果和气氛更强烈。

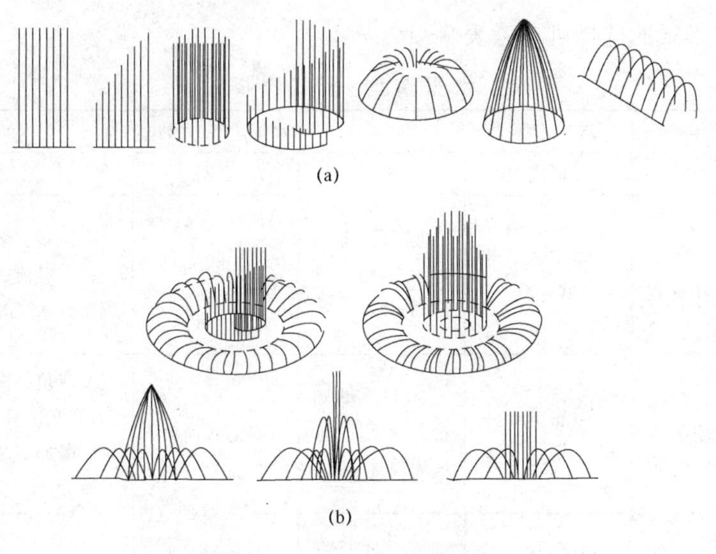

(a)

(b)

图 9-7　喷水射流水景造型

(a) 单柱射流；(b) 多柱射流

(5) 涌水式的水景造型。大流量的涌水犹如趵突泉，涌水水面的高度虽大，但粗壮稳健，气势浩大，激起的粼粼波纹向四周扩散，赏心悦目。小流量的涌水可从清澈的池底冒出串串闪亮的气泡，如似珍珠颗颗（故称珍珠泉）。池底玉珠迸涌，水面潾波细碎，给人以幽静之感。

(6) 组合式水景造型。大中型景工程，是将各种水流形态组合搭配，其造型变幻万千，无穷无尽。组合式的水景将各种喷头恰当搭配编组，按一定程序依次喷水。若辅以彩灯变换照射，就构成程控喷泉。若再利用音乐声响控其喷水的高低、角度变化，就构成彩音乐喷泉。如图 9-8 所示。

图 9-8　组合式水景造型

水景造型和形式的选择可参考表 9-14。

表 9-14 水景造型、形式选择

环境条件	环境举例	水景造型、形式			
		形式	池形	照明	水流形式
开阔、热烈、欢快	游乐场、儿童公园、博鉴会场等昼夜观赏的场合	固定式、半移动式	圆形、类圆形、分层、可四周观赏	色彩华丽、多变换	大流量、多水柱、高射程、多变换（射流、冰塔、冰柱、水膜瀑布、水雾等）
开阔、热烈	公园、广场等夜间较少观赏的场合	固定式、半移动式	圆形、类圆形、分层、可四周观赏	色彩较简单	大流量、多水柱、高射程、多为换（射流、冰塔、冰柱、水膜、瀑布、水雾、孔流、叠流、涌流等）
开阔、庄重	政治性广场、政府大厦前、大会堂前	固定式、半移动式	方形、长方形、圆形、分层、可四周观赏	色彩较简单、少变换	大流量、多水柱、少变换（冰塔、冰柱等）
较开阔（西式）	旅游地、宾馆门前	固定式、半移动式	圆形、类圆形、类矩形、多边形	色彩华丽、多变换	大流量、多水柱、高射程（射流、冰塔、冰柱、水膜、瀑布、水雾等）
较开阔（中式）	古园林、寺院、民族形式旅游地、宾馆	固定式、半移动式	不规则形	淡雅、少变换	较小流量、较少水柱（镜池、溪流、叠流、瀑布、孔流、涌泉、珠泉等）
室内（热烈）	舞厅、酒吧、宴会厅、商店、游艺厅	移动式	任意形	稍华丽、有变换	小流量、少水柱、低射程、较简单（壁流、射流、水膜、孔流、叠流等）
室内（安静）	客厅、花园、图书馆大厅、休息厅	移动式	任意形	清新、素雅、不变换	小流量、少水柱、低射程、简单（壁流、孔流、水膜、涌泉、珠泉等）
较狭窄（安静）	庭园、屋顶花园、街心小花园	半移动式	任意形	清新、素雅、不变换	小流量、少水柱、低射程简单（孔流、叠流、水膜、涌泉、溪流、镜池等）

2. 水景工程的基本形式

水景工程的基本形式有固定式、半移动式和全移动式。

大中型水景工程一般都是将构成水景工程的主要组成部分固定设置，不能随意移动，常见的有河湖式、水池式、浅碟式和楼板式等，如图 9-9～图 9-12 所示。

半移动式是指水景工程中的土建部分固定不变，而其他主要设备（如潜水泵、部分管道、配水器、喷头和水下灯具等）可以移动。通常是将主要设备组装在一起或搭配若干套路，再按一定的程序控制各套路的开停，实现常变常新的水景效果，如图 9-13 所示。

全移动式就是将包括水池在内的所有水景设备，全部组合并固定在一起，可以整体任意搬运，这种形式的水景设施能够定型生产制作成成套设备，可以放置在大厅、庭园内，更小型的可摆在厨房内、柜台上或桌子上，如图 9-14 所示。

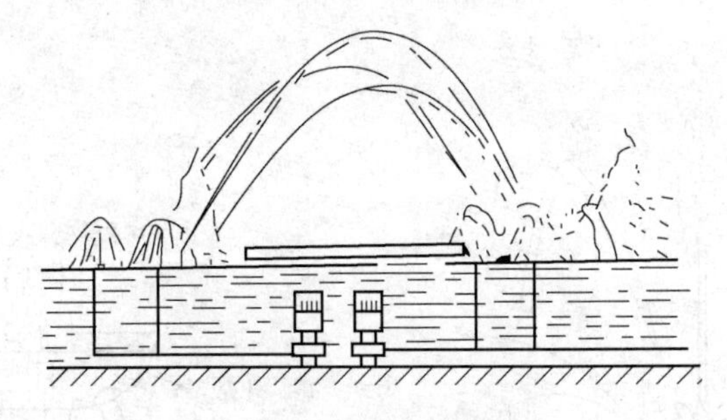

图 9-9　河湖式水景

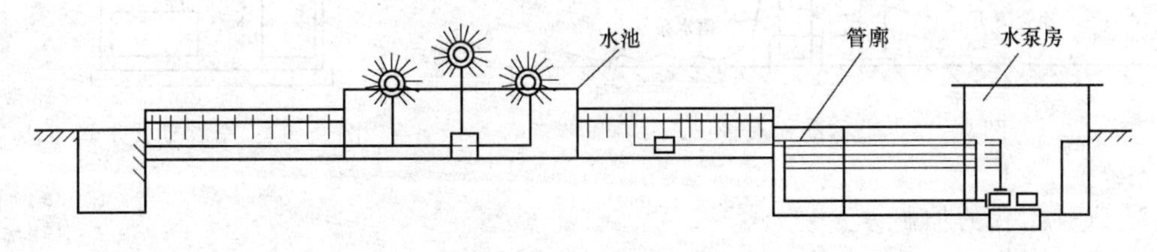

图 9-10　水池式水景

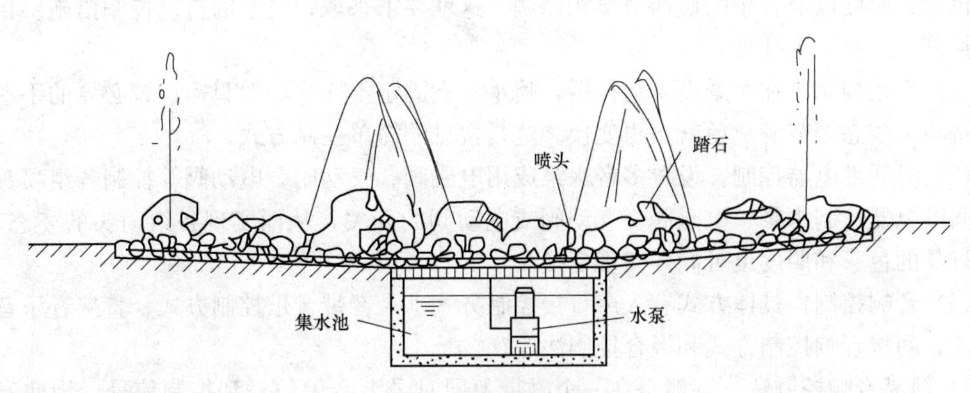

图 9-11　浅碟式水景

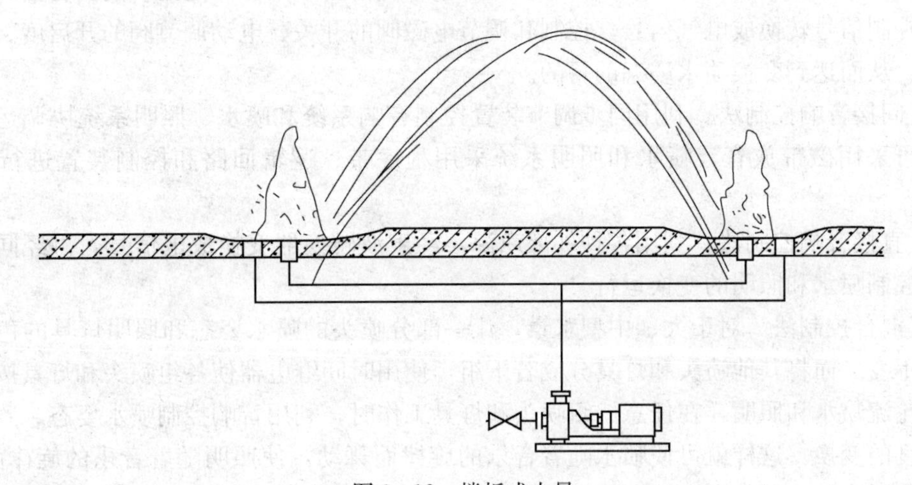

图 9-12　楼板式水景

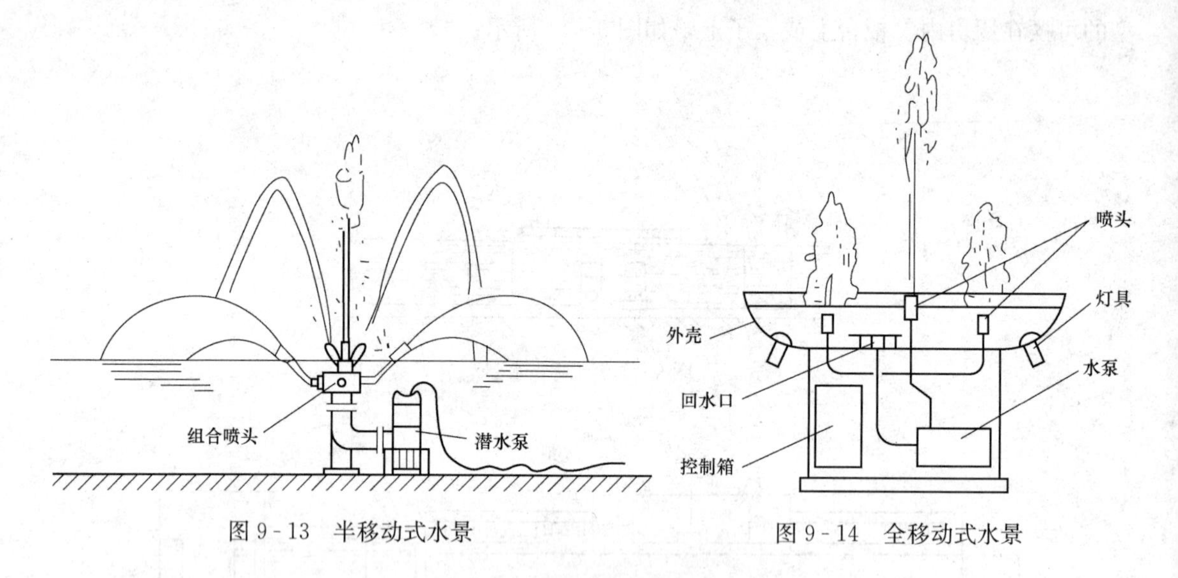

图 9-13 半移动式水景

图 9-14 全移动式水景

3. 水景工程的控制方式

为增加水景的观赏效果，通常需要将水姿进行一定的变换，有时需要使水的姿态变换与灯光色彩、照度以及音乐的旋律节奏相谐调，这就要求采取较复杂的自动控制措施。目前常用的控制方式有以下几种：

(1) 手动控制。在水景设备运行后，喷水姿态固定不变，一般只需设置必要的手动调节阀，待喷水姿态调节满意后就不再变换。这是常见的简单控制方式。

(2) 时间继电器控制。设置多台水泵或用电磁阀、气动阀、电动阀等控制各组喷头。利用时间继电器控制水泵、电磁阀、气动阀或电动阀的开关，从而实现各组喷头的姿态变换，照明灯具的色彩和照度也可同样实现变换。

(3) 音响控制。具体方式有人声直接控制方式、录音带音乐控制方式、直接音乐音响控制方式、间接音响控制方式和混合控制法等。

1) 简易音响控制法。一般是在一个磁带上同时录上音乐信号和控制信号。为使音乐与水姿同步变化，应根据管道布置情况，使控制信号超前音乐信号一定的时间。在播放音乐的同时，控制信号转换成电气信号，控制和调节电磁阀的开关、电动调节阀的开启度、水泵的转速等，从而达到变换喷水姿态的目的。

2) 间接音响控制法。利用同步调节装置控制音响系统和喷水、照明系统协调运行。音响系统可采用磁带放音，喷水和照明系统采用程序带、逻辑回路和控制装置进行调节和控制。

3) 直接音响控制法。利用各种外部声源，经声波转换器变换成电信号，再经同步装置谐调后控制喷水和照明的变换运行。

4) 混合控制法。对于大、中型水景，让一部分喷头的喷水姿态和照明灯具的色彩和强度固定不变. 而将其他喷头和灯具分成若干组，使用时间继电器使各组喷头和灯具按一定时间间隔轮流喷水和照明，在任意一组喷头和灯具工作时，利用音响控制喷水姿态、照明的色彩和强度的变换。这样就可使喷水随着音乐的旋律而舞动，使照明随着音乐的旋律而变换，形成变化万千的水景姿态。

9.2.3　水景的给水排水系统

1. 水景给水水量与水质

（1）水量。水景用水循环系统的用水量应考虑补充水量和循环流量。对于初次充水量，应视水景池的容积大小而定。充水时间一般按24～48h考虑；循环水量应等于各种喷头喷水量的总和；补充水量应考虑水景的水量损失，室内水景补水量按循环流量的1%～3%计算，室外水景补水量按循环流量的3%～5%。水景工程在运行过程中，由于风吹、蒸发以及溢流、排污和渗漏等因素，要消耗一定的水量，称为水量损失。对于水量损失，一般按循环流量或水池容积的百分数计算，其数值可参照表9-15选用。

表9-15　　　水量损失

项目 水景形式	风吹损失	蒸发损失	溢流、排污损失（每天排污量占水池容积的百分数）（%）
	占循环流量的百分数（%）		
喷泉、水膜、冰塔、孔流	0.5～1.5	0.4～0.6	3～5
水雾类	1.5～3.5	0.6～0.8	3～5
瀑布、水幕、叠流、涌泉	0.3～1.2	0.2	3～5
镜池、珠泉			2～4

注　水量损失的大小，应根据喷射高度、水滴大小、风速等因素选择。

对于镜池、珠泉等静水景观，每月应排空换水1～2次，同时不断补充新水。

为了节约用水，镜池、珠泉等静水景观也可采用循环给水方式。

（2）水质。水景可以采用城市给水、清洁的生产用水和天然水，以及再生水作为供水水源。对于兼作娱乐游泳、儿童戏水的水景水池，其初次充水和补充给水的水质应符合《生活饮用水卫生标准》（GB 5749—2006）的规定，其循环水的水质应符合《人工游泳池水质卫生标准》（CJ 244—2007）的规定。

对于不与人体直接接触的水景水池，其补给水可使用生活饮用水，也可根据条件使用生产用水或清洁的天然水，其水质应符合《生活饮用水卫生标准》（GB 5749—2006）的规定的感官性指标要求。

再生水水质的控制指标应按照表9-16的规定执行。

表9-16　　　景观环境用水的再生水水质控制指标

序号	项目	观赏性景观环境用水			娱乐性景观环境用水		
		河道类	湖泊类	水景类	河道类	湖泊类	水景类
1	基本要求	无漂浮物、无令人不愉快的嗅和味					
2	pH值	6～9					
3	五日生化需氧量 BOD_5（mg/L）	≤10	≤6		≤6		
4	悬浮物SS（mg/L）	≤20	≤10		—		
5	浊度NTU（mg/L）	—			≤5.0		
6	溶解氧（mg/L）	≥1.5			≥2.0		
7	总磷（以CP计）（mg/L）	≤1.0	≤0.5		≤1.0	≤2.0	
8	总氮（mg/L）	≤15					

续表

序号	项　目	观赏性景观环境用水			娱乐性景观环境用水		
		河道类	湖泊类	水景类	河道类	湖泊类	水景类
9	氨氮（以N计）(mg/L)	≤5					
10	粪大肠菌群（个/L）	≤10 000	≤2000		≤500	不得检出	
11	余氯（mg/L）	≥0.05					
12	色度（度）	≤30					
13	石油类（mg/L）	≤1.0					
14	阴离子表面活性剂（mg/L）	≤0.5					

注 1. 氯接触时间不应低于30min的余氯。对于非加氯消毒方式无此项要求。
2. 对于需要通过管道输送再生水的非现场回用情况必须加氯消毒；而对于现场回用情况不限制消毒方式。
3. 若使用未经过除磷脱氮的再生水作为景观环境用水，鼓励在回用地点积极探索通过人工培养具有观赏价值水生植物的方法，使景观水体的氮磷满足要求，使再生水中的水生植物有经济合理的出路。

2. 水景给水排水系统构成

水景有直流式和循环式两种给水系统。直流式给水系统是将水源来水通过管道和喷头连续不断地喷水，给水射流后的水收集后直接排出系统，这种给水系统管道简单、无循环设备、占地面积省、投资小、运行费用低，但耗水量大，适合场合较少。循环给水系统是利用循环水泵、循环管道和贮水池将水景喷头喷射的水收集后反复使用，其土建部分包括水泵房、水池、管沟、阀门井等，设备部分由喷头、管道、阀门、水泵、补水箱、灯具、供配电装置和自动控制等组成。

水池是水景作为点缀景色、贮存水量、敷设管道之用的构筑物，形状和大小视需要而定。平面尺寸除应满足喷头、管道、水泵、进水口、泄水口、溢流口、吸水坑的布置要求外，室外水景应考虑到防止水的飞溅，一般比计算要求每边再加大0.5～1.0m。水池的深度应按水泵型号、管道布置方式、其他功能要求确定。对于潜水泵应保证吸水口的淹没深度不小于0.5m；有水泵吸水口时应保证喇叭管口的淹没深度不小于0.5m；深碟式集水池最小深度为0.1m。水池应设置溢流口、泄水口和补水装置，池底应设1%的坡度坡向集水坑或泄水口。水池应设置补水管、溢流管、泄水管。在池周围宜设置排水设施。当采用生活饮用水作为补充水时应考虑防止回流污染的措施。

水景工程循环水泵宜采用潜水泵，直接设置于水池底。循环水泵宜按不同特性的喷头、喷水系统分开设置，其流量和扬程按照喷头形式、喷水高度、喷嘴直径和数量，以及管道系统的水头损失等经计算确定。潜水泵卧式安装时应保证水泵吸水口处的淹没深度不小于0.5m。喷头喷嘴口径及整流器内间隙小于水泵进水滤网孔径时，泵前吸水口外需增设细滤网，网眼直径不大于5mm。

水景工程宜采用不锈钢等耐腐蚀管材。管道布置时力求管线简短，应按不同特性的喷头及流速控制设置配水管，配水管管径可按表9-17选定。为保证供水水压一致和稳定配水管宜布置成环状，配水管的水头损失一般采用50～100Pa/m；流速不超过0.5～0.6m/s。同一水泵机组供给不同喷头组的供水管上应设流量调节装置，并设在便于观察喷头射流的水泵房内或是水池附近的供水管上。管道接头应严密和光滑，变径应采用异径管接头，转弯角度大于90°。

表 9-17　配水管管径

管径（mm）	⩽25	32～50	70～100	⩾100
不锈钢管（m/s）	⩽1.5	⩽2.0	⩽2.5	⩽3.0

喷头是形成水流形态的主要部件，由不易锈蚀、经久耐用、易于加工的材料制成。喷头种类繁多，如图 9-15 所示，可根据不同要求选用。

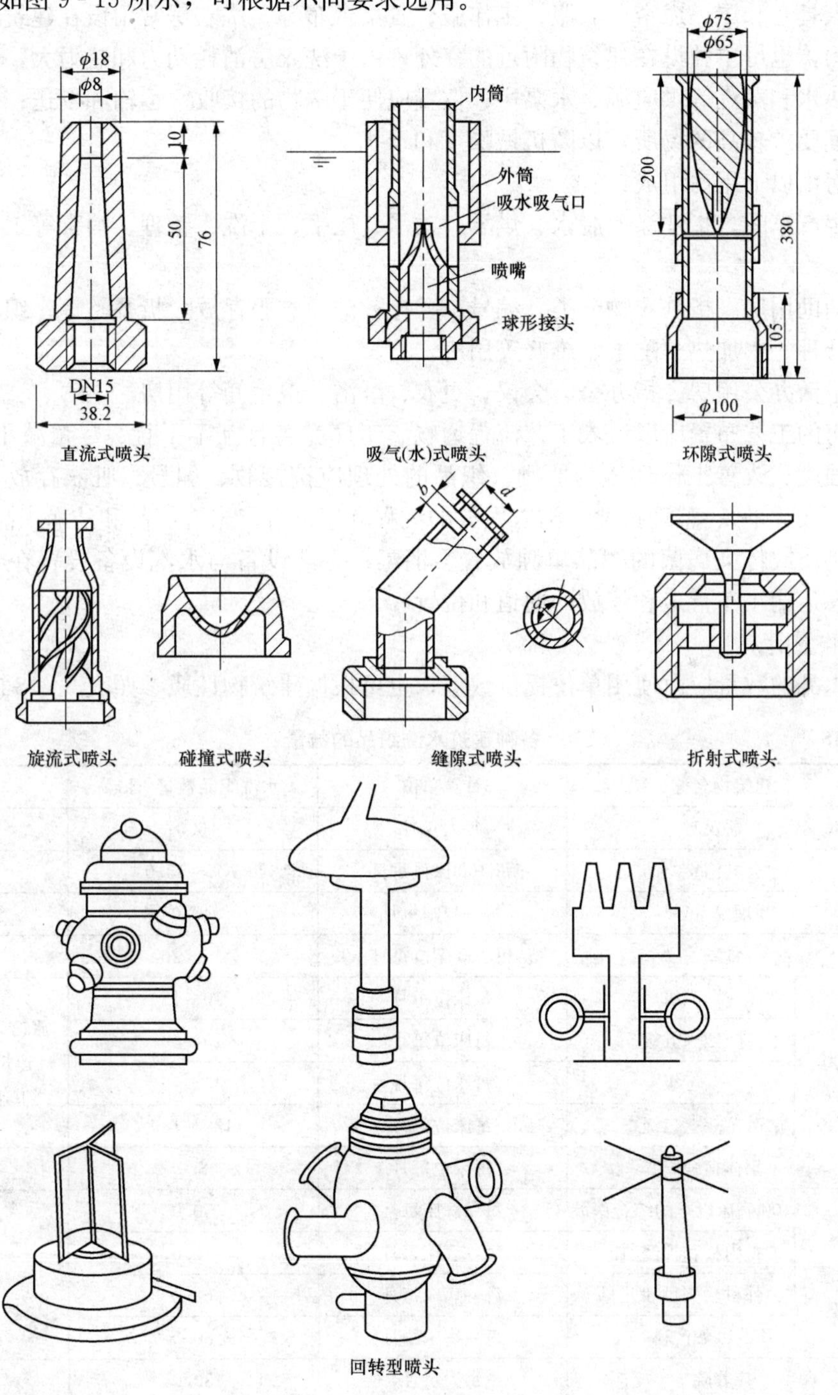

图 9-15　喷头

9.3 洗衣房、营业性餐厅厨房的给水排水

9.3.1 洗衣房的给水排水

在宾馆、公寓、医院等公共建筑中常附设有洗衣房，用于洗涤床上用品、卫生间的织品、各种家具套和罩、窗帘、衣服、工作服、餐桌台布等。洗衣房常附设在建筑物地下室的设备用房内，也可单独设在建筑物附近的室外，由于洗衣房消耗动力和热力大，所以宜靠近变电室、热水和蒸汽等供应源、水泵房；位置应便于洗物的接收、运输和发送；远离对卫生和安静程度要求较高的场所，以防机械噪声和干扰。

洗衣房由以下用房组成：

(1) 生产车间。指洗涤、脱水、烘干、烫平、压平、干洗、整理、消毒等工作所占用的房间。

(2) 辅助用房。指脏衣物分类、编号、贮存；洁净衣服存放，折叠整理；织补；洗涤剂库房；水处理、水加热、配电、维修等用房。

(3) 生活办公用房。指办公、会议、更衣、淋浴、卫生间等用房。

洗衣房的工艺布置应以洗衣工艺流程通畅、工序完善且互不干扰、尽量减小占地面积、减轻劳动强度、改善工作环境为原则。织品的处理应按接收、编号、脏衣存放、洗涤、脱水、烘干（或烫平）、整理折叠、洁衣发放的流程顺序进行；未洗织品和洁净织品不得混杂，沾有有毒物质或传染病菌的织品单独放置、消毒；干洗设备与水洗设备设置在各自独立用房，应考虑运输小车行走和停放的通道和位置。

1. 工作量计算

水洗织品的数量应由使用单位提供数据，也可根据建筑物性质参照表 9-18 确定。

表 9-18　各种建筑水洗织品的数量

序号	建筑物名称		计算单位	水洗织品数量（kg）	备注
1	居民		每人每月	6.0	参考用
2	公共浴室		每 100 床位每日	7.5～15.0	
3	理发室		每一技师每月	40.0	
4	食堂		每 100 席位每日	15～20	
5	旅馆	六级	每床位每月	10～15	旅馆等级见《旅馆建筑设计规范》（JGJ 62—2014）
		四～五级	每床位每月	15～30	
		三级	每床位每月	45～75	
		一～二级	每床位每月	120～180	
6	集体宿舍		每床位每月	8.0	参考用
7	医院	100 病床以下的综合医院	每一病床每月	50.0	
		内科和神经科	每一病床每月	40.0	
		外科、妇科和儿科	每一病床每月	60.0	
		妇产科	每一病床每月	80.0	
8	疗养院		每人每月	30.0	

续表

序号	建筑物名称	计算单位	水洗织品数量（kg）	备注
9	休养院	每人每月	20.0	
10	托儿所	每一小孩每月	40.0	
11	幼儿园	每一小孩每月	30.0	

洗衣房综合洗涤量（kg/d）包括客房用品洗涤量、职工工作服洗涤量、餐厅及公共场所洗涤量和客人衣物洗涤量等。宾馆内客房床位出租率按90%～95%计，织品更换周期可按宾馆的等级标准在1～10d范围内选取；床位数和餐厅餐桌数由土建专业设计提供；客人衣物的数量可按每日总床位数的5%～10%估计；职工工作服平均2d换洗一次。

洗衣房的工作量（kg/h）根据每日综合洗涤量和洗衣房工作制度（有效工作时间）确定，工作制度宜按每日一个班次计算。

洗衣设备主要有洗涤脱水机、烘干机、烫平机、各种功能的压平机、干洗机、折叠机、化学去污工作台、熨衣台及其他辅助设备。洗涤设备的容量应按洗涤量的最大值确定，工作设备数目不少于2台，可不设备用。烫平、压平及烘干设备的容量应与洗涤设备的生产量相协调。

2. 给水排水管道设计

洗衣房的给水水质应符合生活饮用水水质标准的要求，硬度超过100mg/L（$CaCO_3$）时考虑软化处理。洗衣房给水管宜单独引入。管道设计流量可按每千克干衣的给水流量为6.0L/min估算。

洗衣设备的给水管、热水管、蒸汽管上应装设过滤器和阀门，给水管和热水管接入洗涤设备时必须设置防止倒流污染的真空隔断装置。管道与设备之间应用软管连接。

洗衣房的排水宜采用带格栅或穿孔盖板的排水沟，洗涤设备排水出口下宜设集水坑，以防止泄水时外溢。排水管径不小于100mm。

洗衣房设计应考虑蒸汽和压缩空气供应。蒸汽量可按每千克干衣1kg/h估算，无热水供应时按每千克干衣2.5～3.5kg/h估算，蒸汽压力以用汽设备要求为准或参照表9-19。

表9-19　各种洗衣设备要求蒸汽压力

设备名称	洗衣机	烫衣机 人像机 干洗机	烘干机	烫平机
蒸汽压力（MPa）	0.147～0.196	0.392～0.588	0.490～0.687	0.588～0.785

压缩空气的压力和用量应按设备要求确定，也可按0.49～0.98MPa和每千克干衣0.1～0.3m^3/h估算，蒸汽管、压缩空气管及洗涤液管宜采用铜管。

9.3.2　营业性餐厅厨房的给水排水

餐厅的厨房除了炉灶、橱柜、搁板、冷柜、烤箱、消毒柜、洗碗机等厨具外，还配备有各类洗池，如洗涤池、洗米池、洗肉池、洗鱼池、洗瓜果池、洗碗池等，需供应冷水、热水和蒸汽。排水多采用明沟，沟底坡度不小于1%，尺寸为300mm×300mm×500mm，沟顶部采用活动式铸铁或铝制箅子。洗肉池、洗碗池排出的含油废水需经隔油器除油后再进入排水系统，常用地上式隔油器，如图 9-16 所示。

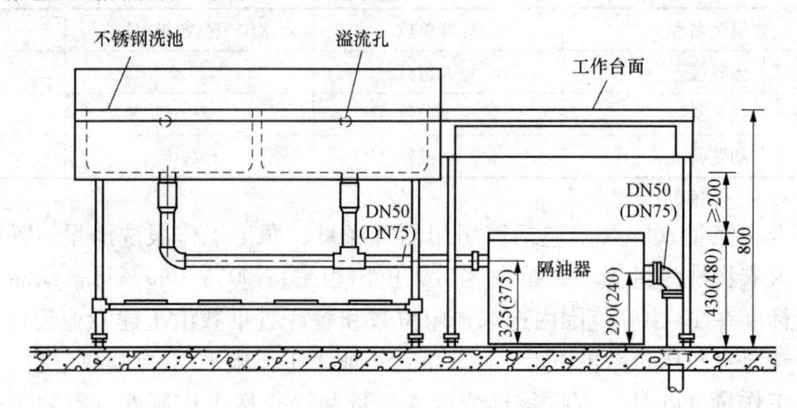

图 9-16 地上式隔油器

9.1 建筑水景给水排水系统由哪些部分组成?

9.2 简述水景排水管道设计的要点。

9.3 游泳池一般分为哪些类型?

9.4 试述游泳池内的水质和水温的基本要求。

9.5 循环水过滤器应符合什么要求?

9.6 简述采取氯消毒应特别注意的问题。

9.7 游泳池过滤净化工艺的主要作用是什么?

9.8 水景的造型和控制方式有哪些?

9.9 为什么在进入游泳池的必经通道上，必须设置强制淋浴及浸脚消毒池? 强制淋浴及浸脚消毒池设置有什么要求?

第 10 章　高层建筑给水排水系统

10.1　高层建筑给水

近些年，我国建筑业得到了快速的发展，随着土地资源和建筑施工技术的发展，大量的高层建筑拔地而起，相应的配套设施相比多层建筑有着更高的要求。《建筑设计防火规范》（GB 50016—2014）2.1.1 规定：高层建筑是指建筑高度大于 27m 的住宅建筑和建筑高度大于 24m 的非单层厂房、仓库和其他民用建筑。高层建筑给水系统按供水用途分为生活给水系统、消防给水系统、生产给水系统、中水系统、直饮水系统等。

高层建筑给水系统与多层建筑给水系统一样，也由引入管、水表节点、管道系统、给水附件、增压和贮水设备、消防设施等组成。

10.1.1　高层建筑给水系统技术要求

高层建筑有自己的特点，因此对建筑给水系统的设计、施工、材料及管理方面都提出了较高的要求。当建筑高度较大时，如果采用同一给水系统供水，则垂直方向管线过长，建筑低层管道系统的静水压力很大，会产生以下弊端：

（1）系统需采用耐高压管材、零件及配水器材，增加设备材料费用。

（2）阀门、水龙头启闭时容易产生水锤现象、水流噪声和水流振动，水龙头、阀门等附件易被磨损，缩短使用寿命。

（3）低层水龙头流出水头过大，不仅使水流成射流喷溅，影响使用，又浪费水量。

（4）不合理设计直接影响高层建筑供水稳定性和安全性，并有可能使顶层给水龙头产生负压抽吸，形成回流污染。

因此，高层建筑给水系统必须解决低层管道中静水压力过大的问题。

10.1.2　高层建筑给水系统技术措施

为了降低管道中的静水压力，消除或减轻上述弊端，当建筑达到一定高度时，给水系统需竖向分区，即在建筑物的垂直方向按一定高度依次分为若干个供水区域，每个供水区域分别组成各自独立的给水系统。

高层建筑生活给水系统竖向分区根据建筑物用途、建筑高度、材料设备性能和室外给水管网水压等因素综合确定。分区供水的目的不仅为了防止损坏给水配件，同时避免过高的供水压力造成用水不必要的浪费。因此，高层建筑生活给水系统应进行合理的竖向分区。如果分区压力过小，则分区数较多，给水设备、给水管道系统以及相应的土建投资将增加，维护管理也不方便；如果分区压力过大，就会出现水压过大、噪声大、用水设备和给水附件易损坏等不良现象。高层建筑分区压力值，目前国内外尚无统一的规定，但通常都以各分区最低点的卫生器具静水压力不大于其工作压力为依据进行分区。

《建筑给水排水设计规范（2009 版）》（GB 50015—2003）3.3.5 规定：高层建筑生活给水系统应竖向分区，各分区的最低点的卫生器具配水点处静水压力不宜大于 0.45MPa，特殊情况下不宜大于 0.55MPa。竖向分区的最大水压不是卫生器具正常使用的水压，其最佳使用水压宜为0.20～0.30MPa，各分区顶层住宅入户管的进口水压不宜小于0.10MPa。而静水压大于0.35MPa的入户管（或配水横管），宜设减压或调压设施，以免水压过高或过低给用户带来不便。

在高层建筑给水系统进行竖向分区时，应充分利用市政管网压力，以减少能耗。当市政供水压力能够满足高层建筑下面几层如裙房、地下室等用水需求时，可以将建筑物下面几层作为一个独立供水分区，采用市政管网直接供水，可以节省大量的能耗，而且供水安全性更高。

10.1.3 高层建筑给水方式

建筑给水方式，又称供水方案，是根据用户对水质、水量、水压的要求，考虑市政给水管网压力条件，对给水系统进行的设计实施方案。高层建筑给水系统需作竖向分区，常见竖向分区给水方式的基本类型有串联给水方式、并联给水方式和减压供水方式。

1. 串联给水方式

串联给水方式如图10-1所示，各分区均设有水泵和水箱，上区的水泵从下区的水箱中抽水供上区用水。这种方式的优点为：各区水泵的扬程和流量按本区需要设计，使用效率高，能耗较小，且水泵压力均衡，扬程较小，水锤影响小；不需要高压泵和高压管道，设备和管道较简单，投资较省。

缺点是：水泵分散布置，维护管理不方便；水泵和水箱占用楼层的使用面积较大；水泵设在楼层，振动的噪声干扰较大；供水安全不可靠，若下区发生事故，则上部供水受到影响。

串联给水方式适用于允许分区设置水泵和水箱的各类高层建筑或建筑高度超过100m的高层建筑。

串联供水可设中间转输水箱，也可不设中间转输水箱。在采用调速泵组供水的前提下，中间转输水箱已失去调节水量的功能，只剩下防止水压回传的功能，可用管道倒流防止器替代。中间不设水箱，又可减少一个水质污染的环节。

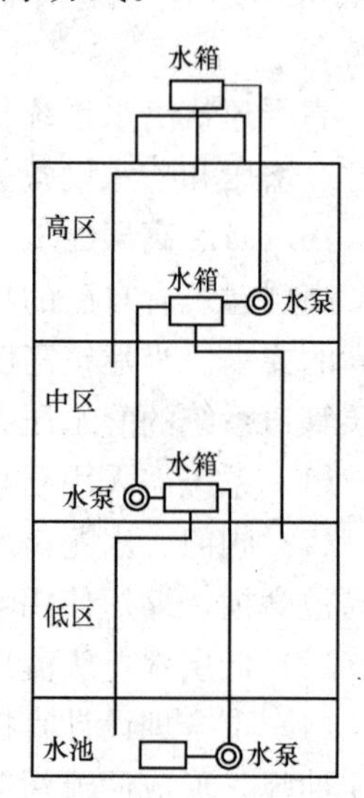

图10-1 串联分区给水方式

利用串联给水方式供水，水泵设计应有消声减振措施，在可能的条件下，下层应利用外网水压直接供水。

2. 并联给水方式

并联给水方式分为有水箱并联给水方式和无水箱并联给水方式。如图10-2所示，水箱并联给水方式各分区独立设置水箱和水泵，水泵集中布置在建筑底层或地下室，各区水泵独立向各区水箱供水。这种方式优点为：各区独立运行，互不干扰，供水安全可靠；水泵集中布置，维护管理方便；水泵效率高，能耗较低；水箱分散设置，各区水箱体积小，利于建筑本体结构设计。缺点是：管材耗用较多，需要高压水泵和管道，设备费用增加，水箱容积虽然减小，仍占用楼层的使用面积影响经济效应。在允许设置分区水箱的各类高层建筑中广泛使用。对于超高层建筑（高度大于100m），由于高区配水管道、水泵及配件承受压力较大，水锤现象比较严重。因此，这种给水方式在分区较少的高层建筑中采用广泛。

无水箱并联给水方式是将水泵等设备集中设置在建筑物的底层或地下室中，各分区都是独立的供水系统。这种供水方式安全可靠，便于管理，且建筑物内不设水箱，如图 10 - 3 所示。

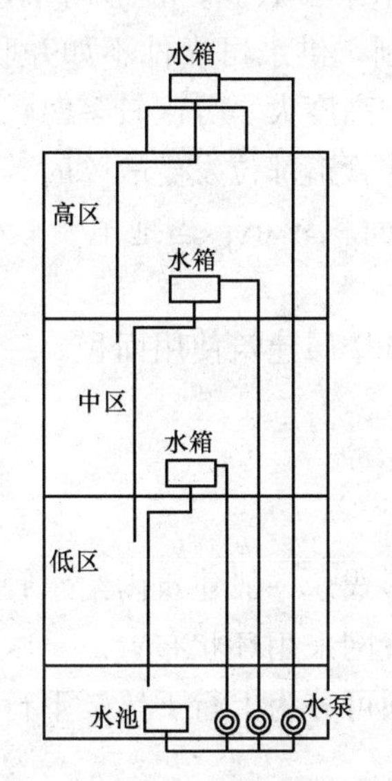

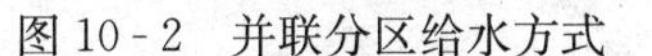

图 10 - 2　并联分区给水方式

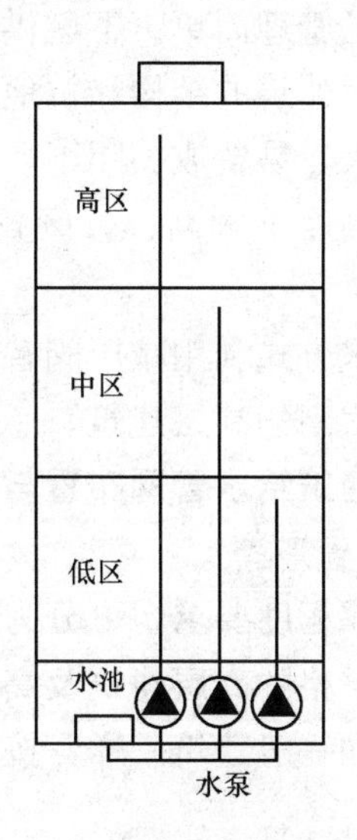

图 10 - 3　无水箱并联分区给水方式

3. 分区减压给水方式

建筑物的用水由设置在底层的水泵一次提升至屋顶总水箱，再由此水箱依次向下区减压供水。分为减压水箱给水方式和减压阀给水方式，如图 10 - 4 所示。

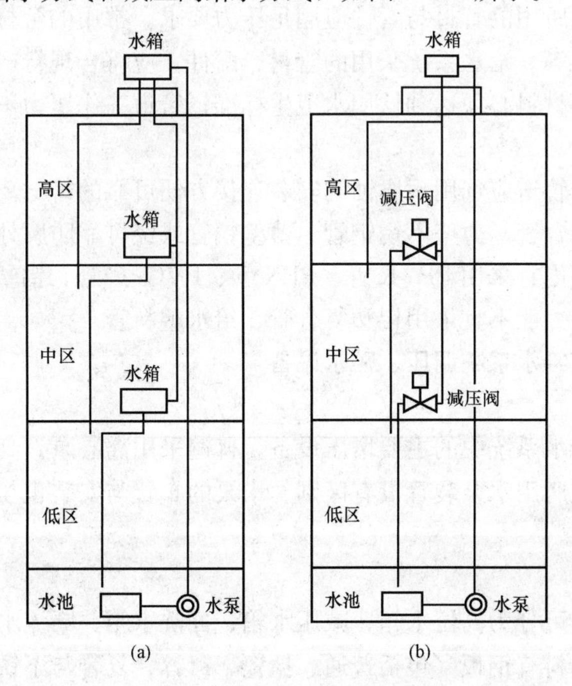

图 10 - 4　分区减压给水方式

(a) 减压水箱给水方式；(b) 减压阀给水方式

减压水箱给水方式是在每个分区设置高位水箱，由屋顶水箱分送至各分区水箱，由各区水箱供水，分区水箱起到减压作用。减压水箱给水方式水泵台数少，管道简单，投资较省，设备布置集中，维护管理简单。下区供水受上区供水限制，供水可靠性不如并联供水方式。屋顶水箱容积大，对建筑的结构和抗地震不利。当建筑物高度大、分区较多时，下区减压水箱中浮球阀承压过大，易造成关闭不严的现象；上部某些管道部位发生故障时，将影响下部的供水。一般用于高度不太高、分区较少、地下室泵房面积较小、当地电费较便宜的高层建筑。

减压阀减压供水方式利用减压阀替代减压水箱，节省楼层建筑使用面积。一般用于分区较少、水压要求不太高的高层建筑。

10.1.4 高层建筑给水管网布置与敷设

1. 给水管道布置形式

(1) 按供水可靠程度要求，可分为枝状和环状两种形式。一般建筑内给水管网宜采用枝状布置，供水要求严格的高层建筑及高层建筑消防给水管网采用环状布置。

(2) 高层建筑同一般建筑一样，按水平干管位置不同可分为上行下给、下行上给和中分式三种形式。

2. 给水管网的布置与敷设的要求

给水管道布置与敷设时应满足一系列的条件，以保证供水的安全可靠，节省工料，便于施工和日常维护管理，详见1.3。

10.1.5 高层建筑给水管网常用的管材、管件

高层建筑给水系统所用的管材与管件应满足压力要求。常用的管材有钢管、塑料管、铸铁管、铜管、不锈钢管等。给水系统采用的管材、配件，应符合现行产品标准要求；生活饮用水给水系统所涉及的材料必须达到饮用水卫生标准；管道工作压力不得大于产品标准允许的工作压力。

高层建筑室内给水管道应选用耐腐蚀和安装连接方便可靠的管材。明敷或嵌墙敷设管一般采用塑料给水管、复合管、薄壁不锈钢管、薄壁铜管或经可靠防腐处理的钢管、热镀锌钢管；敷设在地面找平层内宜采用PP-R管、PEX管、PVC-C管、铝塑复合管、耐腐蚀的金属管材；室外明敷管道一般不宜采用铝塑复合管、给水塑料管。

10.1.6 高层建筑给水系统调压、贮水设备

1. 水泵

水泵是高层建筑给水系统中的主要增压设备，普遍采用离心泵。高层建筑给水系统所用的水泵装置与普通建筑所用水泵装置没有区别。水泵的布置与安装也与普通建筑给水系统的要求一致，详见1.7.1。

2. 高位水箱

按用途不同，水箱可分为高位水箱、减压水箱、冲洗水箱、断流水箱等类型、其形状多为矩形和圆形，制作材料有钢板（包括普通、搪瓷、镀锌、复合与不锈钢等）、钢筋混凝土、玻璃钢和塑料等。高位水箱在建筑给水系统中起到稳定水压、贮存和调节水量的作用。

高层建筑内高位水箱的设置与要求和普通建筑内高位水箱的要求是一致的，具体可参照1.7.2。

3. 水池

贮水池可设置成生活用水贮池、生产用水贮水池、消防用水贮水池。建筑物内的生活贮水箱应与其他用水的水池分开设置。消防用水与生活用水合用一个贮水池时，应采取措施，确保消防贮备水量不能动用。高层建筑的贮水池与普通建筑的贮水池没有区别，具体可参考1.7.2。

10.1.7 高层建筑给水水力计算

1. 系统所需压力

高层建筑给水系统各分分区的供水压力必须能使需要的水量输送到建筑物内最不利点的用水设备，并有足够的流出水头。

2. 给水系统所需用水量

高层建筑给水系统所需水量计算方法与普通建筑一致，具体详见1.4.1。

3. 给水设计流量

高层建筑给水管道设计流量的确定与前面章节所述普通建筑一样，具体详见1.5，或参见《建筑给水排水设计规范（2009版）》(GB 50015—2003）的有关规定。

(1) 建筑物给水引入管的设计流量要求。建筑物给水引水管设计流量应符合下列要求：当建筑物内的生活用水全部由室外管网直接供水时，应取建筑物内的生活用水设计秒流量；当建筑物内的生活用水全部自行加压供给时，引入管的设计流量应为贮水调节池的设计补水量；设计补水量不宜大于建筑物最高日最大时用水量，且不得小于建筑物最高日平均时用水量；当建筑物内的生活用水既有室外管网直接供水，又有自行加压供水时，应按上述两条计算设计流量后，将两者叠加作为引入管的设计流量。

(2) 高层建筑给水管道设计秒流量计算公式。目前我国尚未有高层建筑专用的设计秒流量计算公式，所以高层建筑给水管道的设计秒流量仍按建筑类别选用《建筑给水排水设计规范（2009版）》(GB 50015—2003）中的给水设计秒流量计算公式计算。

4. 高层建筑给水管道的水力计算

高层建筑给水管道的水力计算内容包括确定给水管道各管段管径、计算压力损失、复核水压是否满足最不利点的水压要求、选定加压装置及设置高度。

(1) 管径的确定。各管段的管径是根据管段通过的设计秒流量确定的，同普通建筑给水管道管径计算方法一致。具体详见1.6.1。

(2) 水头损失计算。高层建筑给水管道水头损失计算包括沿程水头损失计算和局部水头损失计算。同普通建筑给水管道水头损失计算方法一致，具体详见1.6.2。

(3) 高层建筑给水系统水力计算步骤。高层建筑给水系统的水力计算与普通建筑给水系统的水力计算基本相同，但高层建筑首先要进行竖向分区，并确定给水方式，然后根据建筑平面图和初定的给水方式，绘制给水管道平面布置图及轴测图，并确定各分区的计算管路进行水力计算。对设计成环的给水管网进行水力计算时，可以按最不利情况进行考虑，断开某管段，以单向供水的枝状管网计算。

计算步骤如下：

1) 根据轴测图选择各分区的最不利配水点，确定计算管路。

2) 从最不利配水点开始，以流量变化处为节点，进行节点编号。两个节点之间的管路作为计算管段，将计算管路划分成若干计算管段，并标出两节点间计算管段的长度。列出水力计算表，以便将每步计算结果填入表内。

3）根据建筑的性质选用设计秒流量公式，计算各管段的设计秒流量。

4）根据管段的设计秒流量，查相应水力计算表，确定管道管径和水力坡度。

5）确定给水管网沿程压力损失和局部压力损失，选择水表，计算水表压力损失。

6）确定给水管道所需压力，并校核初步给水方式。

7）确定非计算管路各管段的管径。

8）确定水泵、水池、水箱等升压、贮水设备。

10.2 高层建筑消防给水

10.2.1 高层建筑消防特点及技术要求

1. 高层建筑的火灾特点

（1）起火因素多。高层建筑的功能比较复杂，使用人数多，人员流动频繁，建筑装饰要求高，室内易燃物品多，引起火灾火源多。

（2）火势猛、蔓延迅速。高层建筑楼高风大，建筑内竖向井道和通道多，如通风竖井、管道井、电缆井、垃圾道、电梯井、楼道井烟道等，都是火灾蔓延的通道，再加上这些竖井的拔风作用，即“烟囱效应”，一旦发生火灾，火势猛、蔓延迅速。

（3）火灾扑救困难。高层建筑发生火灾时热辐射强、烟雾浓、蔓延速度快、途径多，使得扑救火灾的难度加大。

（4）人员疏散困难。一般情况下，人在浓烟中2～3min即缺氧晕倒；浓烟雾中最大行走距离为20～30m。而高层建筑的使用人数多，人员的组织疏散工作量大，而对于公共建筑或宾馆性质的建筑，因不熟悉环境使疏散更加困难。

（5）经济损失大。高层建筑一旦发生火灾，如不能及时扑救，往往人员伤亡多，经济损失大。

2. 高层建筑的消防特点

对于高层建筑而言，完善的室内消防设施是保证建筑正常使用的前提。高层建筑火灾扑救不同于一般的低层建筑，很难靠外部力量进行扑救，因此，高层建筑一旦发生火灾，立足于自救显得尤为重要。高层建筑的消防立足于自救有两层含义，一是在发生火灾时要满足消防所需的压力，二是要保证在消防期间有足够的消防水量。

目前我国普通的登高消防车工作高度为24m，消防云梯为30～48m，普通消防车通过水泵接合器向室内供水高度50m。一旦建筑物建筑高度大于50m，超过50m以上部位发生火灾时，室外的救援比较困难，这时主要依靠室内消防系统来进行灭火，即自救。

10.2.2 高层建筑消防给水系统技术措施

为确保高层建筑消防安全，满足“自救”的要求，在消防给水系统的设置、供水方式、消防器材设备的选配和设计参数的确定等方面均比低层、多层建筑有更高的要求。

1. 消防给水系统的分类和选择

（1）按消防给水压力的不同，可分为高压和临时高压消防给水系统。

高压消防给水系统指管网内经常保持灭火所需的水量、水压，不需启动升压设备，可直接使用灭火设备救火。如一些具备能满足建筑物室内外最大消防用水量及水压条件，发生火灾时可直接向灭火设备供水的高位水池等给水系统。该系统简单，供水安全，有条件时应优先采用。

临时高压消防给水系统指最不利点周围平时水压和水量不满足灭火要求，火灾时需启动消防水泵，使管网压力和流量达到灭火要求的系统。或由稳压泵或气压给水设备等增压设施保证管网内能有足够的压力，但发生火灾时仍需启动消防主泵来满足消防要求的系统。临时高压消防给水系统需要有可靠的电源，才能确保安全供水。

（2）按消防给水系统供水范围大小，可分为区域集中消防给水系统和独立消防给水系统。

区域集中消防给水系统是指数栋建筑物共用一套消防供水设施集中供水，该系统管理方便，节省投资，适用于集中建设的高层建筑。

独立消防给水系统为每栋建筑物单独设置消防给水系统，该系统较区域集中消防给水系统更安全，但管理不便，投资高，适用于地震区域或区域分散设置的高层建筑。

（3）按消防给水系统灭火方式的不同，可分为消火栓给水系统和自动喷水灭火系统。

消火栓给水系统是把室内或室外给水系统提供的水量，经过加压输送到用于扑灭建筑物内的火灾而设置的固定灭火设备。基于该系统简单、造价低，当前在我国 100m 以下的高层建筑以水为灭火剂消防系统中，消火栓系统应用最为广泛，各类高层建筑均需要设置。

自动喷水灭火系统是一种在发生火灾时，能自动打开喷头喷水灭火并同时能发出火警信号的消防灭火设施，是当今世界公认的最为有效、应用最广泛、用量最大的自动灭火设施，但其造价高，目前在我国 100m 以下的高层建筑主要用于消防要求高、火灾危险性大的场所。100m 以上的高层建筑火灾隐患多、火势蔓延快、人员疏散、火灾扑救困难的场所（除面积小于 5m^2 的卫生间和不宜用水扑救的部位外）均应设置自动喷水灭火系统。

当高层建筑内需同时设置消火栓系统和自动喷水灭火系统时，应优先选用两种系统独立设置方式。若有困难，两个系统可合用消防水泵，但应在自动喷水灭火系统报警阀进水口前将两类系统管网分开设置。

2. 消防给水方式

消防给水系统有分区、不分区两种给水方式。不分区给水方式即为一栋建筑物采用同一消防给水系统供水。当系统工作压力大于 2.40MPa，消火栓口处静水压力超过 1.0MPa，自动水灭火系统报警阀处的工作压力大于 1.60MPa 或喷头处的工作压力大于 1.20MPa，消防给水系统应分区供水。

10.2.3 高层建筑消火栓给水系统

1. 消火栓系统给水方式

（1）不分区给水方式。整个建筑物采用同一个消防给水系统供水，用于最低消火栓处静水压力不超过 1.00MPa 的建筑。图 10-5 所示为一不分区消防给水系统。

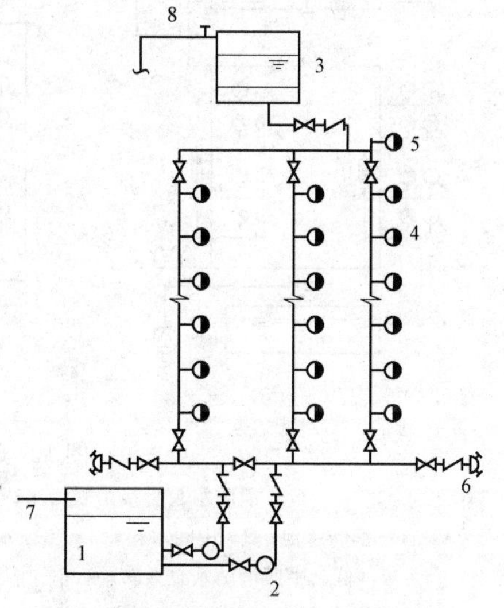

图 10-5 不分区的消防给水系统

1—水池；2—消防水泵；3—高位水箱；4—消火栓；5—试验消火栓；6—消防水泵接合器；7—水池进水管；8—水箱进水管

（2）分区给水方式。当高层建筑最低消火栓处静水压力超过 1.00MPa 时，应考虑分区给水方式。如不进行分区，会造成建筑下部的管网压力过高，从而带来很多的危害。比如：当建筑物下部发生火灾时，水枪出水量过大，消防水箱中贮水量很快用完，不利于扑救初期火灾；管网压力过高，消防管道易漏水，消防设备、附件易损坏；管网水压过高，水枪出水压过大，消防人员不易把握和操作。

分区给水方式有串联分区和并联分区之分。

1）串联分区。竖向各区由消防水泵直接串联由下向上供水，或经中间水箱转输再由消防水泵提升的串联方式。串联分区给水系统的优点是不需高扬程水泵和耐高压的管材、管件，可通过水泵接合器并经各转输水泵向高区送水。缺点是消防水泵分散在各区，占地面积大，管理不便，消防时下部水泵需要与上部水泵联动，安全可靠性要求严格。串联分区一般用于建筑高度超过100m，消防分区超过两个区的超高层建筑。串联分区可以分为消防水泵直接串联给水、消防水泵间接串联给水等，如图10-6所示。

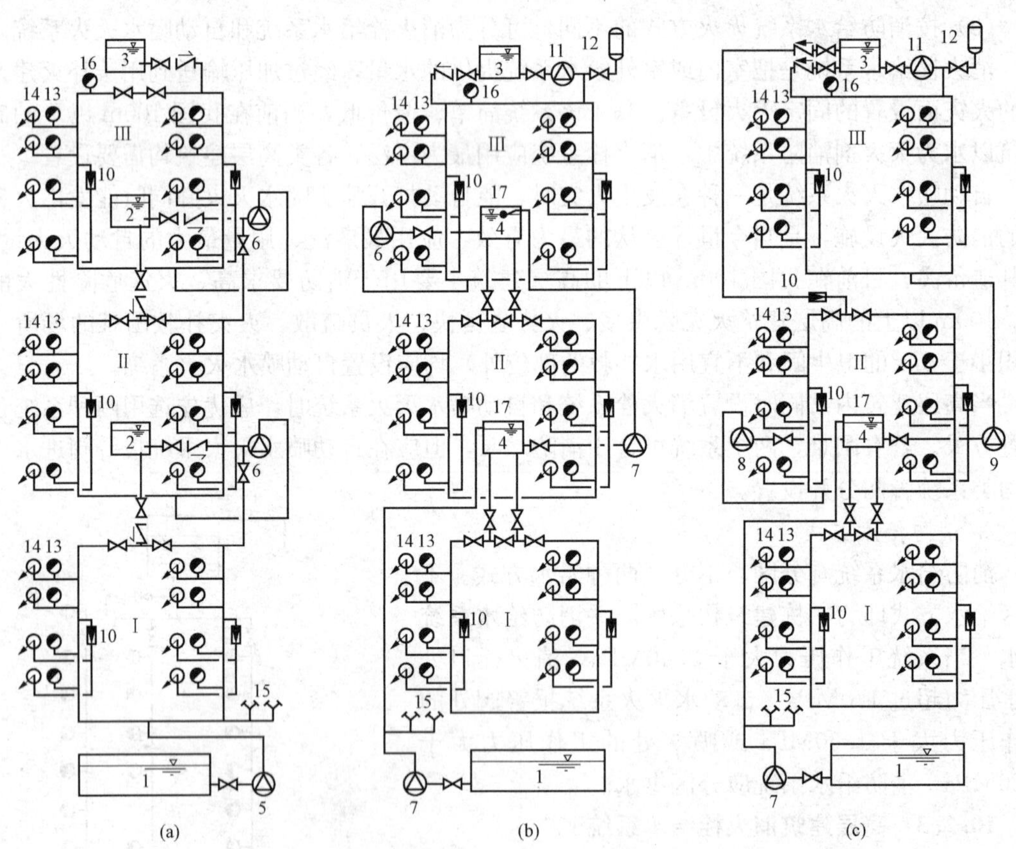

图10-6 串联分区消火栓给水系统

(a) 消防水泵直接串联给水；(b) 消防水泵间接串联给水；(c) 消防水泵混合给水

1—消防水池；2—中间水箱；3—屋顶水箱；4—中间转输水箱；5—消防水泵；6—中、高区消防水泵；7—低、中区消防水泵兼转输；8—中区消防水泵；9—高区消防水泵；10—减压阀；11—增压水泵；12—气压罐；13—室内消火栓；14—消防卷盘；15—水泵接合器；16—屋顶消火栓；17—浮球

2）并联分区。每个分区都设置独立的消防管网和各自专用消防水泵进行供水。并联分区给水系统的优点是水泵集中，管理方便，占地少，各分区供水系统独立设置，供水安全可靠。缺点是高区水泵扬程较高，需用耐高压管材和管件，对于高区超过消防车供水压力以上

的消火栓，水泵接合器将失去作用。并联分区又可分为采用不同扬程的水泵分区、采用减压阀分区、采用多级多出口水泵分区几种方式，如图10-7所示。

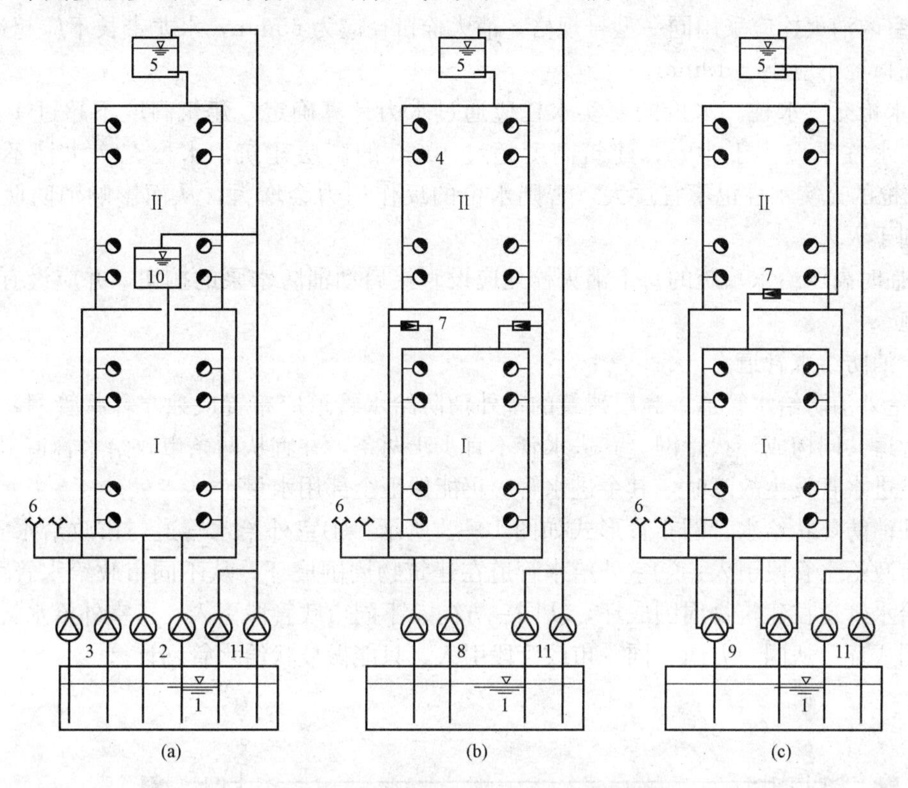

图10-7　并联分区消火栓给水系统

(a) 采用不同扬程的水泵分区；(b) 采用减压阀分区；(c) 采用多级多出口水泵分区；
1—水池；2—低区水泵；3—高区水泵；4—室内消火栓；5—屋顶水箱；6—水泵接合器；
7—减压阀；8—消防水泵；9—多级多出口水泵；10—中间水箱；11—生活给水泵

2. 消火栓系统的设置和要求

(1) 室外消火栓。在高层建筑周围需设置室外消火栓，其数量应保证供室外、室内两部分消防用水量。室外消火栓在布置时，应沿高层建筑均匀布置，并考虑消火栓周围能给消防队员留有操作场地，同时便于操作。消火栓距建筑物外墙不宜小于5m，且不宜超过40m。一般情况下，消防车水泵吸水管长度为3～4m，为了便于消防车直接从消火栓取水，室外消火栓距路边不宜大于2m。最不利点消火栓的压力不应小于0.10MPa。

(2) 室内消火栓。

1) 高层建筑和裙房各层除无可燃物的设备层外，每层均应设置室内消火栓。

2) 消火栓应设在走道、楼梯附近等明显易于取用的地点，消火栓的间距应保证同层任何部位都有两个消火栓的水枪充实水柱同时到达，应由计算确定，高层建筑不应大于30m，裙房不应大于50m。

3) 高层建筑的消防电梯前室应设消火栓。超高层建筑的避难层、避难区，以及停机坪应设消火栓。

4) 高层建筑的屋顶应设一个装有压力显示装置的检查用的消火栓——屋顶消火栓，其作用是供本单位或消防队定期检验室内消火栓的供水能力；扑救邻近建筑火灾，防止火势蔓延，保护本建筑。采暖地区屋顶消火栓可设在顶层出口处或水箱间内。

5）室内消火栓应采用同一型号规格。消火栓口径应为65mm，水龙带长不应超过25m，水枪喷嘴口径不应小于19mm。

6）水枪充实水柱。水枪的充实水柱应通过水力计算确定。建筑高度不超过100m时，水枪充实水柱不应小于10m；建筑高度超过100m的高层建筑，水枪充实水柱不应小于13m。水枪的充实水柱也不宜过大，否则水枪的反作用力会增大，从而影响消防队员的操作，不利于灭火。

7）临时高压给水系统的每个消火栓处应设直接启动消防水泵的按钮，并应设有保护按钮的设施。

（3）消防给水管道。

1）室外消防给水管道。高层建筑的室外消防给水管道应布置成独立环状管网，或与市政给水管道共同构成环状管网。其进水管不宜少于两条，并宜从两条市政给水管道引入，当其中一条进水管发生故障时，其余进水管应仍能保证全部用水量。

室外消防环状给水管网布置形式如图10-8所示。①室外给水管道与市政给水管成环，从不同市政给水管段引入；②室外给水管道在建筑物周围成环，从不同市政给水管段引入；③室外给水管道在建筑物周围成环，从同一方向、不同市政管段引入；④室外给水管道在建筑物周围成环，从同一方向、同一市政管段引入，只能做枝状给水管网计。

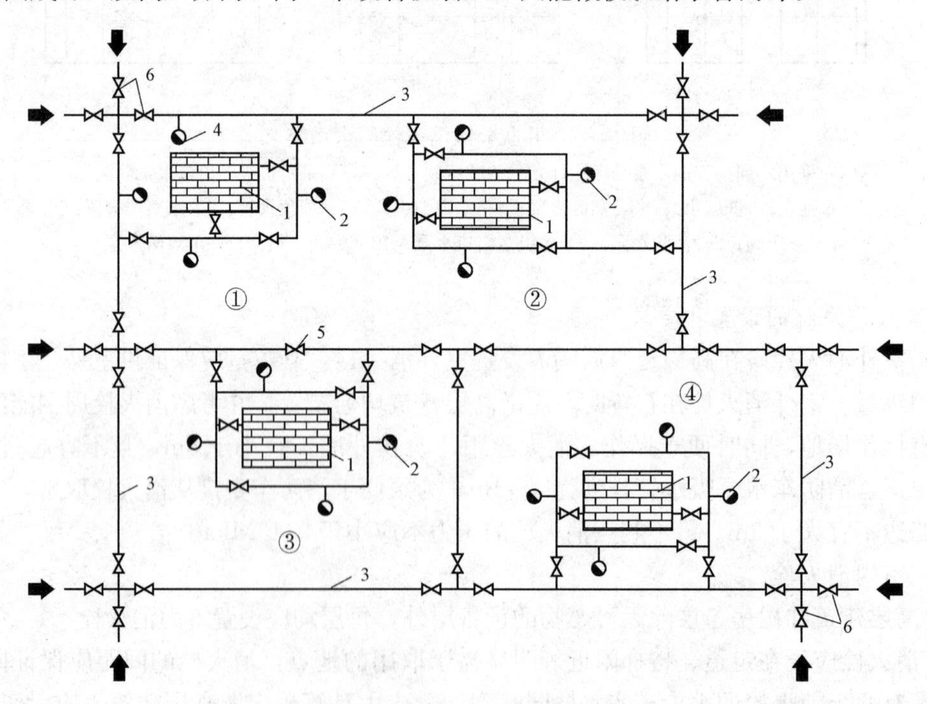

图10-8 室外消防环状给水管网布置示意

1—建筑物；2—室外消火栓；3—市政给水管网；4—市政消火栓；5—分段阀；6—阀门

2）室内消防给水管道。高层建筑的室内消防给水系统应与生活、生产给水系统分开，独立设置。室内消防给水管道应布置成环（垂直或立体成环状），保证供水干管和每条竖管都能双向供水，如图 10-9 所示。室内消防给水环状管网的进水管和区域高压或临时高压给水系统的引入管不应少于两根，当其中一根发生故障时，其余的进水管或引入管应能保证消防用水量和水压的要求。

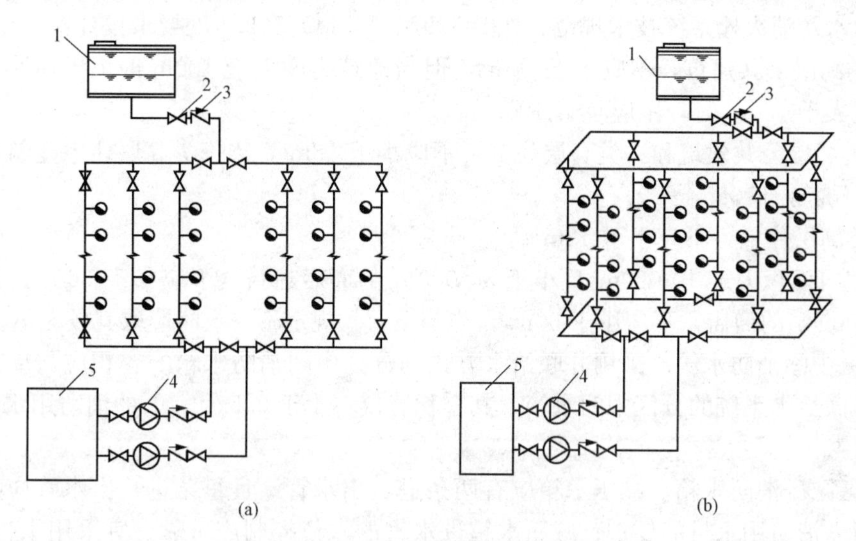

图 10-9　室内消防给水管网成环示意

（a）垂直成环；（b）立体成环

1—高位水箱；2—阀门；3—止回阀；4—消防水泵；5—消防水池

消防竖管的布置应保证同层相邻两个消火栓的水枪的充实水柱同时到达被保护范围内的任何部位。对于 18 层及 18 层以下的单元式住宅，以及 18 层及 18 层以下、每层不超过 8 用户、建筑面积不超过 650m^2 的普通塔式住宅，如设两条消防竖管有困难时，可设一根竖管，但必须采用双阀双出口型消火栓。消防竖管的直径应计算确定，当计算出来的直径小于 100mm 时，应考虑消防车通过水泵接合器往室内管网送水的可能性，仍采用 100mm。

室内消火栓给水系统应与自动喷水灭火系统分开设置，有困难时，可合用消防泵，但应在自动喷水灭火系统报警阀进水口前将两类系统管网分开设置。室内消防给水管道应采用阀门分成若干独立段。阀门的布置，应保证检修管道时关闭停用时竖管不超过 1 根。当竖管超过 4 根时，可关闭不相邻的 2 根。

（4）消防水箱。

1）高层建筑消防水箱的种类。可分为高位消防水箱、分区中间水箱、中间转输水箱、分区减压水箱。对于采用常高压给水系统的高层建筑，可以不设屋顶高位消防水箱。采用临时高压给水系统（独立设置或区域集中）的高层建筑物，均应设置屋顶高位消防水箱。高层和超高层建筑中，在采用串联水泵消防给水时，应设置中间水箱或中间转输水箱。

2）消防水箱设置要求。消防水箱宜用生活、生产给水管道充水，消防出水管道上应设止回阀，用以防止消防泵启动后水倒流回水箱。高位消防水箱最好采用两个（或两格），特别是重要建筑及建筑高度超过 50m 的建筑。在设置两个消防水箱时，应用连通管在水箱底部连接，并在连通管上设阀门，此阀门应处于常开状态。每个消防水箱分别设置出水管与消防管网连接。

消防水箱一般不宜与其他用水的水箱合用。若与其他用水合用时，应防止水质变坏，并确保消防水量不被动用的措施。

(5) 消防水箱的容积。

1) 屋顶高位消防水箱。高位消防水箱的贮水量按室内消防用水量的10min计，也可以按《消防给水及消火栓系统技术规范》(GB 50974—2014) 5.2.1的要求设计：

a. 一类高层公共建筑，不应小于36m^3，但当建筑高度大于100m时，不应小于50m^3，当建筑高度大于150m时，不应小于100m^3。

b. 二类高层公共建筑和一类高层住宅，不应小于18m^3，当一类高层住宅建筑高度超过100m时，不应小于36m^3。

c. 二类高层住宅，不应小于12m^3。

d. 总建筑面积大于10 000m^2且小于30 000m^2的商店建筑，不应小于36m^3，总建筑面积大于30 000m^2的商店，不应小于50m^3，当与第a款规定不一致时应取其较大值。

2) 分区中间消防水箱。采用并联给水方式的分区中间消防水箱的容积应与屋顶消防水箱相同。串联给水系统的分区中间水箱，其容积建议不小于0.5～1.0h的消防用水量，且不小于60m^3。

3) 分区减压消防水箱。减压水箱应有两条进、出水管，且每条进、出水管应满足消防给水系统所需消防用水量的要求；减压水箱进水管的水位控制应可靠，宜采用水位控制阀；减压水箱的有效容积不应小于18m^3，且宜分为两格。

4) 消防水箱的设置高度。消防水箱的设置高度应保证最不利点消火栓静水压力要求。《消防给水及消火栓系统技术规范》(GB 50974—2014) 5.2.2有明确规定：一类高层公共建筑，不应低于0.10MPa，但当建筑高度超过100m时，不应低0.15MPa；高层住宅、二类高层公共建筑不应低于0.07MPa；工业建筑不应低于0.10MPa，当建筑体积小于20 000m^3时，不宜低于0.07MPa；当高位消防水箱设置高度不能满足最不利点消火栓栓口静压要求时，应设稳压泵 。

(6) 消防水池。

1) 高层建筑在下列条件下应设消防水池：

a. 市政给水管道和进水管道或天然水源不能满足消防用水量。

b. 市政给水管道为枝状或只有一条进水管（二类建筑的住宅除外）。

c. 当生活、生产、消防用水达到最大时，室外管网的压力低于0.1MPa。

d. 不允许消防泵从室外管网直接抽水。

2) 消防水池容积。高层建筑消防水池的容积应根据具体情况确定。当室外给水管网能保证室外消防用水量时，消防水池的有效容量应满足在火灾延续时间内室内消防用水量的要求；当室外给水管网不能保证室外消防用水量时，消防水池的有效容量应满足在火灾延续时间内室内消防用水量和室外消防用水量不足部分之和的要求。对于区域集中的消防给水系统，共用消防水池的容积应按消防用水量最大的一栋建筑计算。消防水池的贮水量可根据2.3.4计算。

对于商业楼、展览楼、综合楼、一类建筑的财贸金融楼、图书馆、书库、重要的档案楼、科研楼和高级旅馆的火灾延续时间应按3h计算，其他高层建筑可按2h计算。自动喷水灭火系统可按火灾延续时间1h计算。

3) 消防水池设置要求。当消防水池容积超过500m^3时，应设置成两个能独立使用的消防水池或分成两格，以便一个水池检修时，另一个水池仍能供应消防用水。每个消防水池的有效容积为总有效容积的一半。

消防用水与其他用水共用的水池应采取确保消防用水量不作他用的技术措施。消防水池内的水一经动用，应尽快补充，要求消防水量使用后补水时间不宜超过48h。供消防车取水的消防水池，应设取水口或取水井，水深应保证消防车的消防水泵吸水高度不超过6m。取水口或取水井与被保护建筑的外墙距离不宜小于5m，也不宜大于100m。

消防水池除设专用水池外，在条件许可时，也可利用游泳、喷泉池、水景池、循环冷却水池，但必须满足作消防水池用的全部功能要求。寒冷地区，在冬季不能因防冻而泄空。

（7）消防增压设备。高层建筑的消防水箱设置高度不能保证建筑物最不利点消火栓的静水压力时，应在水箱附近设增压设施，可采用稳压泵或气压给水设备。图10-10所示为一采用气压给水设备增压的消防系统。

气压稳压系统工作过程如图10-11所示，根据最不利点所需的消防压力 p_1 作为气压水罐的初始充气压力。通过计算确定 p_2、p_{s1}、p_{s2}。平时消防管道系统如有渗漏等泄压情况，气压罐内的压力由 p_{s2} 逐渐下降到 p_{s1}。此时稳压泵开启向气压罐内补水，压力升至 p_{s2} 时，稳压泵关闭。如此稳压泵在 p_{s1}（启动）、p_{s2}（停止）压力下反复运行。当建筑发生火灾时，管道系统大量缺水，罐内压力下降至 p_2 时，控制系统发出信号，立即启动消防泵。气压罐内压力降至 p_1 时稳压系统自动关闭。一般情况下，消防泵从开始启动到正常运转大约需30s，这也是气压罐内存有30s消防水量的原因。

（8）消防给水系统的减压节流措施。为使消防水量合理分配均匀供水，方便消防人员把握水枪安全操作，保证有效灭火。当室内消防栓栓口的静水压力大于1.00MPa时，应采用分区给水系统。消火栓口动压力不应大于0.50MPa时，当大于0.70MPa必须设置减压节流措施。

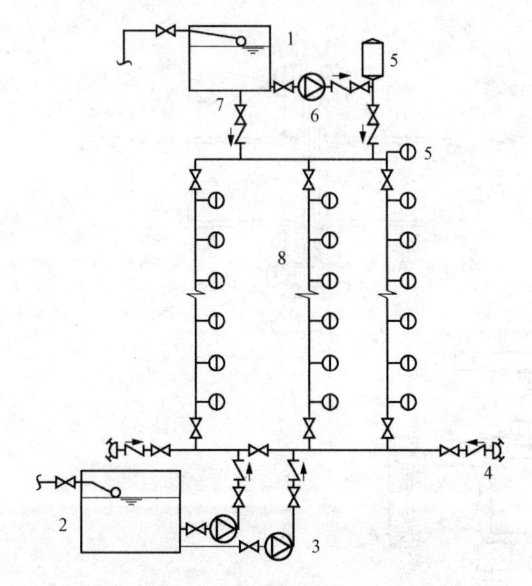

图10-10　气压给水设备增压的消防系统

1—消防水箱；2—消防水池；3—消防水泵；4—水泵接合器；5—气压罐；6—稳压泵；7—消防出水管；8—室内消防管网

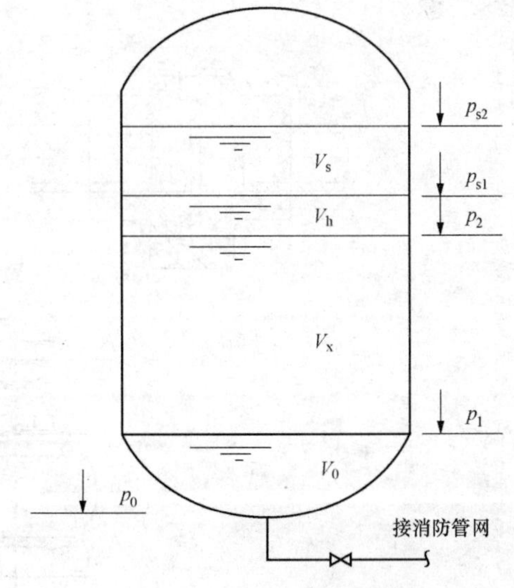

图10-11　气压稳压系统工作过程

p_1—最不利点消火栓所需压力；p_2—消防泵启动压力；p_{s1}—稳压泵开泵压力；p_{s2}—稳压泵停泵压力；V_s—稳压水容积；p_0—气压罐起始压力；V_h—缓冲水容积；V_x—消防贮水容积；V_0—不动水容积

各层消火栓处剩余水压可按式（10-1）计算

$$H_s = H_b - (H_1 + H_2 + h_d + H_q) \quad (10-1)$$

式中 H_s——计算层消火栓处的剩余水压（kPa）；

H_b——消防水泵扬程（kPa）；

H_1——消防水池最低水位或消防水泵与室外给水管网连接点至消火栓口垂直高度所需要的静水压（kPa）；

H_2——消防水泵自水池或外网吸水送至计算层消火栓的消防管道沿程和局部水头损失之和（kPa）；

h_d——水龙带的水头损失（kPa）；

H_q——水枪喷嘴满足所需充实的水柱长度所需的水压（kPa）。

1）减压阀减压。消防给水系统中的减压阀常以分区形式设置，一般由两个减压阀并联安装组成减压阀组，如图10-12所示，两个减压阀应交换使用，互为备用。减压阀前后应装设检修阀、压力表，宜装设软接头或伸缩节，便于检修安装。减压阀前后应设过滤器，并应便于排污，过滤器宜采用40目滤网。减压阀组后（沿水流方向）应设泄水阀。

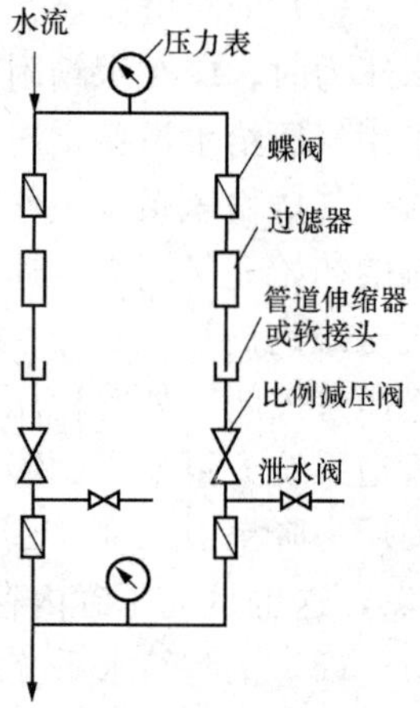

水流
压力表
蝶阀
过滤器
管道伸缩器
或软接头
比例减压阀
泄水阀

图10-12 减压阀组示意

2）减压孔板。在消火栓处可设置减压孔板以消除剩余水头，保证消防给水系统均衡供水。减压孔板一般用不锈钢或黄铜等材料制作。减压孔板可用法兰或活接头与管道连接在一起，也可直接与消火栓口组合在一起。图10-13所示为减压孔板的几种安装方式。

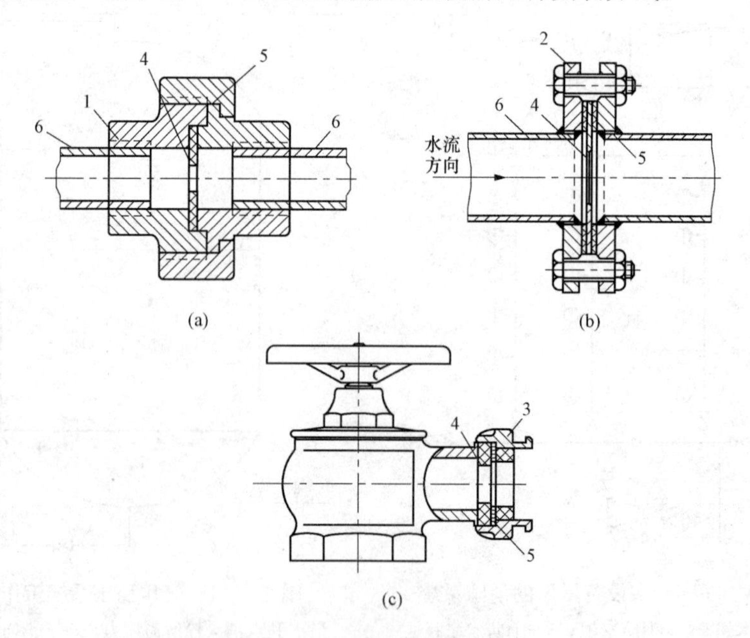

图10-13 减压孔板安装方式

(a) 孔板安装在活接头上；(b) 法兰连接减压孔板安装；(c) 消火栓后固定接口内安装

1—活接头；2—法兰；3—消火栓固定接口；4—减压孔板；5—密封垫；6—消火栓支管

水流通过减压孔板时的水头损失为

$$H_{\mathrm{k}} = \xi \frac{v_{\mathrm{k}}^2}{2g} \times 10 \tag{10-2}$$

$$\xi = \left(1.75 \frac{D^2}{d^2} \times \frac{1.1 - d^2/D^2}{1.175 - d^2/D^2} - 1\right)^2 \tag{10-3}$$

式中　H_{k}——水流通过减压孔板时的水头损失（kPa）；

ξ——孔板局部阻力系数；

v_{k}——水流通过孔板后的流速（m/s）；

g——重力加速度（m/s）；

D——消防给水管管径（mm）；

d——减压孔板孔径（mm）。

因消火栓处的剩余水压可由减压孔板所形成的水流阻力消耗，在已知消防管管径和计算剩余水压后，可直接查表 10-1，选定减压孔板孔径，减压孔板一般用不锈钢等材料制作。

当自动喷水灭火系统中，喷头处压力偏高时，也可采用减压孔板减压，孔板应设置在直径不小于 50mm 的水平配水管上，或水流转弯处下游一侧的直管段上，与弯管的距离不应小于设置段直径的 2 倍。

表 10-1　减压节流孔板的水头损失　kPa

消防管	孔板孔径（mm）								
DN(mm)	33	34	35	36	37	38	39	40	41
50	3.5	2.9	2.4	2.0	1.7	1.4	1.1	0.9	0.8
70	19.9	17.3	15.1	12.3	11.5	10.0	8.8	7.7	6.8
80	37.0	32.3	28.3	24.8	21.8	19.2	17.0	15.1	13.8
100	99.1	87.1	75.8	67.9	60.1	53.4	47.6	42.5	38.0
125	255.9	225.9	200.0	177.2	157.9	141.0	126.0	113.1	101.8
150	547.0	483.4	428.7	381.3	340.2	304.3	273.0	245.4	221.2
消防管	孔板孔径（mm）								
DN(mm)	42	43	44	45	46	47	48	49	50
50	—	—	—	—	—	—	—	—	—
70	5.9	5.2	4.6	4.0	3.6	3.1	2.8	2.4	2.1
80	11.8	10.5	9.4	8.4	7.5	6.7	5.8	5.3	4.7
100	34.1	30.6	27.5	24.8	22.4	20.2	18.3	16.6	15.1
125	91.6	82.8	74.9	67.8	61.5	55.9	51.0	46.6	42.5
150	199.0	180.9	164.1	149.1	135.8	123.8	113.1	103.5	94.9

3）减压稳压消火栓。室内减压稳压消火栓是集消火栓与减压阀于一身，不需要人工调试，只需消火栓的栓前压力保持在 0.4～0.8MPa，其栓口出口压力就会保持在 0.25～0.35MPa，且 DN65 消火栓的流量不小于 5L/s。图 10-14 所示为 SNJ65-H 型减压稳压消火栓示意。

（9）防止超压。在某些时候，高层建筑消防管网压力会升高，有时候超过管网允许压力而造成事故，影响系统正常供水。引起超压的原因有多种，如消防水泵试检查时，水泵的出水量较小，管网压力升高；火灾初期消火栓的喷头实际开放数要比设计数量少，其实际消防用水量远小于水泵选定的流量值，消防水泵扬程升高；消防给水系统分区范围偏大，启动消

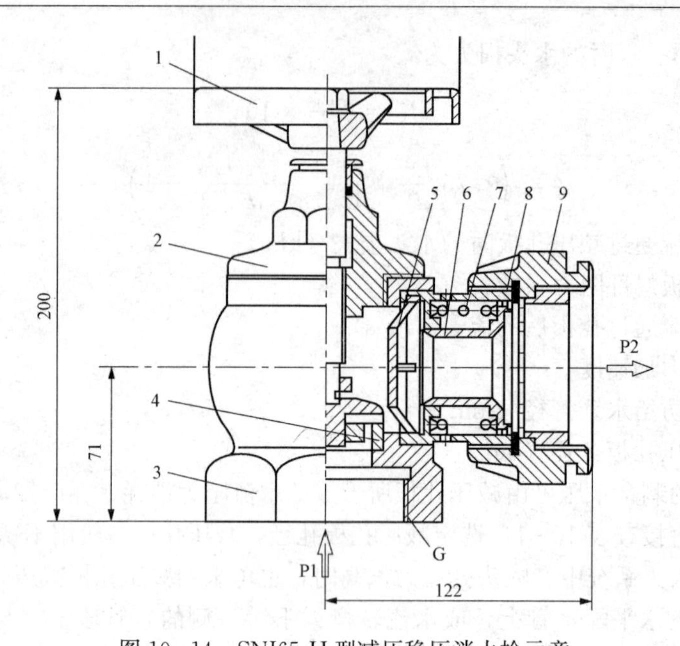

图 10-14 SNJ65-H 型减压稳压消火栓示意

1—手轮；2—阀盖；3—阀体；4—阀座；5—挡板；6—活塞；7—弹簧；8—活塞套；9—固定接口

防泵时，为满足高层最不利消防栓或喷头所需压力，则低层消火栓或喷头处压力过大。

为防止超压可采取一些措施，如合理地确定消防系统竖向分区范围和布置消防管道；选用流量-扬程特性曲线平缓的消防水泵；采用多台水泵并联运作；在消防给水系统中设置安全阀或设水泵回流管泄压；提高管道和附件的承压能力。

（10）消防排水。消防排水的主要来源有消防给水系统，如室内消火栓、自动喷水灭火系统喷头等设施，在灭火时的流出量；生活、生产给水系统用水设备的使用者在火灾发生时，由于救火、紧急疏散等原因，未关闭用水设备而引起的用水继续流出的溢流现象；室内贮水装置或设备因火灾破坏而流出的水量；火灾造成排水管道损坏，无法正常排水带来的积水现象。为了避免或减少消防水流入电梯井道，在消防电梯间前室门口宜设挡水设施。消防电梯的井底应设排水设施，以便将流入电梯井底部的水排到室外。当消防电梯井底积水不能直接排放时，宜在井底旁边（无条件时也可在井底下部）设容量不小于 $2m^3$ 的排水坑，坑内设排水泵，排水泵的流量不应小于 10L/s。

3. 高层建筑消火栓给水系统设计计算

高层建筑消火栓给水系统的设计计算主要内容有消防用水量、消防给水管网管径、消防水池容积、消防水箱容积、消防水箱设置高度、消防水泵的流量及扬程、增压设备的计算及选用、室内消火栓减压计算等。具体计算过程详见 2.3。

10.2.4 高层建筑自动喷水灭火给水系统

1. 自动喷水灭火系统给水方式

自动水灭火系统报警阀处的工作压力大于 1.60MPa 或喷头处的工作压力大于 1.20MPa，系统应进行竖向分区。竖向分区方式有并联分区和串联分区。并联分区可分为减压阀并联分区供水和消防泵并联分区，如图 10-15 所示；串联分区可分为消防泵串联分区及转输水箱串联分区供水方式，如图 10-16 所示。

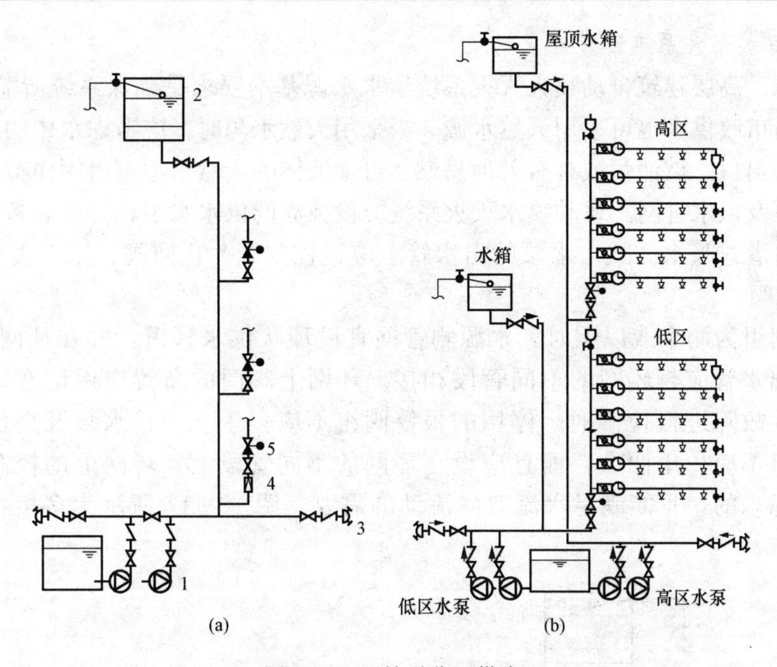

图 10 - 15　并联分区供水

(a) 设减压阀分区供水（报警阀分散设置）；(b) 消防泵分区并联供水

1—消防水泵；2—消防水箱；3—水泵接合器；4—减压阀；5—报警阀组

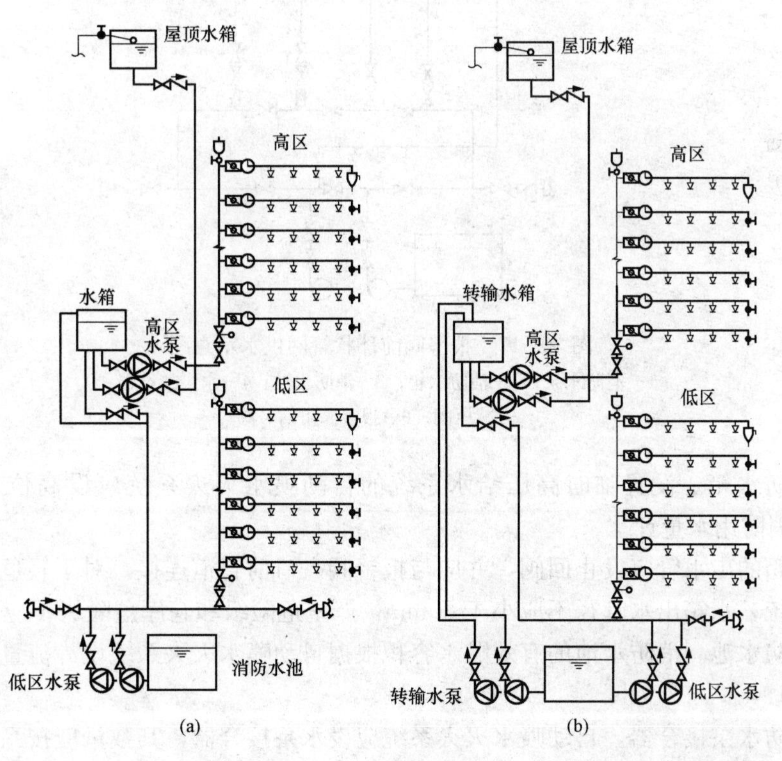

图 10 - 16　串联分区供水

(a) 消防泵串联分区供水；(b) 转输水箱串联供水

2. 自动喷水灭火系统设置要求

(1) 水源。高层建筑自动喷火灭火系统给水水源基本要求是确保系统所需水量和水压。水源可以来自市政供水也可采用天然水源。当采用天然水源时，应考虑水中的悬浮物、杂质不致堵塞喷头出口。被油污或含有其他易燃、可燃液体的天然水源不得用作给水水源。

(2) 水泵及供水管网。自动喷水灭火系统应设独立的供水水泵，并设有备用泵。系统供水泵应采取自灌式吸水方式。水泵的出水管上应设控制阀、止回阀、压力表及直径不小于65mm的试水阀。

当报警阀组为两个或以上时，水源侧管网宜设环状供水管道，并在环网上设分隔阀，喷淋泵组的出水管应与环网的不同管段相接。环网上阀门的布置应保证在系统供水管道的任一段发生故障进行检修时，停用的报警阀组不应多于一个；水泵及高位水箱向环网供水的供水点不应少于两个，而且应设在环网的不同管段上；环网上的控制阀必须采用有明显启闭标志的，且能满足水流双向流动的需要。图10-17所示为多组报警阀的环状供水管道示意。

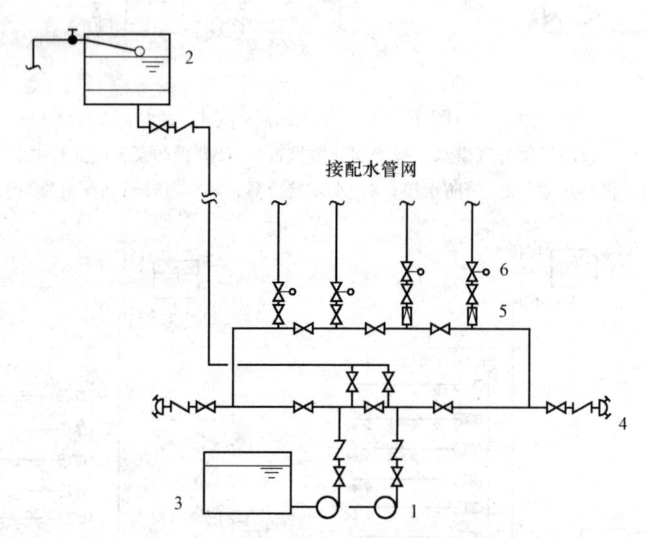

图10-17 报警阀前环状管网供水示意图

1—消防水泵；2—消防水箱；3—消防水池；4—水泵接合器；
5—减压阀；6—报警阀组信号阀

(3) 消防水箱。设置临时高压给水系统的自动喷水灭火系统应设高位水箱，容积按10min室内消防用水量计。

消防水箱的出水管应设止回阀，并应与报警阀入口前管道连接。对于轻危险级、中危险级场所的系统，水箱出水管径不应小于80mm，严重危险级和仓库危险级不应小于100mm。

(4) 消防水池。消防水池的有效贮水容积根据自动喷水灭火系统设计流量，按火灾延续时间1h计算。

(5) 消防水泵接合器。自动喷水灭火系统应设水泵接合器，其数量应按系统的设计流量确定，每个水泵接合器的流量宜按10～15L/s计算。当水泵接合器的供水能力不能满足最不利点处作用面积的流量和压力要求时，应采取增压措施。

(6) 自动喷火灭火器系统的增压、稳压设施。当自动喷水灭火系统所设的高位水箱不能满足最不利点喷头水压要求时，系统应设置稳压设施，图 10 - 18 所示为一在水箱间内设置增压稳压设备的自动喷水灭火系统。有关增压设备的设计要求详见消火栓系统。

（7）自动喷水灭火系统的减压节流装置。高层建筑设置自动喷水灭火系统时，较低的楼层配水管应有减压节流措施。减压节流措施有：

1）在报警阀组入口前设置减压阀，为了防止堵塞，在入口前应装设过滤器。垂直安装的减压阀，水流方向宜向下。

2）在管道上设置减压孔板。要求应设在直径不小于 50mm 的水平直管段上，前后管段的长度均不宜小于该管段直径的 5 倍；孔口直径不应小于设置管段直径的 30%，且不应小于 20mm。减压孔板应采用不锈钢板材制作。

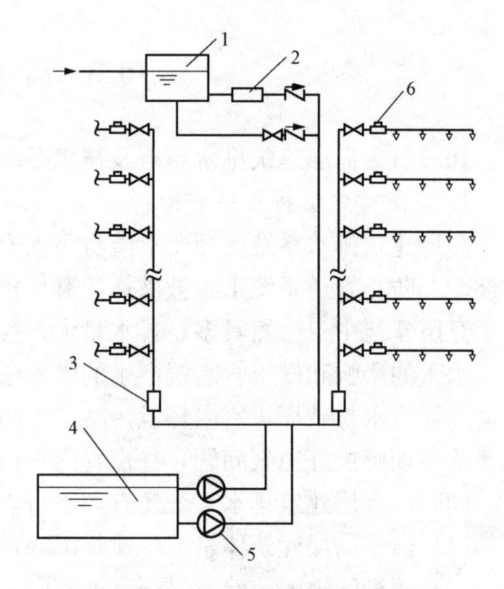

图 10 - 18 稳压设备设在水箱间的自动喷水灭火系统

1—消防水箱；2—增压稳压设备；3—报警阀组；4—消防水池；5—消防水泵；6—水流指示器

3）设置节流管进行减压。要求节流管的直径宜按上游管段直径的 1/2 确定；节流管的长度不宜小于 1m；节流管内水的平均流速不应大于 20m/s。

节流管的水头损失，应按式（10 - 4）计算

$$H_g = \xi \frac{v_g^2}{2g} + 0.00107L\frac{v_g^2}{d_g^{1.3}} \tag{10-4}$$

式中 H_g——节流管的水头损失（10^{-2}MPa）；

ξ——节流管中渐缩管与渐扩管的局部阻力系数之和，取 0.7；

v_g——节流管内水的平均流速（m/s）；

d_g——节流管的计算内径，取值应按节流管内径减 1mm 确定（m）；

L——节流管的长度（m）。

3. 自动喷水灭火系统水力计算

高层建筑自动喷水灭火系统的水力计算主要内容有：确定喷头出水量、计算管段的流量；确定管段的管径；计算高位水箱设置高度；计算管网所需供水压力，选择消防水泵；确定管道减压节流措施等内容。计算方法有特性系数法和作用面积法，具体计算过程详见 2.5。

10.2.5 高层建筑其他消防系统

因高层建筑使用功能不同，其内的可燃物性质各异，仅使用水作为消防手段不能达到扑救火灾的目的，甚至还会带来更大的损失。因此，应根据可燃物的物理、化学性质，采用不同的灭火方法和手段，才能达到预期的目的。目前，通用的其他固定灭火设施有二氧化碳灭火、干粉灭火、泡沫灭火、七氟丙烷灭火等非水基灭火剂灭火设施。具体的灭火原理、主要设备及工作原理见 2.8。

10.3 高层建筑排水

10.3.1 高层建筑排水特点及技术要求

1. 高层建筑给排水系统的特点

高层建筑排水系统，即要求能将污水安全迅速地排除到室外，还要尽量减少管道内的气压波动，防止管道系统水封被破坏，避免排水管道中的有毒有害气体进入室内。

高层建筑中卫生器具多，排水量大，且排水立管连接的横支管多，多根横管同时排水，由于水舌的影响和横干管起端产生的强烈激流使水跃高度增加，必将引起管道中较大的压力波动，导致水封破坏，室内环境污染。为防止水封破坏，保证室内的环境质量，高层建筑排水系统必须解决好通气问题，稳定管内气压，以保持系统运行的良好工况。

同时，高层建筑排水系统还有如下特点：

(1) 由于高层建筑体量大，建筑沉降可能引起户管平坡或倒坡。

(2) 暗管管道多，建筑吊顶高度有限，横管敷设坡度受到一定的限制。

(3) 居住人员多，若管理水平低、卫生器具使用不合理、冲洗不及时等，都将影响水流畅通，造成淤积堵塞，一旦排水管道堵塞，影响面大。

因此，高层建筑的排水系统还应确保水流畅通。

建筑物底层排水管道内压力波动最大，为了防止发生水封破坏或应管道堵塞而引起的污水倒罐等情况，建筑物一层和地下室的排水管道应与整幢建筑的排水系统分开，采用单独的排水系统。

2. 高层建筑排水系统管道材料要求

高层建筑的排水管材有柔性接口排水铸铁管、钢管和强度较高的塑料管和复合管。柔性接口排水铸铁管具有强度大、抗振性能好、噪声低、防火性能好、寿命长、膨胀系数小、安装施工方便、美观（不带承口）、耐磨和耐高温性能好等优点，但是造价较高。

柔性接口排水铸铁管在管内水压下具有良好的曲挠性与伸缩性，能适应建筑楼层间变位导致的轴向位移和横向曲挠变形，防止管道裂缝与折断。柔性排水铸铁管管件有立管检查口、三通、45°三通、45°弯头、90° 弯头、45°和 30°通气管、四通、P 形存水弯和 S 形存水弯等。

钢管在国外采用较多。强度较高的塑料管和复合管也可以采用，但应考虑采取防噪声等措施。对高度很高的排水立管应考虑消能措施，通常采用乙字弯管。为了防止无水中固体颗粒的冲击，立管底部与排出管的连接应采用钢制弯头。

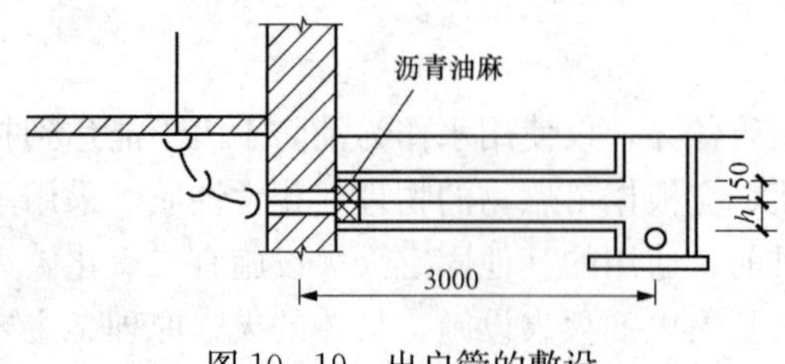

图 10-19　出户管的敷设

为确保管道畅通，防止污物在管内沉积，排水管道连接应尽量选用水力条件较好的斜三通、斜四通，立管与横干管相连时应采用大于 90°的弯头。若受条件限制，排水立管偏置时，宜用乙字弯或两格 45°弯头相连。考虑到高层建筑的沉降宜适当增加出户管的坡度或采用如图 10-19 所示的敷设方法，出户管与室外检查井不直接连接，管道敷设在地沟内，管底与沟底预留一定的下沉空间，以免建筑沉降引起管道倒坡。

建筑高度超过100m的高层建筑、对防火等级要求高的建筑物、地震区建筑、要求环境安静的场所。环境温度可能出现0℃以下的场所以及连续排水温度大于40℃或瞬时排水温度大于80℃的排水管道应采用柔性接口机制排水铸铁管。

10.3.2 高层建筑排水系统的组成与分类

1. 高层建筑污（废）水排水系统的组成

高层建筑内部排水系统包括卫生器具、排水管道、清通设备、通气系统、消能器材、提升设备和根据需要还设有污废水的提升设备和局部处理构筑物及中水处理站。

2. 高层建筑排水系统的类型

高层建筑排水系统分为双立管排水系统、三立管排水系统和特制配件单立管排水系统，详见3.1.4。

10.3.3 高层建筑排水管道布置与敷设

高层建筑排水管道布置与敷设的要求与普通建筑要求基本相同，详见3.5。

10.3.4 新型排水系统

高层建筑楼层较多，且楼高，相比普通建筑，同时向立管排水横管数的概率较大，排水落差高，更容易造成管道中压力的波动。因此，高层建筑为了保证排水的通畅和通气良好，一般需要设置专用通气管系统。有通气管的排水系统造价高、占地面积大、管道安装复杂。如果能省去通气管，对宾馆、写字楼、住宅在美观和经济方面都是非常有益的。采用放大单立管管径的做法在技术上和经济上也不合理，因此人们在不断地研究新的排水系统。

影响排水立管通水能力的主要因素有：从横支管流入立管的水流形成的水舌阻隔气流，使空气难以进入下部管道而造成负压；立管中形成水塞阻隔空气流通；水流到达立管底部进入横干管时产生水跃阻塞横管。因此，人们从减缓立管流速、保证立管有足够大的空气芯、防止横管排水产生水舌和避免在横干管中产生水跃等方面进行研究探索，发明了一些新型单立管排水系统。

1. 苏维脱排水系统

苏维脱排水系统是指各层排水横支管与立管采用气水混合器连接，排水立管底部与横干管采用气水分离器连接，达到取消通气立管的目的。该排水系统是弗里茨·索摩（Fritz Sommer）于1961年研究发明的一种新型排水立管配件。

（1）气水混合器。气水混合器由乙字弯、隔板、隔板上部小孔、混合室、上流入口、横支管流入口和排出口等构成，如图10-20所示。从立管上部流入的废水流经乙字弯时，流速减小，动能转化为压能，既起到了减速作用又改善了立管内常处负压的状态；同时，水流形成湍流状态，部分破碎成小水滴与周围空气混合，在下降过程中，通过隔板的小孔抽吸横支管和混合室内的空气，变成密度小呈水沫状的气水混合物，使下流的速度降低，减少了空气的吸入量，避免造成过大的抽吸负压，只需伸顶通气管就能满足要求。

（2）气水分离器。气水分离器由流入口、顶部跑气口、突块和空气分离室等构成，如图10-21所示。沿立管流下的气水混合物，遇到分离室内突块时被溅洒，从而分离出气体（约70%以上)，从而减少了气水混合物的体积，降低了流速，不会形成回压。分离出的空气用跑气管接至下游1～1.5m处的排出管上，使气流不致在转弯处被阻，达到防止在立管底部产生过大正压的目的。

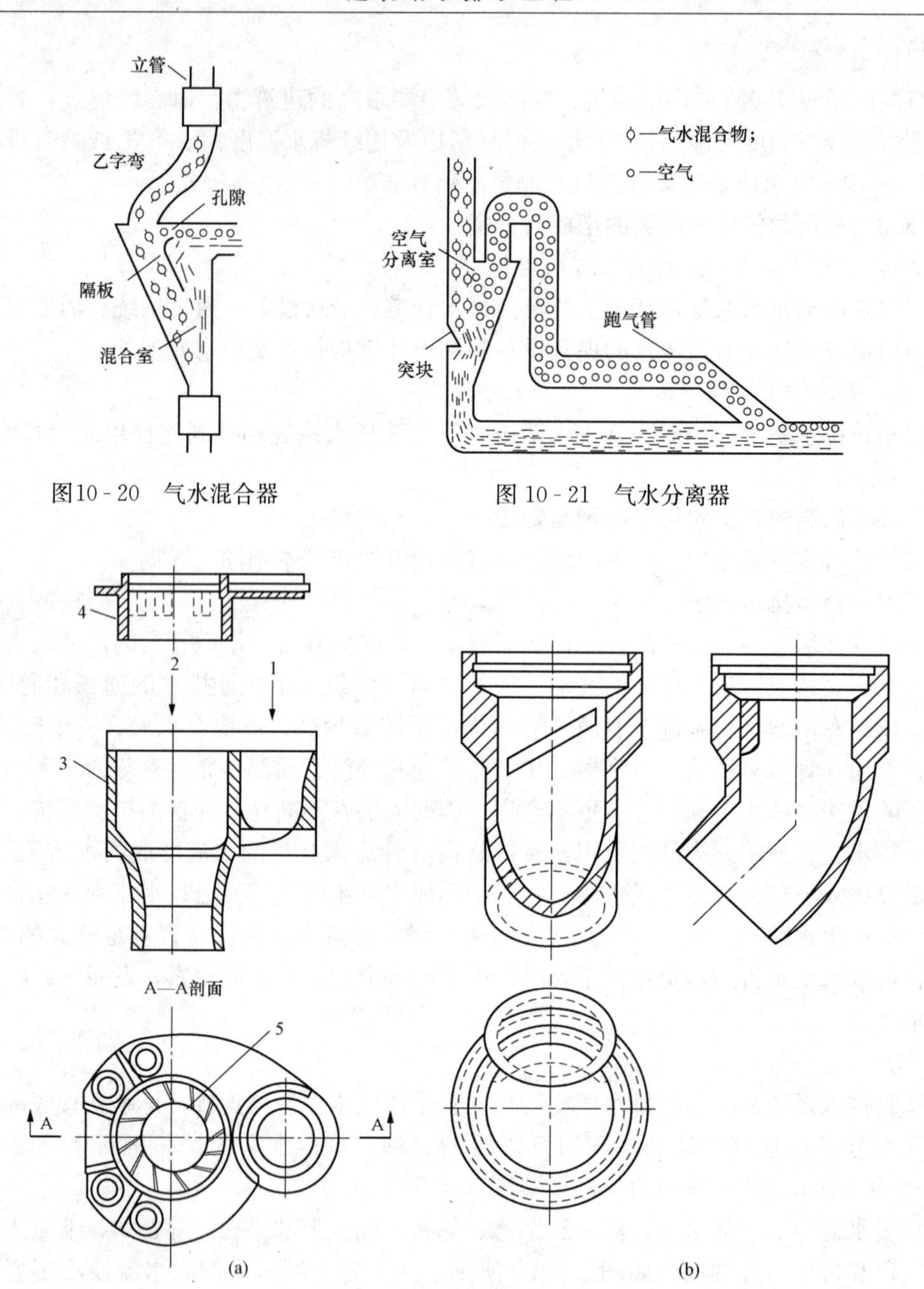

图10-20 气水混合器

图 10-21 气水分离器

图 10-22 旋流排水配件

(a) 旋流接头；(b) 特殊排水弯头

1—接大便器；2—接立管；3—底座；4—盖板；5—叶片

国外对10层建筑采用苏维脱排水系统和普通单立管排水系统进行了对比试验，结果一根 $d=100$mm 立管的苏维脱排水系统，当流量约为 6.7L/s 时，管中最大负压不超过 40mmH_2O (0.4kPa)。而 $d=100$mm 的普通单立管排水系统在相同流量时最大负压达 160 mmH_2O (1.6kPa)。

苏维脱排水系统除可降低管道中的压力波动外，还可节省管材，节省投资 11%～35%，有利于提高设计质量和施工的工业化。

2. 旋流排水系统

旋流排水系统是指每层的横支管和立管采用旋流接头配件连接，立管底部与横干管采用旋流排水弯头连接。该排水系统是法国的勒格（Roger Legg）、理查（Georges Richard）和鲁夫（M. Louve）于1967年共同发明的，如图10-22所示。

(1) 旋流接头配件。旋流接头配件由壳体和盖板两部分构成，通过盖板将横支管的排水沿切线方向引入立管，并使其沿管壁旋流而下，在立管中始终形成一个空气芯，此空气芯占管道断面的80%左右，保持立管内空气畅通，使压力变化很小，从而防止水封被破坏，提高排水立管的通水能力。

(2) 旋流排水弯头。旋流排水弯头与普通铸铁弯头形状相同，但在内部设置有45°旋转导叶片，使立管内在凸岸流下的水膜被旋转导叶片旋向对壁，沿弯头底部流下，避免了在横干管内形成水跃、封闭气流而造成过大的正压。

3. 芯型排水系统

芯型排水系统是日本的小岛德厚于1973年发明的，在各层排水横支管与立管连接处设置高奇马接头配件，在排水立管的底部设角迪弯头。

(1) 高奇马接头配件。高奇马接头配件又称环流器，如图10-23所示，外观呈倒锥形，在上入流口与横支管入流口交汇处设有内管，从横支管排入的污水沿内管外侧向下流入立管，避免因横支管排水产生的水舌阻碍立管。从立管流下的污水经过内管内发生扩散下落，形成气水混合流，减缓下落流速，保证立管内空气畅通。高奇马接头配件的横支管接入形式有两种，一种是正对横支管垂直接入，另一种是沿切线方向接入。

(2) 角迪弯头。角迪弯头如图10-24所示，装在立管的底部，上入流口端断面积较大，从排水立管流下的水流因过水断面突然增大，流速变缓，下泄的水流所夹带的气体被释放。一方面水流沿弯头的缓弯滑道面导入排出管，消除了水跃和水塞现象；另一方面由于角迪弯头内部有较大的空间，可使立管内的空气与横干管上部的空间充分连通，保证气流畅通，减少压力波动。

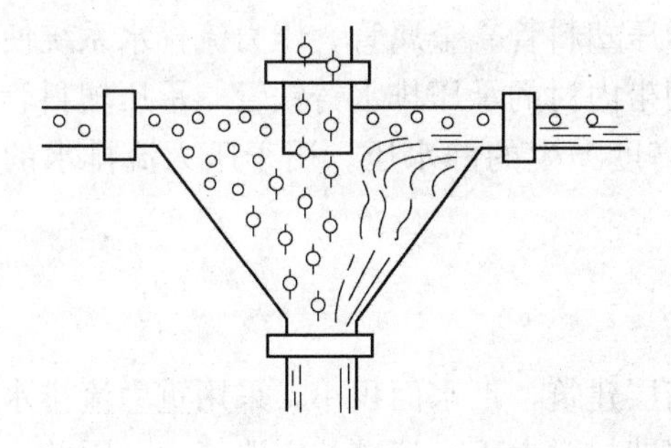

图10-23　高奇马接头配件（环流器）

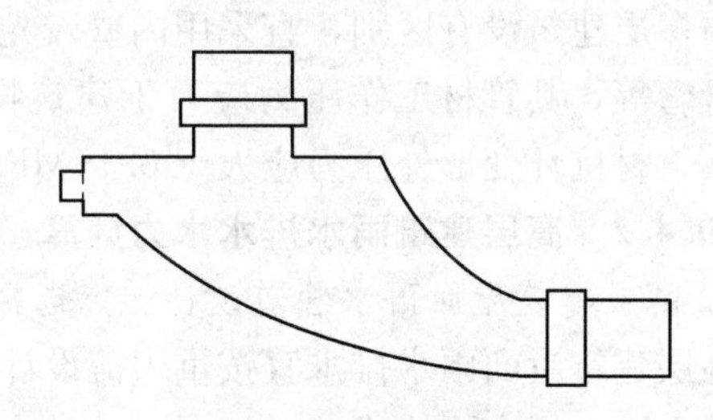

图10-24　角迪弯头

10.3.5　高层建筑排水系统设计计算

高层建筑排水系统水力计算与普通建筑排水系统的设计计算方法相同，详见3.6，这里只做一简要介绍。

1. 排水定额与排水当量

居住小区生活排水系统排水定额是其相应的生活给水系统用水定额的85%～95%，居住小区生活排水系统小时变化系数与其相应的生活给水系统小时变化系统相同。公共建筑生活排水定额和小时变化系数与公共建筑生活给水用水定额和小时变化系数相同。

2. 排水设计秒流量

高层建筑排水管道设计秒流量计算与普通建筑排水管道秒流量计算公式相同。所以高层建筑给水管道的设计秒流量仍按建筑类别选用《建筑给水排水设计规范（2009 版）》（GB 50015—2003）中的排水设计秒流量计算公式计算。

3. 排水管道的水力计算

高层建筑内排水系统水力计算主要包括排水横管水力计算、排水立管水力计算及通气管水力计算。在进行设计计算时，首先通过水力计算确定管径，同时还要满足最小管径的要求。

10.4 高层建筑雨水排水

10.4.1 高层建筑雨水排水方式及技术要求

1. 高层建筑屋面雨水的排除方式

屋面雨水的排除方式按照雨水管道的位置分为内排水系统和外排水系统。一般情况下，高层建筑多采用内排水系统，但对于建筑立面没有严格要求的高层住宅也可以采用外排水系统。

2. 高层建筑屋面雨水排除的要求

高层建筑屋面雨水排水工程的要求基本与多层建筑的相同，但有以下几点特殊要求：

（1）高层建筑屋面雨水排水工程与溢流设施的总排水能力不应小于 50 年重现期的雨水量。

（2）高层建筑屋面雨水排水宜按重力流设计。

（3）工业厂房、库房、公共建筑的大型屋面雨水排水宜按压力流设计。

（4）高层建筑裙房屋面的雨水应单独排放。

（5）高层建筑重力流雨水排水系统宜采用承压塑料管、金属管。压力流排水系统使用的管材与多层建筑没有区别，宜采用内壁较光滑的带内衬的承压排水铸铁管、承压塑料管和钢塑复合管等，其管材工作压力应大于建筑物净高度产生的静水压。用于压力流排水的塑料管，其管材抗环变形外压力应大于 0.15MPa。

10.4.2 高层建筑雨水排水水力计算

1. 高层建筑屋面雨水管道设计流态选择

高层建筑屋面雨水排水宜按重力流设计。高层建筑，汇水面积小，采用重力流排水，增加一根立管，便有可能成倍增加屋面的排水重现期，增大雨水管道的宣泄能力。因此，建议高层建筑采用重力排水设计。

公共建筑的大型屋面雨水排水宜按满管压力流设计。工业厂房、库房、公共建筑屋面通常汇水面积较大，可敷设立管的地方较少，只有充分发挥每根立管的作用，方能较好地排除屋面雨水。因此，应积极采用满管压力流排水设计。

2. 设计雨水量计算

高层建筑屋面设计雨水量计算与普通建筑计算公式相同。

3. 雨水排水水力计算

高层建筑屋面雨水系统水力计算方法与普通建筑计算方法相同。高层建筑屋面涉及的重力流和重力半压力流内排水系统和虹吸式屋面雨水排水系统的水力计算详见4.2。

10.5　高层建筑热水供应

10.5.1　高层建筑热水供应系统技术要求

高层建筑热水供应系统与给水系统相同，若采用同一系统供应热水，也会使低层管道中静水压力过大，因此带来一系列弊端。为了保证良好的工况，高层建筑热水供应系统也要解决低层管道中静水压力过大的问题。

10.5.2　高层建筑热水供应系统技术措施

高层建筑热水供应系统与给水系统相同，解决低层管道静水压力过大的问题，可采用竖向分区的供水方式。热水供应系统分区的范围，应与给水系统的分区一致，各区的水加热器、贮水器的进水均应由同区的给水系统供应。冷、热水系统分区一致，可使系统内冷、热水压力平衡，便于调节冷、热水混合龙头的出水温度，也便于管理。

10.5.3　高层建筑热水供应系统与供水方式

高层建筑热水系统的分区供水方式主要有集中式和分散式。

(1) 集中式。各区热水配水循环管网自成系统，加热设备、循环水泵集中设在底层或地下设备层，各区加热设备的冷水分别来自各区冷水水源，如图10-25所示。其优点是各区供水自成系统，互不影响，供水安全可靠，设备集中设置，维修管理方便。其缺点是高区水加热器需承受高压、制作要求和费用高。所以该分区形式不宜用在多于三个分区，一般适用于建筑高度100m以下的高层建筑。

(2) 分散式。各区热水配水循环管网也自成系统，但各区的加热设备和循环水泵分散设备在各区的设备层中，如图10-26所示。其优点是供水安全可靠、加热设备承压均衡、费用低。其缺点是设备分散布置，占用建筑面积大，维修管理不方便，且热媒管线较长。所以该分区形式一般用在多于三个分区，适用于建筑高度大于100m的超高层建筑。

高层建筑热水系统的分区，应遵循以下原则：①应与给水系统分区一致，各区水加热器、贮水罐的进水均应由同区的给水系统专管供应；②当不能满足时，应采取保证系统冷、热水压力平衡的措施；③当采用减压阀分区时，除应满足给水系统的减压阀分区要求外，其密封部分材料应按热水温度要求选择，尤其要注意保证各分区热水的循环效果。

10.5.4　高层建筑热水管道的布置与敷设

一般高层建筑热水供应的范围大，热水供应系统的规模也较大，为确保系统运行时的良好工况，进行管线布置时，应注意以下几点：

(1) 当分区范围超过5层时，为使各配水点随时得到设计要求的水温，应采用全循环或立管循环方式，当分区范围小，但立管数多于5根时，应采用干管循环方式。

(2) 为防止循环流量在系统中流动时出现短流，影响部分配水点的出水温度，宜采用同程式管线布置形式。使循环流量通过各循环管路的流程相当，可避免短流现象，有利于保证各配水点所需水温；当采用同程布置有困难时，应采取保证干管和立管循环效果

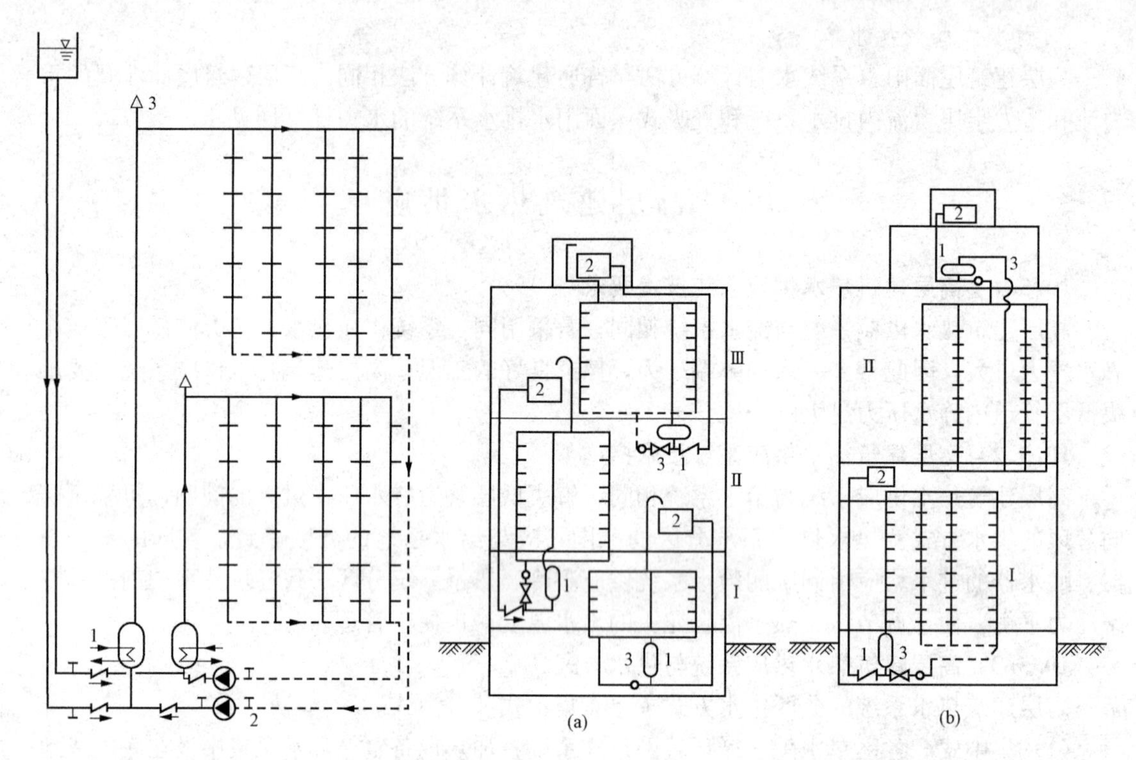

图 10-25　集中式供水方式

1—水加热器；2—循环水泵；3—排气阀

图 10-26　分散式供水方式

(a) 各区系统均为上行下回方式；(b) 各区系统混合设置

1—水加热器；2—给水箱；3—循环水泵

的措施。

(3) 为提高供水的安全可靠性，尽量减小管道、附件检修时的停水范围，可充分利用热水循环管路提供的双向供水的有利条件，放大回水管管径，使它与配水管径接近，当管道出现故障时，可临时作配水管使用。

10.5.5　高层建筑热水供应系统计算

高层建筑热水供应系统的设计计算方法与普通建筑热水供应系统的设计计算方法相同。详见 5.5。

10.5.6　高层建筑热水管网的水力计算

高层建筑热水管网水力计算包括热媒管网水力计算和热水配水管网、热水回水管网的水力计算，详见 5.6。

高层建筑热水管网水力计算步骤：

(1) 确定热水供应系统方式，绘制管网平面图和轴测图。

(2) 计算热媒管道的管径及相应的压力损失。

(3) 计算配水管网和回水管网的管径及压力损失。

(4) 计算和选择锅炉、换热器、循环水泵、疏水器、安全阀、调压阀、自动温度调节装置、膨胀管、补偿器等。

10.1　在高层建筑工程中确定合理的供水方案应该考虑该项工程所涉及的哪些因素?

10.2　高层建筑给水系统为什么要进行竖向分区? 如何进行分区的? 分区的依据是什么?

10.3　简述高层建筑消防特点及技术要求。

10.4　简述高层建筑消防给水系统中有哪些防超压措施?

10.5　简述高层建筑消防给水系统分区的依据和水泵接合器的设置要求。

10.6　高层建筑排水管道有何特点?

10.7　高层建筑排水系统的组成应满足哪些要求?

10.8　高层建筑排水通气管的设置应遵循哪些原则?

10.9　高层建筑排除屋面雨水时有哪些要求?

10.10　高层建筑热水管道布置过程中要注意哪些要求?

第11章 建筑给水排水工程设计、竣工验收及运行管理

建筑物与其给水排水工程完好融合，会让建筑在使用功能上更方便、舒适与安全。为此，设计人员应首先了解建筑工程设计的一般程序和有关设计的深度、管理、审查等相关问题，以便以全局的观点，恰当处理和把握设计的基本原则。

建筑给水排水竣工验收是建筑给水排水工程设计的一个阶段，是施工全过程的最后一个程序，也是工程项目管理的最后一项工作，应按《建筑给水排水及采暖工程施工质量验收规范》(GB 50242—2002) 及相关规范的要求进行。

建筑给水排水系统的运行管理，包括日常保养、维护和运行管理。管理的方式、内容以及系统常见故障的处理方法也是本章学习的主要内容。

11.1 设计程序与图纸要求

我国是社会主义国家，实行基本建设集中管理的政策，国家对各类拟建项目都应审批，各类建筑物的建设都必须依据基本建设程序进行。

建筑工程的立项，一般需要建设单位（甲方）根据建筑工程要求并经过可行性论证后，向政府建设主管部门提出申请报告或工程计划任务书，说明建设用途、规模、标准、投资估算和工程建设年限，并申报政府建设主管部门批准，列入年度基建计划。经建设主管部门批准后，确定作为建设任务，再以书面形式通知建设单位，由建设单位委托设计单位进行工程设计。由于建设项目是书面下达的，因此这个阶段又称为任务书阶段。

在任务书下达后及各种有关文件齐备的情况下，设计单位才能够接受建设单位的委托，进行该工程的设计工作。建筑给水排水工程是整个建设工程设计的一部分，其程序与整体工程设计是一致的。

11.1.1 设计阶段的划分

设计内容包括建筑给水、建筑排水、消防、雨水、中水、热水和饮用水系统、建筑水景设计等。当然，一项工程不一定要设计上述全部内容，可能只设计其中的几种。例如："6+1"（六层住户、一层下房）住宅，只需设计建筑给水、建筑排水，其他的不进行统一设计建设。

一般的中等规模工程设计项目可划分为初步设计阶段、施工图设计阶段两个阶段。对于规模很小的工程，可直接进行施工图阶段的设计。技术复杂、规模较大或较重要的工程项目，可分为方案设计、初步设计和施工图设计3个阶段。

11.1.2 设计内容和要求

1. 方案设计

建筑给水排水工程设计的依据是甲方（建设方）提供给丙方（设计方）的设计任务书、建筑专业先期完成的建筑方案设计图、结构设计图及建筑给水排水设计规范和其他相关规范

及图集。设计完成后，需要进行现场踏勘，收集资料，与其他专业相互配合，互提资料，并要与业主及市政、自来水、排污处、环保等主管部门及时沟通和交流。

从建筑总图上了解建筑平面位置、建筑层数及用途、建筑外形特点、建筑物周围地形和道路情况是进行方案设计的第一步。还需要了解市政给水管道的具体位置、接引入管处管段的管径、埋深、水压、水量及管材等情况；了解市政排水管道的具体位置、出户管接入点的检查井标高、排水管径、管材、坡度、坡向及排水体制等情况。最后根据建筑使用性质，计算总用水量，并确定给水、排水设计方案，同时向建筑专业设计人员提供给水排水设备的安装位置、占地面积等。方案设计说明书的编写应包括以下内容：

(1) 设计依据。

(2) 建筑物的用途、性质及规模。

(3) 给水设计。

1) 水源情况简述（包括自备水源及市政给水）。

2) 用水量及耗热量估算：包括给水用水定额及总水量（最高日用水量、最大时用水量）、热水设计小时耗热量、室内外消防用水量。

3) 给水系统：简述选用的给水系统和给水方式（上供下回、下供上回等）。

4) 消防系统：说明消防系统的选择，消防给水系统的用水量，以及升压、贮水设备的选择与布置等。

5) 热水系统：说明热水用水定额，热水总用水量，热水供水方式、循环方式，热媒及热媒耗量，锅炉房及水加热器的选择与布置等。

6) 中水系统：说明中水原水的种类、水量、处理工艺、中水供水系统的形式、中水的水量调节设施和加压设备的选择等。

7) 饮用净水系统：说明饮用净水用水定额、供水方式、水质处理工艺、加压贮水设备的选择与布置等。

8) 冷却循环水、重复用水及采取的其他节水节能措施。

(4) 排水设计。

1) 说明选用的排水体制和排水方式，出户管的位置及管径，污废水提升和局部处理构筑物的选择和位置，以及雨水的排出方式等。

2) 估算污废水排放量、雨水量及重现期等设计参数。

3) 排水系统说明及综合利用说明。

4) 污废水的处理方法。

方案设计完毕，在建设单位认可，并报主管部门审批后，可进行初步设计工作。

2. 初步设计

初步设计是将方案设计的内容更确切、更完整地用图纸和说明书体现出来。

(1) 初步设计原则。

1) 初步设计要出设计说明和设计图纸（简单工程项目可不出设计图纸）。

2) 初步设计文件编制深度除满足有关行业标准外，还要符合建设部规定的《建筑工程设计文件编制深度规定》(04S901) 的要求。

3) 初步设计文件应满足编制施工图设计文件的需要。

4) 设计标准有关国家标准、地方标准及相关行业标准，设计时要因地制宜地进行选择，不能乱用。

5）若设计合同对设计深度另有要求，还要按设计合同要求进行设计。

（2）初步设计内容。

1）设计说明书内容。

a. 设计依据：摘录设计总说明所列批准文件和本专业相关的依据性文件；本工程所采用的主要法规和标准；其他专业为本专业提供的工程设计资料及可利用的市政条件等。

b. 设计范围：根据设计任务书及其他资料，说明本专业的设计内容；有合作单位的情况下，要明确说明各自的分工。

c. 室内给水排水设计：说明各种用水量标准（用水单位数、工作时间、小时变化数等）；室内给水系统（给水系统的划分、给水方式、分区供水的划分和要求、给水水池和水箱的相关信息等）；消防系统（对各种消防系统的设计原则、设计依据、设计标准、消防水箱和水池的容量、设置位置及主要设备选型进行说明）；热水系统（说明采取的热水供应方式，系统选择，水温、水质、热源、加热方式及最大小时用水量和耗热量等）；中水系统（说明中水系统设计依据、水质要求、工艺流程、设计参数及设备选型，绘出出水量平衡图）；排水系统（说明排水体制、排水量、室外排放条件，有污废水局部处理系统的要说明处理工艺流程及构筑物的设计数据，有屋面雨水的排放形式和排放条件等）；管材、管件、接口、敷设方式、支吊架的说明。

d. 节水节能措施：设计中用到的高效节能节水设备及技术措施要进行说明。

e. 对于安静有特殊要求的建筑物和构筑物，要说明给排水设计中采用的隔振和防噪措施。

f. 对特殊地区（地震多发区、冻土地区、软弱地基等），说明给排水设计中采用的相应技术措施。

g. 提请在设计审批时解决或确定的主要问题。

2）设计图纸内容。

a. 给水排水总平面图：应反映出室内管网与室外管网的连接形式，包括室外生活给水、消防给水、中水供水、排水及热水管网的具体平面位置和走向；图上应标注各种检查井、管径、地面标高、管道埋深和坡度、控制点坐标、以及管道布置间距等；通常采用的比例尺为1：500。

b. 平面布置图：表达各系统管道和设备的平面位置；通常采用的比例尺为1：100，如管线复杂时可放大至1：50～1：20；图中应标注各种管道、附件、卫生器具、用水设备和立管的平面位置及编号，以及管道管径和坡度等；通常是把各系统的管道绘制在同一张平面布置图上；当系统大而复杂时，在同一张平面图上表达不清时，也可分别绘制平面布置图。

c. 系统图：用于表达整个系统管道、设备的空间位置和相互关系；各类管道的系统图要分别绘制，图中标注应与平面布置图一致，一般标注管径、立管和设备编号、管道和附件的标高及管道坡度等。

d. 设备材料表：列出各种设备、附件、管道配件和管材的型号、规格和数量，供概（预）算和材料统计使用。

3）计算书内容：包括各个系统的水力计算和设备选型计算。

在初步设计完成后，可进入施工图设计阶段。

3. 施工图设计

在初步设计图纸的基础上，补充表达不完善和施工过程中必须绘制的施工详图。

(1) 施工图设计原则。

1) 施工图设计要出施工图纸。

2) 初步设计文件编制深度除满足有关行业标准外，还要符合建设部规定的《建筑工程设计文件编制深度规定》(04S901) 的要求。

3) 设计标准有关国家标准、地方标准及相关行业标准，设计时要因地制宜地进行选择，不能乱用；在设计图纸的图纸目录或施工图设计说明中应注明应用图集的名称。

4) 若设计合同对设计深度另有要求，还要按设计合同要求进行设计。

(2) 施工图设计内容要求。给水排水专业施工图设计阶段要出的设计文件包括图纸目录、施工图设计说明、设计图纸、主要设备表、计算书（内部使用并存档）。

1) 图纸目录。不同设计院所都有固定的图纸目录格式，在图纸目录格式纸上先按顺序列出新绘制的图纸编号、名称、图幅大小，然后在后面列出所选用的标准图和图集。

2) 设计总说明。

a. 设计依据说明。

b. 给排水系统概况。

c. 包括各种管道、管件及设备的图例。

d. 施工说明：用图形和符号在图纸上难以表达清楚的要用必要的文字加以说明，如选用的管材，防腐、防冻、防结露技术措施和方法，管道的固定、连接方法，管道试压、竣工验收要求及一些施工中特殊技术处理措施，施工要求采用的技术规程、规范和采用的标准图号，工程图中所采用的图例等。

3) 给排水设计图。

a. 卫生间详图，包括平面图和管道系统图。

b. 贮水池和高位水箱的工艺尺寸和接管详图。

c. 泵房机组及管路平面布置图、工艺流程图和必要的剖面图。

d. 管井的管线布置图。

e. 设备基础留洞位置及详细尺寸图。

f. 必要的管道节点和非标准设备的位置详图。

所有图纸应统一编号，列出图纸目录，以便查阅和存档。

4) 计算书。根据初步设计审批意见进行施工图阶段设计计算。

11.1.3　与其他有关专业设计人员的相互配合

为确保整体设计工作的顺利进行，各专业应在分工的基础上进行综合与协调，使各专业能做到分工清晰，相互配合，协同工作，给水排水专业设计人员应向其他专业设计人员提供必要的技术资料、数据及工艺要求，以避免发生技术上的冲突和遗漏，完成好总体的设计目标与任务。

(1) 向建筑专业设计人员提供：水池、水箱的位置、容积和工艺尺寸要求；给水排水设备用房面积和高度要求；各管道竖井位置和平面尺寸要求等。

(2) 向结构专业设计人员提供：水池、水箱的具体工艺尺寸，水的荷重；预留孔洞位置及尺寸（如梁、板、基础或地梁等预留孔洞）等。

（3）向采暖、通风专业设计人员提供：热水系统最大时耗热量；蒸汽接管和冷凝接管位置；泵房及一些设备用房的温度和通风要求等。

（4）向电气专业设计人员提供：水泵机组用电量，用电等级；水泵机组自动控制要求，水池和水箱的最高水位和最低水位；其他自动控制要求，如消防的远距离启动、报警等要求。

（5）向经济管理专业人员提供：材料、设备表及文字说明；设计图纸；协助提供掌握的有关设备单价。

11.1.4 管线工程综合设计原则

现代建筑的功能越来越复杂，一个完整的建筑物内可能包含着水、气、暖、电等范畴的约11类管线。各类设备管线的敷设、安装极易在平面和立面上出现相互交叉、挤占、碰撞的现象。所以，布置各种设备、管道时应统筹兼顾，合理综合布置，保证各类管线均能实现其预定功能，布置整齐有序、便于施工和以后的维修。为达到上述目的，给水排水专业人员应注意与其他专业密切配合、相互协调。

1. 管线综合设计原则

（1）隔离原则。电缆（动力、自控、通信）桥架与输送液体的管线应分开布置，以免管道渗漏时，损坏电缆或造成更大的事故。若必须在一起敷设，电缆应考虑设套管等保护措施。

（2）避让原则。压力管让自流管；管径小的让管径大的；易弯曲的让不易弯曲的；临时性的让永久性的；工程量小的让工程量大的；新建的让现有的；检修次数少的、方便的，让检修次数多的、不方便的；冷水管线避让热水管线，热水管线避让冷冻水管线。

（3）分层原则。分层布置时，由上而下按蒸汽、热水、给水、排水管线顺序排列。给水管线避让排水管线，利于避免排水管堵塞。

（4）先后原则。首先保证重力流管线的布置，满足其坡度的要求，达到水流通畅；先布置管径大的管线，后考虑管径小的管线。

（5）管线共沟敷设原则。热力管不应与电力、通信电缆和压力管道共沟；排水管道应布置在沟底，当沟内有腐蚀性介质管道时，排水管道应位于其上面；腐蚀性介质管道的标高应低于沟内其他管线；火灾危险性属于甲、乙、丙类的液体、液化石油气、可燃气体、毒性气体和液体以及腐蚀性介质管道，不应共沟敷设，并严禁与消防水管共沟敷设；凡有可能产生互相影响的管线，不应共沟敷设。

2. 管线布置

（1）管道在管沟内布置。管沟有通行和不通行管沟之分。

如图11-1所示为不通行管沟，不通行管沟高度一般为320～950mm，管线应沿两侧布置，中间留有施工空间，当遇事故时，检修人员可爬行进入管沟检查管线。

图11-2所示为可通行管沟，通行管沟高度一般为1800mm以上，管线沿两侧布置，中间留有通道和施工空间。

（2）管道在竖井内布置。在高层建筑中，管道竖井面积的大小影响建筑使用面积的增减，因此各专业竖井的合并很有必要。给水、排水、消防、热水、采暖、冷冻水、雨水管道等可以合并布置于同一竖井内。在排水管道、雨水管道的立管需靠近集水点而不能与其他管线靠拢时的情况下，需单独设立竖井。

竖井分能进人和不能进人两种。

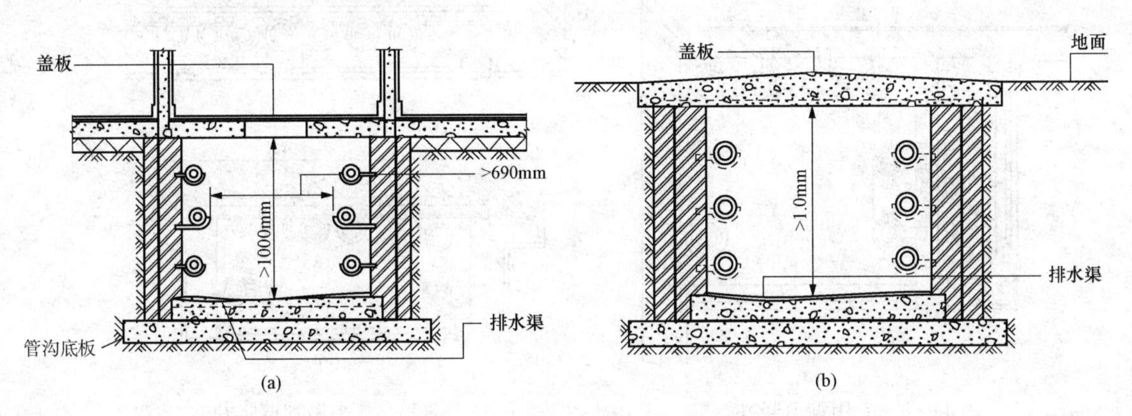

图 11－1　不通行管沟管线布置

(a) 室内管沟；(b) 室外管沟

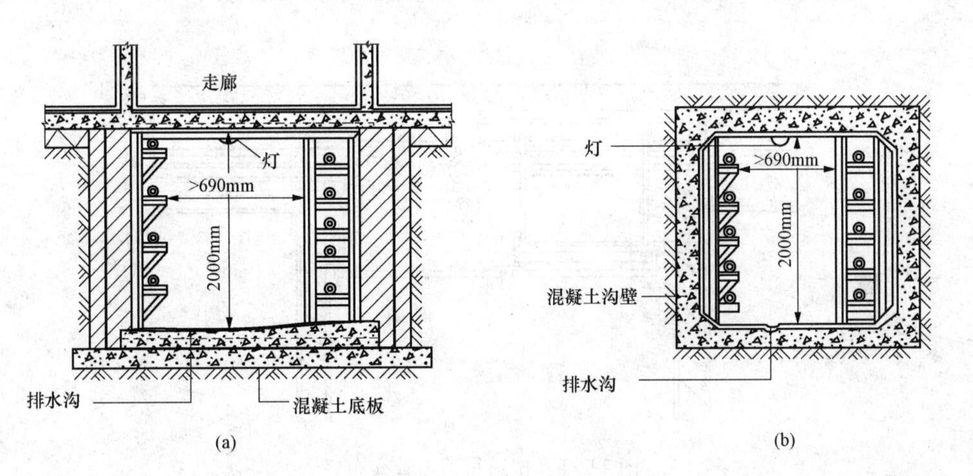

图 11－2　可通行管沟管线布置

(a) 室内走廊下管沟；(b) 室外管沟

图 11－3 所示为规模较大建筑的专用管道竖井。每层留有检修门，可进入管道竖井内施工和检修。当竖井空间较小时，布置管线应考虑施工的顺序。

图 11－4 所示为较小型的管道竖井或称专用管槽。管道安装完毕后才装饰外部墙面，安装检修门。

(3) 吊顶内管线布置。管线布置时应考虑施工的先后顺序、安装操作距离、支托吊架的空间和预留维修检修的余地。管线安装一般是先装大管，后装小管；先固定支、托、吊架，后安管道。

图 11－5 所示为楼道吊顶内的管线布置，因空间较小，电缆也布置在吊顶内，需设专用电缆槽保护电缆。

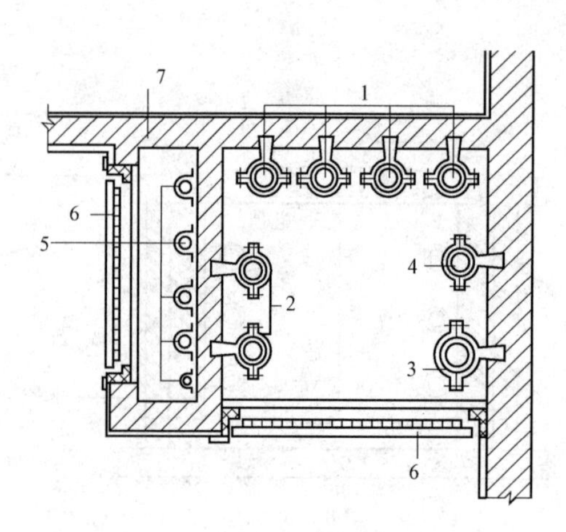

图 11-3　专用管道竖井

1—采暖和热水管道；2—给水和消防管道；
3—排水立管；4—专用通气立管；5—电缆；
6—检修门；7—墙体

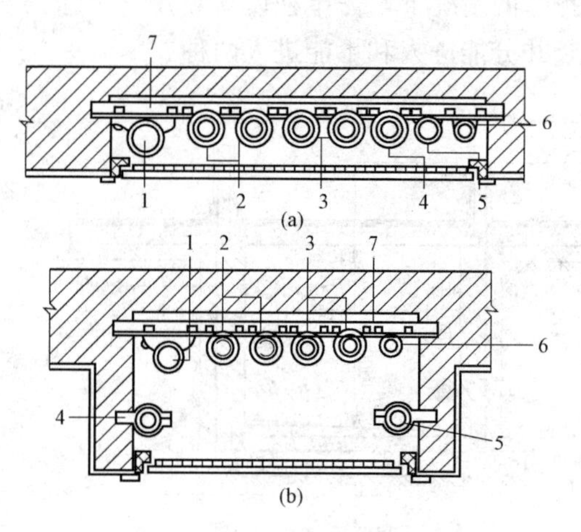

图 11-4　小型管道竖井

(a) 全部在墙内；(b) 部分在墙内
1—排水立管；2—采暖立管；3—热水回水立管；
4—消防立管；5—水泵加压管；6—给水立管；7—角钢

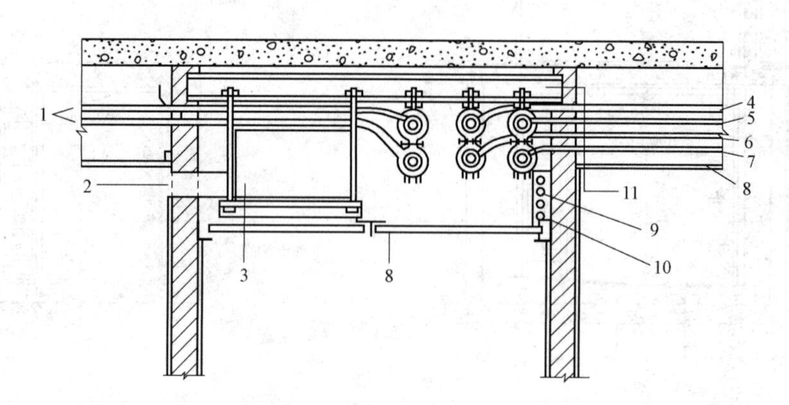

图 11-5　楼道吊顶内管线布置

1—空调管；2—风口；3—风管；4—采暖管；
5—热水管；6—采暖；7—给水管；
8—吊顶；9—电缆槽；10—电缆；11—槽钢

图 11-6 所示为地下室吊顶内的管线布置，由于吊顶内空间较大，可按专业分段布置。此方式也可用于顶层闷顶内的管线布置。

(4) 技术设备层内管线布置。技术设备层空间较大，管线布置也应整齐有序，利于施工和今后的维修管理，宜采用管道排架布置，如图 11-7 所示。由于排水管线坡度较大，可用吊架敷设，以便于调整管道坡度。管线布置完毕，与各专业技术人员协商后，即可绘出各管道布置断面图，图中应标明管线的具体位置和标高，并说明施工要求和顺序。

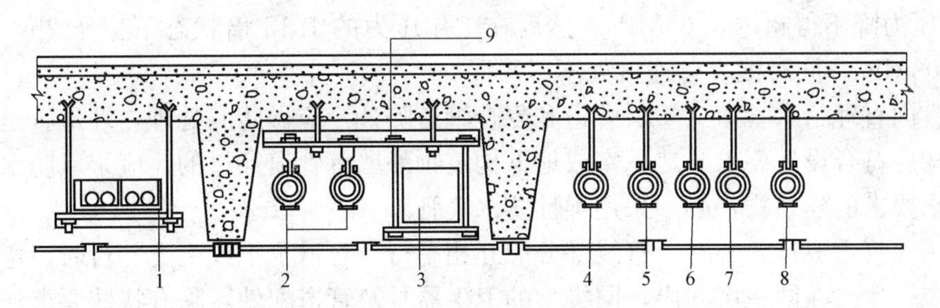

图 11-6　地下室吊顶内管线布置

1—电缆；2—采暖管；3—通风管；4—消防管；5—给水管；
6—热水供水管；7—热水回管；8—角钢；9—吊顶

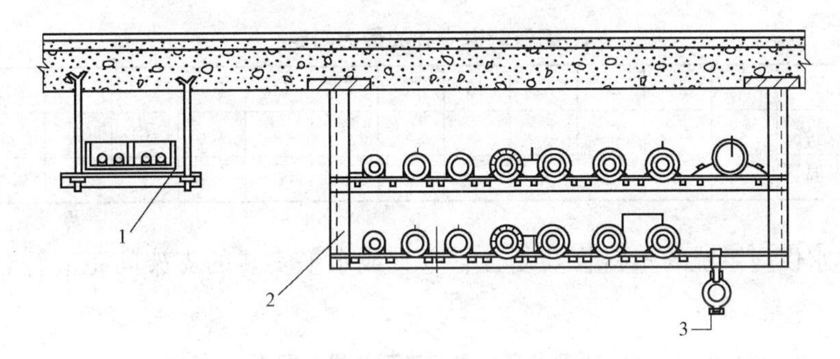

图 11-7　技术设备层内管线共架统一敷设

1—电缆桥架；2—管道桥架；3—排水干管吊架敷设

11.2　建筑给水排水工程竣工验收

建筑给水排水竣工验收的任务包括：①听取施工单位对项目完成情况介绍，了解已完工和尚未完成项目的工程进度；②根据工程需要参加隐蔽工程验收、总验收时检查隐蔽工程及试压等记录文件；③对完工的项目检查系统附件和安装外观质量；④检验系统功能和试用效果，核对设备参数；⑤了解试用后出现的问题，并针对问题分析原因，共同商讨解决方案；⑥约定工程遗留问题的解决途径和期限，明确设计单位服务工作内容。

11.2.1　建筑给水系统竣工验收

1. 验收步骤及要求

(1) 建筑内部给水系统进行竣工验收时，应出具施工图纸和设计变更、施工组织设计或施工方案、材料和制品的合格证或试验记录、设备和仪表的技术性能证明书、水压试验记录、隐蔽工程验收记录和中间验收记录及单项工程质量评定表等文件。

(2) 暗装管道的外观检查和水压试验，应在隐蔽前进行；无缝钢管可带保温层进行水压试验，但在试验前，焊接接口和连接部分不应保温，以便进行直观检查；在冬季进行水压试验时，应采取防冻措施（北方地区），试压后应放空管道中的存水。水压试验的方法按下列规定进行：金属及复合管给水管道系统在试验压力下观测 10min，压力降不应大于 0.02MPa，然后降到工作压力进行检查，应不渗不漏；塑料管给水管道系统应在试验压力下稳压1h，压力降不得超过0.05MPa，然后在工作压力的1.15倍状态下稳压2h，压力降不得超过0.03MPa，同时检查各连接处不得渗漏。

(3) 室内直埋给水管道（塑料管道和复合管道除外）应做防腐处理，埋地管道的防腐层材质和结构应符合设计要求。地下室或地下构筑物外墙有管道穿过的，应采取防水措施。对有严格防水要求的建筑物，必须采用柔性防水套管。

(4) 明装管道成排安装时，直线部分应互相平行。管道水平或上下并行时，弯管部分的曲率半径应一致。在同一房间内，同类型的卫生器具及管道配件，除有特殊要求外，应安装在同一高度上。

(5) 管道支、吊、托架安装位置应正确，埋设应平整牢固，与管道接触紧密，滑动支架应灵活，纵向活动量符合设计要求。钢管水平安装的支、吊架间距应符合表11-1的规定。

表11-1　　钢管管道支架的最大间距

公称直径（mm）		15	20	25	32	40	50	70	80	100	125	150	200	250	300
支架的最大间距（m）	保温管	2	2.5	2.5	2.5	3	3	4	4	4.5	6	7	7	8	8.5
	不保温管	2.5	3	3.5	4	4.5	5	6	6	6.5	7	8	9.5	11	12

给水及热水供应系统的塑料管及复合管垂直或水平安装的支架间距应符合表11-2的规定。

表11-2　　所料及复合管道支架的最大间距

管　径（mm）			12	14	16	18	20	25	32	40	50	63	75	90	110
最大间距（m）	立　管		0.5	0.6	0.7	0.8	0.9	1.0	1.1	1.3	1.6	1.8	2.0	2.2	2.4
	水平管	冷水管	0.4	0.4	0.5	0.5	0.6	0.7	0.8	0.9	1.0	1.1	1.2	1.35	1.55
		热水管	0.2	0.2	0.25	0.3	0.3	0.35	0.4	0.5	0.6	0.7	0.8		

(6) 生活给水管道须采用与管材相适应的管件且在交付前必须进行冲洗和消毒，并经有关部门取样检验，符合《生活饮用水卫生标准》(GB 5749—2006) 的规定后方可使用。

(7) 建筑内部给水管道系统，在试验合格后，方可与室外管网或室内加压泵房连接。

2. 给水系统的质量检查

建筑内部给水系统应根据外观检查和水压试验的结果进行验收。

(1) 建筑内部生活饮用和消防系统给水管道的水压试验必须符合设计要求，当设计未注明时，各种材质的给水管道系统试验压力均为工作压力的1.5倍，但不得小于0.6MPa。给水水平管道应有0.002～0.005的坡度坡向泄水装置。

(2) 管道及管件焊接的焊缝外形尺寸应符合图纸和工艺的规定，焊缝高度不得低于母材表面，焊缝与母材应圆滑过渡；焊缝及热影响表面应无裂纹、未熔合、未焊透、夹渣、弧坑和气孔等缺陷。

(3) 生活给水及消防给水系统的通水能力。建筑内部生活给水系统，按设计要求同时开放最大数量配水点是否全部达到额定流量。高层建筑可根据管道布置采取分层、分区段的通水试验。同时，管道、阀件、水表和卫生洁具的安装是否正确及有无漏水现象。

(4) 建筑内部给水管道的阀门安装的允许偏差应符合表11-3的规定。

表 11-3　　管道和阀门安装的允许偏差和检验方法

项次	项目			允许偏差（mm）	检验方法
1	水平管道纵横方向弯曲	钢管	每米	1	用水平尺、直尺、拉线和尺量检查
			全长 25m 以上	≤25	
		塑料管 复合管	每米	1.5	
			全长 25m 以上	≤25	
		铸铁管	每米	2	
			全长 25m 以上	≤25	
2	立管垂直度	钢管	每米	3	吊线和尺量检查
			5m 以上	≤8	
		塑料管 复合管	每米	2	
			5m 以上	≤8	
		铸铁管	每米	3	
			5m 以上	≤10	
3	成排管段和成排阀门		在同一平面上间距	3	尺量检查

（5）给水设备安装工程验收时，应注意以下事项：水泵就位前的基础混凝土强度、坐标、标高、尺寸和螺栓孔位置必须符合设计规定，应对照图纸用仪器和尺量检查；水泵试运转的轴承温升必须符合设备说明书的规定，可通过温度计实测检查；立式水泵的减振装置不应采用弹簧减振器；敞口水箱的满水试验和密闭水箱（罐）的水压试验必须符合设计规定；水箱支架或底座安装，其尺寸及位置应符合设计规定，埋设平整牢固；水箱溢流管和泄放管应设置在排水地点附近，但不得与排水管直接连接。建筑内部给水设备安装的允许偏差应符合表 11-4 的规定。

表 11-4　　建筑内部给水设备安装的允许偏差和检验方法

项次	项目			允许偏差（mm）	检验方法
1	静置设备	坐标		15	经纬仪或拉线、尺量
		标高		±5	用水准仪、拉线和尺量检查
		垂直度（每米）		5	吊线和尺量检查
2	离心式水泵	立式泵体垂直度（每米）		0.1	水平尺和塞尺检查
		卧式泵体水平度（每米）		0.1	水平尺和塞尺检查
		联轴器同心度	轴向倾斜（每米）	0.8	在联轴器互相垂直的 4 个位置上用水准仪、百分表或测微螺钉和塞尺检查
			径向位移	0.1	

（6）管道及设备保温层的厚度和平整度的允许偏差应符合表 11-5 的规定。

表 11-5　　管道及设备保温层的允许偏差检查方法

项次	项目		允许偏差（mm）	检验方法
1	厚　度		$+0.1\delta$ -0.05δ	用钢针刺入
2	表　面平整度	卷　材	5	用 2m 靠尺和楔形塞尺检查
		涂　抹	10	

注　δ 为保温层厚度。

11.2.2 建筑消防系统竣工验收

建筑消防系统竣工后，应进行工程竣工验收，验收不合格不得投入使用。

1. 验收资料

批准的竣工验收申请报告、设计图纸、公安消防监督机构的审批文件、设计变更通知单、竣工图；地下及隐蔽工程验收记录，工程质量事故处理报告；系统试压、冲洗记录；系统调试记录；系统联动试验记录；系统主要材料、设备和组件的合格证或现场检验报告；系统维护管理规章、维护管理人员登记表及上岗证。

2. 消防系统供水水源的检查验收要求

应检查室外给水管网的进水管管径及供水能力，并应检查消防水箱和水池容量，均应符合设计要求；当采用天然水源作系统的供水水源时，其水量、水质应符合设计要求，并应检查枯水期最低水位时确保消防用水的技术措施。

3. 消防泵房的验收要求

(1) 消防泵房设置的应急照明、安全出口应符合设计要求。

(2) 工作泵、备用泵、吸水管、出水管及出水管上的泄压阀、信号阀等的规格、型号、数量应符合设计要求；当出水管上安装闸阀时应锁定在常开位置。

(3) 消防水泵应采用自灌式引水或其他可靠的引水措施；出水管上应安装试验用的放水阀及排水管；备用电源、自动切换装置的设置应符合设计要求。

(4) 设有消防气压给水设备的泵房，当系统气压下降到设计最低压力时，通过压力开关信号应能启动消防水泵；消防水泵接合器数量及进水管位置应符合设计要求，消防水泵接合器应进行充水试验，且系统最不利点的压力、流量应符合设计要求。

4. 建筑内部消火栓灭火系统的验收要求

(1) 建筑内部消火栓灭火系统控制功能验收时，应在出水压力符合现行国家有关建筑设计防火规范的条件下进行，并应符合下列要求：工作泵、备用泵转换运行 1～3 次；消防控制室内操作启、停泵 1～3 次；消火栓处操作启泵按钮按 5%～10%的比例抽验。以上控制功能应正常，信号应正确。

(2) 建筑内部消火栓系统安装完成后，应取屋顶（北方一般在屋顶水箱间等室内）试验消火栓和首层取两处消火栓做试射试验，达到设计要求为合格。安装消火栓水龙带，水龙带与水枪和快速接头绑扎好后，应根据箱内构造将水龙带挂放在箱内的挂钉、托盘或支架上。

(3) 箱式消火栓的安装应符合下列规定：栓口应朝外，并不应安装在门轴侧；栓口中心距地面为 1.1m，允许偏差 ±20mm；阀门中心距箱侧在为 140mm，距箱后内表面为 100mm，允许偏差±5mm；消火栓箱体安装的垂直度允许偏差为 3mm。

5. 自动喷水灭火系统的验收要求

(1) 自动喷水灭火系统控制功能验收时，应在符合《自动喷水灭火系统设计规范（2005 版）》（GB 50084—2001）的条件下，抽验下列控制功能：工作泵与备用泵转换运行 1～3 次；消防控制室内操作启、停泵 1～3 次；水流指示器、闸阀关闭器及电动阀等按实际安装数量的 10%～30%的比例进行末端放水试验。上述控制功能、信号均应正常。

(2) 管网验收要求。管道的材质、管径、接头及采取的防腐、防冻措施应符合设计规范及设计要求。管道横向安装宜设 0.002～0.005 的坡度，且应坡向排水管；当局部区域难以利用排水管将水排净时，应采取相应的排水措施。管网系统最末端、每一分区系统末端或每一层系统末端设置的末端试水装置、预作用和干式喷水灭火系统设置的排气阀应符合设计要求；管网不同部位安装的报警阀、闸阀、止回阀、电磁阀、信号阀、水流指示器、减压孔板、节流管、减压阀、压力开关、柔性接头、排水管、排气阀、泄压阀等均应符合设计要求。干式喷水灭火系统容积大于1500L时设置的加速排气装置应符合设计要求和规范规定；预作用喷水灭火系统充水时间不应超过3min；报警阀后的管道上不应安装有其他用途的支管或水龙头。

(3) 报警阀组验收要求。报警阀组的各组件，应符合产品标准要求；打开放水试验阀，测试的流量、压力应符合设计要求；水力警铃的设置位置应正确。测试时，水力警铃喷嘴处压力不应小于0.05MPa，且距水力警铃3m远处，警铃声声强不应小于70dB (A)；与空气压缩机或火灾报警系统的联动程序，应符合设计要求；与空气压缩机或火灾报警系统的联动程序，应符合设计要求。

(4) 喷头验收要求。喷头的规格、型号，喷头安装间距，喷头与楼板、墙、梁等的距离应符合设计要求；有腐蚀性气体的环境和有冰冻危险场所安装的喷头，应采取防护措施；有碰撞危险场所安装的喷头应加防护罩；喷头公称动作温度应符合设计要求。

(5) 报警阀组的安装要求。报警阀组应安装在便于操作的明显位置，距室内地面高度宜为1.2m；两侧与墙壁的距离不应小于0.5m；正面与墙的距离不应小于1.2m；安装报警阀组的室内地面应有排水设施；压力表应安装在报警阀上便于观测的位置，排水管和试验阀应安装在便于操作的位置，水源控制阀应便于操作，且应有明显的启闭标志和可靠的锁定设施。

(6) 消防水泵接合器的安装要求。消防水泵接合器应安装在便于消防车接近的人行道或非机动车行驶地段；地下消防水泵接合器应采用铸有“消防水泵接合器”标志的铸铁井盖，并在附近设置指示其位置的固定标志；地上消防水泵接合器应设置与消火栓区别的固定标志；墙壁消防水泵接合器的安装高度宜为1.1m；与墙面上的门、窗、孔、洞的净距不应小于2.0m，且不应安装在玻璃幕墙下方；地下消防水泵接合器的安装，应使进水口与井盖底面的距离不大于0.4m，且不应小于井盖的半径。

(7) 水力警铃的安装要求。水力警铃应安装在公共通道或值班室附近的外墙上，且应安装检修、测试用阀门。水力警铃与报警阀的连接应采用镀锌钢管，当镀锌钢管的公称直径为15mm时，其长度不应大于6m；当镀锌钢管的公称直径为20mm时，其长度不应大于20m；安装后的水力警铃启动压力不应小于0.05MPa。

(8) 水流指示器的安装要求。水流指示器的安装应在管道试压和冲洗合格后进行，水流指示器的规格、型号应符合设计要求；水流指示器应竖直安装在水平管道上侧，其动作方向应和水流方向一致；安装后的水流指示器桨片、膜片应动作灵活，不应与管壁发生碰擦。

(9) 信号阀的安装要求。信号阀应安装在水流指示器前的管段上，与水流指示器间的距离不宜小于300mm。

6. 卤代烷、泡沫、二氧化碳、干粉等灭火系统验收要求

卤代烷、泡沫、二氧化碳、干粉等灭火系统验收时，应在符合现行各有关系统设计规范的条件下按实际安装数量的20%～30%抽验下列控制功能：人工启动和紧急切断试验1～3次；与固定灭火设备联动控制的其他设备（包括关闭防火门窗、停止空调风机、关闭防火阀、落下防火幕等）试验1～3次；抽一个防护区进行喷放试验（卤代烷系统应采用氮气等

介质代替)。上述试验控制功能、信号均应正常。

7. 消防给水系统的试压与冲洗

管网安装完毕后，应对其进行强度试验、严密性试验和冲洗。强度试验和严密性试验宜用水进行。干式喷水灭火系统、预作用喷水灭火系统应做水压试验和气压试验。

11.2.3 建筑排水系统竣工验收

建筑内部排水系统验收的一般规定，与建筑内部给水系统基本相同。

1. 灌水试验

(1) 隐藏或埋地的排水管道在隐藏前必须做灌水试验，其灌水高度应不低于底层卫生器具的上边缘或底层地面高度。检验方法：灌水 15min，待水面下降后，再灌满观察 5min，液面不降，管道及接口无渗漏为合格。

(2) 安装在建筑内部的雨水管道安装后应做灌水试验，灌水高度必须到达每根立管上部的雨水斗。检验方法：灌水试验持续 1h，不渗不漏。

2. 通球试验

室内排水主立管或水平干管在安装结束后，需用直径不小于管径 2/3 的橡胶球、铁球或木球进行管道通球试验。检验方法：立管进行通球试验时，为了防止球滞留在管道内，必须用线贯穿并系牢（线长略大于立管总高度），然后将球从伸出屋面的通气口向下投入，看球能否顺利地通过干管并从出户弯头处溜出，如能顺利通过，说明主管无堵塞；干管进行通球试验时，从干管起始端投入塑料小球，并向干管内通水，在户外的第一个检查井处观察，发现小球流出为合格。

3. 建筑内部排水系统质量检查

验收建筑内部排水系统时，需满足以下要求：

(1) 管道平面位置、标高、坡度、管径、管材符合工程设计要求；干管与支管及卫生洁具位置正确，安装牢固，管道接口严密。建筑内部排水管道安装的允许偏差应符合表 11-6 的规定。雨水钢管管道焊接的焊口允许偏差应符合表 11-7 的规定。

表 11-6 建筑内部排水和雨水管道安装的允许偏差和检验方法

<table>
<tr><th>项次</th><th colspan="4">项目</th><th>允许偏差（mm）</th><th>检验方法</th></tr>
<tr><td>1</td><td colspan="4">坐标</td><td>15</td><td></td></tr>
<tr><td>2</td><td colspan="4">标高</td><td>±15</td><td></td></tr>
<tr><td rowspan="12">3</td><td rowspan="12">水平管道纵横方向弯曲</td><td rowspan="2">铸铁管</td><td colspan="2">每米</td><td>≤1</td><td rowspan="12">用水准仪（水平尺）、直尺、拉线和尺量检查</td></tr>
<tr><td colspan="2">全长（25m 以上）</td><td>≤25</td></tr>
<tr><td rowspan="4">钢管</td><td rowspan="2">每米</td><td>管径≤100mm</td><td>1</td></tr>
<tr><td>管径>100mm</td><td>1.5</td></tr>
<tr><td rowspan="2">全长</td><td>管径≤100mm</td><td>≤25</td></tr>
<tr><td>管径≤100mm</td><td>≤38</td></tr>
<tr><td rowspan="2">塑料管</td><td colspan="2">每米</td><td>1.5</td></tr>
<tr><td colspan="2">全长（25m 以上）</td><td>≤38</td></tr>
<tr><td rowspan="2">钢筋混凝土管混凝土管</td><td colspan="2">每米</td><td>3</td></tr>
<tr><td colspan="2">全长（25m 以上）</td><td>≤75</td></tr>
</table>

续表

<table>
<tr><th>项次</th><th colspan="3">项　目</th><th>允许偏差（mm）</th><th>检验方法</th></tr>
<tr><td rowspan="6">4</td><td rowspan="6">立管垂直度</td><td rowspan="2">铸铁管</td><td>每米</td><td>3</td><td rowspan="6">吊线和尺量检查</td></tr>
<tr><td>全长（5m 以上）</td><td>≥15</td></tr>
<tr><td rowspan="2">钢　管</td><td>每米</td><td>3</td></tr>
<tr><td>全长（5m 以上）</td><td>≥10</td></tr>
<tr><td rowspan="2">塑料管</td><td>每米</td><td>3</td></tr>
<tr><td>全长（5m 以上）</td><td>≥15</td></tr>
</table>

表 11-7　　钢管管道焊口允许偏差检验方法

<table>
<tr><th>项次</th><th colspan="3">项　目</th><th>允许偏差（mm）</th><th>检验方法</th></tr>
<tr><td>1</td><td>焊口平直度</td><td colspan="2">管壁厚 10mm 以内</td><td>1/4 管壁厚</td><td rowspan="3">焊接检验尺和游标卡尺检查</td></tr>
<tr><td rowspan="2">2</td><td rowspan="2">焊缝加强面</td><td colspan="2">高度</td><td rowspan="2">+1</td></tr>
<tr><td colspan="2">宽度</td></tr>
<tr><td rowspan="3">3</td><td rowspan="3">咬边</td><td colspan="2">深度</td><td>0.5</td><td rowspan="3">直尺检查</td></tr>
<tr><td rowspan="2">长度</td><td>连续长度</td><td>25</td></tr>
<tr><td>总长度（两侧）</td><td>小于焊缝长度的 10%</td></tr>
</table>

（2）排水塑料管必须按设计要求及位置装设伸缩节。如设计无要求时，伸缩节间距不得大于 4m。高层建筑中明设排水塑料管道应按设计要求设置阻火圈或防火套管。

（3）清扫口、检查口、伸顶通气管高度与管径等的要求同一般排水立管的规定。

4. 卫生器具安装验收

（1）卫生器具的安装应采用预埋螺栓或膨胀螺栓安装固定，卫生器具安装的允许偏差应符合表 11-8 的规定。卫生器具交工前应做满水和通水试验。检验方法：满水后各连接件不渗不漏；通水试验给、排水畅通。

（2）小便槽冲洗管冲洗孔应斜向下方安装，冲洗水流同墙面呈 45°角；浴盆软管淋浴器挂钩的高度，如设计无要求，可通过尺量检查检验，应距地面 1.8m；排水栓和地漏的安装应平正、牢固，低于排水表面，周边无渗漏。地漏水封高度不得小于 50mm，可通过试水观察检验。

表 11-8　　卫生器具安装的允许偏差和校验方法

<table>
<tr><th>项次</th><th colspan="2">项　目</th><th>允许偏差（mm）</th><th>检验方法</th></tr>
<tr><td rowspan="2">1</td><td rowspan="2">坐标</td><td>单独器具</td><td>10</td><td rowspan="4">拉线、吊线和尺量检查</td></tr>
<tr><td>成排器具</td><td>5</td></tr>
<tr><td rowspan="2">2</td><td rowspan="2">坐标</td><td>单独器具</td><td>±15</td></tr>
<tr><td>成排器具</td><td>±10</td></tr>
<tr><td>3</td><td colspan="2">器具水平度</td><td>2</td><td>用水平尺和尺量检查</td></tr>
<tr><td>4</td><td colspan="2">器具垂直度</td><td>3</td><td>吊线和尺量检查</td></tr>
</table>

（3）与排水横管连接的各卫生器具的受水口和立管均应采取妥善可靠的固定措施；管道与楼板的结合部位应采取牢固可靠的防渗、防漏措施。检验方法：观察和扳手检查。

(4) 卫生器具与进水管、排污口连接必须严密，不得有渗漏现象；卫生器具的支、托架必须防腐良好，安装平整、牢固与器具接触紧密、平稳不得在多孔砖或轻型隔墙中使用膨胀螺栓固定卫生器具；卫生器具排水管道安装的允许偏差应符合表11-9的规定。检验方法：观察及通水检查。

表11-9 卫生器具排水管道安装的允许偏差及检验方法

项次	检查项目	允许偏差（mm）		检验方法
1	横管弯曲度	每米长	2	用水平尺量检查
		横管长度小于或等于10m时	＜8	
		横管长度大于10m时	＜10	
2	卫生器具的排水管口及横支管的纵横坐标	单独器具	10	用尺量检查
		成排器具	5	
3	卫生器具的接口标高	单独器具	±10	用水平尺和尺量检查
		成排器具	±5	

11.3 建筑给水排水系统的运行与管理

11.3.1 建筑给水排水系统的管理方式

目前，建筑给水排水设备的管理工作一般由自来水公司、市政公司和物业管理公司负责，并由专业人员负责管理。建筑给水排水设备管理主要是加强档案资料管理、完善规章制度、常见故障处理、维修管理和系统运行管理。

建筑给水排水系统的管理措施主要有：建立住户保管给水排水设备的责任制度；建立设备管理账册和重要设备的技术档案；建立定期检查、维修、保养的制度；建立给水排水设备大、中修工程的验收制度，积累有关技术资料；建立给水排水设备的更新、调拨、增添、改造、报废等方面的规划和审批制度；建立设备卡片；建立每年年末对建筑给水排水设备进行清查、核对和使用鉴定的制度，遇有缺损现象，应采取必要措施，及时加以解决。

11.3.2 给水系统的维护与运行管理

1. 给水系统常见故障的处理

(1) 水质污染。出水浊度超标，应检查水箱的人孔盖是否盖严，通气管、溢流管管口网罩是否完好，水箱内是否有杂质沉淀，埋地管道是否有渗漏现象等；细菌总数或大肠菌群数超标，应检查消毒器的工作情况，检查水箱排水管、溢流管与排水管道是否有空气隔断，是否造成了回流污染；发现出水混浊或带色时，应检查水箱清洗完毕初期放水或水在管道中的滞留时间是否过长；若水的色度长时间超标，应对水质进行检测。

(2) 给水龙头出流量过小或过大。若给水流量过大过急，出现水流喷溅的现象，可能是由于建筑底层超压所致，可加减压阀或节流阀来调节；而出流量过小往往是建筑上面几层用水高峰期水压不足所致，可调节上下层阀门来解决，若不能解决可考虑提高水泵扬程或在水箱出水管上安装管道泵。

(3) 管道和器具漏水。管道接头漏水是由于管材、管件质量低劣或施工质量不合格造成的。因此，竣工验收时，要对施工质量和管材严格检查，发现问题及时解决，换上质量合格的管件。目前，在普通的建筑中，进户阀门一般为铁制阀门，只有在出问题时才使用，故大多数锈蚀严重，一般不敢轻易去拧，否则要么拧不动，要么拧后关闭不严产生漏水。防止阀门损坏漏水的措施是：建议用户每月开关一次阀门，并使阀门周围保持清洁；若阀门损坏应及时维修或彻底更换优质阀门，如铜质隔膜阀等。PVC管道接头若是轻微漏水，多数情况下是水管接头之间连接没有处理好。若漏水较严重，多数是由于水管硬化或长时间使用异物堵住水管导致破裂。应根据具体情况进行处理。埋地管道发生漏水后表现为地面潮湿渗水，其原因一般是管道被压坏或管道接头不严所致，发生后应及时组织修理。

（4）屋顶水箱溢水或漏水。屋顶水箱溢水是由于进水控制装置或水泵失灵所致。若属于控制装置的问题，应立即关闭水泵和进水阀门进行检修；若属于水泵启闭失灵，则应切断电源后再检修水泵。引起水箱漏水的原因是水箱上的管道接口发生问题或是箱体出现裂缝所致，可从箱体或地面浸湿的现象中发现，应经常巡视，及时发现和处理问题。

2. 给水系统的运行管理

（1）防止二次供水的污染，对水池、水箱定期消毒，保持其清洁卫生。

（2）对供水管道、阀门、水表、水泵、水箱进行经常性维护和定期检查，确保供水安全。

（3）发生跑水、断水故障，应及时抢修。

（4）消防水泵要定期试泵，至少每年进行一次。要保持电气系统正常工作，水泵正常上水，消火栓设备配套完整，检查报告应送交当地消防部门备案。

3. 给水管道的维修养护

（1）给水管道的检查。维修养护人员必须熟悉给水系统的情况，并经常检查给水管道及阀门（包括地上、地下、屋顶等）的使用情况，经常注意地下有无漏水、渗水、积水等异常情况，如发现有漏水现象，应及时进行维修。

（2）设备的保温防冻。在每年冬季来临之前，维修人员应注意做好室内外保温管道、阀门、消火栓等的防冻保温工作，并根据当地气温情况，分别采用不同的保温材料。对已冻裂的水管，可根据具体情况，采取电焊或换管的方法处理。

（3）对冻裂事故的处理。一旦水管发生冰冻，要采用浇温水逐步升温或包保温材料的方法，让其自然融化。对已冻裂的水管，可根据具体情况，采取电焊或换管的方法加以解决。

4. 水泵的保养与维护

水泵的保养与维护包括在运行过程中维护、事故发生之后维护、定期维护，以及对设备进行及时的监测维护等。事故后维护就是水泵发生事故，停止工作的情况下，进行维修，用该维护方法就是将已经损坏的水泵进行修理，对损坏设备零件进行更新。周期性维护就是对水泵设备进行定期检查、保养、维护，对水泵进行定期维护，对设备进行及时检修更换，将隐患在事故发生前排除。监测性维护主要是对设备机械的振动或者其他不正常现象进行及时观察，如果设备超过参照数的临界点，就停止机械运转，进行及时维护，及时发现水泵故障，并且排除安全隐患。

5. 水池、水箱的保养与维护

水池、水箱的维修养护应每3～6个月进行一次，清洗水箱的工作人员应具有卫生防疫部门核发的体检合格证，在停水的前一天通知用户，并准备相应的清洁工具，清洗时的程序如下：

(1) 关闭进水总阀和连通阀门，开启泄水阀，抽空水池、水箱中的水。

(2) 泄水阀处于开启位置，用鼓风机向水池、水箱吹2h以上，排除水池、水箱中的有毒气体，吹进新鲜空气。将燃着的蜡烛放入池底，观察其是否会熄灭，以确定空气是否充足。

(3) 打开水池、水箱内照明设施或设临时照明。清洗人员进入水池、水箱后，对池壁、池底洗刷不少于3遍。

(4) 清洗完毕后，排除污水，然后喷洒消毒药水。

(5) 关闭泄水阀，注入清水。

11.3.3 排水系统的维护与管理

1. 排水系统的维护与管理的内容

排水管道需要定期进行养护、清通，同时也要定期检查是否有生锈、渗漏等现象，发现隐患应及时处理。教育住户不要把杂物投入下水道，以防堵塞。下水道发生堵塞时应及时清通。室外排水沟渠应定期检查和清扫，及时清除淤泥和污物。

2. 排水管道常见故障的处理

排水管道堵塞会造成流水不畅、排泄不通，严重的会在地漏、水池等处漫溢处淌。造成堵塞的原因可能有：硬杂物进入管道，遇水后聚积成块停留在管道的弯头、三通等处，堵塞管道；排水管道尤其是排放粪便的污水管道管径设计过小，导致管道内排水不畅，产生堵塞；施工过程中操作不当，将砖块、木块、砂浆等遗留在管道内。修理时，可根据具体情况判断堵塞物的位置，在靠近的检查口、清扫口、屋顶通气管等处，采用人工或机械疏通。

排水管道漏水主要是由于管道接头不严造成的，可采取更换接口垫或涂以密封胶来解决。

11.3.4 消防系统的维护与管理

消防系统应定期进行检查，包括系统的检查和报警控制器的检查。系统的检查包括外观检查，即检查所有设备，如探测器底部、接线端子箱、手动按钮等；检查系统的接地是否符合规范所提出的各项接地要求；检查探测器外形是否损坏；检查报警控制器的外形和结构是否完好；性能检查，拧下任何一个火灾探测器时，报警控制器上是否有故障显示，进行探测器的实效模拟试验时，报警控制器的声光显示报警是否正常，探测器域号与建筑部位的对应是否准确。报警控制器的检查主要针对其功能，如通过火灾报警器上的手动检查装置，检查报警控制器的各类故障监控功能、消音功能等是否正常，所有指示灯、开关、按钮是否有损坏及接触不良等情况。

自动喷洒消防灭火系统的维护与管理的内容如下：

(1) 每日巡视系统的供水总控制阀、报警控制阀及其附属配件，以确保处于无故障状态；每日检查一次警铃，看其启动是否正常，打开试警铃阀，水力警铃应发出报警信号，如果警铃不动作，应检查整个警铃管道。

(2) 每月对喷头进行一次外观检查，不正常的喷头及时更换；每月检查系统控制阀门是否处于开启状态，保证阀门不会误关闭。

(3) 每两个月对系统进行一次综合试验，按分区逐一打开末端试验装置放水阀，以检验系统灵敏性。

当系统因试验或因火灾启动后，应在事后尽快使系统重新恢复到正常状态。

11.3.5　管道直饮水系统的维护和运行管理

1. 一般规定

(1) 净水站应制定管理制度，岗位操作人员应具备健康证明，并应具有一定的专业技能，经专业培训合格后才能上岗。如运行管理人应熟悉直饮水系统的水处理工艺和所有设施、设备的技术指标和运行要求；化验人员应了解直饮水系统的水处理工艺，熟悉水质指标要求和水质项目化验方法。

(2) 生产运行、水质检测应制定操作规程。操作规程应包括操作要求、操作程序、故障处理、安全生产和日常保养维护要求等。

(3) 生产运行应有生产报表，水质监测应有监测报表，服务应有服务报表和收费报表，包括月报表和年报表，还应有运行记录，主要内容宜包括交接班记录、设备运行记录、设备维护保养记录、管网维护维修记录和用户维修服务记录。

(4) 水质检测应有检测记录，主要内容宜包括日检记录、周检记录和年检记录等。故障事故时应有故障事故记录。

2. 室外管网和设施维护

定期检查阀门井，井盖不得缺失，阀门不得漏水，并应及时补充、更换；定期检测平衡阀门工况，出现变化应及时调整；定期分析供水情况，发现异常时及时检查管网及附件，并排除故障；定期巡视室外埋地管网线路，管网沿线地面应无异常情况，应及时消除影响输水安全的因素；当发生埋地管网爆管情况时，应迅速停止供水并关断所有楼栋供回水阀门，从室外管网泄水口将水排空，然后进行维修。维修完毕后，应对室外管道进行试压、冲洗和消毒，并应符合相关的规定后，才能继续供水。

3. 室内管道维护

定期检查室内管网，供水立管、上下环管不得有漏水或渗水现象，发现问题应及时处理；定期检查减压阀工作情况，记录压力参数，发现压力变化时应及时调整；定期检查自动排气阀工作情况，出现问题应及时处理；室内管道、阀门、水表和水嘴等，严禁遭受高温或污染，避免碰撞和坚硬物品的撞击。

4. 运行管理

操作人员必须严格按照操作规程要求进行操作；运行人员应对设备的运行情况及相关仪表、阀门进行经常性检查，并应做好设备运行记录和设备维修记录；设备的易损配件应齐全，并应有规定量的库存；设备档案、资料应齐全。

11.4　设　计　案　例

11.4.1　设计资料及任务

阳光宾馆是一座集商业办公酒店一体的综合建筑，总建筑面积近 12 500m^2，客房共计 182 套（每层 13 套，每套客房按 2 个床位计），总共 364 个床位。每套均设有卫生间，内设有坐式大便器、浴盆、洗脸盆各一个，宾馆员工数为 50 人。要求进行给水、排水、消火栓、自喷、热水系统设计。

该建筑为单栋建筑，建筑总平面图、建筑物各层平面图及各楼层标高见图 11-8，给水、排水、自喷及热水系统见图 11-9～图 11-12。该建筑共有 14 层，地下一层，层高 4.5m，

1～14层每层层高2.8m。总建筑高度39.2m。在14层屋面有电梯机房，高度为3.3m，生活水箱置于电梯机房顶，室内外地坪差为0.300m，不需要考虑冻土深度。

宾馆位于南昌市区，交通方便，市区给水排水管道设备齐全，该区有城市污水处理厂，无城市供热管网。水源由市政自来水供应，但不允许大楼给水泵直接从市政管道抽水，自来水常年可提供的可靠供水压力为0.25MPa。正门外地下市政给水管道管径为600mm，管中心离地面1.1m。排水管道的管径为900mm，控制窨井的井深为3.300m。

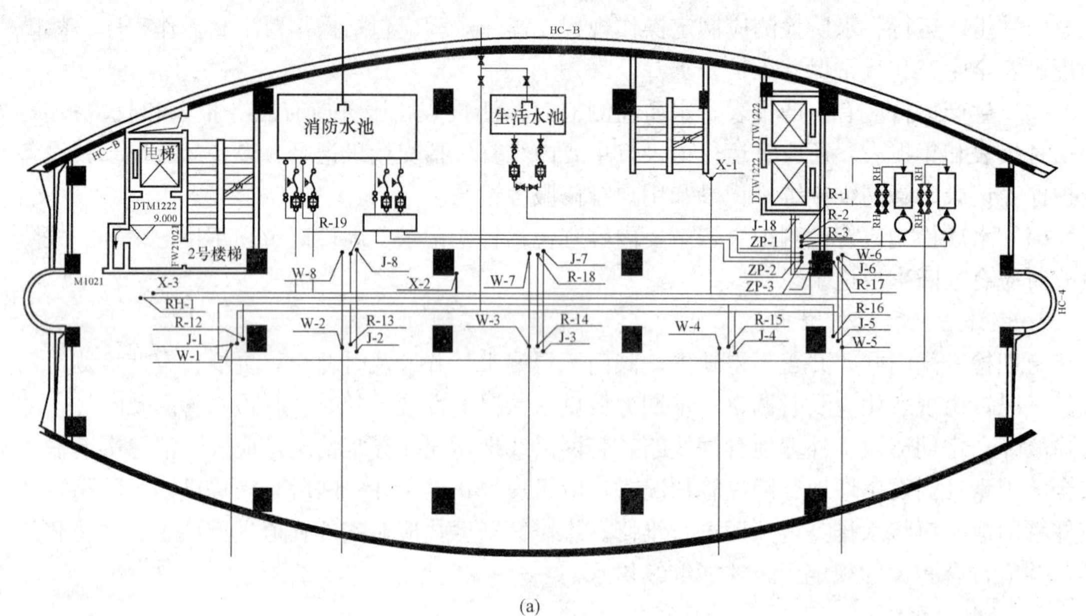

(a)

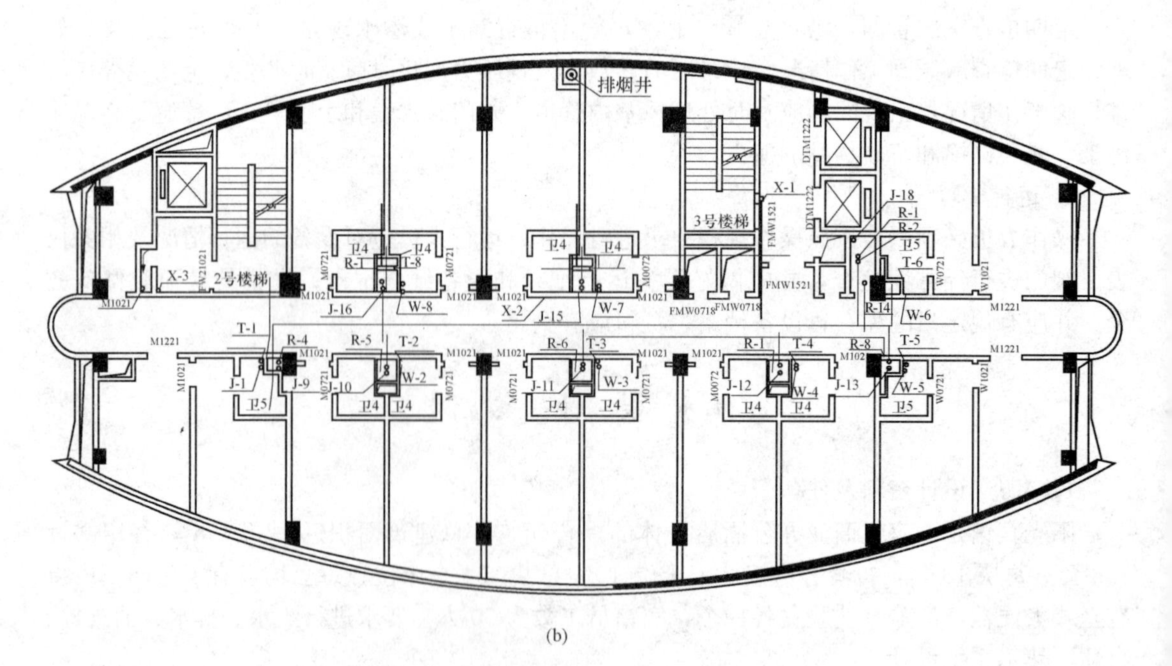

(b)

图11-8 建筑内部管道平面布置图及卫生间布置图、室外管道平面图（一）

（a）地下室平面图；（b）1～14层平面图；

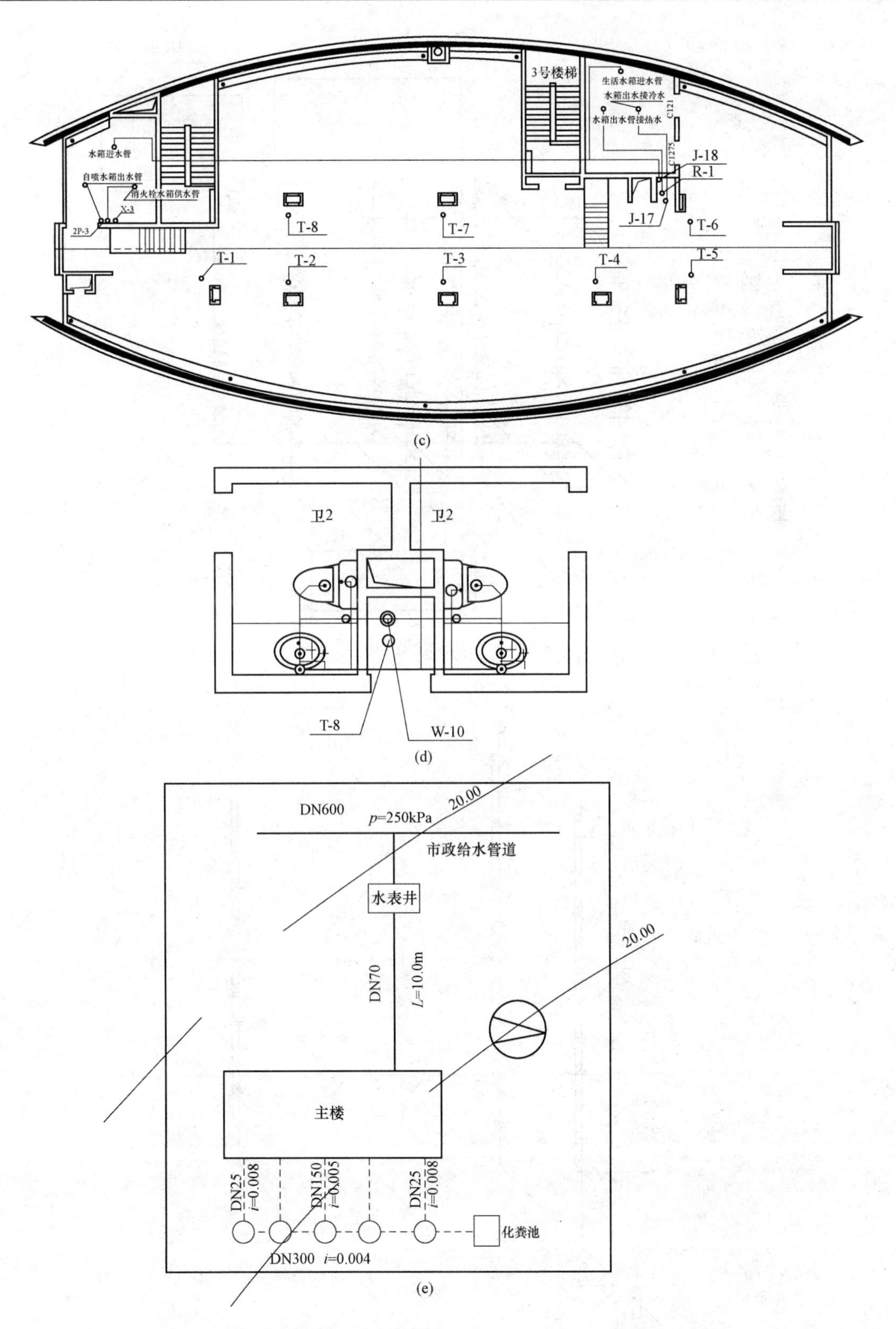

图 11 - 8　建筑内部管道平面布置图及卫生间布置图、室外管道平面图（二）

（c）屋顶平面图；（d）卫生间平面图；（e）室外给水排水管道平面图

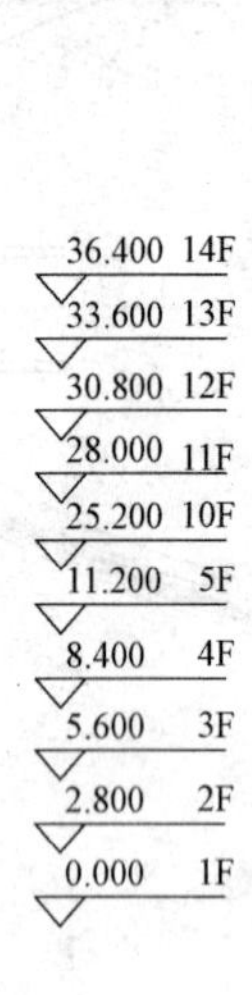

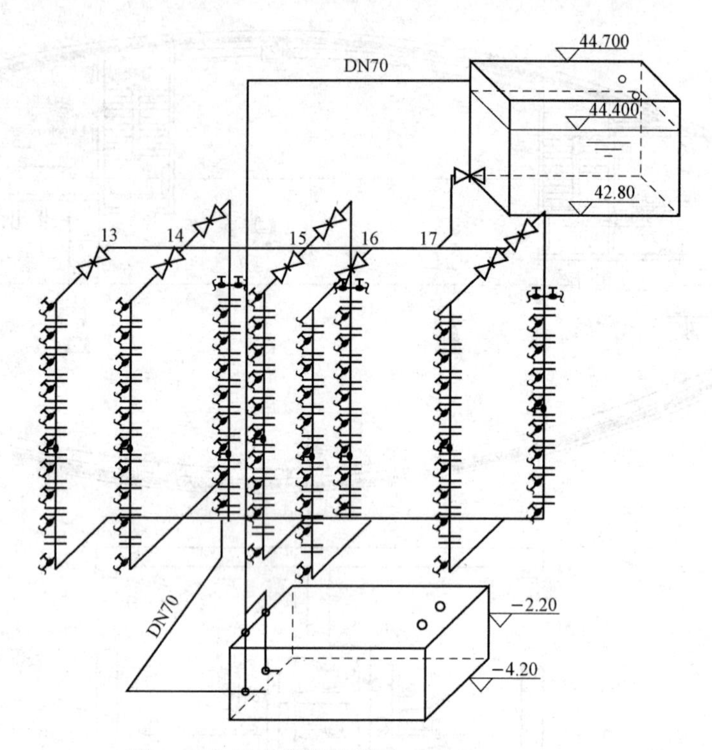

图 11-9 给水管道轴测图

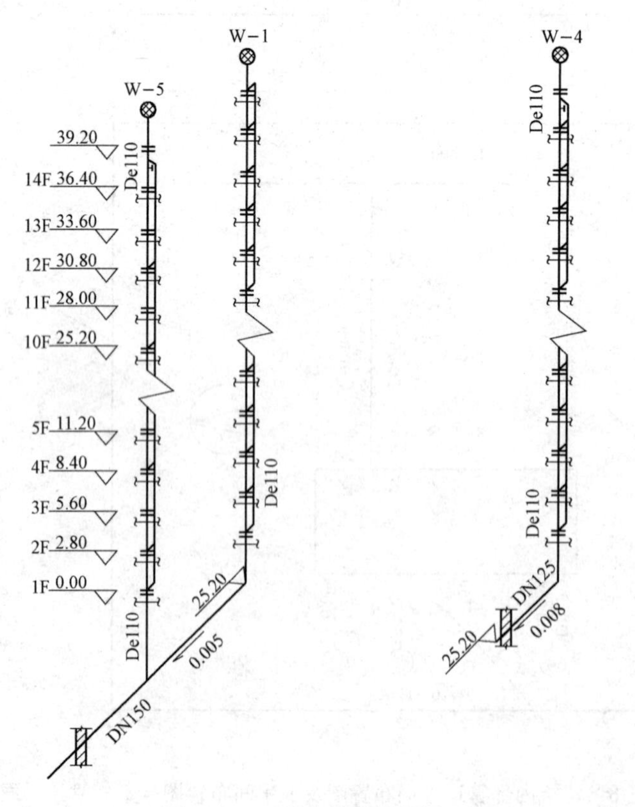

图 11-10 排水管道轴测图

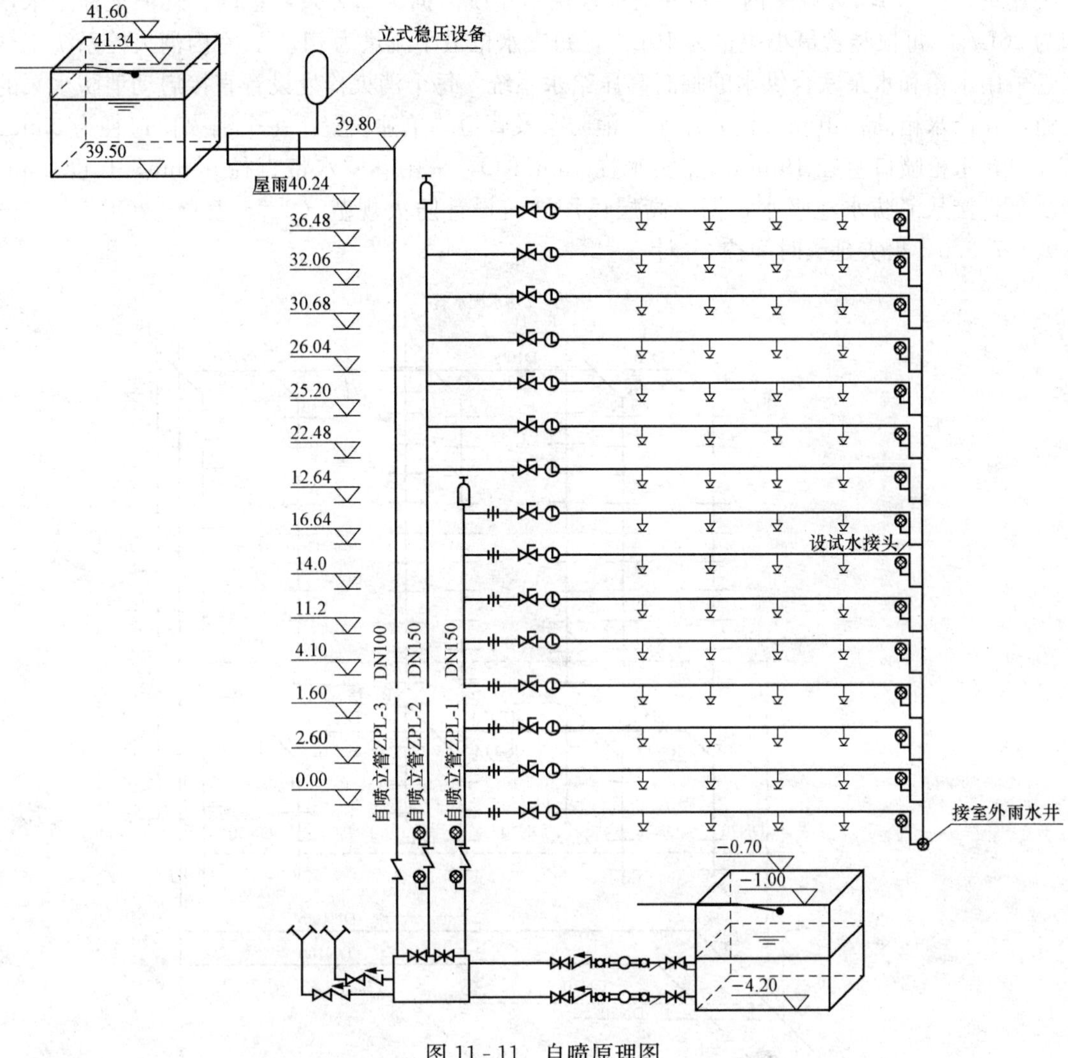

图11-11 自喷原理图

11.4.2 设计方案的确定

1. 生活给水系统

根据设计资料，已知室外给水管网常年可保证的工作水压力为0.25MPa，故室内给水拟采用上、下分区供水方式。即1～4层及地下室由室外给水管网直接供水，采用下行上给方式，5～14层为供水泵、水箱联合供水方式，管网上行下给。因为市政给水部门不允许从市政管网直接抽水，故在建筑物地下室内设贮水池，屋顶水箱设水位继电器自动启闭水泵。

2. 生活排水系统

本建筑位于南昌，排水采用污废合流，设专用通气立管的排水方式。

生活污水经化粪池处理后排入市政管网。

3. 消火栓给水系统

根据《高层民用建筑设计防火规范（2005版）》（GB 50045—1995）3.0.1，本建筑属于二类建筑，据 7.1.1，设室内、室外消火栓给水系统。据 7.2.2 条，室内、外消火栓用水量均为 20L/s，每根竖管最小流量为 10L/s，每支水枪最小流量为 5L/s。室内消火栓系统不分区，采用水箱和水泵联合供水的临时高压给水系统，每个消火栓处设置直接启动消防水泵的按钮，高位水箱储存 10min 消防用水，消防泵及管道均单独设置。每个消火栓口径为 65mm 单栓口，水枪喷口直径 19mm，充实水柱 13mH_2O，采用麻质水带直径 65mm，长度 25m。消防泵直接从消防水池吸水，据《高层民用建筑设计防火规范（2005 版）》（GB 50045—1995）7.3.3，火灾延续时间按 2h 计。

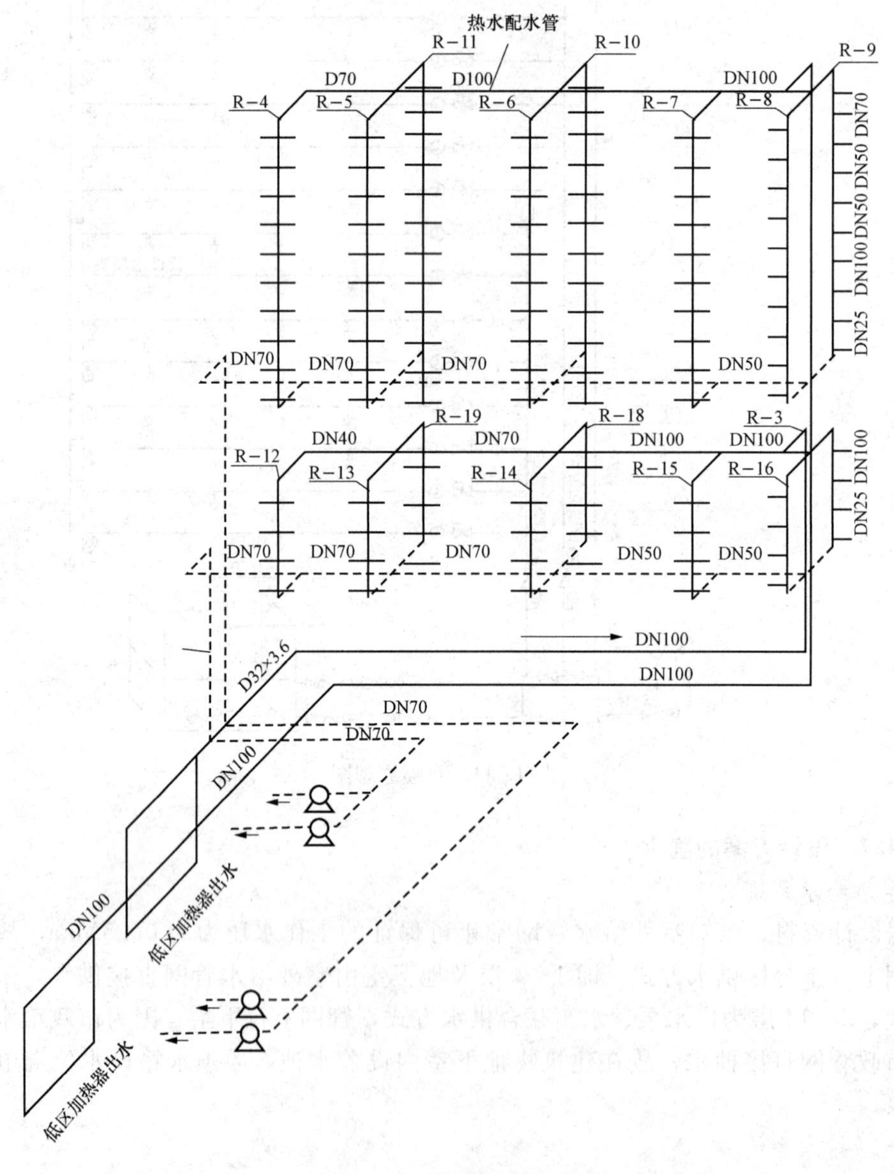

图 11-12 热水管道轴测图

4. 自动喷水灭火系统

根据《消防给水及消火栓系统技术规范》（GB 50974—2014）6.2.1，自喷系统报警阀工作压力大于1.6MPa或喷头处的工作压力大于1.20MPa时应分区给水，本建筑总高度为41.5m，故本建筑自喷系统不分区，同消火栓给水系统一致，采用水箱和水泵联合供水的临时高压给水系统，且与消火栓系统共用消防水池和消防水箱。本建筑位于南昌，室内温度场年不低于4℃，不高于70℃，根据《自动喷水灭火系统设计规范（2005版）》（GB 50084—2001），本建筑应采用湿式自动喷水闭式灭火系统。

5. 热水系统

热水系统采用集中式热水供应系统，由于建筑只有12层，热水，高区的水加热器由高位水箱供给冷水，采用半容积式水加热器，设置在地下一层，水加热器的出水温度为70℃，由室内热水配水管网输送到各用水点。

11.4.3　设计计算

1. 室内给水系统的设计

（1）给水用水定额及时变化系数。查《建筑给水排水设计规范（2009版）》（GB 50015—2003）表3.1.10，宾馆客房旅客的最高日生活用水定额为250～400L，员工的最高日生活用水定额为80～100L，小时变化系数$K_b=2.5\sim2.0$。

（2）用水量计算。用水定额为300L/（床·d），使用时数24h，时变化系数为2.0；员工配备50人，用水定额为100L/（人·d），设计用时数24h，时变化系数取2.0，客房用水量为：

最高日用水量

$$Q_{dmax}=m_1q_1+m_2q_2=182\times2\times400+50\times100=150\ 600\text{L/d}=150.6\ \text{m}^3/\text{d}$$

最大时用水量

$$Q_h=\frac{Q_d}{T}\times K_h=\frac{150.6}{24}\times2.0=12.55\text{m}^3/\text{h}$$

（3）生活贮水池的计算。市政给水管网不允许水泵直接从管网抽水，所以设地下室贮水池，根据《建筑给水排水设计规范（2009版）》（GB 50015—2003）3.7.3，贮水池的有效容积应按进水量与用水量变化曲线经计算确定；当资料不足时，宜按最高日用水量的20%～25%确定，即

$$V_c=150.6\times20\%=30.12\text{m}^3$$

采用不锈钢水池，长×宽×高=4×4×2.3m，有效水深2m，有效容积32m³。

根据规范，低位水池进水管设计流量按照建筑物最高日最大时用水量3.49L/s确定。以不超过1m/s为前提，采用钢塑复合管，取生活水池进水管管径70mm，管内流速为0.907m/s。

（4）高位水箱的计算。5～14层生活用水由水箱供给，考虑市政给水事故停水，水箱容积按整个建筑全部生活用水量确定，采用水池－水泵－水箱的供水方式，水泵出水量取最大时用水量$q_b=12.55\text{m}^3/\text{h}$。

根据《建筑给水排水设计规范（2009版）》（GB 50015—2003），水泵联动提升进水水箱的生活用水调节容积，不宜小于最大时用水量的50%。所以$V=50\%\times12.55=6.275\text{m}^3$。

水箱采用钢制，尺寸为2m×2m×1.9m，有效水深1.6m，有效容积6.4m³。

（5）水力计算。

1）1～4层室内所需压力。根据计算用图11-13，低区管网水力计算成果见表11-10。

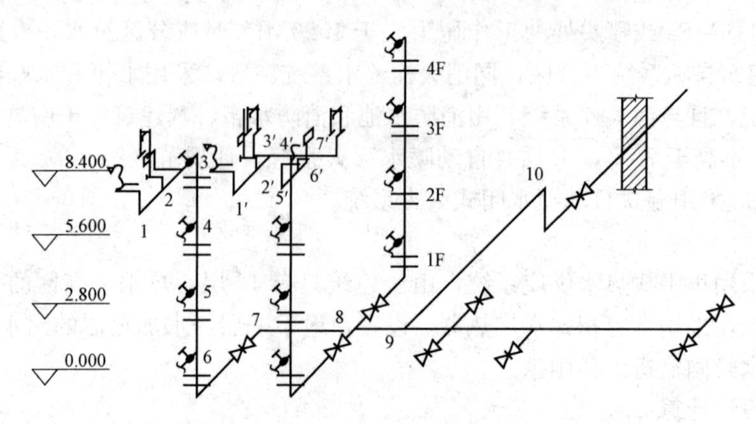

图 11-13　1～4 层给水管网水力计算图

表 11-10　　**低区给水管网 J1 水力计算表格**

计算管段编号	当量总数 N_g	设计秒流量 q_g（L/s）	管径 DN（mm）	流速 v（m/s）	单阻 i（kPa/m）	管长 L（m）	沿程水损 h_y（kPa）	累计 $\sum h$（kPa）
1～2	1.00	0.20	20.00	0.53	0.21	1.00	0.21	0.21
2～3	1.50	0.30	20.00	0.79	0.42	0.20	0.08	0.29
3～4	2.00	0.40	25.00	0.61	0.19	2.80	0.53	0.82
4～5	4.00	0.80	32.00	0.79	0.23	2.80	0.64	1.46
5～6	6.00	1.20	40.00	0.72	0.16	2.80	0.45	1.91
6～8	8.00	1.42	40.00	0.86	0.2	8.8	1.76	3.67
8～9	24	2.45	50	0.931	0.477	5	2.385	6.055
9～10	114	5.34	70	1.359	0.278	12	3.336	9.391

低区压力校核：

最不利横管高度 8.4＋0.8＝9.2m（0.8 为配水嘴距离地面安装高度）

$H_1=9.2-(-0.6-0.3)=10.1\text{m}=101\text{kPa}$

$H_2=9.391\times1.3=12.208\text{kPa}$

$H_4=50\text{kPa}$

低区生活给水系统所需压力为

$$H=H_1+H_2+H_3+H_4=101+12.2+50=163\text{kPa}<200\text{kPa}$$

满足要求。

2）高区水力计算。5～14 层室内所需压力计算简图见图 11-14，计算成果见表 11-11。

表 11-11　　**高区支管水力计算表**

计算管段编号	当量总数 N_g	设计秒流量 q_g（L/s）	管径 DN（mm）	流速 v（m/s）	单阻 i（kPa/m）	管长 L（m）	沿程水损 h_y（kPa）	累计 $\sum h$（kPa）
1～2	1.00	0.20	20.00	0.53	0.21	1.00	0.21	0.21
2～3	1.50	0.30	20.00	0.79	0.42	0.20	0.08	0.29
3～4	2.00	0.40	25.00	0.61	0.19	2.80	0.53	0.82
4～5	4.00	0.80	32.00	0.79	0.23	2.80	0.64	1.46
5～6	6.00	1.20	40.00	0.72	0.16	2.80	0.45	1.91

续表

计算管段编号	当量总数 N_g	设计秒流量 q_g（L/s）	管径 DN（mm）	流速 v（m/s）	单阻 i（kPa/m）	管长 L（m）	沿程水损 h_y（kPa）	累计 $\sum h$（kPa）
6～7	8.00	1.42	40.00	0.86	0.2	2.80	0.56	2.47
7～8	10.00	1.58	40.00	1.01	0.34	2.80	0.95	3.42
8～9	12.00	1.73	50.00	0.67	0.1	2.80	0.28	3.70
9～10	14.00	1.87	50.00	0.71	0.11	2.80	0.31	4.01
10～11	16.00	2.00	50.00	0.76	0.12	2.80	0.34	4.35
11～12	18.00	2.12	50.00	0.80	0.22	2.80	0.62	4.97
12～13	20.00	2.24	50.00	0.85	0.31	2.80	0.87	5.84
13～14	20.00	2.24	50.00	1.04	0.37	5.80	2.15	7.99
14～15	100.00	5.00	80.00	0.90	0.11	7.80	0.86	8.85
15～16	180.00	6.71	80.00	1.20	0.17	7.80	1.33	10.18
16～17	200.00	7.07	100.00	0.90	0.08	2.74	0.22	10.40
17～水箱	260.00	8.06	100.00	0.96	0.09	6.40	0.576	10.976

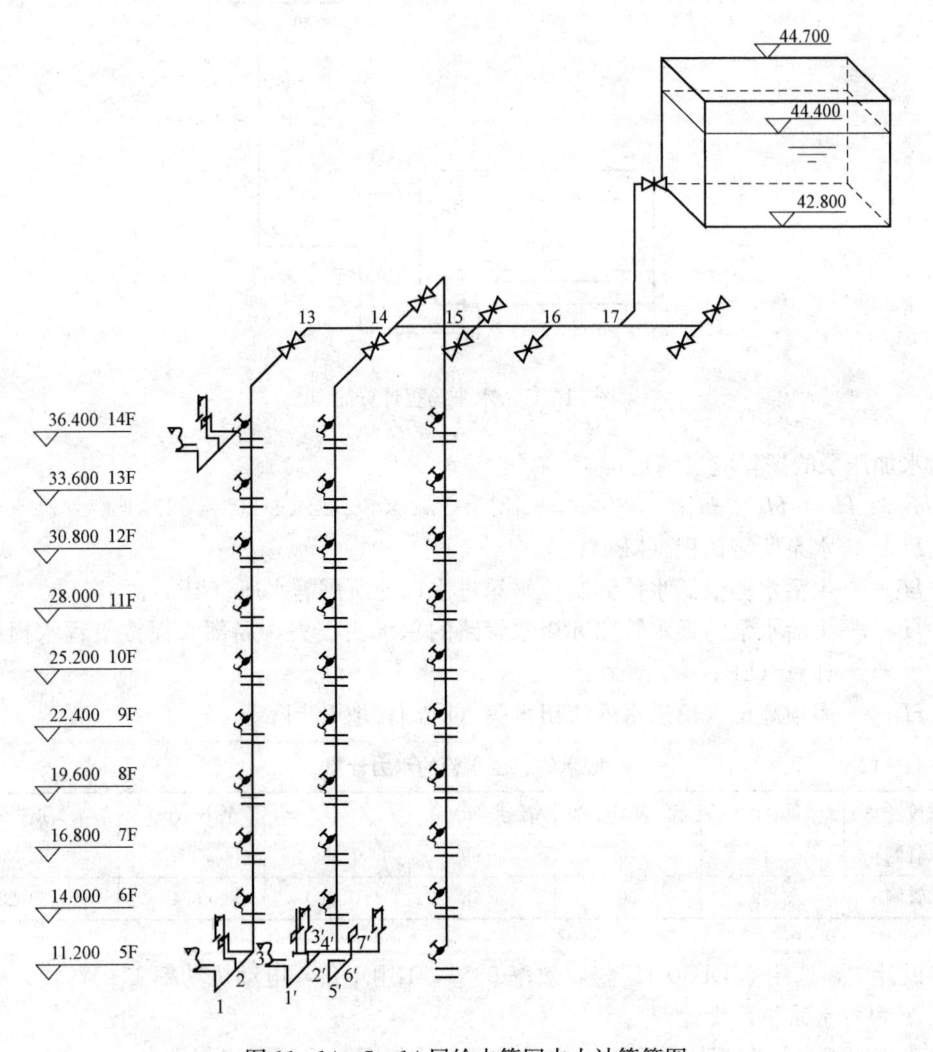

图 11-14　5～14 层给水管网水力计算简图

可知（已知最不利点安装高度为 0.800m），水箱与最不利点之间的高差为 42.8－36.4＋0.8＝7.2m；从最不利点到水箱最低水位沿程水头损失为

$$H_2=1.3\times6.296=8.185\text{kPa}$$

$$H_4=50\text{kPa}$$

即
$$H_2+H_4=8.185+50=58.185\text{kPa}<h$$

水箱高度满足要求。

(6) 水泵的选择。给水加压泵的流量为 $Q=12.55\text{m}^3/\text{h}$。

图 11-15 所示为水泵扬程计算简图。

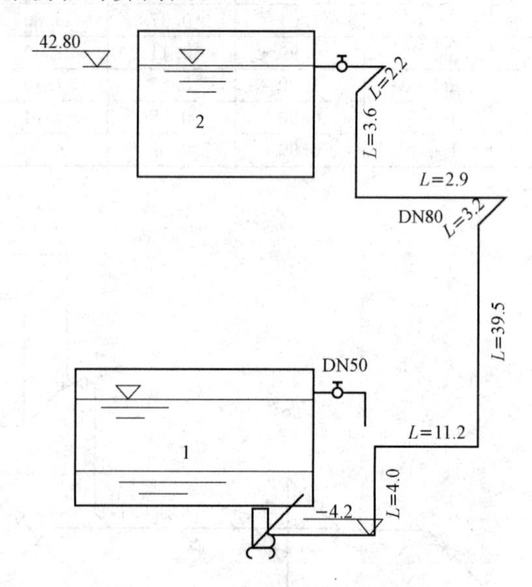

图 11-15 水泵扬程计算简图

给水加压泵的扬程应当满足

$$H_b\geqslant H_1+H_2+H_4=428-(-42)+1.2\times86.224+20=593\text{kPa}=59.3\text{m}$$

式中 H_b——水泵所需扬程（kPa）；

H_1——生活水池最低水位到高位水箱进水口处所需静水压（kPa）；

H_2——生活水泵的吸水管路和压水管路的总水头损失，局部水损按沿程水损的 20% 计算（kPa）；

H_4——屋顶高位水箱进水的流出水头（kPa），取 20kPa。

表 11-12 吸水管、压水管的水力计算

管段	流量（L/s）	管径（mm）	流速（m/s）	i	管长（m）	水头损失（kPa）
吸水管侧	3.49	70	0.99	0.365	2	0.730
压水管侧	3.49	50	1.65	1.36	63.4	86.224

本设计中，选用 65DL30-15×4，效率 63%，1 用 1 备，电动机功率 11kW。

2. 室内排水系统的设计

本建筑内卫生间有两种类型，卫生器具类型均相同，采用合流制排水。

(1) 套间污水排水立管底部与出户管连接处的设计秒流量为

$$q_p = 0.12\alpha\sqrt{Np} + q_{max} = 0.12 \times 2.5 \times \sqrt{5.25 \times 14} + 1.5 = 4.07\text{L/s}$$

其中 5.25 为一层卫生器具排水当量，14 为层数。

选用设专用通气的 110mm 管径排水塑料管，由于建筑高度小于 50m，通气立管管径选用 75mm，结合通气管隔层连接，排水能力为 4.4L/s，满足要求。

出户管管径选用 DN125 排水铸铁管，$h/d=0.5$，坡度为 0.008 时排水量为 4.28L/s，流速为 0.68m/s，满足要求。

（2）标准客房排水立管底部与出户管连接处的设计秒流量为

$$q_p = 0.12\alpha\sqrt{Np} + q_{max} = 0.12 \times 2.5 \times \sqrt{5.25 \times 14 \times 2} + 1.5 = 5.21\text{L/s}$$

选用设专用通气的 110mm 管径排水塑料管，通气立管管径选用 110mm，结合通气管每层连接，排水能力为 8.8L/s，满足要求。

出户管包括两根排水立管。出户管流量为

$$q_p = 0.12\alpha\sqrt{Np} + q_{max} = 0.12 \times 2.5 \times \sqrt{5.25 \times 14 \times 2 \times 2} + 1.5 = 6.64\text{L/s}$$

出户管管径选用 DN150 排水铸铁管，$h/d=0.6$，坡度为 0.005 时排水量为 7.23L/s，流速为 0.65m/s，满足要求。

3. 室内消火栓系统的设计

（1）平面布置。建筑上部总长度 40.2m，宽度 20.2m，高度 39.2m。按照《消防给水及消火栓系统技术规范》（GB 50974—2014）7.4.6 的要求，室内消火栓的布置应满足同一平面有 2 支消防水枪的 2 股水柱同时达到任何部位。

水带长度取 25m，展开弯折减系数 C 取 0.9，消火栓的保护半径为

$$R = CL_d + L_s = 25 \times 0.9 + 3 = 25.5\text{m}$$

两个消火栓之间的距离为

$$S \leqslant \sqrt{R^2 - b^2} = \sqrt{25.5^2 - 8^2} = 24.3\text{m}$$

据此走道上布置 3 个消火栓（间距小于 24.3m）满足要求。消防电梯前室也须设消火栓。

（2）水枪喷嘴处的压力。查表 2-10，水枪喷口直径为 19mm，根据《消防给水及消火栓系统技术规范》（GB 50974—2014）表 3.5.2，每支水枪最小流量为 5L/s，立管最小流量为 10L/s，消火栓的最小流量为 20L/s，充实水柱高度不小于 13m，查表 2-10，最不利消火栓喷嘴处的压力为 186kPa。

（3）水枪喷嘴处的出流量。查表 2-10，对应水枪喷嘴处出流量为 5.4L/s。

（4）水带水头损失。19mm 水枪对应 65mm 水带，选用麻质水带，查表 2-9 阻力系数为 0.004 3，则水带的水头损失为

$$h_d = 0.0043 \times 25 \times 5.2^2 \times 10 = 29.068\text{kPa}$$

（5）消火栓口处所需压力

$$H_{xh} = H_q + h_d + 20 = 186 + 0.0043 \times 25 \times 5.4^2 \times 10 + 20 = 237\text{kPa}$$

查《消防给水及消火栓系统技术规范》（GB 50974—2014）7.4.12，消火栓栓口动压不应小于 0.25MPa，取 0.25MPa。则对应的消火栓流量为 5.57L/s。

（6）高位水箱校核。根据《消防给水及消火栓系统技术规范》（GB 50974—2014）5.2.2，高层住宅、二类高层公共建筑、多层公共建筑，不应低于 0.07MPa。

设计中高位水箱最低液位 39.5m，最不利点的消火栓标高为 37.6m，则水箱的安装高度与最不利点的高差为 1.9m<0.07MPa，设置增压稳压设备 ZWL-Ⅱ-Z-A。

(7) 水力计算。计算简图如 11-16 所示。

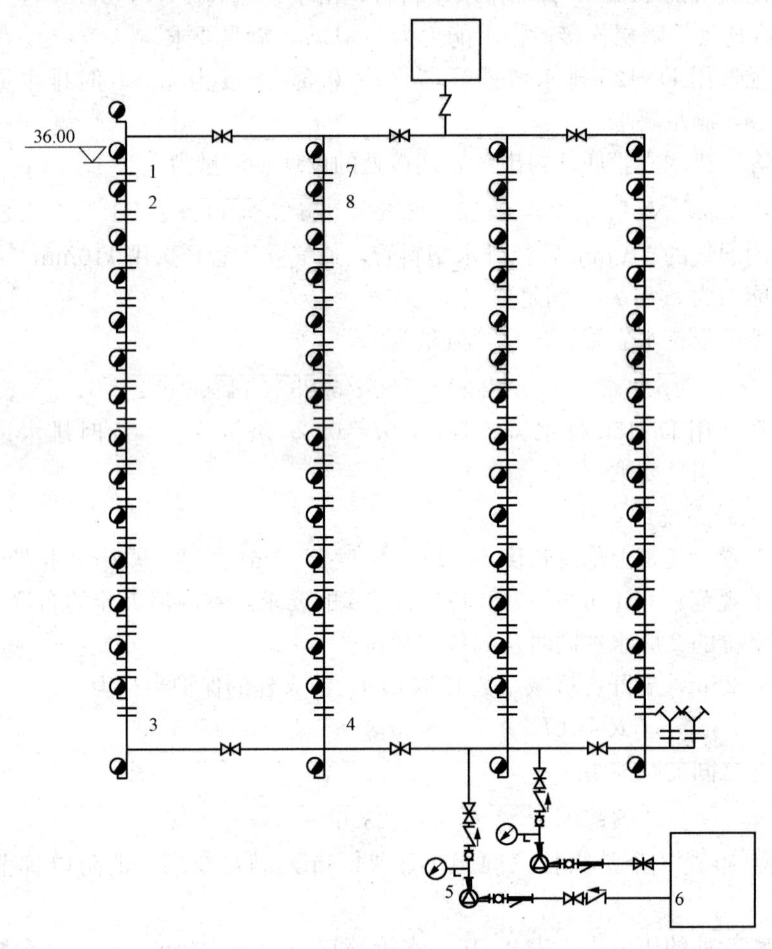

图 11-16 消火栓系统计算简图

(8) 水泵供水工况。按照最不利点消防竖管和消火栓的流量分配要求，最不利消防竖管为 XL-1，出水枪数为 2 支，相邻消防竖管即 XL-2，出水枪数为 2 支。

由前面计算知，第一根立管上 14 层消火栓口的压力为 $H_{12}=25mH_2O$，消防流量为 $q_{12}=5.57L/s$。

13 层消火栓处的压力为 H_{14} +（层高 2m）+（14～13 层消防立管的水头损失），即

$$H_{13}=25+2.8+0.009\ 552\times2.8\times1.1=27.829mH_2O$$

$$H_{13}=H_q+h_d+H_k=\frac{q_{xh}^2}{B}+A_z.L_d q_{xh}^2+2$$

$$q_x=\sqrt{\frac{H-2}{AL_d+\frac{1}{B}}}=\sqrt{\frac{27.829-2}{0.004\ 3\times25+\frac{1}{1.577}}}=5.76L/s$$

消灭栓水力计算表见表 11-13。

表 11 - 13　消火栓水力计算表

管段	流量（L/s）	管径（mm）	流速（m/s）	单阻（mH_2O/m）	管长（m）	水头损失（mH_2O）
1～2	5.57	100	0.654	0.095 52	2.8	0.026 7
2～3	11.47	100	1.33	0.035 4	37.5	1.327 5
3～4	11.47	100	1.33	0.035 4	20.1	0.711 5
4～5	22.94	125	1.13	0.019 4	10	0.194
5～6	22.94	125	1.13	0.019 4	2.5	0.048 5

消防泵的扬程为

$$H_b = H_{xh} + H_g + 10H_z$$

式中　H_b——消防水泵的扬程（kPa）；

H_{xh}——最不利消火栓所需水压（kPa）；

H_g——管网的水头损失（kPa）；

H_z——消防水池最低水位与最不利消火栓的高差（m）。

本建筑消火栓系统消防水量为 Q_x＝22.48L/s，最不利点消火栓所需的压力为 25mH_2O，消防水池的最低水位为－4.5m，最不利消火栓的标高为 37.5m，两者之间的高差为 42m。

由消火栓口至最不利消火栓的管道水头损失为 H_{g1}＝1.1×2.306 5＝2.537mH_2O（局部水损按沿程的 10％计），则消火栓泵的扬程为

$$H_b = H_{xh} + H_g + H_z = 25 + 2.537 + 42 = 69.54mH_2O$$

根据 Q_x＝22.94L/s＝82.58m^3/h，H_b＝69 354mH_2O，选取 XBD7.0/5-50，流量 5L/s，扬程 70m，转速 2900r/min，功率 11kW，效率 52％。

（9）消火栓减压装置的设计与计算。根据规定：当消火栓栓口的出水压力超过 50mH_2O，应在消火栓处设减压装置。其目的是减少消火栓前的剩余水头，使消防水量合理分配，系统供水均匀；避免高位水箱的贮水在短时间内用完；利于消防人员安全操作。

各层消火栓处剩余水压为

$$H_0 = H_b - (H_z + H_g + H_q)$$

式中　H_0——计算层消火栓处的剩余水压（kPa）；

H_b——消防水泵的压力（kPa）；

H_z——消防水池最低水位至消火栓口静水压（kPa）；

H_g——管网的水头损失（kPa）；

H_q——水枪喷嘴满足所需充实水柱长度所需的水压（kPa）。

通过计算将表 11 - 14 中的消火栓连接管栓口压力由 0.5MPa 减压至 0.4MPa，根据设计说明，采用减压稳压消火栓来克服消火栓口压力过大问题。

而且，由于在安装减压孔板时必须在消火栓供水支管上焊接法兰并且连接活性接头，用以固定孔板，此方法相对于采用减压稳压消火栓，性价比较低，且安装施工极为不便，并且计算与安装的差距存在较大的误差，并不能保证稳定的减压，而减压稳压型消火栓则很好地克服了这些孔板不能解决的问题。

7 层及以下选择 SNW65-Ⅱ型减压稳压消火栓，其工作进口压力为 0.4～12MPa，可以在阀后提供稳定的压力（0.25～0.35MPa）。

表 11-14 消火栓水压计算表

楼层号	设计流量 (L/s)	管长 (m)	上下层消防竖管单阻 i (kPa/m)	沿程水损 (mH_2O)	消火栓栓口压力 (mH_2O)
14	5.57	2.8	0.095 52	0.026 7	25
13	5.76	2.8	0.035 4	0.099 12	27.826 7
12	5.76	2.8	0.035 4	0.099 12	30.725 8
11	5.76	2.8	0.035 4	0.099 12	33.624 9
10	5.76	2.8	0.035 4	0.099 12	36.524 0
9	5.76	2.8	0.035 4	0.099 12	39.423 1
8	5.76	2.8	0.035 4	0.099 12	42.322 2
7	5.76	2.8	0.035 4	0.099 12	45.221 3
6	5.76	2.8	0.035 4	0.099 12	48.120 4
5	5.76	2.8	0.035 4	0.099 12	51.019 5
4	5.76	2.8	0.035 4	0.099 12	53.918 6
3	5.76	2.8	0.035 4	0.099 12	56.817 7
2	5.76	2.8	0.035 4	0.099 12	59.716 8
1	5.76	2.8	0.035 4	0.099 12	62.615 9
−1	5.76	4.5	0.035 4	0.159 3	65.515

4. 室内自动喷水灭火系统的设计

本设计采用作用温度为68℃的闭式玻璃球喷头。考虑到建筑美观，采用吊顶式玻璃球喷头，一个喷头采用的最大保护面积为12.5m²。喷头采用3.6m×3.6m正方形布置，个别喷头由于受到建筑物建构以及位置的影响进行适当加减，但距墙不小于0.6m，不大于1.8m。

(1) 管网水力计算。ZP-1立管供水楼层为13～22层，选择喷头为标准喷头流量特性系数为80，喷头处压力为0.1MPa。设计喷水强度为6L/(min·m²)。

注：由于本建筑含有部分高度为9m净空的净空场所，则需采用$K=115$喷头，喷水强度为8L/(min·m²)，作用面积160m²，形状为方形210m²，内有21个喷头。

1) 喷头的流量计算。每个喷头的喷水量应按下式计算（作用面积内各喷头出水流量均相等）

$$q = K\sqrt{10p}$$

式中 q——喷头流量（L/min）；

p——喷头工作压力（MPa），一般取0.1MPa；

K——喷头流量系数，标准喷头$K=80$。

故
$$q=K\sqrt{10P}=80\text{L/min}=1.33\text{L/s}$$

2) 系统的设计流量，应按最不利点处作用面积内喷头同时喷水的总流量确定

$$Q_s = \frac{1}{60}\sum_{i=1}^{n} q_i$$

式中：Q_s——系统设计流量（L/s）；

q_i——最不利点处作用面积内各喷头节点的流量（L/min）；

n——最不利点处作用面积内的喷头数。

故
$$Q_s=21\times1.33=27.93\text{L/s}$$

3）系统理论秒流量，应按设计喷水强度与面积的乘积确定

$$Q_L = \frac{q_p F}{60}$$

式中　Q_L——系统理论计算流量（L/s）；

q_p——设计喷水强度［L/（min·m^2）］；

F——作用面积（m^2）。

故
$$Q_L = \frac{q_p F}{60} = \frac{6 \times 21 \times 10.8}{60} = 22.68\text{L/s}$$

$$Q_s / Q_L = 27.93/22.68 = 1.23$$

而建筑设计秒流量 Q_s 应该为理论秒流量 Q_L 的 1.15～1.30 倍，满足要求。

4）作用面积内的计算平均喷水强度为

$$q_p = \frac{n \times 80}{F} = \frac{21 \times 80}{210} = 8\text{L/（min·m}^2\text{）}$$

此值大于规范要求 6L/（min·m^2）。

作用面积内最不利点处 3 个喷头所组成的保护面积为 $F_2 = 27.2$ m^2，每个喷头的保护面积为 $F_1 = F_{2/3} = 9.1$m^2，其平均喷水强度为

$$q = 80/9.1 = 8.8\text{L/（min·m}^2\text{）} > 6\text{L/（min·m}^2\text{）}$$

满足要求。

5）管径确定。对于自喷管径可根据《自动喷水灭火系统设计规范（2005 版）》（GB 50084—2001）确定，见表 11-15。

表 11-15　轻危险级、中危险级场所中配水支管、配水管控制的标准喷头数

公称管径（mm）	控制的标准喷头数（个）	
	轻危险级	中危险级
25	1	1
32	3	3
40	5	4
50	10	8
65	18	12
80	48	32
100	—	64

6）管道的水损为

$$i = 0.000\,010\,7 \times \frac{v^2}{d_j^{1.3}}$$

式中　i——每米管道的水头损失（MPa/m）；

v——管道内水的平均流速（m/s）；

d_j——管道的计算内径（m），取值应按管道的内径减 1mm 确定。

沿程水头损失为

$$h_y = il$$

式中　h_y——沿程水头损失（MPa）；

l——管道长度（m）。

为了简化设计计算，也可查《给水排水工程快速设计手册 3》中表 4.8-25～表 4.8-27，

局部水头损失可以按沿程损失的20%计算。计算结果见表11-16。

表11-16 水力计算表

节点编号	管段编号	节点 q（L/s）	设计秒流量（L/s）	管径 DN（mm）	流速 v（m/s）	比阻 i（MPa/m）	管段长度 L（m）	水头损失（MPa）
1		1.33						
	1-2		1.33	25	2.5	0.009	2.5	0.021
2		1.33						
	2-3		2.66	32	2.8	0.008	2	0.015
3		1.33						
	3-4		3.99	40	2.4	0.004	3	0.013
4		7.98						
	4-5		7.98	70	2.24	0.002	2	0.003
5		11.97						
	5-6		11.97	70	3.12	0.003	0.6	0.002
6		14.63						
	6-7		14.63	80	2.94	0.003	1	0.003
7		17.29						
	7-8		17.29	80	3.44	0.003	5.2	0.018
8		27.93						
	8-9		27.93	125	1.98	0.001	2	0.001
	9-泵		27.93	125	1.98	0.001	45	0.045

沿程水头损失为121kPa。

7）最不利作用面积水力计算。

图11-17所示为最不利作用面积计算简图。

（2）泵的选择。自喷系统水泵扬程可按公式确定

$$H = H_0 + H_z + \sum_h + H_k$$

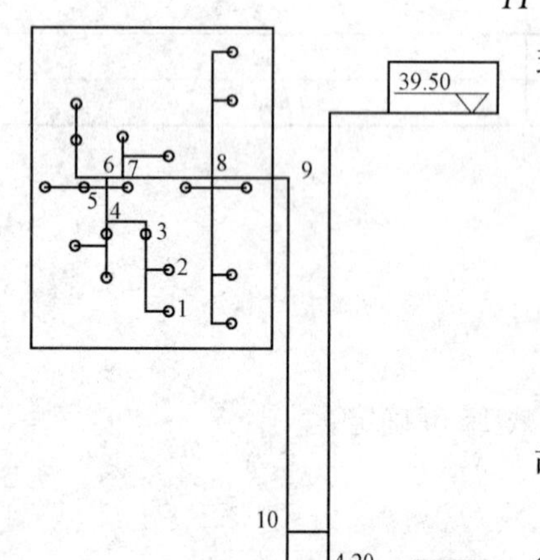

图11-17 最不利作用面积计算简图

式中 H——消防泵的供水压力（m）；

H_0——最不利点喷头的工作压力（m）；

H_z——最不利点喷头与消防水池最低水位之间的高度压力差（m），取43.1m；

$\sum_h$——计算管路沿程损失与局部损失之和（m）；

H_k——报警阀和水流指示器的压力损失（m），都为2m。

故 $H=12.1\times1.1+2+2+43.1+10=70.41\text{m}$

建筑自喷系统由地下室消防泵房喷淋泵供水，其运行参数为XBD7.6/45-100（125），流量45L/s，扬程76m，转速2900r/min，功率55kW，效率80%，一用一备。

（3）水箱的安装高度校核。自喷系统在火灾初期由消防水箱供水，因此，高位水箱的设置高度无法满足要求，选择 32SG15-60 型管道增压泵，流量为 $15m^3/h$，扬程为 60m，气压罐调节容积为 150L。

（4）自喷系统减压孔板的计算。本设计中要保证各层喷头的出流量尽量靠近其设计值，需要防止喷头在过大压力下导致流量过大，以致使水量迅速用完。设计中需要在 4 层以下配水管的入口前装设减压孔板，用来降低喷头处的水压，以保障各层喷头可以按照设计运用。设计中根据规范要求，阳光宾馆作为中危一级建筑，因而设计中在配水管入口压力大于 0.4MPa 处设置减压孔板，以使喷头额喷水流量压力适当，保证设计的灭火效果。

最高层最不利总水头损失为 2.57m，且最不利喷头按 10m 水头计算。

减压孔板的计算见表 11-17。

表 11-17　　减压孔板的计算

楼　层	动压力（m）	剩余压力（m）	减压孔板（mm）	减压后实际压力（mm）
14	10	0		
13	13.08	3.08		
12	16.16	6.16		
11	19.24	9.24		
10	22.32	12.32		
9	25.40	15.40		
8	28.48	18.48		
7	31.56	21.56		
6	34.64	24.64		
5	37.72	27.72		
4	40.80	30.80	46	10.41
3	43.88	33.88	46	13.49
2	46.96	36.96	46	16.57
1	50.04	40.04	46	19.65
−1	53.12	43.12	46	22.73

（5）消防水箱和水池的计算与选择。

1）消防水箱。根据《消防给水及及消火栓系统技术规范》（GB 50974—2014），临时高压消防给水系统的高位消防水箱的有效容积应满足初期火灾消防用水量的要求，多层公共建筑、二类高层公共建筑和一类高层居住建筑不应小于 $18m^3$。

根据要求，屋顶消防水箱的储水量应保证消防和自喷系统 10min 的灭火用水量，以供扑救初期火灾之用。计算公式为

$$V_x = 0.6Q_x$$

式中　V_x——消防水箱贮存消防水量（m^3）；

Q_x——室内消防用水总量（L/s）；

0.6——单位换算系数。

因而消防水箱设计容积为

$$Q = (18.62 + 22.94) \times 0.6 = 24.936\text{m}^3$$

取长×宽×高=4×4×2.1，有效容积高度1.8m，水箱容积为28.8m³。

2）消防水池

消防水池的消防贮存水量为

$$V_f = 3.6(Q_f - Q_L)T_x$$

式中 V_f——消防水池贮存消防水量（m）³；

Q_f——室内消防用水量与室外消防用水量之和（L/s）；

Q_L——市政管网可连续补充的水量（L/s）；

T_x——火灾延续时间（h）。

消火栓用水量按20L/s计算，规范规定火灾持续时间是2h，自喷系统持续时间是1h，其用水量为

$$Q = 6 \times 160 \div 6 = 16\text{L/s}$$

根据《消防给水及消火栓系统技术规范》（GB 50974—2014），消防水池的给水管应根据其有效容积和补水时间确定，补水时间不宜大于48h。

消防补充水按48h充满水池计算，则每天的补充水量为

$$Q_b = (20 \times 60 \times 60 \times 2 + 20 \times 60 \times 60 \times 1) \div 48 = 7.2\ \text{m}^3/\text{h}$$

本设计室内消火栓系统用水量为22.36L/s，根据《消防给水及消火栓系统技术规范》（GB 50974—2014）可知，火灾持续时间为2h。因此消火栓系统贮水量按照满足火灾延续时间2h的室内消防用水量来计算，即22.36×2×60×60/1000=160.99m³。

自动喷水灭火系统消防流量为18.62L/s，考虑火灾延续时间1h所需的用水量为

$$18.62 \times 1 \times 60 \times 60/1000 = 67.03\text{m}^3$$

故总消防水池容积为

$$160.99 + 67.03 = 228.02\text{m}^3$$

室外消火栓用水量由管网提供，消防水池进水管为DN100，则设计补水量为7.85L/s。

消防水池设计容积为228.02－3.6×7.85×3=143m³，长×宽×高为8m×6m×3.5m，有效水深3.2m。

5. 热水给水系统

（1）热水量计算。阳光宾馆热水用水量根据使用热水的卫生器具数计算，取计算用的热水供应温度为70℃，冷水温度5℃。低区卫生器具设置情况见表11-18。

11-18 低区卫生器具设置情况

卫生器具名称	小时用水量（L）	卫生器具个数	水温（℃）	混合系数 K_r	同时使用（%）
浴盆（带淋浴器）	300	52	40	0.54	100
洗脸盆	30	52	30	0.38	100

低区热水用水量为

$$Q_r = \sum K_r q_h n_0 b = 0.54 \times 300 \times 52 \times 100\% + 0.38 \times 30 \times 52 \times 70\% = 6311.8\text{L/h}$$

高区卫生器具设置情况见表11-19。

表 11-19　高区卫生器具设置情况

卫生器具名称	小时用水量（L）	卫生器具个数	水温（℃）	混合系数 K_r	同时使用（%）
浴盆（带淋浴器）	300	130	40	0.54	100
洗脸盆	30	130	30	0.38	100

高区热水用水量为

$Q_r = \sum K_r q_h n_0 b = 0.54 \times 300 \times 130 \times 100\% + 0.38 \times 30 \times 130 \times 100\% = 15\ 779 L/h$

（2）耗热量的计算。集中热水系统的设计小时耗热量，应根据小时热水量和冷、热水温差计算确定，可按下式计算

$$Q_h = C(t_r - t_L)Q_r\rho_r$$

式中　Q_h——设计小时耗热量（kJ/h）；

Q_r——设计小时热水量（L/h），按式（5-12）确定；

C——水的比热容，一般取 C=4.19 kJ/（kg·℃）；

ρ_r——热水密度（kg/L）；

t_r——热水温度（℃）；

t_L——冷水计算温度（℃）。

阳光宾馆各区的设计小时耗热量计算如下：

低区耗热量

$$Q_1 = 4.19 \times (70 - 5) \times 6311.8 = 17\ 190\ 18.73 kJ/h = 477\ 505 W$$

高区耗热量

$$Q_2 = 4.19 \times (70 - 5) \times 15\ 779 = 4\ 297\ 410.65 kJ/h = 1\ 193\ 725 W$$

（3）热水机组的选择。

1）贮热器的容积为

$$V = \frac{60TQ_h}{(t_r - t_L)C}$$

则低区贮热容积 V_1 为

$$V_1 = \frac{60 \times 45 \times 477\ 505}{(70 - 5) \times 4187} = 4737.2L = 4.7m^3$$

高区储热器容积 V_2 为

$$V_2 = \frac{60 \times 45 \times 1\ 193\ 728}{(70 - 5) \times 4187} = 11\ 842.7L = 11.8m^3$$

低区选择 7 号水加热器，7 号水加热器容积为 5.0m^3。

高区选择 10 号水加热器，10 号水加热器容积为 15m^3。

2）锅炉选择计算

$$Q_g = (1.1 \sim 1.2)Q_h$$

低区锅炉小时供热量为

$$Q_{g1} = 1.1 \times 477\ 505 = 525\ 255.5W$$

高区锅炉小时供热量为

$$Q_{g2}=1.1\times 1\ 193\ 728=1\ 313\ 100.8\text{W}$$

根据锅炉的小时供热量选择加热机组，选择WNS系列新型全自动燃油（气）中央热水机组，低区选择热水机组，CWNS0.7两台。热水机组额定热功率为0.7MW，额定压力为常压，热效率为93%。机组尺寸为2656mm×1600mm×1852mm；高区选择热水机组，WNS1.4-1.0/95/70-YQ两台。热水机组额定热功率为1.4MW，额定压力为常压，热效率为95%。机组尺寸为3750mm×1900mm×2150mm。

（4）热水系统管网水力计算。热水管网（配水）水力计算同冷水给水系统，但由于水温和水质差异考虑到结垢、腐蚀等因素，在计算管径和水头损失时，与冷水系统有所区别：

1）管道水力计算按《给水排水设计手册　第一册　常用资料》表18－2热水管水力计算表查用。

2）热水管道中流速较小，一般取0.8～1.5m/s，当管径小于或等于25mm宜采用0.6～0.8m/s，管径为25～40mm时，流速小于或等于1.0m/s，管径大于或等于50mm时，流速控制宜大于1.2m/s。

3）热水管网局部损失可按沿程损失25%～30%估算。

4）热水管网中管段管径不得小于20mm，回水管网中管段管径比相应位置的配水管管径小一级，最小管径不得小于20mm。

（5）热水配水、回水系统水力计算。低区热水配水系统最不利计算管路如图11-18所示（低区热水计算简图）。

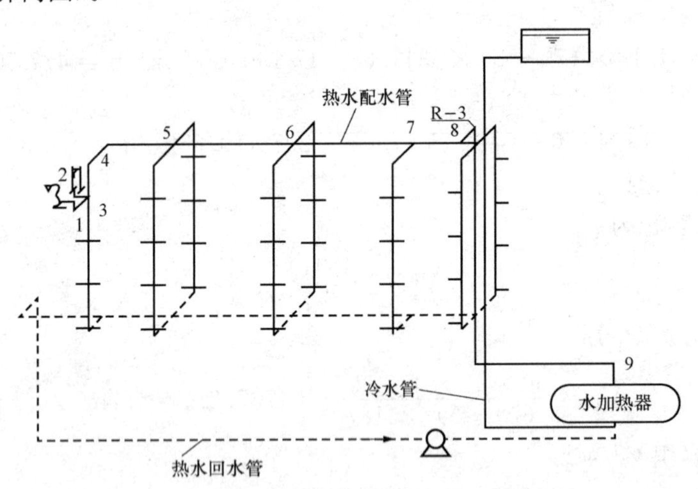

图11-18　低区水力计算简图

管段1～3，卫生器具为浴盆，热水当量为1，设计秒流量为

$$q=0.2\alpha\sqrt{N_g}$$

建筑性质为宾馆，α取2.5，则设计秒流量为0.5L/s，但计算出设计秒流量大于卫生器具的用水量0.2L/s，所以该管段的设计秒流量为0.2L/s。查热水管水力计算表，管径选用20mm，流速为0.72m/s，单阻$i=21$mm/m，该管段管长为2m，则该管段的沿程损失为0.042m。

其他管段计算如上，结果见表11-20。

表 11-20　低区水力计算表

最不利点到泵房									
管段编号	卫生器具、数量、当量		当量总数	设计秒流量 q (L/s)	管径 DN (mm)	流速 v (m/s)	单阻 i (kPa/m)	管段长度 L (m)	沿程压力损失 $h=iL$ (kPa)
	浴盆	洗脸盆							
	1	0.5							
2～3	0	1	0.5	0.10	20	0.31	0.21	2.00	0.42
1～3	1	0	1	0.20	20	0.62	0.73	1.00	0.73
3～4	10	10	15	1.94	70	0.55	0.12	2.80	0.34
4～5	10	10	15	1.94	70	0.55	0.12	6.10	0.73
5～6	50	50	75	4.33	100	0.49	0.06	7.80	0.47
6～7	90	90	135	5.81	100	0.66	0.10	7.80	0.78
7～8	110	110	165	6.42	100	0.74	0.12	3.00	0.36
8～9	130	130	195	6.98	100	0.81	0.14	61.00	8.54
								Σ=	12.362

高区热水配水系统最不利计算管路如图 11-19 所示（高区热水计算草图）。

高区热水配水系统最不利计算表见表 11-21。

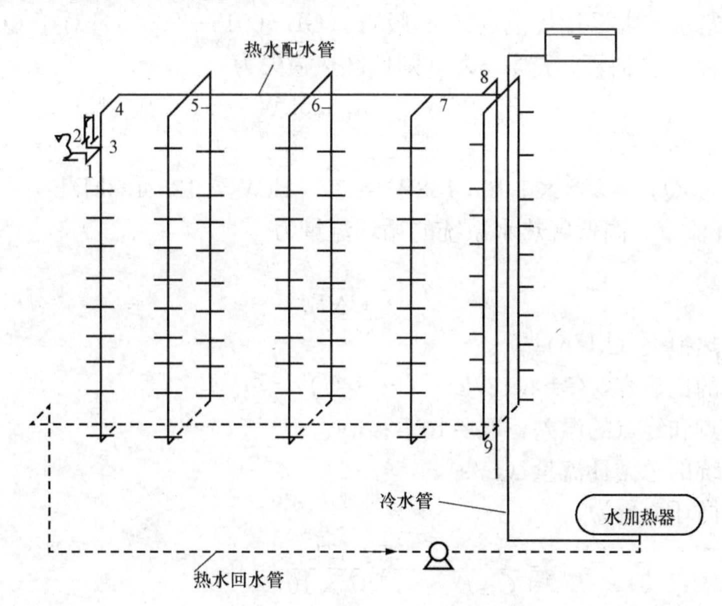

图 11-19　高区水力计算简图

表 11-21　高区水力计算表

最不利点到泵房									
管段编号	卫生器具，数量，当量		量总数	设计秒流量 q (L/s)	管径 DN (mm)	流速 v (m/s)	单阻 i (kPa/m)	管段长度 L (m)	沿程压力损失 $h=iL$ (kPa)
	浴盆	洗脸盆							
	1	0.5							
2～3	0	1	0.5	0.10	20	0.31	0.21	2.00	0.42
1～3	1	0	1	0.20	20	0.62	0.73	1.00	0.73

续表

最不利点到泵房									
管段编号	卫生器具、数量、当量		量总数	设计秒流量 q（L/s）	管径 DN（mm）	流速 v（m/s）	单阻 i（kPa/m）	管段长度 L（m）	沿程压力损失 $h=iL$（kPa）
	浴盆	洗脸盆							
	1	0.5							
3～4	10	10	15	1.94	70	0.55	0.12	2.80	0.34
4～5	10	10	15	1.94	70	0.55	0.12	6.10	0.73
5～6	50	50	75	4.33	100	0.49	0.06	7.80	0.47
6～7	90	90	135	5.81	100	0.66	0.10	7.80	0.78
7～8	110	110	165	6.42	100	0.74	0.12	3.00	0.36
8～9	130	130	195	6.98	100	0.81	0.14	83.00	11.62
								Σ=	15.442

（6）热水循环管网的水力计算。

1）配水管网总热损失

根据《建筑给水排水设计规范（2009 版）》（GB 50015—2003），对于 Q_s 可按照设计小时耗热量的 3%～5%来估算，选取 3%，则低区热损失为

$$Q_{s1}=3\%\times 477\ 505\text{W}=14.325\text{kW}=51\ 570.54\text{kJ/h}$$

高区热损失为

$$Q_{s2}=3\%\times 1\ 193\ 728\text{W}=35.81\text{kW}=126\ 498\text{kJ/h}$$

2）计算循环流量。高低区热水系统的循环流量为

$$q_x=\frac{Q_s}{C\Delta T\rho}$$

式中 Q_s——总热损失（kJ/h）；

C——水的比热容，C=4.187kJ/（kg·℃）；

ΔT——起点和终点的温差，取=10℃；

q_x——系统的总循环流量（L/s）。

则可得低区循环流量为

$$q_{x1}=\frac{Q_s}{C\Delta T}=\frac{51\ 571}{4.187\times 10}=0.34\text{L/s}$$

高区循环流量为

$$q_{x2}=\frac{Q_s}{C\Delta T}=\frac{126\ 498}{4.187\times 10}=0.84\text{L/s}$$

3）循环管网的总水头损失计算以及选泵。依据要求，结合建筑物的性质和用水要求，参考查阅的设计资料，计算循环管网的总水头损失是计算循环流量在配水、回水管网中的水头损失。回水管管径应比相应配水管径小 1～2 级，并且应注意其回水管的管径不应该小于 20mm。计算公式如下

$$H=(H_p+H_x)+h_j$$

式中 H——总水损（kPa）；

H_p——配水总水损（kPa）；

H_x——回水总损失（kPa）；

h_j——储热罐及其加热锅炉的水头损失（kPa）。

相对于储热罐，因容积内被加热水的流速一般比较缓慢（$V<0.1$m/s），但是由于相对于热水配水管网中其流程很短，水头损失很小，在热水配水管网设计计算系统中可以忽略不计。

根据本建筑物的性质，由经验可知，循环管网水头损失很小，可按 5～10m 计算，本次设计取 8m。根据流量 $Q_s=0.34$L/s，$H_b=8$m，低区循环热水泵选 ISG20-110 两台，一用一备，参数为 $Q=0.30\sim0.55$L/s、$H=7\sim8.5$m、转速 $n=2800$r/min、功率 $N=0.18$kW、效率 $\eta=26\%\sim34\%$。高区流量 $Q_s=0.84$L/s，高区循环水泵选择 IRG15-80 两台，一用一备，参数为 $Q=0.5\sim0.91$L/s、$H=16\sim13.5$m、转速 $n=2800$r/min、功率 $N=0.37$kW、效率 $\eta=25\%\sim35\%$。

附录A 水力计算图表

A1 给水管道水力计算表

给水镀锌钢管、给水铸铁管、给水塑料管、给水钢管（水煤气管）水力计算表见表A-1～表A-4。

表A-1 给水镀锌钢管水力计算表

q_g (L/s)	DN15		DN20		DN25		DN32		DN40		DN50		DN70		DN80		DN100	
	v (m/s)	i (kPa/m)	v (m/s)	i (kPa/m)	v (m/s)	i (kPa/m)	v (m/s)	i (kPa/m)	v (m/s)	i (kPa/m)	v (m/s)	i (kPa/m)	v (m/s)	i (kPa/m)	v (m/s)	i (kPa/m)	v (m/s)	i (kPa/m)
0.05	0.29	0.284																
0.07	0.41	0.518	0.22	0.111														
0.10	0.58	0.985	0.31	0.208														
0.12	0.70	1.37	0.37	0.288	0.23	0.086												
0.14	0.82	1.82	0.43	0.39	0.26	0.113												
0.16	0.94	2.34	0.5	0.485	0.3	0.143												
0.18	1.05	2.91	0.56	0.601	0.34	0.176												
0.20	1.17	3.54	0.62	0.727	0.38	0.213	0.21	0.052										
0.25	1.46	5.51	0.78	1.09	0.47	0.318	0.26	0.077	0.20	0.039								
0.30	1.76	7.93	0.93	1.53	0.56	0.442	0.32	0.107	0.24	0.054								
0.35			1.09	2.04	0.66	0.586	0.37	0.141	0.28	0.08								
0.40			1.24	2.63	0.75	0.748	0.42	0.179	0.32	0.089								
0.45			1.40	3.33	0.85	0.932	0.47	0.221	0.36	0.111	0.21	0.0312						
0.50			1.55	4.11	0.94	1.13	0.53	0.267	0.40	0.134	0.23	0.0374						
0.55			1.71	4.97	1.04	1.35	0.58	0.318	0.44	0.159	0.26	0.0444						
0.60			1.86	5.91	1.13	1.59	0.63	0.373	0.48	0.184	0.28	0.0516						
0.65			2.02	6.94	1.22	1.85	0.68	0.431	0.52	0.215	0.31	0.0597						

续表

q_g (L/s)	DN15		DN20		DN25		DN32		DN40		DN50		DN70		DN80		DN100	
	v (m/s)	i (kPa/m)	v (m/s)	i (kPa/m)	v (m/s)	i (kPa/m)	v (m/s)	i (kPa/m)	v (m/s)	i (kPa/m)	v (m/s)	i (kPa/m)	v (m/s)	i (kPa/m)	v (m/s)	i (kPa/m)	v (m/s)	i (kPa/m)
0.70					1.32	2.14	0.74	0.456	0.56	0.246	0.33	0.068 3	0.20	0.02				
0.75					1.41	2.46	0.79	0.562	0.6	0.283	0.35	0.077	0.21	0.023				
0.80					1.51	2.79	0.84	0.632	0.64	0.314	0.38	0.085 2	0.23	0.025				
0.85					1.60	3.16	0.90	0.707	0.68	0.351	0.40	0.095 3	0.24	0.028				
0.90					1.69	3.54	0.95	0.787	0.72	0.39	0.42	0.107	0.25	0.031 1				
1.00					1.79	3.94	1.00	0.869	0.76	0.431	0.45	0.118	0.27	0.034 2				
1.10					1.88	4.37	1.05	0.957	0.80	0.473	0.47	0.129	0.28	0.037 6	0.20	0.016 4		
1.20					2.07	5.28	1.16	1.14	0.87	0.564	0.52	0.153	0.31	0.044 4	0.22	0.019 5		
1.30							1.27	1.35	0.95	0.663	0.56	0.18	0.34	0.051 8	0.24	0.022 7		
1.40							1.37	1.59	1.03	0.769	0.61	0.208	0.37	0.060 9	0.26	0.026 1		
1.50							1.48	1.84	1.11	0.881	0.66	0.237	0.40	0.068 3	0.28	0.029 7		
1.60							1.58	2.11	1.19	1.01	0.71	0.27	0.42	0.077 2	0.30	0.033 6		
1.70							1.69	2.40	1.27	1.14	0.75	0.304	0.45	0.087	0.32	0.037 6		
1.80							1.79	2.71	1.35	1.29	0.80	0.34	0.48	0.096 9	0.34	0.041 9		
							1.90	3.04	1.43	1.44	0.85	0.378	0.51	0.107	0.36	0.046 6		
1.90							2.00	3.39	1.51	1.61	0.89	0.418	0.54	0.119	0.38	0.061 3		
2.0									1.59	1.78	0.94	0.46	0.57	0.13	0.40	0.056 2	0.23	0.014 7
2.2									1.75	2.16	1.04	0.549	0.62	0.155	0.44	0.066 6	0.25	0.017 2
2.4									1.91	2.56	1.13	0.645	0.68	0.182	0.48	0.0779	0.28	0.020 0
2.6									2.07	3.01	1.22	0.749	0.74	0.21	0.52	0.000 3	0.30	0.023 1
2.8											1.32	0.869	0.79	0.241	0.56	0.103	0.32	0.026 3
3.0											1.41	0.998	0.85	0.274	0.60	0.117	0.35	0.029 8
3.5											1.65	1.36	0.99	0.365	0.70	0.155	0.40	0.039 3
4.0											1.88	1.77	1.13	0.468	0.81	0.198	0.46	0.060 1
4.5											2.12	2.24	1.28	0.586	0.91	0.246	0.52	0.062

续表

q_g (L/s)	DN15		DN20		DN25		DN32		DN40		DN50		DN70		DN80		DN100	
	v (m/s)	i (kPa/m)	v (m/s)	i (kPa/m)	v (m/s)	i (kPa/m)	v (m/s)	i (kPa/m)	v (m/s)	i (kPa/m)	v (m/s)	i (kPa/m)	v (m/s)	i (kPa/m)	v (m/s)	i (kPa/m)	v (m/s)	i (kPa/m)
5.0											2.35	2.77	1.42	0.723	1.01	0.30	0.58	0.0749
5.5											2.59	3.35	1.56	0.875	1.11	0.368	0.63	0.0892
6.0													1.70	1.04	1.21	0.421	0.69	0.106
6.5													1.84	1.22	1.31	0.494	0.75	0.121
7.0													1.99	1.42	1.41	0.573	0.81	0.139
7.5													2.13	1.63	1.51	0.657	0.87	0.158
8.0													2.27	1.85	1.61	0.748	0.92	0.178
8.5													2.41	2.09	1.71	0.844	0.98	0.199
9.0													2.55	2.34	1.81	0.916	1.04	0.221
9.5															1.91	1.05	1.10	0.245
10.0															2.01	1.17	1.15	0.269
10.5															2.11	1.29	1.21	0.295
11.0															2.21	1.41	1.27	0.324
11.5															2.32	1.55	1.33	0.354
12.0															2.42	1.68	1.39	0.385
12.5															2.52	1.83	1.44	0.418
13.0																	1.50	0.452
14.0																	1.62	0.524
15.0																	1.73	0.602
16.0																	1.85	0.685
17.0																	1.96	0.773
20.0																	2.31	1.07

表 A-2 给水铸铁管水力计算表

q_g (L/s)	DN50		DN75		DN100		DN150	
	v (m/s)	i (kPa/m)	v (m/s)	i (kPa/m)	v (m/s)	i (kPa/m)	v (m/s)	i (kPa/m)
1.0	0.53	0.173	0.23	0.0231				
1.2	0.64	0.241	0.28	0.032				
1.4	0.74	0.32	0.33	0.042 2				
1.6	0.85	0.409	0.37	0.053 4				
1.8	0.95	0.508	0.42	0.065 0				
2.0	1.05	0.619	0.46	0.079 8				
2.5	1.33	0.949	0.58	0.119	0.32	0.028 8		
3.0	1.59	1.37	0.70	0.167	0.39	0.039 8		
3.5	1.86	1.86	0.81	0.222	0.45	0.052 6		
4.0	2.12	2.43	0.93	0.284	0.52	0.066 9		
4.5			1.05	0.353	0.58	0.082 9		
5.0			1.16	0.430	0.65	0.100		
5.5			1.28	0.517	0.72	0.120		
6.0			1.39	0.615	0.78	0.140		
7.0			1.63	0.837	0.91	0.186	0.40	0.024 6
8.0			1.86	1.09	1.04	0.239	0.46	0.031 4
9.0			2.09	1.38	1.17	0.299	0.52	0.039 1
10.0					1.30	0.365	0.57	0.046 9
11					1.43	0.442	0.63	0.055 9
12					1.56	0.526	0.69	0.065 5
13					1.69	0.617	0.75	0.076 0
14					1.82	0.716	0.80	0.087 1
15					1.92	0.822	0.86	0.098 8
16					2.08	0.935	0.92	0.111
17							0.97	0.125
18							1.03	0.139
19							1.09	0.153
20							1.15	0.169
22							1.26	0.202
24							1.38	0.241
26							1.49	0.283
28							1.61	0.328
30							1.72	0.372

注 DN150以上的给水管道水力计算，可参见《给水排水设计手册》第一册。

表 A-3 给水塑料管水力计算表

q_g (L/s)	DN15		DN20		DN25		DN32		DN40		DN50		DN70		DN80		DN100	
	v (m/s)	i (kPa/m)	v (m/s)	i (kPa/m)	v (m/s)	i (kPa/m)	v (m/s)	i (kPa/m)	v (m/s)	i (kPa/m)	v (m/s)	i (kPa/m)	v (m/s)	i (kPa/m)	v (m/s)	i (kPa/m)	v (m/s)	i (kPa/m)
0.10	0.50	0.275	0.26	0.060														
0.15	0.75	0.564	0.39	0.123	0.23	0.033												
0.20	0.99	0.940	0.53	0.206	0.30	0.055	0.20	0.02										
0.30	1.49	0.193	0.79	0.422	0.45	0.113	0.29	0.040										
0.40	1.99	0.321	1.05	0.703	0.61	0.188	0.39	0.067	0.24	0.021								
0.50	2.49	4.77	1.32	1.04	0.76	0.279	0.49	0.099	0.30	0.031								
0.60	2.98	6.60	1.58	1.44	0.91	0.386	0.59	0.137	0.36	0.043	0.23	0.014						
0.70			1.84	1.90	1.065	0.507	0.69	0.181	0.42	0.056	0.27	0.019						
0.80			2.10	2.40	1.21	0.643	0.79	0.229	0.48	0.071	0.30	0.023						
0.90			2.37	2.96	1.36	0.792	0.88	0.282	0.54	0.088	0.34	0.029	0.23	0.018				
1.00					1.51	0.955	0.98	0.34	0.60	0.106	0.38	0.035	0.25	0.014				
1.50					2.27	1.96	1.47	0.698	0.90	0.217	0.57	0.072	0.39	0.029	0.27	0.012		
2.00							1.96	1.160	1.20	0.361	0.76	0.119	0.52	0.049	0.36	0.020	0.24	0.008
2.50							2.46	1.730	1.50	0.536	0.95	0.517	0.65	0.072	0.45	0.030	0.30	0.011
3.00									1.81	0.741	1.14	0.245	0.78	0.099	0.54	0.042	0.36	0.016
3.50									2.11	0.974	1.33	0.322	0.91	0.131	0.63	0.055	0.42	0.021
4.00									2.41	0.123	1.51	0.408	1.04	0.166	0.72	0.069	0.48	0.026
4.50											1.70	0.503	1.17	0.205	0.81	0.086	0.54	0.032
5.00											1.89	0.606	1.3	0.247	0.90	0.104	0.60	0.039
5.50											2.08	0.718	1.43	0.293	0.99	0.123	0.66	0.046
6.00											2.27	0.838	1.56	0.342	1.08	0.143	0.72	0.052
6.50													1.69	0.394	1.17	0.165	0.78	0.062
7.00													1.82	0.445	1.26	0.188	0.84	0.071
7.50													1.95	0.507	1.35	0.213	0.90	0.080
8.00													2.08	0.569	1.44	0.238	0.96	0.090
8.50													2.21	0.632	1.53	0.265	1.02	0.102
9.00													2.34	0.701	1.62	0.294	1.08	0.111
9.50													2.47	0.772	1.71	0.323	1.14	0.121
10.00															1.80	0.354	1.20	0.134

附录 A-4 给水钢管（水煤气管）水力计算表

q_g (L/s)	DN50		DN70		DN80		DN100		DN150	
	v (m/s)	i (kPa/m)	v (m/s)	i (kPa/m)	v (m/s)	i (kPa/m)	v (m/s)	i (kPa/m)		
2.4	1.13	0.645	0.68	0.182	0.48	0.077 9	0.28	0.020 0		
2.6	1.22	0.749	0.74	0.210	0.52	0.090 3	0.30	0.023 1		
2.8	1.32	0.869	0.79	0.241	0.56	0.103	0.32	0.026 3		
3.0	1.41	0.998	0.85	0.274	0.60	0.117	0.35	0.029 8		
3.5	1.65	1.360	0.99	0.365	0.70	0.155	0.40	0.039 3		
4.0	1.88	1.770	1.13	0.468	0.81	0.198	0.46	0.050 1		
4.5	2.12	2.240	1.28	0.586	0.91	0.246	0.52	0.062 0		
5.0	2.35	2.770	1.42	0.723	1.01	0.300	0.58	0.074 9		
5.5	2.59	3.350	1.56	0.875	1.11	0.358	0.63	0.089 2		
6.0			1.70	1.040	1.21	0.421	0.69	0.105		
6.5			1.84	1.22	1.31	0.494	0.75	0.121		
7.0			1.99	1.42	1.41	0.573	0.81	0.139		
7.5			2.13	1.63	1.51	0.657	0.87	0.158		
8.0			2.27	1.85	1.61	0.748	0.92	0.178		
8.5			2.41	2.09	1.71	0.844	0.98	0.199		
9.0			2.55	2.34	1.81	0.946	1.04	0.221		
9.5					1.91	1.05	1.10	0.245		
10.0					2.01	1.17	1.15	0.269	0.53	0.038 7
10.5					2.11	1.29	1.21	0.295	0.56	0.042 2
11.0					2.21	1.41	1.27	0.324	0.58	0.046
11.5					2.32	1.55	1.33	0.354	0.61	0.049 8
12.0					2.42	1.68	1.39	0.385	0.64	0.053 9
12.5					2.52	1.83	1.44	0.418	0.66	0.058
13.0							1.50	0.452	0.69	0.062 4
14.0							1.62	0.524	0.74	0.071 5
15.0							1.73	0.602	0.79	0.081 2
16.0							1.85	0.685	0.85	0.091 5
17.0							1.96	0.773	0.90	0.102
18.0							2.08	0.866	0.95	0.114
20.0							2.31	1.07	1.06	0.138
22.0							2.54	1.29	1.17	0.165
24.0							2.77	1.54	1.27	0.195
26.0									1.38	0.229

A2 排水管道水力计算表

排水塑料管水力计算表见表 A - 5。

表 A - 5 **排水塑料管水力计算表（n=0.009）**

坡度	h/D=0.5										h/D=0.6			
	de=50		de=75		de=90		de=110		de=125		de=160		de=200	
	v (m/s)	Q (L/s)	v (m/s)	Q (L/s)	v (m/s)	Q (L/s)	v (m/s)	Q (L/s)	v (m/s)	Q (L/s)	v (m/s)	Q (L/s)	v (m/s)	Q(L/s)
0.003											0.74	8.38	0.86	15.24
0.003 5									0.63	3.48	0.80	9.05	0.93	16.46
0.004							0.62	2.59	0.67	3.72	0.85	9.68	0.99	17.60
0.005					0.60	1.64	0.69	2.90	0.75	4.16	0.95	10.82	0.11	19.67
0.006					0.65	1.79	0.75	3.18	0.82	4.55	1.04	11.85	1.21	21.55
0.007			0.63	1.22	0.71	1.94	0.81	3.43	0.89	4.92	1.13	12.80	1.31	23.28
0.008			0.67	1.31	0.75	2.07	0.87	3.67	0.95	5.26	1.20	13.69	1.40	24.89
0.009			0.71	1.39	0.80	2.20	0.92	3.89	1.01	5.58	1.28	14.52	1.48	26.40
0.01			0.75	1.46	0.84	2.31	0.97	4.10	1.06	5.88	1.35	15.3	1.56	27.82
0.011			0.79	1.53	0.88	2.43	1.02	4.30	1.12	6.17	1.41	16.05	1.64	29.18
0.012	0.62	0.52	0.82	1.60	0.92	2.53	1.07	4.49	1.17	6.44	1.48	16.76	1.71	30.48
0.015	0.69	0.58	0.92	1.79	1.03	2.83	1.19	5.02	1.30	7.20	1.65	18.74	1.92	34.08
0.02	0.80	0.67	1.06	2.07	1.19	3.27	1.38	5.80	1.51	8.31	1.90	21.64	2.21	39.35
0.025	0.90	0.74	1.19	2.31	1.33	3.66	1.54	6.48	1.68	9.30	2.13	24.19	2.47	43.99
0.026	0.91	0.76	1.21	2.36	1.36	3.73	1.57	6.61	1.72	9.48	2.17	24.67	2.52	44.86
0.03	0.98	0.81	1.30	2.53	1.46	4.01	1.68	7.10	1.84	10.18	2.33	26.50	2.71	48.19
0.035	1.06	0.88	1.41	2.74	1.58	4.33	1.82	7.67	1.99	11.00	2.52	28.63	2.93	52.05
0.04	1.13	0.94	1.50	2.93	1.69	4.63	1.95	8.20	2.13	11.76	2.69	30.60	3.13	55.65
0.045	1.20	1.00	1.59	3.10	1.79	4.91	2.06	8.70	2.26	12.47	2.86	32.46	3.32	59.02
0.05	1.270	1.05	1.68	3.27	1.89	5.17	2.17	9.17	2.38	13.15	3.01	34.22	3.50	62.21
0.06	1.39	1.15	1.84	3.57	2.07	5.67	2.38	10.04	2.61	14.40	3.30	37.48	3.83	68.15
0.07	1.50	1.24	1.99	3.87	2.23	6.12	2.57	10.85	2.82	15.56	3.56	40.49	4.14	73.61
0.08	1.60	1.33	2.13	4.14	2.38	6.54	2.75	11.60	3.01	16.63	3.81	43.28	4.42	78.70

A3 热水管水力计算表

热水管水力计算表见表 A-6。

表 A-6 **热水管水力计算表（t=60℃，δ=1.0mm）**

流量		DN=15		DN=20		DN=25		DN=32		DN=40		DN=50		DN=70		DN=80		DN=100	
(L/h)	(L/s)	R	v	R	v	R	v	R	v	R	v	R	v	R	v	R	v	R	v
360	0.10	169	0.75	22.4	0.35	5.18	0.20	1.18	0.12	0.484	0.084	0.129	0.051	0.032	0.03	0.011	0.02	0.003	0.012
540	0.15	381	1.13	50.4	0.53	11.7	0.31	2.65	0.17	1.09	0.125	0.29	0.076	0.072	0.045	0.025	0.031	0.006	0.018
720	0.20	678	1.51	89.7	0.70	20.7	0.41	4.72	0.23	1.94	0.17	0.515	0.1	0.127	0.06	0.045	0.041	0.011	0.024
1080	0.30	1526	2.26	202	1.06	46.6	0.61	10.6	0.35	4.26	0.25	1.16	0.15	0.287	0.09	0.101	0.061	0.025	0.036
1440	0.40	2713	3.01	359	1.41	82.9	0.81	18.9	0.47	7.74	0.33	2.06	0.20	0.51	0.12	0.179	0.082	0.045	0.048
1800	0.50	4239	3.77	560	1.76	129	1.02	29.5	0.53	12.1	0.42	3.22	0.25	0.796	0.15	0.28	0.1	0.058	0.06
2160	0.60	—	—	807	2.21	186	1.22	42.5	0.70	17.4	0.50	4.64	0.31	1.15	0.18	0.403	0.12	0.098	0.072
2520	0.70	—	—	1099	2.47	254	1.43	57.8	0.82	23.7	0.59	6.31	0.36	1.56	0.21	0.549	0.14	0.133	0.084
2880	0.80	—	—	1435	2.82	332	1.63	75.5	0.93	31.0	0.67	8.24	0.41	2.04	0.24	0.717	0.16	0.174	0.096
3600	1.0	—	—	2242	2.53	518	2.04	118	1.17	48.4	0.84	12.9	0.51	3.18	0.30	1.12	0.20	0.272	0.12
4320	1.2	—	—	—	—	746	2.44	170	1.40	69.7	1.00	18.5	0.61	4.59	0.36	1.61	0.24	0.393	0.14
5040	1.4	—	—	—	—	1016	2.85	231	1.64	94.9	1.17	25.2	0.71	6.24	0.42	2.19	0.29	0.534	0.17
5760	1.6	—	—	—	—	1326	3.26	302	1.87	124	1.34	32.9	0.81	8.15	0.48	2.87	0.33	0.698	0.19
6480	1.8	—	—	—	—	—	—	382	2.100	157	1.51	41.7	0.92	10.3	0.54	3.63	0.37	0.883	0.22
7200	2.0	—	—	—	—	—	—	472	2.34	194	1.67	51.5	1.02	12.7	0.60	4.48	0.41	1.09	0.24
7920	2.2	—	—	—	—	—	—	520	2.45	213	1.71	56.8	1.07	14.0	0.63	4.94	0.43	1.20	0.25
8280	2.4	—	—	—	—	—	—	680	2.81	279	2.01	74.2	1.22	18.3	0.72	6.45	0.49	1.57	0.29
9360	2.6	—	—	—	—	—	—	798	3.04	327	2.18	87.0	1.32	21.5	0.87	7.57	0.53	1.84	0.31
100 80	2.8	—	—	—	—	—	—	925	3.27	379	2.34	101	1.43	25	0.84	8.78	0.57	2.14	0.34
108 00	3.0	—	—	—	—	—	—	—	—	436	2.15	116	1.53	28.7	0.90	10.1	0.61	2.45	0.36
115 20	3.2	—	—	—	—	—	—	—	—	496	2.68	132	1.63	32.6	0.96	11.5	0.65	2.79	0.38
122 40	3.4	—	—	—	—	—	—	—	—	559	2.85	149	1.73	36.8	1.02	13.0	0.69	3.15	0.41
129 60	3.6	—	—	—	—	—	—	—	—	627	3.01	167	1.83	41.3	1.08	14.5	0.73	3.53	0.43
136 80	3.8	—	—	—	—	—	—	—	—	736	3.26	196	1.99	48.4	1.17	17.0	0.80	4.15	0.47

续表

流量		DN=15		DN=20		DN=25		DN=32		DN=40		DN=50		DN=70		DN=80		DN=100	
(L/h)	(L/s)	R	v	R	v	R	v	R	v	R	v	R	v	R	v	R	v	R	v
144 00	4.0	—	—	—	—	—	—	—	—	774	3.35	206	2.04	50.9	1.20	17.9	0.82	4.36	0.48
151 20	4.2	—	—	—	—	—	—	—	—	—	—	227	2.14	56.2	1.26	19.8	0.81	4.81	0.50
158 40	4.4	—	—	—	—	—	—	—	—	—	—	250	2.24	61.7	1.33	21.7	0.90	5.28	0.53
165 60	4.6	—	—	—	—	—	—	—	—	—	—	273	2.34	67.4	1.38	23.7	0.94	5.97	0.55
172 80	4.8	—	—	—	—	—	—	—	—	—	—	297	2.44	73.4	1.44	25.8	0.98	6.28	0.58
180 00	5.0	—	—	—	—	—	—	—	—	—	—	322	2.55	79.6	1.51	28	1.02	6.81	0.60
187 20	5.2	—	—	—	—	—	—	—	—	—	—	348	2.65	86.1	1.57	30.3	1.06	7.37	0.62
194 40	5.4	—	—	—	—	—	—	—	—	—	—	376	2.75	92.9	1.63	32.7	1.10	7.95	0.65
201 60	5.6	—	—	—	—	—	—	—	—	—	—	404	2.85	99.9	1.69	35.1	1.14	8.55	0.67
208 80	5.8	—	—	—	—	—	—	—	—	—	—	434	2.95	107	1.75	37.7	1.18	9.17	0.70
216 00	6.0	—	—	—	—	—	—	—	—	—	—	464	3.06	115	1.81	40.3	1.22	9.81	0.72
223 20	6.2	—	—	—	—	—	—	—	—	—	—	495	3.16	122	1.87	43	1.26	10.5	0.74
230 40	6.4	—	—	—	—	—	—	—	—	—	—	528	3.26	130	1.93	45.9	1.30	11.2	0.77
244 80	6.8	—	—	—	—	—	—	—	—	—	—	596	3.46	147	2.05	51.8	1.39	12.6	0.82
252 00	7.0	—	—	—	—	—	—	—	—	—	—	632	3.56	156	2.11	54.9	1.43	13.4	0.84
259 20	7.2	—	—	—	—	—	—	—	—	—	—	—	—	165	2.17	58.1	1.47	14.1	0.86
266 40	7.4	—	—	—	—	—	—	—	—	—	—	—	—	174	2.23	61.3	1.51	14.9	0.89
273 60	7.6	—	—	—	—	—	—	—	—	—	—	—	—	184	2.29	64.7	1.55	15.7	0.91
280 80	7.8	—	—	—	—	—	—	—	—	—	—	—	—	194	2.35	68.1	1.59	16.6	0.94
288 00	8	—	—	—	—	—	—	—	—	—	—	—	—	204	2.41	71.7	1.63	17.5	0.96
295 20	8.2	—	—	—	—	—	—	—	—	—	—	—	—	214	2.47	75.3	1.67	18.3	0.98

注 R—单位管长水头损失（mm/m）；v—流速（m/s）。

A4 水力计算图

压力流雨水排水系统水力计算图如图 A-1 所示。

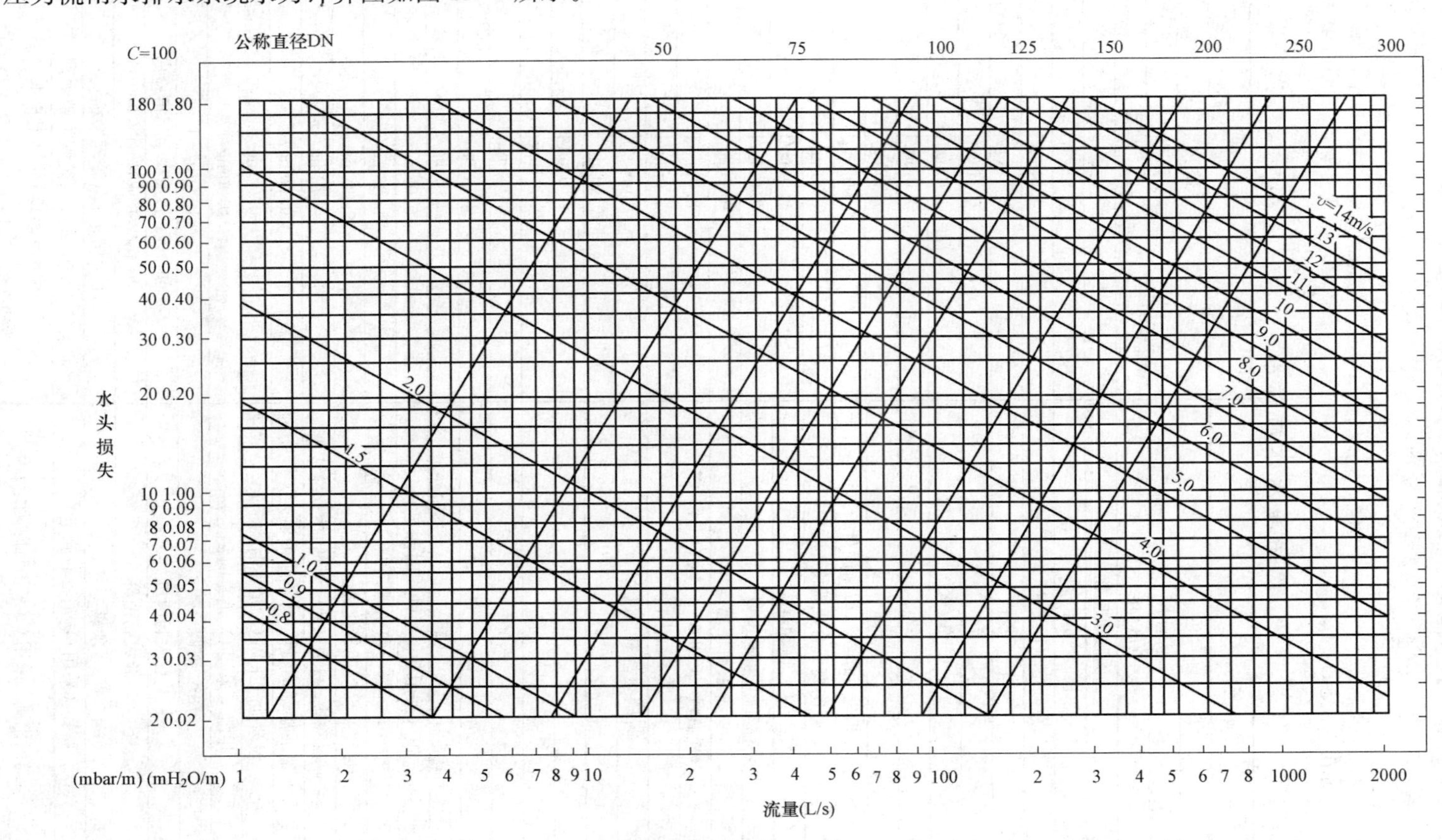

图 A-1 压力流雨水排水系统水力计算图

附录B 饮用净水水质标准

饮用净水水质标准见表B-1。

表B-1 **饮用净水水质标准**

项目		限值
感官性状指标	色	15度
	浑浊度	1NTU
	臭和味	无异臭、异味
	肉眼可见物	无
一般化学指标	pH	6.5～8.5
	总硬度（以 $CaCO_3$ 计）	450mg/L
	铁	0.30mg/L
	锰	0.1mg/L
	铜	1.0mg/L
	锌	1.0mg/L
	铝	0.20mg/L
	挥发性酚类（以苯酚计）	0.002mg/L
	阴离子合成洗涤剂	0.30mg/L
	硫酸盐	250mg/L
	氯化物	250mg/L
	溶解性总固体	1000mg/L
	耗氧量（CODMn，以 O_2 计）	3.0mg/L
毒理学指标	氟化物	1.0mg/L
	硝酸盐氮（以N计）	10mg/L
	砷	0.01mg/L
	硒	0.01mg/L
	汞	0.001mg/L
	镉	0.005mg/L
	铬（六价）	0.05mg/L
	铅	0.01mg/L
	银（采用载银活性炭时测定）	0.05mg/L
	氯仿	0.03mg/L
	四氯化碳	0.002mg/L
	亚氯酸盐（采用 ClO_2 消毒时测定）	0.70mg/L
	氯酸盐（采用 ClO_2 消毒时测定）	0.70mg/L
	溴酸盐（采用 O_3 消毒时测定）	0.01mg/L
	甲醛（采用 O_3 消毒时测定）	0.90mg/L
细菌学指标	细菌总数	100cfu/mL
	总大肠菌群	每100mL水样中不得检出
	粪大肠菌群	每100mL水样中不得检出
	余氯	0.01mg/L（管网末梢水）*
	臭氧（采用 O_3 消毒时测定）	0.01mg/L（管网末梢水）*
	二氧化氯（采用 ClO_2 消毒时测定）	0.01mg/L（管网末梢水）* 或余氯0.01mg/L（管网末梢水）*

注 表中带“*”的限值为该项目的检出限，实测深度应不小于检出限。

参考文献

[1] 王增长．建筑给水排水工程．6 版．北京：中国建筑工业出版社，2009.

[2] 李亚峰，等．高层建筑给水排水工程．北京：机械工业出版社，2011.

[3] 吴树根，等．建筑给水排水工程．北京：水利水电出版社，2012.

[4] 李亚峰，等．建筑给水排水工程．2 版．北京：机械工业出版社．2011.

[5] 李静苗，等．建筑给水排水工程．北京：中国建材工业出版社．2010.

[6] 叶巧云．建筑给水排水工程．北京：北京大学出版社．2012.

[7] 白莉．建筑给水排水工程．北京：化学工业出版社．2010.

[8] 张林军，等．给排水科学与工程专业应用与实践丛书　建筑给水排水工程．北京：化学工业出版社．2014.

[9] 中国建筑设计研究院. 建筑给水排水设计手册. 2 版. 北京：中国建筑工业出版社，2008.